AF240776

ATLAS HISTORIQUE,

OU

NOUVELLE INTRODUCTION

A l'Histoire, à la Chronologie & à la Geographie Ancienne & Moderne;

Représentée dans de

NOUVELLES CARTES,

Où l'on remarque l'Etablissement des premiers Etats & des plus anciens Empires du Monde, leur durée, leur chûte, & leurs differens Gouvernemens;

La Chronologie des Rois d'Egypte, selon leurs diverses Races, depuis le commencement de la Monarchie, leurs Successions Génealogiques tirées des monumens les plus authentiques : l'Histoire du Commerce des Compagnies d'Occident & de toutes leurs découvertes, marquées dans des Cartes très-exactes, avec les Comptoirs & les Forts de chaque Nation, les routes des Voïageurs &c. le tout accompagné d'un nombre considérable d'Estampes & figures dessinées & gravées d'après les Originaux, par les plus habiles Maîtres, répresentant ce qu'il y a de plus remarquable dans la Religion, les Habillemens, usages & productions de chaque Païs.

Par Mr. C. * * *

Avec des DISSERTATIONS sur l'Histoire de chaque Etat,

Par Mr. GUEUDEVILLE.

TOME VI.

Qui comprend l'AFRIQUE & l'AMERIQUE Septentrionale & Meridionale, tant en général qu'en particulier, l'Egypte, la Barbarie, la Nigritie, la Guinée, l'Ethiopie, le Congo, la Cafrerie & le Cap de Bonne Esperance; le Canada ou la Nouvelle France, la Louïsiane ou le Missisipi, la Virginie, la Floride, le Mexique, le Perou, le Chili & le Bresil; avec les Iles de Madagascar, les Philippines, les Moluques, les Antilles & l'Ile de Ceylan.

e Cim. August. Discalc. Convent. Parisi.

BIBLIOTHÈQUE DU ROI (FONTAINEBLEAU)

A AMSTERDAM,
Chez L'HONORE' & CHÂTELAIN Libraires.

M. DCC. XIX.
Avec Privilege.

PREFACE.

IL est si naturel de vouloir connoître le Monde, que ce desir a été de tous les siécles & de tous les Païs. Plusieurs grands hommes en ont fait l'objet de leur plus forte passion, non seulement parmi nous & parmi nos voisins, mais encore parmi les Peuples les plus reculez, & les Nations les plus barbares. Presque toutes ont eu leurs Géographes : les Persans & les Arabes n'en ont pas moins eu que les Grecs & les Latins : la Géographie de la Chine n'est pas moins éxacte que celle de la Grece & de l'ancienne Rome ; & il n'y a pas jusqu'aux Peruviens & jusqu'aux Sauvages du Canada, qui n'aïent leur maniére de faire des Cartes Géographiques où l'étenduë & les bornes de chaque Païs sont marquées très-exactement.

Il y avoit tant de Descriptions du Monde au tems d'Auguste, que Strabon commence la sienne par des excuses de ce qu'il écrivoit sur une matiére dont tant d'habiles gens qu'il nomme avoient écrit avant lui. Ptolomée, trois ou quatre siécles après, fait les mêmes excuses, comme si ce sujet eût déja été épuisé de son tems. Mais les grands voïages qui se sont faits depuis, nous aiant découvert une bien plus grande étenduë du Monde que celle qui étoit connuë aux Grecs, aux Romains & aux Orientaux, on ne peut que savoir gré à ceux qui rassemblant les découvertes les plus éxactes, nous mettent tout à la fois devant les yeux un Tableau général de l'Univers.

Tel est le motif qui nous a fait entreprendre cette continuation de l'*Atlas Historique*, on y verra que les Anciens ont presque toûjours été trompez dans ce qu'ils nous ont raporté des lieux où leurs Empires ne s'étoient point étendus ; on s'y convaincra que nous n'avons pas moins d'obligations aux derniers Voïageurs, qu'à ceux qui les ont précédez, si l'on examine la quantité de découvertes qu'ils ont faites, tant dans le Monde que dans l'Histoire de la Nature. Ce sont eux, par exemple, qui nous ont desabusé de l'erreur où plusieurs grands hommes ont été pendant longtems, que cette Partie de la Terre qui est au delà de notre Tropique, n'avoit pu être peuplée après le Deluge universel. C'est de ces Voïageurs que nous avons apris que la Zone Torride est un des plus délicieux séjours du Monde, & des plus peuplez d'hommes & de toute sorte d'animaux. Enfin c'est à eux que nous sommes redevables de la découverte de l'Amerique, appellée le Monde Nouveau, quoi qu'il ne soit pas moins ancien que l'autre, puisqu'ils y ont trouvé des Habitans pour qui la surprise de les voir n'étoit pas une moindre nouveauté.

Ce n'est pas ici le lieu d'examiner quelle a pu être l'origine de ces Peuples. Mon dessein n'est que d'exposer le sujet traité dans ce dernier Volume, où le Ciel & la Terre, les Hommes & les Femmes, les Animaux & les Plantes sont bien differens de ceux que nous voïons. On sera dans doute surpris d'y trouver des Roïaumes dont les Monarques ne sont que des Païsans, des Villes qui ne sont faites que de Roseaux, des Vaisseaux construits chacun d'un seul arbre ; & sur tout des Peuples qui vivent sans soin, qui parlent sans regle, qui négocient sans écriture, qui marchent sans habits, & dont les uns s'établissent dans les Riviéres, comme les poissons, & les autres dans des trous comme les vers, dont ils ont la nudité & presque l'indifference. Mais on sera surpris d'autant plus agréablement, que les choses que nous raportons sont aussi certaines qu'elles paroîtront extraordinaires. On y lira des avantures, des établissemens, des guerres, des combats, des tempêtes, des naufrages, le tout sur la foi de témoins oculaires, qui ne disent que ce qu'ils ont vu : avec les précautions toutefois dont nous avons parlé dans la Préface du précedent Volume. Celui-ci contient l'*Afrique* & l'*Amerique*, & voici de quelle maniére ces deux grands sujets sont traitez.

I. Nous posons pour fondement de l'Afrique la *Carte Géographique* du Païs, que l'on n'a pourtant point mise à la tête par les raisons raportées ci-devant *. Ensuite vient la *Dissertation générale*, qui donne une idée de cette Troisieme Partie du Monde, & qui conduit, comme dans celle de l'Asie, à la *Division* qui se trouve après. On rencontre tout de suite une *Carte Ancienne de l'Afrique*, pour y remarquer de même les divers changemens qui y sont arrivez. Là on entre dans le Païs par une *Carte de l'Egipte, de la Nubie & de l'Abyssinie*, qui nous donne lieu de traiter premiérement de ce qui regarde les Egiptiens. La *Succession Génealogique* de leurs Rois suit im-

* *Voyez la Preface du Tome V. pag.* II.

immédiatement la *Dissertation* qui en parle, après quoi l'on voit l'abregé de leur Régne dans la *Chronologie Historique* qu'on en a dressée avec beaucoup de soin. De là on passe aux *Sources du Nil* représentées dans une Carte très-exacte; puis à la Ville du *Grand Caire* qui merite bien une *Dissertation* particuliére. Ensuite viennent deux belles Planches, dont l'une représente tant au dedans qu'au dehors ces *Piramides* si vantées par les Anciens, & l'autre les *Habillemens* des Arabes & des Juifs qui sont au Caire, avec d'autres particularitez très-capables d'amuser agréablement le Lecteur.

On entre après cela dans la *Barbarie*, la *Nigritie*, & la *Guinée*, par une Carte de ces trois Païs. La *Dissertation* sur la Barbarie est suivie de la *Vûë de Tunis*, *d'Alger*, de *Gigeri*, avec la description des mœurs de leurs habitans, & d'une Carte des singularitez curieuses des Roïaumes de *Maroc* & de *Fez*, accompagnées des *Habillemens* tant des Hommes que des Femmes de ces Païs-là. La *Nigritie* vient après. C'est là qu'on s'instruit des mœurs de ces Peuples, dont les usages ne sont pas moins éloignez des nôtres que leur couleur en est differente; & que l'on voit avec plaisir la répresentation de leurs cases ou demeures, de leurs meubles, de leur maniére de vivre, & de celles de leurs Rois bien peu distinguez de leurs sujets. La *Guinée* étant plus étenduë fournit aussi la matiére de deux *Dissertations*. Elles sont separées par une Description des *Quadrupedes*, des *Oiseaux*, & des *Reptiles* du Païs, dessinez sur les lieux d'après nature, & suivies de la répresentation des Forts qu'y possedent les *Hollandois*, les *Anglois*, & les *Danois*, afin de mêler l'utile à l'agreable, & ce qu'il y a d'Historique à ce qui est de pur divertissement.

La Carte du *Congo*, du *Monomotapa* & de la *Cafrerie* prépare à lire ce qui est écrit sur ces differens Païs. On commence par l'Ethiopie & le Congo, qui, quoique moins connus que la Guinée, ne laissent pas de nous fournir le plan d'une assez belle Ville, & diverses autres particularitez des Coûtumes de ces Indiens; & l'on finit par la Cafrerie & le *Cap de Bonne Esperance*, dont on donne le plan & la Description, aussi bien que celle des Habits & Mœurs des *Cafres*, & de divers animaux remarquables qui se voïent en ce Païs-là.

Tel est l'ordre que nous avons suivi dans la description de l'Afrique, sur laquelle il ne nous reste qu'une chose à faire observer. C'est que toutes les Cartes dont nous avons parlé sont dressées sur les Mémoires les plus récens & les plus exacts, en sorte que si l'on peut esperer de trouver quelque part de la certitude en ces matiéres, ce sera sur tout dans ces Cartes nouvelles, pour lesquelles on a pris tout le soin qu'il a été possible d'y aporter. On a fait la même chose pour celles qui regardent le Nouveau Monde.

II. Chacun sait que l'Amerique se divise en deux parties principales dont chacune a sous elle plusieurs autres subdivisions. C'est ce qu'on voit d'abord dans la *Table* qui se présente, qui sert comme d'introduction à la *Dissertation* génerale qui la suit. Comme notre méthode ordinaire est de dépouiller les Cartes par le Nord, nous commençons par l'*Amerique Septentrionale*, qui nous offre en premier lieu le *Canada*, ou la *Nouvelle France*. Ce Païs est si interessant par raport à la Compagnie que les François y ont établie depuis peu, qu'on ne peut trop le faire connoître, ni s'apliquer à en montrer toute l'étenduë & les avantages. C'est ce qu'on fait par le moïen de plusieurs Cartes toutes differentes & très-curieuses. La premiére contient tout le Païs en général & les découvertes qui y ont été faites. La seconde contient en particulier le cours du *Fleuve St. Loüis*, tiré sur les lieux, avec les noms des *Sauvages* qui y habitent, des marchandises qu'on y porte & qu'on en reçoit, & des animaux, reptiles, poissons, insectes, oiseaux, arbres & fruits de differentes espèces qui s'y voïent. La troisiéme représente les Castors qui font le principal commerce de ce Païs-là, leur industrie, la maniére de les prendre, les habillemens, habitations & maniére de vivre des Sauvages, & les Hieroglifes dont ils se servent pour transmettre leurs exploits à la posterité. La quatrième enfin, qui est la plus curieuse de toutes, enferme le cours des grandes Riviéres de St. Laurent & de *Mississipi*, où l'on voit l'état présent de la *Loüisiane*, & des Païs voisins, le tout recueilli exprès des Mémoires les plus nouveaux qui ont été dressez pour l'établissement de la *Compagnie d'Occident*. Ces trois derniéres Cartes sont précedées d'une *Dissertation* générale sur le Canada, & suivies d'une autre particuliére sur la Loüisiane, tirée de ce qui en a été écrit sur les lieux & envoïé en France depuis très-peu de tems. On peut juger par le soin qu'on a pris de rassembler ainsi tout ce qu'il y a de plus sûr & de plus nouveau, combien l'on s'est apliqué à rendre cet Ouvrage utile au public. Toute cette matiére est terminée par une répresentation de la *Chasse des Castors*, & de diverses particularitez très-curieuses qui regardent les Coûtumes des Sauvages. La derniére des Cartes, dont nous venons de parler, contenant, outre la Loüisiane & le Mississipi, les terres voisines qui apartiennent aux Anglois, il étoit bien juste de parler ensuite de la *Virginie*, de la *Jamaïque*, de la *Nouvelle Angleterre*, des *Barmudes*, de la *Caroline* &c. C'est ce qu'on a fait dans une *Dissertation* particuliére sur ce sujet; après quoi l'on donne une description de la pêche, des habillemens & des autres usages des Indiens de la Virginie, avec une Carte des autres Terres & Iles que les Anglois possedent en ce Païs-là.

Celle qui suit représente le *Mexique*: ce qui nous donne lieu de parler de ce grand Roïaume dans deux *Dissertations* contenant tout ce qu'on peut desirer sur ce sujet. La premiére est accompagnée d'une vûe de la Ville de même nom qui en est la Capitale, du grand *Temple* & des *Idoles* qu'on y voit, des *Sacrifices* qui s'y font & des autres *Superstitions* & Coûtumes des Mexicains: & la seconde est suivie d'une Description de l'*Isthme de Darien*, des proprietez du Païs, de la Ville de *Panama*, à laquelle on a joint diverses *plantes* curieuses, les *oiseaux* & les *poissons* les plus rares qui se trouvent dans la Nouvelle Hollande.

Les deux Ameriques n'étant separées que par cet Isthme, il nous conduit naturellement dans celle que l'on nomme *Meridionale*, à laquelle nous n'avons pas cru pouvoir mieux préparer le Lecteur, qu'en lui mettant devant les yeux une *Carte très-curieuse de la Mer du Sud*, représentée en quatre feuil-

feuilles, contenant des remarques nouvelles & très-utiles non seulement sur les *Ports* & *Iles* de cette Mer, mais aussi sur les principaux Païs des deux Ameriques, avec les noms & la route des Voïageurs par qui la découverte en a été faite, le tout pour rappeler en gros le souvenir de ce qui a été dit en détail auparavant, & pour préparer à l'intelligence des *Dissertations* suivantes.

La premiére qui se rencontre traite de l'*Amerique Meridionale* & du *Perou*. Elle est suivie d'une Carte particuliére de la *Terre-ferme du Perou*, du *Bresil* & du *Païs des Amazones*, ce qui nous donne lieu d'en parler encore dans une seconde *Dissertation*, accompagnée d'une *Carte* du Perou seul, du plan de la Ville de *Lima* qui en est la Capitale, & d'une description des plantes, des animaux, & des autres choses qu'on y voit, avec l'habillement des Hommes & Femmes Espagnols qui y demeurent. La Carte du *Paraguay*, du *Chili* & du *Détroit de Magellan* qui vient aprés, prépare à la *Dissertation* dont elle est suivie, qui roule particuliérement sur le *Chili* & le *Bresil*. Et c'est par là que nous finissons la Description de l'Amerique.

Cependant pour ne rien laisser à desirer à la curiosité du Lecteur, nous n'avons pu nous résoudre à le priver de la Description des Iles. Dans l'impossibilité de les renfermer toutes ici, puisque cette seule matiére pourroit fournir un juste Volume, nous avons choisi les principales, & nous commençons par celle de *Madagascar*. La *Dissertation* qui en parle est précedée d'une *Carte* de cette Ile, où l'on en voit la description & diverses particularitez curieuses de ses Habitans. Ensuite vient une *Dissertation* sur les *Philippines* & sur les *Molucques*, suivie d'une Carte des *Antilles Françoises* & des *Iles voisines*, dressée sur des Mémoires manuscrits envoïez en France tout nouvellement. C'est de quoi est tirée la matiére de la *Dissertation* sur les *Antilles*, à laquelle deux Cartes très-curieuses servent d'accompagnement. L'une contient diverses particularitez de l'*Ile St. Christophle* & de la Province de Bemarains; & l'autre une Description des Plantes, Arbres, Animaux, & Poissons des Antilles, avec les Mœurs des Sauvages qui s'y trouvent, & la maniére dont on fait le Sucre. Enfin ce dernier Volume est terminé par une *Dissertation* sur l'*Ile de Ceylan*, où l'on décrit l'état présent des Hollandois, après avoir parlé de la maniére dont ils s'y établirent.

De tout ce qui a été dit, on peut aisément recueillir que nous n'avons rien négligé pour nous instruire exactement de ce qui regarde chaque Païs. Nous en raportons tout ce qu'il en faut savoir selon le but que l'on s'est proposé dans cet Ouvrage. Nous traitons du Commerce de chaque lieu; & non seulement nous en parlons dans chaque Dissertation, autant que la matiére en est susceptible, & que nos lumieres nous l'ont pu permettre; mais nous avons eu soin de marquer sur la plûpart de nos Cartes les principales Places où il se fait, les Comptoirs de chaque Nation, les routes qu'il faut tenir pour y aller, que nous avons souvent accompagnées de listes des marchandises, de leur valeur, de leur échange, de la maniére de les transporter, des précautions qu'il faut prendre dans ces voïages, & quelquefois même des monnoïes qui y ont cours, autant qu'il nous a été possible de les connoître.

C'est ainsi que la Géographie jointe à l'Histoire est utile à toute sorte de gens. On y aprend la Religion aussi bien que le Negoce, on s'y instruit dans la Guerre aussi bien que dans la Politique & dans les Negociations. N'est-ce point, comme l'a judicieusement remarqué un Auteur moderne, en examinant en détail les Nations differentes situées sous des climats opposez, sous des Gouvernemens si contraires, dont les caracteres & le genie sont encore plus variez que les visages, que l'on conclud qu'une Religion qui les unit dans la même croïance ne peut venir que de Dieu? Il n'est pas au pouvoir de l'homme de rassembler ainsi les esprits. Il ne sauroit y avoir de convention générale & unanime entre l'Asiatique & l'Americain, non plus qu'entre l'Africain & l'Européen, sur des choses qu'une Nation n'a point d'intérêt de persuader à l'autre, & que celle-ci auroit même tout lieu de rejetter, pour se distinguer de ses voisins autant par la diversité de Religion que par la difference du Gouvernement. D'où il s'ensuit que, quand on voit la Religion Chrétienne portée parmi ces Peuples Barbares, & embrassée par tant de Nations élevées dans des prejugez tout differens, on ne peut s'empêcher de reconnoître qu'elle a Dieu même pour principe, & que s'il permet qu'elle soit alterée en quelques endroits par le mélange des superstitions, c'est pour porter les hommes à s'éclairer de plus en plus, & à s'instruire dans sa Parole du véritable Culte qu'il faut lui rendre.

A l'égard du Commerce on ne peut nier qu'il ne se soit extrémement perfectionné par la Navigation, partie essentielle de la Géographie. Les marchandises des Indes nous venoient autrefois par la Mer Rouge: elles étoient déchargées à Suez, d'où l'on avoit l'embaras de les faire transporter par terre au Caire & de là à Alexandrie, où les Venitiens les alloient charger pour les distribuer ensuite par toute l'Europe. Mais la Géographie nous a apris un chemin plus facile & de moindres fraix, en faisant doubler à nos Vaisseaux le Cap de Bonne Espérance, & nous montrant par là une route directe pour aller aux grandes Indes. C'est la même Science, jointe à l'Histoire naturelle de chaque Païs, qui nous en aprend les diverses proprietez, laquelle par le moïen des Canaux & des Riviéres qu'elle nous découvre, nous enseigne à transporter les marchandises & les denrées d'une Province où elles sont communes, en une autre où leur rareté les fait plus rechercher. C'est elle, qui par la nature des climats qu'elle nous fait distinguer, nous instruit aussi de la qualité differente des Terroirs, de leur abondance ou de leur sterilité, des productions qui leur sont communes ou de celles qui leur manquent, & des moïens de compenser la pauvreté des uns par la richesse & la fertilité des autres. C'est elle qui nous montre les lieux les plus propres à y fixer de nouvelles habitations, & qui a guidé tant de malheureux Refugiez à chercher dans des terres éloignées un azile favorable à leur fuite.

On y aprend la guerre par la connoissance exacte qu'elle nous donne des lieux où les Armées sont en présence, de leurs campemens, de leurs marches, des places qu'elles doivent attaquer ou défendre, & des quartiers où elles peuvent prendre leurs rafraîchissemens. On y voit jusqu'où les Grecs

& les Romains étendirent leurs conquêtes. On y voit que ce qui étoit le bout du Monde pour les anciens Heros, n'en est pas seulement aujourd'hui le milieu.

Enfin la Géographie & l'Histoire ne sont pas moins nécessaires pour se rendre habile dans la Politique. C'est en considérant quels sont les voisins d'une Nation, qu'on en reconnoît les intérêts, & les Peuples avec lesquels elle est en guerre ou en alliance. Il faut distinguer leurs limites pour pouvoir s'instruire de leurs prétentions; & comme la bienseance est ordinairement ce qui régle les intérêts des Princes, la situation des lieux, des Provinces & des Roïaumes est ce qui régle ces bienseances. Ne sommes-nous pas intéressez aux differends que nos Colonies ont tous les jours avec leurs voisins? Les Compagnies établies soit en Orient soit en Occident ne partagent-elles pas nos inclinations selon nos liaisons & nos habitudes? Il faut donc connoître ce qui est de leur Politique, pour juger de la solidité de ces établissemens. D'où il s'ensuit qu'un Ouvrage comme celui-ci ne peut être qu'avantageux à toute sorte de personnes, puisqu'il est aussi instructif qu'agréable, & que les indifferens même y peuvent trouver dequoi charmer leur ennui.

TABLE
Pour l'ordre & l'arrangement
DU
TOME SIXIE'ME
DE
L'ATLAS HISTORIQUE.

T A B L E.

Premiere DISSERTATION sur la GUINE'E.

Seconde DISSERTATION sur la GUINE'E.

DISSERTATION sur L'ETHIOPIE & le CONGO.

DISSERTATION sur la CAFRERIE & le CAP de Bonne-Esperance.

DISSERTATION générale sur L'AMERIQUE.

DISSERTATION sur le CANADA.

DISSERTATION sur la LOUISIANE & le MISSISSIPI.

DIS-

T A B L E.

DISSERTATION sur la VIRGINIE.

Premiere DISSERTATION sur le MEXIQUE.

Seconde DISSERTATION sur le MEXIQUE.

DISSERTATION sur L'AMERIQUE Meridionale & en particulier sur le PEROU.

Seconde DISSERTATION sur le PEROU.

DISSERTATION sur le CHILI & le BRESIL.

DISSERTATION sur l'Ile de MADAGASCAR.

DISSERTATION sur les Iles PHILIPPINES & les MOLUQUES.

T A B L E.

DISSERTATION sur les Iles ANTILLES.

DISSERTATION sur l'Ile de CEYLAN.

Fin de la Table du Tome Sixiéme.

DIS-

DISSERTATION GENERALE SUR L'AFRIQUE.

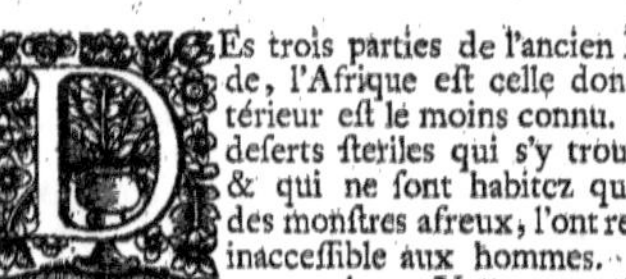

DEs trois parties de l'ancien Monde, l'Afrique est celle dont l'intérieur est le moins connu. Les deserts steriles qui s'y trouvent, & qui ne sont habitez que par des monstres afreux, l'ont renduë inaccessible aux hommes. Non que quelques Voïageurs curieux n'aient penétré dans ces Regions arides; mais parce que le manque d'eau & le sable brûlant qui les couvre, ont fait juger que les Bêtes feroces en étoient les seuls habitans. Il y a même des Auteurs qui font venir de là l'origine du mot *Afrique*, parce, disent-ils, que cette Partie du Monde est *afreuse* & qu'on ne peut y voïager sans effroi; comme si en effet l'Afrique étoit également rude par tout; & comme si les François, qui ont trouvé ce raport de noms dans notre Langue, eussent fait la découverte de ce Païs-là. Il est donc plus naturel de suivre sur cela le célèbre Bochart, qui dérive le mot d'*Afrique* du mot Arabe *Pherik* qui signifie un *épi*, parce que ce Païs a toûjours été très-fertile en grains. D'autres veulent qu'elle ait pris son nom d'un Roi de l'Arabie Heureuse, appellé *Mesec-Iferiqui*. Joseph dit qu'il vient d'Afer, petit-fils du Patriarche Abraham. D'autres enfin prétendent qu'il vient de Faracha, qui veut dire en Arabe, détaché ou divisé, parcequ'effectivement l'Afrique est separée de l'Europe par la Mer, & de l'Asie par le Golfe d'Arabie & le Détroit qui est entre la Mer Rouge & la Mediterranée.

Ainsi l'Afrique est une presqu'Ile qui ne tient à l'Asie que par l'Isthme de Suez, & la plus grande qu'il y ait dans tout le reste du Monde; quoique cet Isthme n'ait pas plus de dix-neuf lieuës, cependant les Ptolemées & les Sultans, n'ont jamais pu venir à bout de le creuser. Ils ont souvent entrepris de le faire; mais leurs efforts ont été sans succès. La Reine Cleopatre voulut aussi ouvrir cet Isthme, selon Plutarque, mais elle ne fit que des efforts inutiles, aussi bien que ceux qui l'avoient tenté auparavant. Le dessein des uns & des autres étoit de faire passer les navires de la Mer Mediterranée dans la Mer Rouge & de là dans la Mer des Indes; ce qui auroit épargné un grand circuit aux Voïageurs. Mais il est certaines bornes placées par l'Auteur de la Nature qu'aucun art humain ne peut franchir. Preuve de la puissance éternelle de ce grand Maître qu'il faut reverer dans ses ouvrages, & du pouvoir limité des hommes mortels, que des obstacles peu considerables en aparence, arrêtent pourtant dans leurs plus vastes desseins. Strabon & Pomponius Mela ont semblé borner l'Afrique par le Nil; & quelques Geographes Arabes l'ont voulu resserrer entre la Mer Méditerranée, l'Ocean, & les Riviéres du Zaire & du Nil. Mais ces divisions sont peu exactes, & il n'y en a point de plus naturelle que celle des Mers. L'Afrique a du côté du Septentrion la Mediterranée; à l'Occident la Mer Atlantique, au Midi l'Ocean Ethiopique, & la Mer Rouge à l'Orient. Sa largeur s'étend du Couchant au Levant, depuis les Iles du Cap-Vert jusques au Cap de Guardafu ou de Guardafui vis-à-vis de l'Ile de Zocotora, & près du Détroit de Babelmandel, ou l'entrée du Golfe Arabique; & cette étenduë est, dit-on, de douze cens grandes lieuës d'Allemagne. Sa longueur du Septentrion au Midi est depuis le Détroit de Gibraltar en passant par le Roïaume de Fez & la Lybie jusques à la pointe de la Côte des Cafres, ou Cap de Bonne Esperance. Ce n'est que depuis la Navigation des Portugais, lorsque Vasquès de Gama doubla ce Cap en 1499. que cette Partie du Monde a été bien connuë sur tout du côté du Midi.

Elle a été habitée anciennement par les Descendans de Mezraim, Fils de Cham, qui peuplerent l'Egypte, la Lybie, & qui peu à peu s'étendirent jusques aux extremitez de ce Continent. Les Descendans de Phut, autre fils de Cham, s'établirent aussi, à ce qu'on croit, en Lybie & en Mauritanie; car pour Chut, premier fils de Cham, il est Auteur des Ethiopiens de l'Arabie. Non seulement l'intérieur de ce Païs, mais aussi l'Egypte & les Côtes d'Afrique ont été habitez dès les premiers tems par differens peuples, dont les noms se peuvent voir dans Herodote, dans Pline, & dans les anciens Geographes. Les Phéniciens & les Grecs établirent des Colonies en divers endroits le long des Côtes de la Mer Mediterranée. La plus fameuse est celle de Carthage, bâtie par Didon venuë de Tyr en Afrique. Les peuples qui l'habitent aujourd'hui sont mêlez d'Africains & d'Arabes. Ils sont en général d'un naturel farouche & cruel & d'un temperament fort robuste. On les accuse d'être de grans fourbes, & de s'adonner aux vices les plus grossiers. Un Auteur dit qu'à peine peut-on trouver en eux quelque chose de bon; & Pline raporte que quelques-uns de ces Peuples sont si feroces qu'ils ne parlent pas plus que des Bêtes. Cependant s'ils sont barbares généralement, il y en a d'autres qui peuvent passer pour de très-beaux esprits. Tels sont les Egyptiens, gens agréables, plaisans, enjouez, & tout-à-fait ingénieux, excepté dans les choses de la Re-

Religion, où ils ont paru fort stupides, aiant déferé les honneurs divins aux raves & aux oignons de leurs jardins. Etrange égarement de l'Esprit humain, qui formé pour les plus belles connoissances, se borne aux Créatures, sans s'élever jusques au Créateur; & qui trouvant ensuite sa punition dans l'abus qu'il fait de ses lumiéres, pour n'avoir pas glorifié comme Dieu celui qu'il devoit reconnoître comme tel dans ses ouvrages, est livré à un aveuglement honteux qui lui fait un Dieu des plus vils objets. Tous les Africains, n'ont pourtant pas été de ce naturel grossier & stupide; & de même que cette terre aride a néanmoins des lieux fertiles & cultivez qui portent d'excellens fruits, elle a donné la naissance aux Tertulliens, aux Cypriens & aux Augustins, ces grandes lumiéres de la primitive Eglise, dont les doctes écrits reparent l'ignorance & l'aveuglement de ses autres habitans. Mais ce sont de ces hommes rares que Dieu suscite de tems en tems en divers Païs, pour marquer que sa puissance & sa bonté ne sont bornées à aucun lieu; que son esprit soufle où il veut, & que c'est aux hommes à saisir ces occasions précieuses sans se plaindre que d'eux mêmes, quand ils ne savent pas en profiter.

Ces Peuples n'habitent pas tous dans les villes; il y en a plusieurs qui demeurent dans les deserts sous des cabanes, & d'autres qui sont toûjours errans. Les qualitez differentes des lieux où ils se trouvent, sont cause de ces differentes situations. Comme l'Afrique a deux fois plus de terres que l'Europe & qu'elle n'est pas propre à être cultivée par tout également; elle n'est pas aussi par tout également habitée: c'est le long du rivage de la Mer qu'on y trouve le plus d'habitans. Ce qui rend le milieu de l'Afrique si desert, c'est la chaleur insuportable qui y règne, tant parce qu'il est immediatement sous la Ligne, que parce que les sables dont l'interieur du Païs est rempli, étant incessamment échaufez par les raïons du Soleil, y deviennent brûlans & impraticables. Outre cela les animaux inutiles aux hommes, qui habitent dans ces deserts, font qu'on ne s'avise guére de leur en disputer la possession. Mais dans les lieux où la terre est cultivée, elle produit des fruits rares & exquis, des grains & des blés excellens, en si grande abondance, que la semence y raporte en quelques endroits le centuple, & que les ceps de vignes y sont aussi gros que les plus gros arbres de nos jardins. On y trouve aussi des mines d'or, d'argent & de sel, & des drogues admirables dont on fait de très-bons medicamens. Cette fertilité se trouve particuliérement dans la Barbarie dont les moutons sont extremement estimez. Ils ont la queuë si grosse qu'elle fait un cinquiéme de leurs poids, & qu'on les appelle pour cela moutons de *cinq quartiers*. L'Egypte est aussi très-fertile: on dit même que c'est le Païs du monde le mieux peuplé, & que les femmes y font quatre ou cinq enfans à la fois. C'est aux Naturalistes à nous expliquer les raisons de cette fécondité; car pour nous en tenir ici à ce que nous aprend l'experience, les Païs les plus abondans ne rendent pas toûjours les femmes plus fécondes pour cela. Y a-t-il un Païs généralement plus fertile que la France? Cependant il s'en faut bien que les femmes y fassent autant d'enfans qu'en Suisse qui est un Païs rude & ingrat, & qu'en Hollande où la terre ne produit presque rien. Cela me feroit croire que cette diversité de temperament vient de l'air & du climat aussi bien que de la nourriture & de la qualité des alimens. J'ajoûterai que la liberté des Republiques, où chacun possede son héritage sans trouble & sans inquiétude, contribuë encore, à ce que je croi, à rendre les mariages plus féconds. Cette liberté met les familles dans une certaine aisance qui donnant de la vigueur & de la santé aux corps, les met aussi en état d'exercer leurs fonctions naturelles avec plus de succès. Les hommes & les femmes y sont plus robustes, & y ont généralement, jusques parmi les gens de la campagne, un air de prosperité qu'on ne voit pas régner ailleurs si communément. Au lieu que la misére, inséparable de la servitude des Monarchies, rend les esprits tristes & mornes; & cette tristesse faisant impression sur les corps, qui se ressentent necessairement de tous les mouvemens de l'ame, les fait devenir secs & languissans, & par consequent mal propres à la propagation de l'espèce. Les sucs necessaires pour cette propagation sont rares dans des corps exténuez de fatigues, & travaillez par les inquiétudes du lendemain. D'où vient que la richesse des Rois est de faire vivre leurs Peuples dans l'abondance, pour faciliter les mariages & le commerce: de même que leur ruïne est de s'enrichir aux dépens de leurs sujets; parce qu'alors ils font tarir les sources d'où ils tirent eux-mêmes leur substance. Quoiqu'il en soit, c'est de l'Egypte que dépendoit autrefois l'abondance ou la famine de l'Empire Romain: & les Anciens par cette raison l'appelloient le Grenier public du Monde. L'Abyssinie jouït aussi de cette fertilité en quelques endroits où le Païs est entrecoupé de montagnes & de Riviéres; mais les Habitans ne savent pas user des mines d'or, d'argent & de cuivre que la terre y renferme en grand nombre.

De tems immemorial l'Afrique a été gouvernée par des Princes, ou par des Republiques. Tout le monde sait que Carthage fut la rivale de Rome, & il faudroit être bien neuf dans le Païs de l'Histoire ancienne pour ne point connoître les guerres Puniques ou Carthaginoises. Les Romains aiant eu enfin le dessus, ils détruisirent Carthage, en chasserent les Rois, y envoïérent des Colonies, & demeurérent ainsi Maîtres d'une partie de l'Afrique où leur domination dura jusques à la fin du règne de Theodose. Alors Boniface Gouverneur de cette Province-là y appella Genseric Roi des Vandales. Ce Monarque y passa d'Espagne avec une armée de quatre-vingt mille hommes. C'étoit un zelé Arien & il en donna des marques contre la foi des Traitez, lien qui chez les Princes se denouë & se rompt fort aisément. Contre la foi donc d'un Traité qu'il avoit fait avec les Romains, il surprit Carthage le dix-huit ou le dix-neuviéme d'Octobre l'an quatre cens trente-neuf, chassa les Romains & se mit en leur place, se rendant Souverain absolu dans le Païs. Ce Tiran, dit l'Historien, y fit exercer mille cruautez inouïes, particuliérement envers les Prêtres & les Catholiques. Selon un autre Ecrivain, Genseric, après la prise de Carthage pilla l'Afrique, en chassa la plûpart des Prêtres & des Evêques, entra l'année suivante en Sicile; d'où il contraignit l'Empereur de rappeller ses Généraux & de faire alliance avec lui.

Ce barbare & grand persecuteur Vandale se maintint donc en Afrique & regna cinquante-huit ans. Il étoit fils de Gadegisile, & il avoit succedé au Roïaume des Vandales à son Frere Gundéric fils de Wismar. A ce Monarque succéda Huneric ou Honaric Gendre de Valentinien Troisiéme du nom. Son règne ne fut que de huit ans. Le troisiéme Roi

Van-

Vandale fut Gondebaud, ou Gombaud que quelques-uns nomment Gondagise Fils ou Petit-Fils de Huneric. Il porta la couronne pendant onze ans. Thrasimond Frére du dernier & Gendre de Theodoric de Verone occupa le Trône vingt-six ans. Hilderic fils de Huneric & d'Eudoxe règna huit ans. Enfin Gilimer, qui, selon quelques-uns, étoit fils de Hilderic, ne règna que quatre ans.

J'ai cru faire plaisir d'inserer ici cette Succession des six Rois Vandales en Afrique; mais je ne sai s'il n'y auroit point une erreur dans la source où je l'ai puisée; car si Gondebaud étoit le petit-fils de Huneric, & Thrasimond le frére de Gondebaud, est-il probable que Hilderic fût aussi le fils de Huneric? Je m'en raporte aux Connoisseurs, & après ce petit écart je reprens mon chemin.

L'Empire des Vandales subsista donc en Afrique environ cent trente ans, & la nouvelle revolution arriva sous Gilimer, qui étoit le sixiéme Roi. Ce fut pendant l'administration de ce Prince que l'Empire Romain recouvra ce qu'il avoit perdu dans le Païs dont il s'agit. Belizaire, ce Général si connu tant par sa reputation de grand Capitaine que par ses disgraces & ses infortunes extraordinaires, Belizaire, dis-je, qui commandoit les troupes de l'Empereur Justinien, passe en Afrique avec une armée, réprend Carthage, fait plusieurs autres conquêtes & retourne couvert de lauriers. Gilimer même vaincu est fait prisonnier & sert encore à relever la pompe du triomphe de son vainqueur.

Lorsque l'Empire Romain, cette Puissance la plus vaste, & la plus formidable qui fut jamais; qui, par le droit de l'épée, c'est-à-dire, par l'usurpation, avoit fait trembler l'ancien Monde, & s'en étoit approprié injustement tant de Païs; lors, dis-je, que cet Empire déja sur son penchant, commençoit à tomber par son trop grand poids, les Arabes & les Sarrasins firent des irruptions en Afrique & s'emparérent de tout ce que les Romains y possédoient. On prétend que cette invasion se fit sous l'Empire d'Honorius, mais je trouve dans cette Epoque-là un Anachronisme dont la discussion n'est pas de mon sujet.

Dans la suite du tems les Turcs entrérent sur la Scène d'Afrique, & ils y gagnerent quelques Etats, dont les uns furent incorporez à la Puissance Ottomane, & les autres en sont Tributaires. Il y a aussi dans cette vaste Presqu'ile quantité de Seigneurs particuliers, qui, quoique sans biens & sans forces, se croïent de grands Rois, & gouvernent leurs Sujets ou Vassaux Monarchiquement. Je me souviens à ce propos-là de ce qu'un Voïageur digne de foi m'a conté. Un de ces Roitelets nommé Damel, lui demanda un jour, & cela fort serieusement, si le Roi de France alors Louïs XIV. de glorieuse & terrible mémoire, étoit aussi puissant que lui, & sur tout si ce Prince avoit le moïen de boire autant d'eau de vie que Sa Majesté Damellique en buvoit. L'Espagne & le Portugal ont fait aussi quelques aquisitions sur les côtes d'Afrique.

Au reste à propos de tous ces changemens arrivez en Afrique, je ne puis m'empêcher de faire une courte reflexion en supposant, comme il est vrai, que notre Terre n'est qu'un point, en comparaison des autres Globes fixes ou roulans sur nos têtes. En verité n'est-ce pas un plaisir de se figurer les hommes se remuant & agissant comme ils font, dans ce petit espace de Matiére? Representez-vous les, je vous prie, attroupez comme des Fourmis, sortant en foule de leurs trous, pour chercher à s'étendre ou à se mieux placer. Ils courent de tous côtez, saccageant, brûlant, pillant, massacrant; & sans aucun égard ni au bel ordre de la nature, ni à la volonté suprême de l'Etre qui en est l'Auteur & le Conducteur: ces machines vivantes & soi-disant raisonnables, font leur grande & leur plus serieuse occupation de détruire leurs Coïndividus ou de les supplanter. La Nature ne nous a point donné de plus forte impression que l'amour de notre Etre personnel. Mais quoi! cette Mere si sage & si bonne ne nous auroit-elle donc rien imprimé en faveur de nos semblables? Elle a pourtant usé de cette précaution chez les Bêtes; & elle l'a fait pour la conservation des especes. Un cheval vivant ne voit point un cheval mort sans une espèce d'horreur. L'homme seul aime à se souler du sang de son espèce. Quel monstreux animal!

Il n'y a peut-être point dans l'Histoire d'exemple plus sensible de cette inquiétude de l'homme par raport à sa demeure naturelle, que ce qui arriva dans le Monde lors de la chute des Romains. Combien de Peuples accoururent alors pour profiter des debris de ce grand naufrage! L'Afrique fut possedée par les Vandales; l'Espagne par les Maures & par les Sarazins, les Gaules par les Visigots, les Bourguignons, & les Francs, l'Italie par les Lombards; la Grande Bretagne par les Pictes, par les Anglois & par les Saxons. La Baviére d'à present par les Boiens, la Hongrie par les Huns, & les Provinces de la Germanie par ceux qui eurent de la resolution & des armes pour la conquerir.

Les Africains en général ne sont ni si bons guerriers ni si courageux que les Habitans des autres Parties du Monde. Leurs Princes ont de nombreuses armées, mais qui n'en sont pas meilleures pour cela, n'observant ni ordre ni discipline dans leurs combats. Ils les font ordinairement à cheval & se servent de la lance. Les Arabes sont plus adroits que les autres, & sont aussi plus redoutables à leurs voisins. En général ces Peuples sont basanez, noirs, ou jaunâtres, & marquent par cette couleur la noirceur intérieure de leur ame. Car ils sont cruels, blasphemateurs, perfides, avares, sans pudeur & portent leur déreglement jusques aux extrémitez les plus honteuses. Ceux de la Côte de Barbarie sont grand Pirates & Ecumeurs de Mer. Les Numides sont pesans & grossiers; les Nubiens un peu plus civilisez; ceux de Guinée jaloux, vains, idolâtres, superstitieux, larrons; de même que les habitans du Monopotapa, qui se servent pour armes de piques, d'arcs, & de fleches. Ceux de Barbarie adoroient le Soleil & le Feu. Ils avoient dressé au dernier des Temples, où cet élement étoit conservé avec autant de soin que parmi les Vestales de Rome. Tous les Africains étoient Idolâtres, mais leur Idolatrie avoit des objets différens. Ils reçurent dans la suite les Dieux des Romains, à mesure qu'ils furent assujettis à leur Empire, & Jupiter avoit un Temple dans les deserts de Barca sous le nom de Jupiter Ammon. On prétend qu'ils embrasserent aussi la Religion des Juifs. Enfin ils eurent autant de Religions différentes que de Maîtres qui les rangerent sous leur domination; & il seroit également difficile de raporter la diversité de leurs erreurs, & celle des changemens arrivez dans leur fortune. Ce qu'il y a de certain c'est qu'ils ont aussi eu part aux lumiéres de la veritable Religion.

L'opinion commune est que ce fut par cette fameumeuse Reine de Saba, qui pour contenter sa curiosité de femme, si pourtant ce ne fut point une inspiration Divine, fit tant de chemin pour connoître le sage Salomon, le premier Apôtre de l'Afrique. Car cette Princesse, dont aparemment le Monarque inspiré avoit fait une bonne Proselite, au retour de son Voiage prêcha, dit-on, à ses Sujets le Judaïsme : alors la seule & unique Religion sur la terre pour esperer le Paradis. Sçavoir si l'Apostolat de cette Reine, devenuë Theologienne & Missionnaire, fructifia beaucoup, c'est ce qui ne se dit point : mais je croi que sa prédication n'est guére moins incertaine que ses bons effets.

La Conversion des Africains au Christianisme est mieux fondée. On prétend que cet Eunuque catechisé par Saint Philippe, & qui lui demanda le Batême avec empressement, fut le premier qui repandit en Afrique la bonne semence de la parole Evangelique.

Il est assez vraisemblable que la ferveur d'un nouveau Bâtisé lui inspira du zele & du mouvement pour la conversion de ses Compatriotes. Avec tout cela ces deux Traditions sont peut-être également douteuses : mais suposons les vraïes; en ce cas-là une chose me paroît remarquable; c'est que Dieu qui à la vérité se sert de tout, ait choisi une femme & un Eunuque pour éclairer l'Afrique, la femme pour y donner la connoissance du vrai Dieu, & l'Eunuque pour y annoncer le grand & inconcevable Mistere de la Rédemption.

Les uns, comme Salvien, disent que l'Eglise de Carthage a été fondée par les Apôtres même & les autres par les Disciples des Apôtres. Mais quel que soit le tems où elle commença à joüir de ce bonheur, on ne peut nier qu'elle n'en ait profité avantageusement, puisque cette Eglise a fleuri durant quelques siécles, & qu'elle a été célèbre entre toutes les autres. En effet le Christianisme y fit des progrès considérables en peu de tems : il est vrai que les persecutions y firent aussi de grands ravages.

Il n'y a point de Païs au monde où le Christianisme ait été plus agité ni plus bigarré : outre que les Empereurs y ont allumé plus d'une fois le feu d'une cruelle & sanglante persécution ; entre autres le barbare Diocletien, & Julien surnommé l'Apostat, l'Heresie fit ensuite de grands ravages sur les terres Ortodoxes. Ce fut sur ce grand Theatre, où les fameuses Sectes de Manès, de Donat, d'Arius, de Pelage &c. firent le plus de bruit, & causerent les plus grands troubles de la Guerre Theologique.

La verité & la charité sont les fondemens & les points essentiels de la Religion Chrétienne. Cependant c'est cette même verité qui a produit occasionnellement un nombre inombrable d'erreurs toutes condamnées à la peine éternelle, & c'est cette même charité qui au lieu d'attacher, de serrer les Hommes par le lien d'un amour fraternel, a donné lieu chez le Genre Humain aux dissensions les plus envenimées, les plus mortelles, à la plus copieuse effusion du sang Humain. *Je ne suis point venu pour la paix, mais pour l'épée.* C'est ce que notre Legislateur homme-Dieu a declaré de sa propre bouche ; & c'est assurément ce qui s'est le mieux verifié de sa divine mission. Comment concilier cela avec l'aimable titre de Sauveur? Rien de plus aisé : Dieu a ses raisons & les raisons du Tout-puissant sont aussi impenetrables qu'elles son justes.

Mais si l'Eglise d'Afrique a été si cruellement persecutée, le sang des Martirs, comme dit Tertullien, étoit une semence de nouveaux Chrétiens qui se multiplioient à mesure qu'on les vouloit détruire. On trouve une preuve de cette celebrité de l'Eglise de Carthage dans le grand nombre d'Evêques qui composoient les Conciles d'Afrique. Il y en eut quatre cens septante dans une Conference tenuë à Carthage l'an 411. entre les Catholiques & les Donatistes; & la notice des Evêques d'Afrique, dressée du tems d'Huneric, Roi des Vandales, en contient 458. qui furent tous chassez sous ce Prince Arien. Plusieurs Eglises furent néanmoins conservées; en sorte que quand Belizaire eut reconquis ce Païs pour l'Empereur Justinien, Reparatus Evêque de Carthage tint encore un Concile où il s'en trouva deux cens dix-sept. Nous aprenons des anciens monumens que le nombre des Evêchez d'Afrique alloit jusques à 690. Cette Eglise étoit également savante & nombreuse, heureuse si elle n'eût pas été divisée par un schisme de trois cens ans. L'habileté & le zele de ses Prélats parut dans les disputes que ces divisions causerent. Mais on peut dire que les differentes Hérésies qui se formerent dans son sein, lui furent mille fois plus funestes que toute la rage des Persécuteurs. Cette Eglise qui s'étoit soûtenuë contre les efforts qu'on avoit fait pour la détruire, fut enfin livrée en proïe aux infideles qui la desolerent & ruïnérent entiérement. Dieu lui ôta son flambeau par un effet de ses jugemens impénetrables; & les Arabes qui entrerent en Afrique après les Sarrazins, y semerent le Mahométisme dans le VII. siécle. Depuis ce tems-là les naturels du Païs, lassez de leur domination, les chasserent à la verité, dans les deserts, mais ils ne purent, en secouant le joug de leur tyrannie, se depouiller tout à la fois de leurs erreurs, en sorte qu'ils sont aujourd'hui divisez en autant de Sectes qu'il y a parmi eux de sortes d'Habitans. Cependant la Religion ne trouble point le repos des Africains d'aujourd'hui; mais d'un autre côté leur culte consiste dans une bigarure pitoïable & qui doit faire saigner le cœur aux bonnes ames.
„ Les Africains, dit un Géographe, ont diverses
„ Religions suivant les Païs qu'ils habitent. On y
„ voit quantité de Mahometans, d'Idolâtres, de
„ Cafres, c'est-à-dire des gens sans Foi ni Loi; des
„ Juifs & des Chrêtiens qui sont de trois sortes.
„ Les uns suivent le Schisme des Grecs, comme les
„ Abissins & autres Ethiopiens; les autres qui se
„ rencontrent sujets des Rois d'Espagne & de Porgal sont Catholiques; & ceux qui ont été conquis
„ par les Hollandois professent le Calvinisme.

C'est ce que dit Monsieur le Géographe; mais ne lui en déplaise, il auroit pu s'exprimer d'une maniére plus desinteressée, & mieux instruite. Pourquoi traiter les Grecs de Schismatiques? Par quel endroit? Ils ne veulent pas reconnoître le Vicariat, la Lieutenance Générale, la Vicedéité de l'Evêque de Rome. D'accord; mais aiant leurs Patriarches & leurs Prelats particuliers ne gardent-ils pas l'ancien ordre, la vraïe & naturelle Hierarchie? Dites-moi, je vous prie, si un Géographe Grec parlant de l'Italie, ou de quelque autre Païs de la Religion Prétenduë Catholique, s'avisoit de dire, ils sont soûmis à l'usurpation & à la Domination tyrannique du Pape, n'auroit-on pas raison de crier à l'imprudence & à la partialité : cependant le Grec diroit peut-être plus vrai que le François avec son schisme.

Touchant les Hollandois le terme *Calvinisme* est ici un peu moins mauvais que celui de schisme. Tout

Tout Papiste, pour peu qu'il soit de bonne foi, avoûra que Calviniste & Heretique sont chez lui de la même signification. Le mot Heretique est le Pere, & le mot Calviniste est un de ses Enfans. Or les Hollandois, sans égard à Calvin, encore moins sans reconnoître pour leur Patriarche cet homme si venérable pour son savoir, sa piété, & sa vie exemplaire, les Hollandois, dis-je, professent un Christianisme aussi saintement interpreté tant pour la Doctrine que pour la Morale, & consequemment aussi pur qu'on ait pu le donner dans la Réformation.

Mais que veut dire cet Ecrivain avec ses Africains Calvinistes? Je ne sai s'il y en a un seul dans cette Partie du Monde. Les Hollandois s'y sont établis par des Comptoirs fortifiez & par quelques Conquêtes: mais s'ils ont tâché d'introduire l'Evangile chez ces Peuples, je suis persuadé que leurs pieux & louables efforts ont été très-inutiles. Un Connoisseur & qui plus est témoin oculaire, m'assure que les Afriquains sont les mortels les moins convertissables, & que de l'aveu même des Missionnaires, il est humainement impossible de leur dessiller les yeux.

Quant à ces Cafres qui n'ont ni Foi ni Loi je les ai cherchez sans pouvoir les déterrer Il seroit bien curieux de connoître leurs sentimens, leur conduite & leurs moeurs. N'y trouveroit-on point par hazard la preuve d'une proposition qu'un des plus grands hommes de nos jours avança le siécle dernier, & qui lui fit de grosses affaires, *une Société d'Athées vaut mieux qu'une Société d'Idolâtres?* Car enfin il n'est pas rare de voir chez ces misérables, qui, n'aiant ni Foi ni Loi, sont en exécration au vulgaire, plus de droiture, plus de probité, plus d'honnêteté & sur tout plus d'humanité que chez la plûpart des meilleurs Croïants.

Quoiqu'il en soit, ce qui a contribué à faciliter en ce Païs-là la conquête des Européens, c'est le peu d'expérience des armes qui se trouve dans les Afriquains naturels. Ils sont si éloignez de savoir se défendre, qu'un Regiment de Soldats d'Europe suffit pour mettre en fuite une de leurs armées, & que la moindre forteresse avec une petite garnison peut tenir toute une Province en bride. Le Turc, pour se prevaloir de cette foiblesse, est continuellement en guerre avec le Roi des Abissins, à qui il prend de tems en tems ses meilleures Places, sans que celui-ci ose jamais entreprendre de reconquerir ce qu'il a perdu. La férocité de quelques Peuples de ce Païs ne leur sert de rien contre des Soldats aguerris & experimentez. Comme ils ne savent manier aucunes armes, ils fuïent devant ceux qui les poursuivent & leur nombre fait leur force, quand ils sont en état de s'en prévaloir. La Barbarie est la Province la plus belliqueuse de toute l'Afrique, parce qu'elle s'est aguerrie par les armes des Chrêtiens. Les Turcs & les Arabes qui en sont originaires se defendent assez bien contre ceux qui les veulent attaquer; mais on ne laisse pas de les dompter en bâtissant sur leurs Côtes des Forteresses, d'où l'on est en état de les harceler continuellement.

Au reste les Anciens ont peu connu ce grand Continent; il n'y a même que deux cens ans qu'on a decouvert tout ce qui est au delà des sources du Nil & des Montagnes de la Lune. Ce qui a empêché de pénétrer plus avant, c'est le préjugé où l'on étoit autrefois que les Païs situez sous la Zone Torride sont inhabitables, à cause de l'ardeur excessive du Soleil; & comme le milieu de l'Afrique est immédiatement sous cette Zone, ou l'on a cru qu'il n'étoit point habité du tout, ou on l'a peuplé de monstres si horribles & de Nations si sauvages, qu'on n'osoit mettre au rang des Hommes de si étranges habitans. De là les Gimfasantes qui alloient tout nuds, au raport de *Pomponius Mela*, & qui ignorant entiérement l'usage des flèches & des autres armes, fuïoient à la vûë de tous ceux qu'ils apercevoient, & ne se laissoient aprocher que de ceux de leur Nation. De là les Cynocephales qui avoient, dit le même Auteur, une tête & des pattes de chien, & qui aboïoient de la même maniére que ces animaux. De là les Sciapodes qui se couvroient de leurs piés pour se garantir de l'ardeur du Soleil. De là enfin les Blemmeges, gens sans tête, & qui avoient les yeux & la bouche sur l'estomac, & quantité d'autres Peuples fabuleux, plus ou moins énormes selon les formes différentes sous lesquelles on s'avisoit de les concevoir. Il est vrai qu'il y a dans le milieu de l'Afrique des Deserts sablonneux & brûlans, où il se trouve un grand nombre de Bêtes feroces, qui le rendent moins fréquenté. Tels sont le Chameau, le Cheval domestique, sauvage & marin, le Dante ou Lampt, le Guahex, la Gazelle, le Bœuf marin, l'Ane sauvage, le Lion, le Léopard, la Panthére, le Dabuth, l'Elephant, le Singe &c. Mais comme il est vrai aussi qu'il n'y a point d'animaux qui ne fuïent devant l'homme, & que c'est pour son usage qu'est faite la Terre avec tout ce qu'elle contient, il n'est pas moins certain que la Navigation, & les nouvelles découvertes ont fait connoître l'erreur des Anciens à cet égard. Quelle aparence en éfet que Dieu, qui a distribué si sagement la lumiére du Soleil à toutes les parties de la Terre, l'eût renduë inutile à quelques-unes où il n'eut pas été possible d'en profiter? Ce seul soupçon étoit indigne de la puissance de celui qui a créé le monde. La même Intelligence qui a placé ce flambeau pour éclairer successivement toutes les faces du Globe qu'il illumine, savoit bien comment en temperer la chaleur pour les Peuples qu'il éclaireroit de trop près. C'est precisément la raison de cette structure merveilleuse du Monde, par laquelle la nuit est égale au jour sous l'Equateur, afin que la chaleur de l'un soit temperée par la fraîcheur & les brouillards de l'autre; & que le Soleil s'y cache aussi long-tems qu'il s'y montre, afin que la Terre pousse de son sein en son absence autant de vapeurs qu'il en faut pour rafraîchir l'air échauffé par ses raïons. La même raison fait que les jours croissent à mesure qu'on s'éloigne de l'Equateur, afin que ce que l'on perd de la chaleur du Soleil soit en quelque maniére reparé par la durée de sa presence, & que si la Terre en est échauffée plus lentement, elle en jouïsse au moins plus long-tems. Et comme cela ne peut arriver tout-à la fois des deux côtez de la Ligne, où la progression de cet Astre vers chaque Tropique fait que les jours sont plus longs dans l'une des Zones temperées que dans l'autre, la sagesse admirable du grand Ouvrier qui les a faits, a accordé successivement les mêmes avantages aux Peuples de ces deux Zones, afin que ce que les uns perdent durant un tems par la longueur des nuits, ils le regagnent dans un autre par la durée des jours qui leur succedent, & que nul Habitant de la Terre n'ait à se plaindre qu'il ne jouït pas également de la clarté. Ce que je dis des Zones temperées se doit entendre à proportion des Zones froides; en sorte que les Peuples mêmes qui

qui sont sous les Poles ne voïent pas moins le Soleil que les autres. Il n'y a aucun endroit sur la Terre, où l'on jouïsse de cet Astre plus de six mois en un an; or que ces six mois soient interrompus ou consecutifs, c'est la même chose quant à la distribution de la lumiére. Et à l'égard de la chaleur, on peut se consoler de l'avoir grande, quand elle dure peu; tout de même que de la sentir mediocrement, quand on a plus de tems à en jouir. Je ne prétens point dire par là qu'il ne fasse pas plus chaud sous la Zone Torride qu'ailleurs par proportion; mais je veux seulement faire entendre que la presence du Soleil y durant moins qu'ailleurs, la durée de la nuit y dedomage sufisamment de la chaleur du jour.

Ajouterai-je que selon le raport des Voïageurs qui ont passé plusieurs fois sous la Ligne, il s'y leve la nuit des vents frais qui temperent merveilleusement la chaleur de l'air? Que les terres de la Zone Torride sont aussi abondantes en rivières, en fontaines, & en bois que les Païs les plus temperez? Et qu'on a dans cette Region toute une autre saison que sous les autres Zones? C'est aux Savans à en chercher les raisons; mais l'experience nous aprend qu'il arrive sous la Zone Torride tout le contraire de ce qu'on éprouve dans les autres Païs. Ailleurs le Soleil s'éloignant de nous cause le froid & la pluie, & lorsqu'il s'en aproche il produit la sécheresse & la chaleur. Sous l'Equateur il n'en est pas de même: les Peuples qui y habitent ont, dit-on, toutes les années deux Hivers, ou plûtôt deux saisons pluvieuses, l'une lorsque le Soleil est à l'Equinoxe du Printems au mois de Mars, & l'autre au mois de Septembre, lorsqu'il est à l'Equinoxe de l'Automne. Cette Loi de la Nature n'est pourtant pas si immuable dans les Païs de Montagnes, qu'il n'y arrive quelques fois du changement, mais comme ces choses-là me paroissent fort incertaines, je ne m'y arrêterai pas plus long-tems.

On divisoit anciennement l'Afrique en trois Parties. La I. comprenoit l'Egypte, la Lybie, & la Thebaïde. La II. renfermoit tout le Païs qui est le long des Côtes depuis la grande Sirte jusques au Détroit, & étoit plus ou moins étendue selon que les Côtes étoient plus reculées ou plus avancées vers la Lybie interieure, dont elle est separée par de hautes montagnes. La III. contenoit tout le reste du Païs depuis ces montagnes & les extremitez de l'Egypte jusques à la pointe Meridionale de cette grande Presqu'ile. Les anciens Geographes Romains partageoient aussi l'Afrique en trois Provinces, la Mauritanie, la Numidie & l'Afrique propre. Chacune de ces Parties fut ensuite divisée en deux autres, savoir la Mauritanie, en Tingitane & Césarienne, & l'on fit d'une Partie de la Numidie une Province séparée appellée Numidie Sithiphienne. L'Afrique propre fut de même partagée en trois: savoir la Province Proconsulaire, la Pyzaïene & la Tripolitaine. Telle étoit, du tems de l'Empereur Theodose, la division de l'Afrique, excepté que la Mauritanie Tingitane fut separée du Corps des Provinces d'Afrique pour être jointe à celles d'Espagne. Pour ce qui est de l'Egypte, elle étoit aussi anciennement divisée en trois parties: Savoir la Haute, la Basse Egypte & la Thébaïde. La Lybie exterieure qui comprend la Cyrenaïque & la Marmarique y fut jointe. Le reste de l'Afrique étoit divisé en deux ou trois parties, la Lybie interieure, la Haute & la Basse Ethiopie.

D'autres Geographes partageoient encore l'Afrique d'une maniere plus commode & plus courte, en deux parties separées par le cours du Nil, l'une Orientale & l'autre Occidentale. D'autres au contraire suivant la Ligne Equinoxiale l'ont divisée en Septentrionale & Méridionale. Quelques Modernes la considerent selon quatre Païs differens, qui sont le Païs des Blancs, le Païs des Noirs, l'Ethiopie & les Iles. Le Païs des Blancs comprend, selon eux, la Barbarie, l'Egypte, le Biledulgerid ou la Numidie, & le Zaara ou la Lybie. Le Païs des Noirs ou Negres contient trois parties qui sont la Nigritie, la Nubie, & la Guinée. L'Ethiopie se partage en Haute & Basse, la Haute, qui est l'Abyssinie, est renfermée au dedans du Païs, & la Basse qui regne le long de la Mer, comprend le Congo, la Cafrerie, & le Zanguebar. Mais toutes ces divisions étant ou incompletes ou embarassées, en voici une plus moderne qui comprend d'une maniére distincte tout ce qui est renfermé dans ce Païs.

L'Afrique selon cette derniére division se partage en huit Parties generales, dont chacune renferme tout ce qui lui apartient en particulier. La I. est l'Egypte, la II. la Barbarie, la III. le Biledulgerid, la IV. le Zaara ou le Desert, la V. la Nigritie, la VI. la Guinée, la VII. l'Ethiopie, & la VIII. les Iles. Cette division me paroît d'autant plus commode qu'elle suit la situation naturelle des Païs tels qu'ils se presentent sur la Carte. Il faut commencer par l'Orient, & suivre par le Septentrion & l'Occident jusqu'au Midi; & par ce moïen l'on trouvera facilement les huit parties que nous venons d'indiquer.

Cependant pour rendre la chose encore plus facile & presenter tout à la fois à l'œil les subdivisions renfermées dans chacune de ces parties générales, j'ai dressé la Table suivante sur les Cartes les plus nouvelles & sur les observations des Géographes les plus exacts, afin que l'on puisse trouver facilement tout ce que l'on souhaitte, & que l'on retienne sans peine ce que l'on aura clairement conçu.

TA-

TABLE GENERALE DES DIVISIONS DE L'AFRIQUE.

L'AFRIQUE SE DIVISE EN HUIT PARTIES PRINCIPALES, SAVOIR.

I. l'Egypte Se divise en III. Parties, savoir.

- I. La Basse Comprend.
  - 1. Beylic de Mansoura. Hoven. Faranida.
  - 2. Beylic de Menousia.
  - 3. Beylic de Callioubec. Turbem. Zuga.
  - 4. Beylic de Bouhera. Al-hamau.
- II. La Moienne Comprend.
  - 1. Bachalie du Caire. Elmococana. Larnabula. Alexandrie. Rosette. Bochira.
  - 2. Beylic de Suez. Elmona.
  - 3. Beylic de Giza: Memphis à présent ruinée.
  - 4. Beylic de Fium. Cosera.
- III. La Haute Renferme.
  - 1. Beylic de Gabira. Damiete. Bourlos. El-mala. Domanhoura. Belina.
  - 2. Beylic de Benesuef. Munia.
  - 3. Beylic de Manfelout. Ariotha.
  - 4. Beylic de Girgie. Said. Barbanda. Asna.
  - 5. Beylic de Cherkeffi. Almona.
  - 6. Beylic de Minio. Ichmina. Chana.
  - 7. Beylic de Coser. Hibeleasit. Zibid.

II. La Barbarie Se divise en VI. Royaumes qui sont

- 1. Barca. — Barca Capitale. Cairaon. Badra. Tacchara. Berechena. Beranich. Tolameta. Melela. Corebra. Les Salcs. Ben-André. Le Patriarche. Boera. Crabech. Mesalonara. Salona. Albertan. Rosa. Rives blanches. Raibba.
- 2. Tripoli. — Tripoli Cap. El Hamma. Capes. Zaara. Porpata. Rosalmabron. Sarmana. Arena. l'Arcadia. — Iles. Gerbes. Sidra. Barda.
- 3. Tunis. — Tunis Cap. La Goulette. Carthage ruin. Bizerte. Musti. Sousa. El Media. Hama. Caffa. Nafta. — Iles. Pantholarea. Limosa. Lampedusa. Chercara. Gomelera. Galata. etc.
- 4. Alger en 5. Provinces. — Pr. d'Alger. Moremo. Maaura. Pr. de Bugie. Steffa. Gigeri. Pr. de Constantine. Tebessa. Bona. Pr. de Tenez. Mustegan. Sargel. Pr. de Telensin. Hunain. Marsal-quivir. Oran. Mazagran.
- 5. Fez en 6. Provinces. — Fez Cap. Pr. d'Asgar. Pr. de Temesna. Pr. d'Habat. Pr. d'Errif. Pr. de Garet. Pr. de Chaus.
- 6. Maroc en 9. Provinces. — Pr. de Maroc. Pr. d'Naspora. Pr. de Tadles. Pr. de Duccala. Pr. d'Hea. Pr. de Sus. Pr. d'Ydanaguerst. Pr. d'Escura. Pr. de Gasula.

III. Le Biledulgerid Se divise en VIII. Prov. savoir

- 1. Barca Desert. — Amnon. Elcocath. Alguechet. Augela. Gorham. Ce Desert ocupe la Partie la plus Orientale de Biledulgerid.
- 2. Biledulgerid. — Sonsara. Tuser. Gademes. Fezzan. Tecrrogu.
- 3. Techort. — Seluha. Nesau. Desert de Guerguela.
- 4. Zeb. — Teolacha. Nefta. Meszab. Descara. Pergia.
- 5. Tegoratin. — Tesebit. Tunt. Benigomi.
- 6. Segelmessa. — Chasaira. Faghiga. Tebelbelt. Tamaracrost. Tafilet.
- 7. Darha. — Tamaguerut. Benisabih.
- 8. Tesset. — Ifrona. Archa. Guaden. Partie de Sus. Larquea. Nun.

IV. Zaara ou Desert Se divise en VII. autres Royaumes ou Deserts.

- I. Royaume ou Desert de Borno. Kangha. Amasen.
- II. de Gaoga.
- III. de Berdoa.
- IV. de Lempta. Dipir. Algados.
- V. de Targa. Zaghara. Hair.
- VI. de Zuenziga. Zis. Ghir.
- VII. de Zanhaga. Tegarza. Athamara.

Ces Provinces ou Deserts ont chacun leur Ville Capitale dont ils portent le nom.

On ne trouve dans ces Deserts que trois Rivieres principales, qui sont celle de Nubie, de Ghir et des Chameaux.

Les Peuples y sont brutaux, sauvages et grands voleurs. Les uns demeurent dans des Villes, et ont un peu plus d'humanité; les autres, sont errans par les Champs gardant leurs troupeaux ou cherchant fortune, ces derniers n'ont ni Loix ni Police.

Ils ont des Rois ou Seigneurs Particuliers qu'ils appelent Negues.

Plusieurs suivent la Doctrine de Mahomet, les autres n'ont ni foi ni Religion.

V. La Nigritie Se divise en XVI. Principaux Royaumes qui sont situés le long du Niger en remontant vers sa Source dans l'ordre suivant.

- 1. Genehoa. Patesan. Sambalameck. Brack. Soudajabe.
- 2. Gualata. Gandia. Fulli. Noden. Nebodesko.
- 3. Tombut. Balla. Berissa. Guegoure. Coragoli. Cossali.
- 4. Agades. Baghir. Maura. Mayna. Colombe.
- 5. Cano. Germe. Tessara.
- 6. Cassena. Tirca. Nebrica.
- 7. Gangara. Marasa. Semegda.
- 8. Senega ou des Jaloffes. Tubaca. Solal.
- 9. Gambia.
- 10. Casanga.
- 11. Bijagos.
- 12. Souzos ou Beun.
- 13. Biafares ou Guinala.
- 14. Melli. Beria.
- 15. Mandinga. Cocrur. Cantori.
- 16. Gago. Guber. Dau. Tomby. Malet. Regsog. Chauara. Zegfara. [illegible] phebil.

Ces Peuples sont moins inhumains que les peuples de Barbarie et de Biledulgerid, mais ils sont ignorants, grossiers, paresseux, et ne haïssent pas les Etrangers. Ils font trafic d'Esclaves qu'ils prennent sur leurs voisins.

VI. La Guinée Se divise en III. Parties princ. savoir.

- I. Roy. de Guinée propre. — St. George de la Mina. Mouré. Tabeorary. Foetu. Spina. Comando. Sabou. Ramkorody. St. Laurengo. Caramantin. Acanes Grandes. Acanes Pequenas. Daama. Arcaro. Labada. Caceres. Axem. Asaima. Busia. Aldeado. Sama. Xabanda. Wetas. Tabo.
- II. Roy. de Benin. — Benin. Arobon. Owero. Isebo. Curamo. Ody. Parcera. Joye. Popou. Jackaya. Feulacu. Calabari. Bony. Bodi.
- III. Prov. de Malaguette. — Timna. Bagga. Quinamora. Masfati. Faly. Hamaya. Settera. Sierra Leona. Bugos.

VII. l'Ethiopie Se divise en II. Parties principales, qui sont

- I. l'Ethiopie interieure, en 2. part.
  - 1. l'Abyssinie en 13. Royaumes. — 1. R. de Dambea. 2. R. de Demus. 3. R. de Goyame. 4. R. de Bagamedri. 5. R. de Amara. 6. R. de Tigré. 7. R. de Barnagas. 8. R. de Angote. 9. R. de Fatigara. 10. R. de Narea. 11. R. de Malemba. 12. R. de Ximenchi. 13. R. de Xoa. l'Ile Méroé aujourd. Gurguère.
  - 2. la Nubie. — Nuabia. Sula. Jalac. Doncala. Cusa. Zagharra. Sabaha. Mathan. Samna etc.
- II. l'Ethiopie Exterieure, en 8. Parties.
  - 1. le Païs de Biafara. — Gabon. Bungo. Macoco. Cacongo. Giringromba. Medra. Majac.
  - 2. le Congo. — Pr. de Bomba. de Pemba. de Batta. de Sundo. de Pango. de Songo. Angola. Loango. Gingues.
  - 3. le Monomotapa. — Monomotapa Cap. R. de Boro ou Hora. R. d'Inhambane. R. d'Inhamior.
  - 4. le Mono-Emugi. — qui comprend le R. de Melemba.
  - 5. le Païs des Cafres. — R. de Sofala ou Ophir. R. de Mutaman.
  - 6. Zanguebar. — Bonallo. Mozambique. Quiloa. Monbaz. Melinde. Lamon. Pate. Chelicie. Brau. Ampaze.
  - 7. les Côtes d'Ajan. — R. d'Adea. l'Ile des Moines. Brava Rep. R. de Adel.
  - 8. Côtes d'Abex. — R. de Dangali. Suaquem. Arcocco. Mazua. — Places au Turc.

VIII. Les Iles.

- 1. Zocotora. — Vinggagera. Gady. Angoada. Cacambot. Mannajara.
- 2. Madagascar. — Manialusa. Manhgalan. Manatengo. Ananbolo. Rama. St. Vincent.
- 3. de Comorre. — Comorre. Caridou. Iroura. Canbraane. Moyotte.
- 4. Vers les Côtes de Zanguebar. — Zanzibar. Monfia. St. Roch. Pemba. Querimba. Anisa. Juan da Nova. Baixos de Judia.
- 5. Vers la Guinée. — St. Thomas. Fernando Po. Obrigrado. I. du Prince. Fernando Poo. Annabon.
- 6. Du Cap Verd. — Sant jago. St. Nicolas. Santa Lucia. St. Vincent. St. Antonio. I. del Fuego. I. de Sal. I. de Bona Vista. I. Brava. I. de Mayo.
- 7. Canaries. — Gr. Canarie. Argonagi. Gades.
- 8. Tenerife. — Laguna. Santa Cruz. Gomer. Palma. Ferro. Lanzerotte. Fuerteventura. Porto de Naos. Alegria. Porto de Cavaleo.
- 9. Madeyres. — Fonsal. Monorico. Santa Crux. Port Saint. Ile deserte. Salvages.
- 10. Açores. — Tercera. St. Miguel. St. Maria. St. George. Del Pico. Fayal. Del Cuervo. De Flores.
- 11. Iles de l'Ocean Ethiopique
  - Vers l'Or. — De Amirante 4. Mascarenhas 2. Os dos Irmanos. Corpo Santo. St. Francesco. Diego Rodrigo. Maurice. de Bourbon. Juan de Nova. Cosmoledo.
  - Vers l'Oc. — St. Mathieu. d'Ascension. St. Helena. St. Helena Nueva. Tristan da Cunha.
- 12. dans la Mer Rouge. — Suaquem. Mazua. St. Pietro.

[illegible]

CARTE DE L'AFRIQUE SELON LES AUTEURS ANCIENS ENRICHIE DE REMARQUES HISTORIQUES
sur les changemens qui y sont arrivez.

Tom. VI. N.° 2. Pag. 6.

REMARQUES

L'Afrique n'est separée de l'Asie que par un Isthme qui, selon la supputation des Milles d'Allemagne, en a environ trente de largeur, ce qui fait de ce Continent la plus grande Presqu'isle qui soit au monde. Elle est nommée Lybie par les Grecs, soit du nom de Lybia fille d'Epaphus fils de Jupiter & de Cassiope, soit plus vraisemblablement du mot grec Libs, qui est le nom qu'on donne d'un vent chaud qui regne ordinairement en ce pays là. Elle est baignée de quatre mers, de la Mer Rouge au Levant, de la Mer Ethiopienne au Midy, de la Mer Atlantique au couchant, & de la mer de Lybie ou d'Afrique au Septentrion.

Sa longueur depuis les Colonnes d'Hercules jusqu'au Cap de bonne Esperance est de sept cens milles, & sa largeur depuis le Cap Verd, jusqu'au Promontoire des Aromates, aujourd'huy Guardafui, de cinq cens cinquante. Les anciens n'ont connu que très peu de chose de ce pays, excepté du côté de la Mer de Lybie ou septentrional; mais au de là des sources du Nil & des Montagnes de la Lune, il leur a été tout à fait inconnu.

Selon la Division de Cluvier, l'Afrique se peut partager en onze parties, qui sont l'Egypte, la Cyrenaïque, l'Afrique Mineure ou proprement dite, les Troglodites, les Garamantes, la Numidie, la Mauritanie, la Getulie, la Lybie interieure, Arabie Troglodytique, & l'Ethiopie.

L'Egypte, selon quelques Geographes anciens, appartenoit autrefois à l'Asie. Mais si l'on donne pour bornes de ce continent le Golfe Arabique, comme le veulent quelques Geographes nouveaux, alors l'Egypte doit appartenir à l'Afrique. On divisoit autrefois ce Pays en Superieur & inferieur, ce que nous appelons la haute & basse Egypte. La haute étoit separée par le Nil en Egypte Lybienne du côté d'Occident, & Arabique du côté d'Orient, d'où est venu le nom d'Egyptiens Arabes, & d'Egyptiens Lybiques. La basse comprenoit une partie de la Marmarique, qui confinoit à la Cyrenaïque du côté d'Occident.

L'Egypte dans son ancienne splendeur, renfermoit vingt mille grandes Villes ce que l'on peut raporter au tems du Roi Amasis; depuis qu'elle eut été subjuguée par les Romains, elle en eut aussi un grand nombre, mais qui n'étoient pas si considerables. La plus importante étoit Alexandrie qu'on regardoit même comme la Capitale de toute l'Afrique. Elle prit la place de Carthage, & s'éleva peu à peu à un si haut degré de puissance qu'il n'y avoit que Rome seule à qui elle fut obligée de ceder. Après elle venoit Diospolis, ou Thebes, fameuse par ses cent portes, ou selon d'autres cent Palais qui étoient la demeure d'autant de Princes avec chacun une garde de deux cens Soldats. Memphis étoit au troisième rang, & elle celebre par le voisinage des Pyramides, qui servoient de sepulchres aux Rois du Pays. Les autres villes principales étoient Sienne, Sais, Bubastis, Elephantis, Tentyris, Arsinoë, Abyde, & Heliopolis, ou Ville du Soleil. La Marmarique avoit le Village ou Bourg d'Apis, lieu consacré au culte des Egyptiens, & le fameux Labyrinthe, tout bâti de marbre, sans aucun bois, dans lequel il y avoit mille Maisons & douze Palais enfermez d'une seule muraille, contenant au dedans une infinité de tours & de detours, dont il n'étoit pas facile de se démêler.

Les Egyptiens se vantent d'une antiquité fabuleuse qu'ils disputent même aux peuples de Syrie. Ils ne craignent pas de la faire remonter au delà du Patriarche Abraham, avant lequel ils comptent plusieurs centaines de Rois. Mais bien loin d'être plus anciens que les Syriens, comme ils le pretendent, ils ne le sont pas même autant que les Arabes Chaldéens & que les Babyloniens. Cependant Berose & Sanchoniathon font venir leurs premiers Colonies de Cham & de Mesraïm son fils; & Moïse met pour leur premier Roi ou Cham lui-même, ou l'un de ses Descendans.

REMARQUES

La Cyrenaïque, voisine de l'Egypte, a pour bornes à l'Occident la grande Syrte ou l'Afrique propre, au Septentrion la mer de Lybie, à l'Orient la Marmarique, & au Midy les deserts de la Lybie interieure. Elle fut celebre par l'oracle d'Ammon, que d'autres néanmoins mettent dans la Marmarique. La Ville d'Ammon & le Temple de Jupiter ainsi nommé étoient dans le desert, aussi bien que la fontaine du Soleil, qui étoit tiede le matin, froide au milieu du jour & qui commençoit à s'échaufer le soir, en sorte qu'elle étoit très chaude sur le minuit. On pretend que Jupiter la fit sortir de terre à la priere de Bacchus qui étoit tourmenté d'une soif ardente dans ces deserts. La Cyrenaïque étoit aussi appellée Pentapolitaine à cause de ses cinq Villes, qui sont Berenice, Arsinoé, Ptolemaïde, Apollonie, & Cyrene, qui a donné son nom à tout le pays. Cette derniere étoit autrefois la rivale de Carthage, éloignée du rivage de la Mer seulement de douze mille pas. Les Cyreniens ont longtems vécu separement & sans se mêler avec les Egyptiens & les Carthaginois. Ils eurent ensuite des disputes avec ces derniers touchant leurs Limites, & ces disputes produisirent de longues guerres, jusqu'à ce que Carthage étant enfin été détruite, les uns & les autres ont été subjuguez par les Romains.

L'Afrique Mineure, ou proprement dite, s'étend du côté du Nord à la mer qui porte son nom, du côté d'Orient à la grande Syrte, du côté du Midy à une longue chaîne de Montagnes qui la separe des deserts de Lybie & des Getules, & du côté du couchant au fleuve Tusca. Ses anciens peuples étoient les Nasamones ou Mesamones, ainsi nommez à cause de leur situation au milieu des Sables, & les Psylles qu'ils subjuguerent, & qui avoient eux-mêmes la vertu de faire mourir les serpens par l'odeur qui sortoit des pores de leur corps, qui étoit un venin subtil pour ces dangereux reptiles. Au dessus de Carthage étoient les Pheniciens de Lybie, ou Carthaginois, venus de Tyr sous la conduite de Didon qui fonda leur ville. Les plus celebres après cette capitale, étoient la grande Leptis, ou Neapolis, Abroton, Taphros, Capsa, Thysdrus, Thapsus, la petite Leptis, Rhuspina, Adrumete, Clupea, Tunes, Uthina & Utique fameuse par la mort de Caton.

La Numidie s'étend le long de la côte d'Afrique depuis le fleuve Tusca jusques à Ampsaga; le Roy Masinissa la rendit autrefois très celebre. Les Numides furent appelez Nomades par les Grecs, parce qu'ils changeoient souvent de leurs demeures dans ce pays, avec des chariots où ils transportoient leurs familles. La Mauritanie, qui est la derniere vers le couchant, se termine vers le Midy au Mont Atlas qui la separe de la Getulie, dont les peuples étant ensuite chassé les Maures, vinrent s'établir en leur place. La Province Caesarienne étoit autrefois appellée le Royaume de Bocchus. Sa Capitale étoit Julia, celebre par le sejour du Roi Juba. La Tingitane, qui renferme aujourd'hui les Royaumes de Fez & de Maroc, se nommoit autrefois Regudiane du nom de Regud un de ses Rois. La Getulie occupoit toute l'étendue du pays qui se trouve depuis la ville de Sempta jusques à l'Ocean, c'est à dire un espace de trois cens cinquante milles d'Allemagne. C'est aujourd'hui le Biledulgerid. Le Mont Atlas le plus fameux de toute l'Afrique est ce qui lui sert de bornes au Midy. Elle est situee entre les deux Mauritanies, l'Afrique Mineure & l'Ocean Occidental. Les Getuliens ne se nourrissoient autrefois que de chair humaine & vivoient à peu près comme des bêtes; mais Jugurtha les apprivoisa, leur aprit à manier les armes & les mena à la guerre contre Marius.

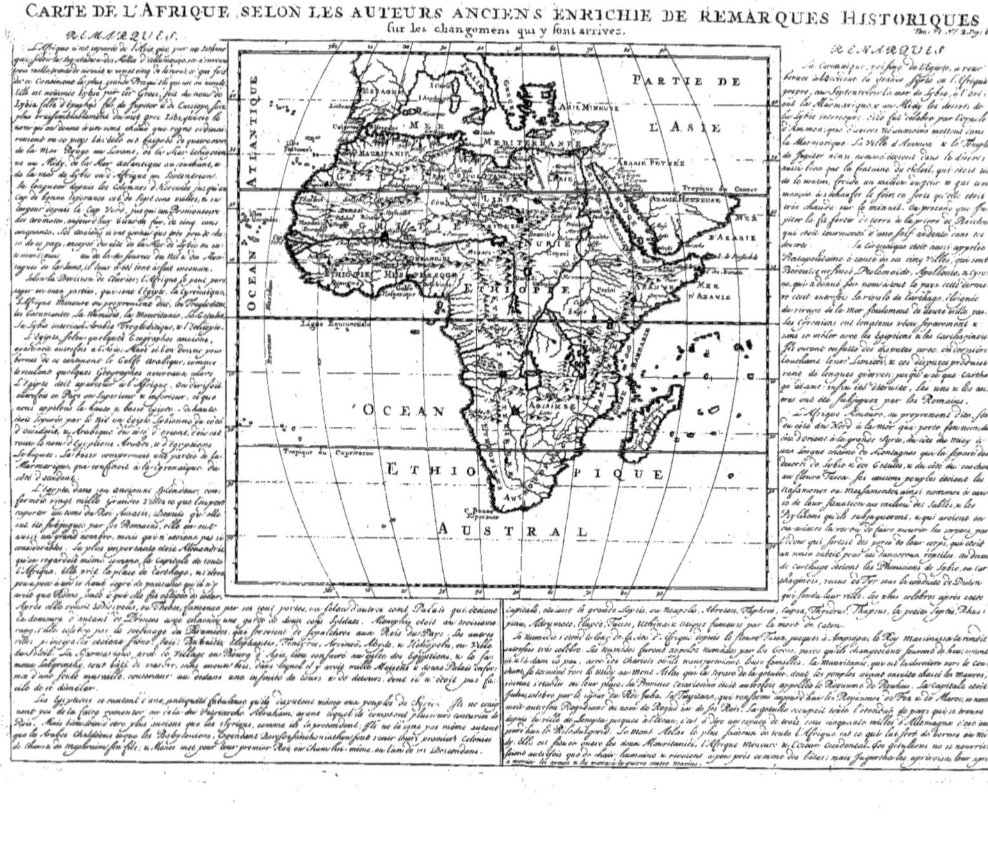

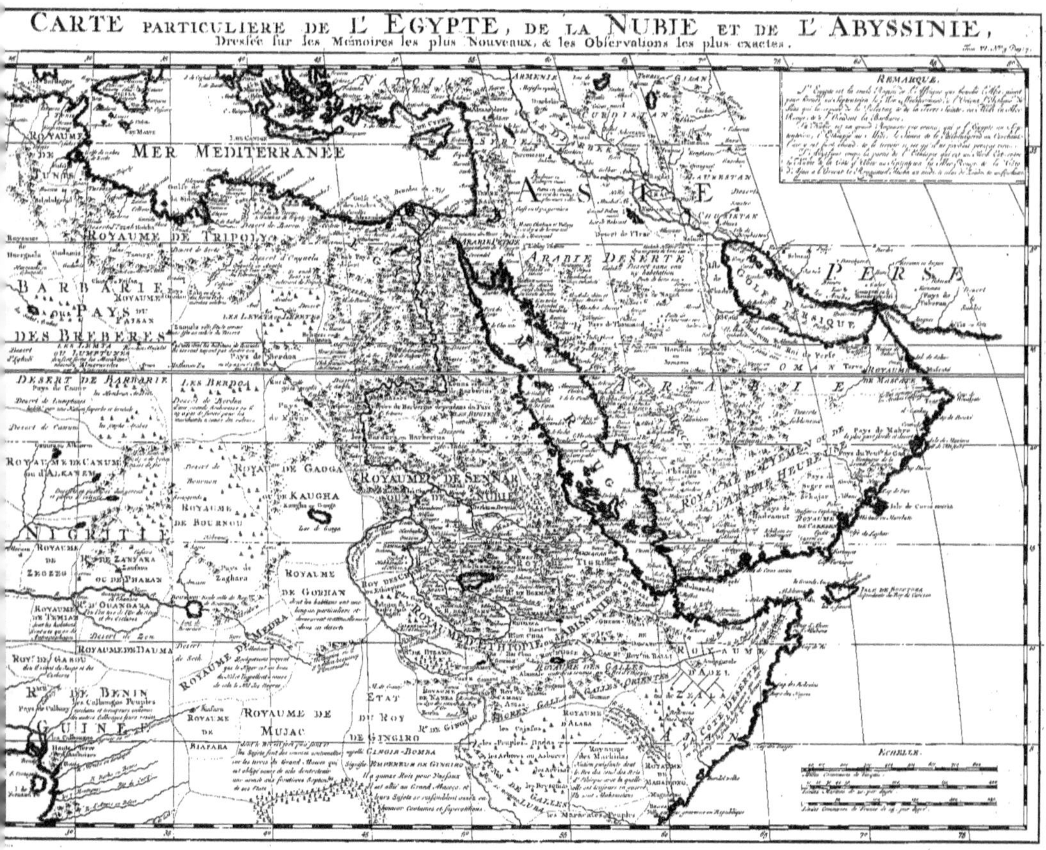
CARTE PARTICULIERE DE L' EGYPTE, DE LA NUBIE ET DE L' ABYSSINIE,
Dressée sur les Mémoires les plus Nouveaux, & les Observations les plus exactes.
MER MEDITERRANEE
ROYAUME DE TRIPOLY
BARBARIE ou PAYS DES BREBERES
ASIE
ARABIE DESERTE
PERSE
GOLFE PERSIQUE
ARABIE
MER ROUGE
ROYAUME DE SENNAR
NUBIE
NIGRITIE
ROYAUME DE GAOGA
ROYAUME DE BOURNOU
ROYAUME DE GORHAN
ROYAUME DE BENIN
GUINEE
ROYAUME DE MUJAC
ETAT DU ROY DE GINGIRO
EMPIRE D'ETHIOPIE ou ABISSINIE
ROYAUME DES GALLES
ROYAUME D'ADEL
ROYAUME DE L'YEMEN OU DE L'ARABIE HEUREUSE
ISLE DE SOCOTORA
REMARQUE.
ECHELLE.

DISSERTATION SUR L'EGYPTE.

APrès avoir donné une idée générale de l'Afrique, il est juste d'en dire quelque chose en détail, & comme sans contredit l'Egypte l'emporte en reputation sur tous les Païs de cette Partie du Monde, aussi est-ce par elle que je dois commencer.

Les Historiens sont partagez sur l'origine de son nom : suivant quelques-uns le mot *Egypte* vient d'*Egyptus*, *Aegyptus*, ou *Aegisous*, tous les trois sont bons. Ce Fondateur, selon le sentiment de quelques Ecrivains, étoit Fils de *Zethon* & Frere de *Danaüs*. Peut-être est-ce un mortel fabuleux, mais croïons qu'il a éxisté ; & que nous importe de connoître sa race ?

Un Prelat Grec fait descendre le nom d'*Egypte* de *Aigés* terme qui en sa langue signifie *Chévres* ; & sa raison est que l'Egypte est admirable pour engraisser les bêtes cornuës. Un Historien traite la conjecture de vision, & voici comment il s'y prend pour la réfuter. Il y a, dit ce Doctissime en Histoire, des animaux en Egypte qui sont plus grands sans doute qu'en *Grece*, comme les bœufs & les moutons ; d'autres plus petits comme les liévres, les corbeaux, les loups & les renards ; d'autres qui ne sont ni plus grands ni plus petits, comme les corneilles & les chevres, *ergo* les Chévres n'ont pas donné le nom à l'Egypte. L'Archevêque Chévrier auroit pu dire avec plus de vraisemblance que la tête de la Chévre étoit le symbole du Mercure ou Thauth ; que les Chevres faisoient les delices d'*Isis* cette fameuse Déesse des Egyptiens ; & que ces Peuples rendoient aux Chévres des honneurs Divins. Mais ces raisons eussent toûjours été amenées par machines ; car les Egyptiens n'auroient jamais emprunté des Grecs un terme qu'ils pouvoient trouver aisément dans leur Langue.

D'autres Ecrivains conjecturent que l'Egypte a eu son nom de la couleur de ses habitans qui sont bruns, & les Grecs apellent Egyptiens ce qui est noir, ou de *Gyph* qui signifie un Vautour, soit pour leur couleur qui est d'un brun noir, comme celle de cette oiseau ; soit parce qu'ils sont avides sur la proïe ; soit que le Vautour ait été adoré des Egyptiens.

Enfin les conjectures de la derniére classe soûtiennent que *Mitzraim* aiant partagé l'Egypte à ses quatre Fils, Kopt qui étoit le plus jeune, s'empara des portions de ses trois Fréres, & que depuis en changeant le K en E on forma le mot Egypte. Un Auteur dit simplement que ses Habitans la nommoient *Cophtii* ; les Etrangers *Ecophtii* ; & que touchant l'origine du nom, toutes les autres recherches sont inutiles. Voilà bien de la doctrine au moins ; & j'espere que vous m'en tiendrez compte. Après cela que certains Journalistes viennent se plaindre qu'on ne trouve point d'érudition dans mes petits ouvrages ! Il ne me manque que des Originaux pour être aussi bon Copiste que ces Abeilles à trois cornes.

Nos Géographes fixent l'étenduë de l'Egypte, l'un, depuis le 60. degré de Longitude jusques au 67. & depuis le 23. jusques au 31. 40 minutes de Latitude. Ainsi la longueur de l'Egypte est de cent ou cent six lieuës, & la largeur de cent soixante & dix ou quatre-vingt dix.

Les bornes de cette ancienne Monarchie sont au Septentrion la Mediterranée : au Midi la Nubie l'Abyssinie, & l'Ethiopie. A l'Orient, l'Arabie Pétrée, & le Golfe Arabique qui fait une partie de la Mer Rouge ; au lieu de cette *Arabie Petrée* les autres nomment l'Isthme de Suez : enfin au Couchant, la Barbarie & le Desert de Barca. Un Historien dit que l'Egypte est bornée à l'Occident par la Province Cirénaique, ou *Pentapolitaine* nommée ainsi de ces cinq Villes, Apollonie, Arsinoë, Berenice, Ptolemaïde & Cirene. Ce sont là les anciens noms. Ceux d'à present, selon un Ecrivain, sont Apollonie, Bonne-Andre ; Arsinoë, Suez, Berenice, Bernico, Ptolemaïde, Tolémesta, Cirene, Corena, ou Corvenna

Si vous êtes curieux de connoître l'Isthme de Suez, c'est un morceau de terre qui a plus de trente lieuës de largeur, & qui separe la Mer Rouge de la Méditerranée. Plusieurs Monarques du Païs, comme nous l'avons déja dit, ont entrepris d'ôter ce grand obstacle qui s'oppose à la jonction des deux Mers & de couper l'Isthme ; mais ils ont tous échoué dans l'éxecution de ce dessein. C'est-pourquoi lorsqu'il s'agissoit d'un projet fort épineux & d'une réüssite presqu'impossible on disoit proverbialement, *fodere Isthmum*, c'est vouloir creuser l'Isthme.

La division la plus commode & la plus courte de l'Egypte est, à mon sens, celle qui se fait en deux parties, la Haute & la Basse. La Basse comprend le Delta, ou l'Ile, qui a la figure de cette Lettre Greque ; c'est-à-dire d'un triangle que forme le Nil, se separant en deux branches trois lieuës au des-

dessous du Caire, Rozette, Damiette, bâtie sur les ruïnes de Peluze, Alexandrie, & les autres villes, qui sont depuis le Caire jusqu'à la Mediterranée. La haute Egypte est comprise sous le nom de Thébaïde, ainsi nommée de cette fameuse Thebes qui avoit cent portes; ville que l'Antiquité a tant célebrée, & qui, si je ne me trompe, n'est plus aujourd'hui qu'une Bicoque nommée Hu.

Au reste, dit un Historien, on a cru pendant un grand nombre de siécles que depuis Thébes jusques bien avant dans le Païs, il n'avoit jamais plu, parce que cette partie de l'Egypte qui aproche de la Zone Torride, est unie, séche, sablonneuse, chaude, & que les vapeurs en étant subtiles & deliées se tournent la nuit en rosée; ou qu'avant de se resoudre en pluïe, elles sont consumées par la chaleur. Pline assure même qu'il n'y tonne point, & ce seroit un éfet de la même cause. Avec tout cela des Relations modernes témoignent qu'on entend quelquefois dans ce Païs-là de furieux coups de tonnerre, & qu'en certains tems il y pleut copieusement. Or les Voïageurs, pourvu qu'ils soient de bonne foi, sont plus croïables que les Naturalistes, ceux-ci ne bâtissant ordinairement que sur des conjectures. Mais tous les Voïageurs sont-ils de bonne foi? Je me garderai bien de dire oui. Leurs Relations ne varient-elles pas presque autant que l'Histoire? Quand on les voit s'entredonner un dementi formel; alors de deux choses l'une; ou leurs yeux sont differens, ou les uns raportent ce qu'il n'ont point vu.

Les Egyptiens respirent un mauvais air, tant parce que leur climat est trop chaud, qu'à cause de la boue ou vase du Nil. Sur tout l'air le plus mal sain est dans les endroits où ce Fleuve vagabond, en se retirant, laisse des eaux qui croupissent longtems; mais avant que d'en raporter les effets on ne sera peut-être pas fâché de voir ici ce que quelques Ecrivains racontent de ses sources.

Ce grand Fleuve a dans le Païs de son origine divers noms dont la signification est: *coulant des ténèbres*; *fontaine qui repand son eau dans les ténèbres*; *sortant des ténèbres*. La raison de cette obscurité nominale, ou de ces noms ténebreux; c'est que le Nil, après avoir coulé quelque tems en Ethiopie par des souterrains, sort & paroît tout d'un coup dans ce Roïaume-là.

Suivant les Relations de quelques habiles Voïageurs les sources du Nil sont sur une haute montagne dans le Ton-Koüa qui est du Roïaume de Goiam dans l'Abyssinie; & les eaux de ces deux sources ou fontaines sortent du pié de la montagne. Dans une vallée assez profonde au dessous d'une autre montagne, éloignée de l'autre d'une demi-lieuë il y a un ruisseau qui se joint ensuite à celui du Nil, & qu'on croit avoir la même origine. Le premier ruisseau coule quelque tems à l'Orient & coule tout d'un coup au Septentrion; & après un espace d'un peu moins d'une lieue il en trouve un autre qui descend d'un rocher. Quelque tems après, deux autres qui viennent de l'Est, se joignent avec eux & avec d'autres qui le grossissent. Après une journée de chemin, le Nil encore jeune, mais déja assez riche & enflé, recevant les eaux d'un ruisseau nommé Jama, coule vers le Couchant, jusques à trente lieuës de sa source, & traverse un Lac dans la Province de Bed, dont une partie est dans le Roïaume de Goiam. Au sortir de ce Lac, il se met en chemin, pour Alata, ce qui est une course de cinq heures plus ou moins; & loin de se délasser il se précipite de quelques Rochers avec un bruit extraordinaire, va se cacher entre d'autres Rochers dont les pointes sont voisines; & aiant coulé à l'Est par le Bagunildri, le Gojume, l'Amuhara, l'Olaca, le Damos; après avoir passé à côté du Bizamo & du Cumacanca, il retourne & se raproche jusques à une journée de sa source. De là il passe vers Fazolo & Ombaroa; & de Ombaroa s'éloigne de l'Orient pour couler vers le Septentrion, traverse plusieurs Païs, se precipite en quelques endroits, arrose l'Egypte; & enfin porte le tribut de ses eaux dans la Mediterranée.

Cette course vagabonde est curieuse par ses retours, par ses chutes & cascades; & comme ce Fleuve a donné de l'occupation aux Naturalistes, j'ai cru qu'on ne seroit point fâché de trouver ici le détail de sa route & de ses voyages. Par la même raison, je ne dois pas oublier la cause de l'inondation que cette Riviére fait regulierement tous les ans & qui arrive ordinairement dans le mois de Juin.

Ceux qui ont découvert que deux fontaines dans l'Abyssinie sont la source du Nil, nous ont apris aussi qu'au mois de Juin, qui en ce Païs-là est le fort de l'Hiver, il y tombe des pluïes continuelles qui font deborder cette Riviére dont le limon engraisse l'Egypte. Mais cette grande inondation seroit plus à craindre qu'à souhaiter pour les Egyptiens, si ce Fleuve, enflé par plusieurs torrens, aiant laissé toute l'Abyssinie à sa droite, & traversé le Roïaume de Sennaar, ne se separoit en deux branches dans le Bengula. La gauche qui partage ses eaux & qui prend le nom de Higet, autre fleuve le plus considérable de l'Afrique, aiant un peu tourné au Midi, court au Nord, traverse la Nigritie, baigne Elhuah, & se jette dans l'Océan sans descendre jusques en Barbarie.

Autre remarque interessante & qui concerne l'Histoire. Après les decouvertes des sources du Nil, on fait un Probléme de *Phisico-Géographie*. Le Roi des Abyssins, demande-t-on, est-il assez Maître de ce grand & rare Fleuve, pour en détourner le cours, & pour affamer par là toute l'Egypte? Elmacin dans son Histoire des Sarrazins dit qu'en mille quatre cens vingt-neuf Mustansir, Prince d'Egypte, envoïa Michel Patriarche des Jacobites avec des presens considerables pour le prier de ne point détourner le cours du Nil, dont l'éloignement avoit déja mis les champs à sec; qu'en faveur des Chrêtiens ce Prince fit aussitôt lever les écluses; que la Riviére grossit de trois brasses en une nuit & déborda sur les campagnes d'Egypte. Albuquerque, Vice-Roi Espagnol dans les Indes, avoit resolu de détourner le Nil, pour ôter aux Turcs qui sont Maîtres de l'Egypte toutes les commoditez & les richesses que cette Riviére leur procure: on ne doute pas même que la Puissance Ottomane n'ait païé longtems quelque tribut au Roi des Abyssins pour l'engager à laisser au Nil la liberté de son lit & de son canal. Ludolfe Historien de l'Abyssinie convient qu'en perçant une montagne le Nil auroit un chemin plus droit plus uni & plus court, pour faire le voïage de la Mer Rouge, où en ce cas-là il iroit se reposer. Mais, ajoûte cet Ecrivain, le Roi des Abyssins est aujourd'hui trop foible, pour former une telle entreprise contre le Turc. Sur ce pié-là & pour la resolution

tion du Probleme, si ce Roi avoit un dégré de puissance de plus, il ne tiendroit qu'à lui de faire perir tout un grand Païs par la disette & par la famine ; donc les Egyptiens sont dans un risque continuel, & ils ont grand sujet de prier Dieu contre l'agrandissement de l'Abyssin, puisque la nature lui a mis entre les mains un moïen sûr pour les perdre, dès qu'il sera assez riche pour pouvoir faire percer une montagne.

Quoiqu'il en soit, c'est cette inondation reglée & périodique qui fait l'abondance & la richesse du Païs & qui d'un fond naturellement sec & stérile en fait le meilleur terroir du monde. On y recueille une très-grande abondance de Blé; on en transporte aussi quantité de Ris, de Sucre, de Dates, de Coton, de Sené, de Casse, de Baume, de cuirs, de toiles, de lin, d'orges & de legumes. Quant à la fertilité vivante & animée, il y a beaucoup de Poules, de Moutons, de Bœufs, de Chameaux, de Chevaux, & plusieurs autres espèces de Bêtes que mon Auteur ne nomme point. On y voit beaucoup de différens insectes que les eaux croupissantes y produisent, après le débordement du Nil. On y trouve d'excellens simples, de belles plantes, & divers fruits. Le Betail y est d'une propagation extraordinaire : les Brebis y portent deux fois l'année & font plusieurs agneaux à la fois. Les arbres ne sont jamais sans être chargez de fruits. Il n'y a pas jusques à notre belle & bonne espèce qui ne profite de cette fécondité générale. Les Egyptiennes, comme je l'ai déja observé, accouchent généralement de plusieurs enfans, ce qui est remarquable, & peut-être singulier dans les Climats d'une chaleur excessive. Si l'on veut s'en raporter à quelques tireurs de conjectures, la raison pourquoi la Nation Theocratique, ou les Israëlites foisonnoient si heureusement pendant leur captivité, c'est que les femmes beuvoient de l'eau du Nil. Mais cette raison naturelle ne fait-t-elle point de tort au miracle? Car enfin il seroit, ce me semble, beaucoup plus pieux de croire, que Dieu, Auteur de la vie & de la mort, répandoit alors une influence surnaturelle sur l'action generative chez ce bienheureux Peuple, qui seul sur toute la terre avoit le bonheur de le connoître & de le servir.

Si le Nil fait tant de bien à l'Egypte, sa liberalité n'est pas sans exception. Cette Riviére cause aussi quelquefois beaucoup de mal. Lorsque l'inondation manque, la famine est infaillible; si dans le débordement, l'eau monte moins de seize piés, il y a cherté, parce qu'une partie des campagnes n'est point arrosée, & quand l'eau croît plus de vingt-quatre piés, il y a encore disette générale de toutes choses; car l'eau demeurant alors trop long-tems sur les terres, empêche les semailles ; & les, Campagnes, quand on vient à les cultiver, produisent très-peu, parce qu'elles sont trop engraissées. Ainsi la Nature en favorisant ces Peuples leur fait païer cherement ses bienfaits; & si par l'eau & par la boue du Nil elle les dedommage de la pluie, le remède est quelquefois pire que le mal : tant il est vrai que l'Auteur de l'Univers a partagé dans la création les biens phisiques & naturels, selon son bon plaisir, comme dans la conduite du Genre Humain les avantages materiels & moraux, suivant que bon lui semble, & toûjours par une volonté, dont la lumiere & la sagesse ne peuvent avoir de bornes.

Les anciens Egyptiens se sont fort illustrez dans l'Histoire par la pénetration & la subtilité de leur Génie. Ils étoient curieux dans la recherche des belles connoissances, & ils aimoient la culture utile de l'Esprit. Naturellement inventifs & ingénieux, ils s'apliquoient aux découvertes, dont le fruit est avantageux à la Société Humaine, & ils avoient le bonheur de réüssir. Mais ils ne se sont jamais piquez d'être grands Guerriers, aparemment parce que la qualité du climat rendant les corps mous & éfeminez, amollit aussi le courage. Mais en récompense, il rend les membres si souples qu'il n'y a guére de Peuples au monde qui soient si adroits que les Egyptiens. Ils ont autrefois cultivé les Sciences, & les voïages que les plus grands hommes de l'Antiquité ont entrepris dans ce Païs-là pour s'y adonner à la contemplation, en sont des preuves suffisantes. La Geometrie, l'Arithmétique, la Musique, l'Astronomie, & l'Astrologie étoient, outre l'étude des Lettres sacrées, ce que les Prêtres d'Egypte cultivoient avec plus de soin. La Medecine y étoit aussi en très-grand honneur, & pour y être encore estimé, il faut passer pour Medecin. La plûpart des Etrangers qui y voïagent affectent de paroître habiles dans cet Art; & quand, ou par hazard, ou par adresse, ils ont donné quelque remède avec succès, cela suffit pour les mettre en crédit, & leur attirer l'estime de tout le monde. Il n'est pas même de plus sûr moïen de visiter avec sûreté les ruïnes antiques du Païs, que de prétexter d'y chercher des simples. Car alors les personnes les plus considerables s'offrent d'y conduire les Etrangers, qui sans cela ne pourroient y aller sans risque. Les Egyptiens sont grands voleurs, comme je l'ai déja dit, & il n'y auroit point de fureté d'aller sans une bonne escorte visiter ces anciens monumens par pure curiosité. Mais quand on leur fait accroire que c'est pour y chercher des herbes médicinales, alors ils s'empressent d'y accompagner ceux de qui ils attendent quelque soulagement pour la guérison de leurs maladies. C'est à cet artifice que nous sommes redevables de la plûpart des decouvertes de ces beaux restes de l'Antiquité que tant de Voïageurs y ont dessiné, & ceux qui, au desir curieux de se satisfaire à cet égard, ont aussi joint quelque expérience de la Médecine, y ont en même tems découvert des simples très-salutaires qui les ont doublement recompensez de leurs peines.

La Poligamie étoit permise chez les Egyptiens, & les freres y pouvoient même épouser leurs sœurs. Il n'y avoit point de différence entre les enfans bâtards & les légitimes, & les femmes n'étoient point excluës du Gouvernement. Coutûme sage autant qu'ancienne, qui fait voir combien les droits de la nature étoient respectez. Car si nul homme n'a droit de commander à ses semblables qu'autant que ceux-ci leur en donnent le pouvoir, pourquoi les deux sexes ne joüiront-ils pas du même privilege? Est-il quelque raison valable qui doive en exclure les femmes? Tous les siécles n'ont-ils pas fait voir des exemples de l'habileté de quelques-unes dans l'Art de gouverner? Et si le nombre n'en est pas si grand que celui des Rois célèbres, c'est parce qu'on a commencé de bonne heure à leur envier un honneur dont elles n'étoient pas moins dignes que les Hommes. La Loi Salique, également obscure & injuste dans son ori-

origine a été inventée à propos pour faire passer en régle ce bizarre effet de notre jalousie, & Souverain pour Souverain, l'experience nous aprend qu'il vaudroit autant obéïr à des Reines qu'à de certains Rois. Au contraire s'il est vrai que là où un Roi est sur le Trône, ce sont ordinairement les femmes qui gouvernent, par l'ascendant que ses Maîtresses prennent sur lui, ne seroit-il pas à propos que les femmes à leur tour devinssent Reines, afin que les hommes guidassent aussi alors les rénes du Gouvernement? J'avouë que par tout il y a des inconveniens à craindre. On n'a guére été plus heureux sous les Rois absolus dont les femmes ont dirigé les conseils, que sous l'autorité des Reines qui ont laissé prendre trop d'empire à leurs Ministres. Marque évidente qu'il y a du danger de tous côtez, & que rien n'est plus rare qu'un bon Roi qui ne se croïe fait que pour les Peuples, au lieu que tous croïent les Peuples faits pour eux. Revenons à l'Egypte. Les Vieillards y étoient en grande vénération. On respectoit leur experience, parce qu'on suposoit qu'on ne peut guére devenir vieux sans devenir sage. On les consultoit sur le passé, & leurs conseils servoient de regle pour l'avenir.

Les Egyptiens s'estimoient les plus anciens Peuples du monde; c'est-pourquoi on leur attribuë l'invention de plusieurs Arts. Le plus ancien des Thoth ou Dieux d'Egypte, à qui l'on attribuë l'invention des Lettres, ou de la Grammaire, & des Mathematiques, est celui dont Platon fait parler ainsi Socrate dans le Phedon. *J'ai ouï dire à Naucrate en Egypte, qu'il y avoit eu des anciens Dieux à qui l'oiseau qu'ils appellent Ibis étoit consacré, & que ce Dieu s'appelloit Theuth: qu'il est le premier inventeur des nombres & des comptes, de la Geométrie, de l'Astronomie, des Jeux de Dez, & des Lettres.* Il dit encore dans le Philetus: *Theuth dans l'Egyptien est le premier qui a distingué les Voïelles des Consonnes, & les Lettres muettes des liquides, & qui a découvert la Grammaire. C'est Thaout*, dit encore Sanchoniathon, *qui a le premier inventé les Lettres & qui a trouvé l'art de soulager la memoire en écrivant, c'est celui*, ajoûte-t-il, *que les Egyptiens appellent Thouth. Le Thouth* auquel les Grecs ont donné le nom d'*Hermes* est le même que les Latins ont nommé Mercure. Il n'y a point d'Histoire profane auquel on donne un plus grande antiquité, qu'à ce fameux Mercure des Egyptiens. Ciceron dans le III. Livre de la nature des Dieux distingue cinq Mercures, entre lesquels il y en a deux Egyptiens; *l'un fils du Nil, qu'il est défendu*, dit-il, *de nommer parmi les Egyptiens, l'autre que les Phéneates honorent, que l'on dit avoir tué Argus, & avoir à cause de cela gouverné l'Egypte, donné des Loix & apris les Lettres aux Egyptiens, qui l'appellent Thoith ou Thoth, nom qui a été donné au premier mois de leur année.*

Diodore de Sicile dit que ce Mercure avoit l'esprit perçant pour trouver des inventions utiles à la vie: qu'il fut le premier qui rendit la parole articulée; qu'il donna des noms à beaucoup de choses qui n'en avoient point; qu'il inventa les Lettres; qu'il regla le Culte des Dieux, & les Sacrifices, qu'il observa le premier l'ordre des Astres, l'harmonie & la mesure de la voix: qu'il inventa la lutte; qu'il enseigna à porter son corps de bon air, & qu'il trouva la Lire à trois cordes.

On ne convient pas du tems de ce premier Mercure. Sanchoniathon lui donne la qualité de Sécretaire de Saturne; Diodore le fait Maître d'Isis, & d'Osiris, & cite pour le prouver des Colonnes qui se trouvoient, à ce qu'il dit, dans Nyse, ville d'Arabie sur le sepulcre d'Isis & d'Osiris, sur l'une desquelles on lisoit, *Je suis Iris Reine d'Egypte instruite par Mercure & Femme d'Osiris.* Sanchoniathon le place entre les Dieux Cabiriens dont Jupiter étoit le Pere. Un Memoire raporté dans la Chronique d'Eusebe le met avant Vulcain. Enfin la commune opinion est qu'il est cet Athothis qui se trouve dans la Dynastie des Thébains & des Memphites, après Menes, premier Roi d'Egypte. Eusebe dit qu'*Athothis fils de Menes est celui que les Egyptiens appellent Thouth, les Alexandrins Thuth & les Grecs Mercure.* Je passe sous silence les imaginations de ceux qui le confondent avec Adam ou Noë, avec Chanaan ou Moïse; aussi bien que l'opinion de quelques Auteurs qui prétendent que le nom de Mercure est un nom mystique, qui ne designe point une personne particuliére, mais en général un Homme doué de la parole & de la vertu divine. On attribuë à ce premier Mercure des Caracteres Hiéroglyphiques, gravez sur des Colonnes trouvées dans la terre Sériadique. C'est Manathon qui raporte ce fait en marquant *qu'il a écrit son Histoire des Mémoires tirez des Colonnes posées en la Terre Seriadique, écrits en Dialecte sacré, & en Lettres hiéroglyphiques, par Thoth, qui est le premier Mercure, & expliquées par le second Mercure dans les livres qu'il a mis dans les Temples des Egyptiens.* Voici l'idée que Sanchoniathon nous donne de ces Lettres Hieroglyphiques. *Le Dieu Thaaut*, dit-il, *a representé le Ciel & le visage des Dieux, il a fait des caracteres sacrez de Saturne, de Dagon & d'autres; il a donné a Saturne pour marque de son Regne quatre yeux, deux au visage & deux derriere la tête, dont deux étoient ouverts & deux fermez; & quatre alles aux épaules, dont deux étoient élevées & deux abaissées, ce qui étoit un symbole que Saturne voïoit en dormant & dormoit en voïant, qu'il voloit en se reposant & qu'il se reposoit en volant; au lieu qu'il n'avoit donné que deux alles aux autres Dieux qui suivoient Saturne; il avoit aussi mis deux alles à la tête de ce Dieu, l'une pour marquer son esprit de Gouvernement & l'autre pour signifier sa perspicacité.*

Il y a aussi chez les Egyptiens trois sortes d'Ecritures à ce que nous aprenons de St. Clement d'Alexandrie: *l'Epistolagraphique*, propre pour écrire des Lettres; la *Hiecratique* dont se servoient ceux qui écrivoient des Choses Sacrées, & qui étoit de deux espèces, la *Chiriologique*, par les Lettres ordinaires, & la *Symbolique*, par des signes qui parloient ou proprement par l'imitation, ou tropiquement, ou allegoriquement par des Enigmes. Le même Auteur raporte des exemples de ces trois sortes d'Ecritures Symboliques; de la premiére, lorsque le Soleil est exprimé par le signe d'un Cercle, & la Terre par sa figure: de la seconde, quand on se sert des Fables Theologiques pour faire les Eloges des Rois; & de la troisiéme, quand le mouvement des Astres est figuré par des corps de Serpent & le soleil par un Escarbot. Au reste si Athothis est le premier Mercure, & qu'il n'ait écrit qu'en caracteres Hiéroglyphiques,

ques, on ne peut pas lui attribuer beaucoup d'ouvrages, & ce qu'on dit quelque part qu'il a fait des Livres Anatomiques n'a pas plus de fondement que d'autorité.

Le second Mercure n'est guére plus certain que le premier, du moins ne le trouve-t-on point sous ce nom dans les Dynasties anciennes, mais seulement dans la suite des Rois Thébains, dont Eratosthene est l'Auteur. On y trouve à côté du 35. Roi nommé Syphoas ὁ καὶ Ἑρμῆς υἱὸς Ἡφαίστου qui est aussi Mercure, fils de Vulcain. Mais que ce Mercure qui est celui qu'on nommé Trismégiste, soit fils ou petit-fils du premier, il a fait selon Manethon, des Livres de l'Histoire Egyptienne, dans lesquels il expliquoit, dit-on, les Colonnes que le premier Mercure avoit laissées. On lui en attribuë aussi beaucoup d'autres dont aucun ne nous reste de la premiére Antiquité. Il paroît au contraire que tous ceux que nous avons sous le nom d'Hermes ont été faits par des imposteurs, ce que je laisse à démêler aux habiles Critiques. Ce qu'il y a de certain est que les Egyptiens étant naturellement fort ingénieux se sont apliquez à la culture des Arts dont plusieurs ont été portez par eux à un haut degré de perfection.

Ceux d'Alexandrie sur tout ont cultivé soigneusement l'Astronomie & la Medecine. Cette Ville étoit la plus féconde du Monde en hommes de Lettres; Appian & Hérodote pour l'Histoire font voir qu'elle ne cédoit à aucune autre. Elle étoit le sejour des Ptolemées Rois d'Egypte qui ne negligeoient rien pour en rehausser le nom. Les Romains, qui en devinrent les Maîtres après eux, augmenterent encore sa splendeur, & entre les Empereurs, Adrien & Antonin augmenterent considerablement ses Priviléges.

L'Année vague des Egyptiens, qu'on nomme aussi l'année Chaldaïque, n'étoit proprement ni Solaire ni Lunaire. Elle étoit comme la nôtre composée de 365. jours distribuez en douze mois de 30. jours chacun, auxquels on ajoûtoit cinq jours qu'on nommoit *Epagomenes*. Il est vrai qu'en cela elle aprochoit du cours du Soleil, mais elle s'en éloignoit aussi, en ce que les douze mois ne repondoient pas aux quatre saisons de l'année. Ils changeoient au contraire de place, passant de l'Hiver à l'Automne, de l'Automne à l'Eté, & de l'Eté au Printems, retrogradant toûjours & changeant de quatre ans en quatre ans. Ceux d'Alexandrie, pour fixer cette année vague, ajoûterent un jour à leurs Epagomenes de quatre en quatre ans: non dans le cours de l'année, comme nous faisons notre Bissexte au mois de Fevrier, mais à la fin, comptant six Epagoménes, au lieu de cinq qui se trouvoient dans les autres années simples. Par ce moïen l'année, qui étoit vague auparavant, fut fixée au 29. d'Août sans qu'elle fût depuis sujette à ce changement qui la faisoit courir par toutes les saisons. Elle commença avec le Cycle de la Lune, ou du Nombre d'Or, qui se rencontroit avec l'année Julienne 329, avec l'Ere d'Espagne 322. & avec celle de Nabonassar 2032. L'an 277. Anatolius d'Alexandrie, pour trouver plus aisément la Fête de Pâques, inventa un Cycle Lunaire de 13. années, afin de regler le cours de la Lune à celui du Soleil: de sorte que le Concile de Nicée aiant effectivement arrêté que cette Fête seroit célebrée un Dimanche, s'en raporta à l'Eglise d'Alexandrie pour savoir quel seroit le Dimanche auquel on devoit la celebrer. Marque que les Egyptiens étoient alors en reputation d'avoir plus de connoissance que les autres, de l'Astronomie. Et en effet c'étoient les Prélats d'Alexandrie qui faisoient savoir au Pape chaque année quel jour la Pâque suivante devoit échoir. Theophile, depuis Patriarche d'Alexandrie, dressa en 380. un Cycle Paschal pour cent ans. St. Cirille aussi Patriarche d'Alexandrie & neveu de ce Theophile, reduisit ce Cycle à 95. ans & le commença en l'an 487. de JESUS-CHRIST. Divers Auteurs ont donné des regles pour reduire les jours de l'Année d'Alexandrie avec ceux de l'Année Julienne; mais ce n'est pas ici le lieu d'en parler.

Si les anciens Egyptiens ont surpassé toutes les autres Nations dans l'étude des Sciences & des Arts, les derniéres Générations sont pitoïablement dégenerées. On nous fait une peinture bien hideuse des Egyptiens modernes. Ils sont selon le pinceau du Peintre, ignorans, voleurs, très-avares, & grands hipocrites. Peut-être ne seroit-il pas besoin de courir jusqu'en Egypte pour trouver des Peuples à qui ce vilain portrait seroit plus ressemblant qu'aux Egyptiens; mais je ne sai si l'on ne feroit pas mieux de laisser là ces sortes de descriptions, outre qu'elles sont injurieuses à des millions de nos Coïndividus, on confond les bons avec les méchans; & d'ailleurs de cette diffamation générale, il en faut ordinairement rabattre tout au moins la moitié. Ce que l'équité demanderoit encore, c'est qu'on ne marquât jamais le mal d'une Nation sans y ajoûter le correctif, je veux dire ses bons endroits. Car je ne croi point qu'il y ait Société tant soit peu civilisée qui n'ait son louable aussi bien que son blamable. Or c'est précisement ce que notre Auteur ne fait point; & en prenant à la lettre ce qu'il dit des Egyptiens d'aujourd'hui, nous devons les regarder tous comme un assemblage de Coquins & de Scelerats.

Touchant le Culte Divin, les Egyptiens, dit le même Géographe, ont été de tout tems si attachez à la Religion qu'ils en sont devenus superstitieux. Qui ne croiroit à ces paroles que cette Nation débuta par le Judaïsme, par le Christianisme, & par l'Ortodoxie. Il passe néanmoins pour vrai que l'ancienne Egypte étoit l'endroit du monde, où la superstition dominoit le plus; & que cette maladie contagieuse s'est communiquée de ce Païs-là à plusieurs autres Peuples. Si l'Ecrivain avoit dit que de tout tems les Egyptiens ont été attachez aux fausses Religions, qu'à la fin se rendant dociles à la prédication de l'Evangile, ils devinrent vraiement Religieux, cela feroit un sens aussi bon que l'autre est ridicule. Quoiqu'il en soit le Christianisme a eu le même sort en Egypte que dans le reste de l'Afrique, & dans la meilleure partie de l'Orient. Après force divisions dans le Sanctuaire, après avoir déchiré la robe du Seigneur & avoir mis en piéce son UNITE' par les Heréssies & par les Schismes, Mahomet fit la guerre à JESUS-CHRIST, & l'Alcoran triompha de l'Evangile. Outre le Mahométisme qui est la Religion dominante & la plus nombreuse peut-être des trois quarts & demi, il y a plusieurs Juifs qui y sont fort puissans. On y trouve encore quelques Chrêtiens Grecs qu'on nomme Cophtes, mais ils sont corrompus, & leur culte n'est pas plus pur que celui des Catholiques Romains.

Alexandrie, qu'Alexandre le Grand perturbateur du Genre Humain, fit bâtir pour mieux éterniser son nom, Alexandrie, dis-je, fut long-tems la Capitale d'Egypte : je dis long-tems; car je croi qu'avant elle, Peluse & Memphis avoient eu successivement ce rang-là. Mais à present c'est le Grand Caire, qui prime dans le Roïaume, & c'est où le Viceroi Turc, sous le titre de Beglierby ou Bacha, fait sa residence. Cette Ville est située, les uns disent à demi-lieuë, d'autres à une lieuë du Nil; & tous conviennent que sa place est à l'opposite des masures de l'ancienne & célèbre Memphis, qui étoit de l'autre côté. Un des plus savans Hommes du dernier siécle a cru que le Caire contenoit dans ses murailles cette ancienne Babilone qui a fait tant de bruit. Nous en parlerons en particulier ci-après.

Les autres Villes les plus considerables de l'Egypte sont Girgio, Damiéte, Rosette, & Suez, Girgio ou Gergio est l'ancienne Thébes : il y a un Bacha.

Damiéte par sa situation, & à cause de son Port sur la Mediterranée est une des Clés de l'Egypte. Saint Louis Roi de France, lors de sa malheureuse Croisade, s'en empara, & n'en fut pas plus heureux.

Rosette est située sur le canal le plus navigable du Nil. Elle est bien bâtie, bien peuplée & d'un grand Commerce par l'abord de quantité de Vaisseaux.

Suez, sur la Mer Rouge, ne contient pas plus de trois cens maisons. C'est l'Arsenal des Turcs de ce côté-là, avec un port assez mauvais. Le Gouverneur entretient deux petites Galeres & quelques Vaisseaux. C'étoit autrefois l'entrée du commerce d'Orient pour l'Europe; mais ce n'est plus cela depuis que les Européens se sont établis dans les Iles. Passons au Gouvernement des Egyptiens : je ne dirai là-dessus que ce qui me paroît de plus curieux & de plus amusant.

Rien n'est plus obscur & plus douteux que ce que l'on en trouve dans l'Histoire. Les Auteurs ne conviennent ni du nom, ni du tems, ni du nombre, ni de la suite des Rois. Personne ne sait si ces Dinasties, que quelques-uns regardent comme successives & qu'ils rangent bout à bout, ne sont pas pour la plûpart collaterales & de même tems. Diodore de Sicile avouë de bonne foi, que quelque soin qu'il se soit donné pour consulter les Prêtres d'Egypte sur l'antiquité, il n'y a rien que de très-incertain. Les ténébres mêmes qui couvrirent autrefois ce Païs n'étoient pas plus obscures que l'Histoire de ses premiers Rois, & tout le merveilleux que l'on trouve sur cela dans les Historiens Grecs est l'effet de l'imposture des Prêtres, qui de tout tems ont été en possession de se faire valoir en débitant de belles fables. Ils ont cru rendre leurs mensonges respectables en leur donnant un air d'antiquité, & c'est ce que plusieurs font encore aujourd'hui, par le soin qu'ils prennent d'accrediter leurs Traditions. Qui pourroit croire, par exemple, que les Dieux & les Demi-Dieux ont régné en Egypte quarante-deux mille neuf cens quatre-vingt quatre ans avant les Rois? Que Vulcain y a regné neuf mille ans : le Soleil trente mille; Saturne, & les autres Dieux trois mille neuf cens quatre-vingt quatre ans, & qu'il n'y a pas eu moins de 23. mille ans depuis Osiris & Isis qui sont les derniers Dieux jusques au Regne d'Alexandre? Il est aisé de voir que ce sont autant de contes dont les Prêtres d'Egypte ont amusé ceux qui les consultoient, pour rehausser d'autant plus la noblesse & l'antiquité de leur Nation. Chose étrange! que la Religion qui est la chose la plus sainte qu'il y ait parmi les hommes, soit emploïée par ceux qui l'enseignent à abuser les Peuples commis à leurs soins! Est-ce la credulité superstitieuse de ceux-ci, ou l'envie de dominer ordinaire à ceux-là qui est cause d'un si grand desordre? L'un & l'autre y contribuent sans doute; mais malheur aux Conducteurs ambitieux qui se prevalent de la confiance trop aveugle de leurs Ouailles pour les conduire dans des sentiers détournez; & qui substituent leurs propres imaginations à la Verité dont ils sont les Dépositaires, pour aquérir peu à peu sur les consciences un empire absolu. Ce mal, qui n'est que trop ancien dans le monde, y durera aparemment encore long-tems. Ce qui fait voir combien il est à propos de ne laisser point prendre trop d'autorité à une sorte de gens si enclins à en abuser. Si l'on avoit pris soin de suprimer de bonne heure les impostures des Prêtres Egyptiens d'aujourd'hui, leurs Histoires seroient-elles remplis de tant de regnes fabuleux, qu'ils n'ont inventé sans doute, que pour disputer d'ancienneté avec les Chaldéens & les Babiloniens, qui se piquoient aussi d'une origine très-reculée?

Parmi ceux qui ont arangé avec plus de soin l'ancienne Chronologie des Egyptiens, le Chevalier Marsham est celui qui y a le mieux réüssi. Je ne raporterai pourtant point l'ordre où il a mis les Dieux, les Demi-Dieux, & les anciens Rois d'Egypte dont il a fait quatre Successions collaterales, qui ont regné en même tems dans quatre Roïaumes differens. Je me contenterai de dire ici que ces 4. Roïaumes étoient 1. celui de la Thébaïde, dont Thébes étoit Capitale : 2. celui des Thinistes dont la Capitale étoit Thin : 3. celui de la Haute Egypte dont la Capitale étoit Memphis : Et 4. enfin celui de la Basse-Egypte, dont la Capitale fut premiérement Heliopolis, & ensuite Tanis sous les Rois Pasteurs. On trouvera dans la table suivante une Chronologie de ces Rois Pasteurs, les premiers qui soient connus dans l'Histoire. Quelque peine qu'ait pris le Chevalier Marsham à ranger les IV. Dynasties Collatérales dont nous venons de parler, comme l'on n'y trouve au fond aucune certitude je ne me suis point attaché à les suivre. J'ai mieux aimé prendre pour Guide le célèbre Usserius qui a composé la suite de ces Rois, sur ce qu'il a trouvé de plus évident dans l'Histoire; & j'ai adopté sans balancer le Systeme de Mr. l'Abbé de Vallemont qui m'a paru le plus exact & le plus sûr. Ce qui m'y a déterminé, c'est que ceux de ces Rois qui nous sont connus, parce que l'Ecriture en parle, se trouve, comme il dit, placez justement selon le tems qui leur convient pour s'accorder avec la Chronologie Sacrée. C'est ce me semble, le meilleur Guide qu'on puisse suivre dans une route si obscure. J'ai donc réduit les Rois d'Egypte en trois classes : Les Pharaons, les Successeurs de Cambise, & les Ptolemées. Voïons, sur ce Plan-là quelques particularitez historiques qui sont remarquables.

Autant que je puis debrouiller cette horrible confusion, le Roïaume se revolta sous Apries, le der-

dernier des Pharaons, & Amasis Général des Troupes fut élu Roi par les Mécontens. Ce Prince régna quarante-trois ans & mourut la même année que Cambise commençoit l'entreprise de conquerir l'Egypte. Ce Cambise Fils & Successeur de Cirus, Empereur des Perses, n'avoit pas herité du Héroïsme de son Pere; & selon un Historien, il n'étoit redevable de cette importante Conquête ni à sa valeur, ni à sa conduite, mais à des Egyptiens mêmes qui trahissoient leur Prince & leur Patrie. Cet Usurpateur faisant le siége de Peluse, ces perfides lui conseillerent apparemment une chose qui réüssit. Ce fut de mettre à la tête de son Armée des Chiens, des Chats, & d'autres Bêtes Sacrées que les Egyptiens, Nation pourtant si éclairée, jugeoient dignes des Honneurs Religieux. En effet les Pelusiens, n'aiant garde de tirer sur ces vénérables animaux, de crainte de repandre le sang Divin, demeurérent dans l'inaction; artifice qui causa la prise de la place, & qui en même tems donna aux ennemis la Clef de toute l'Egypte.

Psamménite Fils & Successeur d'Amasis fit de son mieux pour repousser l'Agresseur: mais défait à platte couture, dans une bataille sanglante & fort opiniâtrée, il voulut se jetter dans Memphis où le Vainqueur le poursuivit de près & l'enferma par un Blocus. Memphis eut le sort de Peluse. Psamménite tombe entre les mains du Conquerant; & celui-ci abusant brutalement de sa bonne fortune, le fait loger par mépris dans un fauxbourg où il ne faut pas me demander si on le gardoit à vûë.

Ce ne fut pas la seule mortification que le dur & cruel Cambise donna à son Prisonnier: se faisant un barbare plaisir de pousser à bout la patience d'un Prince malheureux, il ordonna que la Princesse d'Egypte, fille du Monarque vaincu & ses Dames d'honneur allassent en habit d'esclave & la cruche à la main puiser de l'eau à la vûë de Psamménite. Le pauvre Monarque fut donc temoin oculaire de ce triste spectacle: il vit plus d'une fois sa fille; il la vit dans cet abaissement servile, passant devant son cher Pere, & poussant les cris les plus pitoïables; mais la constance de Psamménite n'en fut point dérangée. Il ne donna pas la moindre marque d'émotion.

Autre épreuve bien plus terrible à laquelle on mit sa fermeté. Par ordre du Tiran, on fit passer devant lui le Prince son Fils, & deux mille jeunes Egyptiens, tous la corde au coû, un frein dans la bouche, & tous condamnez au supplice comme d'infames criminels: cependant Psamménite vit encore ce spectacle d'un oeil sec; & gardant la même fermeté, du moins apparente, il ne fit voir aucun signe de douleur. Mais voïant un de ses amis, depouillé de tous ses biens, & reduit à la mendicité, sa Philosophie ne put plus tenir; il se répandit en plaintes; il fit de grandes lamentations; & son desespoir le porta jusqu'à se fraper la tête rudement.

Cambise, informé de la chose, a la curiosité d'en parler à son Prisonnier: *Quoi!* lui dit l'Oppresseur, *l'affliction de votre ami vous trouve sensible jusqu'à vous arracher des larmes? Et le malheur de votre fils n'a pu vous tirer un soupir. Ah! Fils de Cirus*, répond Psamménite, *la douleur extrême est toûjours muette, & le cœur percé n'est pas en état de soupirer; le malheur de ma famille est si grand, que toutes les larmes que je repandrois ne le feroient jamais bien connoître. Mais la disgrace d'un ancien ami, accablé de la derniére misere, au commencement de sa vieillesse, & après avoir vécu dans une haute fortune, m'a paru digne d'être pleurée.*

Cette réponse-là vous paroît elle aussi solide qu'elle a causé d'admiration? *La douleur extrême est toûjours muette*; passe pour cela, quoi que, dans le fond, ce *toûjours* exprime trop: mais enfin, il est vrai qu'une douleur peut avoir assez de violence pour s'emparer de tous les sens; & même pour éteindre dans un moment, le soufle de la Vie. Telle fut celle d'un certain Général: dans le fort du combat il avoit remarqué un Guerrier inconnu, qui après avoir fait des prodiges de valeur, fut accablé par le nombre des Ennemis, & percé de coups mortels. Le Général curieux de connoître un si brave homme, fait chercher son corps: on le trouve; on le lui aporte; on lui ôte ses armes; & le Seigneur voit que c'est son Fils, qui étoit venu à l'Armée à son insu: alors saisi de douleur, il demeura quelque tems immobile, les yeux attachez sur le cadavre; ensuite de quoi, il tombe mort sur le corps de son fils. Voilà ce qu'on peut nommer une douleur parfaitement muette.

Mais quand le bon Psamménite dit que *l'affliction d'un ancien ami lui avoit paru digne d'être pleurée*, de bonne foi, se peut-il rien de plus plaisant? Le sens naturel de ses paroles est, qu'il a pleuré par raisonnement, par reflexion, ce qui est tout-à-fait contraire à la nature de la douleur, qui est une impression organique & purement machinale. Le Commandant d'une Place prise, & lequel avoit fait une longue & vigoureuse resistance, se trouvant, à peu près, dans le cas de notre Roi d'Egypte, *il y a deux jours que j'ai fait égorger ta Femme & ton Fils*, lui dit le Tiran, qui le menaçoit des tourmens les plus afreux: *tant mieux*, répond l'autre, *ma Femme & mon Fils ont été heureux de deux jours plûtôt que moi.* Vous m'avoüerez que cet homme-là étoit bien autrement Philosophe que Psamménite.

Cambise ne laissa pas d'être touché de sa réponse; & ce cœur inhumain s'attendrit assez, pour vouloir sauver le Prince d'Egypte: mais trop tard; car on avoit déja exécuté l'ordre de sa mort. Suivant un Historien, le Monarque depouillé fut relegué à Suze: un autre veut que Cambise le retint à sa Cour; qu'il avoit de grans égards & beaucoup d'estime pour sa Personne; mais qu'aiant découvert qu'il sollicitoit sourdement ses anciens Sujets à secoüer le joug, il le contraignit à boire tant de sang de taureau, qu'il en creva: genre de mort très-conforme à la ferocité de celui qui l'inventoit. Cambise ne joüit pas long-tems du fruit de sa violence; son Règne ne dura que trois ans.

De tous les Ptolomées, c'est-à-dire la Posterité *Egyptiennement* Roïale d'Alexandre le Grand en Usurpation, je n'en trouve point d'une mémoire plus execrable que le surnommé *Philopator*. C'étoit le quatrième Roi d'Egypte de la derniére Race, & on lui donna ce surnom, qui signifie, *ami de son Pere*, par contre-verité; car il avoit empoisonné le Roi *Evergete*, ou le *Bienfaisant*, dont il étoit fils. Ce Monstre couronné, car depuis que le Monde est Monde, notre espèce a pro-

produit force Nerons : ce Monstre couronné, dis-je, envoïa chez les morts Cleopatre sa Mere, & le Prince Nangas son Frere.

Il ajouta l'inceste au parricide, donnant à titre d'Epouse, la moitié de son lit à Euridice sa Sœur. Un Historien remarque judicieusement que, pour aimer un tel Monarque, il eût fallu être ennemi declaré de la vertu : mais les méchans Princes se soucient fort peu d'être aimez, pourvu qu'on les craigne ; & c'est à mon sens, le plus grand malheur des Societez Monarchiques.

La Guerre que cet abominable Roi eut avec Antiochus, surnommé le Grand, (je me défie toûjours de cette Grandeur-là) & sixième Roi de Sirie, le decrassa, le réveilla un peu de sa faineantise, & de son oisiveté voluptueuse. Ptolomée remporta une victoire considerable sur le Sirien. Mais, insensible à la belle gloire, & la passion du plaisir le possedant uniquement, il fit une paix, peut-être honteuse, avec Antiochus ; & se consacra uniquement, aux Divinitez de la bonne chere, de la bouteille & de la debauche venerienne. Comme rien ne lui coutoit en Sceleratesse, la Reine son Epouse ne put échaper à son inhumanité ; devenu amoureux à la fois du bel Agatocle & de la belle Agatoclée, Frere & Sœur, il fit mourir Euridice sa Femme pour joüir plus librement de ces infames & incestueuses amours. Dans ce debordement afreux Evante, Mere du nouveau Ganimede & de la Maîtresse, gouvernoit l'Etat : on ne pouvoit rien obtenir que par son canal ; & ses deux enfans s'étoient si bien établis par leurs Créatures & par leurs brigues, que Ptolomée, pour l'autorité, étoit le dernier homme de son Roïaume. On ne savoit plus comment s'y prendre pour l'Administration Publique, lorsque la Mort le prit après un Règne de dix-sept ans. On crut même qu'il avoit été empoisonné par Evante & sa fille : ces deux femelles s'étoient emparé de toutes les richesses de la Couronne, & tâchoient d'usurper l'Autorité suprème : mais le Peuple qui les avoit en horreur, & qui vouloit vanger Euridice, tua en fureur l'infame Agatocle, fit pendre, ensuite, la Mere & la Fille ; & les principaux d'Alexandrie firent une Députation aux Romains pour les prier de prendre sous leur protection leur jeune Roi ; c'étoit Ptolomée Epiphanes, ou l'Illustre, fils de Philopator & d'Euridice.

A present qu'il me soit permis de vous apostropher sur ce Philopator : quel monstre de Souveraineté ! Suivant la lumiére du bon sens, ces Princes Scelerats sont le fruit naturel du *Droit Héréditaire*. Vous conviendrez que les Couronnes *Electives* ne sont point sujettes à ces horribles inconveniens. Brisons là-dessus ; la matiére est trop delicate. Voïons plûtôt comment l'Egypte passa sous la domination des Romains.

Cesar, autre Perturbateur du Genre Humain, aiant subjugué les Egyptiens, voulut que Ptolomée Denis le jeune, fils de Ptolomée le Flûteur, épousât sa Sœur Cléopatre ; ainsi se nommoient toutes les Princesses aînées des Rois d'Egypte. Ce fut chez ce Monarque que Pompée, soi disant le grand Defenseur de la liberté Romaine, voulut se refugier après sa deroute de Pharsales : très-mal lui en prit ; il ne pouvoit faire un plus mauvais choix. Ce célèbre Général fut assassiné, si non par ordre exprès, du moins par le consentement de Ptolomée, qui néanmoins lui étoit redevable du rétablissement de son Pere.

Cesar, qui poursuivoit son Rival, apprit en Egypte que Septimius, Salvius, & Achillas avoient tué Pompée ; &, si je m'en souviens bien, il lui en coûta quelques larmes de douleur ou de joïe. Cet Oppresseur de son Païs fut aussi que Photin étoit Auteur de cette noire & criante perfidie ; & que ce premier Ministre avoit fait aussi chasser la Reine Cleopatre. Le Conquerant de la plus belle & de la plus puissante République qui fut jamais, dissimula quelque tems, & fit chercher secretement Cleopatre. Cette Princesse s'étant mis dans une Barque aborde au pié du Château ; mais comme on l'auroit infailliblement arrêtée, si on l'avoit reconnuë ; elle s'avisa d'une plaisante invention : un certain Apollodore, son Guide & son Confident, l'envelope, la lie parmi des hardes ; & chargeant ce precieux paquet sur ses épaules, il le porte, sans *malencontre*, jusqu'aux piez de Cesar. Ce Mars admira l'adresse de celle qui devoit être sa Venus ; & aparemment il n'en fut pas moins touché que de son merite extraordinairement appetissant : il raccommoda les Epoux, & voulut qu'on fêtât ce retour de nôces par un festin magnifique. Mais le Seigneur Cesar n'en étoit pas où il pensoit : l'Eunuque Photin avoit fait sa brigue pour le tuer dans ce repas-là ; & il eût eu la gloire de delivrer Rome d'un Tiran, si celui-ci ne l'avoit prévenu, en lui faisant l'honneur de le poignarder. Achillas auroit eu le même sort : mais il eut la sage precaution de s'enfuir dans le Camp du Roi, qui le suivit de près, ce qui mit le Romain dans la derniére consternation. Ce fut dans cette conjoncture-là que César, voïant ses ennemis en état de lui prendre ses Vaisseaux, eut, pour se tirer d'affaire, recours au feu qui brula une partie de la Ville, & qui mit en cendres cette nombreuse Bibliotheque de sept cens mille volumes. Pour Ptolomée, on croit qu'il mourut par l'eau, aiant été noïé, l'an de compte fait du Monde, trois mille neuf cens vingt-cinq.

Cleopatre, qui avoit regné quatre ans avec son Frere Mari, fut établie Reine par Cesar, qui, pour la dédommager du Veuvage, lui fit un bel enfant, que, à l'honneur de Monsieur son Pere, on nomma Césarion. Cette Princesse ne régnoit que sous le bon plaisir de celui qui étoit le plus fort à Rome. Comme on la soupçonnoit d'avoir favorisé le parti de Cassius & de Brutus ces deux illustres assassins de Cesar, nommez avec tant de raison *les derniers Romains*, le *Triumvir* Antoine lui envoïa ordre de venir le trouver en Cilicie pour se justifier. L'Envoïé d'Antoine, en le regardant, jugea peut-être bien, dit joliment mon Auteur, qu'elle n'avoit qu'à se montrer pour se faire absoudre ; & que le Juge auroit de la peine à ne pas demander grace à la criminelle. Cette Reine qu'on n'eût jamais pris pour étrangere en Ethiopie, en Arabie, en Judée, en Sirie, en Medie, ni en Perse, tant toutes ces langues lui étoient naturelles ; & n'aiant jamais besoin d'Interprete dans ses Audiences, cette Reine, dis-je, avoit l'esprit vif & delicat, pensoit toûjours bien, & ne disoit que des choses fines. S'il faut s'en raporter à Plutarque, elle avoit le son de la voix touchant & harmonieux, l'air engageant, le teint frais,

frais, l'humeur commode & la taille libre. Outre tout cela on voïoit en elle certaines graces que la Peinture ni la Poësie ne sauroient exprimer, qui manquent souvent aux belles personnes; qui ne laissent pas à la Raison la liberté de se reconnoître; qui passent tout d'un coup jusqu'au fond du cœur; enfin un je ne sai quel agrément qui est le plus rare & le plus beau don de la Nature. Si ce Portrait-là est aussi ressemblant qu'il est finement touché, c'eût été grand dommage de laisser là la Reine Cleopatre: on pourroit la nommer la Merveille vivante de l'Egypte: voïons donc ce que cette belle Princesse devint.

Marc-Antoine répondoit fort peu à un merite si extraordinaire; il y avoit plus de fierté que de politesse dans son humeur; ses maniéres étoient d'un Soldat nourri en Province, élevé dans un Camp, n'aiant rien de cet air degagé, civil & insinuant qu'on prend à la Cour, ou parmi le beau sexe. Il fut si charmé de Cleopatre qu'il abandonna la Guerre des Parthes pour la suivre en Egypte: ils y passoient tout leur tems dans la volupté la plus raffinée; & dans le luxe le plus outré. Pline a parlé d'une perle de deux cens mille écus que Cleopatre fit boire à son Amant. Antoine poussa l'amour beaucoup plus loin: il épousa sa Maîtresse, lui donna le titre de *Reine des Reines*, & lui fit présent de six Provinces.

Ce *Triumvir*, vaincu par Auguste, en ce tems-là Octave, se tua de desespoir; & sa *Reine des Reines* le suivit de près. On ne s'accorde point sur son genre de mort: suivant un ancien Historien, Cleopatre aiant apris le desespoir d'Antoine, & voïant que le vainqueur de son Epoux vouloit la mener prisonniere à Rome, la vie lui devint odieuse, elle ne pensa plus qu'à la quiter. Pour prevenir donc le coup honteux qu'Auguste lui preparoit, elle en voulut éprouver un autre sur deux Personnes de sa suite. Elle ordonna à ces filles d'honneur, que les uns nomment Abra & Matra; d'autres Carmione & Taïra, elle leur commanda, dis-je, de lui apporter d'un certain jardin une vipere. Les deux Demoiselles, qui aparemment ne savoient pas l'intention de leur Maîtresse, obéïrent bonnement, mais à leur grand malheur; car la Reine aiant fait son essai sur ces deux victimes, elles expirerent à l'heure même. Cette action feroce rabat beaucoup de ce grand mérite de Cleopatre: car peut-on pêcher plus formellement contre la Raison & contre l'Humanité? Mais venons à la derniére Scène, & voïons le denoûment de la Tragedie.

La belle Princesse, voïant que son expedient *mortifere* étoit sûr & prompt, se dispose à mettre son ame en liberté, & veut finir en Souveraine: on la pare de ses habits les plus magnifiques; on l'orne de ses pierreries & de ses perles; on lui met la Couronne sur la tête; enfin, elle se fait ajuster, comme s'il se fût agi d'un Roïaume ou d'un Epoux. Dans ce superbe appareil Cleopatre prend la vipere, la porte sur son sein du côté du cœur: & la morsure opera dans un instant. Quelques Ecrivains content la chose d'une maniere qui marqueroit encore plus de courage: cette Heroïne, disent-ils, s'étant ouvert le bras avec un couteau, arrosa la blessure du venin de vipere, qu'elle gardoit pour l'occasion; & elle en mourut sur le champ.

Qu'on dise tant qu'on voudra qu'il y a plus de courage à souffrir qu'à mourir; cette thése-là est trop contraire à l'impression naturelle pour la croire. L'amour de la vie est plus fort chez l'Homme que l'amour du *bien être: Plûtôt souffrir que mourir c'est là devise de l'Homme*, & encore plus de la Femme. Sur ce pié-là le poignard de l'illustre Romaine, qui en se tuant assuroit son Epoux que l'instrument ne faisoit point de mal; la vipere de Cleopatre, la constance de la Femme de Senèque, & quelques autres traits historiques de la même nature, sont, à mon sens, des exemples qu'on ne peut trop admirer; à notre Sainte Religion près s'entend: car je n'ignore pas le precepte, *Tu ne te tueras point.*

La Reine d'Egypte aiant ainsi prévenu Octave, qui se flatoit de la mener prisonniere à Rome, & qui fût peut-être devenu, lui-même, l'esclave d'une beauté si rare, ce Rebelle qu'on alloit nommer le Maître de l'Univers, entra dans l'apartement de *la Reine des Reines*; & trouvant qu'elle avoit déja fait l'execution Philosophique, il vit, non, je croi, sans admiration, que, quoi-que morte, elle soûtenoit, de la main gauche, sa Couronne, qu'elle avoit encore sur la tête; étant même assise sur son Trône; & voulant marquer par là, que la Mort n'étoit point capable de lui ravir la Roïauté, ni de la faire tomber dans l'esclavage des Romains. C'est ainsi que l'envie de dominer s'étend jusques au tombeau, où néanmoins l'orgueil & l'ambition sont des meubles bien inutiles.

Cleopatre alla chez les Morts l'an de la Creation trois mille neuf cens quarante-deux: on peut, sans risquer l'Anacronisme, ajouter *plus ou moins*: Elle régna quatre ans dans le Lit conjugal de son Frere: dix-huit ans dans un Veuvage *tel quel*; plus de quatorze ans avec Antoine. Or devinez, s'il vous plait à quel âge elle se tua. Elle n'avoit que trente-huit ans & quelques mois. Ainsi en calculant juste, Cléopatre épousa le Roi son Frere à un peu plus de deux ans; & lorsqu'elle se fit porter à Cesar dans un paquet de hardes, elle devoit avoir environ six ans, tout au plus: la Nature l'avoit donc bien distinguée pour le Mariage; & qui plus est la petite *Commere* en savoit bien long. Quoi qu'il en soit de cette *somme totale*, que je croi une grosse meprise, par la mort de Cléopatre, l'Egypte où les Ptolomées avoient régné deux cens quatre-vingt quatorze ans, fut la Conquête de l'Empereur Auguste, & devint une des meilleures & des plus fertiles Provinces de l'Empire Romain.

Ce grand Roïaume demeura sous la domination de ces Monarques, Oppresseurs & Tirans, tant de leur Patrie, que des Etrangers, il demeura, dis-je, sous leur Puissance, jusques à Omar second Calife des Successeurs de Mahomet. Les Soudans succederent aux Califes: ensuite l'Empire des Mammelus, dont on ne sera peut-être point fâché de trouver ici l'origine, leur nom étant assez rare pour tenter la curiosité. Voici donc la source des Mammelus.

Mamlac, mot formé de Malac, c'est-à-dire acheté, aquis ou possedé, signifie en Arabe Serviteur ou esclave acheté, enfin un homme sur qui un Maître s'est aquis de l'autorité en le paiant de son argent. Les Mammelus entrérent sur la Scène du Monde, sous Nosemoddin dont le vrai nom étoit *Saleh*, le même, à ce que je croi, que le fameux

Saladin. Ce fut donc lui qui les introduisit en ce Païs-là. On le surnomma le Maître des Turcs: ce qui détruit le sentiment de ceux qui ont cru que les Mammelus venoient des Familles Chrétiennes.

Saladin éleva ces Turcs à de grandes dignitez, & il le fit par reconnoissance; aiant tenu ferme auprès de leur Général, lorsque ses Troupes l'abandonnoient. Après la mort de Saladin, ces Mammelus remporterent de grands avantages sur les François dans les saintes, & souvent très-malheureuses Croisades. Après plusieurs révolutions, Bibars, pris en Circassie par un certain Othman & acheté dans la Tartarie de Krim, fut envoïé en Egypte. Yilboga Général des Mammelus lui fit present de la liberté; & cet Esclave affranchi fit une si haute fortune, qu'après avoir tué Alsaleh qui fut le dernier Roi des Mammelus Hakrites, il se mit à la tête du Gouvernement. Ce Bibars eut vingt-deux Successeurs: leur Règne dura cent trente-six ans; & Tuman Beg fut le dernier de ces Monarques.

Ce fut Selim qui conquit l'Egypte, selon quelques-uns. Cet Empereur Ottoman tua Tuman-beg, la seiziéme année du seiziéme siécle: un autre dit 1517. Ce n'est pas la peine de chicaner. Depuis cette Epoque, l'Egypte est soumise au Turc & fait un des plus beaux fleurons de cette puissante Couronne; si Couronne y a. Quoique cette belle Province soit gouvernée par un *Vice-Empereur* Bacha, ou Beglierby, qui reside au Grand Caire & qui a quinze Gouvernemens sous sa dependance, néanmoins le Gouvernement present en est presque Aristocratique. Dans les autres Provinces de l'Empire Ottoman, les Bachas ont un pouvoir absolu; mais au Caire il n'en est pas de même, le Bacha n'y peut faire que très-peu de chose de son propre mouvement. Les sept Corps de Milice qui sont dans cette Ville partagent avec lui l'autorité & ont leurs droits & leurs prérogatives dont ils font part à tous ceux qu'il leur plaît de favoriser. Cela est si vrai que si un Bacha veut faire une avanie à un Marchand, celui-ci n'a qu'à se mettre d'abord du Corps des Janissaires ou des Azaps, moïennant une certaine somme qu'il leur donne, & par ce moïen il est sûr d'être entiérement hors des atteintes du Bacha. Outre les Protections générales que ces Corps donnent ainsi pour de l'argent, toutes les personnes de consideration, qui les composent, accordent leur protection particuliére à tous ceux qui ont recours à elles, & le grand art de ces Personnes est de faire valoir leurs Protections. Cependant si on s'aperçoit qu'elles deviennent trop puissantes, & qu'elles affoiblissent celle du Corps entier, il se fait des Partis considerables contre ces Protecteurs, qu'on fait mourir, qu'on ruïne, ou qu'on envoïe en exil, selon les cas, ou selon le crédit de leurs ennemis. Le Bacha est comme un petit Roi que l'on craint qui n'aquierre trop de puissance, & c'est pour mettre des bornes à son autorité que ces differens Corps sont établis. Mais quoiqu'ils se réunissent en diverses occasions pour le bien commun, ils ne laissent pas d'être divisez entre eux par deux Factions, qui partagent, pour ainsi dire, toute l'Egypte, l'une s'apelle en Arabe *Sad* qui veut dire *grace*, & l'autre *Haram* qui signifie tout le contraire. Ces Partis pleins d'innimitiez les uns contre les autres passent des Peres aux Enfans, & des Maîtres aux Esclaves, en sorte que le seul but auquel ils visent tous, est de se détruire reciproquement. Les Membres de chaque parti se connoissent entre eux, comme on n'en peut douter, & forment des liaisons étroites pour s'élever ou se maintenir. Il est aisé de comprendre combien ces divisions produisent d'intrigues différentes. Chaque Corps a ordinairement ses affaires générales à démêler avec le Bacha, & les Membres qui le composent, lui en suscitent outre cela de particuliéres, soit pour en tirer la païe qu'il leur doit, soit pour d'autres intérêts qu'ils ont grand soin de conserver.

Ne diroit-on pas que j'ai fait une peinture naturelle de ce qui arrive tous les jours en Angleterre, où le Gouvernement est établi à peu près sur le même pié. Je regarde les deux Chambres du Parlement comme ces Corps attentifs à moderer sans cesse l'Autorité du Bacha qui represente la personne du Roi. Jusques-là rien n'est plus sage que cet établissement, qui mettant des bornes à la puissance Roïale, pour un Prince qui seroit tenté d'en abuser, n'en met point au bien qu'il peut faire, quand il se gouverne lui-même selon les loix. Mais ces Corps ainsi formez pour se réunir dans le dessein commun de travailler au bien public, sont malheureusement divisez par des factions particuliéres, qui faisant souvent marcher leur intérêt propre avant ceux de la Patrie, substituent presque toûjours leurs passions à la place de leurs devoirs. De là ces intrigues pour contrequarrer quelquefois les desseins les plus légitimes d'un sage Roi, sous prétexte qu'ils ne s'accordent pas avec les vûës secrettes d'un certain Parti; & ces brigues clandestines pour élever des Créatures qui soient moins les Créatures du Prince que de la Faction à laquelle elles se devouënt. Il n'y a point jusqu'aux noms des deux Factions qui divisent l'Egypte qui ne ressemblent à ceux des deux Partis que l'Angleterre nourrit continuellement dans son sein: car qu'est-ce que les noms de *Grace* & *de Sans quartier* que portent les deux Factions du Caire, sinon ceux de *Moderez* & de *Rigides* que se donnent les *Whigs* & les *Toris*? Je n'entreprendrai point de pousser plus loin ce paralléle, il suffit de remarquer en cela le même esprit d'independance qui régne dans les Hommes en tout Païs; en sorte que s'il ne produit pas les mêmes effets par tout, ce n'est que le plus ou le moins d'habitude à l'esclavage qui en fait la différence.

Un Bacha adroit, dit l'Auteur qui me fournit ces remarques, entretient & fomente la division des deux Corps, afin qu'ils soient moins en état de s'opposer à ses entreprises. Si l'on voit qu'elles tendent à quelque chose d'important, les deux Partis ne manquent jamais de se réünir & la déposition du Bacha est le fruit de ses tentatives. Pour cela on dresse un Procès Verbal de la conduite qu'on a tenuë à son égard, & des raisons qu'on a euës de le faire, & on l'envoïe à la Porte qui ne manque jamais de l'agréer. Ce n'est pas que ces raisons soient toûjours bonnes, ni cette conduite toûjours équitable; mais la crainte de causer des soûlevemens & d'avoir trop de coupables à punir fait que la Porte ne peut guére se dispenser d'y donner les mains. C'est l'usage, par exemple, que les Bachas doivent hériter de certains biens; mais de peur qu'ils ne deviennent trop riches les Principaux du Païs ont soin de détourner les effets de ces personnes dont la Succession est devoluë au Bacha, & ne lui font paroître que ce qu'il n'est pas possible de lui cacher. Par là le Bachali du Caire, que l'on achette pourtant jusques à 400000. écus à la Porte, est sur un très-mauvais pié. Mais du moins l'or & l'argent se conservent dans le Païs; & si ceux qui sont riches pouvoient sans s'exposer faire montre de leurs richesses, soit en bâtissant de magnifiques maisons, ou en embellissant leur Héritages, l'Egypte seroit encore aujourd'hui le Païs du Monde le plus rempli de beaux Edifices, parce que les Egyptiens ont encore beaucoup de goût naturel pour ces sortes d'ouvrages; outre que le Peuple qui y seroit emploïé, deviendroit aussi plus riche & plus heureux. Mais les plus opulens se contentent de bâtir quelques Mosquées accompagnées de leurs sepultures; & s'ils élevent des Palais, l'entrée en est placée dans des lieux detournez, afin qu'ils ne soient pas trop exposez en vuë. Là ils renferment un grand nombre de femmes & d'esclaves, auxquels rien ne manque que la liberté. Le surplus de leur argent leur devient inutile: ils l'enterrent pour le dérober à l'avidité des Bachas, & par là il est souvent perdu pour leurs Héritiers. Avec tout cela après le grand *Viziriat* il n'y a point de poste plus honorable & plus recherché que ce beau & riche Gouvernement. Aussi fait-il quelquefois trembler cette même Haute Porte qui a causé tant de fraïeur à la Chrétienté. En voici un exemple historique.

En mille six cens soixante-quatre Mahomet IV. fut alarmé d'une rebellion dont les suites pouvoient priver ce Sultan d'une des plus belles parties de son Empire. Les puissans Beis ou Gouverneurs de l'Egypte, irritez des exactions continuelles d'Ibrahim, Vice-Roi de la Province, se soûleverent contre lui. S'étant saisis de ce Bacha du Grand Caire vers la fin des trois ans de sa Vice-Roïauté, & lorsqu'il se disposoit à partir, ils le mirent en prison. Ces Mécontents se plaignoient qu'Ibrahim avoit tiré d'eux des sommes immenses contre toute sorte de droit & de raison. Les Beis ne demandoient pas moins que la restitution de trois mille bourses d'argent, c'est-à-dire de deux millions deux cens cinquante mille écus selon le cours du Grand Caire, où une bourse vaut sept cens cinquante écus. Enfin les Soulevez declarerent hautement qu'ils ne relâcheroient le Prisonnier qu'après un plein & entier remboursement.

Les nouvelles d'une si grande insolence commise contre un Bacha également considerable par le pouvoir suprême dont il étoit depositaire & par l'alliance du Sultan dont il avoit épousé la Sœur, furent d'abord portées à la Porte Ottomane. Elles confirmerent le Ministére dans l'opinion que les Egyptiens n'aimoient pas les Turcs. Car outre qu'ils étoient déja tombez plusieurs fois dans la desobéïssance; ils avoient manqué depuis peu à païer le Tribut qu'ils devoient au Grand Seigneur. Pour prevenir donc les suites d'une revolte si dangereuse, il fut resolu dans le Conseil, qu'on enverroit incessamment en Egypte le Selicter Aga, ou premier Ecuïer. Cet Officier menagea les choses avec tant de prudence & de dexterité, que par ces promesses magnifiques dont un Souverain, quand il a peur, est toûjours fort liberal, & en donnant quelque argent aux Beis, il rétablit l'ordre & la tranquilité. Il falut dissimuler quelque tems; mais dès que l'occasion du châtiment s'offrit on ne la manqua pas. Il est surprenant qu'avec toutes les richesses que l'Egypte possede le Grand Seigneur n'en puisse tirer aucun secours extraordinaire, tellement que quand ce Païs lui fournit des troupes, il est souvent obligé d'en païer le transport. Mais c'est que le Grand Seigneur n'aiant d'autre ressource pour l'argent que la mort des Bachas, & ceux d'Egypte ne pouvant pas s'enrichir par les raisons que nous avons dites, il ne tire rien de cette Province, pour l'augmentation de ses revenus, au delà d'une certaine somme annuelle, qui, de 600000. écus qu'elle étoit au commencement, est réduite presentement à moins de 400000 par les engagemens que les Grands Seigneurs ont fait dans la suite du surplus. Les revenus de l'Egypte sont en tout maintenant de 60000. bourses, dont 40000. sont emploïées au paiement des Milices, & à la reparation des Ponts, Chaussées, Canaux & autres ouvrages publics; & le reste est pour le Prince. Si l'on en croit les Histoires, elle a rendu autrefois des sommes beaucoup plus considerables; mais tout diminuë avec le tems, les moïens qu'on emploïe pour tirer les richesses d'un Païs sont souvent ce qui en fait tarir les sources.

SUCCESSION DES ROIS D'EGIPTE SELON LEURS DIVERSES RACES.

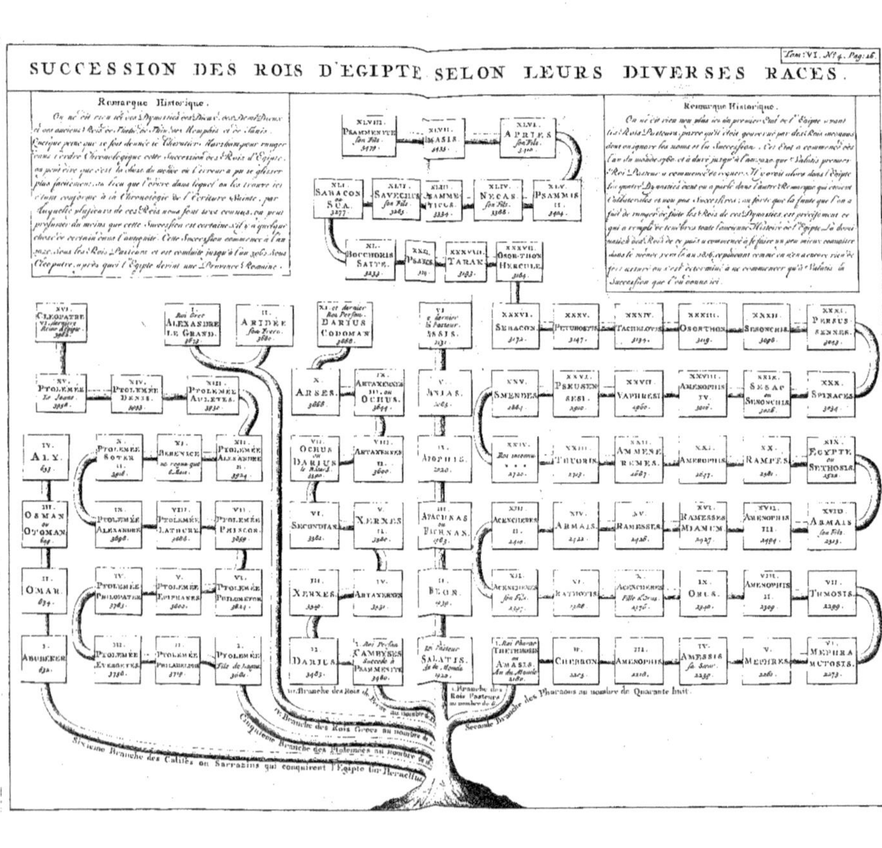

Remarque Historique.

On ne dit rien ici des Dynasties des Dieux, des Demi-Dieux et des anciens Rois de Thebe, de This, de Memphis et de Tanis. Quelque peine que se soit donnée le Chevalier Marsham pour ranger dans l'ordre Chronologique cette Succession des Rois d'Egipte, on peut dire que c'est la chose du monde où l'erreur a pu se glisser plus facilement, au lieu que l'ordre dans lequel on les trouve ici étant conforme à la Chronologie de l'Ecriture Sainte, par laquelle plusieurs de ces Rois nous sont tres connus, on peut presumer du moins que cette Succession est certaine s'il y a quelque chose de certain dans l'antiquité. Cette Succession commence à l'an 2020 sous les Rois Pasteurs et est conduite jusqu'à l'an 3065 sous Cleopatre, après quoi l'Egipte devint une Province Romaine.

Remarque Historique.

On ne dit rien non plus ici du premier Etat de l'Egipte avant les Rois Pasteurs, parce qu'il étoit gouverné par des Rois inconnus dont on ignore les noms et la Succession. Cet Etat a commencé dès l'an du monde 1780 et a duré jusqu'à l'an 2020 que Salatis premier Roi Pasteur a commencé de regner. Il y avoit alors dans l'Egipte les quatre Dynasties dont on a parlé dans l'autre Remarque qui étoient Collaterales et non pas Successives ; en sorte que la faute que l'on a fait de ranger de suite les Rois de ces Dynasties est précisement ce qui a rempli de tenebres toute l'ancienne Histoire de l'Egipte. La domination des Rois de ce païs a commencé à se faire un peu mieux connoître dans le monde vers l'an 1816, cependant comme on n'en a encore rien de fort assuré on s'est determiné à ne commencer qu'à Salatis la Succession que l'on donne ici.

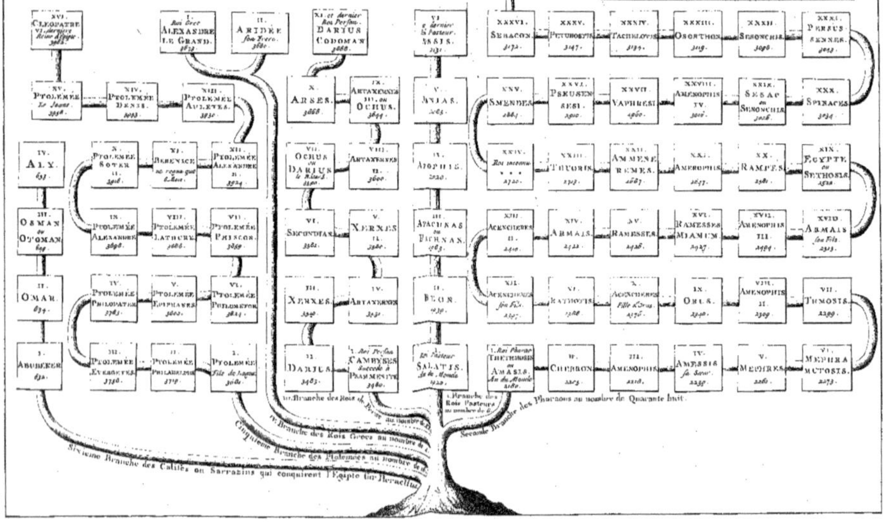

CHRONOLOGIE HISTORIQUE DES ROIS D'EGYPTE,

Avec des Remarques sur les principaux Evénemens de leurs Règnes.

OBSERVATION.

IL y avoit anciennement dans l'Egypte quatre Dynasties ou Principautez : celle de Thebes, celle de Thin, celle de Memphis, & celle de Thanis. Les Rois de ces Dynasties qui étoient collaterales & non pas successives aiant été confondus & rangez de suite mal à propos, ont rempli de ténèbres toute l'ancienne Histoire de l'Egypte.

Ainsi le I. Etat de l'Egypte, sous des Rois inconnus, a duré 160. ans, savoir depuis l'an 1760. jusqu'en 1920., que Salatis, premier Roi Pasteur, commença à règner.

Ces Rois Pasteurs, venus de l'Arabie, se jettèrent dans l'Egypte & se rendirent Maîtres de Memphis, commandant ainsi à toute la Basse Egypte, qui s'étend le long de la Méditerranée, là où sont les embouchures du Nil.

ROIS PASTEURS.

Ans du Monde			Ans avant J. C.
1920.	I. SALATIS.	Règna 19. ans.	2084.
1939.	II. BEON.	Règna 44. ans.	2065.
1983.	III. APACHNAS *ou* PACHNAN.	Règna 36. ans & 7. mois.	2021.
2010.	IV. APOPHIS *se nommoit aussi* PHARAON, *nom commun à tous les Rois d'Egypte.*	Règna 63. ans. Ce Roi enleva la femme d'Abraham descendu en Egypte à cause de la famine ; mais il la lui rendit, sans l'avoir touchée, quand il sut qu'elle étoit sa femme.	1984.
2085.	V. JANIAS.	Règna 46. ans.	1919.
2131.	VI. ASSIS.	Règna 49. ans & 8. mois.	1873.

ROIS PHARAONS.

Ans du Monde			Ans avant J. C.
2180.	I. THETHMOSIS *ou* AMASIS *déja Roi de la Thébaïde, ou de la haute Egypte.*	Règna 25. ans & 4. mois. Il chassa les Rois Pasteurs de la Basse Egypte, qui se retirèrent dans la Phénicie.	1824.
2205.	II. CHEBRON.	Règna 13. ans.	1799.
2218.	III. AMENOPHIS.	Règna 20. ans & 7. mois.	1786.
2239.	IV. AMESSIS *Sœur* d'AMENOPHIS.	Règna 21. ans & 9. mois.	1765.
2261.	V. MEPHRES	Règna 12. ans & 9. mois.	1743.
2273.	VI. MEPHRAMUTHOSIS	Règna 25. ans & 10. mois.	1731.
2299.	VII. THMOSIS.	Règna 9. ans & 8. mois.	1705.
2309.	VIII. AMENOPHIS II.	Règna 30. ans & 10. mois.	1695.
2340.	IX. ORUS	Règna 36. ans & 5. mois.	1664.
2376.	X. ACENCHRES *fille d'Orus.*	Règna 12. ans & 1. mois.	1628.
2388.	XI. RATHOTIS *frère d'Acenchres.*	Règna 9. ans.	1616.
2397.	XII. ACENCHERES *son fils.*	Règna 12. ans & 5. mois.	1607.
2410.	XIII. ACENCHERES II.	Règna 12. ans & 3. mois.	1594.
2422.	XIV. ARMAIS	Règna 4. ans & 1. mois.	1582.
2426.	XV. RAMESSES	Règna 1. an & 4. mois.	1578.
2427.	XVI. RAMESSES MIAMUM *règna 68. ans 2. mois.*	COmme il étoit né après la mort de Joseph, qui avoit fait de si grans biens à l'Egypte, il consentit à l'oppression des Israëlites. Il commanda aux Sages-femmes de tuer tous les fils de ce Peuple ; & cet ordre n'aiant point été exécuté, il ordonna que tous les enfans mâles des Hebreux fussent noïez. Ce fut sa fille Thermutis, qui, frapée de la beauté du petit Moïse qui étoit exposé sur le Nil, le sauva par pitié, & le donna à nourrir à sa propre Mère sans le savoir.	1577.
2494.	XVII. AMENOPHIS III. *son fils règna 19. ans & 6. mois.*	IL refusa aux Israëlites la liberté que Moïse & Aaron lui demandoient pour eux ; & comme il se vit forcé de les laisser aller ; & qu'il les poursuivit au travers de la Mer Rouge, il y fut englouti avec toute son Armée.	1510.
2513.	XVIII. ARMAIS, *son fils règna 9. ans.*	PEndant que son Frère Sethosis se rendoit Maître de l'Orient, il s'agrandit & se fit Roi d'Egypte où il gouvernoit en l'absence de son Frère qui avoit tous les honneurs de la Souveraineté.	1491.
		ARmaïs est le Danaüs qui fonda le Roïaume d'Argos.	
		SEthosis est Ægypte qui fuit & qui donna son nom à l'Egypte qui s'appeloit auparavant *Æria.*	
2522.	XIX. ÆGYPTE ou SETHOSIS *règna en Egypte après avoir chassé son Frère.*	APrès neuf années emploïées à faire des Expeditions dans des terres étrangéres, il revint à Peluse, & aiant trouvé qu'Armaïs s'étoit fait Roi il le déposa & règna en sa place.	1482.
2581.	XX. RAMPES	Règna 66. ans.	1423.
2647.	XXI. AMEROPHIS.	Règna 40. ans.	1357.
2687.	XXII. AMMENEREMES.	Règna 26. ans.	1317.
2713.	XXIII. THVORIS	Règna 7. ans.	1291.
2720.	XXIV.....	UNe Dynastie de Diospolites inconnus, qui dura 164. ans.	1284.
2884.	XXV. SMENDES	Règna 26. ans.	1120.
2910.	XXVI. PSEUSENSESI.	Règna 50. ans.	1094.
2960.	XXVII. VAPHRESI.	Règna 56. ans. Il donna sa fille en mariage à Salomon.	1044.
3016.	XXVIII. AMENOPHIS IV.	Règna 9. ans.	988.
3026.	XXIX. SESAC *ou* SESONCHIS. *Règna 6. ans.*	CE fut sous son règne que Jeroboam s'enfuit en Egypte où il demeura jusqu'à la mort de Salomon. Sesac alla à Jerusalem, où il pilla le Temple, & emporta tous les Trésors qui étoient dans le Palais de Roboam.	978.
3034.	XXX. SPINACES	Règna 9. ans.	970.
3043.	XXXI. PERSUSSENNES	Règna 55. ans.	961.
3096.	XXXII. SESONCHIS	Règna 21. an.	906.
3119.	XXXIII. OSORTHON.	Règna 15. ans.	885.
3134.	XXXIV. TACHELOTIS	Règna 3. ans.	870.
3147.	XXXV. PETUBOSTIS	Règna 15. ans.	857.
3172.	XXXVI. SEBACON.	Règna 12. ans.	832.
3184.	XXXVII. OSORTHON-HERCULE.	Règna 9. ans.	820.
3193.	XXXVIII. TARAK.	Règna 20. ans.	811.
3213.	XXXIX. PSAMMIS.	Régna 20. ans.	791.
3233.	XL. BOCCHORIS-SAITE.	Règna 44. ans.	771.
3277.	XLI. SABACON *ou* SUA *Ethiopien, règna 8. ans.*	IL prit en Guerre Bocchoris, le fit brûler vif & règna en sa place.	727.
3285.	XLII. SAVECHUS son fils.	Règna 14. ans.	719.

Ans du Monde			Ans avant J. C.
3317.	. . . . *Interrègne de 2. ans.*	DOuze personnes s'emparent du Gouvernement des affaires, & cette Aristocratie dura 15. ans.	687.
3334.	XLIII. PSAMMETICUS *Saïte, règna 54. ans.*	IL étoit un des 12. Tirans, & il devint seul le Maître.	670.
3388.	XLIV. NECOS *son fils règna 16. ans.*	IL entreprit de faire un Canal depuis le Nil jusqu'au Golfe Arabique. Il ne réüssit point & cent mille Egyptiens périrent dans ce travail.	616.
3404.	XLV. PSAMMIS II. *son fils, règna 6. ans.*	IL fit une Expédition dans l'Ethiopie, au retour de laquelle il mourut.	600.
3410.	XLVI. APRIES *son fils, règna 25. ans.*	CE fut un grand Guerrier. Il prit Sidon de vive force & jetta la terreur dans toute la Phenicie.	594.
3435.	XLVII. AMASIS *règna 44. ans.*	DE son tems Cambyses Roi de Perse médita la Conquête de l'Egypte.	569.
3479.	XLVIII. PSAMMENITE *son fils.*	Il ne règna que 6. mois.	525.
	ROIS DE PERSE qui ont règné en Egypte durant 194. ans.		
3480.	I. CAMBYSES *règna à la place de Psamménite.*	IL investit Psamménite dans Memphis, où il le fit prisonnier avec toute sa famille qui traita d'une maniére indigne & pleine de mépris.	524.
3483.	II. DARIUS *fut Maître de l'Egypte après Cambyses.*	Il règna 35. ans.	521.
3519.	III. XERXES.	Règna 11. ans.	485.
3531.	IV. ARTAXERXES, *succéda à son Pere & règna 49. ans.*	INaros Roi de Lybie, & fils de Psamménite fit révolter la plus grande partie de l'Egypte, qui secoua la domination d'Artaxerxes; mais celui-ci y aiant envoïé une puissante armée, soûmit bientôt les rebelles & réduisit de nouveau toute l'Egypte.	473.
3580.	V. XERXES II. *ne règna que quelques mois.*		424.
3581.	VI. SECONDIAN.	IL ne règna non plus que quelque mois.	423.
3590.	VII. OCHUS *ou* DARIUS LE BATARD.	Il règna 19. ans. Amyrtée Saïte afranchit presque l'Egypte de la Domination des Perses & règna 6. ans.	414.
3600.	VIII. ARTAXERXES II.	LEs Egyptiens firent de grans efforts pour secouër le joug des Perses.	404.
3644.	IX. ARTAXERXES III. *ou* OCHUS, *règna 23. ans.*	IL pilla l'Egypte, emporta tous les Trésors & tous les Livres qu'il trouva dans les Temples.	360.
3666.	X. ARSES.	Règna 2. ans.	338.
3668.	XI. DARIUS CODOMAN.	Règna 5. ans.	336.
	EGYPTIENS SOUMIS AUX GRECS.		
3673.	ALEXANDRE LE GRAND *règna 6. ans sur l'Egypte, où il trouva les peuples fort ennuïez de l'insolence & des sacrilèges des Perses.*	LEs Egyptiens allérent au devant de lui à Peluze, & se soûmirent librement à sa domination. Il fit bâtir la ville d'Alexandrie, à laquelle il donna son nom la 5. année de son règne.	331.
3680.	ARIDE'E *son Frère fut proclamé Roi. Ce ne fut qu'un Roi de Theatre, qui étoit imbécile & incapable de règner.*	PHilippe l'avoit eu d'une Maîtresse nommée *Philinne.* On devoit associer à Aridée le fils de Roxane, qu'Alexandre avoit laissée grosse de 8. mois quand il mourut; mais tout cela ne dura point: l'Empire d'Alexandre fut démembré par ses Favoris; & l'Egypte, après avoir été 6. ans sous la puissance d'Alexandre, devint le partage des Ptolemées.	324.
	Etat de l'Egypte sous les Ptolemées.		
3681.	PTOLEME'E, *fils de Lagus, & surnommé* Soter, *après avoir règné 38. ans, abdiqua volontairement le Roïaume, & le remit à son fils Philadelphe.*	IL mit son fils sur le Trône, & se fit Capitaine de ses Gardes: disant qu'il étoit plus honorable d'avoir un fils Roi, que de règner soi-même. Ce fut avant sa mort que fut faite la VERSION GREQUE DES LXXII. INTERPRETES, par les soins de *Demetrius Phalereus* qui ramassa jusqu'à deux cens mille volumes dans la Bibliothèque d'Alexandrie.	323.
3719.	PTOLEME'E PHILADELPHE, *règna 40. ans depuis la mort de son Père & mourut de débauche.*	IL donna sa fille en mariage à *Seleucus* dit *le Dieu*, avec la plus riche dot qui fut jamais.	285.
3758.	PTOLEME'E EVERGETES *c'est-à-dire* le Bienfaisant, *succèda à son Père, & règna 25. ans.*	IL gagna l'affection de ses sujets par la douceur de son règne. Il eut pour Femme *Berenice*, de qui il laissa trois enfans.	246.
3783.	PTOLEME'E PHILOPATOR *ainsi appelé par Antiphrase, parce qu'il fit mourir son Père pour lui succèder. Il règna 17. ans.*	IL tourmenta étrangement les Juifs d'Alexandrie, pour les détourner du culte du vrai Dieu. Il laissa en mourant un fils qu'il avoit eu d'*Arsinoë* sa Sœur & sa Femme.	221.
3800.	PTOLEME'E EPIPHANES *c'est-à-dire* l'Illustre, *âgé seulement de 4. ans, succéda à son Père & règna 24. ans.*	IL tourmenta aussi les Juifs pour les détourner de leur Religion. Il fut dépouillé par Antiochus le Grand, & par Philipe, Roi de Macédoine, & mourut de poison âgé de 28. ans, laissant 2. fils & 1. fille.	204.
3824.	PTOLEME'E PHILOMETOR, *ainsi nommé parcequ'il aimoit extrèmement sa Mère Cleopatre, règna 34. ans & 9. mois.*	IL vainquit Alexandre, Roi de Sirie, & mourut des blessures qu'il s'étoit faites à la tête en tombant de cheval dans la Bataille qu'il gagna contre ce Prince. Il laissa un fils fort jeune qui fut son Successeur.	180.
3859.	PTOLEME'E PHISCON, *c'est-à-dire* Ventru, *règna 29. ans. Il se* nomma aussi EVERGETES II. *il étoit fort cruel, non-seulement envers sa famille, mais aussi envers ses Sujets.*	IL épousa Cleopatre Veuve de son Frère, & Sœur de tous les deux, & dès le jour de ses Nôces il tua entre les bras de sa Femme son fils qu'elle tenoit embrassé. Il répudia ensuite sa femme & sa sœur, dont il épousa la fille, qu'il avoit auparavant deshonorée par force.	145.
3888.	PTOLEME'E LATHURE *ou* SOTER II. *règna 11. ans.*	IL se fit haïr de ses Sujets par ses violences, & fut obligé de s'enfuir.	116.

Ans du Monde			Ans avant J. C.
3898.	PTOLEME'E ALEXANDRE *règna 19. ans.*	IL fit mourir sa Mère, dont il craignoit les intrigues, & s'enfuit pour éviter le ressentiment du Peuple irrité de cette cruauté. Alors on envoïa des Ambassadeurs en Cypre, & l'on en fit revenir Soter II. qui remonta sur le Trône.	106.
3916.	PTOLEME'E SOTER II. *règna 8. ans.*	IL mourut sans enfans mâles, & sa fille Berenice lui succéda.	88.
	BERENICE *règna 6. mois.*	SYlla, Dictateur de Rome, fit monter sur le Trône d'Egypte *Alexandre II.* fils de Ptolemée Alexandre, & lui fit épouser Berenice, que son Mari tua au bout de 19. jours.	
3424.	PTOLEME'E ALEXANDRE II. *règna 6. ans, & fut chassé.*	IL alla mourir à Tyr, où il institua le Peuple Romain héritier du Roïaume d'Egypte.	80.
3930.	PTOLEME'E AVLETES *c'est-à-dire le Flûteur, parce qu'il aimoit passionnément à jouër de la Flûte, règna 23. ans.*	IL étoit fils naturel de Ptolemée Soter. Il épousa une Cleopatre qui étoit sa Sœur, & pareillement fille de Soter II. Comme ce Prince avoit pris le parti de Caton dans les Guerres Civiles de Rome, & que toute l'Egypte se trouva épuisée d'argent par sa mauvaise conduite, il fut chassé du Roïaume après un règne de 18. ans. Il alla à Rome demander la protection du Senat, & deux ans après, il fut ramené à Alexandrie à la tête d'une Armée & rétabli sur le Trône par les soins de Pompée.	74.
3953.	PTOLEME'E DENIS *son fils lui succéda & règna 4. ans. Il avoit épousé, selon la coûtume d'alors, Cleopatre l'aînée de ses Sœurs avec laquelle il règna.*	POmpée, après la bataille de Pharsale chercha sa retraite en Egypte chez ce jeune Roi qui venoit de chasser Cleopatre sa Sœur & sa Femme. César victorieux y poursuivit Pompée, & raccommoda la jeune Reine avec le Roi son Epoux, qui peu après se brouilla avec César. La guerre fut déclarée entr'eux, Ptolemée fut vaincu & s'enfuit. Ainsi César se vit Maître de toute l'Egypte qu'il donna à Cleopatre après l'avoir mariée à son autre Frère, Cadet de Ptolemée.	51.
3958.	PTOLEME'E LE JEUNE *monta sur le Trône avec Cleopatre qu'il venoit d'épouser n'aiant pas plus d'onze ans. Il en règna 4. avec elle, quoiqu'elle eût seule toute l'autôrité.*	CLeopatre alla à Rome avec son jeune Epoux, & logea chez César, qui avoit beaucoup de part à ce voïage. Quatre ans après César fut poignardé dans le Senat, & Cleopatre fit mourir par le poison le Jeune Ptolemée qui n'avoit que 15. ans; en sorte qu'elle règna seule 4. autres années.	46.
3962.	CLEOPATRE VI. *dernière Reine d'Egypte règna 12. ans tant seule qu'avec Marc Antoine.*	LEs meurtriers de César aiant été vaincus par Auguste & Antoine, Cléopatre alla trouver ce dernier & s'en fit aimer. Antoine qui en fut charmé, l'épousa & lui donna plusieurs Provinces Romaines. Enfin ce Prince aiant été défait par Auguste à la bataille d'Actium, se tua de desespoir, & Cleopatre se fit mourir.	42.

Ans de J. C.

339. Après la mort de cette Cleopatre l'Egypte ne fut plus qu'une Province de la dépendance de l'Empire Romain. Elle demeura sous la domination des Empereurs Romains, jusques à l'an 339. de l'Ere Vulgaire, que l'Empereur Constantin partagea l'Empire entre ses trois Fils. Constance qui étoit le plus jeune, eut la Grèce, l'Asie & l'Egypte. Il établit son siège à Constantinople, & lui & ses Successeurs prirent le nom d'*Empereurs d'Orient*.

Depuis ce tems-là l'Egypte apartint aux Empereurs d'Orient jusqu'en l'an 637. qu'Omar, second Calife, c'est-à-dire second héritier & Successeur de Mahomet, conquit l'Egypte par Amar, un de ses Généraux, sur Heraclius, Empereur d'Orient. On appèle ordinairement le règne des Califes, le règne des Sarrazins.

Les Sarrazins sont des Peuples descendus d'Ismael, fils d'Abraham & d'Agar, on les appèle *Sarrazins*, du mot Arabe

Ans de J. C.

339. *Saraz*, qui signifie *dérober*; parce que ces Peuples ont de tout tems couru la Campagne pour voler.

571. Mahomet nâquit parmi eux, prit la fuite & se retira à Medine pour éviter le suplice que ses impostures pensérent lui attirer. Après de grandes conquêtes qu'il fit par la force des armes, il établit quatre Généraux pour subjuguer toute la terre. Ces Généraux furent

632.	ABUBEKER *qui règna 2. ans, 3. mois & 22. jours.*	IL fut le premier qui ramassa les mémoires dont fut composé l'Alcoran. Il battit les troupes de l'Empereur Heraclius sur les frontières d'Arabie.
634.	OMAR *règna 20. ans, 6. mois & 17. jours, & fut assassiné par un de ses Valets.*	IL prit Jerusalem & soûmit toute la Judée, dont les Infidèles demeurèrent les Maîtres jusqu'en l'an 1099. que Godefroi de Bouillon la prit sur les Sarazins.
649.	OSMAN ou OTTOMAN *règna 12. ans, & se tua de peur de tomber entre les mains de ses Ennemis.*	IL eut de grandes guerres contre Constantin Pogomate. Il prit Carthage, Tyr, Rhode & desola toute la Sicile. Il réduisit en VII. Livres les Mémoires dont l'Alcoran a été formé.
663.	ALI *règna environ 14. ans & 20. mois. Il fut tué par un de ses valets suborné par une Femme, dont Ali avoit fait mourir le Mari.*	IL fut préferé à Mauvias, Général d'Osman, & à Mahomet qui étant fils d'Osman devoit plûtôt lui succéder. Il eut un fils qui eut quelque part à la dignité de Calife; mais Mauvias la lui ravit, & le Califat est demeuré près de cent ans dans sa Famille. Cette dignité a été souvent partagée ou usurpée par des Tirans, quoi-qu'elle fût héreditaire.

Ces Califes possedoient des Païs immenses; car outre l'Egypte, la Nubie, l'Afrique, l'Espagne, la Sardaigne & la Corse qu'ils possedoient; ils étoient les Maîtres de toute la Syrie, de la Mesopotamie, de la Perse, du Corasan, du Tabaristan, du Deilen, & d'autres Provinces plus éloignées.

Ils avoient sous eux des Gouverneurs dont les principaux étoient trois: Savoir, le Gouverneur du *Corasan*, le Gouverneur d'*Egypte*, & le Gouverneur d'*Afrique*. Ces Gouverneurs avoient trop d'autôrité, pour n'en abuser pas. Celui qui avoit le Gouvernement d'Afrique & d'Espagne se révolta, & les détacha de l'Empire des Califes qui résidoient à Bagdat.

813. L'an 813. sous le règne de Mahomet Alamin ou le Fidèle, il s'éleva quatre Tyrans: le premier demeuroit à Bagdat. Le second qui avoit l'Egypte, prit le Caire pour sa résidence. Le troisième qui étoit Maître de l'Afrique, demeuroit à Caireveu; & le quatrième avoit établi sa domination à Maroc.

L'Egypte fut sous la puissance des Califes durant 517. ans
1164. jusqu'en l'an 1164. que Saladin, qui n'étoit d'abord qu'un Général des Troupes de Noradin, Soudan de Damas, se rendit Maître de l'Egypte, prenant la qualité de *Soudan d'Egypte*, & laissant le titre de Calife aux Grands Prêtres de la Loi de Mahomet.

L'Egypte fut sous la domination des Soudans durant 352. ans que dura leur Etat, qu'on appèle ordinairement des *Mamelucs*. Ce nom signifie *Soldats* ou *Serviteurs*, & on le donnoit à la milice des Soudans d'Egypte.

1516. Selim, Sultan des Turcs, défit & tua cette année *Campson*, Soudan d'Egypte. Les Mamelucs lui donnèrent pour Suc-
1517. cesseur *Tomumbeï*, que le même Selim défit l'année suivante; & aiant pris la ville du Caire, il fit pendre ce Tomumbeï. Depuis ce tems-là l'Egypte fut entiérement soûmise aux Ottomans, qui la gouvernent encore aujourd'hui par leurs Bachas.

OBSERVATION

Sur les Cleopatres Reines d'Egypte.

IL y eut deux Cleopatres qui se suivirent immédiatement comme on l'a pu voir ci-devant: Savoir la Mère & la Fille. La premiére étoit Sœur de Ptolemée Philometor & de Ptolemée Evergetes, qu'elle épousa tous deux. La seconde étoit

Ans de J. C.

étoit sa fille, qu'elle eut de Ptolemée Philometor, c'est Cleopatre III.

Cleopatre surnommée Selène, fut la troisième Femme de Ptolemée Evergetes II. & fille de Cleopatre III. Car Ptolemée Evergetes eut deux fils, savoir Ptolemée Soter II. & Ptolemée Alexandre, & 3. filles, qui sont Griphine, Cleopatre & Selène.

Ans de J. C.

On trouve d'anciennes Médailles de Cleopâtre VI. la derniére Reine de ce nom. On en voit une au Cabinet du Roi de France, où il y a autour de la tête de Cleopatre cette Legende : ΒΑΣΙΛΙΣΣΑ ΚΛΕΟΠΑΤΡΑ ΘΕΑ ΝΕΩΤΕΡΑ, qui veut dire, *Cleopatre Reine & Déesse nouvelle.* Au revers c'est la tête de Marc Antoine avec cette inscription : ΑΝΤΩΝΙΟΣ ΑΥΤΟΚΡΑΤΩΡ ΤΡΙΤΟΝ ΤΡΙΩΝ ΑΝΔΡΩΝ, c'est-à-dire, *Antoine Empereur pour la troisième fois, Triumvir.*

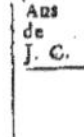

DESCRIPTION DU NIL, DE SES SOURCES, DE SON COURS DEPUIS LES CATARACTES JUSQUES AU CAIRE, AVEC UNE CARTE TRES EXACTE DE CE FLEUVE & DES ENVIRONS COPIÉE SUR CELLE QUI A ÉTÉ DESSINÉE SUR LES LIEUX ET PRÉSENTÉE DEPUIS AU ROY DE FRANCE LOUÏS XIV.

Le Nil étant le plus grand fleuve de l'Afrique, et le plus célèbre de tout ce Continent, on sera bien aise de voir ici une description de son Cours depuis le Caire jusqu'aux Cataractes, telle qu'elle a été présentée au Roi de France Louis XIV. par un voïageur qui l'a dessinée sur les Lieux.

Les Auteurs ne sont pas d'accord sur la source de cette fameuse riviere qui n'est pas encore bien connue. les uns la placent dans les Montagnes de la Lune à 12. degrez de Latitude Meridionale, où la Neige de ces montagnes venant à se fondre fait plusieurs ruisseaux qui forment deux grands Lacs éloignez l'un de l'autre d'environ quatre vingt milles; de leurs eaux, après avoir fait chacun un canal, se rejoignent dans l'Ethiopie, où elles n'en font plus qu'un, qui après avoir coulé dans une grande étendue de païs, se sépare encore et fait l'Isle de Meroé où ces deux branches du Nil se réunissent en une seule riviere, laquelle après avoir bien serpenté, se vient rendre à une haute Montagne au travers de laquelle elle passe avec violence, et se précipite ensuite dans l'Egypte par une furieuse Cascade.

D'autres veulent que la source de ce fleuve soit l'effet des pluies qui tombent en abondance dans l'Ethiopie, où elles commencent vers la fête de Pâques et continuent près de vingt Semaines. mais il paroit plus vraisemblable d'attribuer son accroissement à ces pluies, que non pas sa source et qu'il la faut chercher plus loin. Et comme de tous les voïageurs, qui ont fait sur cela des recherches curieuses, il n'y en a point qui aient mieux réussi que les Missionaires, et particulierement les Jesuites, voici les deux decouvertes les plus importantes dont nous sommes redevables à leurs soins.

La Source du Nil, dit Peter Pais raporté par Kircher, est dans la partie occidentale du Royaume de Gojam sur le sommet d'une haute montagne, où il y a une espece de Plaine environnée d'autres montagnes plus hautes encore. Là se voient deux sources ou fontaines, larges chacune d'environ quatre paumes de diametre. L'eau en est fort claire, legere et agréable à boire: et ce qu'il y a de remarquable, c'est que les deux ouvertures de cette source qui sont sur cette espece d'Esplanade n'ont point d'issuë pour se décharger, si ce n'est au pié de la montagne seulement. Ceux qui ont sondé la profondeur de ces sources, ont trouvé que la pique rencontroit environ à onze paumes quelques racines d'arbres entrelassées.

La Seconde source est éloignée de la première d'environ un jet de pierre et l'on n'y trouve point de fond. On remarque que toute la terre des environs tremble, ce qui fait croire qu'elle est toute remplie d'eau. Le Champ où sont ces sources est de très difficile accès de tous côtez, excepté du côté du Nord où l'on y peut aborder plus aisément. Le milieu ressemble à un Lac dont le circuit a l'étenduë d'un coup de fronde.

Au dessous de la Montagne à la distance d'environ un mille, on voit sortir des entrailles de la terre dans le fond d'une Vallée profonde un Bouillon qui forme une Riviere, et qui se joint au Nil peu après. On croit qu'elle a la même source que ce fleuve et qu'elle coule quelque tems sous terre et ne se montre qu'en cet endroit. A un quart de lieuë de là on voit un autre petit ruisseau qui sort avec bruit d'entre les pierres et les rochers, auxquels deux autres se viennent encore joindre. C'est ainsi que le Nil s'accroît peu à peu en recevant toûjours de nouvelles eaux.

A une journée de chemin il se joint à un grand Canal nommé Jama qui ensuite tourne vers l'Occident à 25. lieuës de sa premiere source. Alors il change de cours et tombe à l'Orient dans un grand Lac qui dépend en partie du Royaume de Gojam et en partie de celui de Dambie. Il s'y jette avec tant de rapidité, qu'on distingue fort bien, du moins à ce que pretendent les voïageurs, l'eau du Nil d'avec celle du Lac. Mais comme on a écrit la même chose du Rhône lors qu'il passe dans le Lac de Geneve, et que cependant je n'ai vû aucune difference entre leurs eaux, quoi que celle du Rhône soit très rapide en y entrant, je ne donne point pour une verité constante, ce que j'écris ici du Nil.

Dès que ce fleuve est sorti du Lac dont je viens de parler, il traverse le Midi par diverses courbures et arrose le païs nommé Alata qui est à cinq lieuës de l'embouchure de ce Lac. Là passant entre des rochers hauts de 14. coudées, il se précipite en bas avec horrible bruit, et élève une poussiere d'eau qui paroit de loin comme un brouillard. ensuite il se cache tellement entre deux rochers qu'à peine le peut on voir. Il arrose au sortir de là vers l'Orient le Royaume de Bagu-Midiri, de Gojam, et les autres qui sont entre deux, avec les Provinces de Bizan et de Gumanca. Après cela il prend un tour et coule vers Fazulo et Ombarca. De là ce fleuve se courbant tourne de l'Orient au Nord, et après avoir traversé quantité de provinces et de Royaumes de grande étenduë, il se rend dans l'Egypte par les Cataractes dont nous donnons ici la description.

Mais avant que de le faire, il faut parler de l'autre decouverte touchant les sources du Nil, qui nous a été donnée par le P. Telles, Jesuite, suivi par Ludolf, Le premier dans son Histoire d'Ethiopie imprimée à Lisbonne, et le Second au Chapitre cinquiéme de ses voïages.

FIGURE I.

Pour aller aux Cataractes ou Chûtes du Nil on passe à une petite forteresse des Turcs nommée Ibansa, d'où l'on commence à en entendre le bruit et à voir les montagnes d'où il tombe. Les Murailles de cette forteresse ne sont que de briques cuites au soleil. elle est bâtie sur une petite hauteur et n'a qu'une porte pour y entrer. Environ à un quart de lieuë de la forteresse, est un endroit plein de tombeaux, faits d'une pierre blanche, semblable au marbre, avec des Inscriptions d'un caractere tout-à-fait inconnu. Plus loin on voit un Temple dont les ruines sont encore très superbes. Il en reste quatre grandes portes dont chacune étoit soûtenuë de huit colonnes de granites rougeâtre et comme jaspées. Au milieu de l'Edifice il y avoit un Bâtiment de marbre blanc plein de très belles figures en bas relief. On compte encore à l'entour 160. Colonnes, dont plus des deux tiers sont tombées. Après avoir marché quelque tems dans les ruines d'une des plus grandes Villes du monde, on trouve le beau Palais representé fig. I. où quatre grandes avenuës de Colonnes conduisent à autant de Portiques. Chacune de ces avenuës est composée de deux rangs de triples colonnes en triangle sur un même piedestal qui sont au nombre de plus de 1980. Sur le Chapiteau de chaque triangle est un Sphinx, et sur l'ordre des trois colonnes qui suivent, un tombeau, et ainsi successivement des quatre côtez. Chaque Colonne a soixante et dix piés de haut, toutes d'une seule pierre, dont plusieurs sont tombées de maniere que dans les quatre Avenuës il n'en reste plus que 300 colonnes. La premiere sale de ce Palais est toute peinte de très beaux sujets d'histoire: on y voit des chasses, des festins, et de petits enfans qui jouënt avec toute sorte d'Animaux. Il y a d'autres apartemens tous revêtus de marbre, dont les voutes sont soûtenuës par des colonnes de porphyre et de marbre noir. La grande Ville ruinée qu'on découvre de là est à ce qu'on croit Diospolis ou Thebes à cent portes.

FIGURE II

Du côté du desert, qui est au Levant, on découvre environ douze grandes Piramides qui ne cèdent rien à celles du grand Caire. J'en donne ici le dessein Fig. II. afin que les curieux puissent juger de ces beaux restes de l'antiquité, abandonnez aujourd'hui aux injures de l'air et protéger tranquillement de la recherche des voïageurs qui les ont découverts avec tant de peines et de risques. L'une est toute Simple, comme on voit, et l'autre est ornée de figures hieroglyphiques, dont il seroit difficile de marquer la Signification. Entre les deux est un Obelisque de granite rouge et noir avec quelques taches blanches de plus de cent piés de haut sur quinze de large par le bas, qu'on voit encore debout avec un autre semblable, restez seuls de plusieurs autres, qui sont autour d'un vieux Temple que l'on voit en revenant des Cataractes du Nil. Il est dans un Village nommé Gaadina où l'on voit encore plus de deux cens colonnes, plus grosses et plus hautes qu'aucune de celles qu'on voit dans tout ce païs. Ce vieux temple paroit avoir été revêtu de marbre noir et blanc. On y trouve plusieurs chambres pratiquées dans la muraille où il y a des puits qui ont apparemment servi de Sépultures. Entre plusieurs statues rompues et renversées d'une belle grandeur, on en voit deux de pierre de touche, plus d'à moitié en terre, qui représentent des femmes: ce qui est hors de terre a encore plus de 16. à 17 piés de haut. Les Arabes en ont gâté les visages, et elles ont une boule sur la tête. un peu plus loin on trouve un autre Palais très Superbe avec quatre avenuës qui répondent à quatre portes de plus de 60. piés de haut, et la demeure d'etant de Rois est devenue la retraite des Serpens.

Au milieu du Royaume de Gojam, qui est à douze degrez de Latitude Meridionale, en la Province de Sabahale, dans une assez grande plaine toute environnée de hautes montagnes, est un petit Lac large d'environ un jet de pierre en quarré, plein de petits arbres dont les racines sont tellement entrelassées les unes dans les autres, que l'on peut marcher dessus en Eté. Là, dit le P. Telles, Jesuite, on voit au milieu deux fontaines fort profondes, assez près l'une de l'autre, d'où il sort une eau fort claire, qui coule par deux chemins differens au travers de ces arbres du coté d'Orient, et se tourne vers le Nord à une portée de mousquet de là. A une demie lieuë de ces sources on voit une quantité d'eau qui fait une assez grande riviere, reçoit plusieurs autres petits ruisseaux dans son sein.

Après que cette riviere a coulé l'espace de plusieurs milles, elle en reçoit une autre plus grande appelée Gema, qui y perd son nom en y déchargeant ses eaux. Un peu après du côté d'Orient elle reçoit Branti et Kelti, qui sont deux autres rivieres, et continuant plus loin son cours vers l'Orient, elle se jette dans le Lac des Abissins, appelé Mer de Dembea; et après l'avoir traversé, sans pourtant confondre ses eaux avec celles de ce Lac, elle reçoit encore plusieurs autres rivieres considerables.

Dès que ce fleuve qui est proprement le Nil, grossi de toutes ces eaux est sorti du Lac de Dembea, il se tourne au Sud est laissant à l'Orient les Royaumes de Begamidi, Ambara et Voleka, et se tournant ensuite au sud, il laisse au sud-est le Royaume de Sauva, et recommence à couler vers l'Est-Nord-Est. Il laisse alors au Sud-est Gauf, Gaffata, et Pozama, puis il traverse les pais de Gongu et de Gafra, et continuant jusqu'à celui de Fascalo, il vient au païs de Funch ou dans la Nubie, et de là en Egypte.

Quand on compare cette description avec la premiere qui est rapportée de l'autre côté de cette Carte du Nil, il semble d'abord qu'elles se contredisent, et qu'il y a autant de difference entre les Lieux décrits de part et d'autre, qu'entre les noms que leur donnent ces deux Auteurs. Mais si l'on vient à y faire un peu plus d'attention, on reconnoitra que la contradiction apparente n'est causée, que parce que celui-ci nomme quelques Lieux dont l'autre ne parle pas, aussi bien que par la méprise qui est assez ordinaire dans la prononciation ou la maniere d'écrire des Langues étrangeres. Il s'ensuit de là qu'en lisant ces deux Descriptions avec soin, on s'apercevra qu'elles parlent toutes deux de la même source, et que par ce moïen nous avons l'explication de ce qui se trouve dans les Cartes de Ptolemée touchant la source du Nil qui est à l'Occident et le Lac qui est du même côté, que est précisément ce que décrit Peter Pais: et qu'en même tems le P. Telles a décrit l'autre source et l'autre Lac qui sont à l'Orient, ce qui pourroit servir à justifier Ptolomée.

Mais sans entreprendre de les comparer ici l'un à l'autre et de les concilier, nous raportons le témoignage d'un troisiéme voïageur qui se trouva au Caire en même tems que Thevenot. C'est l'Ambassadeur d'Ethiopie, qui ne parle que de ce qu'il a vû de ses yeux, au raport de l'Auteur que je viens de citer.

La Source du Nil, selon lui, est une fontaine qui sort de terre dans une grande plaine plantée de quantité d'arbres. Cette source, appelée Ouembronma est située dans la Province d'Ago, et rend le lieu où elle est fort agréable à cause que l'eau rejaillit en haut par plusieurs endroits. Elle est éloignée de Gondar, Ville Capitale d'Ethiopie de douze journées de chemin: cette fontaine conduit ses eaux vers le Nord par un long cours, et après avoir passé sept Cataractes ou Cascades d'où elle tombe à plomb avec un très grand bruit, elle traverse toute l'Egypte et va enfin mêler ses eaux avec celles de la Mer Mediterranée.

Il paroit par cette courte description que la source du Nil est au moins à douze degrez au delà de la Ligne, et à l'égard de la difference des noms qui paroissent encore autres que ceux des deux descriptions précedentes, il en faut juger de la même maniere que de celles-là.

FIGURE III.

Cette figure represente une Piramide d'une hauteur extraordinaire, du nombre de celles qu'on voit en petit près d'Assuana dans la Carte du Nil.

Cette Ville est l'Ancienne Syene, qui n'est habitée aujourd'hui que par de pauvres gens. En revenant à Noasse on peut voir trois Tombeaux de Cheks ou Seigneurs Arabes. De là on passe à Essenai où l'on voit un fort beau Temple des anciens Egyptiens, qui est encore tout entier. Il est peint par tout excepté quelques endroits effacez par le tems, et les Colonnes sont chargées de figures hieroglyphiques. Ce superbe Batiment sert aujourd'hui d'Etable pour les boeufs, les Chameaux et les Chévres.

En descendant le long du Nil, on voit l'endroit où l'on dit que Moïse est né. C'est un lieu desert assez grand et plein de Palmiers, de l'autre côté du fleuve. Plus loin dans une Montagne qui fait faire à ce fleuve une grande Courbure, on voit des grottes très curieuses taillées dans le roc, dont les portes sont pour la plûpart de pierre toutes d'une piece, de la même roche, qui s'ouvrent et se referment sur deux pivots. On y voit des peintures aussi fraîches que si elles étoient nouvelles, et des puits qui persuadent que ces sortes de grottes ont servi de sepultures aux gens du païs. Ces peintures représentent ou leur Histoire ou les differens états de leur vie. Ce qui confirme encore cette opinion, c'est que dans l'une de ces peintures on voit le cours du Nil chargé de plusieurs bâteaux et sur l'un de ces bâteaux un Tombeau qui semble tout couvert d'étoffe fort riche. Dans les autres on voit des bieres prêtes à être debarquées et des Prêtres sur le bord du fleuve qui les attendent pour les conduire dans les grottes. On voit encore dans ces grottes des représentations de Momies de pierre, de marbre, ou de pierre de touche, aussi bien que plusieurs Colonnes presque torses, faites du même rocher, pour l'embellissement du lieu, et plusieurs apartemens qui vont de l'un dans l'autre suivant leur grandeur. On est sujet à y trouver des Serpens dont la morsure est très dangereuse.

DES CATARACTES DU NIL.

Pour aller à ces chûtes d'eau si fameuses on se fait ordinairement accompagner d'une bonne escorte, pour éviter les insultes des Arabes qui sont grands voleurs. On passe la Ville d'Assuana, après quoi l'on arrive au lieu où le Nil tombe à grand bruit par plusieurs endroits d'une montagne de plus de deux cens piés de haut. Les Barbares ont la hardiesse d'y descendre avec des radeaux, et l'on en voit qui se précipitent ainsi en même tems que ces affreuses Cascades. Le seul endroit qu'il y ait de remarquable est une Nape d'eau large de 30. piés, qui forme en tombant une espece d'arcade, par dessous laquelle on pourroit passer sans se mouiller. Ce qui fait croire qu'on prenoit autrefois ce plaisir, c'est qu'on y voit encore une espéce de plate forme où il y a plusieurs Niches pour s'asseoir, et plusieurs Ouvertures qui conduisoient à des lieux souterrains. Mais on n'y peut plus aller présentement, parce que l'eau qui passe par plusieurs endroits en empêche l'abord.

Je n'entreprens pas d'expliquer comment cette eau qui a coulé long tems au delà de cette montagne dans plusieurs Plaines qu'elle arrose, remonte ensuite sur cette hauteur escarpée pour se précipiter dans l'Egypte. Ce sont des secrets de la Nature qui nous sont inconnus, à moins que de supposer, comme il y a beaucoup d'aparence, que les terres meridionales qui sont au delà de cette montagne, sont beaucoup plus hautes que l'Egypte, ce qui paroît se confirmer par la situation même de ce Païs, qui est encore beaucoup plus haut vers les Cataractes que dans le milieu, et dans le milieu que vers les bouches du Nil, quoiqu'il en soit les environs de ce fleuve vers cette chûte sont assez deserts, on y voit seulement une petite forteresse de l'autre côté du fleuve avec quelques Janissaires pour Garnison.

FIGURE IV

Entre quantité de vieux Palais qu'on rencontre sur les bords du Nil, si ensevelis dans les ruines qu'on a peine à en remarquer les restes précieux, on voit plusieurs bustes d'hommes et de femmes, faits de pierre dont les moindres ont 30. piés de haut. Celui-ci est le seul qu'on ait dessiné à cause de sa grandeur extraordinaire.

Ces Palais ne sont pourtant pas tous ruinez. On en voit un entre autres d'une magnificence extraordinaire dont les avenuës sont ornées d'un nombre prodigieux de Sphinx, qui ont chacun 24 à 25. piés de long. Tout l'édifice est soutenu de belles Colonnes, et l'on jugera de sa grandeur, par l'une de ses Sales où l'on en compte jusqu'à cent trente cinq de granite et de prophyre si grosses que quatre hommes ne pourroient pas les embrasser. A mesure qu'on descend le Nil, on aperçoit de côté et d'autre plusieurs petits villages, dans lesquels on voit quantité de Termes et de Statuës, dont deux entr'autres sont entieres sur leur piédestal au bord du fleuve: l'une des deux tient un enfant.

Negado est un Bourg des environs où les voïageurs s'arrêtent. Il y a dans ce lieu près de cinq à six cens Chrétiens Coptes, qui ont plusieurs Eglises presque toutes abandonnées. Il y a aussi quantité de Coptes à Belliene, où ils ont une Eglise sous terre soûtenuë de belles colonnes. C'est une chose fort extraordinaire, que dans un païs livré à la Barbarie depuis tant de Siécles, il soit resté tant de monumens de son ancienne magnificence; pendant qu'ailleurs, dans les endroits les mieux conservez, les marbres mêmes périssent, et avec eux plusieurs monumens posterieurs à ceux des Egyptiens.

VÛË DE LA VILLE DU GRAND CAIRE, ET DE SES ENVIRONS

La premiere figure est une vûe de la Ville du Caire que l'on voit de dessus les bords du Nil, et qui a été dessinée sur les lieux.

L'endroit marqué A est un coin du Château qui est une des pieces les plus curieuses de toute l'Egypte. Il est bâti sur une montagne ou rocher, et environné d'une haute et forte muraille, qui de coin en coin pas est flanquée de grosses et fortes Tours. On y monte par un degré taillé dans le Roc, qui est si commode que les Chameaux et Chevaux y peuvent monter aisément tout chargez. Quand on y est arrivé on entre d'abord dans une grande place ou Cour, et de là dans une rue qui lui donne l'air d'une Ville: quoi que ce que les Turcs y ont bâti ne consiste qu'en de méchantes hutes; au lieu que les vieilles ruines qui y sont demeurées et les voutes qui sont sous terre donnent encore l'idée d'une merveilleuse grandeur.

Entre ces ruines on voit encore celles du Palais de Pharaon: et dans ce Palais la Sale qu'on appelle de Joseph, et qui est soutenüe par trente gros piliers de pierre Thebaïque. L'or et l'azur dont sont diversifiés les ouvrages de Mosaïque qui y restent n'y sont pas épargnés et nonobstant la longue suite d'années et même de Siecles qui se sont écoulés depuis qu'ils en embellissent le plafond, on ne laisse pas d'y remarquer encore beaucoup de grandeur et d'éclat.

La figure III représente une vûe tirée de dessus la Tour où commence l'Aqueduc du Nil. L'on découvre de là la Place et une partie des Minarets de la Ville derriere les Arbres comme cela est représenté dans la figure. On y voit entre autres plusieurs Palmiers fort hauts, qui offrent à la vûe une perspective fort agreable.

LE GRAND CAIRE.

La figure II est une vûe très agreable dessinée d'une des extremitez de la Ville; on y voit quantité de Palmiers et d'autres Arbres entremêlez de quelques bâtimens et de Minarets. L'eau qu'on y découvre fait à peu près un ovale, et est environnée d'une muraille épaisse comme un vivier. Quand on veut vuider l'eau hors de son bassin, comme c'est la coutume en Egypte, cela se fait par le moien de certaines roues, et cela sert à arroser les jardins des environs ainsi que cela est montré au premier bâtiment.

Assez près de là est, à ce qu'on croit, la Prison de Joseph. Elle est partagée en divers cachots et trous sous terre qui sont creusez dans le Roc, et si obscurs qu'on craint d'y mettre seulement le pied. Elle porte le nom de Prison de Joseph parce qu'on veut que ce soit celle là même où il expliqua les songes du Panetier et de l'Echanson du Roi. Elle sert encore aujourd'hui au même usage.

La figure IV représente le puits de Joseph qui peut passer pour une des merveilles du monde, et à qui le tems n'a pas causé le moindre dommage. Il est entierement creusé dans le Roc, et il a dans son ouverture, quarante pieds de longueur et dix de largeur. La vûe en paroit telle que la represente cette figure. Ceux qui en ont mesuré la profondeur ont trouvé qu'elle avoit cinquante trois brasses qui font trois cens pieds.

On en tire l'eau par le moien de deux roues dont l'une est à l'ouverture du puits et l'autre vingt neuf brasses plus bas qui est l'endroit où finit la partie d'en haut du puits. A chacune de ces roues il y a deux boeufs qui les tournent continuellement. L'eau s'en tire avec des pots de terre ou petites cruches qui sont attachez fermement à une corde qui tourne autour de cette roue et lors qu'elle est en haut elle se verse dans des canaux qui la conduisent vers le Chateau.

DISSERTATION SUR LA VILLE DU GRAND CAIRE, SUR CELLE D'ALEXANDRIE, ET SUR LES PIRAMIDES D'EGYPTE.

LA Ville du Caire, qui porte par excellence le titre de Grande, s'appelle communément *Alkair*, nom que quelques-uns font venir *d'Elcaher*, qui selon eux signifie la Planéte de Mars. Ce nom lui a été donné, si l'on en croit *Serrur*, Auteur Arabe, parce que les fondemens de ses murailles furent posez par un accident assez extraordinaire sous l'ascendant de cette Planéte : voici comment ils disent que la chose se passa. *Giaher* Général de Meos-le-din-alla l'un des Caliphes, voulant faire bâtir une ville pour être le siége de l'Empire de son Maître, l'an 362. de Hegire, commanda aux Astronomes d'observer un ascendant favorable pour en poser les fondemens. Les Astronomes firent environner d'une corde toute la place qui devoit être enfermée de murailles, & attacher à cette corde quantité de petites cloches pour avertir les Massons de commencer à bâtir au moment qu'ils les entendroient sonner. Ce moment devoit être celui de l'ascendant dont le signal devoit se donner en frapant sur la corde.

Cependant le malheur voulut qu'au moment que Mars étoit à son ascendant, un Corbeau vint se poser sur la corde, à laquelle aiant donné une rude secousse par la pesanteur de son corps, toutes les cloches commencérent à sonner. Aussitôt tous les Maçons, qui crurent que c'étoit le signal, se mirent à travailler. Ce qui fit juger aux Astronomes qu'un jour la Ville seroit prise, par un Conquerant qui viendroit de la Romanie, qu'on appelle aujourd'hui la Turquie, & qui est sous la Planéte de Mars.

Ce pronostic fut justifié dans la suite par l'événement; car au bout de cinq cens soixante ans, savoir l'an 1617. selon notre maniére de compter, Sultan Selim sortit de Constantinople, & vint fondre sur l'Egypte, où il se rendit Maître non seulement de la Ville Capitale, mais aussi de tout le Païs, & détruisit la race des Caliphes Soudans d'Egypte dont il fit pendre le dernier; à une des portes du Caire.

Les Voïageurs ne conviennent pas de la grandeur de cette Ville; parcequ'ils confondent pour la plûpart les trois parties dont elle est composée. Elles se nomment Boulac, le vieux Caire, & le nouveau Caire, & sont separées l'une de l'autre par l'espace d'environ un mille. Boulac, qui est le Port du Caire, est un gros bourg à peu près aussi grand que la Haye; le vieux Caire est separé du nouveau par une rase Campagne qui consiste toute en prairies & en pâturages. Pour le nouveau Caire, on prétend qu'il est presque aussi grand que Paris, ou du moins à peu près comme Amsterdam : qu'on en peut faire le tour en trois heures, & que la plus longue ruë est d'une bonne heure de chemin. Cette Ville est à demi-lieuë du Nil, defendue par un Château, bâti sur une Colline, & qui sert de residence au Gouverneur d'Egypte. Elle est environnée de murailles faites d'une sorte de pierres, qui paroissent encore aujourd'hui aussi blanches, que si elles venoient d'être bâties. Ces murailles sons garnies de crenaux & ont de fort belles tours environ à cent pas de distance. Elles sont détruites en quelques endroits, mais les ruïnes qu'on y voit, font juger qu'il y en avoit par tout autrefois. Lorsque le Nil se déborde, & qu'il inonde toute l'Egypte, il passe au milieu de cette Ville par le moïen d'un Canal qui la traverse. Le Plan de la Ville fait une espèce de croissant qui n'est pas fort large. Elle est située dans une plaine fort agréable au pié d'une d'une montagne de sable sur laquelle est le château : mais cette montagne lui cause de grandes incommoditez ; parcequ'arrêtant le vent frais qui vient de ce coté-là, elle lui envoïe une chaleur étouffante qui cause plusieurs maladies. On y compte sept portes, & dans l'enceinte des murailles, huit étangs fort larges qui sont environnez de maisons fort jolies.

Il y en a qui prétendent qu'on y trouve jusques à vingt-trois mille quartiers, mais d'autres disent qu'il n'y en a que dix-sept mille qui soient connus par leur nom. Ils se ferment tous les soirs avec leurs portes par le moïen de certaines ferrures de bois dont la clef est de la même matiére ; car en ce Païs-là toutes les ferrures & les clefs sont de bois jusques à celles des portes de la Ville. Ces clefs ne sont autre chose qu'un morceau de bois long d'un demi-quart d'aune, large d'un pouce, & de l'épaisseur d'un petit doigt, qui a au bout 6. ou 8. petites chevilles de fil d'archal, ou même de bois, d'environ la longeur d'un pouce, lesquelles en rencontrant d'autres qui sont dans la serrure les enlevent & les font ouvrir. Pour comprendre comment il peut y avoir au Caire un si grand nombre de quartiers, il faut savoir que toutes les ruës de cette Ville sont fort courtes & fort étroites, & qu'à la reserve de la ruë du marché, & celle du Khalits qui n'est sans eau qu'environ trois mois, à peine y a-t-il une ruë raisonnable dans toute la Ville. Tout le reste ne sont que des trous & des ruelles, où il faut continuellement tourner & détourner. Il y en a même en divers endroits qui passent sous les maisons, où il fait tout-à-fait obscur, & qui sont si étroites que deux personnes à peine y peuvent passer de front.

On y fait aussi monter le nombre des Mosquées jusques à vingt-trois mille, savoir une Mosquée pour chaque quartier. Mais cela n'est pas réglé. Car dans l'un il y en a plus & dans l'autre moins. Ce n'est pas qu'elles ne puissent peut-être bien aller à ce nombre-là, mais excepté quelques-unes qui sont superbement bâties & ornées de Minarets extrêmement hauts, toutes les autres ne méritent que le nom de petites Chapelles. La plus riche & la plus grande de toutes est celle qu'on appelle *Giama-il-assar*. Elle a été bâtie par le même Giaher qui passe pour Fondateur de la Ville. Les quatre Muftis ou Prêtres de la Religion Mahometane y ont leur demeure. Elle a aussi le privilege de servir d'azile aux Criminels, & elle entretient environ huit cens Mahométans de ses revenus.

Pour ce qui est des maisons, elles sont bâties de bonnes pierres & fort grosses : elles ont plusieurs étages fort élevez, & sont plates par dessus comme presque toutes les maisons du Païs. A les regarder par dehors elles ne paroissent rien ; mais par dedans elles sont fort riches, principalement celles des personnes de distinction ; elles ont de beaux apartemens & de belles sales pavées de marbre avec leur plafond embelli d'or & d'azur. Les beaux jardins & les belles fontaines en font un des principaux ornemens, & font un beau spectacle à la vuë quand on les regarde de quelque endroit élevé. Lorsque le Soleil est couché on monte sur la plate-forme de la maison, où l'on se va asseoir en compagnie, afin d'y prendre l'air. C'est un des plus grands plaisirs qu'on ait en ce Païs-là, & ceux qui ne craignent pas le serain y passent souvent la nuit. Cette maniére de se rafraîchir est commune à tout le monde, mais les personnes de distinction, qui ont toujours de l'avantage en toutes choses par dessus le commun, savent aussi se rafraîchir d'une façon particuliére. Ils font faire au plancher de leurs sales une ouverture ronde couverte d'un petit Dome avec des fenêtres tout autour, ensorte que le vent qui passe au travers rafraîchit tellement la sale, qu'on y peut demeurer long-tems agréablement.

Pour revenir maintenant à la ruë appelée Khalits dont j'ai parlé, c'est une ruë basse, ou Canal, qui passe au travers de la Ville & qu'on dit qui fut creusé par l'ordre d'un des Pharaons Rois d'Egypte. Depuis, le second Caliphe après Mahomet, fit conduire ce Canal jusques à Colsnu, ville située sur le bord de la Mer Rouge, afin d'y transporter des vivres du Caire, & de les faire mener par la Mer Rouge jusques à la Mecque, où il y avoit alors une grande famine. Il demeura en cet état jusques à l'an cent cinquante de l'Hegire, auquel tems un autre Caliphe le fit boucher du côté qu'il se decharge dans la Mer. Aujourd'hui il s'appelle Khalits-il-Hakern, ou le Canal de Hakern, à cause qu'un autre Caliphe de ce nom a fait reparer ce que la negligence de ses Predecesseurs avoit laissé ruïner. On le nomme encore *il Mirachemin*, ou le Canal pavé de marbre, parce qu'en quelques endroits il est pavé de cette pierre.

Lorsque la Riviére est prête à se deborder on éleve une grande digue de terre au bout de cette ruë ou de ce Canal du côté du Nil, afin d'arrêter l'impetuosité de l'eau, & d'empêcher qu'elle n'entre dans le Khalits : mais quand la Riviére est venuë à une certaine hauteur, le Soubachi s'y rend avec une grande suite de toutes sortes de Personnes qui font paroître une grande joïe, & alors avec une masse de fer, il frape trois ou quatre coups sur la digue qui est ensuite rompuë par la quantité du monde qui s'empresse à y mettre la main. Par ce moïen l'eau qui a son cours libre se répand en un instant tout le long de la Ville. Lorsque le Bacha est au Caire la chose se fait avec plus de cérémonie. On allume des feux de joïe ; on tire des fusées ; & l'on fait d'autres semblables réjouïssances. Toutes les Villes de l'Egypte ont de pareils fossez qui leur aportent l'eau du Nil, dont ils manqueroient sans cela.

C'est une des plus grandes commoditez du Païs, à cause de la chaleur presqu'insuportable qui y régne pendant l'Eté, & qui est encore augmentée par la nature du terroir qui est sablonneux par tout. Ce sable brûlant échaufe tellement l'air, qu'à peine le peut-on respirer. Cette même chaleur fait que tous les Khalits sont à sec six mois de l'année & qu'ils ne se remplissent qu'au mois d'Août, lorsque le Nil est à sa plus grande hauteur. L'accroissement de cette Riviére commence ordinairement au mois de Maï, mais on ne le publie le long des ruës que le 20. Juin, on juge de cet accroissement par le moïen d'une colonne qui est dans une maison du Bacha, sur une petite Ile vis-à-vis du Vieux Caire. Tous les jours on y va voir combien la Riviére est crûë. Aussitôt on le fait savoir aux Crieurs publics qui le vont annoncer par tout. Au commencement d'Octobre l'eau cesse de croître, & vers la fin du même mois le Nil commence peu à peu à baisser. C'est pour cela que dès le commencement de ce mois, on fait crier par toutes les ruës que tous les *Sacas*, ou Porteurs d'eau aïent à cesser d'aller puiser de l'eau dans le Khalits, parceque l'eau ne coulant alors que lentement n'est plus bonne à boire à cause de toutes les ordures qui s'y arrêtent. Mais quand elle ne cou-

coule plus du tout, le Khalits exhale une horrible puanteur, tant par la corruption de cette eau croupie, que par les immondices & autres saletez qu'on y jette des fenêtres qui ont vuë sur le Canal. Ainsi il y a lieu de s'étonner de ce que cette puanteur, qui noircit dans la poche l'argent & les clefs de ceux qui demeurent auprès du Khalits, ne cause pas la peste tous les ans. On pourroit pourtant éviter cette incommodité, si l'on avoit soin d'en faire écouler toute l'eau de bonne heure. Mais le Soubachi trouve son avantage à laisser les choses comme elles sont, parce que l'eau de ce Canal étant devenue comme du limon & une espèce de terre grasse, il la vend aux Jardiniers qui s'en servent pour engraisser leurs Jardins.

De tout ce que nous venons de dire, il est aisé de juger qu'en Egypte pendant la plus grande partie de l'année on ne boit que de méchante eau dans les Villes & dans les endroits qui sont éloignez du Nil; car il ne s'y en trouve point d'autre que celle qui a croupi des mois entiers dans des reservoirs, ou qui leur est aportée par les Maures dans des peaux de bouc qu'ils vendent dans les ruës; mais qui ne vaut guere mieux. Au lieu que celle du Nil est ordinairement fort bonne & agréable à boire lorsque cette Riviére ne croît point.

Après ce Khalits qui est la plus grande ruë de la Ville, on trouve le Bazar, où se tient le marché, le Lundi & le Jeudi, & où il se trouve toûjours une si grande quantité de monde ces jours-là, qu'on a bien de la peine à percer la foule. Cette ruë est très-belle, fort longue & fort large. On trouve à l'une de ses extrémitez un Bezistan ou une Halle remplie de très-belles boutiques, & à l'autre bout est le marché aux Esclaves; c'est-à-dire aux Esclaves blancs, où il s'y en vend de toutes sortes, Hommes, Femmes, Garçons & Filles. Les noirs de l'un & l'autre sexe se vendent dans un autre marché.

Pour ce qui est des Habitans du Caire il y a peu de Villes qui soient si peuplées. On y trouve sur tout beaucoup d'Arabes, qui sont grands voleurs, ce qui fait qu'on a beaucoup de peine à garder sa bourse; du reste ce sont, comme par toute l'Egypte, des Turcs, des Juifs & des Chrêtiens, savoir des Cophtes & des Grecs. Car pour ce qui est des Européens on y en trouve très-peu; & ceux qu'on y voit sont la plûpart François.

Les Cophtes, qui sont proprement les Chrêtiens d'Egypte, ont à-présent deux Eglises au Caire, dont l'une est consacrée à la Vierge Marie, & l'autre à Sainte Barbe. Autrefois ils en avoient plusieurs & plusieurs Cloîtres, aussi bien qu'un Evêque; mais à présent elles sont toutes ruïnées, & réduites à deux, avec un Cimetiére où ils enterrent leurs morts.

Entre les choses surprenantes que l'on voit au Caire, la quantité d'aveugles est si extraordinaire qu'elle paroît incroïable. Mais le nombre de ceux qui ont mal aux yeux est encore plus grand: la raison naturelle qu'on en rend est que les parties subtiles de la chaux dont les maisons sont bâties, étant emportées par le vent comme une poussiére fort menuë, s'attachent tellement aux yeux, que non-seulement elles y causent ce mal; mais qu'insensiblement, se mêlant avec le sang, elles sont cause que ce mal devient héréditaire, comme il paroît par les enfans qui l'aportent avec eux en naissant.

Il y a aussi dans cette Ville quantité de Devots qui passent chez les Egyptiens pour des Saints. Ils sont quelquefois tous nuds, ou ils ont seulement autour du corps une espèce de couverture ou habit negligé. Ils ont tant d'horreur pour les Européens qu'ils traitent d'infidéles, que quand ils en rencontrent quelques-uns dans les ruës, ils s'en éloignent avec mépris, parcequ'ils les regardent comme indignes de faire passer sur eux leur haleine. Les Egyptiens ont ces devots en si grande veneration qu'ils s'empressent à aller baiser la robe qu'ils ont autour du corps.

Une autre chose fort extraordinaire est de voir certaines femmes, portant pour ornement une assez grande boucle passée au travers du nez, de même que chez nous elles en ont de petites aux oreilles, mais avec cette différence que celles de nos femmes sont d'or, & que celles des Egyptiennes ne sont que de cuivre ou de quelque autre métal de peu de valeur.

Hors de la Ville du Caire du côté qui est vis-à-vis du Château, il y a un Bourg apellé *Caraffe*, fameux pour être le lieu de la Sepulture de plusieurs parens de Mahomet, & d'un nombre considérable de leurs Saints. Lorsque l'Egypte florissoit sous la Domination des Mammelus de Circassie, on comptoit dans ce Bourg, qu'on peut dire n'être proprement qu'un grand Cimetiére, plus de trois cens soixante tombeaux élevez, & des Mosquées des illustres Mahométans. Ces Mosquées étoient comme autant d'hopitaux tous bien rentez pour l'entretien des Pauvres & des Pelerins Mahometans qui alloient visiter ce lieu de devotion. C'est-pourquoi un Pelerin qui venoit au Caire pouvoit demeurer là un an sans qu'il lui en coûtât rien; pourvu seulement qu'il allât tous les jours s'arrêter dans une Mosquée de ce Cimetiére, où on lui donnoit à manger & à boire pour tout ce jour-là. Mais depuis que les Turcs se furent rendus Maîtres de l'Egypte sous Sultan Selim, & qu'ils en eurent chassé les Sultans de Circassie l'an 922. de l'Hegire, ou 1617 de la naissance de JESUS-CHRIST, tous ces tombeaux & ces Mosquées sont tombez en ruïne, parce que les revenus en ont été dissipez par la tirannie des Bachas.

On voit au couchant du Nil près du Caire les ruïnes de l'ancienne *Babilone d'Egypte*, & celles de l'ancienne *Memphis*, qui ont été toutes deux successivement Capitales de l'Egypte & l'on croit que le Caire a été bâti de leurs ruïnes. On voit aussi du même côté ces fameuses Piramides qui ont été mises par les Anciens au rang des merveilles du Monde: nous en parlerons plus particuliérement ci-après. A trois lieuës de ces Piramides on trouve aussi des Puits de Momie, qui sont d'anciens Tombeaux, d'où l'on tire des Corps Humains embaumez depuis plusieurs siécles, & qui entrent dans le Commerce des drogues qui servent de Remedes. Au reste le Caire est situé sur le bord Oriental du Nil, environ à trois lieuës de l'endroit, où le fleuve commence à se diviser, & à former l'Ile qu'on appelle *Delta*, parce qu'elle est de figure triangulaire comme la lettre Δ des Grecs.

Quoique le commerce de cette Ville soit encore assez grand, la meilleure partie en a pourtant été ruïnée, depuis la decouverte des Indes Orientales par le Cap de Bonne Esperance, par où les Portugais, les Hollandois, & les autres Nations de l'Europe vont aujourd'hui aux Indes, d'où ils raportent toutes les Drogues, Epiceries, Pierreries, Perles &

& autres marchandises qui ne venoient auparavant que par Alep, ou par l'Egypte en passant par le Caire. Ainsi l'on peut dire, que cette Ville, n'est plus à cet égard que l'ombre de ce qu'elle étoit autrefois.

Les Francs ou François y ont un Consul & une ruë qui n'est habitée que par ceux de leur Nation, qui sont tous Marchands. Leurs maisons sont assez commodes; mais celle du Consul est plus grande & plus magnifique que toutes les autres. L'entrée en est grande & belle. On y voit un banc pour les Janissaires, dont il y en a toûjours deux qui font la garde successivement. Toutes les fois qu'il sort, ne fut-ce que pour aller d'une maison à une autre, il est toûjours précedé par deux de ces Janissaires, armez d'une Ganiarre ou Epée, & d'un gros bâton de cinq piés de long. De la porte on entre dans une Cour qui a tout autour plusieurs Magasins pour mettre la provision de vin, de bois, & d'autres choses. On monte ensuite dans une grande sale, bien meublée, où le Consul reçoit ordinairement ses visites. Au bout de cette sale du côté du Canal appellé *Khalits*, est un Divan, où il reçoit ses visites à la Turque. Cette maison a outre cela quantité de chambres fort commodes & une Chapelle où l'on dit la Messe tous les jours. C'est ordinairement un Religieux de Saint François qui en est Chapelain. Il n'est permis qu'au Consul d'aller à cheval par la Ville. Tout le reste de la Nation est monté sur des Anes. Quand il va à l'audience du Bacha, il est précedé de six Janissaires mitrez, & a six grands valets en habits uniformes qui marchent trois de chaque côté. Les audiences se passent ordinairement en grands complimens de part & d'autre, ensuite de quoi l'on aporte le Café, le Sorbet & le Parfum qui est la derniére Cerémonie.

Les fêtes qui se celebrent au Caire à l'occasion de quelques Mariages ou autre chose semblable, sont accompagnées d'illuminations assez bien entenduës. C'est une grande quantité de lampes, rangées d'une maniére, qui represente plusieurs figures, comme le Soleil, la Lune, les Etoiles, des Ornemens d'Architecture, des Colonnes, des Pilastres &c. & dont les unes se remuent perpetuellement de droit à gauche, ou de haut en bas, ce qui fait un spectacle fort agréable à la vuë. Le Caffé & les Pipes en font le principal regal, & sur le tout on y entend une miserable Symphonie d'instrumens peu agréable à ceux qui n'y sont pas accoûtumez. On y mêle aussi des danses sans cadence ni figure, mais composées seulement de postures indécentes; & celui qui en fait de plus deshonnêtes passe pour le meilleur danseur. Les repas qui se donnent dans ces occasions sont du même goût que le reste de la fête: c'est-à-dire des viandes preparées à la Turque, des Pillaux, des Poules, des Pigeons rôtis, de la Viande bouillie, Bœuf & Mouton & quantité de ragoûts composez avec du lait & du miel. On donne aussi quelques confitures au dessert.

Le 5. de Septembre on y celebre une fête générale pour la naissance de Mahomet. Toute la Ville est illuminée par de petites lampes de verre qui font un très-bel effet, mais particuliérement aux Minarets des Mosquées, dont toutes les galeries en sont garnies. La plus grande réjoüissance se fait dans la maison d'un des premiers Chérifs que l'on croit des descendans du grand Prophéte. Cette maison est devant la grande Birque qui est un lieu tout rempli d'eau à cause de l'accroissement du Nil. L'Illumination dont elle est ornée depuis le haut jusques en bas la fait paroître toute en feu, & la réflection de toutes ces lumiéres dans l'eau ne peut faire qu'un très-bel effet à la vuë. On éleve au milieu de la Birque une petite Mosquée de Cartons d'où l'on fait partir de tems en tems quantité de fusées volantes, aussibien que de la maison du Cherif, où l'on rassemble des instrumens & des Comédiens à la mode du Païs. Tous les Grands de la Ville s'y rencontrent, & la maison est ornée de Faisceaux d'armes en maniére de trophées. Environ sur le minuit on met le feu à la petite Mosquée qui est toute d'artifice, & qui brûle fort agréablement en jettant mille fusées.

On solemnise à peu près de même l'entrée de l'eau du Nil dans le *Khalits*. A mesure qu'elle y coule, le Soubachi, ses gens, & plusieurs personnes à pié & à cheval l'accompagnent avec des cris de joïe & de grands battemens de mains en dansant. Toutes les fenêtres & les terrasses le long de ce Canal sont garnies de monde, & quand l'eau vient à passer, chacun y jette quelque chose comme de l'argent ou des fleurs. Il y a même des hommes nuds qui s'y jettent comme pour l'embrasser. L'eau croît ainsi à vuë d'œil, & dès le soir même elle porte des bâteaux, où l'on s'embarque pour aller voir un feu de joïe que l'on allume sur un bras du Nil proche du vieux Caire. Les maisons qui sont le long du rivage paroissent toutes en feu par la quantité de lampes bien rangées dont le devant de chacune est orné. Le feu d'artifice est dressé sur une barque, entre deux autres où l'on voit deux hautes Piramides de charpente toutes couvertes de lampes rangées fort près. Le feu represente une espéce de forteresse, d'où il sort des fusées volantes, qui font un assez bel effet.

Je finis par une remarque, qui pour n'être pas des plus importantes, paroîtra néanmoins assez extraordinaire. C'est la maniére dont les Egyptiens font éclorre les poulets, sans faire couver les œufs par des poules. Ils mettent, dit-on, ces œufs dans des fours auxquels ils donnent une chaleur si temperée, & qui se raporte si bien à la chaleur naturelle des poules, que les poulets qui en viennent sont aussi forts & aussi drus que ceux qui sont couvez à l'ordinaire. Ces fours sont bâtis dans un lieu bas, & presque sous terre; ils sont faits de terre, ronds par dedans, & le foïer est couvert d'étoupes & de bourre sur lesquelles on met les œufs. Je trouve cette particularité remarquable raportée par divers Auteurs, qui ne différent que dans la maniére de la raconter.

De la Ville d'Alexandrie.

Alexandrie est placée au bord de la Méditerranée sur un fond sablonneux proche l'embouchure du Nil. A environ huit cens pas il y a un havre dangereux par deux écueils qui sont à l'entrée. La Ville a la figure d'une croix: elle est partagée en vieille & en nouvelle, & peut avoir deux lieuës de circuit. Ce sont encore les murailles d'Alexandre son Bâtisseur & son Parrain. On les a fortifiées de quatre cens grosses tours, chacune desquelles a quatre étages & peut contenir cent Soldats. Alexandrie étoit en Afrique la Ville la plus florissante après Carthage. La Tour du Phare n'y est plus, mais sa Memoire vaut bien une petite digression.

Cet-

Cette fameuse Tour, qu'on comptoit entre les merveilles du monde tiroit son nom de Pharos: elle étoit éloignée d'Alexandrie d'environ trois quarts de lieuë, & fut jointe à la Ville par une levée de neuf cens ou mille pas avec un pont à chaque bout. Sostrate, célebre Architecte, construisit ce rare édifice: la forme en étoit quarrée, & il avoit trois cens coudées de hauteur. Ce bâtiment coûta quatre cens quatre vingt mille écus, somme prodigieuse en ce tems-là. Le feu qu'on mettoit la nuit au sommet éclairoit les Vaisseaux de cent mille pas. Pline n'en met que trente-sept mille cinq cens; ce qui ne répond point à la hauteur de la Tour. Elle fut bâtie sous le regne de Ptolemée Philadelphe. Sostrate, qui, comme j'ai dit, étoit Auteur de ce Chef-d'œuvre d'Architecture, eut la liberté d'y mettre son nom sur une Pierre avec cette inscription, *Sostrate de Cnide, fils de Dexiphanes, aux Dieux Conservateurs pour ceux qui navigent*. Lucien, à la fin de son Traité, *comment il faut lire l'Histoire*, ne convient pas que l'Architecte ait obtenu cette permission. Il dit au contraire que Sostrate aiant fini son bel édifice écrivit ou grava son nom sur une Pierre, qu'ensuite il enduisit cette Pierre de mortier sur lequel il mit le nom du Monarque Regnant. La finesse étoit que le tems, ce grand destructeur des choses, feroit infailliblement périr le nom Roïal au lieu que le sien dureroit, sinon à jamais, au moins durant un grand nombre de siécles. Cette ruse me paroît assez croïable dans un Adorateur de l'Eternité nominale & imaginaire. On s'empresse pour ce bien chimérique avec autant & souvent plus d'ardeur que s'il étoit réel. Hé! n'est-ce pas à ce phantôme brillant que les Héros sacrifient toute *leur réalité*? Cependant l'Historien, chez qui je puise cet endroit, ne veut pas faire à Lucien l'honneur de le croire, il critique ce fin & agréable Rieur, & voici son fondement. Ce n'eût pas été, dit-il, un trait d'ami, car Strabon remarque que Sostrate étoit aimé de Ptolemée. Peut-être que par l'estime que ce Monarque avoit pour lui, & dans la joïe de voir un ouvrage si merveilleux, il lui accorda genereusement la permission qu'il lui demanda. Quel grand effort de generosité! comment, il faloit que cet excellent Architecte eût le consentement Roïal pour mettre son nom sur son Ouvrage. Ce Prince prétendoit-il donc que les Races futures le crussent le véritable bâtisseur de la Tour? Je ne croi pas qu'un tel agrément, qu'une permission de cette nature-là ait son exemple dans l'Histoire. Continuons: mais, poursuit mon Auteur, quand Sostrate eût été assez hardi & assez ingrat pour avoir la pensée de trahir son Maître, il n'est pas probable que le Monarque, qui aparemment étoit jaloux de sa gloire, eût souffert qu'on eût écrit simplement son nom sur du mortier, sans avoir prévu que tout ce qu'on pourroit graver, dureroit moins que ce qui seroit taillé dans la Pierre. Ptolemée Philadelphe, étoit sans doute trop éclairé pour ne pas prévoir une tromperie si grossiere, lui qui dans l'Apologétique de Tertullien est loüé pour son érudition, pour son esprit, & pour sa penétration dans toute sorte de Litterature. C'est la critique de l'Historien; mais son raisonnement est-il de bon alloi? Ptolemée étoit savant; donc Philostrate ne pouvoit pas lui faire une malice, quelle consequence!

Pour finir sur les Villes d'Egypte. Alexandrie n'est aujourd'hui qu'un amas de maisons ruïnées; on y fait pourtant quelque commerce par la commodité des Ports, & elle est encore le siége d'un Patriarchat.

Des Pyramides d'Egypte.

POur revenir maintenant aux Piramides d'Egypte que l'on trouvera representées ci-après, elles ont fait trop de bruit pour n'en pas toucher ici quelque chose. Il y en avoit un grand nombre; & un illustre Voïageur en compte jusqu'à dix-sept. L'on a compté les trois principales entre les Merveilles du Monde: voici ce que je trouve là-dessus.

Ces trois célebres Ouvrages sont à trois lieuës du Grand Caire. La plus grande Piramide a huit cens degrez de grosses pierres dont l'épaisseur fait la hauteur du degré environ de deux piés & demi chacun. Elle est haute de cinq cens vingt piés, & large de six cens quatre-vingt deux en quarré. A l'un des angles entre l'Orient & le Septentrion, vers le milieu de la Piramide, on trouve une chambre quarrée. Au haut de l'Edifice, c'est une plate-forme qui a seize piés deux tiers en quarré, quoique du bas on la prenne pour une pointe.

La Porte de la Piramide, posée au seiziéme degré en montant, n'est pas tout-à-fait dans le milieu, parceque dans la quarrure d'en bas, il y a vers l'Orient trois cens dix piés, qui ôtez de six cens quatre vingt-deux, en laissent trois cens soixante douze vers le Couchant: si bien que ce côté-là a soixante-deux piés plus que l'autre. Le Caire est au Nord à son égard. Pour arriver à cette porte il faut monter une Colline, qui joint la Piramide de ce côté-là. Il est fort aparent que le sable qui forme la hauteur ou colline s'est amassé là par la force du vent. La pierre qui est en travers sur cette porte a onze piés de longueur, sur huit de largeur. L'entrée qui est quarrée & toûjours égale, a de hauteur trois piés six pouces & trois piés trois pouces de largeur. Cette entrée, qu'on peut nommer une Coulisse, parce qu'elle est fort inclinée, & qui continuë sur le même pié en hauteur & en largeur, descend par la pente d'un angle de soixante degrez, de la longueur de soixante & seize piés cinq pouces, & six lignes. Après cette descente on trouve une autre montée de même largeur & en pente comme la premiére. Par là on monte la longueur de cent onze piés, & on trouve deux allées au bout; l'une basse & parallele à l'Horizon, l'autre haute qui monte & qui a le même penchant que les précédentes.

A l'entrée de la premiére on rencontre un puits par où aparemment on descendoit les Corps en des cavernes pratiquées tout exprès sous la Piramide. Cette allée basse qui a trois piés & trois pouces en quarré méne dans une chambre voisine. On monte la longueur de cent soixante deux piés par l'autre allée qui est large de six piés quatre pouces, & des deux côtez deux espèces de banquettes de deux piés & demi de hauteur qui servent d'apui. On voit au bout de l'allée une sale longue de trente-deux piés, haute de dix-neuf, large de seize dont le haut est plat, & fait de neuf pierres qui ont de longueur seize piez chacune, & quatre de largeur. Au bout de la sale est un tombeau vuide destiné, à ce qu'on dit, pour ce méchant Pharaon qui trouva une autre sepulture dans quelque gros poisson de la Mer Rouge. Ce tombeau est construit d'une seule Pierre, large de trois piez & un pouce; & cinq piez d'épaisseur. Cette Pierre est une es-

eſpèce de Porfire, & ſonne comme une cloche quand on frape deſſus.

La ſeconde Piramide eſt fermée : on n'en voit que la ſurface exterieure, qui a ſix cens trente & un pié en quarré. La troiſième étoit revêtuë de ces mêmes pierres dont on avoit fait le tombeau de Pharaon ; mais elles ſont tombées, & on en voit encore les ruïnes.

Pour le Sphinx dont on verra auſſi la figure ci-après, il a vingt-ſix piez de hauteur, quinze depuis l'oreille juſqu'au menton ; il eſt taillé dans la roche vive dont il n'a jamais été ſeparé : ce ne peut donc pas être la même tête dont Pline a parlé. Ce Sphinx eſt rempli de ſable, aïant par derriere une cave ou grote qui va ſous terre. Mais ſi une Relation qu'on a imprimée depuis peu ſur l'Egypte, eſt exacte & fidele, les Anciens & les Modernes ſe ſont étrangement abuſez ; car l'Auteur aſſure que la grande Piramide n'eſt qu'un rocher à qui on a donné la figure de Piramide, & qu'en dehors on a revêtu de pierres maſſives. Ce Moine Allemand temoigne encore, qu'aucune de ces Piramides n'eſt bien quarrée ; qu'elles ont deux côtez plus longs que les autres ; & que les flancs n'en ſont point égaux, puiſque l'endroit qui eſt au Septentrion a plus de largeur que n'en a celui qui eſt de l'Orient au Couchant.

Puiſque dans cette deſcription qui, à la verité, n'eſt pas fort intereſſante, mais que j'ai cru devoir inſerer en faveur d'une certaine eſpèce de curieux, on a parlé du Sphinx, il eſt juſte de le faire connoître. Au devant de ces Piramides on voïoit un Monſtre qu'on nommoit Sphinx, d'un marbre dur & poli : il avoit le viſage d'une fille, des aîles d'oiſeau, & tout le reſte du corps, ou d'un chien, ou d'un lion. La tête, ſi on veut s'en raporter à Pline, étoit de cent deux piez de tour, priſe par le front ; ſa longueur, de cent quarante-trois ; ſa hauteur, depuis le ventre juſqu'au ſommet, de ſoixante & dix &c.

On demande après cela, quel pouvoit être le motif des Rois d'Egypte, en faiſant conſtruire ces ſuperbes & ſomptueux Edifices ; les uns diſent que la premiére deſtination des Piramides fut de pouvoir ſerrer des grains contre la diſète : on prétend que Joſeph en donna le conſeil à Pharaon ; & il paſſe pour vrai qu'encore aujourd'hui il y en a une qui porte le nom de ce ſaint Patriarche. Cependant, dit un Savant Critique, je ne ſaurois me perſuader que pour conſerver du blé, on ait eu recours à tant de pierres. Que pour tirer de la derniére neceſſité un nombre incroïable d'Ouvriers, on ſe ſoit aviſé de les charger d'un travail plus inſuportable que la miſere : que pour ſe garantir de la famine, on ait entrepris des bâtimens qui reduiſoient à la pauvreté le Monarque & les Sujets. De la maniére que ces Piramides ſont bâties, il n'eſt pas poſſible qu'on ait voulu faire de ſimples greniers. Vous plaît-il donc des conjectures plus vraiſemblables ? En voici.

Ces Piramides furent élevées, dit un ancien Ecrivain, pour la ſepulture des Rois d'Egypte ; & ſelon Pline, ou pour empêcher que le Peuple ne fût oiſif, ou que ceux qui pouvoient prétendre à la Couronne, ne ſe hazardaſſent de l'uſurper dans l'eſperance de poſſeder les treſors qu'on y enfermoit. Ariſtote a cru que ces Princes n'ont été portez à cette depenſe prodigieuſe que pour affermir leur Tirannie, en apauvriſſant tous leurs Sujets, qui, épuiſez d'argent, & accablez d'un travail continuel, étoient hors d'état de ſe revolter.

Les autres ont dit que ces Piramides étoient une marque de la vanité des Rois d'Egypte ; & que ce n'a jamais été par leur étenduë, ni par leur hauteur, ni par le marbre, qu'on les a miſes entre les ſept Merveilles du Monde, mais pour les Ouvrages qui ſont au bas, & qui ont été couverts par le ſable.

En effet ces Piramides ne ſont que de grans morceaux de pierres, où on ne trouve ni ornemens, ni varieté d'Architecture ; & qui ne ſont admirables que pour leur grandeur. Il eſt pourtant certain que pluſieurs Anciens ont non-ſeulement vanté beaucoup ces productions de l'Art, mais même qu'ils ont été perſuadez qu'on auroit eu grand tort de vouloir comparer aux Piramides d'Egypte tout ce qu'il y a eu de plus merveilleux dans l'ancienne Rome.

DES-

DESCRIPTION DE LA VILLE D'ALEXANDRIE ET DES ANTIQUITÉS REMARQUABLES QU' ON Y VOIT.

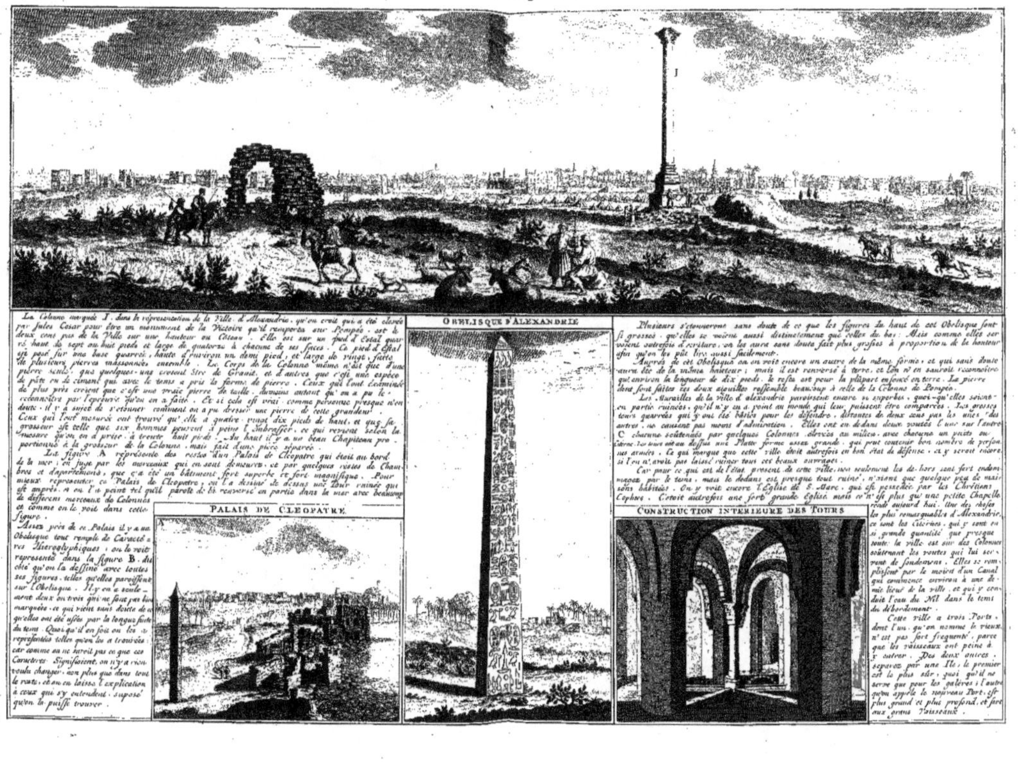

La Colonne marquée I. dans la représentation de la Ville d'Alexandrie, qu'on croit qui a été élevée par Jules Cesar pour être un monument de la Victoire qu'il remporta sur Pompée, est à deux cens pas de la Ville sur une hauteur ou Côteau. Elle est sur un pied d'Estal quarré haut de sept ou huit pieds et large de quatorze à chacune de ses faces. Ce pied d'Estal est posé sur une base quarrée, haute d'environ un demi pied, et large de vingt, faite de plusieurs pierres massonnées ensemble. Le Corps de la Colonne même n'est que d'une pierre seule, que quelques-uns croient être de Granit, et d'autres que c'est une espéce de pâte ou de ciment qui avec le tems a pris la forme de pierre. Ceux qui l'ont éxaminée de plus près croient que c'est une vraie pierre de taille, du moins autant qu'on a pu le reconnoître par l'epreuve qu'on en a faite. Et si cela est vrai comme personne presque n'en doute, il y a sujet de s'étonner comment on a pu dresser une pierre de cette grandeur. Ceux qui l'ont mesurée ont trouvé qu'elle a quatre vingt dix pieds de haut, et que sa grosseur est telle que six hommes peuvent à peine l'embrasser, ce qui revient selon la mesure qu'on en a prise, à trente huit pieds. Au haut il y a un beau Chapiteau proportionné à la grosseur de la Colonne, mais fait d'une pièce séparée.

La figure A représente des restes d'un Palais de Cleopatre qui étoit au bord de la mer; on juge par les morceaux qui en sont demeurés, et par quelques restes de Chambres et d'apartemens, que ç'a été un bâtiment fort superbe et fort magnifique. Pour mieux representer ce Palais de Cleopatre, on l'a dessiné de dessus une Tour ruinée qui est auprès, et on l'a peint tel qu'il paroît de là renversé en partie dans la mer avec beaucoup de differens morceaux de Colonnes et comme on le voit dans cette figure.

Assez près de ce Palais il y a un Obelisque tout rempli de Caractéres Hieroglyphiques, on le voit representé dans la figure B. du côté qu'on l'a dessiné avec toutes ses figures, telles qu'elles paroissent sur l'Obelisque. Il y en a seulement deux ou trois qui ne sont pas bien marquées, ce qui vient sans doute de ce qu'elles ont été usées par la longue suite du tems. Quoiqu'il en soit on les a représentées telles qu'on les a trouvées: car comme on ne savoit pas ce que ces Caracteres signifioient, on n'y a rien voulu changer, non plus que dans tout le reste, et on en laisse l'explication à ceux qui s'y entendent, supposé qu'on la puisse trouver.

PALAIS DE CLEOPATRE

OBELISQUE D'ALEXANDRIE

Plusieurs s'étonneront sans doute de ce que les figures du haut de cet Obelisque sont si grosses, qu'elles se voient aussi distinctement que celles du bas: Mais comme elles servoient autrefois d'écriture, on les aura sans doute fait plus grosses à proportion de la hauteur afin qu'on les pût lire aussi facilement.

Auprès de cet Obelisque on en voit encore un autre de la même forme, et qui sans doute aura été de la même hauteur; mais il est renversé à terre, et l'on n'en sauroit reconnoître qu'environ la longueur de dix pieds. le reste est pour la plûpart enfoncé en terre. La pierre dont sont faites ces deux aiguilles ressemble beaucoup à celle de la Colonne de Pompée.

Les Murailles de la ville d'alexandrie paroissent encore si superbes, quoi-qu'elles soient en partie ruinées, qu'il n'y en a point au monde qui leur puissent être comparées. Les grosses tours quarrées qui y ont été bâties pour les défendre, distantes de deux cens pas les unes des autres, ne causent pas moins d'admiration. Elles ont en dedans deux voutes l'une sur l'autre C chacune soûtenuës par quelques Colonnes élevées au milieu, avec chacune un puits ou Citerne. les tours ont au dessus une Platte forme assez grande, qui peut contenir bon nombre de personnes armées. Ce qui marque que cette ville étoit autrefois en bon état de défense, et y seroit encore si l'on n'avoit pas laissé ruiner tous ces beaux ouvrages.

Car pour ce qui est de l'état present de cette ville, non seulement les de-hors sont fort endommagez par le tems, mais le dedans est presque tout ruiné, n'aiant que quelque peu de maisons habitées. On y voit encore l'Eglise de S. Marc, qui est possedée par les Chrétiens Cophtes. C'étoit autrefois une fort grande Eglise, mais ce n'est plus qu'une petite Chapelle réduite aujourd'hui. Une des choses les plus remarquables d'Alexandrie, ce sont les Citernes, qui y sont en si grande quantité que presque toute la ville est sur des Colonnes soûtenant les voutes qui lui servent de fondemens. Elles se remplissent par le moïen d'un Canal qui commence environ à une demie lieue de la ville, et qui y conduit l'eau du Nil dans le tems du débordement.

CONSTRUCTION INTERIEURE DES TOURS

Cette ville a trois Ports, dont l'un, qu'on nomme le vieux, n'est pas fort frequenté, parce que les vaisseaux ont peine à y entrer. Des deux autres, separez par une Ile, le premier est le plus sûr, quoi qu'il ne serve que pour les galéres; l'autre qu'on appelle le nouveau Port, est plus grand et plus profond, et sert aux grans Vaisseaux.

DESCRIPTION DES PIRAMIDES D'EGYPTE TANT AU DEDANS QU'AU DEHORS: DE LEUR GRANDEUR, DE LEUR STRUCTURE, DE LEUR USAGE, ETC. AVEC UNE DESCRIPTION [illegible]RÈS CURIEUSE DU SPHINX ET DE SES PROPRIETEZ

Les Piramides d'Egypte sont trop célèbres pour n'en donner pas ici la figure et la description aux Curieux. On passe pour y aller ou par devant le vieux Caire, ou tout au travers: on traverse aussi le Nil, et quand on est à l'autre bord on aperçoit les Piramides au bout d'une grande Plaine unie, où l'on arrive après deux heures de chemin. On rencontre chemin faisant une espèce de château apartenant au Grand Seigneur, où les Bachas viennent demeurer quelques jours avant que l'on coupe l'eau du Nil pour la faire entrer dans le Khalits, et quelques jours après. Ce château a un grand Jardin rempli de Palmiers et une Mosquée. C'est là qu'on voit la Colonne qui sert à marquer la croissance du Nil. De là on descend à un gros Bourg nommé Giaize où il se fait un gros commerce de peaux de boeufs et de buffle, de lin et de Safran et en sortant de Giaize, on voit les Piramides qui frapent la vuë comme si elles étoient proches, quoi-qu'il y ait encore assez loin de là. Elles sont dans une grande plaine de sable en un lieu un peu élevé, telles qu'elles paroissent dessinées dans la Planche ci-dessus N.° I. Il paroit qu'elles sont bâties sur des rochers: les trois plus grosses sont éloignées l'une de l'autre d'environ 300 pas. Il semble, à les regarder de loin, qu'elles ne soient bâties que de petites pierres parce qu'on s'en croit toujours plus près qu'on ne l'est éfectivement, mais on est surpris quand on en aproche, de voir tout le contraire, et ces Masses de pierre paroissent si prodigieuses, que ce n'est pas sans raison qu'on les a rangé parmi les merveilles du monde. Elles avoient toutes autrefois une ouverture par où l'on entroit dans une allée longue et profonde conduisant dans une chambre où étoient enterrez ceux pour qui les Piramides avoient été faites. Mais on ne voit point ces ouvertures aujourd'hui parce qu'elles sont bouchées par le sable que le vent y pousse continuellement. Il y en avoit autrefois environ cent, dont il ne reste plus que celles qui sont Gravées dans cette première planche et la plus grande est la seule où l'on puisse entrer. La seconde ne se peut voir que par dehors, et n'a point de degrez par où l'on puisse monter dessus. On dit que de loin elle paroit plus haute que la première, parce qu'elle est bâtie dans un endroit plus élevé. Elle est quarrée de même que l'autre, et le Sieur Thevenot dit que chacun de ses côtez a par la base six cents trente et un pié, ce qui feroit 2524 piés de circonférence: et elle se termine en pointe si aiguë qu'un homme seul auroit peine à s'y tenir. La troisième est petite et de peu d'importance. On ne représente ici que ces trois dans la Planche N.° II, parce que se sont les principales des sept qui restent et qui sont ordinairement visitées par les Etrangers. Elles étoient toutes placées régulièrement, et chacune de ces trois grandes étoit, dit-on, à la tête de dix petites, qu'on a de la peine à découvrir aujourd'hui. Ce qui fait croire qu'elles sont bâties sur une roche fort solide, couverte d'un sable blanc, c'est qu'auprès de la plus grande il y a une ouverture d'où l'on découvre la roche fort aisément. On croit même que la pierre dont ces Piramides sont bâties a été prise sur les lieux et cela paroit plus probable que de dire qu'on l'a aportée de loin. Ce qui confirme encore cette pensée c'est que cette sorte de pierre est une pierre de sable blanc et fort dure, et non pas de marbre, comme quelques uns l'ont écrit.

VUE DES PIRAMIDES APERÇUES DE LOIN.

I.

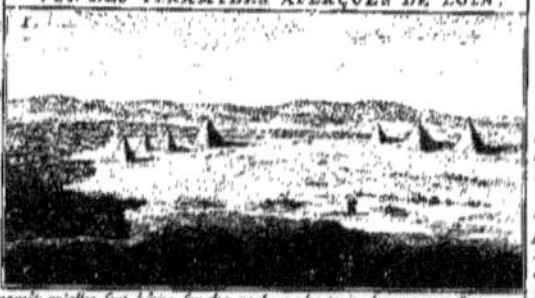

REPRESENTATION DES TROIS PRINCIPALES.

II.

Assez près de ces Monumens d'éternelle durée, on trouve quelques grottes qui ont aussi servi autrefois à enterrer les Morts; ce qui fait croire que le lieu où sont bâties ces Piramides est le lieu destiné autrefois à la sépulture des morts, comme sont les Cimetierres parmi nous. On prétend même que c'étoit anciennement le Cimetierre de Memphis parce que tous les Historiens Arabes conviennent que cette ville étoit située au lieu même où ces Piramides sont aujourd'hui, c'est à dire vis à vis du vieux Caire. Au reste il faut qu'elles soient toutes bien enfoncées dans le sable, car quand on entre dans la plus grande, il y a des chemins qui conduisent en bas et qu'on dit qui vont fort loin, aboutissant à divers endroits où l'on mettoit aussi les corps morts.

La figure [illegible]présentée ici au milieu est le [illegible]inx si fameux chez les anciens[illegible] une statue taillée dans le ro[illegible] qui représentoit une tête [illegible] avec la moitié de la poitrine [illegible]toit placée à quelque distance de la grande Piramide du côté de [illegible], mais à présent elle est [illegible] jusqu'au cou dans le sable, [illegible] peut croire avec raison qu'on [illegible] reste du corps représentan[illegible]. C'est une masse extrémement [illegible], où les proportions ont [illegible] observées. La tête seule a [illegible] de haut, et il y en a 15 depuis l'[illegible] jusqu'au menton. On peut juger [illegible] grandeur monstrueuse de [illegible] statuë par la proportion qui a [illegible] entr'elle et les personnages [illegible] représentez auprès. Voici ce que [illegible] du Sphinx les Auteurs qui en [illegible] écrit.

SPHINX.

Les Egyptiens représentoient le Sphinx de deux manières, ou sous la figure d'un Lion couché sur un bufet, ou sous la figure d'un monstre qui avoit le corps d'un Lion et le visage d'une fille. Par la première ils représentoient une de leurs Divinitez apellée Momphta qui présidoit sur toutes les eaux, et qui entretenoit les causes de débordement du Nil, et par la seconde ils représentoient l'accroissement même de ce fleuve. Maintenant la raison pourquoi ils emploioient cette figure pour exprimer ce débordement, qu'ils avoient comme [illegible] d'ailleurs un grand penchant pour les Hiéroglyphes et les représentations mistérieuses. Et comme le débordement du Nil durant tout le mois de Juillet et d'Août au quel tems le soleil parcourt les signes du Lion et de la Vierge: il n'est pas surprenant que les Egyptiens aient fait d'une Vierge et d'un Lion un Monstre consacré au Nil, qu'ils appelloient Sphinx. Il est couché sur le ventre pour marquer l'écoulement du Nil qui se déborde, sa tête qui s'élève représente l'accroissement de ce même fleuve.

Pline dit que cette masse de pierre a servi de Tombeau au Roi Amasis. Ce qui pourroit le faire croire, c'est qu'elle est en effet placée dans un lieu qui étoit autrefois une espèce de Cimetierre. D'autres veulent qu'un Roi d'Egypte ait fait faire ce Sphinx en mémoire d'une certaine Rhodope de Corinthe dont il étoit passionnément amoureux. Quoi qu'il en soit on en raconte quantité de fables qu'il n'est pas à propos de raporter ici. Je dirai seulement que le Sphinx est l'Emblème du secret et du mistère.

La plus grande de ces Piramides, la seule où l'on entre et sur laquelle on peut monter, a été bâtie et achevée dans l'espace de vingt ans, selon Pline; trois cens soixante et dix mille hommes y ont été emploiez, et seulement en raves et en oignons les Egyptiens y ont depensé dixhuit cens talens. Cela paroîtra moins incroiable si l'on considère que ces legumes sont la nourriture ordinaire du petit peuple en ce païs là, et que ceux qui ont été emploiez à élever ces lourdes masses, n'étoient que des Esclaves et des Mercenaires à qui l'on ne donnoit rien autre chose avec le pain et l'eau. Il seroit curieux de savoir de quelles machines on se servoit alors pour élever de si grosses pierres, mais par malheur les Historiens de ce tems là n'en disent rien.

PIRAMIDE DANS LAQUELLE ON PEUT ENTRER.

III.

Pour entrer dans cette Piramide, il faut faire déboucher le trou qui est au bas, et qui est toujours en partie rempli de sable. Ce trou est Carré et a environ trois piés de haut. Avant que d'entrer dedans, il faut tirer quelques coups de fusil pour faire fuir les Animaux qui pourroient y être, et ensuite chacun s'y coule avec une bougie à la main. Il faut beaucoup se courber à l'entrée, et l'on trouve une Allée qui descend environ 60 pas. Cette Allée est voûtée en dos d'âne: la descente en est fort droite, et il faut se tenir des deux côtez du mur, pour ne pas tomber sur le nez. Au bout de cette Allée on trouve un passage qui n'est que de la largeur d'un homme, et qu'il faut faire aussi déboucher, parce qu'il est ordinairement rempli de sable. Ce passage est fort difficile, parce qu'il faut se traîner sur le ventre plus de dix pas, en tenant chacun sa bougie. On trouve une voute à main droite, et devant soi un puits, où il faut prendre garde de ne pas tomber. De là on grimpe sur une pierre de 10 piés de haut, au dessus de laquelle il y a un espace d'environ 14 à 15 piés de long: après quoi l'on monte par une ouverture qui n'a pas plus de largeur qu'il en faut pour passer. Il n'y a point de degrez non plus qu'ailleurs, mais des trous des deux côtez de distance en distance, où il faut mettre les piés en s'écartant un peu, et l'on s'apuie contre les murs, qui sont d'une pierre fort polie et bien jointe. Il ne paroit point qu'elle soit cimentée. On y voit plusieurs niches, qui font croire qu'il y avoit autrefois des Idoles dedans. Ce passage a bien 90 pas de haut, et l'on n'y peut monter qu'avec assez de peine. On trouve ensuite un petit espace de plein pié, au bout duquel on rencontre une chambre de douze pas de long et six de large, et d'environ 20 piés de haut. Elle est couverte de neuf pierres, qui ont 4 piés de large chacune, et toutes traversent la chambre et vont reposer sur les deux murs. Les murailles de cette chambre sont fort polies et au bout dans un lieu qui regarde la porte, il y a un tombeau vuide, long par dedans de 7 piés, large de 3, épais de 9 poulces et de trois piés et demi de haut. La pierre en est grisâtre, et ressemble au porphyre, excepté qu'elle n'est pas rouge: elle est fort dure, et résonne comme une cloche quand on frape dessus. A côté de cette chambre, il y en a une autre plus petite qui n'a point de tombeau. Cet endroit est le non plus ultrà de la Piramide: on n'y voit plus aucune ouverture, et comme il n'y en a point d'autre que celle d'en bas on y respire un air fort étouffé.

PIRAMIDE SUR LAQUELLE ON MONTE.

IV.

On peut monter sur ces Piramides par les coins, parce qu'on y a laissé des pierres qui débordent l'une sur l'autre pour servir de degrez, comme on le voit dans la planche N.° IV. Ces Pierres depuis le haut jusqu'en bas sont au nombre de 210. Les unes hautes de 4 paumes, les autres de 5, et quelques-unes de 6, par où l'on peut juger à peu près de la hauteur perpendiculaire de cette Piramide. Ceux qui l'ont mesurée de haut en bas disent qu'elle a cent douze brasses qui reviennent à 626 piés, et que par le bas elle est plus large que haute de quatre-vingt-huit piés ou environ.

HABILLEMENS DES ARABES & DES JUIFS QUI SONT AU CAIRE AVEC UNE PARTIE DE LEURS DIVERTISSEMENS & QUELQUES RESTES DE L'ANCIENNE IDOLATRIE DES PEUPLES D'EGIPTE.

Entre les habitans du Caire il faut compter les Arabes et les Juifs; Et comme leurs habits sont differens de ceux des autres, en voici, qu'un voiageur a dessinez pour la satisfaction des Curieux. Les Arabes sont ordinairement vêtus comme on les voit N.º 1. Ce qu'ils ont autour de la tête et qui par un bout leur vient pendre sur la poitrine ou sur l'épaule selon que l'envie leur en prend, ce qu'ils veulent lui donner un autre air, est un voile de soie noire raié de fil d'or et qui d'ordinaire est orné de quelques houpes. Les gens du commun portent ce voile d'une étoffe plus simple.

HABILLEMENT DES ARABES.

L'habit des Juifs de ce païs est tel qu'on le voit representé N.º 2. Leur Turban doit être mêlé de raies bleues & le reste de leur habit violet; C'est une couleur qu'ils sont obligez de porter pour les distinguer; car autrement il n'y a point de difference entre leur habit et celui des Turcs, les personnes de distinction sont bien plus proprement vêtuës que celui dont on a ici la figure.

HABIT DES JUIFS.

On l'a representé dans cette attitude pour faire voir tout d'un tems quels sont les Instrumens dont ils se servent dans les ocasions de rejouissances. Celui-ci n'a que trois cordes et il se touche avec un archet comme un violon. Le corps de l'instrument est d'un bois noir et les chevilles dont on tend les cordes sont d'ivoire; le son est passable.

La danse est un des divertissemens des Arabes; elle ne consiste guéres qu'en quelques mouvemens des épaules, le reste du corps étant presque immobile, et cette danse est acompagnée de quelque chant qu'ils y mêlent; les joueurs d'instrumens à la musique desquels la danse est réglée ont quelque chose de divertissant et d'extraordinaire. Les uns ont quatre morceaux de plats rompus deux à chaque main, dont ils se servent comme de castagnettes, qui quoi qu'elles ne rendent aucun son musical, ne laissent pas d'être assez divertissantes. D'autres ont des instrumens de musique qui ressemblent à peu près à de petites Timbales mais un peu plus longs sur lesquels ils jouent avec les doigts. Les Arabes écoutent fort attentivement ce que l'on chante et ceux qui entendent la langue disent que ces airs ou chansons sont fort jolis, et que le sujet en est quelquefois fort spirituel. Ce qui est cause qu'on les écoute avec attention.

Il ne faut point juger de ces usages par ceux que nous pratiquons en Europe. L'habitude fait tout le plaisir de chaque chose, et quand on n'en connoit pas de plus grand on est aussi sensible aux médiocres qu'à ceux qui piquent davantage; d'ailleurs la conformation des organes, plus ou moins délicats selon les païs, est ce qui doit decider du goût de chaque [illegible]

Cette figure est un monument de l'ancienne Idolatrie d'Egipte. La petite Statue d'une femme nuë representée (a) qui tient de ses mains qu'elle a levées en haut une espéce d'ornement de tête soit de ses cheveux ou d'autre chose, a sur le tout une coëfure relevée par devant, et qui par derriere, comme on le voit (b), sert à couvrir la tête jusqu'au bas où elle se rassemble en une tresse. Cela fut vendu pour une Statue d'Isis: mais il faut remarquer que les savans ne trouvent nulle part cette Déesse representée, ce qui leur fait croire que cette petite Statue represente plutôt quelque divertissement ou quelque jeu des Egiptiens.

La piece ronde representée (c) qui ressemble à une monnoie ou medaille ancienne, qui d'un côté est toute unie comme si elle avoit été polie, et qui a moins l'épaisseur d'un Ducaton, a de l'autre côté en figure fort relevée l'image d'une femme: elle a de même été venduë pour une Isis; mais on doute aussi que c'en soit une, et l'on conjecture par les ornemens qu'elle a sur sa tête que c'est plutôt l'image de quelque Prêtresse.

La troisiéme petite Statue qu'on voit representée (d) a été donnée pour un Osiris; mais on conjecture à la difformité de sa tête, qui est extraordinairement grosse, que ce pourroit être plutôt une representation des anciens Pigmées, ou bien de quelque Nain ordinaire, qui porte dans sa main gauche, une corbeille entre-lacée comme il paroit quand on la regarde par le côté où les entrelaçures ne sont pas si unies que par devant. Elle est habillée d'une maniére toute particuliére, il semble que c'est une grande robe de toile qui a beaucoup de plis. Elle a de derriére de la tête aussi sur le morceau de cuivre sur lequel elle est et avec lequel elle semble avoir été fonduë, on le voit au dessus de la tête, où il auroit comme une petite planche de marcan. Il semble que l'habit de dessus soit attaché au cou avec un noeud de ruban qui vient au travers des deux [illegible]

Cette statuë de bronze a de l'autre côté une figure d'homme fort usée. Autant qu'on la peut encore voir, on y remarque une tête aussi difforme que l'autre, mais l'habillement en est tout à fait different, et ne va plus bas que les genoux du côté gauche, et que la moitié de la jambe du côté droit. L'habit semble être attaché au cou de deux bandes comme de toile. Elle tient de sa main droite une petite statuë nuë qui est à côté d'elle qui n'est que jusqu'aux épaules et une partie du cou [illegible] sa main gauche elle a un morceau de cuivre assés long ou arrondi, sur lequel il paroit quelque chose comme si on l'avoit voulu representer une tête. C'est ce qu'on peut voir (e)

Femme Arabe.

Les Femmes Arabes ont sur la tête une espece de forme de chapeau pointu, qu'elles envelopent d'un morceau d'étofe noire ou brune raiée d'or ou d'argent: l'habit est de la même couleur que celui des femmes de Turquie, et la parure en est selon la proprieté des personnes; ordinairement elles ont à leur veste ou robe de dessus, un rang de boutons qui sont alternativement l'un gros et l'autre petit: le gros est ovale, et le petit tout rond. Voiez leur habit et leur air N.º 3. Quand elles sortent elles jettent sur leur tête une grande écharpe de toile blanche dont elles se couvrent tellement le corps qu'elles ne regardent au travers que d'un oeil seulement à la maniére des Espagnoles.

Femme Juive.

Les Juifves qui sont representées N.º 4 ont sur la tête un bonnet noir fort long qui est envelopé d'un mouchoir blanc ou brun raié d'or et d'argent. Leurs habits sont ordinairement d'étofe de Soie raiée. Lors que l'on dessina celle qui est representée ici, Elle étoit assise sur son Sopha; où elle fumoit une pipe de tabac, dont le tuiau étoit d'un roseau d'Egipte.

Il y a beaucoup de Singes au Caire, qui y sont aportez par les Maures qui viennent de la Mecque. Comme ces Peuples sont naturellement boufons, en quoi leur naturel ne s'acorde pas mal avec l'instinct des singes, cela donne beaucoup de plaisir aux Voiageurs. Et la chose en valoit la peine on raporteroit plusieurs tours de ces animaux, en voici un entre autres fort extraordinaire. Un jour qu'un Arabe avoit mis un morceau de viande au pot sans le couvrir, un Faucon dont le nombre est grand en ce païs là, l'aperçut du haut de la cheminée et se hazarda de l'enlever. Cet homme avoit un singe qu'il laissoit ordinairement dans la cuisine pour faire garde au coin du feu, et empêcher les Faucons de prendre quelque chose. Le Singe se voiant atrapé résolut d'atraper le Faucon à son tour; le feu étant éteint depuis long tems, il se mit dans le pot les fesses en haut, ne doutant pas que le Faucon ne revint, et ne le prit pour un morceau de viande. En effet cet oiseau étant revenu ne manqua pas de fondre sur ce qu'il voioit. Le Singe qui étoit aux aguets se tourna habilement et saisit le Faucon, lui coupa la tête, et la mit dans le pot: Il fit plus, il fit connoître à son maître ce qui étoit arrivé et le consola par ce tour de la perte de son morceau de viande.

CARTE DE LA BARBARIE, NIGRITIE ET DE LA GUINÉE AVEC LES PAYS VOISINS,
Dressée sur les Memoires les plus Nouveaux & les observations les plus exactes.
MER DE SARGASSE
nommée par quelques uns
LA MER VERTE
a cause des herbes qui
y flottent continuellement
ISLES ACORES
ISLE DE MADERE
ISLES CANARIES
ISLES DU CAP VERD
Tropique du Cancer
MER MEDITERRANEE
ROYAUME DE TRIPOLY
BARBARIE ou PAYS DES BREBERES
LE SARA ou DESERT DE BARBARIE
ROYAUME DE SOUDAN
ROYAUME DE CANUM ou d'ALKANEM
ROYAUME DE BOURNOU
ROYAUME DE GAOGA
NIGRITIE
ROYAUME DE ZANFARA
ROYAUME DE MANDINGA
HAUTE GUINÉE ou GUINÉE proprement dite
ROYAUME DE BENIN
ROYAUME DE DAUMA
ROYAUME DE MEDRA
GOLFE DE GUINÉE
ou DE S.T THOMAS
REMARQUE
ECHELLE

DISSERTATION SUR LA BARBARIE, QUI COMPREND LES ROYAUMES DE BARCA, DE TRIPOLI, DE TUNIS, D'ALGER, DE FEZ ET DE MAROC.

CEtte partie la plus Septentrionale de l'Afrique, qui confine l'Egypte à l'Orient, est baignée à l'Occident par l'Ocean Atlantique; par la Mer Mediterranée au Nord; & le Mont Atlas, le Biledulgerid, & le Desert de Barca la confinent au Midi. Nos Géographes conviennent qu'elle a neuf cens lieuës de longueur. Mais quant à la largeur les uns disent quatre-vingts lieuës tout au plus, & les autres vont jusques à cent trente. L'origine de son nom est inconnuë, ou du moins fort douteuse. Mais on ne sauroit nier l'antiquité du terme *Barbare*; puisque la Nation qui se croïoit la plus polie, la mieux civilisée le donnoit anciennement à toutes les autres. Personne n'ignore non plus ce que *Barbare* veut dire en bonne & saine Morale, c'est-à-dire ce qu'il y a de plus detestable dans la Société Humaine.

Comme elle est toute située dans la Zone temperée Septentrionale, le climat en est assez doux; le froid ne s'y fait sentir que dans les hautes Montagnes de l'Atlas, & la chaleur y est par tout assez suportable. Les saisons y sont plus avancées qu'en Europe: le Printems commence le 25. Fevrier, & dure jusques au 28. Mai, & les autres à proportion. Ce qui fait que dès le commencement d'Avril tous les Arbres commencent à fleurir, qu'on y trouve en quelques endroits des Cerises mûres sur la fin du même mois, & que dès le milieu de Juillet, on y mange abondamment des Pommes, des Poires, des Prunes & des Raisins. Il n'y a que sur les hautes montagnes de l'Atlas, qu'on ne distingue que deux saisons, l'Hiver qui dure depuis le mois d'Octobre jusqu'en Avril, & l'Eté depuis le mois d'Avril jusques à la fin de Septembre. On y passe immédiatement du froid au chaud, & du chaud au froid sans aucun milieu, parce que ces montagnes étant fort élevées ne reçoivent point la chaleur ou la froideur par dégrez; mais qu'elles participent tout-à-coup à la qualité de l'air qui les environne. Ce climat ne laisse pas d'être assez sain & le Terroir plus ou moins fertile selon les differens endroits. On y recueille plusieurs sortes de grains, quantité de Dates, d'Oranges, de Citrons, d'Olives, de Figues, de bon Vin, de Melons delicieux & d'autre sorte de fruits. Il y a aussi force espèce de bêtes, soit domestiques, soit sauvages, qui ne sont point en Europe; des Chameaux, des Lions, des Dragons, des Léopards, des Panthéres, des Tigres, des Elephans, des Bubales, des Singes &c. Le Païs nourrit aussi ces chevaux qu'on appelle Barbes, & dont on fait si grand cas pour leur bonté toute extraordinaire; aussi sont-ils chers & recherchez à proportion. On y voit de plus des Moutons dont la queuë est d'une grosseur prodigieuse, & d'autres Bestiaux qui fournissent des cuirs du meilleur usage, & sur tout le Maroquin. On y pêche beaucoup de Corail, sur les Côtes.

De cette description il est facile de juger, dit un Ecrivain, que la Barbarie est le plus beau & le meilleur Païs de l'Afrique; aussi n'y en a-t-il point dans cette partie du Monde qui soit plus peuplé. On y voit trois sortes de Nations differentes, des Arabes, des Turcs, & des Afriquains naturels. Ceux-ci sont de deux sortes: les uns blancs, qui habitent vers les côtes, & les autres noirs, vers le Biledulgerid. Ils ont en général l'esprit vif, mais l'usage qu'ils font de cette vivacité est different selon les differens genres de vie. Ceux qui habitent sous des tentes en pleine campagne, comme les Arabes & les Bergers sont vaillans, laborieux, doux & liberaux; c'est la nature toute pure qui les guide; & leurs mœurs se ressentent de l'ancienne simplicité. Mais les Habitans des Villes sont fiers, vindicatifs, avares & de mauvaise foi. La Société qui devroit les adoucir, les rend au contraire plus feroces. Peut-être parce qu'ils ne font aucun usage des Sciences, dont l'étude est defenduë parmi eux. C'est proprement le séjour de l'ignorance, & un vrai Païs de Barbarie à tous égards. Ce n'est pas qu'ils en aïent toûjours usé ainsi : ils s'apliquoient autrefois à la Philosophie, à l'Astrologie, pour lesquelles leur vivacité naturelle leur donnoit beaucoup de dispositions; mais leurs Princes leur en ont interdit la pratique, depuis environ cinq cens ans, comme s'ils eussent aprehendé que ces exercices ne les detournassent du commerce pour lequel ils ont assez de penchant. Il s'en faut pourtant bien qu'ils le fassent avec autant d'intelligence que la plûpart des Nations voisines; car quoiqu'ils trafiquent continuellement, ils ne savent ce que c'est que Banques, ni Lettres de change, non plus que l'envoi des marchandises d'une place à l'autre; mais ils les portent eux-mêmes dans les lieux où ils veulent les débiter. Celles qu'on tire de ce Païs sont des Barbes, des Toiles de lin & de cotton, des Laines, des Blés, des fruits secs, Figues, Raisins, Dattes & autres, des Maroquins & du Corail qui se trouve en abondance sur les côtes de la Mediterranée.

Il y a en Barbarie des Chrêtiens, de toute Nation, François, Espagnols, & Hollandois, qui sont esclaves des Corsaires, & qui y sont traitez avec des cruautez & des rigueurs inouïes; mais la plûpart sont Mahometans ou Juifs, & ceux-ci y païent de très-grosses sommes pour pouvoir exercer impunément leurs usures. Mais ce qu'il y a de remarquable & digne d'être imité parmi ces Peuples infidéles, c'est que le Blaspheme leur est inconnu. On prétend même que dans les langues dont ils se servent, qui sont l'Africaine, la Turque, & l'Arabesque, il n'y a pas un seul mot qui exprime le Blaspheme; chose admirable & qui fait honte aux Chrétiens. Ces Peuples, selon la Loi de Mahomet dont ils font profession, peuvent avoir plusieurs femmes. Cependant ils n'en ont qu'une légitime ordinairement, les autres étant des concubines ou des esclaves. Les Femmes & Filles y sont toûjours voilées, sans doute à cause de la jalousie qui regne dans ce Païs-là, où la delicatesse sur le point d'honneur, attaché à la reputation des femmes, rend les hommes très-circonspects à cet égard. Cela va si loin que ceux qui se marient ne voïent leurs épouses que le soir de leurs nôces. Il faut qu'ils s'en raportent sur leur beauté au Portrait que le Pere & la Mere leur en font. Expedient commode pour la défaite des filles laides & mal faites, & que plusieurs de celles de l'Europe souhaitteroient qui fût en usage parmi nous. Mais dans le fond qu'y gagneroient-elles? Le plaisir d'être mariées? Ce plaisir vaut-il la peine de s'exposer au mépris qu'entraîne toûjours le degoût ? & si les plus belles Femmes cessent à la fin d'être aimables par le bizarre effet d'une longe possession, quel seroit le triste sort d'une laide qui n'auroit pas même de quoi se vanger des degouts de son mari ? La liberté reciproque dont joüissent les deux sexes en Europe fait trouver des remedes à un mal qui ne devient que trop commun, & c'est peut-être le defaut de cette même liberté qui a introduit ailleurs la multiplicité des Femmes, afin que la joüissance de l'une pût supléer à ce qui manque à celle dont les appas commencent à vieillir. Quoiqu'il en soit, en Barbarie, comme en tous les lieux où la Loi de Mahomet est en vigueur, on est si persuadé que les Femmes ne sont faites que pour l'usage de l'homme, qu'elles sont excluës même des assemblées de Religion. Elles n'entrent point dans les Mosquées non plus que dans les autres lieux publics; & l'interieur de leurs maisons fait tout leur divertissement. On peut juger quelles divisions, quelles jalousies regnent parmi ces Femmes ainsi enfermées ensemble. Si le Mariage avec une seule, tel qu'il se pratique en Europe, ne laisse pas d'être un joug pesant, quel ne doit pas être l'embarras de garder plusieurs Femmes, à moins que l'empire despotique des Maris ne leur donne sur elles un ascendant qu'on n'a point ailleurs ? Mais alors c'est domination, & non plus société de tendresse, & quel plaisir peut-on trouver à se faire craindre, ou à n'user de ses droits que par brutalité ? Il faut être bien persuadé que les Femmes ne sont données à l'homme que comme une aide & un remede, pour en faire si ample provision; & être bien esclave d'un besoin si animal pour s'endosser un benefice accompagné de tant de charges.

Revenons à la Religion de ceux de Barbarie; c'est encore pour prevenir les distractions que la presence des Femmes pourroient leur causer, qu'ils ne les admettent point dans leurs devotions : plus sages en cela que les Chrêtiens, qui font servir les assemblées de piété à des rendez-vous & des entretiens galans. Au moins parmi les Barbares, le culte religieux n'est-il mêlé de rien de profane.

Il est vrai que la superstition en gâte un peu la pratique; mais, n'y a-t-il que les infidéles qui soient superstitieux ? Ceux-ci portent des chapelets de corail & disent sur chaque grain une priére qui signifie *Dieu me conserve !* Quel dommage que des Peuples qui n'adressent leurs voeux qu'à Dieu, n'aïent pas le bonheur de connoître comment ce Dieu veut être servi, & qu'ils fassent consister leur service dans un certain nombre de priéres ? Ils ont un grand respect pour le Mufti qui est le Chef des Marabouts ou Prêtres & des Santons qui sont comme des Religieux. Les uns & les autres savent si bien profiter de la credulité des Peuples qu'ils leur font faire aveuglément tout ce qui leur plaît. La reputation de sainteté qu'ils se donnent leur attire une singuliére venération pendant leur vie, & des honneurs extraordinaires après leur mort. Tel est le pouvoir de la Vertu, qu'elle se fait respecter, même par la seule opinion qu'on en a. Car ces Marabouts & ces Santons s'adonnent ordinairement à la Magie, & tiennent les Peuples comme enchantez par l'idée merveilleuse qu'ils leur donnent de leur pouvoir.

Suivant le partage moderne, la Barbarie consiste en six petits Roïaumes Barca, Tripoli, Tunis, Alger, Fez, & Maroc. Les cinq premiers sont de suite d'Orient en Occident le long de la Méditerranée; & le Roïaume de Maroc est au Sud-Ouest de celui de Fez : il est à remarquer que ces deux derniers Etats sont sous la domination d'un même Prince.

Du Roïaume de Barca.

QUe le Roïaume de Barca soit placé entre l'Egypte & la grande Sirte ou Seiches de Barbarie, c'est sur quoi on est d'accord; mais il n'en est de même à beaucoup près de son étendue : les uns en font un petit Païs, ne lui donnant que trente lieuës de longueur & quarante de largeur; les autres au contraire veulent qu'il soit long de trois cens lieuës & large de deux cens. Savoir, dans une si grande contradiction, de quel côté est la verité, c'est aux parties à fournir leurs preuves, & je croi que le meilleur seroit de nous dire chacun dans son parti, *ne voulez-vous pas me croire? allez sur les lieux & mesurez vous-même.*

Le Barca ne participe point à l'abondance générale de la Barbarie. L'air n'y est pourtant pas mauvais; mais le terroir est stérile & plein de rochers: aussi dit-on, que les Habitans, qui d'ailleurs ont la laideur en partage, sont fort défaits & fort maigres. La pauvreté y contribuë peut-être plus que la nature, & pour se soutenir contre l'indigence, un des plus grands ennemis de l'homme, ils se servent d'un remède pire que le mal, se faisant voleurs de grands chemins. Les Habitans des côtes valent mieux que ceux qui vivent dans le milieu du Païs. Il y a dans la partie Occidentale plusieurs villes dont les principales sont Barca, Capitale & qui donne le nom au Roïaume, Cairoan, anciennement Cyrene, Camera &c. Du côté de l'Est on rencontre plus d'un Havre; mais il n'y a que la Ville d'Alberton, ou Port de Soudan, qui merite un peu de distinction.

Ce Roïaume est tombé sous la puissance Ottomane: il est gouverné par un Sangiac, d'autres disent Cadis, qui réside dans la Capitale au nom du Grand Seigneur; mais qui est subordonné au Bacha de Tripoli. Ce Domaine-là ne grossit guére tous les ans le Tresor du Serrail; peu d'habitans, consequemment peu de culture; quelques Dattes & quelques grains pour tout raport. Ce n'est pas là une de ces Possessions dont les Conquerans sont si affamez pour s'enrichir & pour s'agrandir.

Du Roïaume & de la Ville de Tripoli.

APrès Barca vient Tripoli. Cette Province de l'Empire Turc s'étend depuis Barca jusques à Tunis. On lui donne deux cens lieuës de longueur; & environ soixante de largeur. Le Païs est séparé en deux par la Riviére de Tripoli qui donne le nom à tout le Roïaume aussi bien qu'à la Capitale qui est agréablement située sur ce Fleuve. Elle fut autrefois prise par les Espagnols & donnée aux Chevaliers de Malthe; mais les Turcs la leur enlevérent & en demeurerent les maîtres pendant long-tems. Aujourd'hui c'est une Republique, qui est sous la protection du Grand Seigneur. Cette Ville fameuse dans les premiers siécles de l'Eglise par le differend qu'elle suscita entre Carthage & Alexandrie, qui toutes deux vouloient avoir son Evêque au nombre de ses Suffragans, n'est plus à présent ce qu'elle paroît avoir été dans l'Histoire. Elle a entiérement changé d'état en changeant de nom, & autant qu'elle avoit de splendeur pendant qu'elle apartenoit aux Romains & aux Chrêtiens, autant en a-t-elle peu maintenant qu'elle est depuis onze siécles au pouvoir des Infideles. Elle ne laisse pourtant pas de presenter un objet fort agréable à la vuë, c'est un Croissant parfait, placé au bord de la Mer, dont la Ville couronnée de plusieurs belles Piramides fait le centre. La pointe du couchant est une suite de rochers & de forts bâtis à l'antique: l'autre est flanquée d'un gros Château, & se termine au Fort des Anglois qui en fait comme la pointe, laissant voir entre deux l'agreable paysage de la Missie, qui est la nouvelle Ville, au travers d'un grand nombre de Piramides qui s'élevent des Tombeaux des Turcs. Mais il s'en faut bien que l'interieur de la Ville réponde à l'idée qu'on s'en fait en la voïant de loin. Les maisons y sont fort basses, n'aiant la plûpart que 18. ou 20. piés de haut & les ruës si mal propres qu'en 1700. les Barbares n'avoient pas encore reparé les ruïnes du bombardement que les François y firent en 1685. en sorte que les ruës étoient encore pleines de ces ruïnes, & que les Turcs aimoient mieux prendre des détours en sortant de leurs maisons que de se donner la peine de les enlever. Elles se terminent toutes en plates-formes selon l'usage du Païs; & ne tirent presque de jour que par les portes. On y voit cependant encore un Palais abandonné, & presque demoli, qu'on dit avoir servi de demeure aux Chevaliers de Malthe, dans le tems qu'ils possedoient cette Ville. Il paroît par les restes, qu'il étoit tout incrusté de petits pavez de faïence, comme sont aujourd'hui la plûpart des Maisons de Hollande; qu'il étoit de trois étages & qu'il avoit des fenêtres: ce qui ne se trouve pas ordinairement. Mais aujourd'hui la ville est, dit-on, un peu plus agréable, ses principaux quartiers sont bien peuplez, quoiqu'il y en ait d'autres tout deserts, & la ruë des Marchands est en assez bon état. La plûpart de ces Marchands sont François; les Arabes y aportent beaucoup de cendre, qui sert à faire du Savon & du Verre.

On voit dans cette Ville une Antique, dont les Curieux font assez de cas. C'est un Arc de triomphe à quatre faces d'une grande Arcade de chaque côté; dont les deux grandes faces sont accompagnées chacune de deux petites portes quarrées. A l'Orient la face est ornée, au dessus des deux petites portes, de deux Medailles où sont representez en relief deux Empereurs enrichis de quelques figures de Cupidons assez informes. A cette face & à celle de l'Occident, on remarque des figures de Louves en bas relief qui font connoître que cet Ouvrage est un reste des Romains. On y lit même aussi en caracteres Romains ces mots, qui sont au dessous de la Corniche du côté du Couchant, VIRO ARMINIACO SILVIRIO FLAMEN PERPETUUS, MARMORI SOLIDO FECIT, & sur le retour de la même corniche du côté du Midi, on n'y lit plus que quelques mots d'une inscription presque toute effacée. Les bases des Pilastres sont accompagnées de bas reliefs, où sont representez des hommes habillez à la Romaine. Au dessus sont des Trophées d'armes avec des figures de Colombes dont quelques-unes sont percées d'une fleche au travers du corps. Cette Antique est de grosses pierres de marbre blanc, posées à sec avec si peu de liaison, qu'il semble que ce soit un Ouvrage transporté depuis peu de tems. On connoît qu'il étoit d'ordre Corinthien par les Chapiteaux qui couronnent les Pilastres, dont on voit encore quelques morceaux. Au reste les proportions de tout l'ouvrage sont très-peu exactes. Les Arcades étant beaucoup plus larges que hautes, les Pilastres trop courts, & les bas reliefs sortant comme à moitié de terre, ce qui fait croire ou qu'il s'est enfoncé ou que la terre s'est élevée autour.

Mais si cette Ville n'a presque rien de beau au dedans, elle a en dehors quantité de vûes très-agréables, parce qu'il y passe beaucoup d'eau qui vient de la Montagne du Liban. Cette eau forme une Ri-

Riviére qui traverse la Ville, & qui prenant son cours au travers des terres va se décharger dans la Mer. Elle a très-peu de profondeur en divers endroits, ce qui fait qu'on la passe souvent à gué pour gagner du chemin. On voit aux environs plusieurs Jardins plantez de meuriers qui nourrissent quantité de Vers à soïe.

Le Port de Tripoli est assez beau, fait en forme de Croissant, & il occupe toute la face de la Ville: l'ouverture en est placée entre le Nord & le Levant. Du côté du Ponant est un rideau de rochers joints par des Tours & par des jettées qui font une espèce de Mole vers lequel il y a du Canon. C'est derriére ces Rochers & ce Mole que se forme une espéce de Golfe où mouillent les Vaisseaux de Guerre, & ce fut par là que l'Escadre Françoise commandée par M. d'Etrées bombarda la place autrefois. Pour ce qui est du Château il est vis-à-vis de ce Mole à l'autre extrémité du Port. On voit encore à demi-lieuë de la Ville, du côté du Levant, un Fort appellé *des Anglois* pour défendre les aproches du Port de ce côté-là.

Il ne paroît dans cette Ville que cinq Mosquées, dont la principale a été bâtie par Osman Deï. Le Portail en est tout de marbre d'une Architecture noble & simple, les Châpiteaux des Pilastres de plusieurs Croissans entrelassez selon l'usage des Mahometans. Les murs, que les Chrêtiens ne peuvent voir que par dehors, sont distinguez de plusieurs compartimens faits de petits carreaux de marbre, & de porcelaine, sur un fond de très-belle pierre blanche, percez d'un rang de fenêtres à hauteur d'apui. La couverture est une vaste terrasse relevée avec beaucoup d'ordre par des espèces de demi-globes qui font comme autant de petits Dômes avec une fléche fort haute, terminée par un croissant. Le Lavoir qui est tout proche, est un galerie qui peut contenir au moins 30. personnes sans s'incommoder. Il y a environ une douzaine de Robinets qui jettent de l'eau dans un Canal de marbre, où les Turcs se lavent avant que d'entrer dans la Mosquée: comme les Chrêtiens ne peuvent la voir qu'au travers des Fenêtres grillées, je n'en donnerai pas une description fort exacte; voici seulement ce qu'on y a pu remarquer. C'est une grande sale à trois rangs de colonnes de marbre, dont la terre n'est couverte que de Nattes de jonc très-fin, sans pavé: ce qui est un point de Religion chez les Turcs. Parmi sept ou huit lustres de Jay à plusieurs branches d'où pendent des lampes & des œufs d'Autruche il y en avoit en 1700. un de cuivre assez beau, dont le Consul François avoit fait present au Deï. On y voit deux Chaires, dont l'une sert au Mufti pour prêcher & l'autre est comme une niche pour faire la Priére. Toutes les deux sont des Ouvrages Gothiques & dorez, terminez par une Piramide surmontée d'un Croissant. Autour de la Mosquée regnent des Galeries, ou Tribunes fort propres & fort riches & c'est tout ce qu'on peut voir, quand on n'y entre pas.

Les bains de Tripoli sont les plus renommez de la Côte d'Afrique: on entre d'abord dans une grande sale quarrée, & terminée en forme de Dôme, dont le haut est percé de quantité de petits trous quarrez, en sorte qu'il y a presque autant de vuide que de plain. Tout autour de la sale sont des espèces de Canapez de pierre, couverts de Nattes de jonc. Au milieu il y a une fontaine élevée de cinq ou six piés de haut. A l'entrée est le Bureau du Bain, où tout ce qu'on laisse de hardes est gardé avec une inviolable fidélité. De cette Sale on passe dans un petit Vestibule, qui est moderément échaufé, & où ceux qui prennent le bain s'arrêtent quelque tems, afin de n'être pas surpris de la trop grande chaleur. On entre ensuite dans une autre sale qui est celle du Bain, & qui est semblable à la premiére en grandeur, excepté que le Dôme en est plus obscur & que le pavé est de grands carreaux de marbre blanc. Il y a au milieu une espèce d'Estrade du même marbre de sept à huit piés en quarré, & d'un pié d'élevation. C'est là où l'on se repose & où par la grande chaleur du lieu, de l'eau, & la dexterité des Noirs, on se trouve bientôt baigné dans sa propre sueur. Car c'est plûtôt une étuve qu'un bain; il y a seulement tout autour des Murs, des Robinets, par le moïen desquels on prend l'eau, selon les divers dégrez de chaleur qui sont nécessaires. Ces eaux sont naturellement très-chaudes, & viennent d'une fontaine éloignée d'environ un quart de lieuë de la Ville. On assure qu'elles sont un souverain remède contre les Rhumatismes.

L'Exercice de la Religion Chrétienne est assez libre à Tripoli. Outre la Chapelle Consulaire, les Chrêtiens en ont encore deux dans les Bagnes ou Prisons des Esclaves. Ce sont de grandes voutes longues & larges qui n'ont de jour que par le haut. Là sont pratiquez de part & d'autre, dans les Murs des enfoncemens en Arcades, où sont rangez plusieurs Etages de planches qui servent de lits à ces malheureux. Il y a ordinairement cinq Esclaves dans chacun de ces Etages, & comme ces Arcades s'élevent aussi haut que la voute, il y en tient ordinairement jusques à quatre à cinq cens tant Chrétiens que Mores, ou Noirs. L'obscurité, la vermine, la puanteur, sont les moindres maux que souffrent ces pauvres gens. Ils sont gardez le jour par des Turcs qu'on appelle *Gardiens Bachis*, & la nuit par des chiens qui servent aussi à la garde du Port. Ce n'est pas sans peine qu'on peut parvenir à les racheter, & outre qu'il en coûte beaucoup d'argent, les Turcs font les difficiles & se font longtems prier. Il y a encore une autre prison hors de la Ville, appellée la Galére de terre, où l'on enferme les Esclaves qui travaillent à la Campagne. Un de leurs plus rudes travaux est de remuer du sable brûlant, pour découvrir les roches d'où ils tirent aussi la pierre.

A demi-lieuë de Tripoli est la nouvelle Ville nommée Missie, composée de maisons de plaisance des principaux Turcs du Païs. Rien n'est plus beau que l'aspect de ces maisons placées entre une infinité d'arbres fruitiers, où elles paroissent comme autant de terrasses dans des jardins, environnez de Palmiers de toutes parts. Tous ces Arbres, dont la diversité aussi bien que la fécondité offre à la vuë un spectacle fort agréable, ne laissent pas d'arracher du cœur de ceux qui les voïent de profonds gemissemens, quand on aprend qu'ils sont arrosez de la sueur des pauvres esclaves. Car c'est là qu'ils travaillent à bêcher la terre dans les plus grandes ardeurs, sans avoir que très-peu d'eau pour étancher leur soif, & encore moins de pain pour soûtenir leur misérable vie.

La luxure & l'avarice sont les deux vices qui regnent le plus dans ce Païs-là. Les deux sexes sont de concert pour commettre le premier, & l'on ne sauroit dire qui est le plus passionné d'un Turc, ou d'une Turque. Les Femmes n'ont rien qui les retientienne que la jalousie ou la tirannie de leurs maris. La Religion ne les arrête pas, parce qu'elle ne leur laisse rien à esperer pour l'autre vie. Elles font consister leur beauté dans la grosseur énorme de leur taille, & dans des marques affectées de barbe aux jouës & au menton. Elles ne paroissent point dans les ruës, si ce n'est le jour de la fête de Mahomet. Ce jour-là elles peuvent sortir couvertes depuis les piés jusques à la tête d'une grande piéce d'étoffe de laine, ou de soïe, qui est ordinairement blanche pour les riches. Celles qui paroissent le visage ou les piés plus decouverts se declarent Femmes publiques par là. Les autres portent des Caleçons qui leur envelopent même les piés, avec un voile sur le visage. Les Femmes noires, sur tout celles qui sont esclaves, marchent dans les ruës librement & à visage découvert. Elles sont parées de Colliers, de Chainons, de Bracelets, de Perles de verre ou d'émail, & portent aux oreilles des anneaux d'argent d'environ quatre pouces de diamétre. Elles en portent aussi aux jambes, comme toutes les Femmes d'Afrique, marque perpetuelle de leur servitude.

Pour les Mores ils sont presque tout couverts d'un morceau d'étoffe de laine blanche, qui leur sert de chemise, d'habit, & de couverture. Les plus aisez portent une Berauche ou Capote blanche, travaillée au métier avec un Capuchon. A l'égard des Turcs chacun sait qu'ils sont vêtus d'une double veste de soïe ou de drap fin avec des broderies, ou agrafes d'argent, & ceints d'une écharpe de soïe brochée d'or ou d'argent avec le Turban en tête.

C'est à peu près la même chose pour l'air & pour le Terroir qu'à Barca. La plupart des endroits y sont fort stériles. Il n'y a que des Palmiers. Cependant, suivant une Relation particuliére, il y croît une grande abondance de Lettus. C'est un fruit d'un suc plus agréable que la Date, & dont les Habitans font d'excellent vin. Il y vient aussi des Limons, des Oranges & des Figues, & un autre fruit de la grosseur d'une fêve; on ne fait que le sucer & il a le goût d'amande. Ces productions délicieuses se trouvent principalement aux environs de la Capitale.

Les Villes les plus remarquables sont, après Tripoli, Capes, Zoara & Elhamma. Les Tripolitains vivent de Negoce & de Manufacture. Ceux de Capes s'attachent à l'agriculture & à la pêche, ce qu'on leur fait païer chérement par les taxes dont on les accable. Ceux de la Zoara subsistent par la chaux, & le plâtre à quoi ils travaillent, & qu'ils vendent aux autres Villes : tous en cela bonnes & honnêtes gens. Mais pour les Elhammaiens, leur métier est la sceleratesse, ne vivant que de vol & de brigandage.

La Ville de Tripoli est appellée Tripoli en Barbarie pour la distinguer de Tripoli en Sirie. Cette Capitale est la résidence du Bacha Turc; mais il ne gouverne pas despotiquement ; cet Etat-là, étant une espéce de République sous la protection du Grand Seigneur. Ordinairement ces sortes de Protecteurs ne laissent que l'ombre de la liberté, & sous le beau titre de Defenseurs ils agissent en vrais Tirans. Quel que soit le Gouvernement de Tripoli, toûjours est-il haïssable par un endroit, c'est de donner retraite à ces infames Pirates qui font profession de troubler de sang froid la sûreté de la Mer. Capes, Place qui subsiste depuis plusieurs siécles, est située sur le Golfe de Tacapé : elle a Murailles & Citadelle. Mahara, placée à l'embouchure de ce même Golfe qu'on vient de nommer, ne mériteroit pas le nom de Ville sans la forteresse qu'on y a élevée depuis peu. Elhamma, proche voisine de Capes a l'honneur d'avoir les anciens Romains pour fondateurs.

On remarque quelques particularitez curieuses sur le Mezzal & le Mestrata Provinces du Roïaume de Tripoli. La premiére est sterile en grains ; mais elle raporte beaucoup de Dates & d'Oliviers, & sa meilleure fécondité consiste en safran, qui surpasse en bonté tous les safrans de la terre aussi coute-t-il un tiers davantage. La Province de Mestrata étoit anciennement la Cyrenaïque, ou Pentapolitaine; & Cirene, aujourd'hui Cayroan, en est la Ville principale. Si je ne m'aveugle point un de nos Géographes se contredit ici formellement, après avoir marqué que le Mestrata & la Cyrénaïque sont la même chose, voici ce qu'il dit : la Cyrenaïque est à present presque toute deserte ; les Corsaires ravagent leurs Côtes, & les Arabes leurs terres. Les Habitans pourtant de Mestrata sont riches par le moïen du Commerce qu'ils font avec les Européens & les Negres : c'est en propres termes ce que dit cet habile Maître ; or si ce n'est pas là marquer qu'un Païs est en même tems misérable & heureux, abandonné & frequenté ; enfin qu'il est à la fois un bon & mauvais Païs, je renonce à ma Logique ; & j'avouë que je ne me connois point en contradiction.

Du Roïaume & de la Ville de Tunis.

LE Roïaume de Tunis est entre celui d'Alger & le petit ou la petite Sirte, c'est-à-dire banc de sable. Nos Oracles sont encore brouillez sur l'étenduë de ce Roïaume. L'un dit soixante & dix lieuës de longueur & quatre-vingt dix de largeur. Cela n'est pas vrai, dit l'autre, sa longueur est de cent lieuës & sa largeur de soixante & dix. La Géographie a aussi son Pirrhonisme, & l'incertitude ne s'y trouve pas moins que dans toutes les autres Sciences.

Le Tunis est comme l'abregé de la Barbarie pour la difference de l'air & du terroir : sterilité vers la partie Orientale, parce qu'elle n'est pas assez arrosée. Vers le Midi, les montagnes & les valées abondent en fruits. Au Couchant grande fecondité où il y a des Riviéres ; mais pour le Nord mes Guides n'en font aucune mention.

Ce Roïaume comprend huit Provinces qui sont autant de Gouvernemens. Celui de Tunis est le premier & les sept autres Seigneuries y ressortissent. Les fleuves qui meritent d'être nommez sont Guadilbarbar, Magrida, Megerada, & Caps. Le premier prend sa source dans le Biledulgerid. Il arrose la partie la plus occidentale du Roïaume : s'étant separé en deux branches, celle qui coule le plus au Couchant fait tant de tours & de retours, que pour aller d'une certaine ville à l'autre il faut la passer vingt-six fois à gué ; n'y aiant ni ponts ni bateaux. Ce même bras serpente si long-tems que dans l'étenduë d'une ligne droite d'environ vingt-cinq lieuës on en feroit plus de quatre-vingt-dix, si l'on vouloit suivre son cours. Le Guadilbarbar s'embouche dans la Mer près de Tabarca. Le Magrida, qu'on croît être l'autre bras du Guadilbarbar, (quelques-uns même l'affirment positivement) après avoir traversé les Païs de Choros, se perd dans la Mer près de Marsa. Le Megerada descend d'une Mon-

Montagne qui confine au Païs de Zeb, arrose Tabessa & entre dans la Mediterranée de Garelmelechi. Ce fleuve cause des ravages par ses inondations. Enfin le Caps se forme dans un Desert de sable près du Mont Vassalat, au Midi, & se perd dans la Mer près d'une Ville du même nom. Son eau est bouillante, ou du moins si chaude qu'on ne peut la boire qu'une heure après qu'elle est puisée.

Tunis est la Capitale du Roïaume, & lui donne son nom : elle est située au fond d'une Baïe, la plus belle qui soit dans la Mediterranée. Elle s'ouvre d'abord par le *Cap-Bon* & le Cap de *Porte-farine*, puis se resserrant par deux autres Caps, dont l'un est celui de Carthage, & l'autre la Montagne de Plomb, presente premiérement le Fort de la Goulette, & ensuite la Ville de Tunis à demi-côte dans le fond. Elle a une lieuë de circuit. Sa figure est presqu'ovale. On y voit un nombre prodigieux de Mosquées, entre lesquelles on en voit une entr'autres que la tradition des Chrêtiens dit avoir été autrefois une Eglise dediée à St. Nicolas. La Mosquée neuve qui est encore imparfaite est un gros Dôme soûtenu d'un triple rang de colonnes, & du dessein, à ce qu'on prétend, d'un nommé Amelot, Ingénieur François. Les ruës de Tunis sont assez grandes, mais extrêmement sales, parce qu'on ne les nettoïe jamais. Les deux côtez de chacune sont relevez pour le passage des gens de pié, & le milieu est enfoncé & fort étroit, pour le passage des chevaux, qui venant à se rencontrer s'embarassent souvent & embarassent aussi les passans. Comme on ne voit point de fenêtres sur la ruë & que les maisons sont sans toit, il semble moins que l'on marche entre des maisons qu'entre deux Murs de Clôture. Il n'y a de beau que le Bazar ou Marché. Il consiste en deux ruës qui se croisent presque à angle droit, plus larges & plus longues que les autres, & toutes couvertes, où sont les boutiques des Marchands assez bien fournies de tout. Du milieu du Carefour, on voit ces quatre ruës dont le second Etage, qui avance de cinq ou six piés, est soûtenu de beaux piliers, façon de marbre, qui forment une agréable perspective. L'enfoncement en est terminé d'un côté par la maison de la monnoïe qui fait face, & qui est aussi soutenuë d'un double rang de colonnes. La maison du Consul François est fort exhaussée & d'une Architecture très-reguliére. On entre premiérement dans une grande Cour quarrée pavée de marbre blanc & noir, au milieu de laquelle est un beau Bassin de marbre blanc. Des quatre côtez, s'éléve un bâtiment magnifique à deux Etages, dont celui d'en bas est plein des deux côtez qui se regardent : les deux autres faces sont soutenuës de colonnes, aussi bien que les 4. côtez du second Etage, qui sont autant de Galeries, d'ordre Corinthien, excepté quelques couronnemens faits avec des croissans entrelassez. Toutes les Arcades ont aussi la figure d'un croissant renversé. Comme le jour n'y entre que par les portes qui sont de marbre, on a pratiqué, au lieu de fenêtres, des Cartouches ciselées par filagramme qui sont d'une grande delicatesse & d'une grande beauté. Le Sofa où le Consul donne ses audiences n'est pas moins magnifique que le reste. Les côtez en sont ornez de Pilastres de marbre, entre lesquels il y a de grands Cadres dont le fond est de Porcelaine à grands bouquets de fleurs. Tout l'ouvrage est couronné d'un Plafond, en relief, très-magnifique, doré deux fois.

Au reste pour dire quelque chose d'historique sur Tunis, cette Ville-là étoit sur pié du tems de Carthage ; en voici la preuve. Du tems de la premiére Guerre Punique ou de Carthage, les Romains équipérent une Flote de trois cens trente Vaisseaux, où il y avoit cent quarante mille hommes portant les armes. Pourquoi ne voïons-nous plus à beaucoup près de telles forces maritimes ? Le secret en est aparemment perdu. Dans le serieux ; ou notre espéce ne raisonne plus à present rien qui vaille ; ou ces vieux Historiens, comme Polibe & ses contemporains, ne haïssoient ni l'hiperbole ni l'éxageration ; mais continuons ; l'Armée Carthaginoise étoit superieure de dix mille hommes au moins ; & cette Flote Afriquaine beaucoup plus forte en Vaisseaux qu'en Romains.

Comme l'envie d'en venir aux prises étoit reciproque, les deux partis se cherchant avec la même ardeur, se trouverent bientôt en vuë. On combatit ; mais les Carthaginois, nonobstant leur superiorité, furent defaits, & quelque tems après Marcus Attilius Regulus, un des Chefs des troupes victorieuses, passant en Afrique, prit Aspis, Quippiu ou Clupée, Tunis & quelques autres villes moins considérables. On voit par ce passage que dès ce tems-là notre Tunis faisoit figure en son Païs : mais serez-vous fâché de voir les suites de sa prise ?

Attilius ne douta plus qu'il ne pût devenir Maître de Carthage, où les vivres étoient déja fort chers, à cause de la prodigieuse foule de Gens qui s'y étoient réfugiez pour se mettre en sureté, non seulement contre les Italiens, mais encore contre les Numides dont les courses causoient aussi beaucoup de terreur. Sur ce pié-là le Général Romain, qui, visant à l'honneur *triomphal*, craignoit qu'un Successeur ne lui enlevât cette gloire, exhorta les Carthaginois à la paix. Cette puissante Republique ne rejetta point un avis si salutaire ; elle en eût même profité en s'accommodant au tems, si l'on avoit proposé des conditions plus douces & plus suportables ; mais les Carthaginois voïant qu'on les traitoit à toute rigueur, & qu'il ne pouvoit rien leur arriver de plus fâcheux que ce que l'on leur demandoit, se resolurent à faire de nouveaux efforts ; aimant mieux risquer la continuation de la Guerre, dans l'esperance d'une meilleure fortune, que de perdre par une pacification honteuse toute la reputation de leurs armes.

Dans l'Histoire moderne on voit que Tunis essuïa une autre révolution, en mil cinq cens soixante & douze. Dom Juan d'Autriche, ce Prince moins connu par le mistère incestueux de sa naissance que célébre par l'insigne Victoire de Lepante, prit Tunis & la Goulette. Se flatant que le Roi d'Espagne, alors Philippe second, à la fois son Frere & son Cousin Germain, lui cederoit son Roïaume d'Afrique, à la sollicitation Pape, il avoit fait fortifier ses deux Conquêtes : mais sa precaution fut une dépense fort inutile, & son esperance s'en alla bientôt en fumée. Car deux ans après le Bacha Sinan recouvra les deux captures en reprenant les Places. Il gagna cinq cens piéces de Canon, & fit raser les fortifications ; n'eut-il pas mieux valu les conserver ? Ce fut alors qu'on jetta les fondemens du Gouvernement present. Le Bacha Sinan, homme d'un grand esprit, & d'une experience consommée, jugea qu'un Etat composé de sujets dont les mœurs, les coûtumes & les interêts étoient aussi differens, que l'étoient alors ceux de Tunis, ne pouvoit subsister sans un grand ordre, des Loix severes, & l'autorité de quelque grand Prince, sous la protection & le nom duquel il pût gou-

gouverner un corps si monstrueux. Ce fut ce qui l'engagea à le mettre d'abord sous la protection du Grand Seigneur, & à y établir une milice, composée d'environ cinq mille Turcs, divisez en deux cens Pavillons ou Compagnies de 25. hommes chacune, sous un Capitaine. Ces Capitaines nommez *Oldaks-Bachis* étoient pris des plus anciens Soldats, qui commandoient par droit d'ancienneté, à moins que quelque action d'éclat n'en eût avancé quelcun preferablement aux autres. Les quatre plus anciens *Oldaks-Bachis* montoient à la dignité d'*Oldaki*, qui étoient une espèce d'Exemts du Bacha, d'où ils passoient ensuite à celle de *Bachi-Odolar*, qui sont comme les Conseillers du Divan, & qui, après avoir été six mois en service, étoient élevez à la charge de *Boluk-Bachis*, qui sont ceux qu'on envoïe dans les garnisons sous le titre d'Aga. On en faisoit quatre par an. La paie de chacun haussoit selon la dignité; & c'est ainsi que ce Bacha animoit la milice, dans l'espérance qu'en faisant son devoir chacun parviendroit aux premiéres dignitez de l'Etat.

Il établit de plus le Divan, à qui il donna une grande autorité. Il n'étoit presque composé que de gens de guerre. Le Bacha y assistoit au nom du Grand Seigneur, dont il representoit la personne & maintenoit les interêts. Un Aga ou Commandeur y presidoit avec un Kaya, ou Lieutenant Général. Huit *Chaoux* ou Huissiers, deux Bogias ou Ecrivains, quatre *Boluks-Bachis*, & vingt *Oldo-Bachis* composoient ce Conseil, qui terminoit toutes les affaires, soit publiques, soit particuliéres, avec une pleine autorité. Il créa aussi la charge de *Beï*, qui étoit le Grand Trésorier, laquelle se donnoit de six mois en six mois au plus offrant, & ne pouvoit être gardée plus d'un an. C'étoit comme le Receveur des Tailles, destiné à exiger le Carage, ou tribut des Mores, qui sont comme parmi nous les Païsans. Pour les y contraindre il marchoit à la tête d'un certain nombre de troupes qu'on lui donnoit. L'argent que les Beïs ont eu occasion d'amasser dans cette charge, & l'autorité sur les troupes qu'ils ont su ménager, ont donné lieu à l'agrandissement de cette même dignité & à l'abaissement des Bachas, du Divan & des Deïs. Au commencement le Bacha étoit une espèce de Souverain qui donnoit le branle à toutes les autres Puissances. Mais le Successeur de Sinan, nomme Kilic-Ali-Bacha, étant un homme de peu de tête, haï de la milice & du Divan, fut dépouillé de l'autorité de Bacha, qui fut tranférée à l'Aga du Divan; & depuis ce tems-là les Bachas n'ont plus eu aucune autorité dans Tunis.

Les Agas gouvernerent l'Etat à la tête du Divan assez paisiblement l'espace de 15. ou 16. ans, se succedant les uns aux autres, jusques à ce que la milice se souleva contre eux. Elle en massacra la plus grande partie, & transféra l'autorité à Calif, qui regna le premier sous le nom de Deï ou Roi. Cette dignité aiant été élevée sur un fondement si foible, n'a servi que comme de Theatre, où les Deïs n'ont paru sur la scène que pour y faire le personnage de Rois malheureux. En effet c'est toujours sur eux qu'est retombée la Catastrophe des Intrigues qui se sont formées ou entre le Divan & les Beïs, ou entre les Beïs même, lorsqu'ils regnoient plusieurs à la fois. Celui qui regne à present a très-peu d'autorité. Il n'a ni Garde ni Soldats à sa suite, & loge dans une maison particuliére sans aucune distinction.

Le Divan a eu le même sort que les Deïs. Quelque tems après Sinan Bacha, il se vit au plus haut point de son autorité par l'élection des Agas, ou Chefs du Divan, dont la charge ne duroit que six mois, & qui ne faisoient rien que par la deliberation de tout le Divan. Mais cette precaution que ces Republiquains prirent pour se maintenir dans cette espèce de Gouvernement qui leur paroissoit le plus doux, leur fut bientôt à charge; les Baluks-Bachis, d'entre lesquels on devoit choisir l'Aga, devinrent si fiers par la frequente élection qu'on faisoit d'eux, que chacun en particulier tranchoit du Souverain. Ainsi au lieu d'un Maître dont ils avoient secoué le joug, en détruisant l'autorité du Bacha, ils furent surpris de voir qu'ils s'étoient donné plusieurs petits Tirans qu'ils se lasserent enfin de souffrir. La milice qui en fut la premiére mécontente, commença par élire Calif. Le Divan le fit massacrer, & élut Ibraïm. A Ibraïm succéda Osman, sous le régne duquel s'introduisit la nouveauté des Beïs en la personne de *Morat* premier. Ce fut sous ce Beï, & ses descendans, qui regnent encore, que le Divan déchut peu à peu. Il reconnut bien dès le commencement ce qu'il avoit à craindre du pouvoir qu'usurpoient les *Beïs*, en rendant le *Beïlik* héreditaire dans leur Maison, & en se fortifiant par des alliances avec les Arabes Sultans, voisins de ce Roïaume. Il fit plusieurs efforts pour secouër un joug qui devenoit tous les jours plus pesant; & c'est ce qui a donné lieu à toutes les révolutions qui sont arrivées depuis.

Du Roïaume & de la Ville d'Alger.

LE Roïaume d'Alger est situé entre ceux de Tunis & de Fez le long de la Mediterranée. Sa longeur est selon les uns de deux cens vingt lieuës, sa largeur de quatre-vingt ou quatre-vingt-dix, & selon les autres dix lieuës de plus en longueur & dix ou vingt de moins en largeur. Il est plein de hautes montagnes principalement du côté du Midi, où il est borné par une partie du Mont Atlas.

L'air de ce Païs-là est d'une temperature extraordinaire, & la balance y est si juste entre le chaud & le froid, que les feuilles des arbres ne sechent point en Eté & ne tombent point en Hiver. Cette preuve est-elle convaincante? J'en laisse la discussion aux Phisiciens. D'ailleurs on assure que la plûpart des Contrées de ce Roïaume-là sont seches & stériles. Cela quadre-t-il avec cette grande temperature de climat? En quelques endroits vers le Nord, & vers le Couchant, le Terroir est fertile en pâturages, en grains & en fruits, y aiant & de belles prairies & de belles campagnes. Les lieux deserts sont peuplez de Bêtes fauves: il y a des Lions, des Autruches, des Sangliers, des Porc-épis, des Cerfs, des Cameleons, des Herissons, des Singes; & toute sorte de Gibier & de Venaison.

Ce Roïaume est arrosé de plusieurs Rivieres: les plus considerables sont Tesnes, Seslis, Mirom, Séfaïa; mais, sur tout un grand Fleuve *anonime*, qui sortant du Lac Mezzal dans le Biledulgerid traverse le Mont Atlas. Enfin on compte jusqu'à onze grandes Riviéres: comment donc se peut-il *que la plûpart des Contrées de ce Roïaume-là soient seches & steriles?* C'est, à ce que je m'imagine, par la raison que tous ces Fleuves coulent en latitude, je veux dire du Sud au Nord; ce qui est assez remarquable.

Voici un trait Géographique qui doit faire plaisir aux curieux, qui ne le connoissent point. Le Peuple d'Alger, pris comme Roïaume, est une bigarure de de differentes Nations, il y à des Turcs, entr'autres des Janissaires que la pauvreté, ou l'esperance d'un plus grand avancement de fortune y fait venir de Turquie; des Mores nommez en Langue Originale, Cabey-Lesen, Gens qui païent tribut au Grand Seigneur: des Azuagues, qui y viennent des Montagnes de Couco & de Labez: quantité de Juifs & de Morisques, qui, au grand préjudice de l'Espagne, en ont été chassez: des Grenadins, des Andalousiens, des Tagacins, tous bannis d'Arragon & de Catalogne; & grand nombre d'Esclaves Chrêtiens ou autres, qui ont le malheur de tomber entre les mains de ces avides & infames Brigands de Mer. Mais ceux qui interessent le plus, sont les Larbrusses, Arabes, dont une partie habite le long des Riviéres & l'autre peuple les Deserts: ceux-ci, autant qu'ils peuvent, defendent leur liberté contre les Algeriens. Ces Larbrusses, qui ont beaucoup de courage, se maintiennent dans la Province de Tremecen: ils commandent aux Bereberes, Païsans, ou Montagnards du Païs, Gens qui demeurent dans des hutes faites de branches de Palmier. Au reste, voir ces Larbrusses quiter leur Païs, pour venir vivre à leur fantaisie dans un autre où ils se rendent independans, malgré qu'on en ait; & qu'ils dominent même sur les Naturels du Païs, je ne sai si cette rareté-là fourniroit un autre exemple: ces Arabes ont aparemment un droit naturel à part; ils se croient tout permis pour la jouïssance & pour la conservation de leur liberté.

On divise communément en cinq Provinces l'Etat dont il est question. Celle d'Alger qui est au centre du Roïaume; celle de Bugie à l'Orient; celle de Constantine aussi à l'Est de la précedente; celle de Tenése au Couchant d'Alger, & la Province de Tremiscen ou Tellensin, la plus occidentale de toutes. Mais d'autres, loin d'être contens de ce partage, le multiplient jusques à dix-huit. Entre ces Messieurs le debat; venons à quelques-unes des principales Villes.

Alger Capitale, & dont le Roïaume porte le nom, ne peut être plus maritime, puis qu'elle est sur le bord de la Mer: ce qui la rend la retraite des plus grands Corsaires de Barbarie. C'est de là que Barberousse, ce Pirate qui fit tant de bruit dans son tems, partoit pour ses expeditions qui le rendoient si terrible sur la Mediterranée. Divers Auteurs se sont imaginez que la Ville d'Alger est l'ancienne Julia Cesarea, que Juba Roi de Mauritanie fit bâtir à l'honneur de Cesar, dont il voulut que sa Ville portât le nom. Mais on est revenu aujourd'hui de cette erreur, & il y a plus d'aparence que Julia Cesarea est plutôt Tenes dans le Roïaume d'Alger, que la Ville d'Alger même. Quoi qu'il en soit, Alger a été aux Rois de Mauritanie, puis aux Romains, aux Arabes, & à d'autres Princes. Barberousse la prit dans le XVI. siécle, & la laissa à son Fils Ailan. Aujourd'hui c'est une Republique sous la protection du Turc qui y envoïe quelquefois des Bachas. Le Port d'Alger est très-fort & très-commode & defendu par un bon château. Aussi en 1541. l'Empereur Charles-Quint, quoique le plus grand Monarque de l'Europe Chrétienne & dont ordinairement les armées n'étoient pas moins nombreuses que puissantes, échoua-t-il devant cette Ville, aiant été contraint d'en lever honteusement le siége.

La Ville est située sur la pente d'une Montagne qui s'éleve insensiblement; de sorte que les maisons qui sont bâties sur cette pente, depuis le bord de la Mer jusques au haut de la Montagne, sont comme des degrez qui forment une espéce d'Amphithéatre. Par ce moïen ces maisons ne s'ôtent point la vuë les unes aux autres, & presentent un très-bel aspect. Chacune a son Corridor ou Galerie tout autour avec une terrasse au dessus. La plûpart sont bâties de briques, parmi lesquelles il y a plusieurs Palais à la moderne, bâtis par d'excellens Architectes. Les murailles de cette Ville sont hautes & flanquées de bons bastions: elle a quatre portes principales. Le port est vis-à-vis de celle qui regarde le Nord. Au dehors on trouve plusieurs forteresses, avec de bonnes garnisons, & quantité d'Artillerie, entr'autres le Fort de Burche à un quart de lieuë du Château. Il est defendu par quatre bastions couverts de Canons de bronze, & il a une place d'armes, où mille Hommes peuvent tenir aisément. On compte dans cette Ville environ cent mille Habitans; savoir, environ douze mille Soldats, quatre mille esclaves de toutes les parties de l'Europe, & le reste Mores, Turcs & Juifs. Elle est aujourd'hui la plus riche de toute l'Afrique, & la Douane seule raporte autant de revenu que tout le Roïaume entier.

On parle de la Province d'Alger comme d'un climat fortuné. Son terroir produit avec une fertilité qui n'en céde point aux Païs les plus favorisez de la Nature. La plaine de Motigie raporte pour deux ou trois recoltes par an, en orge, en avoine, en blé & en plusieurs autres grains. On y trouve aussi des melons d'un suc délicieux, & ce qui est surprenant, c'est que l'Hiver n'en donne pas moins que l'Eté. Cet admirable fond produit des raisins d'une coudée de longueur. Il y a aussi dans les forêts d'Alger force animaux bons & mauvais; Leopards, Tigres, Sangliers, Herissons, Boeufs, Perdrix &c. La pêche n'y abonde pas moins que la Volaille & le Gibier. N'est-ce point dommage que la Terre fasse tant de bien à des Infidéles & à des Voleurs, pendant que certains Peuples Chrétiens vivent dans les Contrées les plus stériles? Patience, Dieu les engraisse en ce monde-ci pour en faire des victimes éternelles à sa justice; à peu près comme chez les anciens Païens, on nourrissoit grassement les Cochons sacrez (*Porci Sacri*) ainsi nommez parce qu'on les destinoit aux sacrifices.

Bone est aussi sur la Mediterranée; son terroir est fertile en tout ce qui concerne le necessaire, & l'agrément de la vie. Cette Ville autrefois fort connuë changea si souvent de Maître du tems des Vandales & des Sarrazins, qu'enfin elle est tombée dans l'obscurité. Un Auteur prétend que c'est la Patrie de St. Augustin; mais je le croi mal informé. Ce fameux Docteur de l'Eglise, qui avoit tant de genie, & encore plus de paroles, & dont les Ecrits ont excité dans le dernier siécle une tempête qui dure encore: ce célèbre Pere, dis-je, étoit né à Thagaste en Numidie. Il est vrai qu'il fut Evêque d'Hippone, qui est la même Bone dont il s'agit ici; & c'est aparemment ce qui a trompé cet Ecrivain.

Bugie, est une Ville située sur la pente d'une Montagne, près de la Mer à l'Orient d'Alger. Elle est considerable parce qu'elle contient de belles ruës, plusieurs Mosquées, Colleges, Cloîtres, Auberges, Hôpitaux, & un grand Marché. Il y a aussi une forte Citadelle. Vous me demanderez ce que c'est que ces Cloîtres & ces Collèges dans une Ville Mahometane; mais c'est sur quoi je ne puis satisfaire votre curiosité.

Cet Etat-là aussi bien que les précedens sont des espèces de Republiques sous la dependance du Turc: mais les Algériens ont secoué le joug, & le Grand Seigneur n'y a plus qu'une ombre de pouvoir, son Bacha n'étant Gouverneur que de nom. Je doute que le Peuple en soit plus libre, ni plus heureux. Car s'il est vrai que la Milice gouverne absolument à Alger, les sujets obéïssent à une Maîtresse terriblement despotique. Le Conseil d'Etat n'est, dit-on, composé que des Officiers des Jannissaires, & leur Aga en est le président. Ce qu'il y a de plaisant, c'est que le Bacha n'oseroit entrer dans le Conseil sans y être appellé; ce qui, comme vous voyez, n'est pas fort honorable pour le puissant Empereur qui l'envoïe, & dont il represente la personne.

Les Algériens ont marqué quelquefois du courage: ils ont repoussé avantageusement les attaques de leurs voisins. De notre tems il s'éleva une brouillerie entre eux & ceux de Tunis. Quoique les principaux de cette derniere Republique eussent fait promettre à leur Deï qu'il n'en viendroit point à une rupture ouverte, ni aux voïes de fait, il ne s'en mit pas moins à la tête de son Armée, se fiant sur ce que ses forces étoient supérieures de beaucoup à celles de ses ennemis. Meprisant donc la parole qu'il avoit donnée, il attaqua les Algeriens dans leurs retranchemens, ceux-ci moins aguerris que les *Tunisiens*, attendirent de pié ferme les *attaquans*, mirent le Deï en déroute, & s'emparerent de tout le Canon. La perte fut à peu près égale, & ne monta pas à plus de cinq à six cens hommes de chaque côté. Mais les Algériens firent huit cens Prisonniers & gagnerent tout le bagage. Cette defaite mit Tunis dans une si grande consternation, qu'aussitôt qu'on en reçut la nouvelle, les Commandans prirent la fuite; preuve manifeste qu'ils étoient indignes du poste qu'ils occupoient.

Mais si les Algeriens ont aquis de la gloire, ils ont eu aussi de honteuses & sanglantes mortifications. Le Roi de France Louïs XIV. de grande & redoutable memoire, fit bombarder Alger en 1677. La Ville après plusieurs rodomontades fut trop heureuse de relâcher sans rançon les Esclaves Chrétiens; & d'envoïer à la Cour des Députez pour demander pardon, & pour se soûmettre. Quoiqu'un habile Géographe appelle cela *éprouver un funeste essai de la colere de Louïs le Grand*, ne trouvez-vous pas que ces Corsaires en furent quittes à bon marché? Comment, ce puissant Monarque dont la vengeance n'étoit pas moins terrible que son administration étoit impitoïable, n'éxigea-t-il pas des Algériens que leur Deï vînt en personne lui rendre hommage, comme il voulut voir à ses piés le Doge de Genes? Peut-être leur épargna-t-il ce chagrin honteux en consideration de leur Protecteur, qui, comme on sait, n'étoit rien moins que du nombre de ses ennemis?

Du Roïaume & de la Ville de Fez.

CE Roïaume, dont la figure est un quarré imparfait, separé de celui d'Alger par la Riviére Mulvia vers l'Orient, & de Maroc par le Mont Atlas vers le Midi, est une partie de l'ancienne Mauritanie Tingitane. Il a été conquis, aussi bien que celui de Maroc, par le Roi de Tafilet, qui prend aujourd'hui les titres d'Empereur de l'Afrique, de Roi de Fez, de Maroc, de Tafilet, de Sus, & de Guinée, & de Xerif de Mahomet.

Avant que d'en voir la description, je ne croi pas qu'il soit mauvais de raporter ici comment se formerent toutes ces petites Couronnes dans la Barbarie. Du tems que les Sarrazins étendoient leur Puissance de toutes parts, il arriva dans cette belle & grande partie de l'Afrique, que les Gouverneurs des villes ou des Provinces se donnoient dans toutes leurs terres le titre de Roi: ils laissoient leurs Gouvernemens à leurs Heritiers, comme s'ils leur eussent été dus par droit d'héritage & de succession. Ce n'est pourtant pas qu'ils ne reconnussent toûjours quelcun pour leur Maître; mais ils en dependoient selon leur caprice, ou leur interêt; & pour en être soutenus dans l'occasion, ils appuïoient toutes leurs querelles. Enfin, comme les forces diminuent à mesure qu'elles se partagent, toute cette Puissance des Sarrazins étant divisée devint beaucoup moindre. Ces nouveaux Rois jaloux de leurs titres ne penserent plus qu'à se les conserver, sans se mettre en peine du reste. Telle est l'origine de ces Roïaumes que nous parcourons. Vous remarquerez, chemin faisant, que l'ambition & la revolte sont deux grands instrumens dont Dieu se sert pour causer la revolution des Etats; entrons dans le Païs de Fez.

Ce Roïaume s'étend depuis celui d'Alger jusques à l'Ocean. Sa longueur est selon les uns de cent vingt lieuës, sa largeur de quatre-vingt-dix; mais sa longueur ne va pas même jusques à ce nombre-là.

Suivant le tableau qu'on nous donne du Païs, il n'y a pas, pour les commoditez de la vie, de Mortels plus heureux que ses habitans. La description suivante va faire voir si je m'avance trop. L'air y est bon, dit l'Auteur de la peinture, & assez temperé. Le Païs est le plus habité & le plus fertile de la Barbarie. Il produit en abondance toute sorte de Grains, de Fruits, & d'Animaux, particuliérement des Amandes, des Figues, des Olives, des Raisins d'une grosseur extraordinaire, du Lin, du Coton, des Chameaux, des Bœufs, des Brebis, des Chevres, des Liévres; les meilleurs & les plus beaux Chevaux de toute la Barbarie &c. Dans cet espèce de *Paradis terrestre* on ne prend pas la peine de labourer la terre, on ne fait que l'arroser au mois de Mai. La pêche y est abondante en divers poissons de Mer & d'eau douce. Il y a quantité d'Oranges, de Citrons, de Poix, de Figues, de Dates, de Miel blanc, de Sucre & de Pigeons. Le terroir de Meichnesse raporte d'excellens fruits; particuliérement des Coins, des Grenades, des Prunes, des Figues, des Raisins, des Olives & du Lin. La Montagne de Zalagh est couverte de vignes du côté du Nord. Il est vrai que ce Païs-là ne produit ni pommes ni poires, ce qui suffiroit à un Normand pour regarder le Roïaume de Fez comme une terre de malédiction. Il n'y a non plus ni Cerises, ni Noix; mais il y a long-tems qu'on l'a dit, nul terroir ne raporte de tout. On trouve dans les Forêts, principalement dans celles qui dependent de la Ville de Tefellekd, les plus terribles Lions qu'on puisse s'imaginer, mais en recompense dans les plaines d'Aseis & d'Adhasen, il y en a de si doux & de si timides qu'une femme armée d'un bâton leur fait peur & les met en fuite. Ne seroit-ce point quelque ancien Saint, qui, par miracle, auroit adouci ces animaux-là, eux & tous leurs descendans, & qui leur auroit ôté leur ferocité naturelle? Quoiqu'il en soit, les Bêtes que notre très-ingénieux Auteur a fait parler avec autant de raison & de finesse que d'agrément, ne voudroient pas reconnoître ces Lions de plaine pour leurs

leurs Souverains, elles les regardent comme une espèce bâtarde & qui a degeneré en instinct de Lievres ou de Cerfs.

Le Roïaume de Fez se divise en sept Provinces dont voici l'ordre & la situation: Fez, Asgar, & Temesne, les trois premiéres sont sur l'Ocean: Habat sur le détroit: Erris & Garet sur la Mediterranée, & Cus ou Chaux, qui contient presque la moitié du Païs, est au milieu des terres. On ne fait mention que de deux fleuves, le Muloïa & l'Ommirabi. Le premier separe le Roïaume de celui d'Alger vers le Levant: l'autre le divise de celui de Maroc au Sud-Ouest; & au Midi le haut Atlas le separe du Segelmesde.

Quant aux Villes, il y en a aussi deux dignes d'attention, Fez & Salé. Fez n'est pas du commun. On prétend même que c'est la perle de toute l'Afrique; & on ne craint point de hazarder trop en la nommant une des plus belles Villes de l'Univers. Cependant d'autres Géographes se contentent de la citer sans en dire ni bien ni mal; & d'ailleurs si elle merite un éloge si magnifique, comment sa reputation n'est-elle pas plus éclatante? Elle est placée au cœur du Roïaume sur la petite Riviére d'Union, entre Suba & Bunasar. Elle est construite en forme d'un long quarré, le milieu est en plaine; & les extremitez en colline, avec plusieurs fauxbourgs. On y compte douze Quartiers principaux, soixante & deux grandes Places toutes fort Marchandes, plus de deux cens belles ruës, c'est que les uns la considerent selon son état ancien, & les autres selon son état présent. En effet, elle avoit, dit-on, autrefois un grand nombre de Fauxbourgs dont trente-deux des plus considerables avoient les uns cinq cens les autres mille, & les autres deux mille maisons. La Ville étoit partagée en douze principaux quartiers. On y voïoit soixante & deux grandes Places Marchandes, plus de deux cens grandes ruës, outre les petites qui étoient en très-grand nombre: sept cens Mosquées, quantité de Colleges, d'Hopitaux, d'Etuves: quatre-vingt six portes, cent cinquante lieux publics: deux cens cinquante Ponts les uns couverts de Bâtimens, & les autres decouverts, & quatre-vingt six Fontaines publiques, outre six cens particuliéres. Entre les Mosquées il y en avoit cinquante superbement bâties, & soûtenuës de riches Colonnes de marbre. La plus grande a, dit-on, un demi-mille de circuit, trente & une Porte, & quarante-deux Portiques. On y voïoit une Bibliotheque enrichie de deux mille volumes Arabes manuscrits, outre une grande quantité d'autres. La grande Place des Marchands étoit entourée de murailles, & fermée de douze portes, comme une Ville, & divisée en quinze quartiers, dont chacun avoit ses exercices & ses métiers particuliers. Enfin cette Ville étoit d'une grandeur & d'une magnificence achevée; mais aujourd'hui elle n'a plus le même éclat, & l'on n'y voit plus de Fauxbourgs ni même de vestiges qu'elle en ait jamais eu.

Elle est encore d'une très-grande enceinte, qui renferme dans ses murs quantité de Jardins; mais elle n'a plus que sept portes principales. Les ruës en sont fort étroites, & se ferment à chacune de leurs extremitez pendant la nuit, afin qu'on ne puisse aller d'un quartier à l'autre. Les maisons y sont couvertes en terrasses, & quoique leur apparence extérieure n'ait rien de beau, elles ne laissent pas d'être assez propres au dedans. Comme c'est dans cette Ville que se fait le Commerce du Païs, elle est extrêmement riche, & est défendue par deux bons châteaux, qui n'ont pourtant point d'artillerie: il y a seulement deux Canons de fer sur deux Bastions qui sont aux deux côtez de la Ville. La Riviére, qui la separe en deux parties, fournit de l'eau dans toutes les maisons, & dans les bains, & fait tourner un grand nombre de moulins. Il n'y a que quatre Mosquées principales, & environ cinq cens autres plus petites. La grande, appellée *Carouyn*, est la résidence du Cady ou Pontife de la Loi. Les Colleges, qui sont près de là, mais en bien plus petit nombre qu'autrefois, sont destinez à aprendre la langue Arabesque, dans laquelle l'Alcoran a été écrit, & à étudier la Doctrine de Mahomet contenuë dans ce Livre.

Ce Païs est habité de Mores & d'Arabes. La Poligamie y est permise comme dans tous les Païs Mahometans: on y peut épouser jusques à quatre Femmes, & les repudier quand on veut, pourvu qu'on leur païe la dot qu'on leur a promise; & outre ces quatre Femmes légitimes on en peut avoir autant d'autres qu'on en peut nourrir. Ces Peuples croïent la resurrection, mais ils enterrent leurs morts dans une terre vierge, de peur, disent-ils, qu'ils n'aient de la peine à demêler leurs membres quand il s'agira de les ramasser. Etrange effet de la superstition, qui, sous prétexte d'honorer l'ouvrage du Créateur, met des bornes à sa Puissance, & prétend aporter des facilitez à ses opérations! Au reste la nouvelle Fez est differente de l'ancienne: celle-ci fut fondée par *Mouley Drice*, le premier Roi Arabe qui commanda dans le Païs. Sa memoire y est encore en bénédiction, parce qu'il força plusieurs Juifs, dont il peupla cette Ville, à embrasser la Doctrine de l'Alcoran. Ses Descendans y demeurent toûjours, & l'on prétend qu'aucun Chrêtien, ni Juif, n'ose passer dans la ruë, où est aujourd'hui leur Palais. Fez la Neuve qui sert de Citadelle à l'autre, au dessus de laquelle elle est située, fut bâtie par *Beny-Meriny*, lorsqu'il assiégea la Ville il y a environ cinq cens ans. Mouley-Archy y fit bâtir un Palais & un Serrail, & l'on y voit une grande & belle Mosquée.

Salé est une Ville située sur la droite d'une petite Riviére nommée *Burre gred*, & sur l'Ocean Occidental ou Atlantique. Il y a une vieille & nouvelle Ville; & celle-ci l'emporte de beaucoup sur l'ancienne. Les Saletins sont fameux en Piraterie. Ils se gouvernent en forme de Republique, mais sans liberté; car le Roi de Maroc a mis, il n'y a pas longtems, ces voleurs de profession au nombre de ses sujets, ou plûtôt de ses Esclaves.

Du Roïaume & de la Ville de Maroc.

LE Roïaume de Maroc, qui est l'autre moitié de la Mauritanie Tingitane, est borné au Nord-Ouest par l'Ocean; au Sud-est par le Biledulgerid ou ancienne Numidie; & au Nord-est par le Roïaume de Fez. On varie encore sur son étenduë; je veux raporter les propres termes des deux Antagonistes qui ne s'accordent jamais sur cet article-là. Sa plus grande longueur, dit l'un, est d'environ cent vingt lieuës depuis le Cap Bon jusques aux Montagnes qui le separent du Segelmesse; & sa plus grande largeur en contient environ cent dix le long des côtes de l'Ocean depuis le même Cap jusques à l'embouchure de l'Ommirabi. Son étenduë, dit l'autre, du Sud-Ouest au Nord-Est se trouve d'environ cent lieuës depuis le Cap Bon jusques aux frontiéres de

Se-

Segelmesse & de Fez, & du Nord-Ouest au Sud-Est de cinquante-six lieuës depuis Mazagori jusques à Dara. Ainsi tant sur la longeur que sur la largeur ces Messieurs ne diffèrent que de quarante-quatre lieuës, ce n'est pas la peine. Je voudrois avoir de quoi reconcilier ces deux Adversaires; mais n'aiant, pour cela, ni la connoissance, ni les secours nécessaires, je m'en raporte à ce qui en est.

Les Maroquois n'ont pas sujet d'être mécontens de l'endroit de notre grosse Boule où la Mere Nature les a placez. L'air de ce Païs-là est sain, & le terroir de bon raport. Sa fertilité, qui est très-grande, consiste en blé, en orge, & en fruits. Il produit aussi de quoi faire du sucre & de l'huile. La Plante du Patriarche Noé n'y manque pas, & il vient en certains endroits des raisins d'un suc delicieux & d'une grosseur extraordinaire. Ce Roïaume abonde en palmiers, en bêtes domestiques & sauvages, en plusieurs sortes de volailles & de gibier. Ces metaux si courus & si avidement recherchez par l'avarice infatigable, y sont encore cachez dans les entrailles de la terre; car il y a là des mines d'or & d'argent.

Les Habitans de Maroc participent personnellement à la bonté de leur climat: en général ce sont des gens bienfaits, & d'une vigueur à toute épreuve. L'ame chez eux repond au corps, aiant beaucoup de pénétration & de vivacité. Aussi leur attribuë-t-on un heureux naturel pour les Sciences & on dit que plusieurs les aiment & s'y appliquent. Leurs occupations populaires sont le Negoce, l'Agriculture, & la Guerre. Je ne sai s'ils entendent bien la derniére; mais à en juger par le long siége de Ceuta, on peut dire qu'ils ne se rebutent point & que leur patience militaire est inépuisable.

Les marchandises que les Européens tirent de ce Païs-là par le Trafic sont le cuir de Turquie, le pastel, le sucre, l'huile, la cire, & ce qui vaut mieux seul que tout le reste ensemble, cette fausse Divinité incomparablement mieux servie que le vrai Dieu, je veux dire l'or.

Le Roïaume de Maroc est fort bien arrosé. Ses principaux fleuves ou Riviéres, car n'en deplaise à un habile Ecrivain qui veut y trouver de la différence, je croi que ces deux termes sont sinonimes, les riviéres donc sont l'*Ommirabi*, le Tensif, le Sus, le Guadelhabi, l'Assinual, le Niftis, l'Eciffemes, le Teceubin, ou les Jumelles, le Hued, la Habi, ou la Riviére des Negres.

Cet état-là se partage en sept grandes Provinces, qui sont Maroc, Hascora, Tedles, Ducalla, Hea, Sus, & Cuzula. Les deux premiéres occupent le milieu du Roïaume, & le Tensif les separe, laissant le Maroc au Sud-Ouest, le Hascora au Nord-Est. Le Tedles est à l'Orient. En suivant les Côtes du Nord au Sud-Ouest, on trouve de suite les Provinces du Baccala, de Hea & Sus. Quelques-uns mettent la derniére dans le Biledulgerid, avec celle de Guzala, qui est au Midi de Maroc.

Ce Roïaume est un de ces Gouvernemens, où le Maître, quand l'envie lui en prend, fait lui-même l'honorable Office de Boureau. Je me souviens d'avoir lu qu'un Roi de Maroc, lorsqu'il vouloit se donner le plaisir de faire voler des têtes, avoit coûtume de s'habiller de jaune; si bien que quand on le voïoit le matin vêtu de cette couleur-là, toute la Cour étoit dans l'épouvante, & dans la consternation. De tels Princes connoissent-ils l'humanité? & ces vils, ces meprisables Esclaves qui leur obéïssent sentent-ils la moindre impression du Droit Naturel?

Le Roi de Maroc se donne, avec plus d'orgueil que de raison, le superbe titre d'Empereur d'Afrique, dont il ne possede pourtant qu'une très-petite partie. Mais plût à Dieu que ces Divinitez mortelles ne fissent point d'autre mal à notre malheureuse espéce, que de repaître leur vanité en usurpant des titres faux & chimériques. Le Maroquin se qualifie aussi Roi de Maroc, de Fez, de Sus, de Tafilet: Seigneur de Cago, de Dura, & de Guinée, Grand Xerif du Saint Prophéte Mahomet, &c.

Pour faire plaisir aux amateurs de l'Histoire, je croi pouvoir en inserer ici un petit morceau, qui fait à mon sujet. Walid étoit Fils d'Abdemelik; & ceux qui croïent qu'il étoit Fils d'Abderrahman, ou Abderrhamon de la maison des Marwaniens, ou d'Abubeker, disent qu'il se sauva en Mauritanie, qui est la Barbarie d'aujourd'hui, pour éviter la persecution d'Abdulmelik & de Shiaffah. Ils ajoûtent qu'il s'attira une grande venération de ceux de sa Secte; que les Sarrazins de Mauritanie, ou Barbarie, eurent beaucoup plus de respect pour lui que pour leur Calife: qu'Abderrhamon fut le fondateur de la Ville de Maroc, & que Walid qui étoit son Fils, étendit ses conquêtes en Afrique jusques à l'Ocean. Ils disent encore qu'il fut le premier qui fut appellé Amirol Mumenin, ou Almansor, quoique nous aprenions d'Abulfara, que Mar ait été honoré de tous ces titres. Ce qui est certain, c'est que Walid qui les eut aussi, étoit digne au moins de celui de Victorieux & de Conquerant. Car selon un Historien Arabe, il conquit les Indes, la Perse & le Corazan.

On voit par ce récit que la Monarchie & la Ville de Maroc doivent leur naissance à un Prince persecuté, & que le Fils de ce même Prince étendit cette puissance beaucoup au delà de ce qu'elle est à présent. Rentrons dans la Capitale.

Maroc est une grande & belle Ville, mais qui a perdu beaucoup de sa splendeur, depuis qu'elle a été en partie détruite par les Arabes. Elle étoit autrefois Ville Episcopale, & l'on croit que c'est le *Bocanum Hemerum* des Anciens. Elle est située dans une belle plaine à cinq ou six lieuës du Mont Atlas, & fermée de bonnes murailles, bâties avec une espèce de ciment qui devient dur comme des cailloux. Aussi remarque-t-on que quoique cette Ville ait été plusieurs fois saccagée, ses murs n'ont pas une seule bréche. Elle a vingt-quatre portes, & peut contenir cent mille habitans. Cependant elle n'est point habitée à proportion de sa grandeur; & on prétend que le tiers de la Ville est depeuplé. Le defaut d'habitans n'est pas un grand malheur pour le Genre Humain: helas! il n'y a que trop d'hommes sur la terre: mais c'est une defectuosité considérable dans la Capitale d'un Roïaume. Celle-ci souffre un mal encore plus essentiel; c'est qu'elle ne sauroit profiter de la fertilité naturelle de ses dehors. Les Arabes, les plus dangereux voisins qu'il y ait au Monde, font souvent des courses dans le Païs; ils y volent; ils y pillent; ils y ravagent; ce qui fait que le terroir de Maroc demeure inculte, du moins pour les grains; car il ne laisse pas de produire du Raisin, des Dates, & quelques autres Fruits. Il est assez surprenant qu'un Monarque aussi puissant que le prétendu Empereur d'Afrique, ne soit plus assez fort pour s'opposer aux irruptions, aux brigandages de ces Voleurs: sans parler de ce qu'il doit à la sureté de ses sujets, ce qui est un des principaux engagemens d'un Prince: comment s'y laisse-t-il insulter en quelque maniére jusques sur son trône? Le Palais

lais de ce Roi est si vaste qu'on le prendroit, dit-on, pour une Ville. Ne lui seroit-il pas plus glorieux d'être logé moins au large, & de procurer à ses sujets le bien utile & nécessaire, de faire valoir en toute assurance la bonté de leur terrain?

Cette Ville est defenduë du côté du Midi par une grande forteresse, qui renferme plus de quatre mille maisons. Là auprès on voit une superbe Mosquée, bâtie par Abdulmumen, second Roi de Maroc, & embellie de Jaspe & d'Albâtre par Jacob Almansor, son petit-fils. On dit qu'il fit emporter d'Espagne ces ornemens parmi lesquels étoient les portes de la grande Eglise de Séville, d'un travail singulier, dont il a aussi orné cette Mosquée, & qu'on reconnoît à quelques inscriptions latines qui s'y lisent encore. Il en enleva aussi deux grosses cloches qu'il fit pendre renversées dans le même lieu, parce que les Maures ne s'en servent pas, non plus que les Mahometans dont ils suivent la Religion. Près de cette Mosquée est un ancien College, bâti par le même Abdulmumen; on y faisoit autrefois des leçons d'Astrologie, de Negromancie, & autres Sciences naturelles, & il y avoit grand nombre de Maîtres & d'Ecoliers; mais ces Ecoles ont été tranferées dans un autre plus beau, bâti au bas de la Ville en 1560. & fondé par le Cherif *Muley Abdala*. La cour de ce vieux College est pavée de grands carreaux d'Albâtre, avec un bassin au milieu, fait d'une seule pierre; & cette cour conduit dans une sale fort grande, ornée par tout d'un ouvrage à la Mosaïque fort bien travaillé.

La plus belle place de cette Ville est celle où se font les réjouïssances publiques aux fêtes solemnelles. Elle fait face au Palais du Roi, & à plusieurs hotels magnifiques, bâtis les uns à l'antique, & les autres à la moderne. Dans ce Palais il y a une Mosquée avec sa tour, au haut de laquelle, on voit briller trois grosses pommes de cuivre doré, placées l'une sur l'autre, qui font un très-bel effet. Elles me font souvenir de trois autres de fin or, qui sont, à ce qu'on dit, sur la tour bâtie par Jacob Almansor. Je ne raporterai point ce qu'on raconte de ces riches boules, qu'on prétend qui étoient enchantées; il sufit de dire que le Peuple en étoit tellement persuadé, qu'il regardoit comme une temérité digne de mort la hardiesse de ceux qui osoient y toucher. Tellement que le Cherif *Muley* en aiant fait enlever une par avarice, & aiant perdu depuis la couronne avec la vie, passa pour un impie qui s'étoit attiré son malheur par cette action. La plus célèbre Mosquée de Maroc est celle qu'*Aliben Josef* fit bâtir: la structure en est admirable, & la Tour est estimée la plus haute de toute l'Afrique. Les murailles ont douze piés d'épaisseur, & l'on y voit un escalier dont les degrez sont si plats, & la rampe si douce que quatre hommes à cheval peuvent aisément monter jusques au haut. Au faîte de cette Tour, il y a trois pommes d'argent l'une sur l'autre, dont on dit que la plus grosse contient douze mesures de blé, & les autres à proportion. On prétend qu'elles ont été faites d'une partie du butin qu'Ali-ben-Josef gagna autrefois sur les Chrêtiens d'Espagne, & que c'est en mémoire de la victoire signalée qu'il remporta sur eux en cette occasion, qu'il les fit élever en cet endroit.

Il y a encore une autre célèbre Mosquée dans la Ville, qu'on nomme la Mosquée de Quivir. C'est au haut de cet édifice qu'on plante le premier Etendart à l'élection d'un nouveau Roi, & les autres marques de rejouïssances publiques. Près de là est un beau College, bien renté, où l'on entretient plusieurs Professeurs & un très-grand nombre d'Ecoliers. Ils occupent quatre cens chambres pavées de marqueterie, les Classes sont de grandes sales fort belles; & pour la promenade ils ont des galeries couvertes tout autour du bâtiment. L'Edifice le plus remarquable de cette grande Ville est celui qui sert de reservoir aux eaux qui y sont conduites par quatre cens Canaux ou Aqueducs qui viennent tous du Midi. Quelques recherches qu'on ait faites pour savoir d'où ces eaux tirent leur source, on n'a pu la découvrir jusques ici. Ce qu'il y a de certain c'est qu'à différentes distances de la Ville, on a creusé des puits, ou autres grands reservoirs d'où cette eau est conduite dans l'Edifice dont je parle, afin qu'en cas de siége on ne puisse pas en détourner le cours.

Pour ce qui est de l'habillement des Habitans de Maroc, c'est une espèce de soutane de drap, de couleur, avec une veste de fin camelot par dessus, & un bonnet d'écarlate accompagné d'un petit Turban. Les Femmes sont civiles & galantes, & moins resserrées que dans les autres Païs Mahometans. Aussi donnent-elles assez de jalousie à leurs maris par leurs maniéres libres & enjouées. Elles vont parées de brasselets d'or & d'argent, avec plusieurs perles & pierreries à la tête, aux oreilles & au cou. A l'égard des Dames elles sont plus retirées. Elles ne sortent de leurs maisons que pour aller en visites, ou à la Mosquée, en quoi elles ont plus de privileges que les Femmes Turques. Mais si on leur accorde le plaisir de voir, on leur ôte celui d'être vuës, leur visage étant toûjours couvert d'un voile qui les empêche de faire des jaloux.

Je n'entrerai pas plus avant dans le Roïaume de Maroc, qui renferme pourtant plusieurs villes qui meriteroient des descriptions particuliéres. Parlons maintenant du Biledulgerid & du Zaara.

DU BILEDULGERID.

A l'égard du *Biledulgerid* c'est un mot Arabe qui signifie proprement *Porte-Dates*, ou *fecond en Dates*, & on a donné ce nom à l'ancienne Numidie parce qu'elle abonde en Palmiers. Le Biledulgerid, y compris le desert de Barca, est une grande étenduë de Païs. On lui donne de l'Est à l'Ouest mille lieuës en longueur, & du Sud au Nord une largeur depuis trente jusques à cent, ou cent soixante lieuës, plus ou moins, selon la diversité des endroits. La chaleur extraordinaire du climat n'empêche point qu'on n'y respire un bon air, & il est si sain qu'il n'est pas rare de trouver-là des vieillards qui passent cent ans: la terre n'est pas également bonne par tout: il y a des lieux où le sable domine si fort que la culture y seroit inutile: aussi ces endroits-là ne sont-ils que des solitudes, tant ils sont mal peuplez. En d'autres, le terroir raporte de l'orge & de l'anis pour une assez bonne recolte, mais peu de blé. Enfin toute l'abondance du Païs consiste en fruits de Palmier, ou Dates dont les Arabes troquent pour du froment.

Il y a aussi des Autruches, des Chameaux, des Chèvres & des Chevaux. Cette Contrée a d'autres desagrémens: il y vient quantité de Reptiles venimeux, comme Serpens & Scorpions, qui font beaucoup de degât. Il y règne un vent d'Orient; mais si fort que les Voïageurs en sont couverts & aveuglez de poussiere; & les Naturels même en ont la vuë

vuë affoiblie. J'ai lu d'une certaine Ile, dont je ne puis me rappeller le nom, que par la même cause, les Habitans sont obligez de s'accoûtumer, dès l'enfance, à n'ouvrir les yeux qu'à demi, ce qui les jette dans de fâcheux inconveniens.

Les Riviéres qui meritent d'être nommées sont celle qu'on nomme par excellence *le Grand Fleuve:* le Darha qui sort du Mont Atlas, coule dans le voisinage du Halcore, & donne son nom à une Province & à un Desert qu'il arrose; après quoi il se jette dans un grand lac: le Zis qui a la même source que le précédent; il traverse le Segelmesse, & se perd dans un lac environné de sable: le Ghir qui décendant aussi du Mont Atlas coule au Midi, au travers des Bois dans le Tegorarin & le Roïaume de Sagra dans le Zaara où il se precipite dans un lac: Rio Blanco: Bezedor: la Riviere seche, ou le Bich: le Himiffin: le Barcala: le Togda: la Riviére chaude: le Techort; & le Teusart.

On partage cette grande partie de l'Afrique, les uns en quatorze Provinces; & les autres en huit principales, en y comprenant le Desert de Barca, qui tire le plus à l'Est. Je m'en tiens à la derniére division, & sur ce pié-là, ces Provinces sont, allant de l'Est à l'Oüest, le Biledulgerid propre qui donne son nom à tout le Païs; le Techort; le Zeb; le Tegorarin; le Segelmesse; le Darha; & le Tesset auquel on joint la partie de la Province de Sus qui est au Sud-Oucst.

Il faut distinguer les Habitans entre les Naturels & les Arabes: un Auteur les confond; & parlant en général des *Biledulgeridiens*, il en fait de haïssables mortels. Ils sont, dit-il, vicieux, méchans, brutaux, traîtres, voleurs, & mal propres. Voilà des Hommes paîtris d'une mauvaise pâte; & on ne peut guére peindre une Société Humaine sous de plus vilaines couleurs. Cependant, comme on doit rendre justice à tout le monde, & juger toûjours favorablement tant qu'on peut, il est bon d'avertir qu'un autre Ecrivain parle avec quelque difference: il convient que les Originaires sont brutaux, lascifs & grans voleurs: mais il ajoute que les Arabes sont plus humains, quoique fort attachez à leurs intérêts. C'est du moins les faire ressembler à bien d'autres Nations. Combien y en a-t-il, sans excepter notre Europe, chez qui l'amour de l'intérêt étouffe, éteint l'impression naturelle de l'Humanité? Il est vrai que le même Géographe, qui parle plus avantageusement des Arabes Numides, dit qu'ils n'en cédent point en violence aux Naturels, conseillant même d'éviter soigneusement la rencontre des uns & des autres, ce qui est contredire indirectement la prétenduë humanité des Arabes du Biledulgerid.

Quoiqu'il en soit du naturel de ces Peuples, toujours sont-ils louables par l'endroit de la sobrieté: loin de donner dans tous ces rafinemens de palais & de bonne chére auxquels d'autres Nations, & sur tout les Européens sont si sujets; loin de prendre plaisir à ces liqueurs, soit naturelles, soit artificielles qui échauffent le cerveau, & trop souvent jusqu'à le deranger, ils vivent dans une frugalité dont les mets ne sont rien moins que delicieux: leur nourriture ordinaire est le Chameau, ou l'Autruche; leur breuvage, le lait du premier, ou le bouillon de tous les deux. Aussi le trop d'enbonpoint ne les incommode-t-il pas; ils sont, principalement les Arabes, maigres & secs. Ils sont basanez, ou du moins d'un teint plus noir que brun; & il y a dans leur air quelque chose qui fait peur. Les *Biledulgeridiens* se plaisent beaucoup à faire voler l'oiseau; & leur meilleure capture dans ce genre de chasse, c'est l'Autruche. Les Arabes se sont mis par force & par violence en possession des Cantons de meilleur raport; & les pauvres Bereberes ou Païsans qui cultivoient ces quartiers-là, contraints de ceder la Place, se retirerent chez les Negres leurs voisins.

Le Gouvernement de la Numidie Moderne est bien éloigné d'être uniforme. Comme cette grande Region contient plusieurs Peuples, les formes d'Administration publique sont aussi fort differentes. Il y a des espèces de petits Monarques, soi qualifiant Rois; & qui, dans le fond, ne sont que des Maîtres, & peut-être des *Tiranneaux*, la plûpart Tributaires & dépendans de Maroc & des autres Roïaumes de la Barbarie. On y voit aussi de petites Republiques; & de l'humeur dont ces Barbares sont nez, Dieu sait comment-ils manient le pouvoir Democratique. Quelques Peuples n'ont point d'autre Souveraine que la Nature, vivant sans Loix, sans police; & il ne faut pas demander si la Raison du plus Fort excite souvent chez eux des seditions; tels sont les Arabes qui vivent dans les Deserts, d'où ils sortent pour exiger contribution des Villes voisines, ce qui leur fait un assez bon revenu, qui les dedommage de la sterilité de leur demeure. Enfin il y en a qui errent dans les champs avec leurs Troupeaux, sans reconnoître aucun Maître; & comme ces Independans jouïssent pleinement du Droit naturel, je ne sai si ce ne sont pas les mieux partagez.

Le Mahometisme est le culte commun en ce Païslà; presque tous les Seigneurs & les Sujets en sont infectez. On y trouve pourtant un débris considerable du naufrage de la Religion Juive; & il y a peu de grandes Villes qui ne soit ornée d'une, ou de plusieurs Sinagogues. C'est ce Peuple, autrefois l'élu, le bien aimé, l'unique; reprouvé, dispersé depuis; & toûjours attaché à la graisse de la Terre, c'est lui qui fait tout le negoce du Biledulgerid, ce qui n'empêche pas que chaque Canton n'ait ses usages particuliers.

DU ZAARA.

CE mot là signifie Desert; & les Arabes ont ainsi nommé le Païs dont il s'agit, à cause de sa sterilité & de son peu d'Habitans. Il tenoit anciennement à la Libie, à la Getulie, & aux Garamantes, faisant partie de tout cela. Ses bornes sont, au Nord le Biledulgerid, à l'Est la Nubie, au Midi la Nigritie, & l'Ocean au Couchant. On lui donne neuf cens ou neuf cens cinquante lieuës de longueur, en le prenant de l'Orient à l'Occident; & du Nord au Sud il est large d'environ soixante, quatre-vingt, cent, cent cinquante lieuës; quelques-uns même vont jusqu'à deux cens cinquante.

Le Zaara est un Climat aussi sec qu'il est chaud; l'eau y est si rare que les Voïageurs sont obligez d'en faire provision comme pour s'embarquer, & ils la chargent sur des chameaux. Cependant, nonobstant l'ardeur brulante du Soleil, l'air du Desert ne laisse pas d'être parfaitement bon; & les Habitans jouïssent d'une grande santé. Cette disete d'eau est si générale qu'on fait des cent lieuës sans en trouver une goute; & quoi qu'on creuse des puits sur les grans chemins, on réüssit si rarement, qu'on y souffre une soif insupportable.

Le Païs est inculte ; le terroir ne produit presque que des ronces, que des épines, que des buissons, principalement sur les Montagnes, qui d'ailleurs sont si hautes & si droites qu'il est fort difficile, pour ne pas dire impossible d'en atteindre la cime & le sommet. Il y a pourtant certains endroits habitez ; & dont le fond raporte de l'Orge, & des Palmiers assez chargez de fruit. La plus grande richesse du Zaara consiste en Chameaux. Ces Bêtes, des Autruches, & certains moutons, nommez Adimmains fournissent à la nourriture du peu d'Originaires, ou d'Etrangers qu'il y a.

Comme si la Nature n'avoit pas assez mal partagé les Hommes qu'elle a logé là, ils sont, pour une augmentation de malheur, extraordinairement tourmentez de Serpens & de Sauterelles : celles-ci couvrent la terre comme des nuées, & causent un dommage inexprimable.

Dans le Desert qu'on apelle Zenega, on n'y trouve ni Montagne, ni Bois, ni Riviére, ni Maison. Ainsi comme il n'y a rien par où on puisse reconnoître le Païs, les Voïageurs se conduisent par le vent, par les étoiles, & par le vol des Oiseaux.

Le Zaara, tout aride qu'il est, a néanmoins ses Riviéres : on en compte trois principales : celle de Nubie, qui, après avoir traverse les Deserts de Lempta & de Borno, comme si elle avoit honte de sa course, se cache, dit-on, dans un soûterrain de sept ou huit lieuës : celle de Ghir qui coule à travers le Zuenziga ; & celle des Chevaux, qui prend sa source, & continue tout son cours dans le Zanhaga, autre Desert, où après s'être separée en deux branches, elle va se perdre dans l'Ocean. Le Desert de Borno à un Lac qui s'apelle de même ; & je voi que quelques Géographes en font une quatrième Riviére.

Une chose embarasse touchant ce Païs-là : y-a-t-il des Villes? Oui, selon les uns : ces Provinces ou Deserts, disent-ils, ont chacun leur Capitale dont ils portent le nom. *Item :* les Peuples, continuent-ils, y sont brûtaux, sauvages, & grans voleurs. Une partie habite les Villes ; & ceux-là sont un peu plus humains. Cela s'appelle affirmer qu'il y a des Villes. Or donnez vous la peine d'écouter les autres.

Les Habitans du Zaara sont ou des Pastres la plûpart Arabes, qui errent continuellement dans les Campagnes, & qui ne font que piller, tuer ou chasser ; ou des Berceberes qui ont des demeures fixes : ceux-ci sont plus humains, plus doux, & fidèles dans le Commerce, & assez civils aux Etrangers. Notez que ces Bereberes sont des Païsans & des Montagnards, où sont donc les Villes ? Aparemment on honore de ce beau nom quelques Habitations de Villageois, ou des retraites de Scelerats.

Communément les Zaaraïtes sont maigres, & ne vont pas jusqu'à la vieillesse : ils respirent pourtant un air si salubre, que les infirmes & valetudinaires de Barbarie se font mener en ce Païs-là pour recouvrer leur santé. Les Bergers ou Pastres Arabes vont comme le bon Dieu les a fait, & n'ont point d'autre habit que leur peau. Les Naturels sont vêtus d'un morceau de gros drap, qu'ils se jettent negligemment sur le corps en forme de couverture : les aisez portent une Robe bleuë de coton à manches larges. Ils professent un Mahometisme grossierement altéré : mais quantité font profession de ne rien professer, vivant librement & tranquilement sans s'embarasser ni de Religion, ni d'aucune autre Loi que celle de la Nature. Le Philosophe Montagne dit qu'un certain Peuple qui étoit dans le même cas, vivoit jusqu'à la vieillesse la plus decrépite : mais je croi qu'il a tort d'attribuer cette grande *Decrepitude*, plûtôt à l'indépendance du Culte & des Loix, qu'à la bonté du Climat.

Les Géographes qui ne font point mention de Villes dans le Zaara, le divisent en huit parties principales, qui sont de l'Est à l'Ouest, les Roïaumes & Deserts de Caoga, de Berdoa, de Borno ; les Roïaumes de Lempta, de Sagra, & de Zuenziga : les Deserts de Goaden & de Ghir : les Roïaumes de Tegaza & de Zanagra. S'il est vrai que ces petits Princes n'aient sous leur Domination que des Pastres & des Païsans, ne sont ce pas-là de belles Monarchies ? Et n'est-ce pas profaner les titres sacrez de Roïaume & de Couronne, que de les attribuer à ces assemblages de miserables mortels ?

VUE

VUE DE TUNIS D'ALGER & DE GIGERI AVEC QUELQU[ES] PARTICULARITEZ CURIEUSES TOUCHANT LES MŒURS DE LEURS HABITANS & DE QUE[LQU]ES AUTRES PEUPLES DE BARBARIE

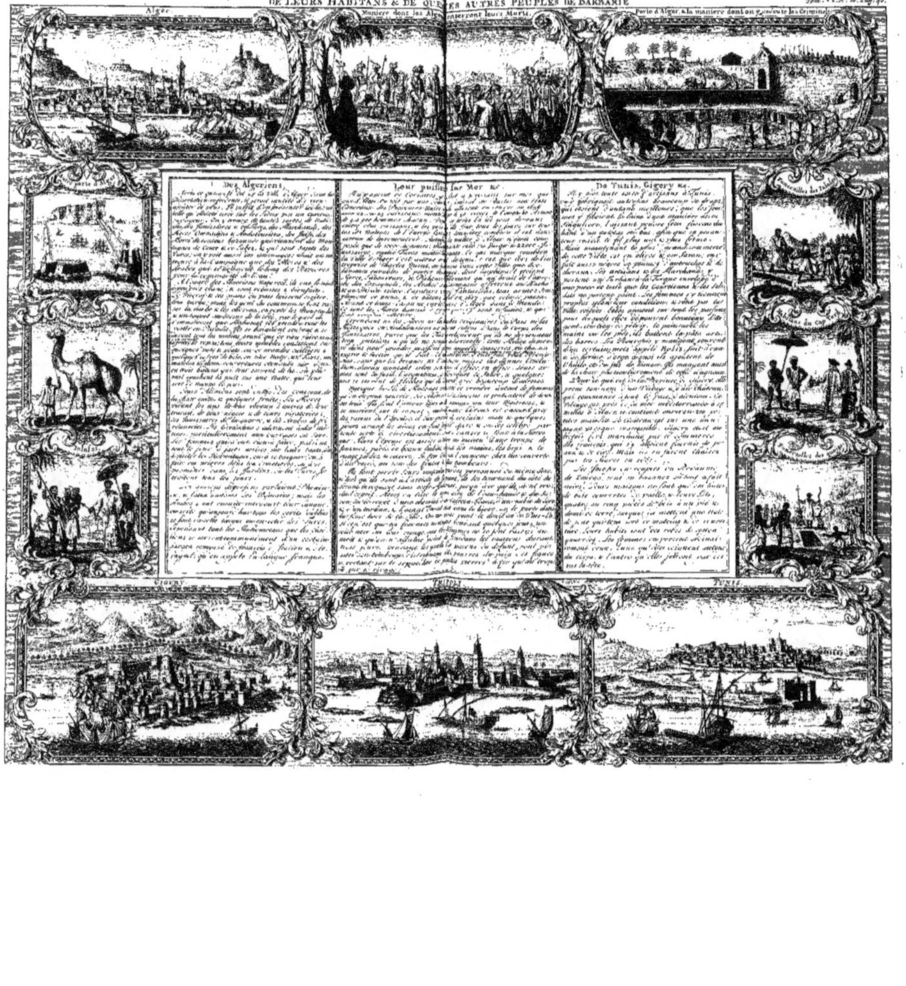

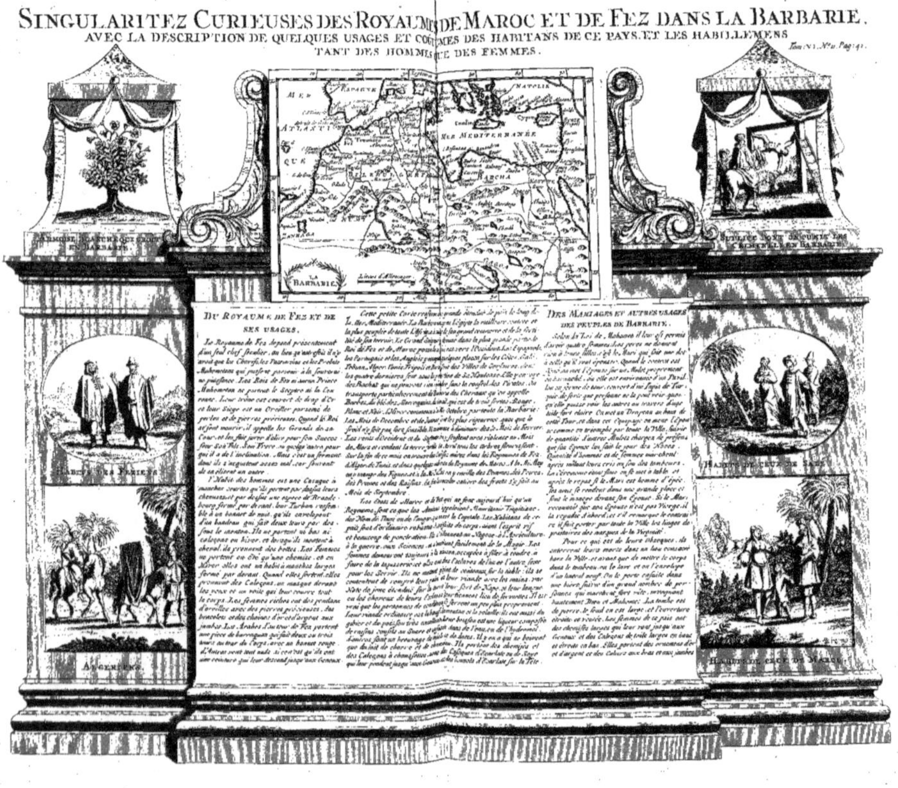

SINGULARITEZ CURIEUSES DES ROYAUMES DE MAROC ET DE FEZ DANS LA BARBARIE,
AVEC LA DESCRIPTION DE QUELQUES USAGES ET COUTUMES DES HABITANS DE CE PAYS, ET LES HABILLEMENS
TANT DES HOMMES QUE DES FEMMES.
ESPAGNE
NATOLIE
MER MEDITERRANÉE
BARCHA
LA BARBARIE.
DU ROYAUME DE FEZ ET DE SES USAGES.
DES MARIAGES ET AUTRES USAGES DES PEUPLES DE BARBARIE.

DISSERTATION SUR LA NIGRITIE.

CEtte partie de l'Afrique, comme la plûpart de nos Provinces de France, est divisée en haute & basse. Les Peuples de la haute *Nigritie* se nomment *Foulez*, nom qu'ils ont donné au Païs même, & sont extrémement noirs; les autres portent le nom de *Negres* qui leur est commun à tous. On ne peut mieux faire connoître l'étenduë de ce grand Païs, que par celle de ses bornes Géographiques. Du côté du Nord, il est borné par la haute Ethiopie, que l'on nomme ordinairement le Païs de la Galaam; c'est l'endroit le plus haut sur le Fleuve Niger, qui soit connu aux Européens. Du côté de l'Occident, il n'est pas éloigné de la Mer Atlantique, non plus que de la pointe que fait de ce côté-là la Côte de Barbarie. Au Midi il confine la basse Ethiopie, ou le Païs qui est au delà de la Ligne; & au Levant il regarde le Niger. Ce fleuve, un des plus considerables du monde, est peu connu de la plûpart des Voïageurs: les uns le font sortir du Nil, & avancent en cela une chose peu vraisemblable. Les autres le font venir du Lac de Borno, en quoi ils paroissent aprocher le plus de la vérité; car, quoiqu'on connoisse huit cens lieuës du cours de ce Fleuve, sa source néanmoins n'en est pas plus connuë pour cela. Il se divise en plusieurs branches, qui font chacune une grande Riviére, telles sont Gambie, Riogrande, & la Riviére de Senega, qui en produit elle même plusieurs autres.

La Nigritie peut se prendre encore dans un sens général, ou dans un sens particulier. Dans la premiére signification, elle comprend trois grands Païs, savoir la Nubie, la Nigritie propre, la Guinée; & ces trois Contrées-là jointes ensemble ne font guére moins d'un tiers de l'Afrique; nous parlerons ici des deux premiéres.

La Nubie qui s'étend du Sud-Ouest au Nord-Est a environ trois cens vingt lieuës de longueur & cent quatre-vingt de largeur. Ses bornes sont à l'Est l'Abyssinie, à l'Ouest le Desert de Zaara; au Nord l'Egypte, & le Desert de Barca; & au Sud le Desert de Gorham. La grande chaleur y est générale, mais la fecondité du terroir n'est pas universelle. Du côté du Nil, le Païs participant à l'inondation limonneuse de ce grand fleuve, est très-fertile. Il y vient beaucoup de cannes de sucre; mais les Habitans n'aiant pas l'industrie de le preparer, le laissent dans sa couleur naturelle qui est le noir. Il y a de bons pâturages & des grains. Les marchandises les plus précieuses que la Nubie fournisse, sont l'or, le musc, la civéte, le bois de sandal, & l'ivoire. Il y a un grand negoce entre ce Païs-là & l'Egypte. La plûpart des autres lieux sont sans culture, & sans habitans.

Il y a plusieurs Fleuves: outre le Nil qui l'emporte de beaucoup sur tous les autres, on nomme la Nubie & le Sira qui vient s'y décharger. Savoir si la Riviére de Nubie donne le nom au Païs, ou si elle le reçoit de lui, c'est sur quoi je ne saurois répondre. Je trouve seulement qu'étant jointe avec le Sira, elle se perd dans le Nil au dessus d'Asna en Egypte. On raporte de ce Fleuve une circonstance assez curieuse & qu'on pourroit renvoïer à la Sécretairerie de la Nature, c'est que l'eau de la Nubie est mortelle aux Crocodiles; de sorte que cinq ou six jours après qu'il y est entré il vient crever sur les bords du Fleuve. En ce cas-là il ne seroit pas vrai, comme quelques-uns le prétendent, que la Mere commune ait donné aux Bêtes un instinct pour éviter machinalement tout ce qui est capable de les détruire.

Ces Peuples sont Negres, très-agiles, ne manquant ni de bravoure, ni de pénetration; mais on ne specifie point, s'ils sont moralement bons ou mauvais, ce qui seroit pourtant le principal. Il y a dans le Païs quantité de Lions, de Crocodiles, de Tigres, de beaux Chevaux, & d'excellens Chameaux, & on n'y voit point, dit-on, de monstres terrestres non plus qu'aquatiques.

Le Gouvernement de Nubie est Monarchique & aparemment du Despotisme le plus outré. Le Roi veille à la conservation de l'Etat en tenant ordinairement de la Cavalerie sur les frontiéres. Quant au Culte, c'est une bigarure & un mélange où l'on ne comprend rien. Il y entre de la Loi Mosaïque, de l'Evangile, & de l'Alcoran. On ne doute point que ces Peuples n'aïent professé autrefois le Christianisme & qu'ils n'aïent été grands Adorateurs des Images. Car il y a, dit-on, encore sur pié plus de cent cinquante Temples où l'on voit l'Homme-Dieu, Notre Dame sa Mere Vierge, & force Saints canonisez qui sont figurez en relief. Ils rendoient l'obéissance spirituelle au Patriarche d'Alexandrie, & consequemment ne reconnoissoient point le Saint Pere de Rome, qui pourtant, à ce qu'il dit, est ici bas la seule & unique porte du salut éternel. On compte dans la Nubie quatorze Villes considerables & trois Deserts.

La Nigritie propre s'appelle aujourd'hui le Païs des Négres. Il y a conflict de sentiment sur l'origine ne du nom. Les uns le tirent du fleuve Niger qui la traverse de l'Orient à l'Occident. D'autres au contraire soûtiennent que le Païs a donné le nom au Fleuve; & qu'il a reçu le sien de la noirceur des Habitans qu'un ancien & célèbre Géographe appelle Ethiopiens Nigrites.

Les Romains, ces ambitieux insatiables qui ne visoient pas moins qu'à la conquête de l'Afrique, voire de toute la Terre, si la chose avoit été faisable, les Romains, dis-je, ne penetrerent point jusques à ces Regions également brûlantes & desertes. Mais dans les deux derniers siécles, il s'est trouvé des gens, qui soit par l'avidité du gain, soit par un instinct de curiosité, soit par ces deux motifs ensemble, aiant eu assez de courage pour parcourir ces vastes & afreuses solitudes, nous ont procuré le plaisir de voyager des yeux.

Ce Païs-là a pour bornes à l'Est & au Nord, le Zaara; à l'Ouest l'Ocean Atlantique; & au Midi la Guinée & le Congo. Sa longueur d'Occident en Orient est de cinq cens cinquante lieues, plus ou moins; & sa largeur du Midi au Septentrion environ de cent lieues.

Il y a tant de differentes Contrées & tant de sortes de Peuples dans la Nigritie, qu'on ne sauroit en parler définitivement. En général néanmoins le Climat, quoique d'une chaleur ardente, est si bon, qu'on y vient du voisinage pour guerir de diverses maladies. Dans les endroits que le Niger arrose, la terre est la plus fertile de l'Afrique; ce Fleuve est un autre Nil: se débordant reguliérement tous les ans au mois de Juin, il cause une inondation de quarante jours, & laisse en se retirant un limon qui tient lieu de marne ou de fumier. Ce terroir est fécond en toute espèce de grains, principalement en Millet, en Ris, en Lin, en Coton, en Miel, & en plusieurs sortes de fruits. Il y a des Palmiers dont les habitans font d'un certain vin qui aparemment n'est pas si bon que celui de Noé.

On dit que les Nigritiens sont si stupides & si paresseux, qu'ils n'ont ni le soin ni l'adresse de faire valoir ce qu'ils ont de plus utile, & de plus recherché. Ils ont des mines d'or & de cuivre; mais ils donnent la preference au dernier de ces métaux. Ils ne connoissent point le prix de leur Ambre gris; ils n'ont pas même l'industrie de filer leur lin. Autant que je m'y connois de telles gens sont bons pour le Trafic; les Eclairez en negoce & en interêt savent bien mettre à profit leur ignorance & leur inaction.

La chaleur excessive & l'extrême secheresse sont cause qu'une grande partie de cette Région-là n'est presque pas peuplée. Il n'y a proprement que les environs du Niger qui soient bien habitez.

La Nigritie, prise en général, contient seize principaux Roïaumes dont la plûpart se divisent en plusieurs autres moins considerables & dont on ne connoit presque que le nom. Les Nigritiens ou Negres ont tous la peau noire, & les dents fort blanches, ce qui fait un contraste assez agréable; le nez court & plat, est chez eux un grand agrément; tant il est vrai que la beauté n'a point d'autre régle que l'opinion. On les dit beaucoup moins sauvages que ceux de la Barbarie & du Biledulgerid; & on loué même leur honnêteté pour les Etrangers. Leur grand trafic est en Esclaves, & ils aiment tant ce commerce, qu'ils vendent quelquesfois jusques à leurs femmes, & leurs enfans. Ces vendeurs sont denaturez: mais de bonne foi, les acheteurs valent-ils mieux. Des Chrétiens aquerir a prix d'argent le droit de vie & de mort sur leurs Coïndividus, sur leurs Freres en espèce, quelle horreur! Accordez cela si vous pouvez avec les engagemens du Batême & la profession de l'Evangile.

Quant à la maniére dont les Nigritiens vivent en société, voici la description que je trouve la plus exacte, & la mieux circonstantiée, quoi qu'on n'y dise qu'un mot du Gouvernement. „Parmi ces Peuples, dit mon Auteur, on en trouve de libres qui „ vivent en forme de Republique; d'autres qui sont „ errants & sauvages; & il y en a qui obéissent à „ des Souverains. Le Roi de Tombut est le plus „ puissant de tous. On y considére ensuite ceux de „ Madingaou, de Songo, de Gago, de Cano, & de „ Gangara. A l'embouchure de la Riviére de Saint „ Domingue, les Portugais tiennent le Fort de St. „ Philipe; les François y ont une habitation sous la „ direction de la Compagnie du Senegal. On dit „ que le Roi de Tombut a quantité de lingots & „ de barres d'or. On dit aussi que pour être bien „ servi d'un Négre, il faut le bien nourrir & ne lui „ épargner ni le rude travail ni les coups de bâton. „ Aussi les Maîtres ou plûtôt les Tirans sont-ils fort „ liberaux des deux derniers. Entrons dans un plus „ grand détail.

L'Habitation des François est située dans une Ile de cette Riviére nommée St. Louïs, à quinze degrez & demi de la Ligne, faisant face sur la Mer Atlantique qui est à l'Ouest. Cette situation fait qu'il y régne toujours des vents favorables qui la rendent la plus saine de tout le Païs. Elle n'est composée que de deux ou trois maisons & de quatre tourelles. Cette Ile est accompagnée de deux autres, dont l'une se nomme *l'Ile aux bois*, & l'autre *l'Ile aux Anglois*, parce qu'ils y avoient autrefois une habitation. L'endroit, où est située celle des François, apartenoit avant sa découverte au Roi Brak, dont le Païs se nomme *Oühalle*. Ce Roi a pour voisin d'un côté *Damel*, Roi de Cahior, & de l'autre le Roi Syratique. Celui-ci touche au Roïaume de Galaam, & celui-là au Roïaume de Thim, ce qui marque combien ce Païs avance dans les terres, où il y a une fort grande étenduë.

Celle que l'on donne au Senega, est selon les Relations les plus exactes, de plus de quatre cens lieuës d'Orient en Occident, & de plus de deux cens du Midi au Septentrion. Il est mêlé de bocages, de marais, & de plaines; mais ces plaines sont peu propres à être cultivées par la grande chaleur qui y régne. Cependant on remarque que depuis le mois de Décembre, jusques au mois de Mai, que cessent les vents d'Est, le vent de Nord y rafraîchit tellement l'air, qu'on y pourroit vivre & respirer aussi agréablement qu'en Europe. Mais pendant ces six mois, on y est incommodé de certains insectes volatiles, appellez Maringoins, à peu près semblables aux cousins d'Europe; qui ne font que tinter autour des oreilles, & les piquent encore plus dangereusement que les Scorpions du Languedoc. On ne peut en guérir la blessure qu'en écrasant un de ces Maringoins sur la playe qui autrement se convertit en ulcére très-dangereux. On ne connoît en ce Païs-là ni Averroës, ni Avicenne, ni Hipocrate, ni Galien, ni aucun de ces grans Esculapistes des fameuses Facultez en Medecine de Paris & de Montpellier. Les Negres nous abandonnent volontiers tous ces honnêtes gens, & avouent naïvement que leur principale Theurapeutique est la Medecine plus que raisonnable des Chiens, qui ne mangent jamais lors-

lorsque la bile leur suffoque l'appetit, & ne prennent que de l'herbe que nos Arboristes nomment Chiendent. S'ils ont besoin de quelque operation de Chirurgie, ne pensez pas que ce soit pour leur ouvrir les veines & en tirer du sang à diverses reprises; ils n'ont que la scarification, & quelquefois la ventouse, qui leur réüssissent merveilleusement; parce que leur principale maladie est la Migraine, dont ils se défont assez facilement par l'attouchement d'un charbon ardent sur le front. Pour ce qui est des fiévres quotidiennes, tierces ou quartes, ils s'en guérissent par l'aplication de certaines herbes, qu'ils broient dans un mortier, dont ils font des Cataplames & des Anodins. Mais ils tiennent ces herbes fort secretes, & ne les communiquent que très-difficilement aux Etrangers.

Ces Peuples sont ou Mahométans, ou Idolâtres ou sans Religion. Les Juifs ne font pas fortune parmi eux; le Culte de l'Israel moderne & maudit leur étant insuportable. On trouve encore quelque part des traces de l'ancien Christianisme; mais si defiguré qu'on a de la peine à le reconnoître.

Ils vivent dans une oisiveté continuelle, comme s'ils n'avoient qu'un corps de graisse, qu'ils craignissent de faire fondre au Soleil, & des bras de verre qu'ils eussent peur de casser au premier effort. Leurs plus serieuses occupations sont de passer le tems à fumer, ou à dormir couchez à plat sur le sable. Il est vrai que dans le tems des pluïes, ils choisissent quelque terre pour y semer du Mil qu'ils moissonnent deux fois l'année, au mois de Juin & d'Octobre. Dans ces mêmes tems ils sement encore des Poix, du Ris, du Tabac, & plantent du Coton; ce travail & la pêche du poisson font l'unique occupation de ces Peuples-là. Ils n'ont d'ordinaire parmi eux que quatre sortes d'Artisans: les uns comme nos Tisserans, font les toiles de Coton; les autres comme nos Orfevres, mettroient assez bien l'or & l'argent en œuvre s'ils avoient l'artifice de la soudure. D'autres travaillent en cuir à la façon des Cordonniers & des Selliers, pour la chausure & l'équipage des gens de cheval: d'autres enfin sont comme nos Charpentiers, pour la fabrique de leurs canots, d'une ou de plusieurs piéces de bois creusées, qu'ils lient si bien de cerceaux d'arbres, que l'eau n'y entre point. Un homme seul les conduit, & si quelquefois il arrive qu'ils se renversent par un coup de vent, ils ne s'en font pas une grande affaire; ils le relevent & le mettent en état de continuer leur route.

Quoique ces Peuples soient plongez dans toutes sortes de vices, qu'ils s'abandonnent aux plaisirs sensuels, & qu'ils ne conservent ni pudeur ni retenuë dans leurs actions animales, ils ne laissent pas de couvrir leur sensualité de je ne sai quelle ombre de mariage. Car en effet quoi qu'il leur soit permis d'avoir autant de Femmes qu'ils en peuvent entretenir, ils n'en ont pourtant ordinairement que trois ou quatre au plus. Lorsqu'un garçon recherche une Fille en mariage, il s'adresse au Pere de la Fille, avec lequel il convient du don qu'il lui doit faire pour l'épouser. Ce don est proprement un achapt que le garçon fait de celle qu'il veut avoir pour femme, les parens ne donnent rien en mariage à leurs enfans. Quand les conventions matrimoniales sont arrêtées, le futur Epoux va chercher ce qu'il a dessein de donner en dot à sa future Epouse, & l'aiant mis entre les mains du Pere, elle se rend à la case de son mari futur; elle y vit avec lui pendant quelques jours, & si leurs humeurs compatissent, ils font publier leurs bancs. Sinon la Fille retourne dans la case de son Pere, en attendant que quelqu'autre se presente pour l'épouser. Quoi qu'elle ait habité avec un homme qui la vouloit prendre pour femme, elle n'en est pas moins estimée pour cela, & c'est une coûtume parmi eux que les Filles peuvent se divertir & se rendre communes. Elles n'en usent pas ainsi lorsqu'elles sont une fois dans les liens d'un legitime mariage; car alors, si elles étoient assez foibles pour commettre une infidelité, elles seroient regardées auec mépris de toutes les personnes qui en auroient connoissance. Ce crime est même si rare parmi les Négres, qu'ils n'ont point d'Edit contre les adultéres; ils se contentent d'inspirer toute l'horreur que mérite cette action, en exagerant la perfidie dont elle est accompagnée. Cette union des Corps qui se trouve entre les hommes & femmes Negres, n'est point, comme en Europe, une société qui leur fasse partager leur fortune & leurs biens. Les femmes mêmes ont leurs habitations separées, & souvent elles demeurent en differens villages, où elles ne voïent leurs maris que rarement. Ce n'est pas, comme je l'ai dit, que ceux-ci soient occupez au travail, mais parce qu'ils n'aiment leurs femmes que d'un amour volage & inconstant, tandis qu'elles sont jeunes & enjouées, & qu'ils se trouvent d'humeur à les voir.

Les Princes qui regnent sur ces Peuples sont tous choisis de la Famille Roïale, les femmes n'ont point de part au Gouvernement; & les fils des Rois ne sont pas plus assurez de leur succeder que le plus éloigné de leurs parens. Après la mort du Roi, les Grands du Païs s'assemblent, & élisent celui qu'ils jugent le plus capable de regner. Ces Rois n'ont droit d'imposer aucun tribut sur leurs Peuples, tout leur revenu consiste en captifs & en bétail. Ils vont souvent piller leurs sujets sous pretexte qu'on a mal parlé d'eux, ou que l'on a volé ou tué; de maniére que personne n'est en fureté de ses biens & de sa liberté, étant souvent exposez à être emmenez captifs. Il ne laisse pas d'y avoir de la justice parmi cette Nation, & l'administration en apartient au Roi & aux Marabous. Dès que la mesintelligence se mêle entre deux parties, celle qui est lezée n'a qu'à prononcer ces paroles, *hione*, *hi alla*, & au même instant la partie assignée est obligée de suivre l'autre chez le Roi, ou chez le Marabou. Si c'est chez le Roi, ce Prince convoque son Marabou, à qui il commande de chercher dans le livre de la Loi le chapitre qui traite du fait dont il s'agit. Ensuite le Marabou prononce une sentence de laquelle il n'y a point d'appel. Ce sont aussi ces Marabous qui font le partage des successions, d'autant plus facile qu'il n'y a à partager que le Bétail, le Mil, & quelque pagnes, ou étoffes de coton teintes avec l'Indigo, dont ils se servent pour s'habiller.

La Tradition du Païs nous aprend que tous les Roïaumes dont il est composé aujourd'hui, n'en faisoient qu'un autrefois, dont le Prince se nommoit *Bour guialophi*, c'est-à-dire Roi de tous les Négres. Mais le refus que fit ce Roi de donner entrée au Lieutenant Général du Païs de Cahioure, qui venoit pour lui rendre ses soumissions, engagea celui-ci à s'en retourner secrettement au lieu de sa résidence, où il amassa une armée considérable en peu de tems. S'étant mis à la tête il la fit défiler jusques à la case du Roi, qu'il depouilla de son Roïaume, en l'obligeant de le reconnoître lui-même pour Roi. Ce Prince infortuné, réduit à une extrémité si deploplorable, subit toutes les volontez du Tiran. Il se prosterna devant lui, se couvrit la tête de sable, se depouilla nud comme le moindre de ses sujets, & n'osa regarder celui qui l'avoit détrôné si lâchement.

Quant à la maniére de faire la guerre en ce Païs; lorsqu'un des Rois la veut declarer à quelque Prince de ses voisins, il fait battre la caisse pour en avertir ses sujets, & la fait battre de nuit afin que le bruit étant mieux entendu dans le silence, les en informe plus promtement & plus sensiblement. Cette maniére de faire courir la déclaration de ses volontez est plus promte que l'on ne peut s'imaginer; car le son de la caisse qui se fait entendre dans la premiére Bourgade, avertit la plus prochaine, & ainsi des autres consécutivement, jusques aux extremitez du Païs. Mais pour faire plus d'honneur aux grands Seigneurs du Païs, qui relevent de la domination du Roi, & qui d'ailleurs pourroient prétendre cause d'ignorance de ses volontez, il leur dépêche des couriers, dont la course est si bien concertée pour leur depart à proportion de la distance des lieux, qu'ils arrivent à l'heure même du dernier retentissement de la caisse. Ces deux déclarations jointes ensemble, quoique diversement signifiées, obligent ces petits Princes, chacun dans l'étenduë de ses terres, à mettre sous les armes tous ceux qui sont capables de les porter & de les mener au rendez-vous qui leur a été marqué. Pour ce qui est des armes de cette milice tumultuairement levée, ce sont ordinairement des demi-piques, nommées Sagayes, qui sont si legéres, qu'un Soldat en porte aisément six ou sept. Ils savent les lancer avec tant d'adresse que leurs atteintes semblent plus sûres que celles des traits de l'arc, & les plus adroits les font tomber dans un cercle d'un pié de diamétre. Ils ont aussi en main une espèce de bouclier fait d'un cuir si bien preparé; qu'à peine une balle de mousquet le pourroit-elle percer. Ils ne se contentent pas de ces six ou sept javelots, ni de leurs boucliers, ils portent encore un sabre à leur côté & une bayonnette pour s'en servir dans le combat de main. Mais quelque confiance qu'ils aïent dans leurs armes & dans leur adresse, il se chargent encore la tête de *gris-gris*, qui sont des espèces de papillotes enchantées, par le moïen desquelles ils se croïent invulnerables. Effet ordinaire de la superstition; car ce sont les Marabous qui leur vendent ces *gris-gris* fort cher, & il les attachent à leurs cheveux en plus grand nombre qu'ils peuvent. Pour ce qui est de leurs habits ils en ont qui ne sont propres que pour la guerre & qu'ils font gloire de conserver jusques à la troisiéme génération. Ces habillemens de guerre ne sont differens de ceux qui se portent à l'ordinaire, que parce qu'ils sont marquez de certains caractéres que les Marabous y impriment à la façon de nos toiles peintes, & de quelques autres qui y sont attachez comme les charges qui pendent aux bandoliéres de nos soldats.

Les Seigneurs qui sont à la tête de leurs milices étant arrivez au rendez-vous général, on en fait une revuë exacte, tant pour le nombre des troupes que pour les munitions de guerre & de bouche. Le Roi qui les doit commander, satisfait de la diligence de ses sujets, assemble alors le Conseil de guerre pour informer les Lieutenans Généraux de l'entreprise qu'il a meditée. Le lieu où se fait cette revuë est toûjours un gros Bourg, afin d'y pouvoir trouver plus de commoditez, & là se rassemblent aussi tous les Chevaux & les Chameaux que le Prince a donné ordre de faire venir à ses depens, en plus grand nombre qu'il lui est possible. Ils sont chargez de sacs plein de victuailles; & pour ce qui est des eaux & des fourages, ils s'en remettent au hazard des lieux où ils pourront se rencontrer. Le Prince se met ensuite à la tête de l'armée qu'il a assemblée, & la méne dans le Païs de ceux de qui il a reçu quelque déplaisir. Là, sans recevoir aucune excuse, ni remontrance, ces troupes pillent, saccagent & brûlent tout ce qu'elles ne peuvent emporter. Il leur est d'autant plus facile de mettre le feu où ils veulent, que les Hameaux & les Villages ne sont composez que de cases faites de simple paille de millet. Ils en usent ainsi moins, dit-on, par un principe de cruauté, que pour obliger les vaincus à suivre plus promptement le Vainqueur, quand ils ne se voïent plus ni habitation ni aucun ustencile de ménage. Les Rois Négres ne laissent de ces malheureux vaincus & ruïnez, que ceux qui peuvent échaper, ou qui aiant eu vent de leurs aproches se sont retirez de bonne heure dans les bois & autres lieux inaccessibles; mais ils les emmenent captifs & les vendent ensuite comme Esclaves. Les Conquerans ne peuvent garder les Païs conquis par l'impossibilité qu'il y a de construire des forts de quelque durée; car outre que le terrain manque de matériaux nécessaires pour cela, on ne peut fouiller dans le sable deux ou trois piés sans trouver l'eau.

A l'égard de leur maniére de combattre lorsque leur armée est en campagne, les Negres ne savent ce que c'est que de prendre l'avantage du lieu, comme de camper près de quelque marais, pour avoir de l'eau ou pour se couvrir contre l'ennemi. Ils savent encore moins l'art de se ranger en bataille, ou de se retrancher, n'aiant point d'outils pour remuer la terre; mais quand ils veulent se battre en retraite, tout ce qu'ils savent faire est d'imiter les abeilles, qui suivent leur Roi & voltigent toûjours à l'entour. Pour animer les troupes au combat, ils ont des tambours de quatre à cinq piés de long portez par des Guiriots, qui en divertissent les Soldats pendant la marche; & outre cela des Composeurs de Chansons, où le simple recit du nom de leurs Prédécesseurs sert tout à la fois & de Panegyrique aux morts, & de sujet d'Emulation à ceux qui l'entendent. Ils lancent d'abord leurs sagayes le plus qu'ils peuvent dans la mêlée, ensuite étant plus proches ils mettent l'épée à la main, & se servent de la bayonnete quand ils viennent à la passe. Cette derniére maniére de combattre est la plus cruelle, & la plus sanglante de toutes. On pourroit croire qu'aiant six ou sept Sagayes à lancer le combat devroit durer long-tems; mais il arrive presque toûjours qu'après le jet de la premiére, ainsi qu'après la premiére décharge de nos mousquets, l'un des deux partis tourne d'abord le dos, & prend la fuite sans aucun retour. Ni le Roi qui les commande, ni les Officiers subalternes ne savent l'art du ralliment, non plus que la maniére de les faire revenir au combat; dix ou douze de leurs camarades étendus morts sur la place, étant pour le reste un si grand sujet de terreur, qu'ils n'osent seulement y penser. Aussi est-il inouï parmi eux que dans les batailles les plus sanglantes, il soit jamais demeuré sur la place plus de soixante ou quatre-vingt soldats; parce, disent-ils, qu'ils n'ont qu'une vie à perdre, ce qui fait qu'ils ne combattent pas avec autant de fureur que les blancs, qui semblent, selon eux, en avoir deux ou trois de réserve. Le Vainqueur se voïant

Mai-

Maître du Champ de bataille, fait à peu près ce que faisoit Alexandre le Grand. Il choisit dans cette multitude d'armes, de prisonniers, des autres marques de sa victoire, celles qui sont les plus glorieuses pour lui, comme le bonnet, le sabre, & le cheval du Général, abandonnant le reste aux troupes victorieuses. Les hauts Officiers font vendre aux François ou aux Portugais les prisonniers qu'ils ont faits, & gardent le reste du butin pour leur usage.

La guerre étant finie le Roi se retire dans le lieu le plus considerable de ses Etats, où il jouït des douceurs de la paix à la maniére des Princes de Nigritie; non en prenant plaisir à des combats de Taureaux, à faire des Carouzels, ou à construire des Edifices publics, mais à passer leur vie dans une oisiveté brutale & sensuelle, comme à boire du lait, de l'hidromel, de la liqueur de palme, & à se gorger de Couscou aprêté avec du beurre. Leur principale débauche en tems de paix est de vivre avec des Concubines dans les derniers excès, aiant, comme on sait, la liberté d'en entretenir autant qu'ils en peuvent nourrir.

Pour ce qui est du commerce, on prétend que ces Peuples sont sans parole & sans foi. Dès qu'il s'agit de leurs interêts, ils emploïent tout ce qu'ils ont d'industrie à tromper & à voler particuliérement les Marchands étrangers. Ces infidèles veulent nous persuader qu'ils ne font point de mal en cela; parce qu'ils prétendent avoir un droit sur les biens des Négocians. Le fondement de ce droit imaginaire est une assez plaisante Tradition. Ils disent qu'au commencement des siécles le premier homme eut trois Fils, dont l'un étoit blanc, l'autre bazané, & le troisiéme noir. Le Pere & les trois fils s'étant endormis, le blanc s'éveilla le premier, emporta les plus précieuses richesses de son Pere & s'en alla en Europe fixer son habitation. Le Maure s'éveilla ensuite & emmena tout le bêtail en Barbarie, où il s'établit, & le noir s'étant éveillé le dernier ne trouva de reste qu'une pipe & du tabac. Il les prit pour son partage, & se voïant tout nud chercha les Païs chauds pour y demeurer. Ce qui les confirme davantage dans cette reverie, c'est de voir les Européens, qui sont blancs, venir trafiquer avec eux dans de grands Vaisseaux bien armez & munis de quantité de provisions de guerre & de bouche, & porter de riches habits. L'expérience leur fait voir d'un autre côté que les Maures possedent tous les bestiaux, puisqu'ils en commercent avec eux; ce qui fait qu'ils ne font aucun scrupule de reprendre sur ces deux Nations, comme par voïe de represailles, ce que leurs aïeuls avoient pris sur eux pendant le sommeil de leur Pére. Les François & les Portugais ne trafiqueroient pas avec ces Peuples, si leurs Rois ne leur avoient permis de se saisir sur l'heure de tous ceux qui leur déroberoient quelque chose, soit dans leurs navires soit dans leurs habitations.

A l'égard de la Religion, tous les Négres depuis le Sénégal jusques à Gambie se disent Mahométans, font leurs prieres & leur Carême de même que les Turcs, & ne mangent point de Cochon; mais il s'en rencontre plusieurs parmi eux qui boivent du vin, quoique la Loi de Mahomet le leur defende: de sorte qu'il y en a très-peu qui observent exactement les maximes de cette Secte. Les Marabous sont presque les seuls qui en font beaucoup de cas. Aussi sont-ils si devots à leur faux Prophéte, qu'ils l'invoquent pour pouvoir réüssir dans tous leurs desseins. Le lieu où ils s'assemblent pour prier, ce qu'ils font en langue Arabesque, est un petit espàce fermé de palissades faites de paille de Millet ou de Roseaux. Celui qui les avertit de se rendre en ce lieu se nomme *Sélimaka.* Il n'a pas plutôt fait le tour du village qu'il trouve tout le monde assemblé. Les Marabous, avant que de commencer à prier se retirent dans un coin pour pouvoir se laver les parties que l'honnêteté oblige de cacher. Tout le reste des Assistans observe la même cérémonie. Ensuite de quoi ils prononcent leurs priéres à haute voix. Ils se prosternent plusieurs fois contre terre, se frapent la bouche de leurs mains, se mettent du sable sur la tête, & ont une espèce de chapelet dont ils se servent pour régler leurs priéres. Ils ne sanctifient aucun jour de la semaine, quoique l'Alcoran leur commande de célébrer particuliérement le Vendredi; mais ils ont des fêtes dont la célebration se fait avec les Cérémonies suivantes.

La premiére est le *Ramadam* qu'ils célébrent le premier jour qu'ils commencent à voir la Lune de Novembre. Dès qu'ils l'aperçoivent, ils se mettent à crier plusieurs fois *Hover en ga*, voilà la Lune, ensuite ils se prosternent pour faire leur *Sala* ou priére, afin de bien commencer ce Carême, pendant lequel ils ne mangent, ne boivent ni ne fument depuis le Soleil levant jusqu'après le Soleil couché; mais ils se relevent deux ou trois fois la nuit, afin, disent-ils, de pouvoir mieux jeûner le lendemain. Les Enfans depuis l'âge de dix ans, & les femmes enceintes gardent exactement ce jeûne jusqu'au jour qu'ils voïent la Lune de Décembre. Sur le soir de ce jour-là ils sortent de leurs Cazes, & s'empressent à qui verra le premier la nouvelle Lune, puis l'aiant vuë ils en témoignent leur joïe en poussant de grands cris. Le lendemain chacun se pare de ses plus beaux ornemens & se rend au village où demeure le principal Marabou de toute une Province, pour assister à un Sala général. Ensuite ils célébrent des Courses de Chevaux dans lesquelles ils font parade de leur adresse à manier la sagaïe. Après quoi ils vont égorger des Bœufs, des Moutons, & des Chevreaux, chacun selon son pouvoir, & se divertissent durant trois jours.

La Circoncision est une autre de leurs fêtes qu'ils célébrent trois semaines ou un mois après le *Ramadam.* L'âge que doivent avoir les enfans n'est point fixé, mais ils les choisissent à leur volonté depuis dix ans jusques à dix-sept ou dix-huit, afin qu'ils soient plus en état de souffrir l'operation. Tous les Enfans à circoncire s'assemblent dès le soir dans la place publique du village, parez de quantité de ces *gris gris* dont j'ai parlé & de leurs plus beaux habits. Ils passent la nuit à chanter & à danser au son de leurs tambours, sans se reposer un moment, & le lendemain sur les neuf ou dix heures du matin ils sortent du village, où le premier homme de ceux qui s'y trouvent en prend un qu'il fait asseoir à terre & lui coupe le prépuce que les Parens resserrent pour le brûler ou l'enterrer. Ils en usent ainsi de crainte que quelque personne malintentionnée pour l'enfant ne s'en serve à faire quelque sortilége contre lui. Ensuite quelqu'autre homme en prend un autre; de sorte que ce ne sont point les Marabous qu'on appelle à cette cérémonie. Les Enfans circoncis, bien loin de crier de la douleur que leur cause cette opération, sautent & dansent aussitôt au son des tambours & font la grimace au Circonciseur pour témoigner leur courage, ce qui donne beaucoup de joïe à leurs parens qui sont là presens.

Ils les emmenent ensuite dans leurs Cazes, où jusques à ce qu'ils soient parfaitement gueris, ils ont plein pouvoir de tuer boeufs, moutons &c. quoi qu'ils ne leur apartiennent pas. Toutefois les filles n'osent se presenter devant eux durant ce tems-là, de peur que la vuë du séxe ne leur cause quelque émotion dangereuse.

Le dixiéme de la Lune de Février ils célébrent la fête du Tabasquet. Elle a cette prérogative sur toutes les autres, qu'ils sacrifient des Moutons chacun dans leurs maisons; & ils croïent beaucoup honorer les François, qu'ils nomment blancs, de leur envoïer une partie de ces viandes offertes en sacrifice. Dans cette fête, comme dans le *Ramadam* & dans toutes les autres, leurs réjouïssances consistent en courses de Chevaux, en luttes, & en danses qui se font au son des tambours portez par des Guiriots qui sont des espèces de boufons ou farceurs.

Enfin leur derniére fête solemnelle est celle qu'ils nomment *Gomou*. Elle se fait le 10. de la Lune de Mai qui est pour eux le premier jour de l'année. Ils s'assemblent tous durant trois nuits depuis le Soleil couché jusques au point du jour, font leurs priéres & dansent à l'entour de leur Marabou, qui lit quelques Chapitres de l'Alcoran, puis ils disent tous au bruit des tambours *Hiamamar*, c'est-à-dire Dieu nous conserve jusqu'à l'autre année. Leur Calendrier est le même que celui des Arabes, dans lequel chaque Lune a son nom propre. Voilà à peu près ce qu'il y a de plus remarquable dans les coûtumes des Négres, dont les uns croïent la Resurrection & les autres la Metempsicose, & dont le zèle infatigable dans les voïages pieux est une preuve qu'ils croïent n'être pas moins soigneux de leurs ames que des plaisirs de leurs corps. L'hospitalité régne parmi eux, & dans les longs pelerinages qu'ils entreprennent pour aller à pié à la Mecque visiter le tombeau de Mahomet, ils ne portent aucune provision, persuadez qu'ils seront bien reçus dans tous les lieux de leur passage.

Le principal commerce qu'on fait au Sénégal consiste en or, en dents d'Eléphant & en Esclaves noirs. Les habitans vendent de l'or en poudre, des cuirs, des gommes, des civettes & des esclaves qu'on transporte en Amerique ou ailleurs, pour les faire travailler aux ouvrages les plus pénibles, tels que sont les mines, les moulins à sucre, & les plantages où il est cultivé. On porte au contraire au Sénégal du Papier, de la Rasade, de toutes couleurs, des grelots & des sonnetes, du cristal, du corail, de la Verrerie de toutes sortes, des chapeaux & des bonnets, des toiles blanches, neuves & usées, du fer, des draps, des serges, de l'eau de vie, des merceries, & des quincailleries. Les Coquillages, que les Hollandois tirent des Maldives, servent aux Négres de monnoïe courante.

DES-

DESCRIPTION DES CASES OU HABITATIONS D[illegible]GRES, DE CELLE DU ROI D'ISSINY & DE SES SUIETS.

DE LA MANIERE DONT CE PRINCE DONNE AUDIENCE AUX ETR[illegible], DES MEUBLES DE CES PEUPLES & DE LEUR MANIERE DE VIVRE.

Le tout recueilli exactement & dessiné sur les lieu[illegible]es soins d'un voiageur qui ne raporte rien qu'il n'ait vû.

Les Negres d'Issiny sont moins Curieux que ceux des autres Cotes pour la construction de leurs maisons. Ce ne sont que de méchantes Cases faites de roseaux, & couvertes de feuilles de palme. Elles sont si basses qu'à peine un homme s'y peut il tenir debout. Il est vrai qu'ils n'y entrent guère que pour se coucher, & lors qu'il fait de la pluie, le reste du tems ils se tiennent dehors à la fraicheur, sous des apentis qu'ils font de feuillages. L'entrée de ces Cases est un trou quarré d'environ un pié & demi au plus, par lequel il faut se glisser avec peine, & ils le bouchent avec une petite porte de roseaux, qu'ils attachent avec des cordes en dedans de peur des tigres [illegible] ils font du feu au milieu de cette case, où il n'y a point de cheminée. Ce qui ne fume pas mal par consequent. Là ils se couchent sur des nattes ou sur des roseaux tout autour, les piés tournez vers le feu.

A côté est la Case de leurs femmes, où elles couchent, boivent & mangent à part, se faisant rarement avec leurs maris. Ces Cases pour la plus part sont enclozes d'une grande Pallissade de roseaux qui forme une espèce de Cour, où il y a pareillement une petite porte, de deux piés & demi au moins & qu'on a soin de fermer tous les soirs. Cette Cour & le plancher des Chambres qui n'est que pur sable, sont tous les jours nettoiez exactement, plûtôt deux fois qu'une, parce qu'ils ne peuvent souffrir la moindre saleté.

Chaque Village a une grande Case écartée des autres, d'environ cent pas, dans laquelle toutes les filles & femmes sans exception, qui ont leur maladies ordinaires, sont obligées de se retirer, separées de la conversation de tout le monde, jusqu'à ce que leurs purgations soient entièrement cessées. On leur y porte les choses ne[illegible] pour la vie, & elles n'oseroient celer cette infirmité lors qu'elle leur arrive, parce qu'il n'y va pas moins que de la vie, si on s'apercevoit qu'elles apretassent quelque chose pour leurs maris pendant ce tems là.

Les Negres ne sont pas plus curieux en meubles qu'en Cases. Ils ont quelque méchant Coffre de matelot acheté à bord des Vaisseaux qui passent, ils se croient grands Seigneurs. Ils ont quelque petit siege de demi pié de haut sur lesquels ils s'asseient, & qui leur servent la nuit de coussinet pour reposer. Leurs Esclaves les leur portent par tout où ils vont, pour n'être pas obligez de rester long tems debout. Et toute la distinction qu'ils ont pour un Blanc qui les va voir est de leur en presenter un. Pour Vaisselle ils ont quelque méchant Pot qu'ils font eux mêmes, de sable mêlé d'un peu de terre grasse, si mal cuite qu'il est difficile de les manier sans les casser. Leur interieur est garnie de quelques gamelles de bois dans lesquelles ils versent ce qu'ils ont apreté pour manger. Ils trempent toute la main pour fouiller au fond de leur sauce, & chercher quelque petit morceau de poisson ou de poule [illegible] qu'ils y ont jetté. Ce pain n'est autre chose que du mays & du millet pilé & mêlé avec un peu d'eau, que les femmes font cuire dans un pot chaque jour, n'aiant ni moulins ni fours tels que nous en avons en Europe.

Les Negres souhaitent avec passion d'être enterrez dans le lieu de leur naissance, c'est pourquoi si quelqu'un d'entr'eux vient à mourir dans un païs étranger, il arrive souvent qu'on transporte delà le corps du défunt dans sa patrie. Mais si l'endroit où il est mort est trop éloigné, on se contente de celebrer là ses funerailles, & s'il s'y trouve quelqu'un de ses parens ou amis, ils lui coupent ou la tête, ou un bras, ou une jambe, qu'ils font cuire & le nétoient bien, puis ils portent les os qui restent dans sa patrie, où on les enterre honnorablement à proportion de la qualité d'un chacun.

Dès qu'un Enfant est né dans ce païs, on va chercher un Prêtre qui lui fait incontinent attacher autour du corps, du col, des bras & des jambes quantité de Cordelettes, de corail & d'autres bagatelles après les avoir consacrées par des exorcismes, ce qui à leur avis preserve l'Enfant de maladies & d'autres accidens. Le Père ne se mêle point de son éducation, & la Mère fort peu, car dès que les Enfans savent marcher on les laisse aller où ils veulent avec un morceau de pain sec même sur le bord de la mer, sans beaucoup s'en embarasser.

[illegible]

Le vin de palme est le suc d'un Palmier qui n'est pas epineux, dont les Negres ont [illegible] des Campagnes toutes pleines, qui apartiennent à qui les veut travailler. Ils vont ordinairement deux fois le jour pour le tirer, savoir le matin & le soir, munis d'un petit cisseau plat qui n'est [illegible] ne large que le pouce. Ils montent au haut d'un Palmier, qui pour être bon doit être parvenu à [illegible] maturité qu'ils connoissent. Après en avoir tiré deux ou trois branches ou rameaux, ils le[illegible] avec ce ciseau dans le sommet, qui est tendre, & y font un trou dans lequel le jeune [illegible] ver. Ils mettent ensuite dans ce trou une certaine feuille large, épaisse & capable de résister, [illegible] coule le vin. Après quoi ils y suspendent un grand pot dont la bouche est étroite & dont le col [illegible] semblables à peu près aux pots à [illegible], dont on se sert en France. Et retournent le soir [illegible] chercher ce pot, qu'ils trouvent plein d'une liqueur, dont la couleur & le goût sont semblables [illegible] petit lait. Ce vin échauffe & enivre, si l'on en boit avec excès. Il n'a pas la proprieté de se [illegible] lement jusqu'au lendemain, car il devient aigre, cependant les Negres le boivent volontiers de [illegible] trois jours, parce qu'ils aiment mieux cette âpreté qui leur rend [illegible] le gosier, que la douceur [illegible] dont il est remplì sortant de l'arbre. Quelques uns disent qu'il est mal sain, plusieurs [illegible] en ont bû sans en être incommodez. On a seulement reconnu qu'il a la proprieté de lâcher le [illegible] and on le boit à jeun. Toutes les fois qu'on va chercher le pot, il faut faire une nouvelle plaie à [illegible] autrement la liqueur cesseroit de couler.

Cette Planche represente la salle d'Audience du Roi d'Issiny, ce n'est autre chose qu'une Halle [illegible] Grange bâtie de roseaux, haute par le toit de 24 ou 25 piés, longue de 20 & large de 15. Elle n'est ni [illegible], ni meublée, ni parée, c'est un pur sable mouvant qu'on a sous les piés. Le Trône est un lit, [illegible] de quatre petites colonnes, & noirci en façon d'Ebene. Ce lit qui n'a ni Ciel, ni fond, ni rideaux, [illegible] placé à un des bouts de cette chambre, avec quelques planches sur lesquelles il y a quelques [illegible] étendues. Le Roi est assis au milieu avec une pipe à la bouche d'environ une brasse de long, [illegible] paroit avec la contenance la plus noble. Il est nud comme le reste de ses sujets, & porte un chapeau noir, bordé d'argent, avec une plume blanche à la françoise. Sa barbe est cordelée en plusieurs [illegible], enfilées de petites pierres précieuses, qu'ils appellent aygris, & qu'ils prisent autant que l'or à grand [illegible]. A côté du Roi sont assises ses deux femmes favorites, portant chacune sur leur épaule un large sabre à poignée d'or, d'où pend un crane de brebis d'or gros comme le naturel. Ces deux femmes sont ornées [illegible] colliers & de brasselets d'or, & de grandes plaques d'or en forme de [illegible], qui par le moien d'une chaîne de même leur descendent sur le sein. Derriere ces deux premieres, il y en a six autres sur le trône, de[illegible], l'une qui porte sa pipe, l'autre son verre, l'autre une petite bouteille d'eau de vie, dont le Roi est fort [illegible], & les autres ont divers emplois de cette nature. Au pié du trône sont deux hommes armez de [illegible], tenant chacun une sagaie garnie d'or. Il y a en dehors plusieurs tambours & trompettes qui ne laissent point de faire une horrible carillon, tandis que le Roi fume sa pipe, & quand il a achevé de fumer, il [illegible] demander tout bas à ceux qui le viennent voir quel est le sujet de leur voiage, à quoi il repond de même.

Les Cases des Negres de Sestre sont les plus joliment travaillées de toutes celles de la Guinée. Elles sont faites de petits roseaux gros comme le pouce, dont l'un ne passe pas l'autre, & ajustez ensemble très proprement. Elles sont rondes en quelques endroits, comme chez le Roi d'Anah, & quarrées en d'autres. Quelques unes ont un ou deux étages, où l'on monte par une petite echelle & celles qui apartiennent aux plus pauvres, sont au moins élevées de terre de trois ou quatre piés, parce que dans la saison des pluies leur païs est inondé, ce qui les oblige de les bâtir ainsi. La porte en est plus haute que chez les autres Negres, mais l'entrée en est extraordinaire, car entrant par la porte qui est toûjours à un angle de la maison, il faut marcher d'angle en angle, par une petite allée large d'un pié & demi au plus, & faire de la sorte deux circuits autour de la chambre quarrée qui est au milieu, & qui peut avoir douze ou treize piés de diametre. Au milieu de cette chambre, où en plein jour on ne voit qu'à la faveur de quelques roseaux mal joints, il y a une grande pierre platte, sur laquelle ils font du feu qu'ils entretiennent toute la nuit, avec beaucoup de fumée, pour chasser les Maringouins, Mosquites & autres insectes importuns, qui ne les laisseroient jamais en repos, étant nuds comme ils sont.

Les jours que les Negres se veulent traiter, & qu'ils ont pour cela quelque poisson, ils prennent de la corosse qui est une sorte de fruit de palmier, qu'ils font bouillir avec le poisson, puis quand elle est cuite ils la tirent du feu, la mettent dans un mortier, & lui donnent quelques coups. Ensuite ils la pressent pour en faire sortir le jus, après quoi ils la remettent sur le feu avec le poisson, dans lequel ils jettent un peu de sel & beaucoup de piment qui est une espèce de poivre. Tout cela ensemble fait la sauce ou [illegible] de l'eau chaude, & fait un ragoût passablement bon. Cette corosse est leur nourriture ordinaire & lors qu'ils n'ont pas de poisson, ils font toujours une sauce pour manger avec leur pain, elle se fait avec l'huile de palme, qui leur sert de beurre & leur tient lieu de tout.

Quand quelqu'un des Negres vient à mourir on l'enterre sous sa Case qu'on abat dessus, & sa famille change ensuite d'habitation. En quelques endroits ils couchent tous ensemble, hommes, femmes & enfans, sans crainte d'incommoditez. Tous ceux qui habitent le long des Côtes, lors qu'ils sont avec les Blancs, parlent une espèce de Portugais corrompu, qu'ils appellent la langue franque, ce qui est d'une grande commodité pour les Negocians, qui sans cela seroient obligez d'avoir des Interprètes, de dix en dix lieues que la langue naturelle change ordinairement. Car c'est une chose surprenante de voir la grande diversité de langues qui se trouve en cette partie du monde, & le peu de conformité qu'elles ont entr'elles, ce qui embarrasse extrêmement les Voiageurs.

PREMIERE DISSERTATION
SUR
LA GUINEE.

La Guinée, dont le nom marque la sécheresse & la chaleur, est moins étenduë que la Nigritie; mais beaucoup plus habitée, parce qu'il y a plus de côtes. Ses bornes sont à l'Est, le Roïaume de Biafara, au Nord la Nigritie, à l'Ouest le Roïaume de Sierra-Leona, & au Midi la Mer de Guinée. On lui donne trois cens vingt lieuës de longueur, & cent quatre-vingt de largeur. D'autres ne la font longue que de deux cens cinquante lieuës, & conviennent sur la largeur. Vers le milieu du quatorziéme siécle, des Navigateurs François l'aiant découverte, quelques-uns de cette Nation-là y formerent des établissemens; mais durant les troubles du Roïaume sous Charles VI. & Charles VII. son Fils, ils abandonnerent ce Païs. Dans la suite du tems, les Portugais, les Anglois, les Hollandois, les Suédois & les Danois y ont planté des Tabernacles & s'y sont fortifiez en divers endroits.

La Guinée est un fort bon Païs: la quantité de ruisseaux dont elle est entrecoupée, & la pluie qui y tombe très-souvent, fertilise beaucoup le terroir. Mais d'un autre côté cette grande humidité jointe à un chaud excessif, rend le climat si mal sain qu'il cause des maladies dont peu d'Etrangers sont exemts. D'ailleurs la fertilité de la Guinée consiste en poivre, en cannes de sucre, en coton, en ris, en millet, en orge, & en plusieurs autres sortes de grains: mais il n'y a point de froment, qui pourtant est tellement le principal qu'il vaut mieux lui seul que tous les autres ensemble. Les fruits ne manquent pas non plus dans la contrée dont il s'agit. Mais tous ces biens de la Terre abondent sur tout dans les lieux, où les Européens ont des Forts, & des Habitations. Le Païs est riche en mines d'or. Il nourrit aussi quantité de bêtes rares: grand nombre d'Elephans, des Paons, des Perroquets, des Singes des plus singes, des Tigres, des Leopards &c. On y pêche, vers les Côtes du Poisson fort estimé; entr'autres la Dorade, & la Bonite. Quelques-uns ajoûtent le Cochon de Mer, ou Marsouin: mais outre qu'il n'est pas rare en Europe, c'est lui faire trop d'honneur que de le compter entre les *poissons excellens*: car il n'est guére de plus mauvaise chair. Les principales marchandises c'est l'Ivoire, les Guenons, les Cuirs, la Cire, l'Ambre gris, l'Or & les Hommes; & tout cela se troque pour des Draps, des Toiles, du Fer, des Armes, des Ouvrages de verre, & autre choses qu'on y porte de ces quartiers-ci.

Les montagnes remarquables sont celles que les Portugais nomment *Montes Claros*, que les Occidentaux apellent les montagnes des Lions. Les Fleuves sont le Suéiro da Costa, le Volta, le Lago, le Calabri, le Rey, le Benin, & le Boscaramoneos, qui separe la Guinée de Biafara. Entre le Lago & le Benin il y a vers la Côte un grand Lac nommé Curamo qui a plus de cinquante lieuës de tour.

Les Habitans de Guinée ne manquent communément ni de genie ni d'adresse, & ils ont même beaucoup d'ouverture & d'intelligence pour le Négoce, principalement ceux qui vivent sur les Côtes. Mais ils gâtent ces bonnes qualitez par un grand penchant à l'orgueil, & d'ailleurs ils sont fort pour la communauté des biens, n'y aiant pas au monde de plus grands voleurs. On les taxe aussi de paresse, de lâcheté, de faineantise; & cela avec d'autant plus de justice qu'ils excellent en force & en vigueur. Ils sont tout-à-fait noirs, excepté par les dents. Le luxe & la magnificence des habits ne les tente point, & la nudité ne les fait point rougir. Car comme si par un privilege special, ils avoient conservé l'innocence naturelle; comme s'ils n'avoient point eu de part à la Chute de nos premiers Parens, ils vont comme Adam & Eve alloient dans le Paradis terrestre avant la tentation. Dans cet équipage, si opposé à la pudeur, ces gens-là marchent le couteau à la main, & cela pour être toûjours prêts à l'offensive, ou à la defensive contre ceux à qui ils en veulent, ou dont ils ont envie de se venger. Leur cuisine est sans aprêts, si ce n'est d'écorcher les bêtes, ou de plumer la volaille; car ils mangent la chair toute cruë. Le beau sexe noir de ce Païs-là est amoureux jusques à la derniére lubricité, voilà pour le général.

Pour suivre maintenant l'ordre Géographique dans la description particuliére de la Guinée qui se divise en Haute & Basse, je commencerai par la premiére qui renferme trois grandes Parties, la Malaguette ou Côte des dents, le Roïaume de Benin, & la Guinée propre. La Basse contient tout le Païs de Biafara, & les Roïaumes de Loango, de Congo, & d'Angola. La *Malaguette*, qui avance au dela du Cap de Sierra Pionoa ou de Tagrin, a pris son nom d'une plante ainsi nommée, qui y croît en abondance & qui est une espéce de poivre long. Les Anglois y ont

ont établi une colonie depuis quelques années & y font un très-grand commerce. Le Païs appellé Gryen-Kust, s'étend depuis *Capo del monte* jusques au Cap *das Palmas*, & n'est habité que par de miserables Négres, dont presque chaque village a un Roi ou un Capitaine aussi sauvage que ses sujets. Les Vaisseaux y négocient tout en voguant; les Chaloupes aprochent des Côtes avec quelque vieilles hardes, du Brandevin, du Tabac, des Merceries, & autres choses semblables, & les Negres abordent avec de l'Ivoire ou de la Malaquette dans leurs canots; en sorte que les échanges sont bientôt faits. Depuis le Cap *das Palmas* jusques à Achin près du Cap *de tres puntos*, est le Païs apellé *Côte des Dents*. Les Négres y sont très-sauvages & très-misérables. Tout leur negoce consiste en dents d'Elephans qui sont en grand nombre dans ce Païs.

Près de là est le Roïaume de Sestre, connu sous le nom de Côte des graines, autrefois possédée par les François, qui y entretenoient plusieurs Comptoirs, & y faisoient un commerce considerable. La terre en est basse, grasse, & arrosée de quantité de ruisseaux & de riviéres qui la rendent si couverte de bois, que l'on ne peut presque entrer dans les villages que l'un après l'autre. Les Voïageurs l'attribuent à la négligence des Habitans, paresseux de se fraïer des chemins; mais la meilleure raison est que ces bois leur servent de Forteresse, & les defend des incursions de ceux qui ne vont sur ces Côtes que pour faire des Esclaves. La fraicheur de cette terre y produit une très-grande quantité de fruits, tels que les Bananes, Figues bananes, Ignames, Patates, &c. & beaucoup de Mil, de Mays, que l'on apelle en France Blé de Turquie, de Corosso, d'Ananas, de Pois de plusieurs sortes, excellens à manger, des Giromons qui sont des espèces de citrouilles, & une infinité d'autres fruits de terre, qu'il seroit trop long de raporter. Mais en même tems que ces lieux aquatiques produisent abondamment de quoi nourrir les habitans du Païs, ils le rendent impratiquable aux Blancs qui n'y sauroient vivre longtems, à cause des vapeurs de cette terre humide, imbibée d'eau presque toute l'année. C'est peut-être ce qui a contribué à le faire abandonner des François qui y possedoient autrefois plusieurs places, dont l'une se nommoit le *petit Dieppe* & l'autre *Paris*. Il n'est aujourd'hui habité que par des Negres, les mieux faits & les plus industrieux de la Guinée; mais en même tems les plus paresseux de tous, ce qui fait qu'ils ne se donnent pas la peine de travailler.

La Riviére de Sestre donne le nom à tout un Roïaume, & par la commodité qu'elle procure de faire du bois, de l'eau & d'autres rafraichissemens, elle y attire presque tous les Vaisseaux qui navigent le long des Côtes. Toutes les Femmes & Filles fument dans ce Païs aussi bien que les Hommes & les Garçons avec des pipes si grosses que dix ou douze personnes peuvent long-tems s'en contenter sans y remettre du tabac. Le tuïau est long de cinq ou six piés, & la pipe a environ un demi-pié de circonference. Ce sont elles seulement, comme parmi les autres Negres, qui travaillent dans le menage pendant que les Hommes passent le tems à dormir, à fumer & à ne rien faire. Elles nagent comme des poissons, & lorsque les Passagers veulent faire de l'eau, ce sont elles qui offrent pour cela leurs services. Alors elles se jettent toutes à la nage dans la Riviére pour arriver les premiéres aux sources, & gagner le prix convenu par pipe d'eau. On les leur paie en monnoïe du Païs, qui est une espéce de petits coquillages blancs appelez Souges ou Coris, que l'on va chercher aux Maldives; on les aporte ensuite en Europe & on les achette au quintal, pour négocier avec cette monnoïe sur ces Côtes où elles ont cours en quelques Roïaumes.

A deux lieuës de l'embouchure de cette Riviére est un grand village qui porte comme elle le nom de Sestre. C'est la demeure ordinaire du Roi du Païs, qui va nud comme ses sujets à la reserve d'un petit guenillon dont il couvre les parties que la pudeur defend de montrer. Les volailles sont très-communes en ce Païs & à bon marché; lorsqu'il ne s'y trouve pas une grande quantité de Vaisseaux. Les Bois sont remplis d'Elephans, de Bœufs sauvages, de Cabris, & d'autres animaux de venaison, sans parler des Bêtes féroces qui y sont en grand nombre. Mais quoique les Négres aiment mieux la chair, qu'aucuns des Habitans de la Guinée, ils sont si poltrons qu'ils n'osent aller à la chasse de ces animaux, où l'on court souvent risque de la vie. Ils aiment beaucoup les Menilles de Fer qu'ils portent aux bras & aux jambes, du poids de quatre à cinq livres chacune. Il y a dans ces mers tout le long de la Côte un excrement apellé Galeros, long d'environ demi-pié sur quatre doigts de large. Ces Galeros sont d'un beau violet bordé d'un rouge incarnat, mais si venimeuses & si cuisantes qu'elles causent une très-violente douleur. Elles flotent sur l'eau comme un petit bateau, & font souvent repentir de leur curiosité ceux que leur éclat engage à les toucher. On y trouve aussi un poisson semblable à une Etoile qui a une si grande quantité de piés, qu'il n'est pas possible de les compter.

La Riviére de Sestre, comme la plûpart de celles d'Afrique, nourrit des Dragons d'eau, nommez Caimants, c'est une espéce de Crocodilles qui devorent les Hommes quand ils les rencontrent à leur avantage. Cet animal a six rognons d'odeur de musc qui le fait sentir de loin & le fait éviter. Il est amphibie de sa nature & vit autant sur terre que dans l'eau. Sa machoire de dessous est immobile, ce qui le rend fort singulier dans son espéce, n'y aiant guére d'autre Qradupede qui remue, en mangeant, la machoire superieure seulement. Sa longueur est ordinairement de huit à dix piés, & sa figure celle d'un Lezard. Son corps est écaillé à l'épreuve du mousquet, & à moins que de le tirer par derriére au rebours des écailles, on ne peut réüssir à le tuer. Toute la Côte jusques à Issyni est très-dangereuse à cause des Brisans. Elle est habitée par les plus feroces de tous les Negres grands antropophages, qui devorent tous les blancs qu'ils peuvent atraper, & leurs propres voisins lorsqu'ils les peuvent prendre en guerre. C'est ce qui fait qu'on descend rarement à terre, à moins qu'on n'y soit obligé par nécessité; auquel cas il faut y aller bien armé, en grand nombre & prendre bien ses mesures. Cette difficulté d'entrer dans un Païs, où les blancs n'ont presque jamais mis le pié sans danger, est cause qu'on en ignore l'étenduë, & qu'on ne sait rien ni de la forme du Gouvernement de ces Peuples

ni

ni de leur Religion, s'ils en ont une. Ils aportent aux Vaisseaux quantité de Maniguette, qui est une sorte de poivre, du Ris, du Mil, des Volailles, des Perroquets, des Singes, & de l'Ivoire en échange d'eau de vie, de couteaux, de serpes, de haches, & de quelques peignes qu'on leur donne.

Là commence la Côte d'or, dont un des principaux Roïaumes est celui d'Issyni inconnu néanmoins à la plûpart des Géographes. La raison pour laquelle ils ne le mettent point sur les Cartes dans l'endroit où il est presentement, vient sans doute d'un changement arrivé en ce Païs, qu'il est à propos d'expliquer sur les memoires d'un Voïageur qui s'est transporté sur les lieux, & qui en parle moins sur le raport d'autrui que sur ce qu'il a vu lui-même. Il y a environ quatre-vingt ans, dit-il, qu'un certain Peuple nommé Esiep dont le Roi se nommoit Faï, qui habitoit dans les terres les plus voisines du Cap apellé communément Apollonia, en fut chassé par les guerres que lui declarérent les Peuples d'Aximo & se refugia à Asbing, lieu appartenant aux Peuples nommez *Veteres* qui le reçurent humainement, lui donnérent l'hospitalité, lui distribuérent des terres à cultiver & le regarderent ensuite comme un Peuple Compatriote & Ami. Ils demeurérent quelques années dans cette bonne intelligence, s'assistant les uns les autres dans tous leurs besoins. Mais ce nouveau Peuple naturellement remuant s'étant rendu puissant & redoutable à ses bienfaicteurs se souvint d'où il étoit sorti, & se voïant chez une autre Nation il se crut en esclavage, quoiqu'il joüit d'une pleine liberté. Dans cette pensée il prit la résolution de secouër le joug qu'il croïoit porter. Il commença donc à lever la tête, & à mépriser ouvertement ceux qui l'avoient reçu, qui étant depourvus d'armes à feu, dont les autres étoient munis à cause du Commerce que la proximité de la Mer leur procuroit avec les Européens, ne se trouvoient pas en état de leur faire éprouver leur ressentiment.

Vers l'an 1670. il arriva qu'une Nation nommée *Ochin*, qui habitoit une terre située dix lieuës en deçà du Cap Apollonia, autrement Issiny, se brouilla avec ceux du même Cap, que les Naturels appellent *Guiomo* ou *Guioumray*, & en étant venus plusieurs fois aux mains, cette Nation fut contrainte de se retirer & de chercher une autre terre. Ils se souvinrent que leur Roi *Zena* étant de la Famille des *Aumouans* qui lui étoit commune avec celui des *Veteres*, ils ne pourroient mieux faire que de se retirer auprès d'eux, d'autant plus qu'ils avoient plusieurs terres incultes; se persuadant qu'ils ne leur refuseroient pas une grace qu'ils avoient accordée quelques années auparavant au Peuple d'*Esiep* qui ne leur étoit joint par aucune alliance. Leur esperance ne fut point trompée. Les *Veteres* mecontens de leurs premiers hôtes & n'osant leur faire tête, se persuadérent que le Ciel leur envoïoit par là une occasion favorable de se venger des outrages passez. Ils reçurent ces nouveaux venus avec joïe, leur assignerent des terres & leur decouvrirent leurs mécontentemens. Ceux-ci pour s'accrediter auprès d'eux leur promirent tout secours; ce qui relevant enfin le courage des premiers les porta à mépriser à leur tour leurs anciens hôtes. Il n'en falut pas davantage pour exciter entr'eux des divisions, des querelles & une guerre ouverte, qu'ils se declarerent reciproquement; en sorte que les *Veteres*, aidez de leurs nouveaux amis eurent sur les autres divers avantages dans les combats qu'ils se livrerent. Les vaincus se sentant les plus foibles, se battirent toûjours en retraite, & abandonnerent le champ de bataille aux gens d'Issiny. Ceux-ci occuperent la place des fuïards, prirent leurs terres & s'y établirent, pendant que ceux d'Esiep, pour éviter leur fureur, se retirerent sur la Côte des Dents (autrement des *Qua-qua*, parce qu'ils ont toûjours ce mot à la bouche) où ils s'arrêterent & s'établirent près de la Riviére de Saint André. Ceux d'Issiny néanmoins ne laissent pas de les y aller de tems en tems chercher, pour les battre & faire des esclaves, étant toûjours demeurez ennemis irréconciliables depuis ce tems-là.

Ainsi cette place qui apartenoit auparavant aux *Veteres* & qui se nommoit Asbiny, aiant été occupée par les gens d'Esiep & se trouvant maintenant possedée par ceux d'Issiny qui y sont les plus forts, a changé son premier nom, & se nomme *Issiny* du nom de la Nation qui l'occupe. Par ce moïen leur premiére demeure, qu'ils nomment encore le *Grand Issiny* pour le distinguer de celui-ci, dont il n'est éloigné que de dix lieuës, est resté inculte & inhabité. Ce qui fait sans doute, comme je l'ai déja remarqué, que les Cartes Géographiques ne placent point Issiny, où il est presentement, parce qu'apparemment les Géographes n'ont point de connoissance du changement arrivé parmi ces Peuples.

Ce Roïaume d'Issiny n'est ni si grand ni si considerable que quelques uns se l'imaginent: il n'a dans sa dependance qu'environ 10. ou 12. villages placez proche de la Mer ou dans des Iles que forme la Riviére. Il occupe tout au plus dix ou douze lieuës le long de la Côte, & n'avance guére que deux ou trois lieuës dans les terres. Il ne possede que deux places maritimes, dont la principale s'apelle *Takuechue* & l'autre *Bangyo*: sa Ville Capitale se nomme *Assoco*, située dans une Ile de même nom que forme la Riviére à une lieuë & demie de la Mer. Elle peut avoir deux cens mauvaises Cases de Roseaux & contenir environ mille ou douze cens personnes. Le Roïaume, s'il est permis de profaner un si grand nom, a pour voisin du côté du Nord un Peuple qu'on nomme les Compas, qui sont une espèce de Republiquains. Il est borné à l'Est par les Roïaumes de *Guoiunray*, autrement le Cap Apollonia, & celui d'*Edoua* qui n'est éloigné d'*Assoco*, que de dix lieuës: au Sud par la Mer, & à l'Ouest par la Côte des Dents. La terre en est si basse qu'il seroit impossible de l'apercevoir de plus d'une lieuë en Mer, si les grans arbres dont elle est bordée ne la faisoient découvrir de deux ou trois lieuës. Elle est arrosée d'une des plus belles Riviéres d'Afrique; navigable par tout si elle pouvoit commodément porter dans la Mer. C'est ce qui a fait que les Géographes ne l'ont marquée sur la Carte ni aussi grande ni aussi belle qu'elle est. Son embouchure est fermée par un vaste banc de sable qui la rend inaccessible de ce côté-là; quoique quelques canots des Negres la franchissent quand la Mer est belle pour aller negocier à bord des Vaisseaux qui mouillent souvent à la rade. Les Naturels du Païs disent qu'à six journées vers sa source elle est bouchée par de grands

grands rochers, du haut desquels elle tombe & forme une cascade admirable. Là s'ils veulent passer il faut qu'ils portent leurs Canots à la faveur de quelque passage étroit qui est au bord, long environ d'une portée de fusil; puis ils les remettent sur cette Riviére qui est ensuite navigable par tout & se répand bien avant dans des Païs qu'ils ne connoissent pas. Quelques-uns ont été jusques à Abahini & à Enzoko qu'ils disent être éloignez de la Mer, le premier de dix journées qui font bien cent lieues de France, & le second de trente qui font pour le moins 300. lieues, où ils racontent qu'on fait de très-beaux tapis de Turquie, & de belles étofes de Coton raïées de soïe, & que l'on voit de très-grandes Villes bâties de pierre. Ces decouvertes seroient dignes de la curiosité des Voïageurs, & il y a aparence qu'on en feroit de très-belles le long de cette Riviére.

La terre d'Issiny, comme celle de presque toutes les Côtes de Guinée, n'est qu'un sable blanc, sec & aride, qui cause beaucoup de peine aux Voïageurs. Elle ne produit presque rien que des herbes pour les animaux, qui pourroient s'y nourrir, si les Peuples avoient l'industrie de la faire valoir. Elle produit néanmoins dans les lieux bas & humides quelques bananes qui servent de nourriture aux gens du Païs. Ils en choisissent quelques cantons qui n'ont point encore été cultivez, & après l'avoir défriché, ils y sément quelque peu de ris, de blé d'Espagne, ou du millet. Elle est meilleure dans les Iles que forment la Riviére, où il croît beaucoup de fruits, des Cocos, Ananas, Palmiers & autres plantes, utiles & agréables. Pour ce qui regarde la température de l'air, quoique ce Païs soit près de la Ligne & dans la Zone Torride, il n'est ni si mal sain, ni si incommode qu'on se le figure en Europe. La plus grande partie de l'année, on y jouit d'un air pur & agréable. Il est vrai que dans les mois de Mai, Juin, & Août, qui est la saison ordinaire des pluïes en ce Païs, il y a quelquefois d'épais brouillards, auxquels il ne faut pas s'exposer, jusques à ce que le Soleil ait la force de les surmonter; mais pour peu de précautions qu'on prenne pour conserver sa santé, il est aussi aisé d'y vivre agréablement qu'en aucun endroit de l'Europe. Il faut pourtant avouer que depuis le mois d'Octobre jusques à la mi-Avril l'air y est si chaud, & les raïons du Soleil si brûlans qu'il n'est guére possible de les soûtenir, à moins qu'on n'y soit accoûtumé: ce qu'on fait peu à peu en cherchant l'ombre durant la plus grande chaleur. Enfin il n'y a guére de Païs plus charmant & plus agréable à la vuë. Car pour peu qu'on s'avance dans ses vastes plaines, remplies de bocages, on aperçoit une infinité de perspectives admirables que forme l'enfoncement des grands arbres, dont elles sont couvertes de distance en distance. Sur tout celle de la Riviére, dont le Païs est arrosé, est le plus beau point de vuë qui se puisse imaginer, étant bordé d'arbres çà & là sur le rivage, qu'on croiroit plantez au cordeau; tant il y paroît de justesse & d'arrangement.

J'ai dit qu'*Assoco* est la Ville Capitale de ce Païs, elle est aussi la demeure du Roi. Son Palais est bâti de Roseaux entrelassez, enduits de bouë, qui est peinte avec de la terre rouge, grise, & jaune en plusieurs endroits, mais sans aucun ordre ni dessein. Il y a deux ou trois apartemens en bas & autant en haut, tous terrassez comme je viens de dire & couverts au dehors de feuilles de Palmier. Ce Palais est au milieu de plusieurs grandes enceintes, ou palissades de Roseaux qui forment trois Cours avant que d'y arriver. Pour entrer dans la première, il faut monter par une Echelle très-difficile de sept ou huit échelons, separez de près de deux piés, lorsqu'on est en haut on en trouve une autre de même structure par où il faut descendre, & où tout autre que les Negres qui y sont accoûtumez, ne peut manquer de tomber. Les cases de ses Femmes sont autour de ce Palais, bâties de simples Roseaux, & couvertes comme toutes les autres, de feuilles de Palmier. Il n'y a dans tout le Roïaume que cette case du Roi, celle de son Frere, & deux ou trois autres qu'on a fait bâtir depuis peu à Assoco, qui soient enduites de terre: toutes les autres ne sont que de méchantes Cabanes pires que celles des Charbonniers qui sont dans les forêts en France. Le Roi tient ordinairement à la première barriére deux de ses Esclaves en sentinelle, chacun une sagaye en main & un sabre à la ceinture. Ils se relevent d'eux-mêmes les uns les autres lorsqu'ils y ont été un certain tems, sans qu'ils aïent besoin d'Officier pour les commander ni de corps de garde. Lorsque le Roi sort il y en a environ cinquante qui l'accompagnent armez de fuzils & de sabres, avec quelques-uns de ses Baboumets, c'est-à-dire Anciens & des Grands de son Etat, dont sa Cour est composée. Tous s'étudient à lui plaire, & à gagner son amitié. Pour cet effet ils le vont voir pour l'entretenir & le divertir; ils fument avec lui, & font le *Palabre* sur la moindre chose qui se presente: c'est-à-dire qu'ils tiennent un long conseil, fort ennuïeux pour ceux qui ont quelque affaire, à cause de leur extrême lenteur à décider. Cette longueur vient de la trop grande liberté que chacun a d'y dire son sentiment, jusques aux Esclaves qui n'en sont pas exclus. Mais quoique leur conseil soit ainsi public, ils gardent inviolablement le secret sur ce qui a été prononcé.

Il seroit difficile de dire positivement quelles sont les richesses de ce Roi, non plus que d'aucun Brembi du Roïaume. Ils prennent tous un très-grand soin de les cacher, & l'on n'en peut juger que par conjecture. Le Roi même & tous les autres les cachent en terre pour en dérober la connoissance à tout le monde. Il n'y a qu'une seule personne qui entre avec eux en confidence de leur secret. Leur cache est ordinairement au pié de quelque grand arbre, ou dans des Bananiers. Ils la visitent tous les ans pour changer les cofres, où ils renferment leur Or, & y mettre ce qu'ils ont amassé de nouveau, n'en tirant jamais que pour des necessitez fort pressantes. Il est très-certain que le Roi & toutes ses Femmes ne depensent pas 10. Pistoles par an, tant en vivres qu'en habillemens. Il se contente de peu, va lui-même au marché acheter du poisson, une Banane ou quelque autre bagatelle, marchandant plus long-tems que ne feroit le moindre de ses Esclaves. C'est au moins ce qu'assure le Voïageur qui m'a fourni ce récit, qui en parle comme témoin oculaire, & qui dit que ce Roi, qui regnoit il n'y a pas plus de 7. ou 8. ans, étoit un venérable vieillard, nommé *Akafini*, âgé d'environ 70. ans, bel homme, grand & majesjestueux, fort ami des François, qu'il a essaié plusieurs fois d'établir dans son Païs, même avant qu'il fût Roi, & sous le régne de Zerta son Prédecesseur. Il a seulement quelques livres d'or en poudre hors de la cache, qu'il expose au commerce, outre celui qui est en plaques & en fetiches pour les jours solemnels, lorsqu'il faut paroître. Avec cet or exposé au commerce, qu'il exerce presque seul dans son Roïaume, il envoïe à tous les Vaisseaux qui passent acheter de la poudre & des fuzils, marchandises où il a seul le pouvoir de negocier. Il est defendu à tout autre de le faire sous peine de confiscation. Quant à ses revenus, il n'en a aucun de fixe. Il a seulement quelques confiscations & quelques amendes : n'y aiant aucun fond attaché au domaine de la Couronne. Ainsi tous ceux qui y aspirent travaillent continuellement à devenir riches par le moïen du Commerce, & à amasser de l'or pour se faire respecter. Le Roi a sa part aux vols du Roïaume, aussi bien qu'aux presens que les Blancs font à ses sujets. Dans le tems de la semaille des grains, il va en personne dans les champs qu'il a fait preparer par ses Esclaves, lesquels lui doivent une journée ou deux de leur travail *gratis* & les fait ensemencer en sa presence. Il y retourne de même au tems de la moisson, & invite ses sujets à cueillir les grains en coupant de sa main quelques poignées pour leur donner exemple. Le pouvoir de ce Roi est très-mediocre, si ce n'est à l'égard des pauvres & des esclaves sur lesquels il a une autorité absoluë, & à qui il peut faire couper la tête en cas de desobéïssance. Celui qui lui succéde est ordinairement son plus proche parent, à l'exclusion de ses enfans propres, à qui il ne peut rien laisser par la Loi du Païs. On les honore seulement pendant qu'il vit ; mais on ne les regarde plus dès qu'il est mort, & ils ne sont en rien distinguez des autres, s'ils n'ont des qualitez personnelles qui les fassent considérer.

Pour ce qui est des Habitans de ce petit Roïaume, ils n'ont rien de desagréable dans la taille, ou dans le visage excepté la couleur noire qui est naturelle en ce Païs-là. Ils sont même très-soigneux de l'entretenir en se frottant tous les jours d'huile de palme delaiée avec du Charbon pilé. Ils sont tous d'une riche taille bien proportionnée, & paroissent d'une force & d'une agilité merveilleuse. Il y en a fort peu qui soit camus, ils ont l'œil vif & étincelant, & les dents plus blanches que l'ivoire : aussi les entretiennent-ils avec beaucoup de soin, les frottant continuellement avec un certain bois qui croît dans le Païs, qui a la proprieté de les blanchir, d'empêcher qu'elles ne se gâtent & de fortifier les gencives. Ils ne souffrent sur leur corps aucune ordure ni poil. A mesure qu'ils vieillissent leur noirceur diminuë, & leurs cheveux grisonnent. Ils les portent fort courts, les cordonnent en cent façons differentes, & en sont soigneux jusques à l'excès. Ils les peignent avec une espèce de fourchette de bois ou d'ivoire à quatre dents, faite exprès, & qui y demeure toûjours attachée ; ils les graissent comme le reste de leur corps, d'huile de Palme mêlée avec du charbon & y attachent quantité de petits ouvrages d'or, ou de coquillages pour s'embellir. Quoique la barbe leur croisse assez tard, ils en sont néanmoins très-amateurs. Ils la peignent tous les jours & la portent comme les Orientaux. La nudité ne leur fait point de honte : il n'y a que les Brembis, c'est-à-dire les grands Seigneurs qui portent une paigne, longue d'environ deux aulnes, qu'ils ceignent autour d'eux, en passant un bout entre les cuisses qu'ils laissent trainer par derriére, tandis que l'autre leur pend par devant. Quelques-uns la portent en Bandoliére, la passant sur une épaule, & l'attachant par les côtez. D'autres enfin la portent sur les épaules en forme de manteau. Quoiqu'ils portent peu de bonnets, ils ne laissent pas d'être fort curieux de ceux d'Europe, & des chapeaux qu'on leur porte ; ils en achetent volontiers, & s'en servent seulement dans les occasions où il faut paroître.

Ces Peuples ont un esprit & un jugement exquis, sont fins, adroits, & rusez au possible, menteurs à l'excès & larrons plus qu'on ne peut penser ; au reste orgueilleux au delà de tout ce qu'on peut dire, & aimant à passer pour beaucoup plus riches qu'ils ne sont. Ils sont si âpres au gain, qu'ils ne craignent pas de venir de deux ou trois lieuës loin chargez de mechants fruits, dont ils peuvent à peine faire quatre ou cinq sols. Mais si l'on a besoin d'eux pour porter quelque chose à un demi-quart de lieuë seulement, ils le refusent, de crainte de faire plaisir ; en sorte que de toutes les Nations de la terre, la plus maligne, la plus ingrate, & la plus fourbe est celle des Negres, auxquels plus on fait de bien, moins ils ont d'affection & de reconnoissance.

Les Femmes de ce Païs sont bien faites & bien proportionnées, quoique d'une fort mediocre beauté. Elles ont de l'esprit, sont fines & rusées, & beaucoup plus avares que les hommes : d'ailleurs fort adonnées à la luxure, qui n'est pas un mal parmi elles, pourvu qu'elles ne soient pas mariées. Elles sont sans cesse devant un petit miroir, occupées à se parer, à se frotter les dents pour se les rendre belles, à accommoder leurs cheveux en cent façons différentes, tout cela pour plaire, sur tout aux Blancs auxquels elles s'abandonnent volontiers. Leur mariage se fait assez promtement, & d'une plaisante maniére. Lorsqu'un Pere voit son fils en état de gagner sa vie, il lui cherche un parti convenable, puis l'exhorte de voir la fille qu'il lui a destinée. Les parties sont d'accord en un moment, puis ils vont trouver le Pere de la Fille & conviennent entr'eux de ce qu'il lui doit donner. Ensuite ils mangent tous le fetiche ensemble en signe d'amitié éternelle & de fidelité de la nouvelle Epouse envers son Epoux present ; ce qui n'oblige que la femme, le mari aiant la liberté d'en avoir autant qu'il en peut nourrir. Ils passent ensuite deux ou trois jours en danses & en festins. Après quoi le nouveau marié emmene son épouse à son habitation où elle est la maîtresse absoluë de tous les Esclaves, s'il y en a. Si le mari prend d'autres femmes dans la suite, elles ne sont proprement que des Concubines, qu'il garde tant qu'il lui plaît & qu'il renvoïe de même. Pour tout vêtement elles se servent de paignes, comme les hommes, mais elles en portent, sur tout, de couleurs éclatantes, comme rouges, bleuës & raïées de toutes façons : elles relevent cette paigne par un gros bourrelet qu'elles ont sur le derriére, & sur lequel elles portent communément leurs enfans. Elles attachent toutes à leur ceinture de gros trousseaux de Clés de Cuivre, d'Airain, de Fer qui leur servent d'ornement, quoiqu'elles n'aïent aucun coffre chez elles, mais pour paroître bonnes menageres. Parmi mi ces Clés, elles portent plusieurs bourses de toute grandeur, remplies d'herbes seches au lieu d'argent, le tout pour paroître riches aux yeux des Blancs. Leurs bras & leurs jambes sont ornez ou plûtôt chargez de manilles de Fer, d'Ivoire, & de Cuivre, quelquefois en si grande quantité, qu'il est surprenant qu'elles les puissent porter.

Le même jour qu'elles ont mis leurs Enfans au monde elles mêmes les vont laver à la Riviére & retournent à leur travail comme si de rien n'étoit. Conjointement avec le Pere, elles leur donnent un nom à leur fantaisie qui est toûjours de quelque animal, fruit ou arbre qui leur agrée davantage. Cependant quoique les Enfans leur donnent si peu de peine, elles ne sont pas fort fécondes & il y a peu de femmes qui en aïent plus de deux ou trois. On leur voit trainer par tout ces pauvres petits innocens chargez sur leur dos où elles les attachent même pendant leur travail; vers l'âge de 7. à 8. mois, elles les mettent par terre, où ils se trainent à quatre piés comme de petits chats: ce qui fait qu'ils marchent beaucoup plûtôt qu'en Europe. Elles leurs mettent de bonne heure des manilles de fer ou de cuivre aux piés & aux mains afin qu'ils s'y accoûtument. Lorsqu'ils ont atteint l'âge de 10. ou 12. ans, le mari se charge d'aprendre aux Garçons à gagner leur vie, soit à la pêche, à la chasse, ou à faire du vin de palme, ou enfin à negocier avec les Blancs, leur montrant la valeur des marchandises & le profit qu'ils en doivent tirer. La Femme aprend aux Filles à tenir le menage propre, à piler le Mays, le Ris & le Mil pour en faire la cuisine, vendre & acheter au marché: & sur tout à être bonnes menageres, en quoi elles feroient leçon aux plus savantes de l'Europe.

DES-

DESCRIPTION DES QUADRUPEDES, OISEAUX, & REPTILES LES PLUS CURIEUX QUI SE TROUVENT DANS LA GUINÉE DESSINEZ SUR LES LIEUX D'APRÈS LE NATUREL.

Tom: VI. N.° 13. Pag: 52.

Un Elephant entre dans le Jardin d'Elmina, et y est tué.

Plusieurs Pourceaux tuez a Fida sur ce qu'ils avoient devoré ... des Idolâtres.

SECONDE DISSERTATION SUR LA GUINEE.

TOute la justice qu'on rend en ce Païs consiste en quelques amendes pécuniaires auxquelles on condamne les Criminels. On n'exécute presque personne à mort, sinon pour trois choses, savoir pour la fuite des Esclaves, pour trahison & pour sortilége. Les autres crimes demeurent impunis, sur tout le larcin, qui bien loin de passer pour un crime parmi les Negres, est une qualité louable. Ils le recompensent même au lieu de le punir. Le parjure souffre une amende aussi bien que le menteur. Lorsque quelcun en tuë un autre, si les parens du mort peuvent le joindre sur le champ, il leur est permis de le tuer par represailles; mais s'ils donnent au meurtrier le tems de faire une Palabre ou Requête au Roi, ils n'y sont plus reçus. Le meurtrier est seulement condamné à païer dix bendes, c'est-à-dire mille francs aplicables moitié au Roi, & moitié aux Parens, ou à devenir esclave. Si le meurtrier est déja esclave & qu'il n'ait pas de l'or pour païer, il est vendu aux Blancs à bord de quelque Vaisseau. Pour se faire païer d'une dette, on s'adresse au Roi, qui sur l'exposé du Créancier envoïe un de ses Esclaves avec son bâton reconnu de tous ses sujets : ce qui le fait regarder avec respect comme on feroit en France un Exemt. Il ajourne le Débiteur à comparoître au jour nommé, ou à le suivre sur le champ, si l'affaire presse, à quoi il n'oseroit manquer. Ils n'ont point l'usage de l'écriture parmi eux, & donnent toutes leurs assignations de bouche. Quand les Parties comparoissent devant le Roi, il faut que le Demandeur, avant que de commencer le Palabre, pése pour l'eau de vie de ce Prince huit écus de poudre d'or, & de plus un tiers de la somme qu'il demande, & souvent la moitié : ensuite on commence à raisonner & à faire affirmer au Demandeur que la Partie qui est là presente lui doit la somme qu'il demande. Le Defendeur est ouï ensuite en ses raisons, & tâche de se justifier. Si ses moïens ne sont pas valables, il est condamné à païer incessamment la dette dans un terme assez court, qu'on lui assigne, & alors le Roi lui commande de jurer sur sa tête qu'il païera en ce tems-là. S'il y manque d'un jour seulement, le Roi le condamne à lui païer une amende pour avoir juré à faux sur sa tête, & ce sont là les plus grands revenus du Roi.

Lorsque quelcun est convaincu de sortilége, on l'envoïe noïer sur le champ, par les premiers qui se presentent devant le Roi. A l'égard des traitres, qui vont revéler aux Etrangers les secrets des Palabres du Roi & de l'Etat, il n'y a point de quartier à esperer pour eux. On leur coupe la tête sans beaucoup de cérémonie, & souvent avant que le Roi l'ait ordonné. Les Esclaves ou Prisonniers de guerre, qui font des tentatives pour s'enfuir, sont aussi mis à mort impitoïablement. Voici de quelle maniére l'Arrêt s'exécute. On prend le Criminel à qui on attache les mains derriére le dos, & on lui met dans la bouche un baillon attaché par les deux bouts à une petite corde qu'on nouë fortement derriére la tête avec un petit bâton en forme de tourniquet. Alors un des Esclaves du Roi, à qui l'on pése avant toutes choses huit écus de poudre d'or, prenant la fétiche Roïale sur sa tête, se met à courir comme un fou par le village, & par les bois voisins, laissant pencher la fetiche tantôt d'un côté tantôt de l'autre, comme si elle vouloit tomber. Ensuite venant où est le Criminel, qui est, comme par tout Païs environné d'une grande multitude de Peuple, il demande à la fétiche qui est celui qui tuera l'Esclave. Alors il se met à courir comme auparavant, & comme s'il cherchoit quelcun, il touche de son coude le premier jeune homme qu'il rencontre, & qui par là est obligé de tuer cet Esclave. Il demande une autre fois à la fétiche si celui-là seul suffira pour tuer l'Esclave, & se mettant encore à courir comme auparavant, il en touche quelquefois un autre, & quelquefois il n'en touche pas. En sorte qu'il s'en est quelquefois trouvé jusques à dix nommez par la fétiche & quelquefois deux ou trois ou deux seulement. Ces choses ainsi disposées, on fait aprocher ce pauvre Esclave près de la fétiche à laquelle on l'a destiné, on lui fait avancer la tête, en sorte que sa gorge soit immediatement dessus, & alors celui qui a été le premier nommé pour l'exécution, tire un poignard, & lui coupe la gorge, pendant que les autres le tiennent fortement. Tandis que le sang coule à grands ruisseaux sur cette fétiche, l'Exécuteur s'écrie à haute voix, reçoi, ô fétiche, le sang de cet Esclave que nous t'offrons, & lorsqu'il est mort, ils le coupent en morceaux, & le mettent dans un trou qu'ils font au pié de la fétiche.

Pour ce qui est de la Religion de ces Peuples, ç'a été jusques ici l'écueil des Historiens qui n'ont jamais bien compris quel étoit le culte religieux observé dans ce Païs. En effet la croïance des Habitans de ces Côtes est si embrouillée qu'il est difficile d'en connoître rien de certain. Cependant un Voïageur qui s'est apliqué sur tout à cette rechercherche a découvert que les Négres de Guinée reconnoissent un seul Dieu, Créateur, mais Auteur particuliérement des fétiches qu'il a mis sur la terre pour le service des hommes. Il est assez difficile de comprendre ce que c'est que ces fétiches, aucun des naturels du Païs ne l'explique nettement. Ils disent seulement qu'ils les ont eues par tradition de Pere en Fils, & que c'est à elles qu'ils ont l'obligation de tout le bien qu'ils recoivent en cette vie; & qu'il ne depend que d'elles de leur faire tout le mal possible. Tous les matins après s'être levez, ils s'en vont au bord de la Mer, ou de la Riviére pour se laver, & après avoir jetté quelque peu d'eau sur leur tête, & quelques-uns du sable en signe d'humilité, ils joignent les mains, puis les entrouvrant, ils expriment en souflant dedans le terme d'*Eksuvais :* après cela les élevant au Ciel ils font à Dieu cette priére. *Mon Dieu, donne moi aujourd'hui du Ris & des Ignames, donne moi de l'or & de l'argent, donne moi des Esclaves & des richesses, donne moi la santé & fai que je sois leger & dispos.* Ils ne connoissent pas d'autre bien, & bornent leur culte à faire à Dieu ces demandes. Du reste ils ne croient pas qu'ils en puissent recevoir aucun mal, tant ils présument de sa bonté; mais ils sont persuadez qu'il en a donné le pouvoir aux fétiches, & qu'il ne s'en est presque reservé aucun. Ces fétiches sont differentes selon la fantaisie d'un chacun, & à peine se trouve-t-il deux Négres qui conviennent ensemble là-dessus. L'un a pour fétiche un petit morceau de bois jaune ou rouge, l'autre quelque dent de Chien, de Tigre ou de Civéte, l'autre une dent d'Elephant, un œuf ou quelque os d'Oiseau, quelque tête de Volaille, de Bœuf ou de Cabrit; ou quelque arête de poisson. L'autre quelque bout de corne de Belier rempli d'ordure, quelque petite branche d'Epines, quelques cordelettes faites d'écorce d'arbres, & autres semblables bagatelles, ne convenant en rien dans toute l'étendue des Côtes de Guinée, où ce culte est introduit, que dans le nom seulement. Ils ont pour ces fétiches une foi qui n'est pas commune & une exactitude très-scrupuleuse dans l'observance de ce qu'ils leur ont promis. Les uns se privent pour toûjours de vin en leur honneur, les autres d'eau de vie, de chair, d'un certain poisson, d'un certain fruit &c. & tous sans exception font quelque vœu de cette nature en leur honneur. Ils n'ont rien de plus sacré, par où ils puissent jurer, & les Femmes promettent par serment à leur fétiche de garder une fidelité inviolable à leurs maris.

Ils ont divers jours dans l'année consacrez à ces fétiches, dont le principal est celui de leur naissance. Ils le solemnisent en blanchissant ce jour-là toute leur fétiche, & son autel, se barbouillant tout le corps de même & se couvrant d'une paigne blanche. Les autres ont le Vendredi de chaque semaine qu'ils gardent comme nous faisons le Dimanche, chacun étant ce jour-là uniquement occupé à parer sa fétiche & à lui offrir quelque present. Outre les fetiches particuliéres, il y en a aussi de générales pour le Roïaume, qui sont ou quelques grandes montagnes, ou quelque gros arbre, & si quelcun étoit assez temeraire pour le couper, ou lui faire quelque autre dommage, il n'y auroit point de misericorde à esperer pour lui. Chaque village a pareillement une fétiche commune pour sa conservation. Ils l'ornent & la parent soigneusement pour les besoins publics, dressant pour cela une espèce d'autel de Roseaux, planté sur quatre bâtons en terre & couvert d'un petit toit de feuilles de palmier. On trouve dans les bois une infinité de ces sortes d'autels, chargez de toutes sortes de fétiches, avec des pots & des plats de terre, souvent remplis de Ris, de Mil, ou de quelques fruits du Païs. S'ils ont besoin de pluïe, ils portent des cruches vuides; s'ils sont en guerre ils y mettent des sabres & des poignards, & ils attribuent tous les malheurs qui leur arrivent aux fautes qu'ils ont pu commettre envers elles, soit en negligeant de les orner, ou en manquant de leur adresser des vœux. Tous les matins ils sont fort exacts à leur porter de ce qu'ils ont de plus précieux & croiroient être tuez dans peu s'ils avoient manqué à ce devoir indispensable.

L'Auteur qui me fournit cette description, & qui est un Religieux Dominicain envoïé en ce Païs par le Roi de France pour y planter la Religion Chrétienne, dit qu'il ne peut mieux expliquer le culte rendu à ces fétiches que les Négres ne regardent pas comme des Dieux, que par les devotions particuliéres des fideles Chrétiens qui honorent les Images & Reliques d'un culte relatif à Dieu. Mais s'il prétend consacrer par cette comparaison l'impieté superstitieuse des Negres, ne voit-il pas qu'on peut retorquer son raisonnement contre ces Devotions particuliéres de ceux de sa communion, & les regarder comme de véritables impietez? Car enfin quel honneur peut recevoir la Divinité d'un culte rendu à ce qui n'est pas Dieu? Et pourquoi le Souverain Auteur de l'Univers à qui seul nous devons nous adresser dans nos besoins, prendroit-il plaisir à être invoqué par le moïen des choses muettes & insensibles auxquelles sont adressées ces devotions particuliéres? Les Images & les Reliques sont des objets impuissans qui ne peuvent exaucer les vœux qu'on leur fait. Si c'est à Dieu qu'on les adresse, il est superflu d'emploïer ces moiens inutiles de mediation; & si c'est à ces objets que le culte se borne, on ne peut le regarder que comme la derniére des impietez. Ou Dieu veut être servi par l'entremise des créatures, auquel cas les Négres ne sont point blâmables d'interposer leurs fétiches entr'eux & la Divinité, que leur peu de lumiéres ne leur permet pas d'honorer autrement. Ou Dieu veut qu'on s'adresse à lui directement comme au seul Auteur de tout le bien que nous pouvons espérer, auquel cas les Chrétiens superstitieux sont aussi coupables que les Négres; & il n'y a pas de raison de blâmer ceux-ci plûtôt que les premiers si le culte relatif est permis. Peut on croire que les Negres soient assez stupides pour regarder leurs fétiches comme des Divinitez? Ils s'en defendent au contraire fortement, & disent que ce sont des moïens que la tradition de leurs Peres a établis pour servir le seul Dieu Créateur qu'ils reconnoissent; on ne peut juger des intentions des hommes que par leurs actions. Les Négres ne prient que Dieu seul, comme je l'ai remarqué plus haut, & leur culte superstitieux s'adresse aux fétiches comme à des Mediateurs desquels ils attendent leur secours. De même les Catholiques Romains disent qu'ils n'adorent que Dieu, & que lui seul est celui de qui ils attendent toutes les graces: cependant ils prient les Saints, ils font des offrandes à des Reliques, ils adressent des priéres à des Images, ils les parent, ils les ornent, & consacrent des fêtes à leur honneur, ils les portent solemnellement dans les necessitez publiques, ils leur dressent des autels, ils brû-

brûlent devant elles de l'encens, ils leur offrent l'unique sacrifice de propitiation qu'ils disent avoir reçu de J. C. Tous honneurs qui ne sont dûs qu'à la Divinité; & qu'il n'est pas plus permis de rendre à la Créature pour honorer le Créateur, qu'il n'est permis aux Négres de servir leurs fétiches & de leur adresser des voeux. Mais j'oublie que je fais une Dissertation Historique, & non un Traité de Controverse; je reviens au sujet qui a donné lieu à cette digression. On y verra peut-être mieux que par le parallele que j'en pourrois faire, la conformité de ces Pratiques Idolâtres, avec celles qu'on s'efforce de couvrir du beau nom de *devotions particulieres* des Chrétiens.

Les Négres ont tant de respect pour leur fétiches qu'ils n'en aprochent qu'avec crainte. Ils s'étonnent, disent-ils, qu'elles ne se vengent pas quelquefois des outrages qu'elles reçoivent des Blancs. Quand ils les ont lavées ils en prennent l'eau, & en font aspersion sur toute leur famille. Ils sont très-fidèles observateurs de leur parole quand ils ont juré par ces marmousets, encore plus quand ils en ont mangé, & pour tous les biens du monde on ne les feroit pas jurer à faux par-là. Quand ils veulent faire manger la fétiche à quelcun pour savoir la verité d'une chose, ou pour s'assurer de sa fidelité; ils en raclent un peu sur du pain, sur quelque fruit qu'ils font mettre dans la bouche de celui qui doit jurer, sans qu'il soit nécessaire de l'avaler, & la religion du serment fait de cette maniére est plus sainte, & plus inviolable parmi eux que celui, pour ainsi dire, qui se feroit sur l'Evangile parmi les Chrétiens. Ils ont diverses autres sortes de juremens moins solemnels, mais non moins superstitieux ni moins reverez. On ne voit point de Prêtres, ni de Temples publics dans la Guinée; mais il y a une espèce de Pontife ou Pere commun, élu, nourri & entretenu aux depens du Public. Son emploi principal est de defaire les grandes fétiches publiques, & on l'appelle à tous les conseils du Roi. Ces Peuples croient la metempsicose, n'esperant rien d'éternel ni de permanent. Ils ne s'apliquent qu'à l'aquisition des biens & des plaisirs de ce monde, & à s'en procurer la jouissance pour longtems. Ils croient à la verité que leur ame est immortelle, mais que le monde durera aussi éternellement, & qu'après leur mort leur ame va en l'autre monde qu'ils établissent au centre de la Terre: que là elle anime un nouveau Corps au ventre d'une femme, & que ceux de ce monde-là viennent en faire autant en celui-ci.

De tous les Négres de la Côte d'or les plus adroits & les plus aguerris sont sans doute les Issinois, qui, quoi qu'ils ne soient qu'une poignée de gens, ne laissent pas d'être craints de tous ceux du voisinage. Leurs armes sont le sabre, la sagaye & le fusil dont ils se servent avec une une adresse incroïable. Ils excellent sur tout à faire d'une méchante arme une bonne, en retrempant la batterie, incomparablement mieux qu'elle n'étoit auparavant. Les Chefs qui les commandent sont couverts de boucliers quarrez, de trois piés de long sur deux de large, faits de cuirs de boucs couverts de peaux de Tigres, aiant à chaque bout un gros grelot de fer qui sonne au mouvement de celui qui le porte au bras gauche. Si le Roi a un Frere ou quelque autre proche parent, ce sont autant de Généraux, qui rassemblent tous leurs Esclaves en tems de guerre, & le reste des habitans se rangent sous la banniére de celui qui leur agrée le plus. Il y a néanmoins cette subordination que le Roi donne les ordres à tous les autres, lorsqu'il est présent. Pour les autres Capitaines qui ont chacun un certain nombre de Soldats sous eux, ils se rangent au combat sous les ailes du Roi qui les anime par son exemple, & les recompense à proportion de leur valeur. Pendant le combat les tambours, trompettes & autres instrumens à leur mode ne cessent de se faire entendre; preuve certaine que naturellement on ne se porte point aux occasions de se faire tuer; mais qu'il faut y être excité par un bruit de guerre qui, en même tems qu'il reveille le courage, étourdit, pour ainsi dire, la raison. Leurs tambours sont faits d'un morceau d'arbre creusé par un bout seulement, couvert d'une oreille d'Elephant qu'ils bandent fortement dessus. Ils se servent pour baguette de deux petits bâtons en façon de marteaux, couverts de peaux de Cabrits qui ne rendent qu'un son très-sombre & fort enroué. Leurs trompettes sont faites de dents d'Eléphant creusées presque jusqu'au bout, à côté desquelles ils font une petite ouverture, par où le Trompette, qui est ordinairement un jeune Garçon, souffle & donne un son fort clair, mais sans dessein, sans note, ni harmonie.

Il n'est pas permis à tous les Négres indifféremment d'aller à bord des Vaisseaux & d'acheter des marchandises des Blancs, il n'y a que les Nobles qui soient Marchands, & qui aïent le privilége d'acheter: ce qui fait qu'il n'y a qu'eux aussi, au nombre de 40. ou 50. au plus, qui aïent de l'or & qui soient veritablement riches, les autres Négres sont tous gueux, & se mettent pour vivre au service des premiers.

Les François étoient établis en ce Païs-là, & y faisoient un Commerce considérable lorsqu'ils furent attaquez en 1702. par les Hollandois, commandez par le Sieur Guillaume de Palme, Général de Saint George de la Mine. Il y avoit déja quelque tems qu'il méditoit cette conquête, lorsque passant par cette Côte pour aller prendre possession de son nouveau Gouvernement, il s'arrêta trois ou quatre jours devant le Fort des François, pour tâcher d'attirer quelques Nobles du Païs qui le servissent dans son entreprise. Il s'agissoit de mettre le Roi d'Issiny dans ses intérêts, ce qu'il essaïa de faire, en lui persuadant qu'il n'avoit pas grand profit à attendre des François, dont les Vaisseaux n'arrivoient point d'Europe pour lui aporter des marchandises & autres secours, au lieu qu'il en pouvoit avoir des Hollandois en abondance. Il y avoit en effet plus de six mois qu'on attendoit inutilement des Vaisseaux de France; néanmoins les François qui étoient établis sur la Côte engagerent si bien les Négres, à leur garder la foi, que le Capitaine Hollandois fut obligé d'en venir à la force ouverte. Quatre volées de Canon furent le signal de la guerre, & animérent d'autant plus les Négres à secourir leurs alliez. L'Escadre ennemie composée de quatre Vaisseaux parut à la vuë du Fort, & prit port à Takucche qui n'en est éloigné que de trois lieues. D'abord l'artillerie de part & d'autre fit un feu continuel. Les François soutinrent l'attaque avec vigueur, secondez des Négres qui gardoient exactement les Côtes. Mais enfin les munitions leur aïant manqué, & ne se trouvant plus que deux barils de poudre qu'ils furent contraints de garder pour la mousqueterie, ils cesserent leur feu, quoique les Hollandois ne discontinuassent pas de tirer. Leur per-

perte paroissoit certaine; cependant un accident inopiné, qui devoit achever de les ruïner, fut la cause imprévuë de leur salut. Ils avoient près de la Chapelle de leur Fort une ruche d'Abeilles qu'un boulet de Canon renversa en enlevant une planche de cette Chapelle qui n'étoit bâtie que de bois. Ces petits animaux se sentant delogez à l'improviste dans un jour où le Soleil étoit fort ardent, se jetterent avec tant de furie sur tous ceux qu'ils rencontrérent, qu'ils les obligerent de sortir pour laisser apaiser leur fureur. Les Hollandois qui s'aperçurent de ce mouvement, voulurent en profiter, croïant que les François vouloient abandonner la place. Mais les Negres voïant qu'ils se préparoient à la descente, les attendirent dans un petit bois près du rivage de la Mer & les reçurent si bien qu'ils les firent plier au premier choc; le carnage fut grand, ils firent main basse sur tous ceux qui se rencontrerent devant eux, & à la reserve de quelques prisonniers qui se vinrent rendre au Fort, tout le reste fut massacré & les Canots pillez. Le Général Hollandois mécontent du mauvais succès de son expedition leva l'ancre avec ce qui lui restoit de troupes, & au mois de Janvier 1703. il fit l'accommodement pour la rançon des prisonniers que les Négres relâcherent d'autant plus volontiers qu'ils craignirent que les Hollandois ne se vengeassent de l'injure qu'ils leur avoient faite. Les François de leur côté à qui il n'arriva point de secours, abandonnerent cet établissement dont ils ne pouvoient tirer aucun avantage. Depuis ce tems-là les Hollandois se sont extrêmement fortifiez au Château d'Elmina ou de la Mine, près du Cap Apollonia, & se sont rendus maîtres du Commerce de ce Païs dont ils tirent des profits considerables.

Ce Fort appellé St. George d'Elmina, du nom du village qui est auprès, a été bâti par les Portugais, sur qui les Hollandois le prirent en 1631. Il est très-renommé tant par sa force que par la maniére dont il est construit. Il est bâti en long aiant des murailles fort hautes avec de bonnes batteries au dedans & une autre dans les Ouvrages de dehors. Il a du côté de la terre deux fossez creusez dans le roc sur lequel il est bâti. Outre l'eau de pluïe dont ces fossez sont remplis pour l'usage de la Garnison & des Vaisseaux, il y a encore trois grandes citernes qui contiennent de très-bonne eau; & outre la batterie d'en bas qui est garnie de canons de fer pour saluer les Vaisseaux qui passent ou qui arrivent, il y en a aussi plusieurs de fonte. Cette place peut contenir plus de deux cens hommes de garnison. Les maisons du Général, du premier Marchand & du Fiscal surpassent en beauté toutes les autres, après quoi viennent celles des autres Officiers qui sont logez à proportion. On en trouvera le Plan dans la Carte suivante.

Le Village de Mina est au dessous; c'est un lieu assez grand, dont les maisons sont bâties de pierres dures, ce qui ne se voit en aucun endroit. Il étoit autrefois beaucoup plus peuplé qu'à present; mais la petite verole qui a emporté il y a quelques années la meilleure partie de ses habitans, joint au gouvernement rigoureux de quelques-uns des Commandans Hollandois, l'a tellement affoibli qu'à peine pourroit-il fournir aujourd'hui cinquante hommes armez, outre ceux qui sont au service des Européens. On trouve par tout sur la Côte, des Négres d'Elmina qui s'y sont refugiez, les uns à cause de la guerre qu'on a faite à ceux de Commany dont ils étoient amis, les autres pour éviter les exactions de quelques Généraux qui ne se plaisoient qu'à les tourmenter. On trouvera dans la suite la description des divers Forts que les Anglois & les Hollandois ont en ce Païs-là. Il est tems de parler de la maniére dont on y tire l'or, & des richesses qu'il aporte à ces deux Nations.

Le premier Païs dont on aporte l'or sur la Côte s'appelle *Dinkira*, distant d'Elmina de cinq journées. Ceux qui l'habitent possedoient de grands trésors, non seulement de l'or qu'ils avoient dans leur Païs, mais aussi du butin qu'ils aportoient d'ailleurs & du profit qu'ils faisoient dans le Negoce. Ils en fournissoient pour un, deux & trois ans tout le haut de la Côte depuis Akim jusques à Zaconde, tant que la guerre de Commany a duré; mais lorsqu'on est en paix avec ceux de ce Païs, & que les chemins sont libres pour les Marchands, ils ne portent point leur or vers le haut de la Côte, parce qu'elle est trop éloignée; ils ne vont pas plus loin que Chama, Commany, Elmina, & Cabocors. Cet or est bon & pur, excepté qu'il y mêlent trop de fétiches, qui sont une espéce d'or composé de toute sorte d'or mis en œuvre, dans lequel il y a quelquefois la moitié d'argent ou de cuivre. On ne peut guére se dispenser de le recevoir, parce qu'autrement ils reprennent le bon or qu'ils ne veulent point vendre sans l'autre. L'or d'Oceani étoit aussi autrefois en grande reputation pour le Commerce, de même que celui d'Asiante & d'Akim. Il n'étoit pas mêlé de fétiche comme celui de *Dinkira*, mais il étoit si difficile de s'accommoder avec les Marchands de ce Païs, qu'on ne pouvoit presque rien acheter d'eux. D'ailleurs s'étant brouillez avec ceux de *Dinkira*, ils ont eu guerre ensemble, ont été battus par les derniers, & ont été obligez, pour se racheter de l'esclavage de leur donner tout ce qu'ils avoient. Mais le Païs d'Akim, est celui d'où il sort le plus d'or & le meilleur que l'on transporte de cette Côte. On le peut facilement connoître à sa couleur obscure, & la meilleure partie s'en tire presentement à Acra. Ce Païs est d'une si grande étenduë que les Akimois même ne la connoissent pas. Il a été gouverné ci-devant en Roïaume, mais le Successeur du dernier Roi étant encore jeune & d'un méchant naturel, n'a jamais pu se rendre Maître de tout le Païs. Les Grands en ont fait une République pour se soustraire à la domination de ce Prince qu'ils regarderent comme un Tiran. On découvre tous les jours de nouvelles terres qui fournissent de l'or. Asianté, par exemple, en a encore plus que Dinkira, & Ananse, qui est situé entre deux, en produit aussi en abondance.

Il ne faut pas croire, comme on se l'imagine en Europe, que les Hollandois soient maîtres des mines d'or qui sont dans ce Païs, & qu'ils en fassent tirer eux-mêmes ce précieux métal, comme les Espagnols font dans l'Amerique. Ils y ont si peu d'accès, qu'il n'y a pas même d'aparence qu'aucun d'eux les ait jamais vuës, parce que les Négres les tenant pour quelque chose de sacré, font toujours ce qu'ils peuvent pour empêcher que personne n'en aproche. On trouve l'or en trois endroits differens: I. dans les montagnes & entre les montagnes, d'où les Négres le tirent en faisant des trous profonds aux lieux où ils croient en trouver. II. Auprès des Riviéres ou des chutes d'eau, où l'eau par la force de son cours entraîne de dessus les montagnes & autres lieux élevez la terre & en même tems l'or qu'elle renferme. III. Auprès de la Mer, où il y a, comme me à Elmina & à Axim de petites sources vives où l'on descend, de même qu'auprès des Riviéres qui viennent des lieux élevez. Lorsqu'il a beaucoup plu la nuit, on voit dès le matin un grand nombre de femmes Négres, qui ont chacune un grand & un petit Vaisseau; elles remplissent le premier de terre & de sable, & remuent cela à tout moment dans de l'eau fraîche, jusques à ce que la terre en soit sortie, & s'il y a de l'or parmi, il demeure au fond du Vaisseau. Ensuite elles vuident le grand Vaisseau dans le petit, & recommencent à remuer comme auparavant, continuant cet exercice jusqu'à midi, auquel tems elles n'ont souvent trouvé que pour cinq ou six sols d'or plus ou moins. Quelquefois elles en trouvent des morceaux de la valeur de trois ou quatre florins de Hollande, mais cela est fort rare, & le plus souvent elles se donnent beaucoup de peine inutilement. Les Négres ne connoissent point d'autre moïen de séparer l'or de la terre, qu'en la lavant ainsi avec de l'eau. L'or qu'on trouve de cette maniére est de deux formes différentes: l'un s'appèle *Or en poudre*, & est presque aussi fin que de la farine: il est le meilleur & le plus estimé en Europe. L'autre consiste en morceaux de différente grandeur, les uns ont à peine la pesanteur d'un liard, & les autres quelquefois de deux ou trois cens florins. Celui-ci s'appèle *or de mine*. Lorsqu'il est fondu, il a plus de consistance que l'or en poudre, & la touche en est meilleure; mais le grand nombre de petites pierres qui s'y trouvent toûjours attachées, fait qu'on y perd beaucoup en le fondant, & c'est pour cela qu'on estime mieux l'or en poudre.

Il y a outre cela de l'or mêlé & de l'or faux. Le premier a des fétiches d'argent & de cuivre, comme on l'a déja dit, que les Négres coupent en petits morceaux de peu de valeur, dont ils se servent au Marché comme de monnoïe courante. L'once en vaut à peine 20. florins de Hollande. Cependant on s'en sert aussi sur toute la Côte; on en païe la garnison, & les Négres ne font point de difficulté de les recevoir pour toutes sortes de denrées. Pour ce qui est de l'or faux, les Négres s'entendent parfaitement bien à le faire. Ils en fondent quelques morceaux, autour desquels il y a environ l'épaisseur d'une lame de coûteau de bon or; mais le dedans n'est que du cuivre ou du fer, & néanmoins ceux qui se vantent de mieux connoître l'or y sont souvent trompez. Cet or faux est ordinairement composé d'argent, de cuivre, & d'un peu d'or mêlez ensemble: la couleur en est fort enfoncée, ce qui trompe facilement ceux qui ne s'y connoissent pas bien. Il y a encore une autre espèce d'or faux, qui ressemble fort à l'or massif, & qui n'est autre chose qu'une certaine matiére composée de corail fondu; les Négres ont l'adresse de le fondre de telle maniére, & de lui donner une si belle couleur, qu'on n'y voit pas la moindre difference, si ce n'est dans la pesanteur. Ils en font aussi de l'or en poudre, quoi qu'ils se servent presque toûjours de cuivre limé pour cela, à quoi ils donnent la couleur de l'or. Mais cette sorte d'or faux perd son lustre en un mois ou deux, ce qui le fait connoître; au lieu que les petits morceaux couverts d'or conservent toûjours leur beauté, ce qui fait qu'il est plus facile de s'y tromper.

Après ce qu'on vient de dire de la maniére dont on trouve l'or, ceux qui ont quelque connoissance des mines peuvent comprendre aisément qu'il se perd beaucoup de terre & de pierres minerales, dont, par le moïen de la Chimie, on pourroit tirer de l'or. Il y a même apparence qu'on y laisse beaucoup d'or pur; car les Négres creusent la terre sans connoissance, & sans s'attacher à découvrir les veines qu'on dit qui sont dans les mines; de sorte que si ce Païs apartenoit en propre aux Européens, il est à présumer qu'ils en tireroient des trésors beaucoup plus considérables que ne font les Négres. Quoi que ces differens Païs produisent en tems de paix sept mille marcs d'or, selon la supputation d'un Officier de la Compagnie Hollandoise, qui en a fait un calcul exact, néanmoins cette somme qui est très-considerable en elle-même, étant partagée entre plusieurs Nations, ne donne à chacune qu'un mediocre profit. Voici la répartition qu'il en fait entre les diverses Compagnies qui négocient sur cette Côte.

Celle des Indes Occidentales en tire pour sa part	1500. M.
La Compagnie Angloise.	1200.
Les Vaisseaux Zelandois non privilégiez.	1500.
Les Vaisseaux non privilegiez Anglois.	1000.
Les Brandebourgeois & les Danois ensemble	1000.
Les Portugais & les François ensemble	800.
	7000.

Ainsi, selon la pensée de ce Voïageur, l'or que l'on aporte sur la Côte, & qui est transporté ensuite en divers lieux, se monte à deux millions trois cens mille livres, à compter les trois marcs pour mille francs. Mais il faut entendre cela d'un bon tems, lorsque les chemins sont ouverts, & que les Marchands peuvent aller en Guinée librement. Car en tems de guerre, ou lorsque les Négres sont divisez entr'eux, il n'en vient pas la moitié, & les Vaisseaux non privilegiez en savent bien tirer leur part. Et supofé que la Compagnie de Hollande en reçoive la cinquiéme partie, cela ne peut lui aporter beaucoup de profit dans un mauvais tems: au contraire elle est obligée d'y mettre une partie des profits qu'elle fait ailleurs.

Depuis Acra ou Accara jusqu'à la Côte de Benin, on fait négoce d'Esclaves noirs, à Rio di Volta, Capo da monte, & Ardra dans le Païs de Fida, qui peut en fournir mille par mois. On va les prendre à Ardra où ces pauvres gens sont amenez au Marché, Hommes & Femmes, liez comme des Bêtes, & ceux qui les achettent, les font marquer à la poitrine d'un fer chaud, aux armes de la Nation ou Compagnie qui les envoïe. Les Hollandois en font seuls plus de commerce, que toutes les Nations de l'Europe, parce qu'ils savent mieux les nourrir, les gouverner, & les transporter à moins de fraix. Les Portugais ont été les premiers qui ont découvert & fréquenté les Côtes Orientales de Guinée; mais aiant été chassez de leurs Habitations par les Anglois, les Hollandois &c. ils se sont retirez dans les terres, & y ont fait alliance avec les Noirs qui ont apris leur langage & qui les considérent beaucoup.

Le Golfe de Guinée ou de S. Thomé renferme les Iles de S. Thomé, du Prince, de Fernando Poo, d'Annobon &c. Celle d'Annobon donne du Sucre, du Cotton, des bestiaux & d'excellens fruits. Dans toute l'Ile il n'y a qu'une Bourgade de deux ou trois cens maisons de Négres, gouvernez par trois ou quatre Portugais. L'Ile du Prince a une petite ville ou un bon bourg, & plusieurs villages dont les Habitans vivent fort à leur aise de leur Sucre, de leurs Fruits, & de quelque Gingembre qu'ils recueillent & qu'ils vendent. Ils sont gouvernez par des Portugais,

gais, qui sont aussi les Maîtres de Fernando Poo, où ils ont bâti une forteresse & quelques villages. Mais de toutes ces Iles, celle de S. Thomé est la meilleure & beaucoup plus grande que toutes les autres. Sa forme est presque ronde, on lui donne environ 20. lieuës de diamétre. Les Portugais en sont les maîtres: ils ont bâti la ville de S. Thomé sur la Côte Orientale de l'Ile, où elle a un bon port. Elle est defenduë par une Citadelle, & on y a érigé un Evêché suffragant de Lisbonne. Les Habitans du Païs sont partie Blancs, partie Noirs, parties Mulâtres. Les Européens n'y vivent guére plus de 50. ans. Le blé & les vignes que les Portugais y ont transportez n'y ont pas réüssi, mais elle produit des racines, nommées *Batates*, dont on fait du pain, & des Palmiers dont on tire du vin. On y recueille aussi divers Fruits, du Gingembre; & on y nourrit des volailles en quantité, & des pourceaux dont la chair est la meilleure de toutes. La principale richesse de l'Ile est le Sucre, dont les Habitans ont pu fournir jusqu'à cinquante mille Arobes, dont chacune vaut 32. livres, ce qui fait cinq millions de livres en tout. Les Européens qui font la traite des Esclaves, vont prendre des rafraîchissemens aux Iles Portugaises & principalement à S. Thomé, où les Hollandois ne vont pourtant que rarement, & quand ils ne peuvent trouver mieux.

Les Négres n'ont ni chariots ni chevaux, ni autres bêtes de charge pour transporter dans le Païs les Marchandises qu'ils ont achetées des Européens. Mais ils sont obligez de les faire toutes porter par des hommes; & lorsqu'ils ont négocié pour deux ou trois mille francs d'Etain, de Cuivre, de Fer &c., ils ont besoin pour le moins de cent cinquante personnes pour le transport. C'est une terrible fatigue pour ces gens-là de marcher quelquefois huit jours de suite avec de si pesans fardeaux sur le dos, & sur tout lorsqu'il faut passer par des chemins difficiles & traverser des montagnes. Il est vrai que la plûpart de ceux qui viennent trafiquer sur la Côte sont des Esclaves envoïez par leurs maîtres pour cette commission; ils sont conduits par un Chef en qui le Maître a le plus de confiance, & on le regarde moins comme un Esclave que comme un Marchand très-considérable, qu'on tâche d'obliger en tout ce que l'on peut. Car aiant la liberté d'aller négocier où il veut & avec telle Nation qu'il lui plaît, on a pour lui tous les égards possibles pour tâcher de l'attirer. Finissons cette Dissertation par le récit de la maniére dont la Compagnie Hollandoise, qui est la plus considerable de cette Côte, gouverne son commerce, & des differens degrez établis parmi ses Officiers.

Il y a premiérement des Soldats avec leurs Chefs; parmi lesquels on choisissoit autrefois les plus capables pour servir la Compagnie en qualité d'Assistans, soit pour tenir les Livres, soit pour le Négoce; & c'est par là que quelques-uns ont eu occasion de s'avancer & de s'élever presque jusqu'au premier Emploi. Mais cela n'a plus été permis dans la suite, parce que les Directeurs voïant que bien loin de choisir les plus capables on emploïoit souvent les moins propres & quelquefois des ivrognes & des débauchez, ont absolument défendu de prendre des Assistans parmi les Soldats. Ils ont seulement accordé qu'on pourroit les faire Caporaux, Sergens ou Officiers, & que pour ceux dont on se sert aux métiers, ils pourroient aussi être avancez aux Emplois qui se trouveroient vacant dans leur corps. La même chose a été accordée pour les matelots, c'est-à-dire qu'on pourroit les avancer dans leurs Vaisseaux. La charge d'Assistant est la moins considérable de toutes. Il n'a que 16. livres par mois, & huit écus de 50. sols pour sa nourriture. La premiére charge à laquelle ils peuvent être avancez est celle de Sous-Commis ou de Sous-Marchand, qui a 24. francs d'apointemens: ce sont eux qui reçoivent tout l'or pour la Compagnie & qui en doivent rendre compte au premier Marchand qui est le Chef du Négoce. Il y a outre cela à Elmina un Chef de Magazin qui a en garde les marchandises liquides, comme le vin, la biére, l'eau de vie, & les provisions de bouche. On choisit entre les Sous-Commis les plus anciens ou les plus capables, pour les faire premiers Commis ou Marchands dans les autres Forts de la Compagnie. Leur apointement est de 36. liv. par mois, outre quatre écus pour tenir un ou deux Domestiques, & huit écus pour leur nourriture. Outre ces personnes emploïées dans le Négoce, il y a encore d'autres Officiers dont le premier est le Fiscal. Il a 50. liv. d'apointement par mois, la table du Général, & 4. écus pour son valet. Les gages d'un Fiscal sont médiocres, comme on voit; mais il a des profits si considérables lorsqu'il est vigilant, qu'il en peut tirer en peu de tems de grandes richesses. Car quand il saisit de l'or ou des marchandises que les Négres ou les Blancs négocient au préjudice de la Compagnie, & qu'on les déclare confisquées, il en a le tiers pour lui, & outre cela le tiers de l'amende à laquelle les Blancs sont condamnez pour avoir fait un Négoce défendu. Il a aussi le tiers des amendes auxquelles sont condamnez ceux qui ont commis quelque crime.

Après le Fiscal vient le Teneur de Livres général, qui tient les Livres de tout le Négoce que fait la Compagnie. Ses apointemens sont de 70. liv. par mois, 4. écus pour ses Domestiques, & la table du Général ou 12. écus pour sa nourriture. Il a ordinairement un Sous-Teneur de Livres, qui a 30. francs par mois, & deux Assistans pour lui aider. Ensuite vient le Teneur de Livres des garnisons, qui, outre ses gages, vend à l'enchére les biens de ceux qui meurent, dont il a cinq pour cent de profit. Quelquefois il y a aussi un Secretaire, dont les gages sont de 50. liv. Enfin la derniére charge & la plus méprisable de toutes, est celle de Sous-Fiscal ou d'Auditeur, à qui on peut bien donner le nom de Délateur; il a 20. liv. par mois & la dixiéme partie de tout ce qui est confisqué. Il y a aussi pour le spirituel un Ministre & un Lecteur, dont le premier a cent francs par mois & le pas après le Directeur général, & le second 20. avec la Table du Directeur.

VUE

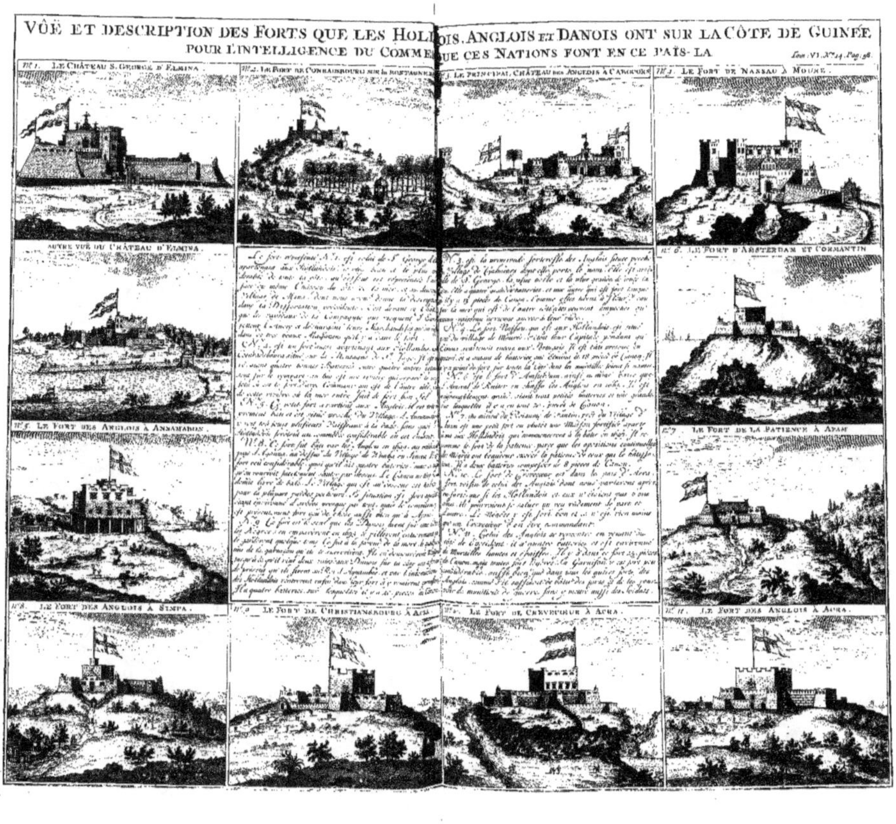
VÛE ET DESCRIPTION DES FORTS QUE LES HOLL[OIS], ANGLOIS ET DANOIS ONT SUR LA CÔTE DE GUINÉE
POUR L'INTELLIGENCE DU COMME[RCE Q]UE CES NATIONS FONT EN CE PAÏS-LA
Tom: VI. N.o 14. Pag: 58.
N.o 1. LE CHÂTEAU S. GEORGE D'ELMINA.
N.o 2. LE FORT DE CONRADSBOURG SUR LA MONTAGNE
N.o 3. LE PRINCIPAL CHÂTEAU DES ANGLOIS À CABOCORS
N.o 4. LE FORT DE NASSAU À MOURÉ.
AUTRE VUË DU CHÂTEAU D'ELMINA.
N.o 6. LE FORT D'AMSTERDAM ET CORMANTIN
N.o 5. LE FORT DES ANGLOIS À ANNAMABOU.
N.o 7. LE FORT DE LA PATIENCE À APAM
N.o 8. LE FORT DES ANGLOIS À SIMPA.
N.o 9. LE FORT DE CHRISTIANSBOURG À ACRA
N.o 10. LE FORT DE CREVECŒUR À ACRA.
N.o 11. LE FORT DES ANGLOIS À ACRA.

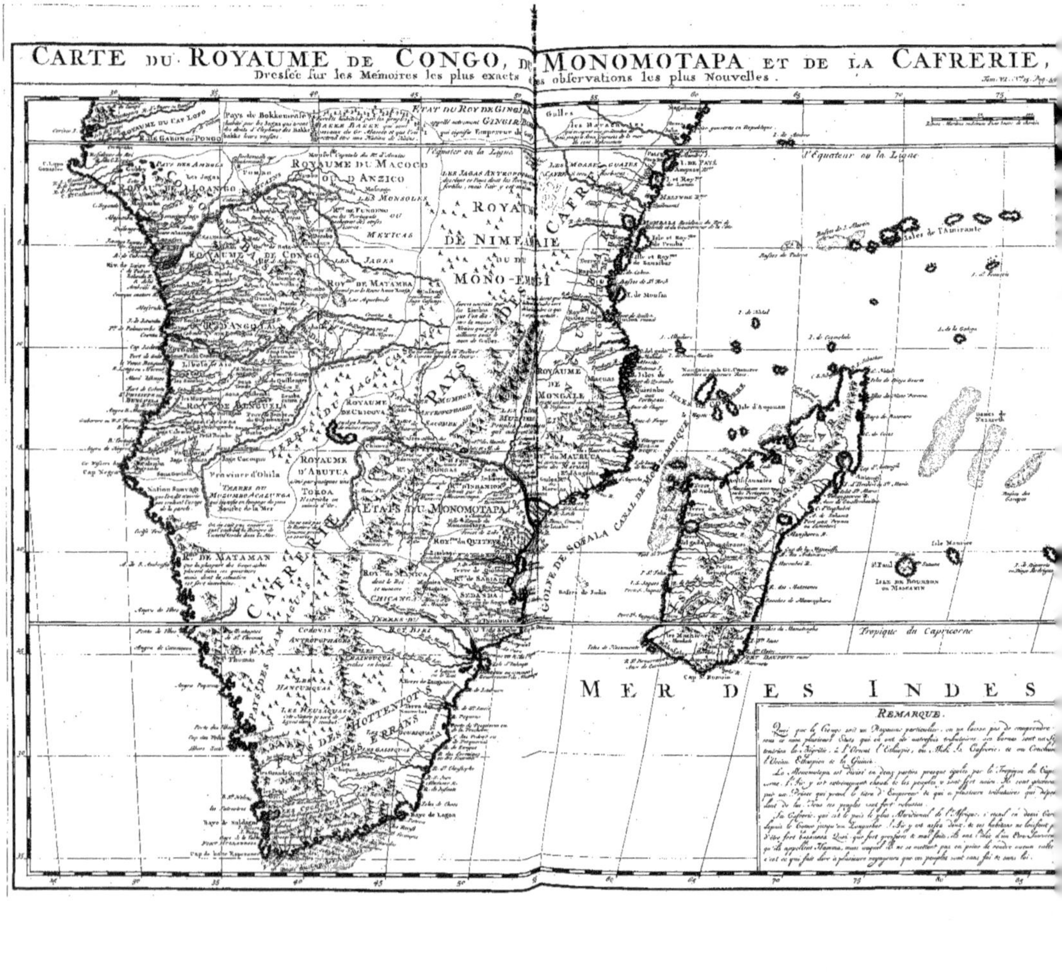
CARTE DU ROYAUME DE CONGO, DU MONOMOTAPA ET DE LA CAFRERIE,
Dressée sur les Mémoires les plus exacts et les observations les plus Nouvelles.
ROYAUME DU MACOCO OU D'ANZICO
ROYAUME DE CONGO
ROYAUME DE MONGALE
ETATS DU MONOMOTAPA
ROYAUME D'ABUTUA
CAFRERIE
PAYS DES HOTTENTOTS
Isles de l'Amirante
Isle Maurice
ISLE DE BOURBON ou MASCARIN
Tropique du Capricorne
l'Équateur ou la Ligne
MER DES INDES
CANAL DE MOSAMBIQUE
GOLFE DE SOFALA
REMARQUE.

DISSERTATION SUR L'ETHIOPIE ET LE ROYAUME DE CONGO.

L'Ethiopie fait presque la moitié de l'Afrique. On la partage en Haute ou Intérieure, & en Basse ou Extérieure. La premiére qu'on appelle aussi l'Abyssinie, contient plusieurs Roïaumes. L'autre comprend les Contrées de Biafara, de Congo, la Cafrerie, le Monopotapa, le Mono-emugi, les Côtes de Zanguebar, d'Ajan & d'Abex qui sont proprement de l'Abyssinie, quoi qu'elles soient à present sous la domination de l'Empire Ottoman.

DE L'ABYSSINIE.

ON donne plusieurs origines au mot Abyssinie. L'Etimologie la plus vraisemblable est que ce nom-là se tire des habitans. Car en Arabe on les appelle Abassi. D'autres présument que ce terme vient des Abseniens, qui, après avoir habité l'Arabie heureuse vinrent s'établir en ce Païs-là. Quoi qu'il en soit, cette contrée de l'Afrique est l'Empire du Grand Negus, connu aujourd'hui, par abus, sous le nom de Preste Jean. Cet Etat a beaucoup perdu de son ancienne étenduë. Les Arabes, les Turcs, & d'autres Peuples voisins en ont enlevé des morceaux considérables; si bien qu'aujourd'hui il est réduit à la moitié de ce qu'il étoit autrefois.

Il a pour bornes à l'Est les Côtes d'Abex, d'Ajan, & de Zanguebar: au Nord la Nubie: à l'Ouest le Congo, le Biafara, les Gales ou Giaques; & au Midi, le Mono-emugi. On fait cet Empire-là d'Occident en Orient, long environ de deux cens lieuës; & du Septentrion au Midi, large de quatre cens vingt lieuës.

C'est un bon & riche Païs que cette Abyssinie. Hors que la chaleur est excessive dans les vallées, tout le reste va à souhait. Il faut pourtant encore excepter les rochers & ces cavernes profondes qui sont dans le Païs. Communément l'air de l'Abyssinie est assez temperé : mais sur tout il est extrémement salubre sur les montagnes & dans les plaines. Le Terroir est bon ou mauvais selon la difference des lieux : il y a des endroits où il ne produit rien pour la bouche : mais ailleurs, & principalement le long des Riviéres, il abonde en biens de la Terre. Voïons une description detaillée de ses utiles & incommodes productions.

Les premieres sont le Ris, l'Orge, le Millet, le Froment, & d'autres grains qui ne sont point de notre Europe, tels sont l'Agousta & la Machella. Quelques Provinces ont à present des vignes; mais on n'y vendange qu'à la sourdine; si ce n'est dans les Palais de l'Empereur. On ne marque point la raison d'une telle Police : mais, par droit de conjecture, je croirois que cet Empereur s'imagine que sa Dignité le garantit des mauvais effets du vin : quelle erreur ! A combien de Monarques & de Heros Bacchus a-t-il avancé les jours? Combien d'extravagances ne leur a-t-il pas fait faire ? Le vin & la mort se ressemblent en un point, c'est qu'ils ne respectent pas plus le Sceptre que la Houlette; & que toute tête de Buveur, fût-elle à triple Couronne, n'est pas moins sous la domination arbitraire de la traîtresse Divinité du Verre, que sous celle de la grande Faucheuse. Mais continuons sur la fecondité de l'Abyssinie. Elle regale abondamment ses Enfans de Gingembre, de Sucre, & de Miel : cette bonne Mere leur fournit de la Cire, du Coton & du Lin. Il y a de toutes les espèces d'animaux domestiques, comme moutons, chèvres, vaches, bœufs, chevaux, chameaux; & plusieurs sortes de volailles. Il y a par tout des mines d'Or, d'Argent, d'Etain, de Cuivre, de Plomb & de Soufre. On trouve des montagnes entières de Sel fossile : il y en a même une de Sel rouge, qui entre beaucoup dans la Pharmacie. Il y a d'excellent Antimoine, qui est fort en usage chez eux pour la Medecine. La Semence & la Recolte s'y font en même tems. En certains endroits on moissonne trois fois l'année. Il y croît un certain genre de froment, nommé Tef, dont le pain est d'un goût excellent. Enfin, on compte si bien sur le raport du fond, qu'on ne connoit point en ce Païs-là ni les Greniers, ni les Caves, ni les Magasins de provision. Le fourage n'y abonde pas moins que le miel. On y voit quantité d'abeilles : il y en a principalement une espèce de petites noires qui sont d'un instinct tout particulier : elles tiennent leur Republique dans des creux ; elles y vivent ; elles y travaillent ; & cachent si bien leurs ruches souterraines, qu'il n'est pas aisé de les decouvrir. Cependant leur miel est exquis ; & leur cire, d'une blancheur à ébloüir. Ce qui rend ces petites Republicaines encore plus aimables, c'est qu'elles sont sans aiguillon. C'est dommage que Virgile ne les ait pas conues : sa Muse inimitablement ingenieuse nous auroit dit de jolies choses là-dessus. Les Abyssins ont aussi toute sorte d'herbes potageres, aromatiques & botaniques. Il y des Citronniers, des Orangers, des Grenadiers & des Pêchers. Les Bœufs sont d'une grandeur prodigieuse ; grand nombre de Chevaux très-vigoureux, & qu'on ne ferre point. Les Moutons y ont la queuë si grosse qu'elles pésent jusqu'à cinquante livres. Voilà les avantages de l'Abyssinie : mais comme sur la Terre, tout est mêlé de bon & de mauvais, tant dans le Phisique que dans le Moral, ces heureux Habitans ont leur rabat-joïe ; le voici :

Ils abondent en bêtes sauvages & feroces : outre les Liévres, les Daims, les Cerfs & les Sangliers, animaux qui du moins ont leur merite pour le plaisir de la chasse, & pour celui de la bonne chere, il y a force Lions, Pantheres, Rhinoceros, Loups, Singes &c. Les Elephans sont dans les forêts les hôtes les plus nombreux & les plus redoutables. Sortant souvent par centaines, ils ravagent furieusement la Campagne, foulant aux piez les moissons, & arrachant les arbres : cependant ces colosses animez respectent assez notre espèce pour fuir devant elle, tant qu'ils ne se sentent point blessez.

Les Riviéres nourissent des Crocodiles & des Chevaux marins. Il survient dans une certaine saison en ce Païs-là une si grande quantité de Sauterelles que l'air en est quelquefois obscurci ; & cette nuée vivante & ailée tombant sur les biens de la Terre, y cause un dommage très-considerable. Les Pommiers & les Poiriers, ces Vignes de Normandie, viennent très-difficilement en Abyssinie, à cause des violens orages qu'il y fait dans leur saison ; où, pour mieux m'expliquer, les fruits de ces deux arbres viennent rarement à maturité.

Il se trouve-là des Cameleopards : cet animal n'est pas si gros que l'Elephant, mais il est beaucoup plus haut ; & sa hauteur est telle qu'un homme à cheval peut lui passer sous le ventre. Il y a des Licornes, ainsi nommées parce qu'elles ont une corne au milieu du front. Quant au Cheval marin, ou plûtôt de Riviére, il a la tête comme un cheval ; mais il en differe par tout le reste du corps ; il est deux fois plus gros qu'un Bœuf ; & s'il faut entendre les Bœufs du Païs, qu'on dit être de vrais *Geans* dans cette espèce *Eunuque* & mutilée, jugeons si ces Chevaux Marins ne sont pas de beaux petits Oiseaux. Aussi dit-on qu'ils renversent souvent les barques pour manger les hommes : ils broutent les prairies & les campagnes ; & on les chasse en leur montrant du feu : la chair en est bonne ; & on en pêche souvent ; mais ce n'est apparemment pas sans beaucoup de peine & d'adresse. Il y a des Lezards d'eau ; ils sont grans comme un Chat ; & d'ailleurs ils ont la queuë si forte & si tranchante que d'un seul coup, ils coupent, avec cet outil naturel, la jambe d'un homme. On trouve aussi dans les Lacs & dans les Riviéres d'Abyssinie des Torpiles : c'est un poisson qui cause un froid & un tremblement à ceux qui le touchent : il ne laisse pas d'être un febrifuge : un homme est-il attaqué d'une fiévre intermittente ? On l'étend sur une planche, on le lie ; & lui apliquant la Torpile, on le laisse quelque tems dans l'operation. Le malade souffre des douleurs horribles dans tous ses membres ; mais il s'en tient assez dédommagé par une pleine guerison.

Il y a là quantité d'Autruches qui sont d'une vîtesse inconcevable ; mais à qui les ailes sont inutiles pour perdre terre, ne pouvant absolument voler. Cette Region produit, dit-on, une quantité prodigieuse de Serpens, dont les plus gros, qu'on appelle Dragons, ne sont dangereux que par la violence de leur morsure. Les plus venimeux sont certains Serpens amphibies, d'un rouge enfoncé, gros & longs comme le bras ; & qui par le seul soufle de leurs narines peuvent empoisonner & tuer sur le champ. Finissons par un petit insecte qui n'est pas tout-à-fait si dangereux. Ce sont de grosses Fourmis qui s'atroupent, & qui, formant une milice à leur mode, se mettent en Campagne, & marchent dans l'ordre & dans la discipline d'une Bataille. Cette Armée commet toutes les hostilitez dont elle est capable ; rongeant, mangeant, devorant ce qui se trouve dans son chemin ; & sur tout mordant la chair humaine jusqu'au sang. Ces Fourmis n'ont nulle part au simbole de la diligence & de la precaution ; ne vivant que de pillage, que de brigandage ; & se souciant peu d'amasser pour l'avenir, en quoi elles deshonoreroient leur espèce, si l'exemple des Habitans ne les justifioit.

On parle diversement des Mœurs des Abyssins : on convient en général qu'ils ne manquent ni d'esprit ni de docilité : mais, selon les differens endroits, on les peint sous de belles ou de vilaines couleurs. Les uns sont honnêtes, humains & paisibles ; ils ont de l'équité, du courage, & les autres vertus : les autres sont inconstans, perfides, vindicatifs & paresseux. Quant à la couleur, je trouve de l'opposition : un Auteur dit positivement & sans exception, que ces Peuples sont noirs ; & voici une remarque qui paroit confirmer son opinion.

Il semble, dit un savant Voïageur, qu'il est permis de penser que Dieu a formé parmi les enfans de notre Pere commun, trois sortes de Carnation Humaine ; une blanche, une noire, & une de couleur rougeâtre qui tient le mélange de l'une & de l'autre. L'Ecriture ne nous fait peut-être pas mention de cette derniére espèce : mais on ne doute pas qu'elle ne parle de la seconde en la personne de Chus petit-fils de Noé, lequel nom Chus signifie noir, & de qui on fait descendre les Abyssins.

Vous voïez que, sur le temoignage de cet Ecrivain, ces Peuples sont tout noirs ; & que par raport aux Oracles Sacrez, la croïance de leur noirceur pourroit même entrer indirectement dans le Catechisme. Cependant si on veut s'en raporter à un autre Auteur, les Abyssins ont le teint bazané

ou

ou olivâtre, & ils sont rougeâtres par le corps. Voilà deux affirmatives bien differentes. Il est vrai que celui qui nous donne ces Habitans pour noirs, ajoute qu'ils le sont les uns plus que les autres : la question est si être moins noir, & être bazané, c'est precisement la même chose. D'ailleurs tous deux parlant de la Nation en général, l'un dit, ils sont noirs : l'autre, ils ont le teint olivâtre : cela ne vaut-il pas un dementi ?

Il y a en Abyssinie quantité de Juifs, de Mahometans & d'Idolâtres : mais le Christianisme y domine. La Tradition commune est que la Reine Candace, apuïée des Saints Apôtres Mathieu, Thomas & Barthelemi, planta la Foi en ce Païs-là : mais les Ethiopiens rejettent cela comme une fausseté; & ils montrent par leur Histoire, qu'ils n'ont reçu l'Evangile que du tems de Saint Athanase. Les Abyssins sont detestez à Rome comme des Heretiques & des Schismatiques : la pretenduë Catholicité y a fleuri quelque tems : mais depuis un demi siécle elle y est reduite presque à rien; & on y fait le service à la Grèque. Pour une plus grande precaution, & de peur de s'y meprendre, ils joignent les deux premiers Sacremens de la double Economie, faisant circoncire les Enfans avant de les bâtiser. Leur Patriarche est subordonné à celui d'Alexandrie, qui confirme son élection. Les Prêtres ont la liberté du Mariage : mais les secondes Nôces leur sont defenduës, ce qui pourroit être un heureux malheur. Au reste il seroit bien à souhaiter pour les bonnes Ames de la Bergerie Papale, que les Sacrificateurs Romains eussent la même permission que ceux dont nous parlons : mais je ne sai s'ils se soucieroient fort d'en profiter. Il est bien doux d'avoir tout le plaisir de l'Union Conjugale, sans en sentir le poids & sans être piqué de ses épines. Tous les Ecclesiastiques Ethiopiens, tant Seculiers que Reguliers, ne marchent jamais que la croix à la main : mais la portent-ils tous dans le cœur? C'est une autre affaire : croïez moi, le Pharisaïsme & l'Hipocrisie sont de toute Religion. On attribuë aux Abyssins Chrétiens une grande devotion, du moins exterieure : ils ont, dit-on, fort souvent la Bible ouverte, & la lisent avec aplication; ils venérent beaucoup les Sacremens ; & ils ont tant de respect pour les Temples qu'ils n'y entrent que les piez nuds. Combien de Scelerats observent exactement les deux premiers points ? Ces pieuses pratiques empêchent-elles chez ces Peuples les crimes de perfidie & de vangeance ? Et quant à cette nudité de piez, c'est aparemment une coutume du Païs, laquelle, je croi, est fort indifferente à la Divinité.

L'Abyssinie obéït à un Monarque, nommé par les Arabes Aticl-abassi ; & par les Naturels Negus, ou Nagusch, mot qui signifie Roi. C'est ce même Prince qu'on appelle ordinairement, quoi que sans raison, en Europe, le Prête, ou le Prêtre-Jean. Un bon & savant Historien nous éclaircit l'origine de ce nom-là ; & je croi ne pouvoir mieux faire que d'inserer ici sa remarque ; la voici en entier.

„ Quelques Auteurs ont fait de ce Prêtre „ Jean, un Roi d'Abyssinie, & Georges Horn „ qui condamne fort leur opinion dans son Arche „ de Noé, a écrit dans son Monde Régnant, qu'en „ l'an mille cinq cens on trouva en Afrique ce Prê„ tre-Jean qu'on avoit si long-tems cherché. Il „ ajoute-là, & dans son Monde Politique sur la „ fin, que ce Prêtre-Jean ou *Paep-Jan* a été „ corrompu de l'Arabe & du Persien Prester „ Khan, c'est-à-dire Roi des Esclaves, parce „ que le Roïaume des Abyssins, ou la haute „ Ethiopie fournit à la Perse & à l'Afrique beau„ coup d'Esclaves. Il ne l'a écrit qu'après Golius „ qui s'est trompé, & qui a aussi trompé Hottinger ; „ & il est aisé de juger par là que les plus grans „ hommes ne sont pas toûjours les plus grans De„ vins. Ce qui a donné lieu à l'erreur commune, „ comme l'ont écrit quelques Auteurs, c'est que „ le Senhor des Portugais est l'Ascid des Mores, „ l'Adar de tous les Païsans du Roïaume de Ti„ gre ; l'Abero des Courtisans, & le *Jan* de „ ceux qui sont d'une Province plus haute en Ethio„ pie. Comme ces Rois ont tenu leur Cour dans „ cette Province-là durant plusieurs siécles ; qu'ils „ étoient Prêtres, selon le temoignage des Abys„ sins qui faisoient de frequens voïages dans la Pa„ lestine, ceux de l'Europe qui entendoient par„ ler de leur Roi ou *Jan* qui étoit Prêtre, cru„ rent ensuite que le Prêtre-Jean étoit Empereur „ des Abyssins : & cette erreur ne merite pas qu'on „ la refute, quoique le Prêtre-Jan dont parle Marc „ Pol ne se trouve plus.

„ Ce qu'il y a de certain, est que son nom a été „ commun aux Rois de Tanchut ; & Scaliger a „ cru que les Européens l'avoient formé de Preste„ giani qui signifie Apostolique. Mais c'est Pres„ tadech qui signifie Envoïé & il y a bien de la „ difference entre son plurier Prestadagan ou „ Prestadaghian, c'est-à-dire Envoiez, & Preste„ gan ou Prestegian. D'autres tirent ce nom-là „ de Preste-Chan qui signifie Adorateurs de la „ croix, parce que ces Peuples avoient la croix en „ singuliere veneration ; & le Pere Kircher dit „ qu'à l'exemple de l'Archevêque Primat, ce Roi „ faisoit porter la croix devant lui, pour temoi„ gner qu'il étoit le Protecteur de la Religion „ Chrétienne. Quoi que cette conjecture soit „ vraisemblable, il y a encore plus d'apparence „ que Prêtre-Jean a été corrompu du mot Persien „ Prestech-Gehan, c'est-à-dire Ange du Monde, „ titre que ce Monarque se donnoit.

Cet Empereur n'a point de Residence determinée : il voïage sur ses terres ; il rode dans ses Etats ; & comme sa Cour est un vrai Camp, jamais il ne marche qu'il ne soit précedé par six mille tentes. Ses Enfans prennent leur éducation dans une Ville ou Forteresse, nommée Amara, où il y a une Academie : ces jeunes Princes sont là comme releguez pendant la vie de leur Pere : mais dès qu'il est décendu chez les Morts, on lui choisit un Successeur parmi sa Posterité enfermée : savoir si l'élection tombe toûjours sur l'Aîné, ou sur le merite : savoir si la Couronne *tombe en quenouille*, & ce que les Freres & les Sœurs deviennent sous le nouveau Regne, c'est sur quoi mes Auteurs ne s'expliquent point.

Cet Empereur ne paroît en public qu'avec une pompe extraordinaire : il est très-difficile de lui parler ; & en cela il n'est rien moins que l'Image de Dieu : mais il ressemble par un autre endroit, pour ainsi dire, au Roi de l'Univers ; c'est qu'il est invisible, marchant toûjours le visage voilé. Son Escorte, ou sa Garde est de douze mille hommes : son Conseil est nombreux, étant ordinairement com-

composé de cent vingt têtes, toutes aparemment à cervelles bien choisies: il met sur pié quarante mille chevaux & soixante mille fantassins; & si c'est là le non plus outre de ses forces, notre Europe à des Princes plus puissans.

Presque tous les Rois, Princes, ou Seigneurs de l'Abyssinie relevent du Grand Negus, ou lui païent tribut. Suivant le raport d'un Ecrivain, il y en a trois dans l'Ile de Gueguere ou Meroé, qui sont en rupture & en guerre continuelle: de ces trois ennemis mortels l'un professe le Christianisme & régne sous la dependance de l'Empereur: le second suit les erreurs de Mahomet; & le troisième est encore envelopé dans les ténebres du Paganisme. Il me paroit assez vraisemblable que c'est cette diversité de Religion qui entretient le feu des Armes; en ce cas-là, il ne faudroit pas s'en étonner, puisque dans le même culte, pris du moins fondamentalement, on voit par tout une animosité qui pousse les Hommes à la haine la plus implacable & à la fureur la plus violente.

Les divers Roïaumes de l'Abyssinie sont Barnagas Tigré dont les Côtes sont nommées d'Abex, lesquelles, presque toutes, apartiennent au Turc; Tabain, dont la Reine, à ce qu'on dit, eut la curiosité de connoître Salomon; Angote, Xoa, Fatigara, Gora, Gamo, &c. On dispute sur la Capitale de ce vaste Empire. L'opinion la plus suivie est pour Dambea, la premiére Ville du Roïaume à qui elle donne le nom: d'autres disent Dansas: les uns tiennent pour Gubai; & les autres pour Gonthar. Mais dès que le Grand Negus n'a point de demeure fixe, ne pourroit-on pas dire qu'il y a dans l'Abyssinie autant de Capitales qu'il y a d'endroits où ce Monarque juge à propos de faire planter ses six mille tabernacles.

Les Fleuves les plus considerables de ce Païs-là sont le Nil, le Gema, le Gamara, l'Ohea, le Zèbe, le Marhi &c.

DU ROIAUME DE LOANGO.

CE Roïaume, qui commence au dessous d'un Cap, nommé Sainte Catherine, s'étend entre Nord & Sud jusqu'à la Riviére de Lovango qui le separe du Roïaume de Cakongo. Il est borné à l'Orient par les Anzicains, & par le Païs de Pombo; & à l'Ouest par l'Océan Ethiopique. Ce Roïaume peut avoir cent vingt lieuës de long, & cinquante-quatre de large. Ses principales Provinces sont Lovangiri, Levangomongo, Cylongo & Piri.

Les ardeurs brûlantes n'empêchent point la fertilité du Terroir: il est vrai qu'on ne dit point qu'il produise de grains: mais en recompense, il abonde en Fruits, en Plantes en Legumes, en Sucre, en Tabac &c. Quantité de bestiaux, de volailles; & sur tout tant de gibier qu'il y revient à très-peu de chose.

On tire de là, par le Trafic, de l'Ivoire, tous les metaux, hors l'Or & l'Argent, fâcheuse exception pourtant! du Coton, & plusieurs espèces d'animaux, y compris le soi disant raisonnable; car on y vend beaucoup d'Esclaves.

Les *Loangiens*, comme tous les autres Habitans de la Terre, ont leur bon & leur mauvais: on leur attribuë, en partage, la force, la belle taille, la penetration, l'activité, la vigilance; mais beaucoup de jalousie, de defiance envers les Etrangers, & on les dit fort voluptueux. Ils se soucient peu de nos boissons; & ils aiment mieux leurs breuvages composez. Les Hommes sont Maîtres absolus chez eux; & le beau sexe, s'il y en a, est si éloigné de dominer, que les pauvres femmes se mettent à genoux pour parler à leurs maris. Hors la boisson, dont le mâle se charge, c'est la malheureuse femelle qui fait en franche Esclave, tout le service de la maison. Il seroit curieux de savoir si la langue d'une telle femme est aussi dans cette étrange servitude; car tant que l'Epouse a ce petit morceau-là libre, la paix du menage n'est guére assurée.

Ces Peuples, aussi bien qu'une infinité de Nations, ont une plaisante idée de la mort: quand elle arrive à quelcun, ils se fâchent, ils crient, ils hurlent; & mettant le corps dans la ruë, tout le voisinage & les passans attroupez lui demandent raison de son depart: qu'est-ce qui t'a obligé à mourir, disent-ils à ce Cadavre? Te manquoit-il quelque chose dans la vie? Puis, sans aucun retour sur la pouriture; & comme si le defunt ne faisoit que démenager, on enterre avec lui tout ce qu'il possedoit de meilleur & de plus precieux. Il ne faut pas demander si les Dédupez en profitent. Mais comment pouvons-nous rire de cette grossiereté, puisque nous en sommes les imitateurs; car enfin comparons avec cela nos morts proprement & souvent magnifiquement agencez dans un double cercueil, n'est-ce pas là le même travers d'esprit? Au reste, & soit dit par occasion, je ne voi rien de plus sensé que ce certain Peuple qui, à la naissance d'un mortel donne des marques d'affliction, de douleur; & qui, regardant la mort comme une delivrance, fait des rejouïssances publiques dans les funerailles.

Les *Loangiens* & plusieurs de leurs voisins sont plongez dans l'Idolatrie: leur Religion consiste dans des Superstitions dont on ne donne point le détail. Je trouve seulement qu'ils n'ont qu'une connoissance fort confuse de la Divinité; & qu'ils ont une grande devotion aux Diables domestiques & campagnards.

Dans ce qu'on raconte de ce Païs-là touchant les usages & le Gouvernement du Prince, voici les particularitez les plus curieuses: ce Monarque a jusqu'à sept mille Maîtresses qui travaillent dans un Serrail; & parmi ce grand nombre de beautez il prend celles pour qui il se sent du goût & de l'appetit: apparemment il y a peu d'heureuses; & la Virginité occupe toûjours ce Palais, ou pour mieux dire, ce Camp d'Amour. Quand une de ces Nimphes noires est suspecte de galanterie, on fait boire quelcun dans une coupe nommée des bondes ou d'épreuves; & si l'homme tombe, l'Amante & l'Amant, ou cru tel, sont brulez vifs.

Le Conseil d'Etat a droit de donner à la Princesse la plus âgée de la maison Roïale le titre de Macunda, mot qui enferme les qualitez de Mere du Roi, & de Regente du Roïaume; & dans cette élevation-là, le Monarque, étant dans une espèce de tutelle, est obligé de lui obeïr. Il a beaucoup moins d'égards pour sa propre Mere; ne devant rien entreprendre sans l'agrément de cette Regente; & ne pouvant rien lui refuser sans mettre sa personne en risque. Cette Princesse aussi bien que la Mere & les Sœurs du Roi, jouïssent d'un Privilege bien singulier, & que je ne

croi

croi pas avoir d'exemple : mariées ou non, elles introduisent dans le lit autant de Champions que bon leur semble ; cette debauche ne cause point de scandale ; & le cocuage des Epoux ne les deshonore point. A votre avis, combien de femelles humaines, *voire* de Sang Roïal, pousseroient des soupirs d'envie, en aprenant cette agreable coutume ?

Suivant la Loi de ce Gouvernement les Freres du Prince sont appellez successivement à la Couronne, au prejudice de ses Enfans. Ce Roi est vêtu des étofes qu'on fabrique en Europe : ses Gentilshommes se distinguent en portant sur le bras gauche la peau de chat sauvage ; au lieu que les autres la portent à la ceinture. Sa Majesté *Loangienne* vit d'un Regime fort curieux : sa dignité ne lui permet de manger que deux fois par jour ; & il faut qu'il prenne chaque repas dans deux maisons differentes & destinées à cet usage-là : il mange dans l'une & boit dans l'autre, ceremoniel aussi bizare & aussi ridicule qu'il se puisse : trouveroit-on dans le reste du Monde, & sur tout en Europe beaucoup de Gens qui accepteroient un Trône à ce prix-là ? Defense sous peine de la vie de voir manger ce Monarque Africain ; c'est apparemment qu'il craint que ses Sujets, le contemplant dans cette fonction animale, & s'apercevant qu'il est un homme comme eux, n'en aïent moins de veneration pour sa personne ; car les Dieux mortels ont grande raison de prendre toute la précaution possible pour fomenter certaines preventions populaires qui leur sont extrêmement favorables. On annonce, par le son d'une cloche, qu'on couvre la table du Roi ; & je conjecture que cela se fait ou pour avertir les sujets de ne point aprocher ; ou peut-être pour les exciter à souhaiter bon appetit à leur bon Maître. Cette Divinité terrestre ne se montre que certains jours solemnels, ou que quand quelque raison de la derniére importance l'oblige à sortir de son Palais.

DU ROIAUME D'ANSICO.

SAns m'arrêter à sa situation, à ses bornes à son terroir, ni aux productions du Païs qui sont à peu près les mêmes que celles des Roïaumes précédens, je viens de plein saut aux Naturels : on les nomme Ansicains & Jagos ; & voici la peinture qu'on nous en fait ; il y a quelques traits si affreux, qu'on ne prendroit point ces Gens-là pour la posterité d'Adam.

Les Ansicains, dit-on, sont forts agiles ; & la peine de grimper sur des montagnes escarpées, & sur des Rochers ne leur coute rien. Ils ont de la bonne foi ; mais leurs maniéres sont des plus brutales ; braves, intrepides ; & d'autant plus qu'ils ont par instinct machinal ce que les plus grans Philosophes ont bien de la peine à attraper par la force du raisonnement, savoir, que la mort est moins que rien ; & que c'est une folie de la craindre. Jusques ici cela ne va point trop mal, & le bon emporte le mauvais. Mais voici un point qui soulève étrangement la Nature ; & qui, si je ne me trompe, est tout-à-fait inouï. Ces Peuples vivent de chair humaine ; & ils en tiennent des marchez : les vivans se nourissent des morts ; & la proximité du sang ne leur cause pas le moindre degout : sur ce pié-là le Pere mange le Fils ; le Fils le Pere & ainsi de toute la parenté ; & le tout d'aussi bon appetit que nous donnerions sur un morceau de la viande la plus succulente. Je m'imagine que le motif de ces Antropophages est que l'estomac du mortel soit le sépulcre du defunt, auquel cas la faim & le plaisir devroient redoubler entre les proches. Cette coutume-là, toute dénaturée, toute horrible qu'elle nous paroisse, est pourtant fondée en humanité : mais je n'entreprendrai pas ici de soûtenir ma thèse, ni d'éclaircir un si grand Paradoxe ; je ferai mieux de continuer.

Les Ansicaines ne sont pas dégoutantes, à leur teint près. Les petites Gens ne sont vêtus que depuis la ceinture en bas, & ne portent point de souliers : les aisez s'habillent tout-à-fait & se parent d'un bonnet de velours. La Poligamie est chez eux sans restriction, aiant le champ libre pour le nombre des femmes ; mais la nouriture des Enfans ne les embarasse point ; trouvant sans scrupule les moïens de s'en decharger. On dit même qu'il y a des femmes assez barbares pour renvoïer leurs enfans d'où ils viennent, les mangeant dès qu'ils sont nez ; il y a bien de l'apparence que l'habitude de manger de la chair humaine ne contribue pas peu à étouffer la tendresse maternelle.

Ces Peuples ne se fixent dans aucun endroit ; ils ne connoissent la proprieté que de ce qu'ils tiennent pour l'usage de la vie ; & rodant de côté & d'autre, ils ne subsistent que de brigandage. Leur monnoïe est une espèce de coquille nommée Symbos : ils vont la chercher sur la Riviére de Lovando où on pêche ce coquillage ; & ils l'échangent, aussi bien que du Sel, des Verres, des Couteaux, de la Soïe, & autres marchandises, pour des Esclaves.

Les grands objets de leur culte sont le Soleil & la Lune : je ne sai s'ils les croïent mariez, ou plûtôt Frere & Soeur ; mais ils leur donnent la figure d'Homme & de Femme, & les adorent sous ces representations. Les fausses Divinitez fourmillent chez ces Idolâtres : il n'y a point, dit-on, de particulier qui n'ait son Dieu à part, & il s'adresse religieusement à lui pour la réussite de ses desseins ; on ne doit donc pas s'étonner s'ils font de si belles choses. Ils n'ont point d'autres Armes que la flèche : & ils passent pour très-habiles à la tirer. On dit qu'ils n'ont ni Villes, ni Champs, ni Heritages : ils ne laissent pourtant pas d'avoir un Roi ; & ce puissant Monarque a treize Roïaumes sous sa Domination : s'ils sont tous comme celui que nous venons de voir, voilà treize Etats tous composez de vagabons, de bandis & de voleurs ; cela ne fait-il pas bien de l'honneur au Genre Humain ?

DU ROIAUME DE CONGO.

ON le borne à l'Est par des Montagnes pleines de mines d'argent, de Cristal & de Salpêtre ; par le fleuve de Verbele, & par le Païs des Gioguas : au Nord par le Loango & l'Ancico : à l'Ouest par l'Ocean Ethiopique, & au Midi par l'Angola & le Malemba.

L'air y est d'une chaleur accablante ; & sur tout le jour depuis dix heures jusqu'à trois : mais les vents de Nord-Ouest & les pluies temperent beaucoup l'ardeur excessive du climat. Ces pluies tom-

tombent ordinairement dans la saison de l'Hiver qui dure depuis la moitié de Mars jusqu'à la fin d'Août; & quel Hiver, puisque pendant ce tems-là il y fait aussi chaud sur tout avant midi, qu'au plus fort de notre Eté. On presume que ce sont ces pluïes qui, causant les inondations de plusieurs Fleuves, rendent le Païs fertile généralement en toute sorte de Grains, de Fruits, de Plantes; enfin en tout ce qui est necessaire & agreable pour la subsistance.

En faveur de ceux qui aiment le détail voici une description de cette fertilité. Le Congo, principalement dans une certaine Province, abonde en prairies, en vergers, en une espèce de grain nommé en la langue du Païs, Laco: ce grain est gros comme celui de moutarde, & les Habitans en font du pain: le Millet, le Ris & le Blé de Turquie entrent aussi dans la recolte. Les Fruits sont Oranges, Citrons, Limons, Bananes, Dates; & à propos de ce dernier il vient là trois sortes de Palmiers dont une fournit du pain, du vin & de l'huile. Il y a un arbre qu'ils appellent Cola, qui est odoriferant, & que les Habitans ont perpetuellement entre les dents: quantité d'Ozagues, espèce de prunes d'un suc delicieux.

La Riviére de Lecunde est toute bordée de Cedres; & on s'en sert tant pour la construction des Canots, que pour brûler. Les Hollandois raportent du Congo de la Casse & des Tamarins. Dans les Habitations de Bamba près de la Mer, on trouve des fèves & des poulets. Le long de la Riviére d'Onza, des Cannes de Sucre, du gros & menu bétail, principalement des Boeufs, des Vaches, des Cochons, des Brebis, des Chevres, & ces derniéres portent trois ou quatre fois en un an. Les Coqs-d'Indes, les Poules, les Canards & les Oïes y multiplient beaucoup.

Les Elephans y sont d'une grosseur prodigieuse, & leurs dents, d'un poids extraordinaire. Il y a aussi des Tigres, des Bufles, & une espèce de Cheval sauvage, dont la peau est bigarée de blanc, de noir, de rouge & de bleu: d'autres Bêtes qui nous sont inconnues, comme le Zebra qui ressemble à un Mulet; le Dant & l'Empalariga ou Empalanga, qui auroient assez la figure d'un petit boeuf, si leurs cornes n'étoient comme celles du Cerf: des Macoco, où la Grande Bête, par excellence: cet animal a les jambes longues & menuës, aussi bien que le cou: la peau grise & raïée de blanc; & deux cornes aussi longues que pointues; sa fiente sent le Musc & la Civète.

Ce Païs-là nourrit sur terre toutes sortes de nos animaux & de nos volatiles; des Loups, ou Quembego, plus gros que les nôtres; des Renards, des Cerfs, des Chevreuils, des Lapins, force Lièvres, des Sangliers dont les defenses quand on en prend la limure, guerissent la fièvre, & sont un antidote contre le venin: une espèce de Dains, nommé Colungo: des Ecureuils, des Serpens d'une grandeur enorme & des viperes très-venimeuses: des Pans, des Perdrix privées & sauvages, des Faisans, des Pigeons, des Tourterelles, des Faucons, des Vautours, des Epreviers, des Hiboux, des Abeilles; quatre sortes de fourmis, & des nuées de moucherons. L'Europe donne l'être à tous ces vivans-là: mais elle n'a pas pour habitans naturels, comme le Congo, des Singes, des Marmots, des Chats sauvages, des Aigles, des Perroquets &c. Les Congeois peuvent encore se vanter de posseder un certain oiseau, unique en son espèce; & qui est trop curieux pour n'en rien dire; on le nomme Entiengie: ce rare & admirable volatile se tient toûjours au dessus de son ennemie irreconciliable, je veux dire la Terre; car cette Mere commune ne peut pas souffrir cet enfant-là; & dès qu'il la touche, la mort est infaillible. Ainsi il faut necessairement qu'il vole ou qu'il perche, il n'y a point de milieu. L'Entiengie a le plumage si bien diversifié qu'il ne se peut rien voir de plus beau. Comme s'il étoit le Roi de l'Air, plus glorieux en cela que l'Aigle, il a une Cour, étant toujours entouré de certains oiseaux noirs, dont le nom est Embas. Quand ce petit Prince est en marche ou plûtôt en vol, ses Courtisans devenant sa Garde, se partagent en sorte qu'une partie le precéde, & l'autre le suit: son Armée, à la verité n'est pas des plus nombreuses; elle consiste ordinairement en seize Guerriers: six composent l'Avant-garde, les dix autres l'Arriere-garde; & le Monarque fait le Corps de Bataille. Mais si la premiére Troupe a le malheur d'être abbatuë par les Chasseurs, ou si elle donne aveuglément dans les filets, alors l'Arriere-garde quitte lâchement la partie; & on vient aisément à bout du Corps de Bataille. Au reste la dépouille ou la peau de l'Entiengie est dans une telle estime, que les Rois de Congo se sont reservé à eux seuls le droit d'en porter; & c'est une faveur considerable qu'ils font aux Princes & aux Grans, lorsqu'ils leur permettent de se parer d'un ornement si precieux.

Nous venons de voir les productions de la Terre, quant à celles de l'Eau, le Fleuve du Zaire est fecond en Crocodiles, en Hipopotames ou Chevaux marins, en Cochons de Riviéres; & en plusieurs autres espèces de poisson que nous ne connoissons point. A propos de l'Hipopotame, sera-ce un écart si cet animal vous est nouveau, de vous le faire connoître; & cela sur le temoignage de deux temoins oculaires? Supposant que cela fera plaisir, laissons parler deux habiles Voïageurs.

„ A l'égard de la tête, des oreilles & des naseaux, dit l'un, l'Hipopotame, c'est-à-dire le Cheval marin ressemble assez à nos chevaux: mais il a la queuë & les jambes courtes. Ses traces sur le sable approchent aussi beaucoup de celles de nos chevaux ordinaires, & il fiente de même qu'eux, mais il a le corps deux fois plus gros. Il paît sur le rivage; son poil est d'un brun obscur, mais qui reluit beaucoup dans l'eau. Il marche assez lentement sur le bord des Riviéres, mais il va plus vîte dans l'eau. Il y vit de petits poissons & de tout ce qu'il peut attraper: il décend jusqu'au fond à trois brasses d'eau, car je l'y ai observé moi-même, & je l'ai vu demeurer plus de demi-heure, avant de revenir au dessus. D'ailleurs cet Afriquain est grand ennemi des Blancs. Une fois je lui ai vu ouvrir la gueule, planter une dent sur le bord d'un bateau, & une autre au second bordage depuis la quille, c'est-à-dire à quatre piez de distance l'une de l'autre percer la planche d'outre en outre, faire ainsi couler le bateau à fond, & se retirer ensuite en secouant les oreilles. Ils a une force de reins incroïable: j'en ai vu du moins un le long du rivage de la Mer, sur qui les vagues poussérent une Chaloupe Hollandoise chargée de 14. muids d'eau, qui demeura sur son dos à sec; un autre coup de Mer vint qui l'en retira, sans qu'il parût avoir senti le moindre mal.

„ Il

„ Il me fut impossible d'observer la disposition ou „ l'arangement de ses dents: tout ce que je pus remarquer, c'est qu'elles ont la courbure d'un Arc; „ qu'elles ont environ 16. pouces de longueur, & „ plus de six en circonference à l'endroit le plus „ gros. Nous lui tirâmes plusieurs coups de fusil, „ mais c'étoit tirer en l'air; car les balles ne faisoient qu'effleurer la peau, & entroient moins „ que dans une muraille. Les Naturels du Païs l'appellent Kittimpungo, & disent qu'il est Fetisso, „ c'est-à-dire une espèce de Divinité; rien au „ Monde, ajoutent ils, ne sauroit le tuer; & s'ils en „ usoient envers lui, comme les Européens, il ne „ manqueroit pas de renverser leurs Canots, & de „ detruire leurs filets. Ainsi quand il approche „ d'un Canot, on lui jette du poisson, & alors il „ passe son chemin, sans troubler davantage les pêcheurs. Un jour que notre Chaloupe étoit auprès „ du rivage, je le vis se mettre dessous, la lever avec „ son dos au dessus de l'eau, & la renverser avec six „ hommes qu'il y avoit dedans; mais par bonheur „ il ne leur fit aucun mal. Pendant que nous demeurâmes à la Rade, nous en eumes qui infestoient cette Baye à chaque renouvellement de „ Lune, & lorsqu'elle étoit en son plein. Les Gens „ du Païs disent que cela est ordinaire; & que deux „ ou trois jours après ils vont ensemble, deux Mâles „ & une Femelle. Leur cri approche beaucoup du „ meuglement d'un gros veau.

Voilà la première Description; & voici l'autre qui n'est pas moins curieuse.

„ L'Hippopotame ou Cheval marin vit aussi bien „ à terre que dans la Mer ou dans les Riviéres. Il „ ressemble beaucoup à un Bœuf; mais il est plus „ gros & pèse jusqu'à quinze ou seize cens livres. „ Cet animal a le corps bien ramassé, & couvert „ d'un poil couleur de Souris, qui est épais, court, „ & fort agreable à la vûe quand il sort de l'eau. „ Sa tête est plate sur le sommet: il n'a point de cornes, mais il a de grosses babines, la gueule large, & des dents bien fortes, dont il y en a quatre plus „ longues que les autres, savoir, deux à la machoire superieure, une de chaque côté; & deux à la „ machoire d'en bas. Les derniéres ont quatre ou „ cinq pouces de long, mais les deux autres sont „ plus courtes. Il a de grandes oreilles larges, de „ gros yeux de bœuf, la vûe très-perçante, le coû „ épais, les jambes fortes, mais le paturon foible. Il „ a le pié fourchu; & au dessus du paturon, deux „ petites cornes qui plient quand il marche; si bien „ qu'il laisse sur le sable une empreinte qu'on prendroit pour une impression de quatre grifes. Il a „ la queue courte & qui va en diminuant comme „ celle d'un cochon; mais sans houpe au bout. Cet „ Amphibie ordinairement est gras & un fort bon „ manger. Il paît sur le bord des Etangs ou des Riviéres, dans les endroits humides & marecageux; „ & quand on le poursuit, il se jette dans l'eau: „ lorsqu'il y est, il plonge jusqu'au fond, & là il marche comme sur un terrain sec. Il court presque „ aussi vîte qu'un homme: mais si on le presse à la „ course, il se retourne; &, comme le Sanglier, „ il lance des regards furieux, tout prêt à se defendre si on l'attaque. Les Naturels du Païs n'ont „ jamais guerre avec ces animaux; mais nous avons „ été souvent aux prises avec eux, soit le long des „ Riviéres, ou dans l'eau même. Et quoique nous „ eussions presque toûjours le dessus; qu'il restât „ ordinairement quelque Hippopotame sur la place; & que nous missions les autres en fuite; cependant nous n'osions pas les irriter dans l'eau, depuis une avanture qui pensa être funeste à trois „ hommes. Ils s'étoient embarquez dans un petit „ Canot, pour tuer un de ces Chevaux marins, „ dans une Riviére de huit ou dix piez d'eau: l'aiant „ découvert au fond où il se promenoit gravement „ selon sa coutume, ils le blesserent avec une longue lance, ce qui le mit dans une si grande furie, „ qu'il remonta d'abord sur l'eau, les regarda d'un „ air terrible, ouvrit la gueule, emporta d'un coup „ de dent une grosse piéce du rebord du Canot; „ & peu s'en falut qu'il ne le renversât; mais il replongea presque aussi-tôt: ces hommes-là en furent si épouvantez qu'ils se retirerent au plus vîte, „ de peur que ce redoutable Ennemi ne revint à „ la charge.

Par ce Cheval marin qui sait si bien se defendre contre des Hommes, & les faire trembler, on peut voir que quand Dieu donna à nos premiers parens le Droit de Souveraineté sur tous les animaux, il n'imprima pas à ceux-ci la crainte & la soumission qu'ils doivent à leurs Monarques. Mais rentrons dans le Païs de Congo.

Il ne fournit pas abondamment au luxe & à l'avarice: le Roi des métaux, cet Or qui met notre insatiable Espèce dans une si grande agitation, cette Idole brillante à laquelle tant de fous sacrifient le repos, la santé, le plaisir, l'honneur & la vie, cet Or, dis-je, ne s'y trouve point. Il y a seulement quelques mines d'Argent, de Cuivre & de Fer: des Carrieres de Marbre, de Jaspe, de Porphire, & un peu de Pierreries.

Communément les Congrois sont noirs; & les bruns, aussi bien que les basanez y sont assez rares. Suivant la peinture qu'on nous en fait, ils sont de moienne taille, mais bien tournez, & les mieux faits de toute la *Nigrerie*: spirituels, une grande vivacité d'esprit, pensant & s'exprimant heureusement: agissant de hauteur avec leurs voisins; mais civils & honnêtes aux Etrangers. Cependant, avec toute leur fierté, fort mauvais Soldats; car on dit que vingt Européens feront courir deux mille Congrois, ce qui marque dans leur fait, plus de fanfaronnade que de bravoure. Ils aiment la milice Bachique, étant fort sujets à s'enivrer, sur tout de vin d'Espagne & d'eau de vie. Ce n'est rien moins que la foiblesse du Corps qui produit chez eux une lâche timidité. Ils sont ordinairement d'une force *Sansonnique* ou Gigantesque: il s'en trouve qui d'un coup de hache separent un Esclave en deux moitiez; qui décapitent un taureau: & qui d'une main lèvent un muid de liqueur, du poids de trois cens vingt-cinq livres, tenant en l'air ce tonneau jusqu'à ce qu'on l'ait vuidé; fait qui me semble prodigieux, & fort difficile à croire sans une grande Foi Humaine & Historique. La plûpart des Congrois ne se font point un scrupule de s'accommoder du bien des autres; & outre le penchant naturel, ce qui donne plus de cours à cette mechante Morale, c'est que le vol n'est point parmi eux un cas dependant de la balance & de l'épée de Dame Themis, vulgairement Justice. Cette indulgence ne vaut rien pour le Droit de proprieté ni pour la sureté publique: mais elle est admirable pour obliger chaque particulier à se tenir sur ses gardes, & à bien conserver sa possession. Le plus mauvais effet d'une telle impunité en ce Païs-là, c'est qu'on n'y voïage point sans peril, les grandes routes y étant infestées de Voleurs, qui apparemment ne valent pas mieux que les nôtres.

De tems immemorial le Paganisme regnoit chez cette petite portion du Genre Humain. Ils se forgeoient des Divinitez, chacun selon son imagination superstitieuse; car c'est là la vraïe source de cette horrible bigarure de Religion qui couvre la Terre. Sur ce pié-là nos Congrois adoroient des Dragons, des Serpens, des Tigres, des Arbres, des Herbes, &c. Et comme ils étoient d'une devotion fervente, c'eût été un plaisir pour quelque Dédupé de voir son Compatriote prosterné devant un chou.

Vers la fin du quinziéme siécle les Portugais, attirez par l'Aiman des Richesses, aiant decouvert ces Contrées-là, y formerent des établissemens qui donnerent lieu au travail des Ouvriers de la Vigne du Seigneur : mais on prétend que le Saint Esprit n'a guére eû de part au *Proselitisme*, ou conversion des Congrois : ils ont, à ce qu'on dit, le cœur toujours idolâtre, & on ne craint point la menace de l'Evangile touchant le Jugement temeraire, en disant que *ce sont de vrais Hipocrites*.

Le Gouvernement de Congo consiste tout entier dans la volonté du Prince; il porte tout son Conseil dans sa tête; & son pouvoir est absolument arbitraire. Ce Monarque ne connoit pourtant point les Edits Bursaux; les Expediens pecuniaires n'ont point de cours sous sa Domination; & loin de multiplier presque à l'infini, il se contente d'un tribut annuel que ses Vassaux & ses Sujets, chacun suivant sa portée, lui païent en grain, en monnoïe, ou en bestiaux. Aussi ne voit-on point en ce Païs-là du vivant du Maître, & après sa mort, les Peuples épuisez, les Domaines engagez, les Finances abimées, & tout l'Etat dans un desordre afreux.

Le Roïaume de Congo se partage ordinairement en six Provinces : Damba, Songo ou Sontio, Sundo, Pango, Bata; & Pembo ou Condo d'Ecando.

VUE

VUE & DESCRIPTION DE LA VILLE DE LOVANGO DANS LE ROYAUME DE CONGO AVEC PLUSIEURS PARTICULARITEZ CURIEUSES TOUCHANT LES MŒURS & LES HABILLEMENS DES INDIENS DU PAIS.

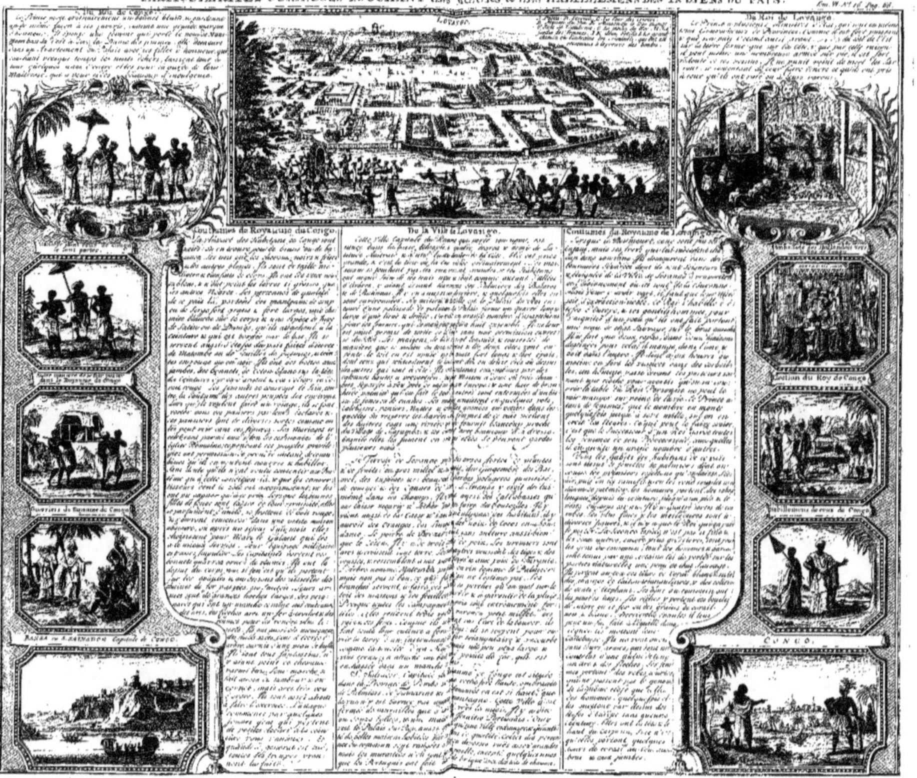

DISSERTATION SUR LA CAFRERIE ET LE CAP DE BONNE ESPERANCE.

DE LA CAFRERIE.

POur finir nos Differtations fur l'Afrique par le Cap de Bonne Efperance, je croi devoir auparavant donner une idée de la Cafrerie dans laquelle il eft fitué. On appelle ainfi l'Ethiopie inférieure, ou l'Afrique Auftrale qui s'étend de la Ligne vers le Sud jufques au Cap de Bonne Efperance à la hauteur de trente-cinq degrez. Ou plûtôt la Cafrerie occupe la meilleure partie de ce que nous appellons l'Ethiopie inferieure, qui eft environnée de l'Ocean au Levant & qui confine au Midi, au Couchant & au côté du Nord à cette vafte étenduë que l'on nomme Afrique Septentrionale ou Ethiopie fuperieure. La Cafrerie eft ainfi nommée pour être habitée par des *Cafres*, mot Arabe qui fignifie hommes fans loi; quoique ce nom convienne plus particuliérement aux Nations qui fe trouvent fur la Côte Orientale, depuis le Cap Delgado, qui eft à 10. degrez, 20. m. de Latitude Meridionale, jufqu'au Cap de Bonne Efperance; parce que les Arabes qui donnérent le nom de *Cafres* à ces Barbares, n'ont jamais paffé à la Côte Occidentale; & que les Portugais de l'Europe, ni ceux du Brefil n'appellent point *Cafres*, les habitans d'*Angela*, de *Bengola*, & les autres Nations des Négres Occidentaux, qui font fous leur domination.

Il y a dans cette partie Orientale de l'Afrique Auftrale, beaucoup de Seigneuries, de Républiques libres & de Roïaumes, dont les plus confiderables, & les plus connus font les deux Empires du *Monomotapa* & des *Bororos*: l'un & l'autre font feparez par la Riviére de Zambeze, le premier à l'Occident, & le dernier à l'Orient. Cette Riviére arrofe prefque toute la Cafrerie; fa fource eft fi éloignée ou fi cachée qu'on n'eft pas encore parvenu jufques à prefent à la decouvrir; parce que toute l'attention des Portugais dans cette Conquête, ne tend qu'à la traite de l'or & de l'argent, fans être curieux d'aucune autre recherche. En attendant cette decouverte, nous pouvons toûjours affurer que la Riviére de Zambeze, après avoir parcouru une grande partie de l'Afrique, & avoir reçu dans fon fein plufieurs autres fleuves, vient fe jetter dans la Mer Orientale par deux bouches éloignées l'une de l'autre de 30. lieuës. La première embouchure qui eft la plus proche de Moçambique, eft la Barre de *Quilimane* dont l'ouverture eft à l'Eft. La feconde qui eft plus proche du Cap de Bonne Efperance eft celle de Luabo. Entre ces deux Barres, il y a trois Iles, dont celle du milieu eft la plus grande, & peut avoir 30. lieuës d'étenduë jufques à la gorge de la Riviére qui ferpentant de là en avant, remonte vers le Nord, & fait une bonne route par où l'on va parer au Lac de *Zembre*: *Chingoma* eft le nom de cette Ile. Il y a eu autrefois une habitation nommée *Cuama*, qui a donné lieu aux Portugais d'appeller tout ce Païs, Riviéres de Cuama: je dis Riviéres, & non pas Riviére; car, quoique ce n'en foit qu'une feule, elle paroît fe divifer en beaucoup d'autres, partageant le terrain en diverfes iles par la quantité de bras qu'elle fait.

La deuxiéme Ile eft celle de *Linde*, qui a fept lieuës de long; elle eft vis avis la terre ferme de Quilimane, & en forme la Barre.

La troifiéme qui eft la plus petite, eft du côté de *Luabo*. Les deux barres de Quilimane & de Luabo peuvent contenir des Vaiffeaux de cent tonneaux; cependant les Portugais ne frequentent que celle de Quilimane, comme étant la plus fûre.

Mais avant que de quitter la Côte Orientale, il eft à propos de faire un peu connoître les Peuples qui l'habitent. La plûpart de ces Barbares, fur tout ceux qui tirent vers le Cap de Bonne Efperance, font beaucoup moins noirs que les autres Nations de l'Afrique. Leur couleur livide & bafanée aproche fort de celle des Mulatres. Dans tout le refte, ils font très-reffemblants pour les cheveux, le nez, les levres, aux autres Négres, mais beaucoup plus alertes ; ce qui fait qu'ils sont si legers à à la course & en même tems si vigoureux qu'ils arrêtent un Taureau. Ils ornent leurs cheveux de petites plaques, comme des deniers, de coquilles & de grains de Corail. Plusieurs se font des incisions sur la peau, & les remplissent de graisse & de suif; ce qui exhale une odeur si dégoutante qu'il n'est pas possible à un Européen, d'oser aprocher d'eux. Les plus riches en troupeaux ont le côté extérieur de leurs habits tout reluisant de graisse; & ceux qui en ont peu ne sont vêtus que de peaux séches. Ainsi parmi les Gorin-Huiconas qui ont peu de Bétail, il n'y a que leurs Chefs qui en portent de grasses : leurs pendants d'oreilles sont des faisceaux de Corail, de neuf ou dix branches, chacune du poids d'un quarteron; d'autres se font un collier des entrailles d'une bête fraîchement tuée; & l'habitude qu'ils ont à soufrir cette puanteur, fait qu'ils ne l'ôtent pas même quand ils se couchent. Ils prennent aussi de ces boyaux secs, s'en en tortillent les jambes, tant pour se garentir des épines, que pour faire plus de bruit en dansant. Il y en a même qui se font une poche d'intestins à leur col, où ils mettent leur tabac, leur pipe, & de certaines racines qu'il machent. Quand ils sortent, ils prennent une plume d'autruche & une queuë de chat sauvage, pour chasser les mouches dont ce Païs est rempli : l'arc, les fleches, & les sagayes sont leurs armes ordinaires; on pourroit y ajouter leurs ongles qui sont si longs, qu'on les prendroit pour des griffes d'Aigle. Ils sont si fort abrutis, que la plûpart n'ont pas l'adresse de preparer leur viande, ils se jettent sur les charognes qu'ils trouvent, & le plus souvent ils les mangent toutes cruës. Faute de chair, ils vont chercher du poisson mort sur le rivage. Malgré une vie si malheureuse ils atteignent à une extrême vieillesse. Leurs funerailles étoient autrefois suivies d'une cérémonie très-fâcheuse; tous les parens du defunt étant obligez de se faire couper le petit doigt de la main gauche, pour le mettre auprès du mort; & les enfans à la mamelle n'étoient pas exempts de cette cruelle Loi.

Lorsqu'un Pere accorde sa fille à un jeune homme qui la demande ; elle est obligée d'obéïr sans murmurer. La chaine nuptiale que l'Epoux lui donne, est un boyau de Bœuf, qu'il faut qu'elle porte au col jusqu'à ce qu'étant usé il tombe par piéce. Les femmes mariées ont le sein si pendant, qu'elles le renversent par dessus leurs épaules pour donner à tetter plus facilement à leurs Enfans.

On condamne au fouët les adultéres, & on fait souffrir un suplice horrible aux incestueux. On jette les criminels, les pieds & poings liez, dans une fosse; le jour suivant, on retire l'homme & on le pend par le col à une branche d'arbre, où il est dechiqueté : après l'avoir ainsi traité, ce corps mutilé & encore vivant, reste là pour servir d'exemple; eusuite on tire la femme de la fosse, on la jette sur un Bucher où elle est brûlée toute vive. Pour les Assassins, on leur perce les genoux qu'on attache à leurs épaules & on les laisse expirer dans les tourmens d'une longue mort. On voit par là que ces Peuples, quoiqu'en aparence plus bêtes qu'hommes, ont pourtant de l'amour pour la vertu & pour l'équité naturelle.

Ils vivent à la Campagne sous des tentes faites de branches d'arbres, & couvertes de Nates de Jonc; il y en a de si grandes qu'une famille de 20. ou 30. personnes peut s'y retirer. Le foyer est au milieu; ce qui fait qu'on ne peut presque pas y respirer, à cause de la fumée qui n'a point d'issuë que par l'ouverture de la porte qui est fort basse.

Au reste le Païs est propre à porter des fruits de toute espèce, étant gras & limoneux en plusieurs endroits, fort pierreux & fort sablonneux en d'autres, sur tout au de là du Tropique du Capricorne. Les pâturages y sont bons, le froment, le ségle, l'orge viennent fort bien dans les vallées où on les séme. On y a beaucoup de Bétail gros & menu : les Bœufs sont d'un demi-pied plus hauts que nos plus grands Bœufs d'Europe. Pour les Brebis elles sont fort hautes de jambes, trainant une queuë qui pese 20. livres & quelquefois davantage. Les forêts, les plaines, & les vallées nourrissent quantité de gros & menu gibier, comme Cerfs, Chevreuils, Buffles, ou Chamois, Lièvres, Lapins; & des Bêtes feroces comme Sangliers, Loups, Tigres, Leopards, Lions, Elephans. Ordinairement le Lion est accompagné d'un animal nommé *Kak-Hals* par les Hollandois, fort ressemblant à un Renard; lequel aiant l'odorat extrêmement fin, decouvre la proïe de fort loin; le Lion s'en étant saisi, ne manque jamais de lui en faire part. On y trouve une espèce de Rhinocéros qui a deux cornes sur le nez; il est de la grosseur d'un Elephant, & a le poil d'un gris cendré, avec un flocon noir sur la nuque. Il y a quantité de Tortuës de terre & d'eau; la Mer près de cette Côte est très-féconde en monstres Amphibies; on y voit des Chiens, & des Chats de Mer, des Loups, des Ours marins; ce dernier animal est d'une vîtesse extraordinaire; il est fort hideux, & sa morsure est presque mortelle : les Bœufs marins s'y trouvent à foison, on les nomme Demons de Mer; ils vont souvent paître dans les prairies comme le Bétail : en Eté tous ces monstres nagent & s'éloignent de la Côte. En Hiver le froid les fait retirer près du Rivage & demeurer entre les écueils. Il est tems à present d'avancer dans le Païs : nous le ferons par le moïen d'une Relation fort curieuse envoïée depuis peu de *Goa*, elle contient diverses découvertes & plusieurs détails qu'on chercheroit inutilement dans les autres Relations.

DESCRIPTION DES HABITATIONS DES PORTUGAIS ET DE LEURS FOIRES.

POur décrire par ordre la situation & la disposition des habitations Portugaises, & donner une idée des Foires ou Marchez d'or ; supposons que nous entrons par la Barre de *Luabo* jusques à l'Habitation de Séna, il y a 60. lieuës. Toutes les terres qui sont au bord de la Riviére, apartiennent à la Couronne de Portugal. Les Jesuites ont deux Paroisses à Luabo, & une autre à *Gombe* qui n'est pas éloignée de Séna. Cette Habitation de Séna, située dans le Roïaume d'*Inhamoy*, a son Eglise Cathedrale, la Misericorde, le Couvent de St. Dominique, & la résidence de la Compagnie de JESUS fondée dans le même lieu, où l'on dépeçoit & l'on vendoit autrefois la chair humaine. Il peut y avoir 30. Familles Portugaises & un grand nombre de Chrétiens du Païs de Séna jusques à Tété qui est la seconde Habitation des Portugais. Il y a aussi soixante lieuës de Païs dans ce district : les Jesuites en ont une située dans le Païs de la Chemba, & une autre dans le Marangué. Il y peut avoir dans Tété

15. ou 20. Familles Portugaises, une Eglise Paroissiale de Religieux Dominicains, une résidence de la Compagnie de JESUS, & un bon nombre de Naturels bâtisez.

Nous entrerons ensuite dans le vaste Roïaume de Mumhay, Patrimoine du Monopotapa, dont les Païs qui sont les plus avancez dans les terres s'appellent Mocranga; & ceux qui sont près de la Riviére, Botonga. En navigeant donc de Tété, 30. lieuës en remontant la Riviére, on rencontre un rocher qui occupe & traverse toute cette Riviére, & qui empêche le passage des Vaisseaux. On peut néanmoins voïager le long de ce fleuve, par un grand chemin Roïal par lequel, du tems de François Barreto, premier Conquerant des Mines, dix Portugais allerent pour en découvrir la source, dont ils ne purent rien aprendre.

Entre les Foires où se faisoit la traite d'or, la premiere, qui ne subsiste plus, étoit un lieu appellé *Luanze*, éloigné de Tété de 35. lieuës du côté du Sud, entre deux petites Riviéres qui se joignent en une, laquelle prend le nom de Manzoro, & se jette dans le *Zambesé*. Il y avoit dans cette Foire, une Eglise de Religieuses de St. Dominique. Elle abondoit en Vaches, Poules, Beure, & Ris. Il y a quantité de bonnes fontaines qui arrosent cette Contrée & la rendent fort saine, comme sont toutes les Terres de Mocranga.

La seconde Foire étoit celle de *Bocuto* à treize lieuës de Luanze en ligne droite: sa situation étoit entre deux petites Riviéres qui se déchargent dans le *Manzoro*, à demi-lieuë de l'habitation. On portoit beaucoup d'or à cette foire, où l'on trouvoit aussi quantité de rafraichissemens, d'herbages & de fruits & où il y avoit une Eglise de Religieux Dominicains.

A 50. lieuës de Tété, à dix lieuës de *Bocuto* & demi-journée de la Riviére de Mansoro, est le bourg de *Massapa*, qui étoit anciennement la principale Foire; c'est encore aujourd'hui la residence d'un Capitaine Portugais qu'on nomme le Capitaine des Portes, à cause que de là en avant dans le Païs, on trouve les mines d'Or. Les Dominicains y ont une Eglise de Notre Dame du Rosaire. Tous les Portugais dans cet Empire, ont le Privilége de prendre la qualité de Femmes de l'Empereur; & même ce Prince appelle le Capitaine des Portes, sa grande Femme. Cet Officier est honoré de ce Titre par les Cafres: jusques à present il ne s'est trouvé personne qui ait pu expliquer ce que c'est que ce Privilege.

Auprès de ce lieu est la grande montagne de *Fura* très-riche en or; & il y en a qui prétendent que ce nom de Fura vient par corruption du mot Ofir. On voit encore aujourd'hui dans cette montagne, des enceintes de pierres de taille, de la hauteur d'un homme, enchassées les unes dans les autres, avec un artifice admirable, sans y avoir de chaux, & sans être travaillées au pic. C'étoit apparemment dans ces enceintes où demeuroient les Juifs de la Flote de Salomon. Depuis ce tems-là les Maures durant plusieurs siécles, ont été les maîtres de ce commerce. C'est entre cette montagne que passe la Riviére de Dambarari vers le Nord. Ces deux Foires ont été détruites par le Général Gamira, Cafre, qui se souleva au moins de Novembre 1693. avec cette différence que les Habitans de Longoé, tant Portugais que Canarins, eurent le tems de se sauver & échaperent; mais ceux de Dambarari, qui voulurent se montrer plus courageux périrent tous en se défendant. C'est ainsi que toutes ces Foires à l'or, que les Portugais avoient établies dans la Mocranga, durant un si long espace d'années, ont été ruinées tout d'un coup; pour venger le tort & les injustices qu'ils avoient faites aux Empereurs de Monopotapa, qui les avoient toûjours reçus & traitez comme leurs enfans; ou bien, suivant qu'ils s'en expliquent eux-mêmes, à cause que leurs Femmes marquoient un peu trop d'amitié aux Etrangers.

DES AUTRES ROYAUMES DE LA CAFRERIE.

Après avoir passé les Mines d'or qui sont toutes à main gauche, en entrant par l'embouchure du Zambeze, on trouve le Roïaume de Chiroco, suffisamment fourni de provisions de vivres; mais qui manque de bois; parce que ce n'est par tout que des champs & des campagnes de Ris, & des paturages de gros & de menu Bétail. Mais au Couchant il y a Arupandi, Xangra & le vaste Roïaume de Burva, si connu par la racine medecinale qu'on en tire. Il abonde en or, que les Portugais de la Forteresse de *Sofala*, aussi bien que ceux de *Séna*, vont trafiquer. Il y a dans ce Roïaume un grand Fleuve par lequel les Cafres Occidentaux descendent jusques à un certain parage, & suivant les indices qu'ils donnerent anciennement, on jugea qu'ils étoient naturels d'*Angola* ou de Benguela; car ils disoient, selon le temoignage de plusieurs Voïageurs, qu'à vingt journées de chemin, il y avoit un Païs de Gens blancs qui alloient à cheval & portoient des Croix. Il y apparence qu'ils vouloient parler de quelcune des Armées Portugaises, qui se trouvoit en ce tems-là dans le cœur du Païs. Ce qui peut confirmer dans cette pensée, c'est ce qu'on trouve dans une Relation manuscrite, que le Conquérant de Benguela avoit penetré si avant dans les terres, qu'en deux journées il auroit pu arriver aux Riviéres de Cuama.

Il resulte de là qu'on pourroit aisément venir à bout du dessein que plusieurs ont formé, de s'ouvrir un chemin de communication de l'un à l'autre côté de l'Afrique: ce qui seroit d'une utilité incomparable pour le commerce des Portugais, & qui assureroit bien davantage l'une & l'autre conquête, par la mutuelle correspondance des secours & par la surprise des Cafres qui seroient bien étonnez de se voir enfermez & coupez des deux côtez.

Le Roïaume de la Manica est un des plus célèbres qui soient dans l'intérieur de la Cafrerie; & les Portugais y ont deux Foires, où les Marchands de Séna & de Sofala vont trafiquer, ou prendre l'or.

Il y a dans ce Roïaume une montagne, où croît la fameuse Racine de Manique, qui a tant de différentes vertus, particuliérement pour les blessures fraiches, étant trempée dans l'eau & apliquée sur la plaïe avec autant ou plus d'effet qu'aucun Baume. On dit que l'arbre qui produit cette racine est unique comme le Phénix, & que la racine vaut autant d'or qu'elle pése. Cependant, après avoir consulté là-dessus, comme sur plusieurs autres choses, un homme de foi & très-sincére, qui a été dans la Cafrerie plus de vingt ans, il a assuré que tout cela n'étoit que des Gasconades & des embellissemens de ceux qui vouloient faire valoir cet arbre en le faisant passer pour unique, & sa racine pour quelque chose d'infiniment précieux.

Le Roïaume de *Manica* est éloigné de *Séna* de 40.

40. ou 50. lieuës au Couchant; & c'est entre deux que sont les deux Roïaumes de Barbé & de Macombé. Je ne marque point les degrez de Latitude sous lesquels ces Païs sont situez, parce que les Marchands des Riviéres de *Cuama* portent d'une main la balance pour peser l'or, & de l'autre la verge ou aulne pour mesurer le drap; & qu'ils ne vont pas s'amuser à porter des Astrolabes pour prendre la hauteur du Soleil, & des Cartes pour la marquer dessus.

Je remarquerai seulement ici, que pour ce qui touche la situation des terres dans l'intérieur de la Cafrerie, il ne faut pas se fier aux Cartes modernes; dont la plupart ont été tracées sur de nouvelles Relations fort incertaines. On doit encore moins s'assurer sur les anciennes dressées par des gens qui ne connoissoient pas la plûpart de ces Païs. Outre les Habitations dont on vient de parler, les Portugais ont encore dans le Monopotapa, la Forteresse de Sofala, Port de Mer, qui est à 16. degrez de Latitude Australe, & à trente lieuës de la Barre de *Luabo*: on y a decouvert une peche d'Aljofres qu'on aporta à *Goa* en 1715. De ce Port on embarque pour Moçambique, & de là pour l'*Inde*, la plus grande quantité de Morsis, ou d'Ivoire en quoi consiste la meilleure partie du Negoce de ce Païs.

DE SIMBAOE'.

AVant que de passer à l'Empire des *Boros*, il est à propos de dire quelque chose de l'Empereur du *Monopotapa*. On trouve deux versions ce mot: l'une dit qu'il signifie *Empereur de l'Or*, & l'autre *Fils de la Terre*: peut-être que les Cafres donnent ce nom à leur Roi, pour faire entendre qu'il est ce grand & puissant Geant de l'Afrique, à qui la Terre comme à son Fils aîné a donné pour héritage les précieux tresors qu'elle renferme dans ses entrailles.

La Ville imperiale s'apelle *Simbaoé*, ce qui dans leur langue signifie la même chose que *la Cour*. Lorsqu'en 1620. le Pere Jules Cesar Jésuite y entra, après en avoir été convié par l'Empereur, cette Capitale avoit plus d'une lieuë de circuit, parce que les maisons étoient éloignées les unes des autres d'un jet de pierre, en y comprenant les clayes de bois qui les environnent. Le même Pere dit, que le Roi avoit neuf enceintes de ces clayes, outre les maisons de ses femmes, lesquelles étoient au nombre de plus de 1000; & que la multitude de ses Enfans égaloit celle des essains de mouches; que ces Enfans-là étoient occupez à charier de la paille, pour couvrir les maisons, & que le Roi lui-même les faisoit travailler en personne, à couvrir une maison à un étage qui lui avoit été bâtie par cinq *Mocoques*, c'est-à-dire *Canarins*, qui s'étoient refugiez en ce Païs-là. Il étoit ceint d'une étoffe de soïe, & en avoit une autre par derriére qui lui tomboit sur les épaules & le couvroit tout entier. Il étoit vêtu de cette maniére, quand il reçut l'Ambassadeur Gaspard Bocarro Jesuite. Son trône étoit le seuil de la porte, sur lequel il s'assit sur un dégré élevé & couvert d'une *Machire*, c'est-à-dire d'un Filet comme ceux du Bresil. Il n'y avoit pour tout meuble & pour toute tapisserie aux parois de son Palais, que de ces *Machires*. Tel est l'appareil avec lequel cette noire Majesté se fait servir à genoux; & quand il boit, qu'il tousse ou qu'il éternue, aussitôt on le fait dans toute la Ville; car ceux qui sont presens, le saluent à haute voix & battent en même tems des mains: dès que ceux qui sont hors de l'apartement, l'entendent, ils en font de même par imitation; ce qui se continuë de l'un à l'autre par tous les quartiers de la Ville.

Il porte une petite Hache penduë à sa ceinture, que plusieurs ont pris pour une Béche; de sorte que d'une arme militaire, ils en ont fait un instrument de Laboureur, qualité que ce Prince ne méprise pas: au contraire le même Pere assure qu'il expédia promtement son Ambassade, afin d'aller vaquer à son labour, parce que c'étoit le tems des semailles.

Quand il sort, il porte dans sa main son Arc & des Fléches, ou bien une Sagaye de bois noir, dont la pointe est d'or, en forme de pointe de lance. Il y a toûjours un Cafre qui marche devant lui, en frapant de sa main un tambour pour avertir tout le monde que l'Empereur suit. Tous les mois à la nouvelle Lune, il fait une fête à ses *Mozimnes*, c'est-dire aux morts; & ce jour-là, personne ne travaille: mais chacun se rend à la Cour, où ce Prince prend de certaines herbes qu'il mêle avec du Mil & de l'Huile: il se lave dans du vin; ensuite il le donne à boire à ses gens pour les unir à lui, comme ne faisant qu'un cœur & qu'une ame. Cette fête se célébre au son de quantité de Flûtes, de Timbales, & de Chalumaux; après quoi tout le monde se retire, la tête baissée & les pieds tremblans.

Les choses sont encore à peu près dans le même état & ont fort peu changé. Qui croiroit que ce fût-là le même Palais & les mêmes ameublemens dont certains Auteurs ont parlé, entr'autres Dapper? Le Palais impérial, selon eux, est d'une magnificence sans pareille; les poutres & les lambris sont d'une sculpture finie & tous couverts de plaques d'or cizelées. Les tapisseries à la verité ne sont que de Coton; mais la vivacité des couleurs y dispute le prix à l'éclat de l'or. Des meubles dorez, peints & émaillez, des Chandeliers & de la Vaisselle d'or massif, avec une infinité de Porcelaine entourée de rameaux d'or qui ressemblent à des branches de Corail, font une partie des beautez de ces superbes apartemens. Les dehors du Palais, ajoûtent-ils, sont fortifiez de tours, dont la structure & la simmétrie font un effet surprenant. Ce puissant Monarque emploïe deux livres d'or par jour en parfums. Son habit est une robe d'un drap de soïe à ramage d'or, tissu dans le Païs &c. C'est par ces descriptions imaginaires, qu'on surprend la crédulité des Lecteurs; mais c'est trop s'arrêter sur le faux, revenons au véritable.

Simbaoé est situé au devant de l'Habitation de Tété: toutes les maisons sont de bois & de terre, couvertes de paille, n'y aiant point de chaux ni de brique dans ce Païs-là. Il n'y en a aucune qui ait des portes que celles du Roi. Les Grands du Roïaume sont chargez du soin de deffendre le Peuple des Voleurs. En effet, si la justice étoit bien exercée dans les Villes d'Europe, on pourroit se passer de portes, de serrures & de verrouils.

Plusieurs de ces Empereurs ont été Chrétiens de nom: & Pédro, qui régne aujourd'hui, fut bâtisé, étant enfant, par un Religieux Dominicain, à l'instance du Roi son Pere.

De l'Empire des Mororos & du Lac de Maravi.

LE second Empire est celui des Mororos qui est à main droite du Fleuve Zambeze, en entrant par la Barre de Quilimane. Proche de cette Barre, les Portugais ont une Habitation limitée qui les rend Maî-

Maîtres de quantité de Terres en avant; & les Jesuites y ont une Paroisse: tous les autres Païs, qui s'étendent jusques aux confins du Marave, qui est vis-à-vis l'habitation du Tété, apartenant à des Rois & à des Seigneurs qui du tems du Gouverneur François Barreto, faisoient hommage aux Portugais. Aujourd'hui ces Barbares n'ont ni Eglise ni Habitations de ce côté-là. La Ville de Maravi, qui a donné son nom au principal Roïaume de cet Empire, peut être éloignée de Tété d'un peu plus de 60. lieuës. A demi-lieuë de cette Ville, on voit un Lac qui va en serpentant au Nord-Nord-Est. On ne sait pas encore aujourd'hui, jusques où il s'étend. Sa largeur est de 4. ou 5. lieuës; & on ne voit point la terre du côté de l'Orient, en quelques endroits: ni les Cafres eux-mêmes n'en ont point connoissance. Tout ce Lac est semé de quantité d'Iles desertes. Il abonde en poissons & a un fond de 80. ou 100. Brasses. Les Jesuites voulurent anciennement naviger par ce Lac jusqu'en Ethiopie, dont les Ports qui sont sur la Mer rouge, étoient déja pour lors sous la domination des Turcs. Ils envoïérent demander au Pere Louïs Mariana, qui demeuroit à Tété, si ce Voïage seroit praticable: le Pere leur fit reponse dans une lettre que l'on conserve encore dans la Secretairerie de *Goa*, que cela étoit possible & praticable, parce que la rive de ce Lac abondoit en mil & en viande comme aussi en quantité d'Ivoire, joint à cela qu'il s'y trouvoit des Almadies, ou Canots, qui pouvoient naviger où l'on vouloit; que cette decouverte dépendoit d'avoir cinq ou six charges d'étoffes qu'on nomme *Barres*, avec quantité de Verroterie & 40. personnes tant blancs que noirs; qu'il faloit commencer la Navigation en Avril & en Mai, à cause que c'est la saison où regnent les vents du Couchant comme sur la Côte de *Moçambique*. Cependant, il ne s'est trouvé personne jusques à present qui ait voulu se charger de cette entreprise. Cette decouverte demanderoit une puissance Roïale; il faudroit pour cela construire sur le Lac même des Vaisseaux à voile & à rames, ainsi que fit Ferdinand *Cortès* lorsqu'il voulut aller prendre la Ville de Mexique; à cause qu'il est presqu'impossible de hazarder l'entreprise d'une Navigation si longue & si incertaine sur de simples petits Canots.

Le Roïaume de Maravi est situé entre ce Lac & le Fleuve Zambese, & en penetrant plus avant sur la même Riviére, à 15. journées de chemin, on trouve le Roïaume de Massi: puis, poursuivant encore autant de journées, plus ou moins, est le Roïaume de Ruengas, presque à la hauteur de *Mombas*; après lequel on ne sait pas qu'il s'étende plus loin.

L'air de la Cafrerie est en général pur, clair, serain, & fort temperé. Il faut néanmoins en excepter l'Hiver. Cette saison qui dure pendant nos trois plus beaux mois, Mai, Juin & Juillet, est horrible en ce Païs-là, sur tout les deux premiers; outre qu'il y pleut à torrens; le reste du tems se passe en brouillards, en neiges, & en tourbillons furieux qui mettent la Mer dans une si grande fureur, qu'on croiroit qu'elle va submerger toute la Côte.

DU CAP DE BONNE ESPERANCE.

LE Cap de Bonne Esperance est la derniére frontiére du Continent de l'Afrique Méridionale, & le meilleur Climat de toute la Cafrerie. Ce vaste Promontoire est composé d'un Païs élevé, & fort remarquable, qui presente une très-agréable perspective du côté de la Mer. Il ne faut point douter que cet aspect ne parût charmant aux Portugais, qui trouverent les premiers cette route-là pour les Indes Orientales, quand après avoir cotoïé la vaste étenduë de cette seconde partie de l'ancien Monde vers le Pole Antarctique, ils eurent la joïe de decouvrir la terre. Cette heureuse decouverte leur fit juger qu'ils pourroient continuer leur Navigation à l'Orient; & ce fut par cette raison-là qu'ils nommerent l'endroit le Cap de Bonne Esperance.

Le lieu le plus remarquable du Païs vers la Mer est la haute montagne de la Table, dont le sommet est plat & uni. Au Nord-Ouest du Cap il y a un grand Havre, & une Ile basse & plate qui en est assez éloignée. On laisse cette Ile des deux côtez; & le passage, soit au dehors, soit en dedans, est fort sûr. Les Vaisseaux qui s'arrêtent-là font l'Ancrage proche le Continent, & laissent l'Ile assez loin à côté d'eux. Les terres près de la Mer, & à l'opposite de la Rade, sont basses, & à couvert par de grandes montagnes qui s'avancent un peu dans le Païs du côté du Midi.

Le Terroir du Cap est noirâtre, sans beaucoup de profondeur, & mediocrement fertile en pâturages & en arbres. La Contrée est plus sterile à proportion qu'on s'éloigne de la Mer; les arbres, qui sont petits dans tout le Païs, n'étant pas-là si frequens. Le terroir de ce dernier endroit est plûtôt maigre que gras: avec tout cela il est bon à cultiver; & le laboureur y trouve les fruits de sa peine & de son industrie. Aussi les Hollandois, & ces malheureux François, qui, chassez indirectement de leur aimable Patrie, par une violente & sacrilege tirannie, ont été contraints de chercher leur subsistance parmi les Tigres & les Leopards, réüssissent-ils heureusement de ce côté-là; & ils s'y occupent avec succès à l'Agriculture dans l'étenduë d'une trentaine de lieuës.

La fertilité de ce Cap consiste en froment, en orge, en pois, &c. Il y a aussi des fruits de differentes espéces, comme pommes, poires, coings, & les plus belles grenades qu'on puisse voir.

La plus utile production, après le blé, c'est la vigne: elle y vient fort bien; & on y en a tant planté depuis le refuge des François qu'il s'y fait quantité de Vin: les Habitans en ont pour leur usage, & pour le Commerce; & c'est par le dernier qu'ils en vendent beaucoup aux Vaisseaux qui relâchent au Cap. Ce vin là est comme le vin blanc de France; mais d'un jaune pâle, aiant néanmoins beaucoup de douceur & de force.

Les animaux domestiques sont des Brebis, des Chevres, des Cochons, des Vaches, des Chevaux, &c. Les Moutons sont d'une grosseur extraordinaire; car le Païs étant sec & l'herbe courte, ces bêtes-là ne sauroient manquer d'engraisser. Mais le gros Bêtail ne profite pas si bien; & sur tout, le Bœuf n'approche pas de la bonté du Mouton. On dit que plusieurs sortes de Bêtes Sauvages ne sont pas moins friandes des Brebis que les Loups, ce qui oblige les Habitans à se tenir sur leurs gardes contre ces Chasseurs, & leur fait prendre la precaution d'enfermer les troupeaux toutes les nuits.

N'oublions pas l'Animal aux grandes oreilles. On voit au Cap une espèce d'Anes d'un rare merite. Ils sont curieusement bigarez de bandes égales, blanches & noires, qui vont depuis la tête jusqu'à la queuë, & finissent sous le ventre qui est blanc. Ces bandes ont

ont environ trois pouces de largeur; elles sont paralleles, & agréablement entremêlées d'une blanche & d'une noire depuis les épaules jusqu'à la queuë. On en fait secher les peaux, & on les envoïe en Europe comme une rareté: ces peaux sont quelquefois assez grandes pour renfermer le Corps d'un animal aussi gros qu'un poulain d'un an.

Le Païs abonde en volaille domestique, comme Poules, Canards, Coqs d'Inde, Pigeons &c. Il y a aussi, tant sur les montagnes que dans les plaines sablonneuses, quantité d'Autruches. Ce grand Oiseau pond dans le sable, ou du moins dans un lieu sec, & il y laisse ses œufs pour les faire éclore par la chaleur du Soleil. Un œuf d'Autruche suffit pour le repas d'un homme: quand les Habitans en trouvent, ils les gardent pour les vendre aux Etrangers. Ces œufs sont fort rares en Hiver, par la raison que l'Autruche ne pond que vers Noël, ce qui est au Cap la saison de l'Eté.

La Mer est en ce Païs-là fort poissonneuse: entre plusieurs sortes de ses Habitans, il y en a un qui n'est pas si gros qu'un Harang, & dont l'espèce est si multipliante, qu'on en sale beaucoup tous les ans pour l'Europe. Il y a aussi quantité de Veaux marins; & c'est la principale nouriture des Habitans. Suivant la remarque d'un habile Voïageur, le poisson abonde dans tous les endroits où il y a des Veaux marins.

Les Hollandois ont un bon Fort près de la Mer, & vis à vis du Havre; c'est où demeure le Gouverneur. A deux ou trois cens pas de là, & au Couchant du Port est un Bourg de Hollandois: les maisons, au nombre d'environ soixante, y sont basses; mais bien bâties de pierre, qu'on prend dans une Carriere qui est dans le voisinage.

Derriére le Bourg, & sur le chemin des montagnes, la riche & puissante Compagnie de Hollande pour les Indes Orientales, a une belle & grande Maison, un Jardin spacieux & magnifique; le tout entouré d'une haute muraille de pierre bien taillée.

Ce Jardin est également estimable par l'utilité & par l'agrément: il y a des herbes, des plantes, des racines & des arbres fruitiers: mais la vûë & l'odorat y trouvent aussi leur compte par une diversité de fleurs bien choisies. Il est coupé par de belles & grandes allées de gravier garnies d'arbres, & arrosé par un Ruisseau qui vient des montagnes. Ce Ruisseau, partagé en plusieurs aqueducs, coule dans tous les endroits du Jardin. Les haïes qui bordent les allées sont fort épaisses; & elles ont environ dix piez de haut. On est très-soigneux de les tailler; & par là elles sont toûjours fort propres & fort unies. Au delà de ces grandes haïes il y en a de petites, qui separent les Fruitiers des autres arbres; & cela sans leur faire ombre. Chaque sorte de Fruitier est à part. Les Pommes, les Poires, les Coings, les Grenades &c. y viennent parfaitement bien; mais principalement les Grenades. Les racines & les herbes potageres sont aussi separement; & le tout en si bon ordre, que sur le temoignage des temoins oculaires & bons connoisseurs, il ne se peut rien, dans ce genre-là, de plus agréable ni de plus beau. On amene des autres Païs, quantité d'Esclaves noirs qui sont emploïez à la culture & à l'entretien de ce charmant lieu: les uns bêchent; les autres taillent, les autres sarclent; enfin chaque Nègre a son occupation journaliére dans ce lieu de plaisance.

Ce rare Jardin est ouvert aux Etrangers: de la grace & de l'honnêteté de la Compagnie, ses Officiers trouvent bon, non seulement que les Passagers s'y promènent, mais même qu'ils touchent aux fruits, pourvu que ce soit avec l'agrément des Domestiques: j'ajoute ce *pourvu* là; car, comme de raison, il est defendu de rien cueillir à la derobée. A une plus grande distance de la Mer, au delà du Jardin, du côté des montagnes, il y a plusieurs autres petits Jardins qui sont à des particuliers. On y voit même aussi des Vignes, comme dans un Païs de Vignoble: mais la proximité des montagnes empêche de multiplier autant qu'on voudroit ces endroits de plaisance & d'utilité.

Les Habitans du Bourg font bien leurs affaires avec les Vaisseaux soit de la Nation, soit Etrangers; mais beaucoup mieux avec ceux-ci qu'avec les autres: car quand les Equipages viennent à terre pour se rafraîchir, il en coute trente, quarante, jusqu'à cinquante sous par jour, les vivres, & sur tout le pain & la viande étant chers en ce Païs-là. De plus ces Bourgeois du Cap achetent à bas prix, des matelots qui vont & viennent, les mêmes choses que les Gens de la Campagne achetent d'eux plus cherement: car comme ils ne sont pas à portée de trafiquer de la première main, ils sont contraints d'acheter de ceux qui demeurent dans le voisinage du Havre; les Habitations les plus proches en étant éloignées de quinze lieuës.

Pour en venir à present aux Naturels du Cap de Bonne Esperance, on les apelle ordinairement Holdmudods: c'est un terme corrompu du mot Hottentot; & ce mot est le nom que ces Peuples s'entredonnent en agissant, en commerçant, en dansant ensemble; enfin en toute occasion: aparemment ce nom-là doit avoir un sens dans leur langue; mais on en ignore la signification.

S'il faloit s'en raporter à un Géographe, qui, probablement n'a jamais voïagé que dans son Cabinet, ces Peuples seroient gens à produire des fausses-couches. Les Hottentots, dit-il, sur tout ceux qui demeurent aux environs du Cap, sont maigres, laids, & de grande taille; ils ont le teint livide & basané. Mais nous devons plûtôt croire un homme de merite & de bonne foi qui a été sur les lieux. Sur son raport, pour avoir vu, les Hottentots sont d'une taille mediocre: ils ont les membres petits, le corps delicat: mais beaucoup de feu & d'activité. Ils ont le visage plat & ovale comme les Négres; de gros sourcils, mais le nez mieux fait, les levres moins grosses que les Négres de Guinée. Ils sont plus noirs que les Indiens du commun, mais moins frisez que d'autres Négres.

Vous voïez que ce second Portrait n'est pas, à beaucoup près, si hideux que l'autre: mais en recompense voici un endroit bien desagréable; il est dégoûtant jusqu'à soulever le cœur. Les Hottentots se barbouillent le visage, & se frotent tout le corps de graisse, soit pour se rendre les membres plus souples, soit pour boucher les pores de leur corps nud, & se préserver par là des mauvaises impressions de l'Air. Pour rendre cette belle teinture meilleure & plus tenace ils frotent de suïe les parties graissées, ce qui leur tient lieu de fard, s'imaginant par là donner un nouveau relief à leur bonne mine; & se croïant aussi beaux sous ce vilain & sale barbouillage, que nos Dames se croïent charmantes & conquerantes sous le blanc & le rouge. Mais leur prétenduë beauté put; & quoiqu'ils s'y delectent, l'odeur ne laisse pas d'obliger les Européens à se boucher le nez. C'est une grosse fortune pour ces bonnes

nes gens, qu'un peu de graisse de cuisine, & dès qu'ils peuvent en attraper, ils s'en fardent, ils s'en embellissent avec le dernier empressement.

Au reste, le Voïageur chez qui je puise comme à une source publique, fait ici une digression qui me paroît interessante, & qui ne peut ennuïer que des indifferens. La coutume d'une telle onction est, à ce qu'il nous aprend, fort commune en Afrique, & principalement sur la Côte de Guinée: là les Habitans communément se frotent d'huile de Palme depuis la tête jusqu'aux piez; & au defaut de cet onguent-là, car c'en est proprement un, ils ont recours à la graisse de cuisine; & ils l'achètent tout exprès des Européens qui trafiquent en ce Païs-là. Aux Indes Orientales, & principalement sur les Côtes de Cudda & de Malacca, & en général presque dans toutes les Iles d'Asie, aussi bien qu'à Sumatra, Java &c. les Habitans se frotent jusqu'à trois fois le jour d'huile de Cacao, sur tout très-exactement le soir & le matin. Ils mettent quelquefois demi-heure à cet exercice-là, qui leur tient lieu de toilète, faisant chaufer l'huile, & s'en graissant par tout, excepté le visage, en quoi ils different des Hottentots.

Le même usage s'observe aussi en quelques endroits de l'Amerique; & s'il n'y est pas général, c'est peut-être faute d'huile ou de graisse. Cependant certains Peuples de la Mer du Sud se barbouillent souvent avec un onguent composé de feuilles, de racines, & d'herbes; ou avec une certaine terre rouge, ce qui leur rend la peau rouge ou verte, suivant la composition de la Drogue. Ces Gens-là ne s'aperçoivent point qu'ils sentent mauvais: mais il n'en est pas de même pour ceux qui ne sont point accoutumez à une telle odeur.

Pour nous remettre sur les Hottentots, ils ne portent rien sur la tête; mais ils ornent leur chevelure avec de petites coquilles, qui sans doute leur semblent aussi belles, aussi precieuses que des pierreries. Leurs habits sont des peaux de mouton; ils s'en servent comme d'un manteau, mettant la laine en dedans. Outre cette espèce de fourure qu'ils ont sur les épaules en guise de manteau, les hommes ont un morceau de peau qu'ils portent devant eux en forme de tablier. Les femmes en ont un autre, troussé autour des reins, & qui, comme un jupon, leur descend jusqu'aux genoux. Cela detruit un peu la raison de la nudité pour le barbouillage; mais passons là-dessus. Les bas de soïe, & les belles jartieres des Dames Hottentoises sont des boïaux de mouton, qui ont deux ou trois pouces d'épaisseur. Les unes s'en envelopent jusqu'au gras de la jambe; & les autres, depuis les piez jusqu'aux genoux; si bien que de loin on croiroit que ces femmes sont botées. Elles se parent de cette belle chaussure dès que les boïaux sont hors du ventre de la bête, & qu'ils fument encore, car le plûtôt pour un ornement de cette consequence-là, c'est le meilleur: mais avec le tems ces intestins durcissent & roidissent. Vous remarquerez, s'il vous plait, que ces bas de tripaille ont deux proprietez singulieres. Premiérement, ils ne s'usent point; & ensuite, ils sont une ressource infaillible pour ne point mourir de faim. Ainsi chez nos Hottentots le beau & noir sexe change très-rarement de bas; & les conservant soigneusement pour une bonne occasion, après en avoir porté une paire, peut-être pendant toute une année, elles s'en regalent & mangent leurs botes de grand appetit faute de mieux.

Les Hottentots ne se deshabillent jamais que pour exterminer leur famille pediculaire; car comme ils ont jour & nuit sur le Corps leur fourure de Brebis, il se fait sur leur peau une grande propagation de vermine: aussi chassent-ils souvent assis au Soleil; & ils y passent quelquefois des trois & quatre heures à massacrer cette graine vivante, ces cruels enfans qui ne se nourissent que du sang de leurs Engendreurs.

Ces Peuples ne sont pas savans en Architecture, & leur maniére de bâtir ne peut être ni plus naturelle ni plus negligée. Leurs plus beaux Palais sont environ de dix piez de haut, & autant de largeur: la forme en est ronde; & l'Edifice consiste en de petits pieux fichez en terre, & qui se rassemblent tous par le haut, où ils sont attachez. Les côtez & le toit de ce superbe bâtiment sont des branches grossierement entrelacées avec les pieux; & le tout est couvert d'herbe longue, de joncs, & de peaux. A voir ces maisons-là de quelque distance, on les prendroit pour des tas de foin. L'entrée en est magnifique: c'est une ouverture si spacieuse, & si exhaussée, qu'il faut se faire quadrupède pour y passer; les mains rendant alors le même service que les piez; jugez de la porte. Quand le vent soufle du côté de cette porte, rien n'est plus aisé que d'y remedier: on la bouche; & par un secret admirable, on fait un trou à l'endroit opposé. La cheminée est le milieu du Logis; c'est là où on fait le feu; & la fumée va chercher le grand air par tout où elle peut sortir, ce qu'elle trouve facilement, la maison étant pleine de fentes, & trouée ou percée comme un crible. Le *couchage* ne les embarasse point; & au lieu de ces lits riches & somptueux, du prix desquels plusieurs pauvres & honnêtes Familles pourroient subsister grassement, nos Hottentots, Philosophes sans le savoir, dorment sur la terre; car aparemment ils ne connoissent point les tapis de Turquie; & quand le froid domine, ils s'étendent tout autour du feu.

Le luxe n'entre pas plus dans les autres meubles que nous croïons fort necessaires dans la vie; & par lesquels nos Fortunez tâchent de se distinguer à l'envi. A votre avis qu'est-ce que c'est que les ameublémens d'un Hottentot? Un pot de terre pour cuire les alimens. Ils font très-maigre chere; & même ils savent si bien domter la faim, qu'ils n'ont pas besoin de *viatique* pour un voïage de quelques jours, pouvant marcher tout ce tems-là sans rien prendre. Ne pourroit-on point dire que le Cap de Bonne Esperance est peuplé de Diogènes? Non: car ce fameux Cinique agissoit par un raisonnement fondé sur le mépris de la Vie, au lieu que ces Gens-là suivent l'impression de la machine & de l'éducation, ou pour mieux dire, de l'instinct & de la coutume.

Ils vivent ordinairement d'Herbes, de Viande, ou de Coquillage: ils vont chercher le dernier entre les rochers, ou sur le rivage lors du Reflus; car ils n'ont ni Bateaux, ni Barques, ni Canots, pour la Pêche: si bien qu'ils tirent leur principale subsistance des productions naturelles du Terroir, & de ce que les bestiaux peuvent fournir. Avant l'établissement des Hollandois dans le Cap, les Habitans originaires avoient des Moutons, des Boeufs, & d'autres bêtes à cornes; & même encore à present ceux du plat Païs ont quantité de Bêtail qu'ils vendent à leurs bons & paisibles Conquerans pour du tabac en corde. Le prix d'une Vache ou d'un Mou-

Mouton est aussi long de Tabac en corde qu'il en faut pour toucher des cornes à la queuë : car ces Bêtes Humaines sont avides de cette herbe à tant d'usages ; & je m'imagine qu'ils s'en servent pour mâcher & pour fumer : il n'y a donc rien qu'ils ne fassent pour avoir de cette plante, regardant la Nicotiane comme une Medecine universelle.

Les Hottentots qui demeurent aux environs du Bourg, tirent leur principale subsistance des Habitans de ce lieu-là : car il n'y a point de Famille qui n'en ait quelques-uns, plus ou moins, chacun selon sa portée. Ces domestiques naturels font toute la grosse besoigne, ils gagnent leurs depens ; mais en quoi ils s'estiment les plus heureux, c'est de se trouver à même la graisse pour pouvoir se barbouiller & se froter tout leur sou. Leurs parens participent à cette bonne fortune : il y en a toûjours trois ou quatre qui attendent à la porte les restes du repas. Si les Maîtres de la maison ont besoin d'eux, ils sont alerte pour rendre service ; & cela sans éxiger que peu ou point de recompense : mais faut-il faire quelque message pour un Etranger ? ils sont sourds & immobiles ; à moins qu'on ne leur mette un soû dans la main.

Leur Religion, s'ils en ont une, est tout-à-fait inconnuë, n'aiant ni Temples, ni Idoles, ni exercices de devotion, ni aucun lieu de culte. Notre Voïageur croit pourtant que les rejouïssances nocturnes qu'ils font à la nouvelle Lune, & quand ce flambeau de la nuit est dans son plein, à quelque chose de superstitieux. Dans ce tems-là, il remarque un empressement extraordinaire : Hommes, Femmes, Enfans, tous dansent alors sur le gason, hors de leurs hutes ; & la bisarerie de cette Danse est trop remarquable pour la supprimer. Sans ordre & sans distinction, ils font pèle mèle plusieurs mouvemens, frapant souvent des mains, & chantant à pleine voix. Ils se tournent tantôt vers l'Orient, tantôt vers le Couchant. Mais laissons parler notre Auteur ; car il assistoit, comme Spectateur, à la ceremonie.

Je n'aperçus pas, nous conte-t-il, qu'ils fissent plus de mouvemens ou de postures, quand ils avoient le visage tourné vers la Lune, que quand ils lui tournoient le dos. Après les avoir observé quelque tems, je regagnai mon Logis qui n'étoit qu'à deux ou trois cens pas de leurs hutes ; & j'entendis toute la nuit le hurlement de leur Musique. Dès la pointe du jour je retournai sur le lieu ; & je trouvai encore beaucoup de Gens des deux sexes qui continuoient la rejouïssance, & qui ne se retirerent qu'avec la Lune, ou du moins que lorsqu'elle cessa de paroître.

Si c'est-là toute la Religion des Hottentots, on doit convenir que leur culte est bien agréable : exempts de ces fraïeurs qui tourmentent pour cette vie-ci, & encore plus terriblement pour l'éternité, ils adorent une Déesse cornuë qui ne leur inspire que de la joie : mais ces pauvres aveugles auront bien à dechanter dans l'autre Monde. Finissons le recit curieux du Voïageur.

Les autres Négres, continue-t-il, sont moins circonspects dans leurs Danses de nuit, & ne regardent pas si precisement au tems de la nouvelle Lune. Leurs rejouïssances nocturnes ne sont pas si générales ; mais en recompense elles reviennent plus souvent. Dans les Indes d'Orient & d'Occident plusieurs Peuples en usent de même. Cependant ces Fêtes Lunaires varient à proportion que les Climats sont plus ou moins chauds. Comme les Païs Meridionaux sont ordinairement fertiles en productions succulentes, delicieuses ; & que les Habitans sont naturellement sobres, ils donnent à la joie & au plaisir la meilleure partie de leur tems, à leur maniére & à leur mode, s'entend. Mais les Indiens Septentrionnaux, étant obligez, pour vivre, de chasser, de pêcher, enfin d'emploïer l'industrie & le travail, leur tems se trouve rempli ; & il leur en reste moins qu'aux autres pour le divertissement.

Quant aux Hottentots, ils sont grans partisans de la Paresse ; leur plus agréable occupation est de ne rien faire ; &, sans connoître la plaisante maxime d'une certaine Nation de l'Europe, qui croit l'Agriculture au dessous de sa Noblesse & de sa reputation, les Hottentots imitent assez bien cette Nation-là. Car enfin, comme nous avons vu, le Cap de Bonne Esperance est un bon Païs ; le Terroir n'est ni trop borné, ni mal propre à la culture ; cependant ces Naturels, par un principe de faineantise, aiment mieux, à l'exemple de leurs Peres, vivre miserablement, que d'acheter l'abondance par la peine du travail.

VUE

VUE ET DESCRIPTION DU CAP DE BONNE ESPERANCE.

Tout le monde sait assez ce que c'est que ce fameux Cap, & à qui il apartient maintenant; mais peu de gens sont instruits des particularitez de ce lieu, dont la vue est représentée en gros dans la Planche ci-dessus, & le Château en particulier dans celle qui est ci dessous. Une des choses qui y surprennent le plus les Etrangers, est d'y trouver un des plus beaux jardins & des plus curieux qui se puisse voir & cela dans un païs qui paroît le plus stérile & le plus afreux du monde. Il est placé au dessus de l'Habitation, entre le bourg & la montagne de la table, & à côte du fort, dont il n'est éloigné que de 200 pas ou environ. Ce Jardin a 411 pas communs de longueur & 235 de largeur. Sa beauté ne consiste pas, comme en france, dans des Compartimens & des parterres de fleurs, ni en des eaux jaillissantes; non qu'il ne pût y en avoir aussi, si la compagnie de Hollande vouloit faire la dépense nécessaire pour cela; mais on y voit des allées à perte de vuë de Citroniers, de Grenadiers, d'Orangers plantez en plein sol, & qui sont à couvert du vent par de hautes & épaisses Palissades d'une espèce de laurier toujours verd & assez semblable au filaria. Ce Jardin est partagé par la disposition des Allées en plusieurs quarrez médiocres; les uns sont remplis d'arbres fruitiers, les autres sont semez de racines, de legumes & d'herbes & quelques uns des fleurs les plus estimées en Europe, & d'autres particulières à ce païs. C'est là que la Compagnie des Indes a toujours un Magazin de toute sorte de rafraichissemens pour leurs Vaisseaux qui vont aux Indes ou qui en reviennent. A l'entrée de ce Jardin est un Corps de logis où demeurent les Esclaves de la Compagnie, qui sont, à ce qu'on dit au nombre de 500. dont une partie est emploïée à cultiver le jardin, & le reste aux autres travaux nécessaires. Vers le milieu de la Muraille du côté qui regarde la forteresse est un petit Pavillon que personne n'habite. Le bas contient un vestibule percé du côté du jardin & du fort accompagné de deux Salons de chaque côté. Au dessus il y a un Cabinet ouvert de toutes parts, entre deux terrasses pavées de briques & entourées de balustrades. Ce fut dans ce Pavillon que les Jesuites qui alloient à Siam en 1685. firent

firent au mois de Juin des observations tres curieuses, dont on a tiré deux avantages considerables L'un est la variation de l'Aiman, qu'ils trouverent avec l'anneau Astronomique d'onze degrez & demi Nord-ouest. Et l'autre la longitude veritable du Cap qu'ils reglerent sur l'émersion du premier Satellite de Jupiter, qui devant paroître à 8. h. 26. m. sur l'horizon de Paris, & aiant été observé au Cap à 9. h. 37 m. 40. s. du soir, donne une h. 12. m. 40. s. de difference entre les deux meridiens des deux lieux, qui convertis en degres en font 18 partant les Cartes marquent le Cap de prés de 3 degr. plus Oriental qu'il n'est en effet.

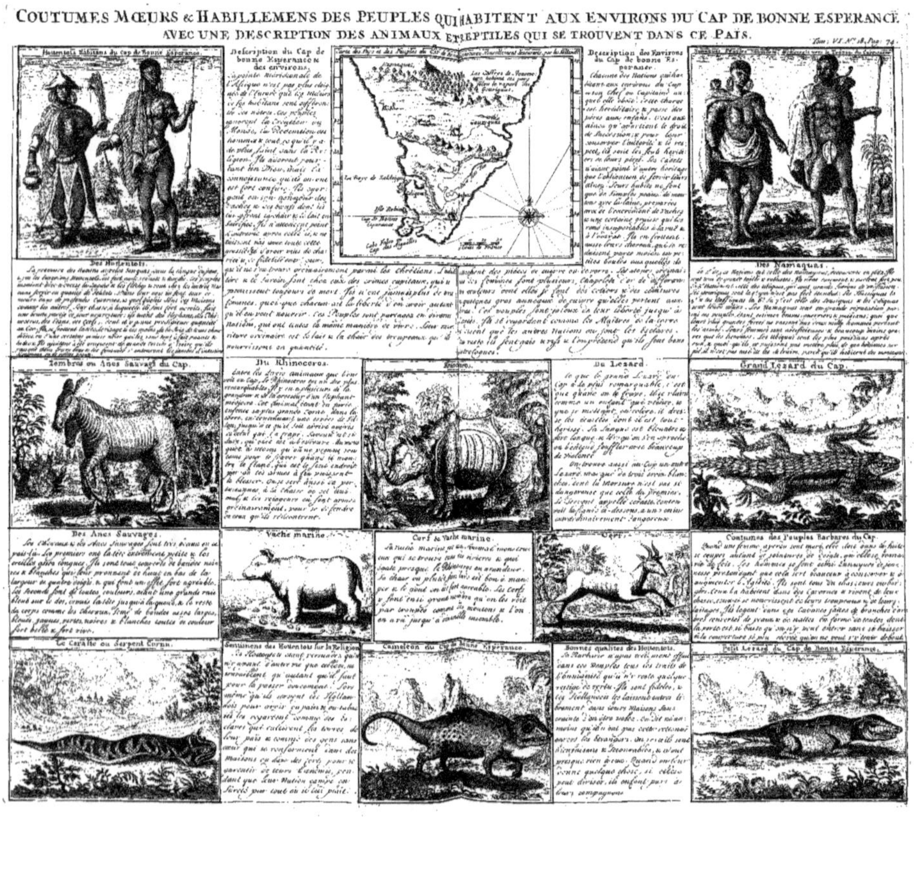
COUTUMES MŒURS & HABILLEMENS DES PEUPLES QUI HABITENT AUX ENVIRONS DU CAP DE BONNE ESPERANCE
AVEC UNE DESCRIPTION DES ANIMAUX ET REPTILES QUI SE TROUVENT DANS CE PAÏS.
Tom: VI. N.° 18. Pag: 74.
Description du Cap de bonne Esperance & des environs.
Description des Environs du Cap de bonne Esperance.
Des Hottentots.
Des Namaquas.
Zembres ou Anes Sauvages du Cap.
Du Rhinoceros.
Du Lezard.
Grand Lezard du Cap.
Des Anes Sauvages.
Vache marine.
Cerf & Vache marine.
Cerf.
Coutumes des Peuples Barbares du Cap.
Le Cerafte ou Serpent Cornu.
Sentimens des Hottentots sur la Religion.
Cameleon du Cap de Bonne Esperance.
Bonnes qualitez des Hottentots.
Petit Lezard du Cap de Bonne Esperance.

DIVISION GENERALE DE L'AMERIQUE DANS SES PRINC PARTIES, POUR L'INTELLIGENCE DE LA CARTE DE CE PAÏS.

l'Ameri divise en Septentrionale et Meridionale.

Septentrionale

I. Mexique ou Nouvelle Espagne en III. Parties.

- 1. Mexico.
  - Mexico Archevêché.
  - Chiautla.
  - Cocaluda.
  - Pr. de Mechoacan.
  - Mechoacan Evêché.
  - Colima.
  - St. Philipe.
  - Pr. de Panuco.
  - Pr. de Tlascala.
  - Los Angelos Ev.
  - Xalappa.
  - La Vera Cruz.
  - Pr. de Guaxaca.
  - Antequera.
  - St. Iago.
  - Spiritu Santo.
  - Pr. de Tabasco.
  - N. S. de la Vittoria.
  - Pr. de Jucatan.
  - Merida Ev.
  - Valladolid.
  - S. Fr. de Campeche.
- 2. Guadalajara ou Nouvelle Galice.
  - Guadalajara Ev.
  - Zaporaco.
  - Contiquepaque.
  - Quaxacatlan.
  - Pr. de Zacatecas.
  - St. Luis.
  - Ellerena.
  - Pr. de Nueva Biscaya.
  - Durango Ev.
  - Santa Barbara.
  - Endebe.
  - St. Juan.
  - Pr. de Cinaloa.
  - St. Felipe.
  - St. Iago.
  - Pr. de Culiacan.
  - St. Miguel.
  - Pr. de Chiametlan.
  - St. Sebastian.
  - Aguacara.
  - Pr. de Caliaco.
  - Purificacion.
  - Compostella.
- 3. Guatimala.
  - Guatimala Ev.
  - La Trinidad.
  - St. Salvador.
  - St. Miguel.
  - Xerez.
  - Pr. de Soconusco.
  - Guevetlan.
  - Pr. de Chiapa.
  - Ciudad Real Ev.
  - Chiapa.
  - Pr. de Honduras.
  - Valladolid Ev.
  - Gratios à Dios.
  - St. Pedro.
  - Truxillo.
- Le Nouveau Mexique.
  - Santa Fe. Ev.
  - Seviletta.
  - Socorro.
  - Rei Coramedo.
  - Zognata.
  - Arama.

II. Virginie en IV. Prov.

- 1. Pr. de Vera Paz.
  - Vera Paz Ev.
  - Cohan.
- 2. Pr. de Nicaragua.
  - Leon Ev.
  - Granada.
  - Segovia la Nueva.
  - Nicoya.
  - Jara.
  - Realejo.
- 3. Pr. de Costa Rica.
  - Carthago.
  - Aranjuez.
  - Castro d'Austria.
- 4. Pr. de Veragua.
  - Conception.
  - Santa Fe.

III. Floride.

- St. Matheo.
- Mobiles.
- Coca.
- Tascaluca.
- Galima.
- Nagatoca.
- St. Augustino.
- Nirriga.
- La Caroline.

Rivieres.

Les plus considérables de la Virginie sont celles de Tappahanock, et de Pouhatan. Mais la Baie de Chesapeack est plus considérable ramenant longue de 33 lieues large de 7 et de 10 ou 12 à son entrée.

IV. Canada ou Nouvelle France en II.

- I. Canada Septentrional.
  - Laborador ou Nouvelle Bretagne.
  - Terre des Esquimaux ou Terre de Corterool.
  - Estotiland que quelques uns Confondent avec le premier.
  - Nouveau Païs de Galles divisé en New South Walles et New North Walles.
- I. Canada Meridional en 7. Pr.
  - 1. Pr. de Saguenay.
    - Quebec Ev.
    - Champlain.
    - Sillery.
    - Baie St. Paul.
    - Ste. Anne.
    - Repentigny.
    - Chiguming.
    - Tadoussac.
    - Port-Neuf.
    - Chichoquedec.
    - P. St. Nicolas.
    - P. Cartier.
  - 2. Pr. de Canada.
    - Mont Real. I.
    - Les 3 Rivieres.
    - F. des Abitibes.
    - Gaspé.
    - St. Jean.
    - Alieron.
    - F. Richelieu.
    - Fde Frontenac.
    - F. de Conty.
    - St. François.
    - N. D. des Anges.
    - St. Louis.
  - 3. Pr. d'Acadie.
    - P. Royale.
    - Pouquechet.
    - P. Rossignol.
  - 4. Norumbegue.
    - Pemegoit.
    - Chambly.
    - St. Sauveur.
  - 5. Nouv. Angleterre.
    - London.
    - Boston. Plymouth.
  - 6. Nouv. York.
    - Manhate.
    - Aubois.
    - Delerbee.
  - 7. Nouv. Suede.
    - Christina.
    - Gottenburg.
    - Elsinburg.

Meridionale

I. Le Perou en III. Audiences.

- 1. Audience de los Reyes.
  - Lima. Cusco.
  - Guamanga.
  - Guanuco.
  - Trugillo.
  - Araquipa.
  - Valverde.
  - St. Miguel de Paita.
  - Callao. Arica.
  - Castel Virgina.
  - Mira floros.
- 2. Audience de los Charcas.
  - La Plata. la Paz.
  - Ste. Cruz de la Sierra.
  - Potosi.
  - Tominas.
  - Chucuito.
  - Oropesa.
  - Porco.
- 3. Audience de Quito.
  - St. François.
  - Porto Viejo.
  - Guayaquel.
  - Pr. de los Quixos.
  - Baeza.
  - Avila.
  - Archidona.
  - Sevilla de loro.
  - Pr. de Pacamores et de Coacle.
  - Valladolid.
  - St. Juan de Salinas.
  - Zamora.
  - Loyola.
  - Zuruaco.
  - Partie du Gouvernement de Popayan Ev.
  - Madrigal.
  - Pasto.
  - Cali.
  - Agreda.

Rivieres.

Entre les Rivieres et les Lacs de ce Païs il y en a dont le fond est tout de Sel, quoi que l'eau en soit douce. On y trouve aussi quelques Sources d'eau chaude.

Le M[…] en […]

- 1. Rio de[…] l'Assom[…]
  - Buenos […]
  - Santa […]
  - Corrien[…]
- 2. Pr. de […]
  - Sant Ig[…]
  - St. M. de […]
- 3. Pr. d. Tu[…]
  - St. Salva[…]
  - St. Xavie[…]
  - St. Anna[…]
- 4. Pr. de P[…]
  - Villa Ri[…]
  - Maracay[…]
  - N. Sig.ra […]
- 5. Pr. de Ch[…]
  - La Conce[…]
- 6. Pr. de Gu[…]

Le T[…]

- St. Iago d[…]
- St. Miguel.
- Nostra Se[…]

Le […]

- St. Iago. de […]
- Val Paraiso.
- Rupel.
- Quillota.
- La Serena.
- Longotoma.
- Pr. de Cuy[…]
- St. Juan de Frontera.
- Mendoça.
- Oromante.
- Pr. de l'Im[…]
- Imperiale.
- La Concep[…]
- Valdivia.
- Angol.
- Chillan.
- Villa Rica.
- Osorno.
- Coquimbo.
- Calbuco.
- Chiloé. Ile

T[…] Mage[…]

- St. Felipe. […]
- Nombre d[…]ruaco.

VI. La Terre Ferme. en X. Gouvernemens.

- 1. Nueva Granada.
  - St. Fé de Bogota.
  - Merida.
  - Tonja.
  - St. Christoval.
  - Trinidad.
  - St. Juan de Lanos.
  - Pampelona.
  - Toca. Malbague.
- 2. Partie de Popayan.
  - St. Fé d'Antequera.
  - St. An d'Anzerma.
  - Anapuera.
  - Caramanta.
  - Arma.
  - Antiochia.
- 3. Gouvernement de Carthagena.
  - Carthagena Ev.
  - St. Sebastian.
- 4. Gouvernement de St. Martha.
  - St. Martha Ev.
  - Tacalamegua.
  - Ocanas.
- 5. Audience de Panama.
  - Panama Ev.
  - Porto Belo.
  - Nombre de Dios.
  - Nata.
- 6. Gouvernement de Rio de la Hacha.
  - Rio de la Hacha.
  - La Rancheria.
- 7. Gouvernement de Venezuela.
  - Venezuela Ev.
  - Coro.
  - Maracaibo.
  - Nueva Valentia.
- 8. Nueva Andalusia.
  - Comana.
  - Caracas.
- 9. Guayana.
  - Manoa.
  - Cumalaba.
  - I. Cayenne.
  - F. Orreau.
  - F. Synamary.
  - Surynam.
- 10. Paria.
  - Macuroguary.

Lacs.

- Lac ou Mer de Parime qu'on croit Fabuleux.
- Gugam.
- Casipa.
- Maracaibo.

Rivieres Principales.

- Darien.
- de St. Marthe.
- Paria ou Orinoque.
- Essekebe.
- Marou.
- Pixos.
- Manipes etc.

VII. Le Bresil. en XIV. Capitainies.

- 1. Bahia.
  - St. Salvador.
  - Pirango.
  - Real.
- 2. Ilheos.
  - Ilheos.
  - Camamu.
- 3. Porto Seguro.
  - Porto Seguro.
  - Santa Cruz.
- 4. Spiritu Santo.
  - Spiritu Santo.
  - Paraiba.
- 5. Rio Janeiro.
  - St. Sebastien Ev.
  - Angra de los Reyes.
- 6. St. Vincente.
  - St. Paulo.
  - Nitanchi.
  - Santos.
  - Beiuarilla.
- 7. Seregippe.
- 8. Pernambuco.
  - Olinda.
  - St. Miguel.
- 9. Tamaraca.
- 10. Paraiba.
- 11. Rio Grande.
  - Natal.
  - Prandibe.
- 12. Siara.
  - St. Iago.
  - Cap-Cors.
  - Camucipe.
- 13. Maragnon.
  - Maragnon.
  - Junipara.
- 14. Para.
  - Para.
  - Commota.

VIII. Le Païs des Amazones.

Contenant toute l'étendue de terre qui est aux environs du Grand Fleuve des Amazones, entre le 300. et le 328. Degré de Longitude, et qui s'étend depuis le 2. de Latitude Septentrionale, jusqu'au 26. de Latitude Méridionale, de sorte qu'il a près de 480. lieües de longueur, et près de 300. de largeur.

Le fleuve des Amazones traverse tout ce vaste païs d'Occident en Orient, durant plus de 900. lieües, forment plusieurs Iles dans son cours et à son embouchure qui a plus de 50. ou 60. lieües. Il reçoit plusieurs grandes rivières du côté du Midi dont la moindre a plus de 200. lieües de long.

IX. Iles de l'Amerique. en Cinq Classes.

- 1. Ile de Terre Neuve.
  - Plaisance Capitale. habitée par les François.

  Entre la Nouvelle France et l'Ile de Terre Neuve on en trouve trois assez grandes qui sont au pouvoir des François savoir Anticosti ou l'Ile de l'Assomption l'Ile du Cap Breton et l'Ile St. Jean.
- 2. Les Antilles.
  - Cuba. Esp.
  - La Havana.
  - P. del Principe.
  - St. Iago. Ev.
  - Manzanilla.
  - Espanola. Esp. et Fr.
  - St. Domingo. Archev.
  - St. Iago.
  - Yaguana.
  - La Jamaique. Angl.
  - Sevilla de l'Oro.
  - Oristan.
  - Boriquen. Esp.
  - Porto Rico. Ev.
  - Arrecibo.
- 3. Les Caribes.
  - Ste. Croix. Fr.
  - Las Virgines.
  - Anguilla. Fr.
  - St. Martin. Fr.
  - St. Barthelemy. Fr.
  - Barbade. Angl.
  - St. Christophe. Fr. Angl.
  - Antigoa. Angl.
  - Gudaloupe. Fr.
  - Marie-Galande. Fr.
  - St. Lucie. Fr.
  - St. Vincent.
  - Grenade. Fr.
  - Tabago. Holl.
- 4. Les Lucayes.
  - Tucayoneque.
  - Bahama.
  - Abacoa.
  - Ciquateo.
  - Guanahami.
  - Cotoniere.
  - Samana.
  - Yumeta.
  - Majaguana.
- 5. Sotavento.
  - La Trinidad. Esp.
  - Margarita. Esp.
  - Blanco. Tortuga.
  - Orchilla. Rocca.
  - Bon-Ayre.
  - Curaçao. Holl.
  - Oruba.

Terres Polaires.

Terres Arctiques.

Terres Antarctiques.

DISSERTATION GENERALE SUR L'AMERIQUE.

NOus voici au grand, au riche, & au puissant Aiman des Européens. L'Europe est la moindre Partie de la Terre dans le partage qu'il a plu aux Hommes d'en faire: mais il semble qu'elle vise à se dedommager de son peu d'étenduë, en cherchant ardemment les biens que la Nature lui a refusé; & dont cette Mére Commune, qui, sans doute, est bien éloignée d'aimer également ses Enfans, a été prodigue à certains Païs. En effet, regne-t-il au Monde une émulation plus vive, plus empressée pour les fruits des Voïages de long cours, des nouvelles decouvertes, & du Commerce avec les Peuples les plus reculez? La fatigue & le peril, les incommoditez & les souffrances ne sont point capables de rebuter nos Gens; & si dans une tempête qui ne presente que la mort, dans une disette afreuse, dans la privation de l'agréable & du necessaire, le repentir les prend, regretant dans ces momens terribles la sûreté de la vie & la douceur du repos, à peine ont-ils recouvré cet aimable trésor, à peine sont-ils retournez chez eux, qu'emportez par l'espoir de la Fortune, ils ne pensent qu'à courir à de nouveaux dangers.

Mais quoi que l'avarice & l'avidité du gain aïent fait parcourir l'Asie & l'Afrique, ce n'étoit rien en comparaison de l'Amerique. Depuis qu'on a connu ce vaste Continent, avec quelle ardeur n'a-t-on point tâché d'en profiter? On peut dire sans exageration, qu'il est venu de là des richesses immenses. Il ne pouvoit peut-être pas arriver aux Naturels du Païs un plus grand malheur que cette découverte: on leur a ôté, en les mettant sous le joug, le plus precieux de tous les biens, je veux dire la liberté: pillez, dépouillez, on a exercé contre eux des cruautez horribles: enfin ces pauvres Mortels dont tout le crime étoit d'être nez, sans le savoir, les Depositaires des Trésors de la Nature, éprouverent les effets les plus funestes, les plus criants, de l'Injustice, de la Violence; & pendant qu'on faisoit sonner bien haut le zèle Evangelique pour travailler au salut éternel de ces Nations, on les traitoit d'une maniére anti-chrétienne, & toute opposée à la Morale de l'Evangile; & cela pourquoi? Parce qu'ils emploïoient les moïens legitimes pour défendre leurs droits naturels. Mais venons au fait.

Avant que de donner une idée générale de l'Amerique, ferai-je mal de raporter ici l'Histoire de sa découverte? A tout hazard; voici ce curieux morceau. Au quinzième siécle Christophe Colomb de Cugures, en Latin *Columbus de Terra-Nigra*, petit village sur la Riviére de Genes; & conséquemment sujet de cette fameuse République, s'éleva dans l'Europe, & lui rendit un service important. Cet homme nouveau avoit fait de bonnes études: mais son application principale, son genie dominant étoit la Cosmographie; il faisoit même des Cartes marines, & il en trafiquoit. Sa réüssite dans une telle occupation lui inspira le desir de connoître le Globe Terrestre; & il s'avisa de vouloir pénétrer jusqu'aux Antipodes; pouvoit-il pousser la curiosité plus loin?

Colomb, pour suivre son panchant naturel, se jette donc dans la Navigation: il voïage souvent en Portugal; & en homme qui veut se perfectionner dans son Art, sur tout aiant les Antipodes dans la tête, il navige de toute son attention. Observant que du côté Occidental, il soufloit, en certaines saisons, des vents qui continuoient avec la même égalité, il tira de là une conséquence qui jusques alors avoit échapé à la pénétration des Navigateurs: il faut, concluoit cet habile Marin, il faut necessairement que ces vents reglez viennent d'un endroit qui soit au delà de la Mer, & que cette terre-là ne soit pas connuë en Europe.

Fortement persuadé par la justesse & par la solidité de ce raisonnement, il se resolut à en faire valoir l'importance; & un simple particulier ne pouvant pas executer un tel projet sans le secours de quelque Puissance, notre Cosmographe s'adressa successivement à trois Souverains, les Genois ses Maîtres naturels, Henri VIII. Roi d'Angleterre, & Dom Jean Deuxième, Roi de Portugal. Colomb demandoit, par sa Requête, qu'on voulût bien fournir quelques Vaisseaux & se charger des frais de l'entreprise. Le *Decouvreur* fut rejetté, tant de sa République, que dans les deux Cours; & par tout on le traita de Visionnaire & de Chimerique: tant il est vrai qu'un Prince qui veut remplir ses engagemens, & procurer le bien de ses sujets, doit écouter tout, & ne rien refuser qu'après un meur & profond examen, sans s'arrêter aux apparences d'impossibilité.

Colomb, ne se decourageant point d'un si mauvais debut, encore moins de l'air dur & brutal dont un certain Evêque de Portugal, qui peut-être n'entendoit pas mieux ces matieres-là que l'administration de son Diocèse & la pâture de ses Ouailles, avoit reçu son avis, alla faire une autre tentative en Espagne. Là voïant son dessein fort ap-

approuvé par deux Maîtres, Alonse Pinson fameux Pilote, & Jean Perez Moine Cordelier qui excelloit dans la Cosmographie, il s'adresse à deux Grans d'Espagne qui ne voulurent jamais accorder de Vaisseaux à notre *Antipodairé*, quoiqu'ils en eussent beaucoup chacun dans sa Duché. Enfin par le conseil du Franciscain Cosmographe, le Genois prit le parti de se presenter devant le Monarque, c'étoit alors ce Ferdinand d'Arragon, sous le Regne de qui, par son mariage avec Isabelle de Castille, l'Espagne Chrétienne fut réunie sous un même Maître. Colomb se met donc en chemin pour la Cour, muni, de la part de Jean Perez, d'une lettre de recommandation pour Ferdinand Talevere, autre Cordelier & Confesseur de la Reine.

Ainsi en 1481. notre Villageois fut introduit; & il eut l'honneur de presenter sa Requête au Roi. Ce Prince qui faisoit son occupation dominante de la Guerre contre les Maures, ne donna pas à Colomb une audience fort attentive; & d'ailleurs sa seule proposition lui parut un beau rève fait en veillant. Notre Homme, encore une fois exclus, sollicite son affaire auprès des Courtisans: il y en avoit assez qui auroient pu lui rendre service; mais tous, regardant un homme en pauvre équipage, qui promettoit de faire passer dans le Roïaume les richesses d'un Païs, selon eux, imaginaire, & qui ne subsistoit que dans la tête du Suppliant, ils le prennent pour un hipocondriaque & pour un fou.

Alfonse de Quintavilla, Tresorier Général des Finances, fut le seul qui jugea plus sainement de Christophe Colomb; ce Seigneur l'écoute, trouve sa conjecture bien fondée; il goûte même beaucoup la conversation de ce prétendu *pié-poudreux*; enfin il lui trouve tant de merite qu'il le juge digne d'être presenté à Pierre Gonzalez de Mendoza, Archevêque de Tolède; & en effet il le mena chez lui. Colomb de *Terre-noire* fit au Prelat une pleine deduction de son projet; il apuïa sur des raisons convainquantes; & sur tout il montra, par de bonnes citations, que la connoissance d'un Nouveau Monde n'avoit pas été tout-à-fait inconnuë à la venerable Antiquité. Sa Grandeur, ainsi persuadée, conduisit lui-même le *Requerant* à la Cour; il le presenta au Roi & à la Reine; & ce puissant Avocat plaida si fortement, qu'il obtint qu'on examineroit l'affaire: on la mit donc sur le tapis dans le Conseil; on en delibera; on convint de sa possibilité; mais le résultat de la Seance fut que la conjoncture presente ne permettant pas de nouvelles entreprises, la chose seroit renvoïée jusqu'après la Guerre de Grenade. Ce fut un delai de dix années; & alors l'Epargne se trouvant épuisée, tout ce que Colomb put obtenir, ce fut un petit Vaisseau & deux Brigantins. Louïs de Saint Ange Secretaire de Leurs Majestez, car Ferdinand & Isabelle avoient chacun leur Couronne, donna seize mille écus pour les frais de l'Expedition, petite & très-petite semence, en comparaison de la recolte qu'elle produisit.

Tout étant prêt pour l'embarquement le *Decouvreur* partit le troisième d'Août, mil quatre cens quatre-vingt douze, ou plûtôt quatre-vingt seize, s'il est vrai qu'il y avoit dix ans que l'Archevêque de Tolède avoit agi. Notre Voïageur mit donc à la voile au Port de Palospalos de Moguer en Andalousie, aiant avec lui Barthelemi son Frere, & les trois Pinsons dont deux étoient Capitaines des Brigantins.

Cette petite Flote cinglant vers les Canaries, ancra à Gomere pour prendre des rafraîchissemens. De là tournant à main droite, & prenant sa route vers le Couchant, après huit jours de Navigation, Colomb vit toute l'eau couverte d'herbes, ce qui mit ses Gens dans une telle consternation qu'il eut besoin de Retórique pour les rassurer. Comme il suivoit la même route, & qu'il n'y avoit aucune apparence de decouverte, les murmures, les plaintes, & les cris redoubloient; on en vint même aux reproches & aux menaces. La fermeté du Pilote Amiral ne fut point ébranlée; il oppofoit à ce furieux orage toutes les belles paroles que son esprit naturellement éloquent pouvoit fournir: il prie, il conjure, il fait de grandes promesses; & au bout du compte, il va toûjours son train.

Le pis de l'affaire, c'est qu'on commençoit à sentir les premiéres pointes de la Famine; ou du moins ils craignoient, & non sans fondement, que les provisions venant à leur manquer, ils ne perissent de faim sur un Element qu'on peut nommer le grand *Vehicule* de l'Abondance. Sur cette aprehension-là, il se fit entre les Soldats & les Matelots un complot de jetter dans la Mer le Général sans titre, si dans un certain tems, il n'arrivoit pas quelque heureux changement.

Colomb, voïant qu'il n'y avoit qu'un seul moïen pour contenir ces mutins, s'en servit en homme prudent. Il leur promit que si dans trois jours, on ne decouvroit point terre, il leur donneroit contentement, en faisant revirer prouë vers l'Espagne, ce qu'ils demandoient avec tant d'instance, &, en quelque maniere, le poignard à la gorge. Cet engagement calma la tempête. Le *Decouvreur* étoit, dit-on, presque sûr de son fait: la fraîcheur de l'air; des nuées petites, basses, & sur l'Horison quand le Soleil se lève; le fond qu'on trouva par la sonde; la sable qu'on en tira; les vents inégaux & inconstans, qui chassant le vent de Mer, devoient venir necessairement de terre, tous ces indices persuadoient à ce Docteur en Marine qu'il gagneroit bientôt son procès, & qu'il ne risquoit pas beaucoup de demander un répit de trois jours.

En effet dès le lendemain, on vit voler des Oiseaux, & on les regarda comme les Messagers de la bonne nouvelle; & le jour suivant il parut de loin du feu & de la fumée. Ces objets qui sembloient une apparition, & qu'on aperçut l'onzième d'Octobre, rendirent le coeur & la joïe à des gens qui n'osoient même se promettre de pouvoir retourner d'où ils venoient. Ce fut un épanchement général: cette fortune imprévuë causoit de l'étonnement & de l'admiration. Quels transports envers l'Amiral! Il étoit alors le Pere commun; c'étoit à qui lui baiseroit les mains avec une tendresse respectueuse; & les plus emportez dans la mutinerie lui demandoient grace les larmes aux yeux. Ce que c'est pourtant que la moindre lueur d'esperance, dans la fraïeur d'une mort presque certaine! Car enfin ces Navigateurs ignoroient si le lieu de la découverte ne leur seroit point funeste. Heureusement le presage se trouva vrai; & l'événement répondit à l'attente.

S'agissant de voir où le hazard avoit conduit nos Avanturiers sur la conjecture de leur Chef, celui-ci se mit dans une Barque pour aller reconnoître le Païs: c'étoit une des Iles Lucaïes qui sont entre la Floride & Cuba, environ à dix lieuës de la Gardeloupe du côté du Nord-Est. Le nom de cette Ile

Ile étoit Guanahani : mais Colomb l'appella la *Desirée*, ou, selon d'autres *San Salvador*. Aiant remercié le Ciel, il fit faire une Croix d'un arbre abbatu tout exprès ; & la plantant en cérémonie sur le rivage, il prit possession de ce Nouveau Monde au nom & au profit des Rois d'Espagne & de leurs Successeurs. Quoi ! prétendoit-il déja depossеder les Habitans, & les depouiller du Droit de proprieté que Dieu leur avoit donné sur cette Partie de la Terre ? L'Homme Dieu a expiré sur la Croix pour le rachat du Genre Humain, & pour sceller de son sang & par sa mort la Morale de Justice & d'Equité qu'il avoit prêché dans sa mission ; n'étoit-ce donc pas un simbole bien édifiant que l'Instrument du Salut, pour commettre une violence en usurpant le bien des autres ? Mais le Saint Pere de Rome, ce Lieutenant Général du Ciel sur la Terre, saura bien par sa puissance illimitée lever ce scrupule-là.

Après cette devote & plaisante prise de possession, la Flote alla jetter l'ancre à Baraco Port de Cuba : d'abord Colomb, qui étoit un grand *Parrain*, l'apella Jeanne, en l'honneur de cette fameuse Princesse à qui la jalousie demonta la cervelle : mais on nomma depuis cet endroit-là l'Ile Fernandine ou Ferdinande ; & craignant pour ses Vaisseaux, parce que la Mer devenoit orageuse, il remit à la voile. On ne marque point vers où il dirigeoit sa Navigation : l'Historien se contente de dire que sans qu'il y pensât, le vent, auquel aparemment la tempête l'avoit contraint de s'abandonner, le poussa devant une grande Ile nommée Haïti, en langue du Païs, & qu'il apella l'Ile Espagnole. Voulant ancrer où il avoit mouillé la première fois, au lieu qu'il avoit honoré du noble titre de Port Roïal, la Gallega, Vaisseau qu'il montoit, & consequemment l'Amiral des deux Brigantins, se brisa contre un écueil, & par un bonheur assez rare, tout l'Equipage échapa. S'il en faut croire un Auteur Espagnol, le Seigneur Amiral, aiant envie de laisser une partie de son Monde, en Colonie, dans ce Païs-là qu'il regardoit comme sa Conquête, ne trouva pas de meilleur expedient pour parvenir à ses fins, que de perdre son principal Vaisseau. Mais cette conjecture est si peu apparente qu'elle ne vaut pas la peine qu'on s'y arrête.

Pendant tous ces mouvemens-là les Insulaires, avertis de l'arrivée de ces Etrangers, venoient de toutes parts sur le rivage pour les voir ; & ils les contemploient avec le même étonnement dont nous serions saisis, si, ce que je ne croi pas qui arrive si tôt, il arrivoit devant nos yeux une Flote du Monde de la Lune. Habits, Moustaches, Armes, Vaisseaux, tout étoit nouveau pour ces mortels interdits & consternez. Mais les Espagnols aiant fait une descente, cette foule de Spectateurs s'évanouït en un moment ; & la curiosité se tournant, tout d'un coup, en fraïeur, la fuite les dispersa, & les fit disparoître.

Une femme ne pouvant courir assez vîte, est arrêtée par les *poursuivans*, & menée sur le Vaisseau. Colomb pratiqua dans cette occasion-là une hospitalité peut-être plus politique qu'humaine : on fait bonne chere à la Prisonniere ; on l'habille proprement à l'Espagnole : Hé ! où avoit-on pris un vêtement femelle ? Que sais-je moi. Je m'imagine qu'on fit de cette Femme une figure d'Amazone : Enfin, par le langage des signes, vraïe langue de la Nature, on lui fait entendre que, si elle veut rentrer dans l'Ile, elle peut assurer, de la part du Commandant & de la Flote, ses Compatriotes, qu'il n'y a rien à craindre ; qu'ils n'ont qu'à venir en toute assurance ; & même que le Général se fera un grand plaisir de les voir & de les bien traiter. Qu'on a pris avec un tel apas de ces pauvres Habitans, soit du Nouveau Monde, soit de l'Ancien ! L'hameçon est caché sous cette fausse & trompeuse douceur.

Les Sauvages ne furent pas peu surpris quand ils virent la Prisonniere de retour, en si bon état ; & aprenant les bonnes intentions de ces Etrangers, ils ne balancerent point à les reconnoître pour de bons hôtes ; & à leur rendre visite. Les Espagnols les reçurent fort agréablement ; & d'autant plus qu'ils ne s'attendoient à rien moins qu'à trouver des gens ornez de colliers & de bracelets d'or. A l'éclat de ces objets attirans, les *Decouvreurs* redoublerent de caresses, de signes de bienveillance & d'amitié. On fit bientôt connoissance par le bon endroit, je veux dire par l'intérêt ; hélas ! c'est le grand, c'est le seul lien des Societez Humaines.

On debute donc par la proposition du Commerce ; & les prétendus Sauvages l'acceptent avec plaisir : je dis *prétendus*, car je ne sai s'il n'y avoit pas chez eux plus de bonne Nature & de bon sens que chez nos Avanturiers. Il est vrai que les Indiens changerent leur Or pour des bagatelles : mais dès que ces petits ouvrages leur étoient plus utiles qu'une matiére en laquelle ils abondoient, n'avoient-ils pas raison ?

Après cette premiére entrevuë, Colomb, escorté de quelques Soldats, alla rendre ses devoirs au Cacique, c'étoit le Chef du Païs : ce Seigneur lui souhaita la bien-venuë, le *gracieusant* à sa maniére. Il se fit là un gros negoce : le Monarque, car pourquoi ne pas lui donner ce nom-là s'il étoit revêtu de l'autorité suprême & arbitraire ? N'est-ce pas là l'essenciel du Monarchisme ? Le Monarque donc fit une grande emplette, & la fit d'une maniére digne de son auguste rang : à la verité les marchandises qu'il acheta n'étoient pas Roïales : c'étoient des chemises, des bonnets, des couteaux, des miroirs, de petites cloches & des sonnetes : mais le tout fut païé avec une magnificence vraiment Roïale, & par une grande quantité d'or : il peut fort bien être néanmoins que le Païeur n'avoit pas des intentions si relevées, & qu'il agissoit plus par ignorance que par générosité.

Ensuite l'Amiral demanda au Cacique permission de bâtir une Tour, & l'obtint. Oh le pauvre Souverain ! qu'il avoit le nez court & la vuë basse ! Il ne savoit guére ce qu'il accordoit. Quant au Batisseur, il prenoit bien mieux possession par la Tour qu'il n'avoit fait par la sainte & benite Croix. Colomb mit dans sa Forteresse naissante une Garnison de trente-huit Espagnols : aiant si bien réussi dans ce point capital, il ne pense plus qu'à aller porter, lui-même en Espagne, la nouvelle de sa réussite. Ainsi s'étant pourvu de ce qu'il y avoit de plus singulier dans la Contrée il monta probablement sur un des deux Brigantins ; & par une heureuse & rapide Navigation, après cinquante jours, il entra dans le Port de Lisbonne.

Colomb, arrivé en Espagne, eut besoin de se justifier : les Pinsons, ces Freres dont on a parlé, avoient tâché de decrier sa conduite, & de le noircir à la Cour : mais l'accusé conjura la tempête ;

 &

& d'ailleurs on étoit si prévenu en sa faveur qu'il lui fut aisé de s'innocenter. Ferdinand & Isabelle, cette Reine qui pourtant aimoit si fort la Justice *punitive*, qu'elle saluoit, par respect, les potences & les roües, eurent moins d'égard aux imputations des Accusateurs de Colomb, qu'à sa nouvelle decouverte, qu'au plaisir qu'ils trouvoient dans le récit de son Voïage; & sur tout qu'à l'esperance des trésors dont il flatoit agréablement leurs Majestez.

Ferdinand & Isabelle, pleins de reconnoissance, pour recompenser & encourager le Genois, le nommerent Amiral. On lui assigna le dixième du revenu de ses decouvertes; son Frere Barthelemi fut pourvu du Gouvernement de l'Ile Espagnole; on leur donna des Lettres de Noblesse qui portoient aussi sur leurs descendans; on leur accorda cet honorable Titre de Don, qui est d'un si grand prix chez la Nation Espagnole: enfin, pour comble de douce & precieuse fumée, ces Villageois *Seigneurisez* eurent le Privilege d'ajouter à leurs Armes de fraîche date, les Armes des Couronnes de Leon & de Castille. Sur cette permission Roïale les Colombs porterent l'Ecu en manteau: le premier de gueule au château d'or, & l'autre d'argent avec un Lion rempant de gueule, en pointe d'argent ondé d'azur à cinq Iles d'or, à un Monde de même: & pour devise à l'entour, *ils ont donné à Leon & à la Castille un nouveau Monde.* Un Monde qui ne consistoit encore qu'en cinq Iles, & qui n'étoient nullement assujèties? N'étoit-ce pas là donner le plus grand des noms à presque rien? Cela est vrai: mais c'étoit un Monde en esperance; & cette esperance avoit un fondement très-solide, vous allez voir; continuons l'histoire.

Alexandre VI. fils de Geofroi Borgia Gentilhomme de Valence, & consequemment Espagnol, occupoit alors le Trône de la *Vice-Deïté* Romaine; & ce fut un aussi méchant Saint Pere qu'il y ait jamais eu, quoique la toute-puissante & sacrée Tiare en ait fourni un bon nombre de cette tournure-là. Ferdinand & Isabelle étoient d'une Catolicité trop ardente, pour ne pas informer ce Pontife de leur bonne fortune. A cette merveille imprevuë & presque incroïable, Sa Sainteté est transportée de joïe, & saisissant l'occasion de faire valoir, en faveur de sa Patrie, toute l'étenduë de son autorité, savez-vous comment elle s'y prit? l'Ecrivain que je tourne, va le conter agréablement.

Ce Pape, aiant separé la Terre par la moitié en tirant une ligne droite d'un Pole à l'autre fit, *de sa pure & franche liberalité*, dit notre Auteur, fit present aux Rois d'Espagne, de tous les Païs, soit Iles, soit Continent, qu'on decouvriroit au Couchant & au Midi, à cent lieuës au delà des Açores, & à cent lieuës au delà des Iles du Cap-Verd. Par sa Bulle datée du mois de Mai, de l'Année mil quatre cens quatre-vingt treize, & la premiére de son Pontificat, il en confirma la possession aux Rois de Castille & de Leon, à leurs Heritiers & Successeurs; defendant à tous, de quelque ordre, ou de quelque dignité que ce pût être, soit Roïale, soit Imperiale, d'aller ou d'envoïer à ces Iles ou Terres fermes decouvertes ou à decouvrir, vers l'Occident & le Midi, sans une permission expresse de Leurs Majestez Catholiques. Il y avoit pourtant un Article pour excepter les Princes Chrétiens qui auroient possedé les Iles & les Terres fermes avant la Fête de Noël de l'année courante. Mais quelque reformation qu'on pût faire à la Bulle, l'année suivante, il est toûjours certain que Dom Jean Deuxième Roi de Portugal, fut trompé, puisque les Molucques ne se trouverent point dans son lot. Alexandre fils de Philippe Roi de Macedoine, qui distribuoit des Provinces & des Roïaumes, n'entendoit rien à faire des liberalitez en comparaison d'Alexandre VI. Depuis que Dieu eut donné la Terre à l'Homme, il n'apartenoit plus qu'au Pape de donner aux Espagnols la quatrième partie du Monde.

Ce savant homme dit mieux qu'il ne pense; & s'il parle ironiquement, il n'a pas l'honneur de connoître l'immensité de la puissance Papale. Hors le don des miracles, le Chef visible ne s'arroge-t-il pas tout le pouvoir du Chef invisible qu'il represente sous la triple Couronne? Or l'Homme Dieu a declaré qu'il avoit tout pouvoir sur la Terre: donc son Vicaire, son Lieutenant peut disposer absolument de notre Globe. Les Princes de l'*Obedience filiale*, loin d'admettre ce droit-là dans le soi-disant Successeur de Jesus-Christ, touchant la possession actuelle de leurs Couronnes & de leurs Etats, ils s'y opposent de toutes leurs forces; & ils ont grande raison; autrement on verroit beau jeu dans la Catholicité. Mais, ce qui est plaisant, c'est que ces mêmes Princes reconnoissent ce droit de la Papauté, non seulement sur leurs voisins, mais aussi sur les Societez les plus éloignées; *voire* pour le partage & la distribution de toute la Terre. Ce ne peut être que par ce principe-là que le Saint Pere Alexandre fit aux Rois d'Espagne une donation *Bullaire* & autentique d'un autre Monde où on n'avoit fait que mettre le pié; & ce fut sur le même fondement que les Espagnols, se croïant bien & dûment autorisez, firent valoir, par la violence & par la cruauté, leur abominable pretension.

Pour renouër le fil de la Narration, la Cour d'Espagne ne voulant pas laisser infructueuse une decouverte dont on pouvoit raisonnablement se promettre de grandes choses, resolut de renvoïer Colomb avec dix-sept Vaisseaux & une milice de douze cens hommes. L'Amiral n'étoit pas homme à refuser un parti si honorable, & d'ailleurs si conforme à son inclination. Aiant donc reçu l'ordre de faire lui-même ses preparatifs; & cela aux depens de Leurs Majestez, il se pourvut de chevaux, de plusieurs sortes de Bêtes, mâle & femèle, pour la propagation de chaque espèce, à peu près comme dans l'Arche de Noé, notre second Pere & premier Sauveur. Colomb se munit aussi de ce qu'on sème & de ce qu'on plante en Europe; il fit provision d'armes; il choisit de bons ouvriers pour la mécanique; & même quelques Nobles se firent honneur & plaisir de voïager sous sa conduite.

Enfin tout étant prêt, l'Amiral partit de Cadis le vingt-cinquième de Septembre, mil quatre cens quatre-vingt quatorze, d'autres disent quatre-vingt treize. Aiant passé les Canaries, il prit plus à gauche qu'il n'avoit fait l'autre fois; & l'Ile *Desirée* fut la premiére terre qui parut à la Flote. On se contenta de la regarder, & aiant cinglé jusqu'à l'Ile Espagnole, on s'y arrêta. Là le Seigneur Colomb trouve bien du changement: ce ne sont plus ces Habitans amis & de bon commerce: les Espagnols qu'on avoit laissé dans la Tour, voulant faire les Maîtres, avoient été tous massacrez. Le *Decouvreur*, Italien de naissance, & Espagnol de service, ce, je vous laisse à penser si le desir de vengeance le pressoit: mais s'accommodant sagement au tems, il prit le parti de dissimuler. Peut-être aussi qu'étant forcé de convenir que les Espagnols s'étant attiré le massacre par leurs violences, & par leur mauvaise conduite, la Raison & l'Equité ne lui permettoient pas de s'en ressentir. Cette conjecture me paroît d'autant plus vraisemblable, que Colomb, avec douze cens hommes, étoit, ce semble, en état de tout entreprendre contre de tels Ennemis.

Jugeant donc plus à propos de s'établir paisiblement & de gré à gré dans le Païs, son premier soin fut de fonder une Colonie: choisissant la Côte du Nord de l'Ile, il y forma le Plan d'une Ville; il y fit bâtir quelques maisons en attendant mieux; il y mit des Habitans & en l'honneur & à la memoire de la Reine d'Espagne, il lui donna le nom d'Isabelle. Ce Général, qui alloit au solide & à l'essenciel, fit aussi construire un Fort près des Mines de Cibao, qui sont les plus riches de l'Ile Espagnole.

Ensuite détachant trois Vaisseaux de sa Flote, & montant sur l'un, il courut à la decouverte: ce ne fut pas sans succès; car il trouva l'Ile de Cuba au Sud, la Jamaïque & quelques autres Iles. Revenu à l'Espagnole, & se trouvant mal, il se fit porter à Isabelle où il recouvra sa santé; mais il ne guerit pas si-tôt du chagrin qu'il devoit avoir. La plûpart des nouveaux *Isabellois* étoient morts de faim par une paresse Espagnole; & les Naturels, à qui la barbarie & les vexations de ces Usurpateurs avoient fait perdre patience, étoient en armes pour s'en delivrer. Colomb fit justice à ces Originaires, & les plus coupables de ses gens furent exécutez à mort; procedé équitable qui desarma les Indiens & qui disposa tous les Chefs de la Nation à l'alliance & à l'amitié. Pendant ce tems-là on radouba quatre Vaisseaux qu'un tourbillon avoit mis en mauvais état. Les choses étant sur ce pié-là, Colomb se rembarque pour l'Espagne, où il rendit compte de cette seconde Expedition à ses Maîtres. Ils en furent si contens qu'on lui ordonna un troisieme voïage; & on lui donna cette fois-là douze Caravelles, ce sont certains Vaisseaux ronds, mais équipez comme une Galere.

Le vingt-huit Mai, on ne marque point l'année, l'Amiral étant arrivé à San Lucar de Barameda, envoïa de là par avance quelques Caravelles à son Frere Barthelemi qu'il avoit laissé pour son Lieutenant dans l'Ile Espagnole; & lui continuant sa Navigation vers le Cap-verd, parce que c'étoit la route la plus sûre, à cause de la guerre, & des Vaisseaux François, il entra dans le Golfe de Paria, & ancra devant Cubaqua qu'il nomma l'Ile des Perles. Suivant un Historien, dans ce mouillage-là un Matelot troqua avec une Indienne trois tours de perles contre un pot cassé; & Colomb fit à peu près le même marché avec un Cacique: savoir si la Conscience n'étoit point blessée dans un tel commerce, c'est de quoi les Espagnols s'inquiétoient le moins.

Avec ces richesses mal-aquises, l'Amiral fit route à l'Ile Espagnole; & comme si c'eût été pour lui une fatalité de n'y rentrer qu'avec desagrément, il y trouva tout en desordre. Un Espagnol, nommé Roldan Ximenes, étoit la cause & l'auteur du trouble. Colomb, de qui il étoit la Créature, l'aiant tiré de la poussiere, l'avoit distingué jusqu'à l'établir son Grand Prevôt. En l'absence de son Bienfaicteur, cet ingrat qui aparemment se sentoit toûjours de sa premiere crasse, refusa d'obéir: il débaucha plusieurs Soldats, il forma un parti; enfin il se révolta si ouvertement contre Barthelemi Colomb, Lieutenant de la Colonie, que le Général aiant écrit à ce Rebelle pour l'exhorter à se reconnoître, il se moqua de sa Lettre & de ses remontrances. Il poussa même sa méconnoissance si loin, qu'il écrivit en Cour contre le Gouvernement établi dans ce Nouveau Monde; mandant à Leurs Majestez Catholiques que les Colombs exercoient une tirannie dure, insuportable; & qu'il paroissoit visiblement, par leur conduite, qu'ils tendoient à l'independance, & au pouvoir arbitraire dans tous les Païs de leurs decouvertes.

Le Général, au lieu d'emploïer la force pour reduire les revoltez, & pour les mettre à la raison; au lieu de gagner les Naturels par douceur & par complaisance, prit un chemin tout opposé: mollissant devant les Rebelles, ce qui étoit le vrai moïen d'attiser indirectement le feu de la sedition, il s'attacha uniquement à domter les Caciques, c'est-à-dire à subjuguer une Terre, où, selon la justice & la probité, il ne pouvoit vivre qu'en hôte & en bon ami.

D'un autre côté, les avis, vrais ou faux, de Ximenès à la Cour, aiant aparemment porté coup, on y prit une résolution très-desavantageuse à l'Amiral. La derniére année du quinzième siècle, les Rois conjoints nommérent pour Gouverneur de l'Ile Espagnole François Bouadilla, Chevalier de l'Ordre de Calatrava: revêtu de cette nouvelle dignité, il s'embarque & fait une heureuse Navigation. Avant de mettre pié à terre le Chevalier se fait annoncer au *Decouvreur*, & lui signifie le sujet de sa venuë; quelle mortification! quel coup de foudre! Colomb ne consulta néanmoins que son devoir: sans balancer il se determine à bien recevoir son *Supplanteur*, ou *Successeur*; & pour mieux lui rendre ce qui lui étoit dû, il va au devant du nouveau venu. Mais le pauvre homme ne prévoïoit pas tout son malheur.

En effet, la premiére démarche du Sur-Intendant de la justice, car c'étoit-là son Titre, & celle par où il s'installa, ce fut d'ordonner qu'on mît les deux Colombs dans les fers; & que les aiant jetté separément dans deux Vaisseaux, on les transportât en Espagne. Cependant, n'en deplaise au Seigneur Chevalier, il avoit outrepassé ses ordres: car les Prisonniers, étant arrivez à Cadis; & les Rois, aprenant qu'on avoit agi, à leur égard, avec tant d'indignité, ils en parurent très-mécontens. Il est donc bien à presumer que Bouadilla, craignant que son Prédecesseur ne fit obstacle à son établissement, l'avoit de son chef, traité d'une maniére si rigoureuse. Patience! On lui prepare une verge au Ciel; & nous le verrons bientôt châtié au centuple.

Leurs Majestez Catholiques donc, compatissant au triste sort des deux *Enchainez*, envoïerent promptement ordre, non seulement de les mettre en liberté; mais de leur donner, pour venir à la Cour, un équipage convenable à leur rang & à leurs grans services. Les prévenus comparurent devant le Conseil, & prouverent clairement leur innocence.

Je ne saurois dire si ce fut en consequence de leur justification; mais il passe pour certain qu'après cela, il fut resolu de rapeller le Chevalier, & de lui envoïer un Successeur. Le choix tomba sur Ni-

Nicolas d'Ovando, grand Commandeur de Larez. Il partit en mil cinq cens deux; & étant arrivé à l'Ile Espagnole, il y gouverna sous le titre de Viceroi. Probablement Bouadilla ne céda pas son poste sans repugnance & sans chagrin: mais il emportoit avec soi la plus réelle & la plus solide des consolations. De quelque maniére que ce Gouverneur se fût enrichi, à droit ou à gauche, il n'avoit assurément point perdu de tems. En moins de trois ans Bouadilla s'étoit fait un Capital de cent mille livres de poids en or fondu, outre les grains de la même matiére, parmi lesquels il y en avoit un qui pesoit trente-sept livres. Ximenès s'embarque avec cette riche toison: mais la Mer seule en profita: une tempête s'étant élevée, l'Ex-Gouverneur perit avec toute sa fortune dorée; & le naufrage fut si complet que de trente Vaisseaux qui composoient la Flote, il n'en échapa que quatre ou cinq.

Quant à Christophe Colomb, ce seroit dommage de le laisser-là. On ne particularise point les suites de sa justification. Voici seulement ce que l'Historien nous dit; mais pour le trait qui va suivre vous y ferez telle reflexion qu'il vous plaira, n'aiant pas le tems de le critiquer.

Ce fut, dit l'Ecrivain, au retour du troisième voïage de Colomb, l'an mil quatre cens quatre-vingt seize, que les Espagnols qui avoient donné aux femmes du Nouveau Monde, leurs écrouelles, eurent d'elles en échange la vilaine maladie qu'ils porterent dans le Roïaume de Naples, où les Dames qui en avoient été infectées la communiquerent aux François dans l'expedition temeraire de leur jeune Monarque Charles VIII. Si ce fait-là est aussi constant qu'il paroît peu vrai semblable, tant par la Phisique, que pour l'anacronisme, jamais il ne se fit un plus méchant négoce. Sortons promptement de cette pouriture, de cette infection; & reprenons le grand air avec Colomb.

Il fit un quatrième voïage; & cette Navigation ne fut pas moins utile que les précedentes. Sa premiere decouverte fut l'Ile de Guanaxo, pas loin d'une Province en Terre ferme, nommée par les Naturels Hiquera, & que les Espagnols apellerent le Cap de Honduras. Faisant voile de cet endroit-là, & aiant couru le long de la Côte, à 'Orient, il trouva le Païs de Veragua, riche en mines d'Or; vogua jusqu'au Golfe d'Uraba, & eut quelque connoissance de la Mer Australe. Après avoir navigé dans la Jamaïque, defait ses gens qui se revolterent, il passa dans l'Ile Espagnole; & enfin lui & son Frere revinrent en Espagne, où Christophe, dont la vie n'avoit été qu'une agitation continuelle, entra dans le repos éternel. Il mourut le quatrième de Mai, mil cinq cens six.

N'est-il pas juste de donner le portrait d'un homme si rare? Le voici: ce grand *Decouvreur* étoit d'une taille bien prise, la Phisionomie revenante, le poil roux, l'œil vif, le nez aquilin, & la bouche grande. Pour l'esprit, il possedoit de belles & bonnes qualitez. Ce pauvre Génois illustra sa Posterité par son merite & par des Alliances. Il laissa deux Fils, Dom Diegue Colomb, qui de Marie de Tolede, son Epouse, & Fille de Ferdinand de Tolede, Grand Commandeur de Leon, eut un Fils, nommé Dom Louïs, qui fut le troisième Amiral des Indes Occidentales. Le second Fils de Christophe fut Dom Fernand Colomb: celui-là voulut accompagner son Pere dans le troisième voïage; la chaine du septième Sacrement lui faisant apparemment peur, il ne s'y engagea point. Il étoit savant, ou du moins il aimoit les Livres; car en mourant il legua, par son Testament à la Metropolitaine de Seville, une Bibliothèque de vingt mille volumes, plus ou moins.

La Posterité de Colomb a toûjours augmenté en splendeur: c'est de ce sang, qui étoit si peu de chose dans sa source, que sont décendus les Ducs de Veragua, Marquis de Jamaïca, Amiraux des Indes. Ainsi, on peut dire de ce célèbre Marin, que par son genie, par son courage & par ses travaux, il fut l'Artisan de sa fortune, & l'Auteur d'une Noblesse incomparablement mieux fondée que celle qui vient d'une robe, ou d'une somme d'argent.

Au reste, les quatre voïages de Colomb valurent aux Rois Ferdinand & Isabelle plus de soixante millions d'Or; & suivant les Regîtres de Seville, depuis mil quatre cens quatre-vingt douze, jusqu'à mil six cens quarante-cinq il en entra en Espagne quarante-cinq mille millions. Je n'examine point si ces premiéres aquisitions sur les propriétaires & les possesseurs du Nouveau Monde, n'étoient pas plûtôt un brigandage qu'un profit legitime: mais j'ose bien avancer que ces richesses, par les guerres, par le luxe, par les profusions, ont été plus nuisibles qu'avantageuses, je ne dis pas seulement à la Monarchie Espagnole que nous avons vu dans une décadence pitoïable; mais je dis même à toute l'Europe, qui, par la joüissance de ces Trésors est tombée dans des excès qu'on ne connoissoit point. L'ancienne République de Rome éprouva le même malheur. Après la mort de Colomb le dessein de pénetrer dans le Nouveau Monde ne tomba pas; le premier *Decouvreur* eut en divers tems plusieurs Successeurs; &, hors l'honneur de la premiére decouverte, ils ne réüssirent pas moins que lui dans l'un & l'autre bord de ce Païs des richesses & des Trésors, qu'on pourroit apeller le vaste Cabinet des raretez & des productions pretieuses de la Nature.

Parmi ces braves *Rechercheurs* des alimens de l'avarice, du luxe & de la vanité, ceux dont on a conservé les noms, sont Vincent & Arias Pinson, Oregliane, Magellan, Cortez, les Pizarres, les Almagres, les Niqueza, Valbea, Solis, Ponce de Leon, Vasquez, Carage & Nugno. Mais l'an mil cinq cens un, Americ ou Aimeri Vespuce, Florentin, sous l'autorité & par commission de Dom Emanuel Roi de Portugal, & Successeur de Jean II. fut le premier, au moins connu, qui entra dans les terres; & cela lorsqu'il cherchoit un passage aux Moluques par delà l'Equateur; ce fameux Marin alla jusqu'à Paria, & au Bresil sans pénétrer plus avant. C'est cet Americ qui a donné son nom au Nouveau Monde; & dont par là la memoire a eu un sort plus glorieux que tous les Princes & que tous les Conquerans qui ont fait bâtir des Villes pour s'éterniser chez les Races futures. Au reste, l'Italie a sujet de prendre la meilleure part à l'honneur de cette grande decouverte, puisque cette belle contrée donna la naissance à Colomb & à Americ Vespuce.

D'autres ont aussi nommé l'Amerique l'Inde Occidentale, ou parce que ce Païs-là est situé au Couchant, ou à cause que, dans le même tems, les Portugais s'appliquoient beaucoup dans la Navigation, à trouver les Indes Orientales.

Quant

Quant au titre de Nouveau Monde, on ne doit pas croire, dit l'Historien, qu'on n'eût jamais eu aucune connoissance de ces Païs-là. Les Anciens en avoient une idée confuse, & même les Peuples de ce grand Continent n'ignoroient pas tout-à-fait notre Monde. Dans les derniéres decouvertes les *Californiens* confesserent avoir ouï dire à leurs Ancêtres, que dans un autre Monde que le leur, il y avoit des hommes barbus & habillez. Les Mexiquois instruits, par tradition, que leurs Peres avoient été transplantez dans cette Region-là, demanderent aux Espagnols s'ils ne venoient pas de l'Orient; & cette question étoit fondée sur une prétenduë Prophetie qui avoit cours parmi ces Habitans, & qui portoit que certains Peuples de l'Orient devoient un jour entrer dans le Païs.

On prétend que ce Continent séparé du nôtre n'a point échapé à la connoissance des Anciens; & on cite en preuve un morceau de la vieille Histoire, intitulé, *Dialogue entre un Prêtre Egyptien & Solon sur l'Ile Atlantique.* Savoir si ce fut un tremblement de Terre qui causa cette separation, c'est ce qu'on ne veut point aprofondir. Platon raportant cette avanture dans ses Critias & Timée, fait dire au premier, que cette Ile-là est aussi grande que l'Afrique tout ensemble; qu'il y avoit un Temple long de mille pas, large de cinq cens; que le dehors de ses murailles étoit revêtu d'argent; & qu'au dedans tout brilloit d'Or, de Perles & d'Ivoire. Il y a plusieurs choses suspectes dans cette Narration Platonique: mais le fond n'en est ni fabuleux, ni bâti sur l'Allegorie: car ce Philosophe, surnommé, bien ou mal, le Divin, dit affirmativement, qu'il ne fait pas un conte, mais qu'il recite une vraïe Histoire; or Platon le Divin est, ce me semble, un Auteur assez grave pour le croire sur sa parole. Je finis ici l'histoire de la decouverte; & je viens à la notion générale.

L'Amerique a sa longueur du Midi au Septentrion; & cette étenduë fait environ deux mille trois cens quarante-sept lieuës: mais pour sa largeur, elle differe si fort en quantité d'endroits qu'il n'est pas possible d'en fixer la distance. Les bornes de ce Continent, dans ce qui est connu s'entend, sont à l'Orient, la Mer Atlantique ou Mer du Nord, qui le separe de l'ancien Monde par un espace de mille ou douze cens lieuës, plus ou moins selon les Païs: au Septentrion, le Groenland, le Detroit de Hudson, & la Mer Christiane: à l'Occident, la Mer du Sud; & au Midi le Detroit de Magellan.

La situation de l'Amerique dans trois Zones differentes y cause une grande diversité de Climats. Suivant les Contrées l'Air y est chaud ou froid; & le Terroir sterile ou plus fecond. On peut pourtant dire en général que ce Nouveau Monde est extremement fertile; il a tout ce que nous avons: mais il abonde en une infinité de belles & bonnes choses que l'Europe ne connoit pas, & dont elle ne fait usage que parce qu'on les transporte de ces Païs-là.

Il y coule, comme chez nous, un grand nombre de Riviéres: mais on n'y connoit que trois grans Fleuves: deux au Midi, qui sont les Amazones, & la Plata ou le Paraguai; & un au Nord, savoir la Riviére de Saint Laurent qui traverse le Canada.

Communément les Originaires de ces Régions-là sont farouches, fourbes, vindicatifs; & quoiqu'ils ne manquent ni de genie, ni de force, ni d'agilité, la paresse, la faineantise & la lâcheté n'en dominent pas moins chez eux. J'ai dit *communément*; car il y a des Contrées où le bon prévaut sur le mauvais chez les Habitans. La chair humaine est trouvée excellente en plusieurs endroits de ce Continent; & on y mange son ennemi de grand appetit. Il s'y voit des Geans & des Nains: les premiers sont les Patagons qui, à ce qu'on dit, ont l'estomac assez chaud pour manger un veau en un repas, & l'haleine assez bonne pour avaler d'un seul trait un seau de vin. Les Nains sont les Guayazis, gens d'une taille fort au dessous de la mediocre, & qui habitent le long de la Riviére des Amazones.

On partage en quatre Classes les Habitans de l'Amerique: les Naturels qui vivent de chasse & de Maïs ou Blé d'Inde; & qui n'ont ni Villes, ni Police, ni Loix, ni Religion; savoir comment on peut accorder cette definition des Originaires avec tant de belles choses qu'on a publié des Americains avant qu'on les eût découvert & conquis, c'est ce qui ne me paroît guére faisable. La seconde classe d'Habitans, sont les Européens qui, renonçant au vieux Monde, se sont établis dans le Nouveau. Le troisiéme ordre tient le milieu entre les Naturels & les Etrangers; ce sont ceux qui naissent des Européens, ou plûtôt des Gens de l'ancien Monde, & des Americaines; ou des Americains Originaires & des Etrangeres; on les apelle Metis ou Crioles. Enfin les derniers sont les malheureux Négres, dont la plûpart, si je ne me trompe, transportez d'Afrique, par achat, par un Trafic honteux à notre Espèce, mement, hors de leur Patrie, une vie miserable: leurs Maîtres, ou pour mieux dire, leurs barbares & feroces Tirans, traitant ces pauvres Esclaves, quoi que leurs *Co-individus*, plus durement que les chevaux & que les chiens.

Avant la découverte, le Diable régnoit paisiblement sur ce vaste Païs que nous nommons aujourd'hui l'Amerique. Comme c'est la même chose pour le Prince des ténèbres que les Hommes n'aïent point de Religion, ou qu'ils en professent une mauvaise, Satan dominoit sur ce Monde-là, comme lui apartenant de droit; & il le regardoit, sans doute, comme le plus beau fleuron de sa Couronne. En effet, ces Peuples étoient ou Athées ou Gentils. Là, aussi bien qu'autrefois sur presque toute la Terre, & encore à present en quantité d'endroits du vieux Monde, le faux culte étoit bigaré. Les Habitans s'y étoient fait des Dieux à leur guise; chaque Nation avoit les siens; & ils choisissoient parmi les Ouvrages de la Nature tout ce qu'ils s'imaginoient avoir un caractere de Divinité. Ceux dont la Religion étoit la plus exécrable adoroient *l'Anti-Dieu*, je veux dire l'Ange révolté & précipité dans les Enfers. Au fond ces gens-là ne raisonnoient pas trop mal dans leur aveuglement: concevant, aussi bien que nous, cet Etre que nous apellons Diable, comme un mauvais principe, comme une cause naturellement malfaisante, ils tâchoient de se le rendre favorable à force de Sacrifices, d'Offrandes & de Supplications, n'étoit-ce pas agir conséquemment? Les Conquerans de l'Amerique y ont introduit le Christianisme: mais je ne sai si Messire Satan a beau-

beaucoup perdu à une telle Revolution. Outre que la Foi Evangelique qu'on a prêché à ces ignorans, est corrompuë, & le service tout defiguré, tout *paganisé*, ils n'ont, disent les Géographes, reçu le Mistere de la Redemption, que par grimace ; *& on en trouve très-peu, pour ne pas dire point du tout, qui puissent rendre raison de leur croïance.* Il est vrai qu'on s'en prend en partie, aux *Convertisseurs :* appliquez uniquement à l'avide & insatiable recherche des richesses & des Trêsors du Païs, les affaires de l'autre Monde leur sont fort indifferentes ; ils ne considerent, dit un Ecrivain, ni la gloire de Dieu, ni le salut du Prochain.

CAR-

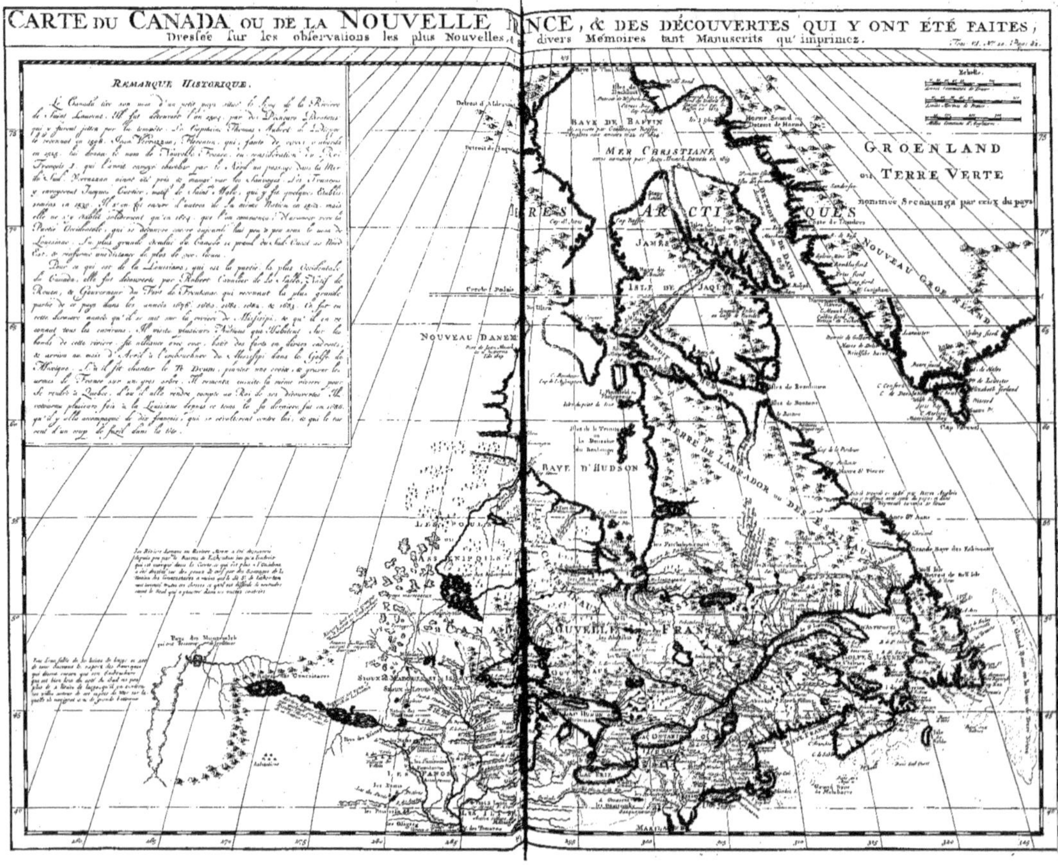
CARTE DU CANADA OU DE LA NOUVELLE FRANCE, & DES DÉCOUVERTES QUI Y ONT ÉTÉ FAITES,
Dressée sur les observations les plus Nouvelles, & divers Mémoires tant Manuscrits qu'imprimez.
REMARQUE HISTORIQUE.
BAYE DE BAFFIN
MER CHRISTIANE
GROENLAND
ou TERRE VERTE
nommée Sccanunga par ceux du pays
NOUVEAU GROENLAND
NOUVEAU DANEMARK
ISLE DE JAQUES
BAYE D'HUDSON
TERRE DE LABRADOR ou DES ESKIMAUX
CANADA
NOUVELLE FRANCE

DISSERTATION SUR LE CANADA, OU LA NOUVELLE FRANCE.

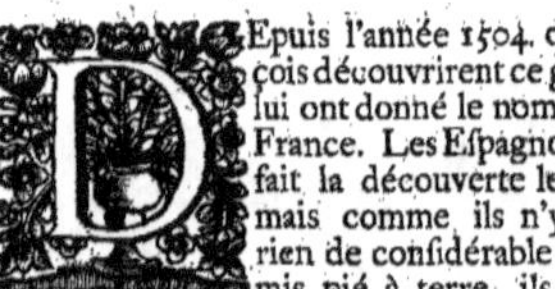

Depuis l'année 1504. que les François découvrirent ce grand Païs, ils lui ont donné le nom de Nouvelle France. Les Espagnols en avoient fait la découverte les premiers; mais comme ils n'y trouvérent rien de considérable après y avoir mis pié à terre, ils n'eurent pas de peine à l'abandonner, & le nommérent *Capo di nada*, c'est-à-dire le *Cap de rien*, d'où est venu par corruption le nom de Canada qu'on lui donne communément dans les Cartes. On renferme sous ce nom toute cette vaste Region de l'Amérique Septentrionale qui a le Nouveau Mexique au Couchant, la Floride au Midi, & qui est bornée au Levant par le Mer du Nord, laquelle jointe au Détroit de Hudson & la Mer Christiana la sépare vers le Nord des Terres Arctiques. *Jean Verasan* fut le premier qui découvrit ce Païs; mais il païa sa curiosité de sa vie. *Jaques Cartier* y alla ensuite qui, quoi-que plus heureux dans sa Navigation, revint en France fort dégouté de ce Païs-là. Enfin on y envoïa d'autres Navigateurs qui reconnurent mieux le Fleuve St. Laurent, & vers le commencement du dernier siécle une Colonie partie de Rouën tenta de s'y établir malgré les Sauvages. Elle s'arrêta sur les Côtes voisines de Quebec, ville Capitale du Païs, située sur les bords de ce fleuve; sur quoi il faut remarquer que l'on n'entend pas ici par le mot de Côtes, les Montagnes, Dunes, ou toute autre sorte de terrain qui retient la Mer dans ses bornes, mais certaines Seigneuries, écartées les unes des autres de deux ou trois cens pas, qu'on appeleroit en France Bourgs ou villages. Mais ces noms sont inconnus en ce Païs, où ce seroit faire tort aux Habitans, que de les nommer Païsans ou Villageois, puisqu'ils sont riches, qu'ils ne païent ni sel ni taille, qu'ils chassent & pêchent librement, & qu'en un mot ils vivent plus à leur aise que quantité de Noblesse délabrée de France. Comme tout ce terrain n'étoit qu'un Bois de haute futaïe, les nouveaux venus ne furent point embarassez de trouver du fonds, on les mit à même, & on leur en donna tant qu'ils en voulurent défricher. Les plus pauvres eurent jusqu'à quatre arpens de terre de front, en prenant l'arpent pour un espace de cent perches en quarré, chacune de 18. piés de long. Ils furent obligez de couper les arbres & d'en tirer les souches avant que d'y pouvoir mettre la charruë. Ce fut à la vérité un embarras & une grande dépense dans les commencemens, mais ils en furent bien dédommagez dans la suite, ces terres vierges raportant au centuple dès qu'on les peut semer. C'est au mois de Mai que le blé se séme, & la recolte s'en fait à la mi-Septembre. On n'y bat point les gerbes sur le champ, mais on les serre dans la grange, & l'on ne prend le fleau qu'en Hiver, parce qu'alors le grain se sépare plus facilement de l'épi. On y séme aussi de ces petits pois dont on fait tant de cas sur les tables delicates, & dont les amateurs de la bonne chére achetent si chérement la nouveauté. Tous les grains y sont fort communs, aussi bien que la viande & la volaille, le bois n'y coûte que le transport, en un mot on vit fort commodément & à bon marché dans ce Païs-là.

Il fut habité dans les commencemens par deux sortes de gens; les uns vinrent de France avec quelqu'argent pour s'y établir: les autres étoient des Officiers & des Soldats du Régiment de Carignan, qui se voïant cassez vers le milieu du dernier siécle, vinrent en ce Païs changer l'épée en bêche, & quittérent le métier de la guerre pour l'agriculture. Les Gouverneurs Généraux leur donnérent d'abord des concessions pour trois ou quatre lieuës de front, & aux Soldats autant de terrain qu'ils souhaittérent, moïennant un Ecu de fief par arpent. Tous se mirent à défricher la terre. Les arbres aussi vieux que le fond qui les portoit, tombérent sous les coups redoublez. Les profondes racines firent place aux sillons; & bientôt ces campagnes herissées de bois, devinrent unies & propres au labourage. Ce n'étoit plus la même terre, c'étoit une terre nouvelle, qui ouvroit libéralement son sein à ses nouveaux habitans, les épics succédérent à ces troncs inutiles qui ne faisoient qu'embarrasser sa surface, en sorte qu'on peut dire aujourd'hui de ce Païs:

Jam seges est ubi Sylva fuit.

C'étoit peu d'y envoïer des hommes, capables de le rendre fertile & abondant; eux-mêmes avoient besoin de s'y perpetuer, & il leur faloit pour cela des aides semblables à eux. La nourriture & le vêtement ne suffisent pas aux hommes en certains tems: ils ont encore d'autres besoins, que le travail ne fait quelquefois qu'irriter, & que l'impossibilité de les satisfaire ne sert qu'à rendre plus vifs & plus pressans. On en a même vu abandonner les entreprises les plus hardies, & les habitations les plus délicieuses, faute de ce secours qui fait aimer la vie, par le plaisir de la donner à d'autres soi-même, & de renaître dans des rejettons semblables à soi. En un mot il faloit planter des hommes nouveaux dans ce Païs jusqu'alors denué d'habitans, & la terre qui ne demandoit qu'à les nourrir, demandoit aussi une génération nouvelle. Mais où trouver des femmes qui voulussent ainsi se transplanter, & sur tout des vierges pour peupler une terre vierge? La France, autant ou plus qu'aucun autre Païs, abonde en filles soigneuses de la conservation du Genre Humain, qui, sans avoir été mariées, ne laissent pas de devenir mères, & qui, semblables aux filles de Lot, plûtôt que de laisser périr leur race, coucheroient avec leur Pére dans un besoin. On prit donc un essain nombreux de ces charitables Heroïnes que l'on transporta dans ce Monde nouveau, où par le moïen d'un Bâteme, non moins nécessaire parmi les gens de Mer que celui qui régénére les nouveaux nez, elles furent purifiées des souillures de leur vie passée, & se donnérent en arrivant pour aussi vierges qu'elles étoient sorties de France. Coûtume bizarre & profane, où l'on jouë sans scrupule, un des plus grans mistères de la Religion. Mais quelque abus qu'il y ait dans cette pratique, elle s'observe de tradition immémoriale sous la Ligne, sous les Tropiques, sous les Cercles Polaires, sur le Banc de Terre-neuve, & aux Détroits de Gibraltar, du Sond, & des Dardanelles. Là on fait mettre à genoux les novices Voïageurs, on les force de jurer sur un Livre de Cartes Hydrographiques qu'en pareil cas ils feront religieusement observer aux autres ce qu'on leur va faire à eux-mêmes, & après ce serment les plus anciens Matelots, le visage noirci, & le corps envelopé de cordes & de guenilles, faisant la fonction de Bâtistes, versent plusieurs seaux d'eau sur le corps de ces Cathecumênes nouveaux, sans avoir aucun égard au tems ni à la saison. Il est vrai qu'on peut s'afranchir de cette longue & laborieuse aspersion en donnant à l'Equipage de quoi se bâtiser intérieurement d'eau de vie; mais ce n'est qu'à ce prix qu'on peut éviter le tribut.

La Troupe d'Amazones ainsi purifiée, & conduite par de vieilles routiéres, aguerries de longue main dans le métier, fut mise à terre au grand contentement des pauvres transplantez, qui, plus heureux que les premiers habitans de Rome dans l'artifice dont ils usérent pour enlever les Sabines, se virent en état d'avoir chacun une femme sans effusion de sang. Il est vrai qu'il falut, sans beaucoup choisir, les prendre telles qu'elles leur tomboient sous la main; mais tout est bon pour des gens affamez, & d'ailleurs un long trajet & le bâtême dont j'ai parlé, suffisoient pour faire oublier les vieux péchez de ces Magdelaines qui venoient en ce Païs à bonne intention. On les partagea en trois bandes, qu'on fit entrer dans autant de sales différentes, où les plus pressez vinrent brusquement à l'emplette de celles qui étoient le plus à leur gré. Ils s'adressoient aux Directrices, auxquelles ils étoient obligez de déclarer leurs biens & leurs facultez, avant que de choisir dans aucune de ces bandes. Il n'étoit pas permis d'examiner tout, encore moins d'en venir à l'essai, il falloit acheter la piéce sur l'échantillon. Les Parties étant d'accord, le Notaire écrivoit le contrat, le Prêtre en faisoit la cérémonie, & elles commençoient à se connoître par le Mariage. Le lendemain le Gouverneur Général leur faisoit distribuer assez de provisions pour les encourager à prévenir le repentir qui suit de près ces sortes d'engagemens. Les conjoints entroient en ménage, à peu près comme Noé dans l'arche, avec un Bœuf, une Vache, un Cochon, une Truie, un Coq, une Poule, deux barils de chair salée & une piéce d'argent. Les Officiers plus délicats que leurs Soldats s'allioient dans les Familles des anciens Gentilshommes du Païs, ou dans celles des plus riches Habitans; car il y avoit alors près de cent ans que les François possedoient le Canada. Tout le monde y fut bientôt logé commodément. Les maisons sont de bois, à deux étages, & les cheminées extrêmement grandes, parce qu'on y fait bon feu pendant quatre mois, c'est-à-dire depuis Decembre jusqu'en Avril que les hautes montagnes de ce Continent rendent le froid fort piquant.

La Ville de Quebec, située, comme j'ai dit, près de la Riviére de S. Laurent, est à peu près d'une lieuë d'étenduë, à 47. degrez 12. min. de Latitude Septentrionale. Elle est partagée en haute & basse, celle-ci habitée par les Marchands à cause de la commodité du Port, le long duquel ils ont fait bâtir de très-belles maisons à trois étages, d'une pierre aussi dure que le marbre; celle-là, non moins belle ni moins peuplée, habitée par les Artisans, & par les gens de distinction. Le château, bâti sur le terrain le plus élevé, commande la Ville de tous côtez: c'est là que les Gouverneurs Généraux font leur séjour ordinaire, jouïssant de la plus belle vuë & la plus étenduë qui soit au monde. Cette Ville est environnée de plusieurs sources de très-bonne eau vive, d'où il seroit aisé de tirer des fontaines pour la commodité des habitans. Ceux qui demeurent au bord du fleuve & dans la basse Ville ne ressentent pas la moitié tant de froid que les habitans de celle d'en haut, outre qu'ils ont la commodité de faire transporter en bâteaux jusques devant leurs maisons le blé, le bois & les autres provisions nécessaires. Mais si l'Hiver est plus rude dans la haute Ville, l'Eté n'y est pas si chaud qu'en bas; il s'y éleve un vent frais qui tempère l'ardeur du Soleil & qui y fait une compensation de bien & de mal. On va de l'une à l'autre Ville par un chemin assez large, un peu escarpé, & bordé de maisons des deux côtez: ce qui fait voir que le terrain de Quebec est inégal, & la cimetrie mal observée dans la construction des maisons. L'Intendant demeure dans un fond un peu éloigné sur le bord d'une petite Riviére, qui se joignant au Fleuve de S. Laurent renferme la Ville dans un angle droit. Il est logé dans le Palais où le Conseil

Sou-

Souverain s'assemble quatre fois la semaine. On voit à côté de cet Edifice de grands magazins de munitions de guerre & de bouche. Il y a six Eglises dans la haute Ville: la Cathédrale est composée d'un Evêque & de douze Chanoines, qui, quoi que Prêtres Seculiers, vivent néanmoins en communauté comme des Religieux. Le premier de ces Evêques s'apeloit François de Laval. La maison où demeurent ces Chanoines est fort grande & apartient au Chapitre; c'est un chef-d'œuvre d'Architecture, pour la belle ordonnance & le bon goût du Bâtiment. Mais ce qui rend ces Prêtres plus recommandables, c'est que contre l'ordinaire des gens de leur profession, ils ne se mêlent que des affaires de leur Eglise. Leur service est tout-à-fait semblable à celui des Eglises Cathedrales de France. La seconde est celle des Jesuites, située au centre de la Ville. Elle est belle, grande & bien éclairée. Le grand Autel est orné de 4. grandes colonnes cilindriques & massives d'un seul bloc, de certain Porphire de Canada, noir comme du Jais, sans filets & sans taches. Leur maison est très-commode en toutes maniéres & a beaucoup de logement, avec de beaux jardins & plusieurs allées d'arbres si touffus que les raïons du Soleil n'y peuvent pénétrer. Ce n'est pas la seule chose que ces bons Péres aïent pour se procurer du plaisir en Eté: ils y ajoûtent celui de boire frais, aïant pour cet effet de bonnes glaciéres qu'ils ont soin de bien remplir: c'est pour se consoler du peu d'Ecoliers qu'ils ont dans leur Collége, où il ne s'en est guères vu plus de cinquante à la fois. La troisième Eglise ou Chapelle est celle des Recolets, qui firent si bien leur cour à Mr. de Frontenac, alors Gouverneur Général du Canada, qu'ils obtinrent par son crédit la permission d'y avoir un Couvent. Les Jesuites, gens artificieux & adroits, qui craignirent que ceux-ci ne leur enlevassent leurs devotes, voulurent d'abord s'opposer à cet établissement. Ils gagnérent l'Evêque, qui non moins dévoué à la Société que les Constitutionnaires d'aujourd'hui, voulut aussi empêcher l'avancement des Récolets, quoi que ses créatures. Mais le Gouverneur, qui n'étoit pas animé de l'esprit Jesuitique de Louis XIV. fit si bien, que les Religieux de S. François gardérent l'Hospice qu'ils avoient, en dépit des Disciples de Loïola, & acquirent de plus une maison. La quatrième est celle des Ursulines, qui a été brûlée & rebâtie deux ou trois fois de mieux en mieux. La cinquième est celle des Hospitaliéres, qui ont un soin très-particulier des malades, quoi que ces Religieuses soient pauvres & mal logées.

Le Conseil Souverain, qui se tient, comme j'ai dit, chez l'Intendant, est composé de 12. Conseillers d'épée outre l'Intendant & le Gouverneur Général. Il juge toute sorte de procès sans appel & en dernier ressort. L'Intendant s'arroge le droit de Présidence, mais le Gouverneur le lui dispute, & en effet quand il vient à la sale de Justice, il se place à l'opposite de l'Intendant, si bien qu'aïant un égal nombre de Juges à leurs côtez, on ne distingue point quel est le siége du Président. Si la Justice n'est point là plus chaste & plus desintéressée qu'en France, du moins s'y vend-elle à meilleur marché: on n'y passe point par les serres des Avocats, par les ongles des Procureurs, ni par les griffes des Greffiers; vermine importune qui n'avoit point encore infecté le Canada en 1684. qui est le tems auquel ont été faits les mémoires que je suis ici. Chacun y plaidoit sa cause: la Justice y étoit brieve & sommaire, & l'on n'y connoissoit, ni fraix, ni épices, ni dépens. Outre ce Tribunal, il y a encore un Lieutenant Général, Civil, & Criminel, un Procureur du Roi, un Grand Prévôt, & un Grand Maître des eaux & forêts.

A une lieuë & demi de Quebec au Nord-Est, est l'Ile d'Orléans, qui a 7. lieuës de long & trois de large: elle est toute entourée d'habitations où le terroir raporte toute sorte de grains. En remontant la Riviére de S. Laurent, dans laquelle est située cette Ile, on trouve celle de Monreal, qui peut avoir 14. lieuës de longueur & cinq de largeur, apartenant en propre à Messieurs de S. Sulpice de Paris. Dans cette Ile est une Ville de même nom, toute ouverte & sans aucune fortification de pieux ni de pierres. Il seroit pourtant aisé d'en faire un poste imprenable par l'avantage de sa situation, quoi que son terrain soit égal & sablonneux. Les courans obligent les petits Vaisseaux de s'arrêter au pié des maisons d'une des faces de la Ville, & à un demi-quart de lieuë de là on ne voit sur le fleuve que cascades, bouillons, cataractes &c., où il faut debarquer & porter les Canots par terre jusqu'à ce qu'on ait passé ces sauts. On entre ensuite dans le Lac S. François, auquel on donne 20. lieuës de circonference, & de là au Fort de Frontenac, situé à l'entrée d'un Lac de même nom. Cette place est quarrée & a de grandes courtines flanquées de 4. petits Bastions; mais ces flancs n'avoient que deux crenaux, & les murailles en étoient si basses, qu'on y pouvoit facilement grimper sans échelle. Mr. le Chevalier de Calliéres a travaillé depuis à la faire fortifier. Elle est très-avantageusement située pour trafiquer avec les cinq Nations Iroquoises qui habitent aux environs; car leurs villages n'étant pas éloignez du Lac, il leur est facile d'y transporter leurs Pelleteries en Canot. Mais en tems de guerre, elle seroit de peu d'importance à cause des cataractes & des grands courans qui sont sur le fleuve, où 50. Iroquois arrêteroient à coups de pierres 500. François bien armez; puisqu'en l'espace de 20. lieuës le long du fleuve, l'eau est si rapide, qu'on n'oseroit éloigner le Canot du rivage de plus de quatre pas. Il ne seroit pas moins dangereux de chercher l'ennemi par terre, tout le Canada n'étant qu'une vaste forêt, où les Sauvages sont naturalisez à sauter de rocher en rocher, à percer les ronces & les broussailles, & à courir à travers les épines & les buissons, comme en rase campagne.

Les Marchands établis à Montreal ne travaillent que pour ceux de Quebec dont ils sont commissionnaires: ils y viennent faire leur emplettes deux fois l'an. Les sauvages d'alentour, établis ou vagabonds, y portent des peaux de Castor, d'Elan, de Caribou, de Renard & de Martre, en échange de fusils, de poudre, de plomb &c. Tout le monde y trafique avec liberté, & c'est la meilleure profession du monde pour s'enrichir en très-peu de tems. Tous les Marchands s'entendent pour vendre leurs marchandises au même prix; mais les habitans de leur côté haussent le prix des denrées & des vivres, à proportion de celui des marchandises qu'on leur vend. Quant à la maniére de vivre du Païs, le faste & le luxe ne régnent pas moins dans la Nouvelle France que dans l'ancienne, & la seule parure des filles suffiroit pour ruiner les meilleures maisons, si elles ne se soûtenoient d'ailleurs par une grande économie.

La source du Fleuve S. Laurent a été inconnuë

jus-

jusqu'à présent; car quoi qu'on l'ait remonté jusqu'à sept ou huit cent lieuës, on n'en a pu encore découvrir l'origine. Le plus loin que les Coureurs de bois aïent été, est au Lac de Lenemipigon qui se décharge dans le Lac Superieur, le Lac Superieur dans celui des Hurons, le Lac des Hurons dans le Lac d'Errié ou de Conti, le Lac d'Errié dans le Lac de Frontenac, & celui-ci forme ce grand fleuve qui coule vingt lieuës assez paisiblement, & en suite 30. autres avec beaucoup de rapidité jusqu'à la Ville de Monreal, d'où il continuë son cours avec modestie jusqu'à Quebec, s'élargissant de là peu à peu jusqu'à son embouchure qui en est à plus de cent lieuës. Ce fleuve a 20. ou 22. lieuës de largeur à son embouchure, au milieu de laquelle on voit l'Ile d'Anticostie qui en a 20. de longueur. Vis à vis de cette Ile, on trouve l'Ile percée à la Côte du Sud: c'est un gros rocher percé à jour, sous lequel il ne passe que des chaloupes seulement. La pêche des moruës y est très-abondante, & ces poissons y sont plus grands & plus propres à faire sécher que ceux de Terre-neuve; mais il y a deux grandes incommoditez, l'une que les Vaisseaux y courent du risque, s'ils ne sont amarrez à de bons cables, & arretez par de fortes ancres: l'autre qu'il n'y a ni gravier ni cailloux pour étendre ces poissons au Soleil, & qu'on est obligé de se servir de vignaux, qui sont des espèces de claies.

De l'autre côté du fleuve on voit la grande terre de Labrador ou des Eskimaux qui sont des Peuples si feroces, qu'on n'a jamais pu les humaniser. Les Danois sont les premiers qui l'ont découverte. Elle est remplie de Ports, de Havres & de Baïes, où les Barques de Quebec ont accoûtumé d'aller troquer les peaux de Loups marins durant l'Eté avec ces Sauvages. Leur Païs est grand, & s'étend depuis la Côte qui est vis à vis des Iles de Mingan, jusqu'au Détroit de Hudson. Mais quoi qu'ils soient plus de 30. mille combattans, ils sont si poltrons que cinq cens *Clistinos* de la Baïe de Hudson ont accoûtumé d'en battre cinq ou six mille.

Cette Baïe de Hudson s'étend depuis le 52. degré, jusqu'au 63. Elle porte mal à propos le nom du Capitaine *Henri Hudson*, Anglois de Nation, qui n'y aborda que 20. ou 30. ans après *Frederic Anschild*, Danois, lequel fit le premier la découverte de ce Détroit. Hudson s'étant engagé témérairement dans les glaces qui couvrent ces mers durant l'Hiver, fut obligé d'entrer dans un Port ou plusieurs Sauvages fournirent à son Equipage des vivres & des pelleteries; & ce fut ensuite sur les mémoires de ce Hudson, que les Anglois firent des tentatives pour établir un commerce avec les Americains. Ils fournirent pour cet effet quelques Bâtimens au Capitaine Nelson, qui, après en avoir perdu quelques-uns dans les glaces, entra dans la Baïe, & se plaça à l'embouchure d'une grande Riviére, où il fit construire une redoute défenduë par quelques Canons. Au bout de trois ou quatre ans les Anglois firent d'autres petits forts aux environs de cette Riviére, ce qui aporta un préjudice au commerce des François, qui ne trouvoient plus au Nord du Lac Superieur les Sauvages avec lesquels ils avoient accoûtumé de trafiquer. On estime que ce Lac a cinq cens lieuës de circuit en y comprenant le tour des anses & des petits golfes. Le côté du Sud est le plus assuré pour la navigation des Canots. Je ne trouve pas qu'il y ait aucune Nation sauvage établie sur les bords de ce Lac, mais plusieurs Peuples du Nord y viennent seulement durant l'Eté chasser & pêcher en certains endroits, où ils apportent en même tems les Castors qu'ils ont pris durant l'Hiver, pour les troquer avec les coureurs de bois qui ne manquent point de les y joindre tous les ans. On trouve sur ce Lac des mines de cuivre, dont le métal est si abondant & si pur, qu'il n'y a pas un septiéme de dechet. On y voit quelques Iles assez grandes remplies d'Elans & de Caribons, mais où l'on ne peut guère aller chasser à cause du risque de la traverse. Ce Lac est aussi abondant en Eturgeons, Truites & poissons blancs; mais le froid y est excessif durant six mois de l'année.

Le Lac des Hurons qui vient ensuite, peut avoir 400. lieuës de circonference. Il est situé dans un très-beau Climat. Le côté du Nord est le plus navigable pour les Canots, à cause de la quantité d'Iles sous lesquelles ou peut se mettre à l'abri du mauvais tems. Celui du Sud est le plus beau & le plus commode pour la chasse des Bêtes fauves, qui y sont en assez grande quantité. Entre ses Iles, celle de Manitoualin est la plus considérable: on trouve à son extremité Orientale la Riviére des François, qui est aussi large que la Seine à Paris. A trente lieuës de là vers le Sud, ou trouve le Païs de Theonontate, que les Iroquois ont tout-à-fait dépeuplé de Hurons.

Le Lac Errié, qui a deux cens trente lieuës de tour, est situé dans un très-beau Climat: ses bords sont plantez par tout de Chênes, d'Ormeaux, de Chataigniers, de Noïers, de Pommiers, de Pruniers & de Treilles, qui portent leurs grapes jusqu'au sommet des arbres, sur un terrain agréable & uni. Les bois & les vastes prairies qu'on découvre du côté du Sud, sont remplis d'une quantité prodigieuse de bêtes fauves & de poulets d'Inde. Les bœufs sauvages se trouvent au fond de ce Lac sur les bords de deux belles Riviéres qui s'y déchargent: il est aussi abondant en Eturgeons & en poissons blancs. Ses bords ne sont ordinairement fréquentez que par les Iroquois, les Ilinois, & les Oumanis, ce qui fait qu'il y a trop de risque à s'y arrêter pour la chasse. Mais si la navigation pouvoit être libre depuis Quebec jusqu'à ce Lac, on en feroit le plus riche & le plus fertile Roïaume du monde, parce qu'outre les beautez naturelles qui y sont, on trouve aussi des mines d'argent à 20. lieuës dans les terres, le long d'un certain côteau d'où les sauvages ont aporté de grosses pierres qui ont rendu de ce métal avec peu de dechet. Passons maintenant à la description de l'Acadie & de l'Ile de Terre-Neuve.

La premiére, qui s'étend depuis Kenebeki qui en est la Place frontiére, jusqu'à l'Ile percée à l'embouchure du Fleuve S. Laurent, contient près de 300. lieuës de Côtes maritimes, le long desquelles on trouve deux grandes Baïes navigables, savoir la Baïe Françoise & celle des chaleurs. Il y a aussi plusieurs Riviéres, dont les entrées sont profondes & sûres pour les plus grands Vaisseaux, entr'autres la Riviére de S. Jean, où des Marchands de Quebec ont un établissement pour le commerce des Castors. Entre la pointe de l'Acadie & l'Ile du Cap Breton, il y a un Canal ou Détroit d'environ deux lieuës de largeur, assez profond pour porter les plus grands Vaisseaux de France. Presque toutes les terres de cette Contrée sont fertiles en blé, pois, fruits & legumes. On tire de plusieurs endroits des mâtures aussi fortes que celles de Norvège & l'on y pourroit construire toute sorte de bâtimens, les chênes y étant encore meilleurs qu'en Europe. Enfin ce Païs est très-

très-beau, le Climat assez temperé, l'air pur & sain, les eaux claires & legères, & le poisson de même que le gibier fort abondant. Les Castors, les Loutres, & les Loups marins sont les animaux qui y sont les plus communs. Les Anglois enlevérent autrefois cette presqu'Ile aux François, mais elle leur fut renduë par la paix de Breda.

L'Ile de Terre-Neuve, qui a trois cens lieuës de circonference, est éloignée de 40. ou 50. du grand Banc de même nom. La Côte Meridionale apartient aux François, qui y ont plusieurs établissement pour la pêche des Moruës. L'Orientale est habitée par les Anglois, qui y occupent plusieurs postes considérables. Cette Ile, dont la figure est triangulaire, est remplie de montagnes & de bois impraticables. On y trouve de grandes landes couvertes de mousse plûtôt que d'herbes, & les terres y sont très-mauvaises, étant mêlées de gravier, de sable, & de pierres, de sorte que ce n'est qu'à cause de l'utilité qu'on retire de la pêche de la Moruë que les François & les Anglois s'y sont établis. La chasse des oiseaux de Riviéres, des Perdrix & des Liévres y est assez abondante; mais pour les Cerfs, il est presque impossible de les surprendre à cause de la hauteur des montagnes & l'épaisseur des bois. On trouve en cette Ile, comme en celle du Cap Breton, du Porphyre de diverses couleurs. On tire aussi de l'Ile du Cap Breton un marbre noir veiné de gris, qui est dur & reçoit mal le poli. Il n'y a point de sauvages sedentaires dans l'Ile de Terre-neuve. Les Eskimaux seulement y traversent quelquefois par le détroit de Belle-Ile avec de grandes chaloupes pour surprendre les Equipages des Vaisseaux pêcheurs au petit Nord. Les établissemens des François dans cette Ile, sont à Plaisance, à l'Ile S. Pierre, & dans la Baïe des Trépassez. Du Cap de Raze jusqu'au Chapeau rouge la Côte est fort saine; mais du Chapeau rouge au Cap de Raze les Rochers la rendent assez dangereuse en plusieurs endroits. Deux obstacles assez grands empêchent l'abord de cette Ile: l'un, que les brouillars y sont si épais jusqu'à 20. lieuës au large durant l'Eté, qu'il n'y a point de Navigateur assez hardi pour porter le Cap à terre pendant qu'ils durent. Ainsi l'on est obligé d'attendre des jours sereins pour atterer. L'autre, ce sont les courans qui portent de côté & d'autre sans qu'on s'en aperçoive, ce qui fait que les Vaisseaux donnent à la Côte dans le tems qu'on se croit à 10. lieuës au large.

Plaisance est le poste le plus utile aux François, de toute l'Amerique Septentrionale, par raport à l'azile qu'y trouvent les Vaisseaux obligez de relâcher quand ils vont au Canada, ou quand ils en retournent; même pour ceux qui reviennent de l'Amerique Meridionale, soit qu'ils fassent de l'eau, ou qu'ils manquent de vivres, ou qu'enfin ils aïent été dématez ou incommodez par quelque coup de vent. Cette Place est située au 47. degré & quelques minutes de Latitude presque au fond de la Baïe du même nom. Le Fort est placé sur le bord d'un goulet de soixante pas de largeur & de six brasses de profondeur. Il faut que les Vaisseaux rasent, pour ainsi dire, l'angle des Bastions pour entrer dans le Port, qui peut avoir une lieuë de longueur & un demi-quart de largeur. Ce Port est precedé d'une grande & belle Rade d'une lieuë & demi d'étenduë, mais tellement exposée aux vents de Nord-Ouest, & de Nord-Nord-Ouest, qui sont les plus terribles de tous, qu'il n'y a ni cables ni ancres qui y puissent resister. Le Terrain des habitations s'appéle la *grande Grave*, parce qu'en effet ce n'est que du gravier où l'on étend les Moruës salées pour les faire sécher au Soleil. Les Habitans & les Vaisseaux pêcheurs envoïent tous les jours leurs chaloupes à la pêche à deux lieuës du Port, & quelquefois elles reviennent si chargées qu'elles paroissent comme ensevelies dans la Mer. Cette pêche commence à l'entrée de Juin & finit à la mi-Août. Voici en peu de mots en quoi consiste le commerce du Canada.

Les Normans, sont les premiers qui l'aïent entrepris, & les embarquemens s'en faisoient au Havre de Grace & à Dieppe; mais les Rochelois leur ont succédé, & ce sont les Vaisseaux de la Rochelle qui fournissent les marchandises nécessaires aux Habitans de ce Continent. Il y en a cependant quelques-uns de Bourdeaux & de Baïonne, qui y portent des Vins, des Eaux de vie, du Tabac & du Fer. Les Vaisseaux qui partent de France pour ce Païs-là ne païent aucun droit de sortie non plus que d'entrée lorsqu'ils arrivent à Quebec, à la réserve du Tabac de Bresil, qui païe cinq sols par livre. La plûpart de ceux qui vont chargez en Canada s'en retournent à vuide à la Rochelle ou ailleurs. Quelques-uns chargent seulement des pois lorsqu'ils sont à bon marché dans la Colonie, d'autres prennent des planches & des madriers. Il y en a qui vont charger du charbon de terre à l'Ile du Cap Breton, pour le porter ensuite aux Iles de la Martinique & de Guadeloupe, où les rafineries des sucres en consument beaucoup, mais ceux qui sont recommandez aux principaux Marchands du Païs, trouvent un bon fret de Pelleteries. Quelques navires, après avoir déchargé leurs marchandises à Quebec, vont à Plaisance acheter des Moruës; mais il y a plus souvent à perdre qu'à gagner. Ce n'est pas qu'il n'y ait des Marchands assez riches pour équiper en leur propre des Vaisseaux qui vont & viennent de Canada en France; ceux-ci ont leurs correspondans à la Rochelle, qui envoïent & reçoivent tous les ans les cargaisons de ces Navires.

Les Vaisseaux partent ordinairement de France, à la fin d'Avril ou au commencement de Mai, mais ceux qui connoissent ces mers croïent qu'ils feroient des traverses une fois plus courtes s'ils partoient à la mi-Mars, & s'ils rangeoient les Iles des Açores du côté du Nord, parce que les vents de Sud & de Sud-est règnent ordinairement en cet parages depuis le commencement d'Avril jusqu'à la fin de Mai. Dès qu'ils sont arrivez à Quebec, des Marchands de cette Ville qui ont leurs Commis dans les autres Places, font charger leurs Barques de marchandises pour les y transporter. Ceux qui sont pour leur propre compte aux trois Riviéres ou à Montreal descendent eux-mêmes à Quebec pour y faire leurs emplettes, ensuite ils frettent des barques pour transporter ces effets chez eux. S'ils font les païemens en pelleteries, ils ont meilleur marché de ce qu'ils achettent que s'ils païoient en argent ou en Lettres de change, parce que le vendeur fait un profit considérable sur les peaux à son retour en France. Ces peaux se tirent des Habitans ou des Sauvages, sur lesquels on gagne considérablement, tant parce qu'on ne paie ces peaux que la moitié de ce qu'on les vend ensuite en gros aux Commis des Marchands de la Rochelle, qu'à cause de l'évaluation exorbitante des marchandises que l'on donne en païement à ces sauvages ou à ces habitans. Ainsi il n'y a pas lieu d'être surpris que la profession des Négocians soit la meil-

leu-

leure qu'il y ait au monde. Il n'y a guére d'autre différence entre les Corsaires qui vont en Mer & les Marchands de Canada, si ce n'est que les premiers s'enrichissent quelquefois tout d'un coup par une bonne prise, & que les derniers ne font leur fortune qu'en 5. ou 6. ans de commerce sans exposer leur vie. Disons maintenant quelque chose de ce qui regarde les Sauvages de ce Païs-là.

Des Mœurs, Habits, Coûtumes, & Logemens des Sauvages de Canada.

CEux qui ont dépeint les Sauvages velus comme des Ours, n'en avoient jamais vûs, dit le Baron de la Hontan. Il ne leur paroît ni poil, ni barbe en aucun endroit du corps, non plus qu'aux femmes, à ce que disent les gens qui les ont fréquentez de près. Ils sont généralement droits, bien faits, de belle taille, & mieux proportionnez pour les Ameriquaines que pour les Européennes. Les *Iroquois* sont plus grands, plus vaillans, & plus rusez que les autres Peuples, mais moins agiles & moins adroits, tant à la guerre qu'à la chasse, où ils ne vont jamais qu'en grand nombre. Les *Ilinois*, les *Oumanis*, les *Outagamis*, & quelques autres, sont d'une taille médiocre, courant comme des Levriers. Les *Outaouas* & la plûpart des autres Sauvages du Nord, à la réserve des Sauteurs & des Clistinots, sont tous poltrons, laids & mal faits. Les *Hurons* sont braves, entreprenans & spirituels, & ressemblent aux Iroquois de taille & de visage.

Ils sont tous en général de couleur olivâtre, ont le visage assez beau, les yeux gros & noirs de même que les cheveux, les dents blanches comme l'ivoire, & l'air qui sort de leur bouche est aussi pur que celui qu'ils respirent, quoi qu'ils ne mangent presque jamais de pain; ce qui prouve qu'on se trompe en Europe, lorsqu'on croit que la viande sans pain rend l'haleine forte. Ils ne sont ni si forts, ni si vigoureux que la plûpart des François, en ce qui regarde la force du corps pour porter de grosses charges, ni celle des bras pour lever un fardeau & le charger sur le dos; mais en récompense ils sont infatigables, endurcis au travail, bravant le froid & le chaud sans en être incommodez.

Les femmes sont d'une taille qui passe la médiocre, belles autant qu'on le puisse imaginer, mais si mal faites, si grasses & si pesantes, qu'elles ne peuvent tenter que des Sauvages. Elles portent les cheveux roulez derriére le dos avec une espèce de Ruban, & ce rouleau leur pend jusqu'à la ceinture. Elles sont couvertes depuis le cou jusqu'au dessous du genou, croisant leurs jambes lorsqu'elles s'asseïent. Les vieillards & les hommes mariez ont une piéce d'étoffe qui leur couvre le derriére & la moitié des cuisses par devant, au lieu que les jeunes gens sont nuds comme la main. Ils disent que la nudité ne choque la bienseance que par l'usage, & par l'idée que les Européens ont attachée à cet état. Cependant les uns & les autres portent négligemment une couverture de peau ou d'écarlate sur leur dos, lorsqu'ils sortent de leurs cabanes pour se promener dans le village ou faire des visites.

S'ils sont heureux en quelque chose, c'est dans l'ignorance où ils vivent du *tien* & du *mien*, ces deux mots si funestes à la Société, & desquels ont pris naissance toutes les divisions & les querelles qui s'élevent parmi les hommes. L'intérêt du moins ne cause point de procès parmi eux; tout ce qui est à l'un est à l'autre, & le secours mutuel qu'ils se prêtent en toute occasion, fait voir que si leurs mœurs manquent de culture & de politesse, les principes naturels d'humanité sont du moins plus entiers parmi eux, que parmi les Peuples plus civilisez qui les méprisent. Si un Sauvage n'a pas réüssi à la chasse des Castors, ses confrères le secourent sans en être priez. Si son fusil se casse ou se crêve, chacun s'empresse à lui en offrir un autre; & si ses enfans sont pris ou tuez par les ennemis, on lui donne autant d'Esclaves qu'il en a besoin pour vivre. Ils ne connoissent pas même l'or & l'argent monnoïé, ils ne veulent ni le voir ni le toucher, & ils sont si persuadez que ce métal est une peste dans la Société civile, qu'ils l'appèlent *le serpent des François*. Plus sages en cela que nous, qui, connoissant l'inutilité des richesses au delà du nécessaire qu'elles nous procurent, ne laissons pas de les recueillir avec soin, sans penser que ce sont en effet des serpens qui nous percent le sein, quand nous y mettons notre cœur. Il n'y a que les Sauvages devenus Chrétiens, & qui demeurent aux portes des Villes, chez qui l'argent soit en usage; en quoi on ne peut trop plaindre leur sort, de quitter, en embrassant le Christianisme, leur premiére simplicité & leur desintéressement. Quels reproches aussi ces Sauvages idiots en apparence ne font-ils pas aux Européens, des desordres que cause parmi eux l'avarice? Ils disent, & ils ont raison, qu'on se tuë, qu'on se pille, qu'on se diffame, qu'on se vend, qu'on se trahit parmi nous pour de l'argent: que les maris vendent leurs femmes, & les mères leurs filles pour en avoir. Ils trouvent étrange que les uns aïent plus de bien que les autres, & que ceux qui en ont plus soient estimez davantage que ceux qui en ont moins. Enfin ils disent que le titre de Sauvages, dont nous les qualifions, nous conviendroit mieux que celui d'hommes, puisqu'en éfet nos actions sont contraires à l'humanité, ou du moins à la sagesse qui devroit accompagner des hommes qui se piquent d'être plus éclairez qu'eux. Belle leçon sans doute, dictée par la plus pure lumiére de la raison, plus saine encore dans ces Habitans des vastes forêts, que dans l'enceinte tumultueuse des Villes, où les passions obscurcissent la raison, & où la Société est plus dangereuse que le sejour des deserts & des bois. Au moins ces Sauvages ne se querellent ni ne se battent jamais; ils ne se pillent ni ne se volent, & ne savent ce que c'est que de médire de leur prochain. Ils se moquent de la subordination qu'ils remarquent parmi nous, disant que nous nous dégradons de notre condition, en nous réduisant à la servitude d'un seul homme qui peut tout & qui n'a d'autre loi que sa volonté. Ils s'estiment infiniment d'être aussi grands Maîtres les uns que les autres, étant tous pétris du même limon. Ils prétendent, & c'est avec justice, que leur contentement d'esprit vaut mieux de beaucoup que nos richesses; que toutes nos sciences n'aprochent pas de celle de savoir passer sa vie dans la tranquillité, & que nos besoins se multipliant dans notre abondance même, cette abondance ne sert qu'à nous rendre plus pauvres & plus malheureux.

Qu'on ne s'imagine pas que ceci soit un jeu d'esprit, ni l'effet d'une imagination échaufée: ce sont les propres raisonnemens de ces Sauvages raportez par un célèbre Voïageur qui a demeuré longtems parmi eux; ce qui fait voir que c'est à tort que nous les méprisons, sous prétexte de leur grossiereté & de leur ignorance. Plus leurs mœurs sont éloignées des

des nôtres, & plus elles sont conformes à la Loi primitive qui est gravée dans le cœur d'un chacun. Nous ne faisons pas réflexion, que ce sont les fausses idées de notre raison corrompuë que nous substituons à la place de cette Loi, & que la Société, telle qu'elle est établie aujourd'hui, bien loin de se règler par elle, veut au contraire faire passer ses caprices pour autant de règles & de loix. L'homme est né pour la Société, me dira quelcun, & l'Univers n'est sorti, pour ainsi parler, du Cahos, que depuis qu'on s'est réüni dans les Villes, pour convenir des moïens de cultiver la terre & de remplir le Monde d'habitans. J'avouë que nous sommes faits les uns pour les autres & que de cette dépendance mutuelle resulte tout l'avantage de la Société. Mais cela même combat directement la maniére dont cette Société est aujourd'hui gouvernée. Est-ce pour être maîtrisez par d'autres hommes que les habitans de la Terre se sont mis en société? Leur premiére intention en s'unissant a-t-elle été de laisser tout usurper aux uns, & de laisser manquer de tout les autres? S'ils ont commis à leurs semblables le soin de veiller à leur sûreté, a-ce été pour laisser prendre à ces Usurpateurs une domination arbitraire & tirannique, & pour servir dans la suite en esclaves à ceux qui n'étoient que les premiers entre leurs égaux? Les Sauvages dont nous parlons ne vivent point seuls, ennemis de leur Nation, & de tout ce qui s'appèle hommes. Mais contens du commerce des hommes qui leur ressemblent, ils n'en veulent point avec ceux qui regardent les autres hommes comme inferieurs à eux. Promts à se prêter mutuellement tous les secours que leurs besoins demandent, ils refusent de vivre avec ceux qui croïent ne devoir rien aux autres; ils sont indignez de la lâcheté avec laquelle des créatures raisonnables sacrifient leur raison & leur liberté; & dans leur profonde ignorance des coûtumes qui ont établi une domination injuste, ils sont heureux d'ignorer en même tems les suites fâcheuses de cette domination. Qu'importe après tout qu'il y ait des Roïaumes si florissans & si riches, si leurs richesses ne servent qu'à exciter l'envie des voisins & qu'à attirer des guerres cruelles dans le sein de ces Etats? Si ces richesses sont parmi les Peuples mêmes une pomme de discorde, qui ne cause entr'eux que des querelles & des divisions? Ne vaudroit-il pas mieux que l'or & l'argent fussent encore dans les entrailles de la terre, que d'en avoir été tirez pour corrompre ceux qu'ils ont éblouïs par leur éclat? A quels besoins réels ce métal peut-il subvenir par lui-même? Et n'étoit-ce pas assez de dépouiller la terre des fruits que son sein nous donne liberalement, sans aller encore fouiller dans ses entrailles, pour y chercher à grands fraix la source de tous nos maux.

Voilà ce que ces Sauvages ignorent; aussi ignorent-ils avec ces arts pernicieux les inquiétudes & les peines que la richesse entraîne immanquablement. Leur esprit sain & tranquille rend leurs corps vigoureux & robustes, ils vivent de peu & vivent longtems. Comme ils ne connoissent point d'excès, ils ne connoissent presque point les maladies qui en sont les suites; & endurcis de bonne heure au froid & au chaud, ils ne sont incommodez ni par les injures de l'air ni par le changement des saisons. Cette vigueur dans le temperament qui leur est commune à tous, est accompagnée d'une constance & d'une fermeté à l'épreuve de tout ce qui leur arrive. Incapables de s'élever dans la prosperité, comme de s'abattre dans les disgraces, ils reçoivent tous les événemens avec une égale tranquillité. Qu'on vienne dire à un Père de Famille que ses enfans se sont signalez contre les ennemis, il répondra simplement, *voilà qui est bien*, sans s'informer du reste. Qu'on lui annonce au contraire que ses enfans ont été tuez; *cela ne vaut rien*, dira-t-il sans s'émouvoir, & sans demander comment la chose est arrivée. Ils répondent de même aux exhortations qu'on leur peut faire sur la Religion, & à ce qu'on leur découvre des veritez de la Religion Chrétienne. Qu'on leur parle des Propheties, des miracles du Fils de Dieu, des préceptes merveilleux de sa Loi; *cela est admirable*, disent-ils, & rien de plus. C'est que celui qui connoît les tems & les momens n'a pas encore amené l'instant favorable qui doit leur ouvrir le cœur. Pleins de la droiture que la lumiére naturelle inspire, ils goûtent ce qui est beau, & ce qui frape leur esprit; mais ils ne saisissent pas toûjours ce qu'on tâche de leur faire entendre, soit parce qu'on le leur explique mal, soit parce qu'il répugne à des préjugez anciens dont il n'est pas aisé de se dépouiller. Quoi qu'il en soit, il est surprenant que sans aucune étude & avec toute la rusticité qu'on peut s'imaginer, ils soient capables de fournir à des conversations qui durent plus de trois heures, qui roulent sur toute sorte des matiéres, & dont ils se tirent si bien qu'on ne regrette jamais le tems qu'on a passé avec eux.

Le Baron de la Hontan leur prête sur l'existence de Dieu des raisonnemens si justes & si abstraits, qu'on a peine à croire qu'ils en soient capables. Mais après tout la lumiére naturelle, qui suffit pour reconnoître un premier Etre, paroît si saine dans ces hommes grossiers, qu'on peut bien suposer qu'ils ont du moins de la Divinité l'idée que tout homme raisonnable en doit avoir. Ils disent donc qu'il faut qu'il y ait un Dieu, puisqu'on ne voit rien parmi les choses materielles qui subsiste nécessairement & par sa propre nature. Ils prouvent son existence par la composition de l'Univers, qui fait remonter à un Etre superieur & tout-puissant; d'où il s'ensuit, disent-ils, que l'homme n'a pas été fait par hazard, & qu'il est l'ouvrage d'un Principe superieur en sagesse, & en connoissance, qu'ils appèlent le GRAND ESPRIT, ou le Maître de la vie, & qu'ils adorent de la maniére du monde la plus abstraite. L'existence de Dieu, ajoûtent-ils, étant inséparablement unie avec son essence, il contient tout, il paroît en tout, il agit en tout, & il donne le mouvement à toutes choses. Tout ce qu'on voit, tout ce qu'on connoît est ce Dieu qui subsistant sans bornes, sans limites, & sans corps, ne doit point être répresenté sous la figure d'un vieillard, ni sous aucune autre que ce puisse être; ce qui fait qu'ils l'adorent en tout ce qui paroît. Sur tout s'ils voïent quelque chose de merveilleux & de surprenant, comme le Soleil & les autres Astres, ils s'écrient aussi-tôt, *ô! Grand Esprit, nous te voïons par tout.* Avoir ces idées de Dieu, reconnoître par tout sa grandeur & sa puissance, sentir en même tems la dépendance de toute créature à l'égard de cet Etre superieur & tout-puissant, & joindre à ces connoissances l'observation de la justice envers ses égaux, telle que la Loi naturelle nous l'ordonne, est-ce être bien éloigné du Roïaume des Cieux, & n'est-ce pas au contraire adorer Dieu en esprit & en vérité, comme il le commande? Qu'il y a lieu de craindre que ces Sauvages ne s'élèvent contre nous au Jugement, &

& qu'ils ne reprochent aux Chrétiens le mauvais usage qu'ils font de leurs lumiéres! car enfin il est à presumer que si ces Barbares étoient instruits des véritez de notre Religion, ils nous surpasseroient en pureté de mœurs & en innocence de vie. Car quoi que le Mistère de l'Incarnation leur fasse beaucoup de peine, & que ce soit l'article capital sur lequel on ne peut vaincre leur incredulité, ils font aux Chrétiens dans la Morale des reproches si justes & si bien fondez, que s'ils avoient le bonheur d'embrasser une fois l'Evangile, il y a lieu de croire qu'ils en observeroient les préceptes avec beaucoup plus de régularité que nous. C'est se moquer, disent-ils, des commandemens de celui que vous appelez Fils de Dieu, que d'y contrevenir sans cesse, que de rendre l'adoration qui lui est dûë, à l'argent, aux Castors & à l'intérêt: que de murmurer contre le Ciel & contre lui, dès que les affaires vont mal, & que l'on a fait quelque perte: que de travailler les jours consacrez à son service, & de manquer à soulager ses proches dans leurs plus pressans besoins. C'est ainsi que la vie même des Chrétiens est souvent un sujet de scandale à ceux qui sont encore hors de l'Eglise, & que la contradiction dans la pratique d'une Religion toute sainte est un obstacle à la conversion de ceux qu'on s'efforce d'y attirer.

Une autre chose dans laquelle ces Sauvages sont plus raisonnables que la plûpart des Européens, c'est dans le sentiment qu'ils ont de la jalousie pour leurs Femmes, qu'ils regardent comme une véritable folie. Non seulement ils ne sont point susceptibles de cette passion, mais ils la regardent comme une injustice de la part de celui qui en est atteint. L'impossibilité prétenduë où ils supposent que sont les femmes de pouvoir garder la foi à leurs maris, leur fait excuser une fragilité inséparable de leur nature. Ils prétendent que la contrainte & la continuité qui se trouve dans nos mariages, jointe à l'appas de l'or & de l'argent est une raison suffisante pour obliger une femme dégoûtée du même mari à se ragoûter quelquefois avec un autre homme. Cependant ils sont si éloignez d'attenter à la couche d'autrui, que c'est une chose inconnuë parmi eux, & qu'il n'y a rien qu'ils détestent davantage. Il n'en est pas de même des François qui se trouvent en ce Païs-là; mais le refus constant de celles qui sont mariées, est encore pour eux une leçon qu'ils ne s'attendent pas de recevoir de ces Sauvages Americains.

Quoi qu'ils n'aïent aucune connoissance de la Géographie non plus que des autres Sciences, ils font néanmoins les Cartes les plus correctes des Païs qu'ils connoissent, auxquelles il ne manque que les Longitudes & les Latitudes des lieux. Ils y marquent le vrai Nord selon l'Etoile Polaire, les Ports, les Havres, les Riviéres, les Anses & les Côtes des Lacs, les Chemins, les Montagnes, les Bois, les Marais, les Prairies &c. en comptant les distances par journées, demi-journées &c. chaque journée de cinq lieuës ou environ. Ils font ces Cartes sur des écorces de Bouleau, & toutes les fois que les Anciens tiennent des conseils de guerre & de chasse, ils ne manquent pas de les consulter. L'année de la plûpart de ces Sauvages est composée de douze mois Lunaires Synodiques, avec cette difference, qu'au bout de 30. Lunes ils en laissent toûjours passer une surnumeraire, qu'ils appèlent Lune perduë, ensuite de quoi ils continuent leur compte à l'ordinaire. Tous ces mois ont des noms qui leur conviennent par rapport aux proprietez naturelles de chacun. Le mois de Mars, par exemple, s'appèle *la Lune aux vers*, parce que ces animaux ont coûtume de sortir dans ce tems-là du creux des arbres où ils se retirent pendant l'Hiver. Celui d'Avril *la Lune aux plantes*; celui de Mai *la Lune aux Hirondelles &c.* Comme ils n'ont point de semaines, ils sont obligez de compter depuis le premier jusqu'au 26. de ces sortes de mois, ce qui contient justement l'espace de tems qui court depuis que la Lune commence à faire voir son croissant sur le soir, jusqu'à ce qu'après avoir fini son periode elle devient presque imperceptible au matin, ce qu'on appèle *Mois d'illumination*. Ils ont aussi peu d'usage des heures que des semaines, n'aïant jamais eu l'industrie de faire ni horloges ni sabliers pour diviser le jour naturel en parties égales; de sorte qu'ils ne le règlent, de même que la nuit, que par quart, demi-quart, moitié, trois quarts, Soleil levant & couchant, Aurore & Vêpre. Mais ils ne laissent pas de connoître exactement l'heure du jour & de la nuit, quoi que le Soleil & les autres Astres soient cachez par des nuages, par l'habitude qu'une longue experience leur a aquise de ces sortes de choses.

Enfin malgré l'ignorance où ces Peuples sont encore ensevelis, on ne peut nier qu'ils n'aïent beaucoup d'esprit, & qu'ils n'entendent parfaitement les intérêts de leur Nation. Ils ont la mémoire tout-à-fait heureuse, & au defaut des écrits dont ils ne connoissent point l'usage, ils se ressouviennent si bien des choses passées, qu'il seroit impossible de leur en faire accroire sur rien. Leur plus grande passion est la haine implacable qu'ils portent à leurs ennemis, c'est-à-dire à toutes les Nations avec lesquelles ils sont en guerre ouverte. Ils se piquent aussi beaucoup de valeur; mais à cela près ils sont gens sans souci, & témoignent une grande indifference pour tout le reste. Ils n'ont ni Loix, ni Juges, ni Prêtres, ni cérémonies de Religion. Graves par temperament, leur société est toute machinale, ce qui les rend fort circonspects dans leurs paroles & dans leurs actions. Cependant ils gardent un milieu entre la gaïeté & la mélancolie. Ils ne peuvent souffrir l'air évaporé des François qu'ils taxent de folie & d'extravagance; en un mot plus hommes que nous dans toutes leurs maniéres dignes de la simplicité primitive du vieux tems, ils ne sont Sauvages que de nom & dans l'imagination d'un Peuple adonné à l'inconstance & à la molesse.

CAR-

CARTE PARTICULIERE DU FLEUVE SAINT LOUIS DRESSEE SUR LES LIEUX AVEC LES NOMS DES SAUVAGES DU PAÏS, DES MARCHANDISES QU'ON Y PORTE & QU'ON EN REÇOIT & DES ANIMAUX, INSECTES, POISSONS, OISEAUX, ARBRES & FRUITS DES PARTIES SEPTENTRIO.LES & MERIDION.LES DE CE PAÏS.

Tom. VI. N.° 21. Page 90

NATIONS SAUVAGES DU CANADA.

SAUVAGES DE L'ACADIE.

Les Abenakis
Les Mikemacs
Les Canibas
Les Mahingans
Les Openangos
Les Soccokis
Les Etechemins
} Ces Nations sont bons guerriers, moins adroits, & moins cruels que les Iroquois. Leur langage diffère peu de la Langue Algonkine.

SAUVAGES DU FLEUVE S.T LAURENT DEPUIS LA MER JUSQUES A MONREAL.

Les Papinachois
Les Montagnois
Les Gaspesiens
} Langue Algonkine

Les Hurons de Loreto } Langue Iroquoise

Les Abenakis de Sillery
Les Algonkins
} Langue Algonkine

Les Agnies du Saut S.t Louis } Braves & bons guerriers. Langue Iroquoise

Les Iroquois de la Montagne de Monreal } Bons guerriers. Langue Iroquoise

SAUVAGES DU LAC DES HURONS

Les Hurons } Langue Iroquoise

Les Outaouas
Les Noches
Les Missisagues
Les Attikaniek
} Langue Algonkine

Les Outchipoues appelez Sauteurs, bons guerriers.

SAUVAGES DU LAC DES ILINOIS & DES ENVIRONS

Les Ilinois de Chegakou
Les Oumanis bons guerriers.
Les Maskoutens.
Les Kikapous bons guerriers
Les Outagamis bons guerriers.
Les Malominis
Les Pouteouatamis.
Les Ojatinons bons guerriers
Les Sakis.
} Parlent tous la Langue Algonkine

SAUVAGES DES ENVIRONS DU LAC DE FRONTENAC

Les Tsonontouans
Les Goyogouans
Les Onnotagues
Les Onnoyoutes & Agnies
} Langue particulière différente de l'Algonkine

SAUVAGES DE LA RIVIERE DES OUTAOUAS

Les Tabitibi
Les Monzoni
Les Machakandibi
Les Nopemen D'Achirini
Les Nepisirini
Les Temiskaming.
} Peuples qui parlent la Langue Algonkine

SAUVAGES DU NORD DE MISSISIPI DES ENVIRONS DU LAC SUPERIEUR & DE LA BAIE DE HUDSON

Les Assinipoual
Les Sonkaskitons
Les Ouadbatons
Les Avintons
Les Chistinos, braves guerriers
Les Eskimaux
} Langue Algonkine.

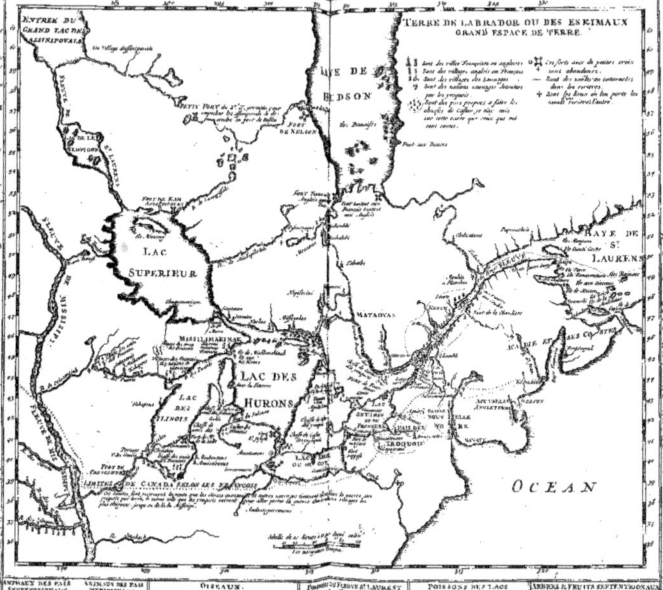

ANIMAUX DES PAÏS SEPTENTRIONAUX.

Orignaux ou Elans,
Caribous, Renards noirs,
Renards argentés,
Chats Sauvages ou enfans du Diable,
Carcajoux, Pores Epics,
Bouteraux, Martres,
Foüines, ours noirs & blancs,
Siffleurs Ecureuils volans,
Lievres blancs, Castors.
Loutres, Rats musquez.
Ecureuils Suisses, grands cerfs.
Loups marins

INSECTES

Couleuvres, Aspics, Serpens à Sonnettes,
Grenouilles meuglantes.
Maringouins,
Sumis. Brulots.

ANIMAUX DES PAÏS MERIDIONAUX.

Bœufs Sauvages,
Petits Cerfs,
Chevreuils de 2. especes,
Loups, comme en Europe
Loups cerviers,
Tygres poltrons,
Furets,
Belettes,
Ecureuils cendrez
Lievres, Lapins,
Tuitions, Castors blancs,
Ours rougeatres,
Rats musquez,
Renards congenés
Crocodiles, &c.

OISEAUX.

MERIDIONAUX.

Vautours, Hiboux, Cignes,
Oies noires, Canards noirs,
Plongeons, Poules d'eau,
Ruales, Coqs d'Inde,
Perdrix rousses Faisans,
Aigles, Grues, Merles, Grives,
Pigeons Ramiers, Perroquets.
Corbeaux, Hirondelles,
Plusieurs sortes d'oiseaux de proie inconnus en Europe.
Pelicans.
Rossignols inconnus en Europe.

SEPTENTRIONAUX

Outardes, oies blanches,
Canards de mer et Sarcelles
Sarcelles, Margots,
Grebes, Herbes,
Perroquets de mer.
Moïaques, Cormorans,
Becasses, Becassines,
Plongeons, Pluviers,
Vanneaux, Hérons,
Courbejeux, Chevaliers
Ramiers de Pins, Perdrix blanches, noires, rouges,
Gelinottes, Tourterelles.
Ortolans, Etourneaux.
Vautours, Eperviers.
Emerillons, Hirondelles
Bec de Scie.

POISSONS DU FLEUVE S.T LAURENT

Baleines, Souffleurs,
Marsouins blancs,
Saumons comme en Europe,
Anguilles maquereaux comme en Europe
Harangs, Esturgeons,
Bar
Aloses
} comme en Europe
Maquets, Plies,
Eperlans
Turbots
Broches
} comme en Europe
Poissons dorés, Rougets, Lamproies
Merlans frais, congres, comme en Europe
Vaches marines.

POISSONS DES LACS & RIVIERES.

Esturgeons,
Poissons armez,
Truites,
Poissons blancs,
Espèce de Harangs,
Anguilles.
Barbuës,
Mulets,
Carpes,
Cabot, goujon comme en Europe

COQUILLAGES

Houmars, Pétoncles,
Ecrevisses, Moules.

ARBRES & FRUITS SEPTENTRIONAUX

Chênes blancs,
Chênes rouges,
} comme en Europe
Bouleau,
Merisiers,
Erables,
Pins,
Epinettes,
Sapins de trois sortes,
Perusse,
Cedres,
Trembles,
Bois blancs,
Aulnes,
Capillaires,

Fraises,
Framboises,
Groseilles,
Bluets.

LISTE DES MARCHANDISES QU'ON PORTE AUX SAUVAGES DU CANADA.

Des fusils courts & legers,
De la poudre,
Des bales & du menu plomb.
Des Haches grandes & petites,
Des Couteaux à gaine,
Des Lames d'épées pour faire des dards,
Des Chaudieres de toute grandeur,
Des Alesnes de Cordonniers,
Des batefeux & pierres à fusil,
Des Capotes de petite serge bleuë,
Des Chemises de toile commune de Bretagne,
Des bas d'estame courts & gros,
Du Tabac de Bresil,
Du gros fil blanc pour des filets,
Du fil à coudre de diverses couleurs.
De la ficelle ou fil à rets,
Du vermillon couleur de tuile,
Des Aiguilles grandes & petites,
de la Rassade de Venise ou Rasade.
des fers de fleches,
Du Savon,
Des Sabres,
Beaucoup d'eau de Vie.

NOMS DES PEAUX QU'ILS DONNENT EN ÉCHANGE AVEC LEUR VALEUR

Castors d'hiver appelez Moscovie, qui valent au Magasin des fermiers Generaux la livre	4 liv. 10 s.
Castors gros dont le poil long est tombé pendant que les sauvages s'en sont servis	5 l.
Castors veluës pris en automne	3 l. 10 s.
Castors secs ou ordinaires	3 l.
Castors d'Eté	3 l.
Castors blancs qui n'ont point de prix, non plus que les Renards bien noirs	
Renards argentez	4 l.
Renards ordinaires	2 l.
Martres ordinaires	1 l.
Les plus belles	4 l.
Peaux de Loutres rousses grosses	2 l.
Loutres d'hiver & brunes	4 l. 10 s.
Ours noirs les plus beaux	7 l.
Peaux d'Elan sans être passées	12 s.
Peaux de Cerf	8 s.
Pechaus ou Chats Sauvages	1 l. 15 s.
Loups marins	1 l. 15 s.
Fouteraux, fouines & belettes	10 s.
Rats musquez	6 s.
Ours Testicules	8 s.
Loups	2 l. 10 s.
Orignaux blancs passez	8 l.
Peaux de Cerf passées	5 l.
de Caribou	5 l.
de Chevreuil	3 l.

ARBRES & FRUITS DES PAÏS MERIDIONAUX DU CANADA.

Hetres,
Chênes rouges,
} comme en Europe
Merisiers,
Erables,
Frênes,
Ormeaux,
Fouteaux,
Tilleuls,
} comme en Europe
Noiers de deux sortes,
Chateigniers,
Pommiers,
Poiriers,
Pruniers,
Cerisiers,
Noisetiers comme en Europe,
Ceps de Vigne,
Espece de Citron,
Melon d'eau,
Citrouilles douces,
Groseilles Sauvages,
Pignons de Pin comme en Europe,
Tabac comme en Espagne.

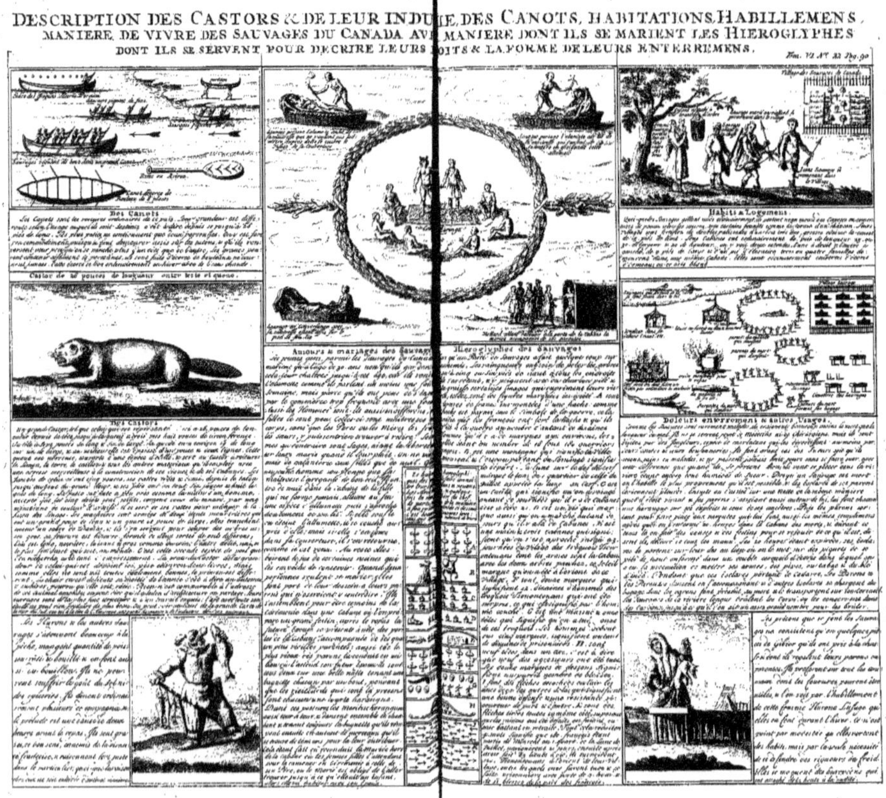
DESCRIPTION DES CASTORS & DE LEUR INDU IE, DES CANOTS, HABITATIONS, HABILLEMENS,
MANIERE DE VIVRE DES SAUVAGES DU CANADA AV MANIERE DONT ILS SE MARIENT LES HIEROGLYPHES
DONT ILS SE SERVENT POUR DECRIRE LEURS OITS & LA FORME DE LEURS ENTERREMENS.
Tom. VI. N° 32 Pag. 90
Des Canots
Castor de 46 pouces de longueur entre tête et queue.
Des Castors
Habits & Logemens
Amours & mariages des Sauvages
Hieroglyphes des Sauvages
Douleurs, enterrement & autres Usages

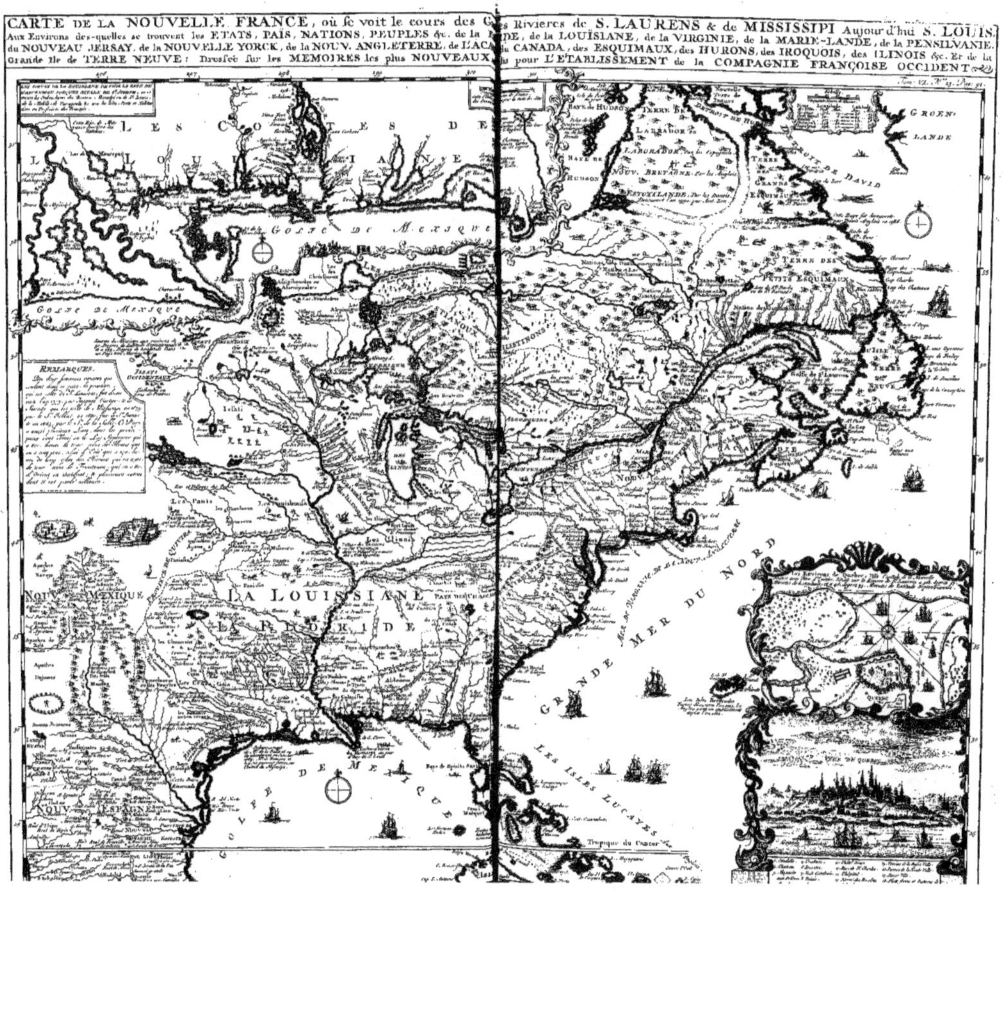
CARTE DE LA NOUVELLE FRANCE, où se voit le cours des G es Rivieres de S. LAURENS & de MISSISSIPI Aujour d'hui S. LOUIS.
Aux Environs des-quelles se trouvent les ETATS, PAÏS, NATIONS, PEUPLES &c. de la DE, de la LOUÏSIANE, de la VIRGINIE, de la MARIE-LANDE, de la PENSILVANIE.
du NOUVEAU JERSAY, de la NOUVELLE YORCK, de la NOUV. ANGLETERRE, de L'ACA u CANADA, des ESQUIMAUX, des HURONS, des IROQUOIS, des ILINOIS &c. Et de la
Grande Ile de TERRE NEUVE: Dressée sur les MEMOIRES les plus NOUVEAUX pour L'ETABLISSEMENT de la COMPAGNIE FRANÇOISE OCCIDENT
Tom. VI. N.° 13. Pag. 91.
LES COSTES DE
LA LOUISIANE
Golfe de Mexique
REMARQUES.
GROEN LANDE
TERRE DE LABRADOR
BAYE DE HUDSON
DETROIT DE HUDSON
NOUV. BRETAGNE
TERRE DES PETITS ESQUIMAUX
LA LOUISIANE
LA FLORIDE
NOUV. MEXIQUE
NOUV. ESPAGNE
GRANDE MER DU NORD
GOLFE DE MEXIQUE
LES ISLES LUCAYES
Tropique du Cancer

DISSERTATION PARTICULIERE

SUR LA

LOUISIANE

OU LE

MISSISSIPI,

Où l'on trouve

Une Description exacte de ce Fleuve & des avantages qui peuvent s'y trouver pour l'Etablissement de la Compagnie *Françoise* d'Occident.

APrès la Description générale du Canada ou *Nouvelle France*, que nous avons donnée dans la Dissertation précédente, j'ai cru ne pouvoir mieux faire que d'y joindre celle de la *Louisiane* ou *Mississipi*. L'Intérêt public a tant de liaison avec ce grand Païs, par raport à l'Etablissement de la Compagnie Françoise d'Occident, que c'est contribuer à son avantage, que de lui donner une Relation exacte de ce vaste Continent. Il seroit difficile d'en trouver une plus nouvelle, puisqu'elle fut écrite du Port-Daufin au Fort-Louïs à la fin de Mai de l'année derniere 1717.

Le *Mississipi* ou *Meschasipi*, qui signifie la *grande Riviére*, & qui est maintenant *le Fleuve St. Louis*, fut découvert en 1682. par le Sieur de la Salle, qui eût le malheur d'être assassiné par ses gens même en 1687, dans le tems qu'il étoit le plus animé à chercher l'embouchure de ce grand Fleuve. Elle ne fut trouvée sûrement qu'en 1698, par Mr. d'Hiberville Gentilhomme Canadien, Capitaine des Vaisseaux du Roi, fameux par ses entreprises & ses succès sur les Anglois dans la Baïe d'Hudson & dans les Iles de l'Amerique Meridionale. Ce Fleuve avoit donné son nom à ce grand Continent qui en est arrosé, jusqu'en 1682, que le Sieur de la Salle lui imposa celui de la Louïsiane, en l'honneur de Louïs XIV. Ce Païs est borné à l'Est par la Floride & la Caroline, où les Anglois ont un établissement très-considérable, à l'Ouest par le Nouveau Mexique, dont les Espagnols sont en possession, & par le Fleuve Missouri qui traverse un vaste Païs, dont on ne connoit point les bornes; & qui peut-être tient au Japon, s'il est vrai que ce dernier Empire ne soit qu'une presqu'Ile. Les terres les plus occidentales de la Nouvelle France ou du Canada, en sont les limites au Nord, comme le Golphe du Mexique les termine au Sud. La Louïsiane va du Nord au Sud depuis le 29. degré de Latitude jusqu'au 45; & de l'Est à l'Ouest, son étenduë est tout-à-fait inconnuë.

On a seulement appris par des Sauvages, que cette derniére partie étoit habitée par tout, & que la chasse y étoit très-abondante. Selon le raport de ces mêmes Sauvages, les Fleuves ont toûjours leur cours à l'Occident; & le Climat y est très-temperé & très-fertile, étant situé depuis le 38. degré jusqu'au 45. Ils font entendre qu'il y a des mines d'or & d'argent, & qu'il s'y trouve une Roche fort précieuse, de laquelle ils ont emporté à coup de Fléches certaines Pierres vertes, fort dures & fort belles, semblables à l'Emeraude dont ils ornent leur lévre supérieure qu'ils percent à cet effet. Il y a apparence que les François qui s'établiront chez les Sauvages Ilinois feront toutes ces riches decouvertes, lorsque la Colonie sera plus nombreuse.

Les Ilinois, nommez aussi les Catz, occupent les bords d'une Riviére qui tombe dans le Mississipi: elle tire ses eaux des Lacs qui forment la source du Fleuve St. Laurens. Ce Païs, outre la beauté de son Climat, est d'un excellent raport. Tout y croît en abondance, comme Prunes, Pêches, Abricotiers, Noyers &c. Legumes, Herbes, Bled d'Inde, Bled de France &c. Ces Peuples ont, dit-on, l'obligation de cette abondance aux Jesuites du Canada qui sont ve-

venus habiter parmi eux; car en même tems que ces Peres leur enseignoient la Religion Chrétienne, ils leur aprenoient à cultiver la terre. Desorte qu'ils recueillent à present plus de grains qu'ils n'en peuvent consumer. La terre y produit naturellement des vignes sauvages dont le raisin est de très-bon goût, & il y a lieu de croire que si ces vignes étoient transplantées, le vin en seroit fort bon & fort commun. Il s'y éleve par tout une espéce de chanvre dont on peut faire du linge & des cordages.

On y a bâti un Fort sur la cime d'un Rocher élevé de plus de 200. piés, au bas du quel coule la Riviére des Ilinois. Il y a de plus deux grands villages habitez par les Sauvages, dans l'un desquels sont les Jesuites, & dans l'autre les Missionnaires : il y demeure aussi une trentaine de François qui font le commerce des Pelleteries avec les Sauvages. On sait par expérience que ce Canton renferme des mines d'or & d'argent, de cuivre & de plomb; on en tire actuellement beaucoup de ce dernier, sans presque aucun travail. Les Meuriers y sont très-communs, comme dans tout le reste du Païs, & l'on fit avec succès l'année 1716. l'épreuve des vers à soïe. Cette Contrée est à 450. lieuës de l'endroit où les François ont le Fort St. Louïs placé à la tête de la Riviére de la Mobile. Elle est à 40. lieuës à l'Est du Fleuve Saint Louïs; à 14. lieuës à l'Ouest d'un Fort Espagnol appellé Pansaxola. Le Gouverneur de la Louïsiane y fait sa residence avec quatre Compagnies de 50. hommes de Garnison outre plus de 2000. Habitans. A cinq lieuës en Mer est l'Ile Dauphine, autrefois l'Ile Massacre, nommée ainsi à cause d'une bataille très-sanglante qui s'y donna entre deux Nations Sauvages. Les François y ont établi un Fort pour la defense du Port qui est à couvert des vents de Mer par l'Ile Espagnolette, & de ceux de terre par les grands bois de l'Ile Dauphine. Il pouvoit recevoir 25. ou 30. gros bâtimens; mais par un accident imprévu, l'entrée de ce Port, où il y avoit encore 14. à 15. piés d'eau, les derniers jours d'Avril de l'année 1717, se trouva tout à coup bouchée le 3. du mois suivant, par une digue de sable, large de 14. toises, & égale en hauteur à l'Ile, à laquelle elle est jointe. Le Paon, l'un des deux Vaisseaux du Roi qui étoit alors à la Louïsiane, & un Vaisseau Marchand, furent interceptez dans ce Port : ils eurent cependant le bonheur de deboucher, en prenant de très-grandes précautions, par un autre petit passage qui n'avoit que 10. à 11. piés d'eau. Au defaut de ce Port, qui ne peut plus servir que pour des Brigantins, les Bâtimens auront toûjours pour azile, l'*Ile aux Vaisseaux* qui est à 14. lieuës à l'Ouest de l'Ile Dauphine vers le Mississipi, où il sera facile aux plus gros Vaisseaux d'entrer & d'être à l'abri des vents les plus orageux. Il pourroit même arriver par la suite qu'on pourroit nétoïer un banc qui est à l'embouchure du Fleuve St. Louïs, sur lequel il y a encore 11. à 12. piés d'eau. Cet obstacle surmonté, le Fleuve qui a un très-bon fond par tout & qui est fort droit durant 25. lieuës, forme une anse, au bout de cette distance, fort propre à construire un très-beau Port.

Celui de *Persacola*, après celui de la Havanne, peut passer pour le plus grand & le meilleur de l'Amerique. Les Espagnols qui s'en sont emparez, l'appellent *Présidio de Santa Maria de Galva ou de Santo Carolo de Austria*. Il est sur la Côte, à quatre lieuës à l'Est de la Riviére *Perdide*; c'est un grand Fort de pieux qui a presentement 500. hommes de Garnison. On y envoïe du Mexique tous ceux qui ont merité châtiment, & c'est, pour ainsi dire, les Galeres par terre de la Nouvelle Espagne. Ces gens, avec la Garnison & les tristes restes des *Apalaches* qui furent détruits il y a 9. ans par les *Alibamous*, composent le nombre d'environ 800. personnes, en y comprenant les Officiers & les Femmes. L'air est très-sain le long de la Côte. Environ à 100. lieuës de la Mer le Païs est d'une temperature charmante; c'est parmi la Nation des *Oumas* que commencent les bonnes terres; ce ne sont que plaines à perte de vuë; il n'y a qu'à y mettre la charruë & ensuite semer.

Il y a apparence que la Mer a couvert autrefois les terres jusques à 150. lieuës avant dans le Païs; car on a trouvé vers les Akancas des montagnes d'écailles d'Huitre. On a apris par des Sauvages du haut du Missouri, qu'il y a en ces quartiers-là un Peuple d'Indiens, chez qui tous les ans, des hommes blancs viennent traiter & enlever sur des chevaux, du Fer jaune; c'est ainsi que ces Peuples appellent l'or; & ces hommes blancs sont sans doute les Espagnols. De plus la même chaine de montagnes où se trouve l'or & l'argent dans le Perou & dans le Mexique passe par le haut de la Louïsiane.

La coûtume d'applatir la tête des enfans par une planche qu'on leur met sur le front, n'est commune qu'aux Nations voisines de la Mer. Les principales de celles qui se trouvent voisines des François sont ou sur la Riviére de la Mobile, ou sur celle du Mississipi, ou entre ces deux Riviéres. Sur la Mobile, sont les *Appallaches* de 20. Familles; *les Chattaux* ou *Chattas*, de 10. Familles; les *Taouachas* de 8. à 9. Familles; les *Mobiliens*, de 30. Familles; les *Thomez* joints avec quelques Chattas, de 40. Familles à quelques 100. lieuës du Fort Louïs & de la Mobile. Entre la Mobile & le Mississipi, vers le Nord-Ouest du Fort Louïs sont les Chattas divisez en plusieurs villages; cette Nation est composée de plus de 600. hommes.

A 50. lieuës plus haut, vers le même Rhombe de vent, sont les Chicachas en deux villages, qui font 6. à 700. hommes. A l'Est de la Riviére de la Mobile, à quelques 70. lieuës du Fort Louïs sont les Alibamous, sur le compte desquels on a coûtume de mettre presque toutes les expeditions de Guerre qui se font sur Pensacole & sur les alliez de la France. Les *Albikas & Conchaques* leurs voisins, se servent d'eux pour Guides, toutes les fois qu'ils marchent contre les Mobiliens & les Thomés. Les Albikas & Conchaques sont deux puissantes Nations qui peuvent faire ensemble quelque 8000. hommes, Les François les auroient pour amis, sans les Anglois de la Caroline qui les frequentent & qui les ont alienez d'eux. Il y a entre les *Chattas* & les *Chicachas*, un reste de la Nation des *Sacchoumas* dont les premiers se servent utilement, pour découvrir tout ce que leurs ennemis trament contre eux. Il faut remarquer que dans 20. lieuës d'étenduë sur la Mobile, il y a quatre langues différentes.

La premiére Nation qui se rencontre à l'embouchure du Mississipi, sont les *Bilocci*, dont il ne reste plus que 5. ou 6. Familles. A quelques soixante lieuës plus haut, sont les *Oumas* qui ont eu autrefois un Jesuite pour Missionaire. Ils composent environ cent Familles. En remontant environ 40. lieuës sont les *Tonikas*, dont il y en a un bon nombre de Chrétiens. Entre les Tonikas & les Oumas de l'un & de l'autre bord du Mississipi, sont les *Si*-

timachas qui s'étendoient autrefois jusques sur les rivages de la Mer; mais depuis la guerre cruelle qui leur fut faite par les Alliez des François pour venger la mort d'un de leurs Missionaires, elle n'a plus de terrain certain & elle erre vagabonde, tantôt sur les bords du Mississipi, & tantôt sur les côtes de la Mer. Il y avoit une autre Nation alliée ci-devant à celle-ci, laquelle, pour n'être pas envelopée dans la guerre qu'on faisoit aux Sitimachas, s'est separée d'eux pour ne faire qu'un village avec les Oumas.

A quelque 200. lieuës de l'embouchure du Mississipi sont les *Natchez*, d'environ 6. à 700. Familles, issuës d'une femme qu'ils disent descendre du Soleil. C'est le Peuple le plus civilisé du Mississipi, & le seul où l'on remarque quelque vestige de Religion. On y voit un Temple de tems immemorial, où l'on conserve un feu perpetuel, à peu près, comme dans le Temple de Vesta chez les Romains. Environ à 100. lieuës des Natchez en remontant, on trouve les *Akancas*, Peuple autrefois très-puissant, qui ne fait guére à présent que trois à quatre cens hommes.

Après avoir donné une idée générale des Nations Sauvages qui environnent les François, je reviens aux productions du Païs. On voit dans le haut des terres une quantité prodigieuse de Bœufs sauvages, qui, au lieu de poil, sont couverts d'une laine très-fine, de laquelle on pourroit faire des draps & des chapeaux de service. Ces animaux ont une bosse élevée sur le dos comme le Chameau. On n'a pu encore jusques à présent les accoûtumer au joug. Les Voïageurs en estiment fort la chair. Les forêts sont pleines de Poulets d'Inde sauvages, d'Outardes, de Perdrix d'une espèce particuliére, de Canards & de Chevreuils, de Cochons, de Liévres & de toute sortes des gibier. Il y a entr'autres, des Rats gros comme des Chats, qui ont sous la gorge un sac où ils enferment leurs petits. Ils vivent de noix & de glands, & sont fort gras: leur chair a le goût de celle d'un Cochon de lait. Les Perroquets y sont dans une extrême veneration. Les Sauvages n'en tuent ni n'en élevent aucun: aiant la superstition de croire que s'ils les denichoient ils perdroient la vuë.

On sçait par experience, que tous les grains d'Europe viendront à merveilles dans ces Terres vierges, excepté sur les bords de la Mer, lesquels étant presque tous sablonneux, doivent moins raporter que les autres; quoiqu'il soit vrai cependant, que dans les Jardins dont on a eu soin, tous les legumes de France, les Pêchers, les Abricotiers, les Poiriers, les Pomiers, les Muscats, &c. y ont fort bien réüssi.

L'Indigo sauvage, qui croît par tout comme la vigne, ne demanderoit que les soins de la culture, pour y venir aussi bon que dans l'Ile de St. Domingue; il en seroit de même du Tabac.

Outre les mâts pour les Vaisseaux dont on pourroit tirer telle quantité qu'on voudroit; le bois y est fort propre pour la construction des navires. Tout est rempli de Chênes d'une hauteur & d'une grosseur étonnante, à peu près semblables à ceux de France; les Hêtres, les Cedres, rouges & blancs & plusieurs autres espèces d'arbres n'attendent que des Ouvriers pour être employez à toutes sortes d'usages.

Le Cédre entr'autres y est si commun, que les François établis dans la Louïsiane, y ont élevé des maisons assez commodes, toutes construites de planches de ce bois de senteur; mais un des plus grands avantages qui puisse revenir à l'Etat de cette Colonie, doit provenir sans doute des meuriers. Cet arbre y est en très-grand nombre particuliérement sur les bords du Fleuve St. Louïs où on en voit des forêts entiéres; dont la feuille est le double plus grande que celle des meuriers de France. Les vers à soïe la devorent, & la soïe qui en a été tirée paroît plus fine que celle d'Italie.

Les Peaux de Castors, de Chevreuils & de Bœufs font, comme je l'ai déja dit, le commerce principal & ordinaire des Sauvages avec les François. Ils leur donnent en troc des balles de fusil, de la poudre à tirer, de grosses couvertures de laine, des fusils, de la rasade, de gros draps rouges & bleus dont ils se couvrent.

On peut assurer que parmi une infinité de Nations Sauvages qui sont dans la Louïsiane, il n'y en a point qui ne s'accordent très-bien avec les Voïageurs François, en leur faisant quelque present. Le Gouverneur du Païs en fera toûjours le maître. Dans toutes les Ambassades qu'ils lui envoïent, ils lui promettent sincérement beaucoup de devouëment & de fidélité, & d'être toûjours prêts à porter la guerre où il jugera à propos. On ne peut même leur faire plus de plaisir que de leur donner ordre de courir sur des Nations voisines.

Il n'y a qu'une seule Nation dans toute la Louïsiane qui soit oposée à la Nation Françoise; il est vrai qu'elle est très-considérable. On la nomme *Charachis*, elle est alliée des Anglois de la Caroline, & habite à la source de la Riviére d'Ouabaché, qui, grossie de plusieurs autres, se decharge dans le Fleuve Saint Louïs à 40. lieuës des Ilinois.

Les Charachis descendent par là dans ce grand Fleuve pour surprendre, ou attaquer les Voïageurs François qui viennent du Canada à la Mobile qui est un voïage de plus de 800. lieuës. Il y a deux ans qu'ils tuerent dix à douze François qui tomberent entre leurs mains, parmi lesquels étoient deux Officiers du Canada. Le Gouverneur général envoïa au commencement de 1717, 300. Iroquois & quelques Canadiens à leur tête pour venger la mort de ces François. On aprit à la Mobile au mois d'Avril que ces Iroquois en avoient déja mangé trois Villages, cette Nation étant toûjours Antropophage; le Gouverneur de la Louïsiane se préparoit de son côté à faire attaquer ces Sauvages ennemis.

Quelque mélange de bien & de mal qui se trouve dans ce Païs, il paroît que la Cour de France se propose d'en tirer de grands avantages par l'établissement qu'elle y a fait depuis peu d'une Compagnie de Commerce sous le nom de Compagnie d'Occident. Les privileges que le Roi lui accorde sont très-considérables, Sa Majesté ne se reservant d'autres droits ni devoirs que la seule Foi & Hommage lige, comme on en peut juger par les Lettres Patentes en forme d'Edit, données pour ce sujet, dont nous allons raporter les principaux articles.

Le Roi accorde à cette Compagnie le commerce de la Louïsiane ou Mississipi, exclusivement à tous Commerçans, pendant l'espace de 25. ans, avec le Privilége de recevoir, à l'exclusion de tous autres, dans la Colonie de Canada, tous les Castors gras & secs dont les Habitans de ladite Colonie auront traité.

Elle aura la propriété des mines & miniéres, qu'elle fera ouvrir par son privilége: Elle pourra traiter & faire alliance au nom du Roi, avec toutes les Nations du Païs, vendre & aliener les terres de de sa concession à tels cens & rentes qu'elle jugera à propos, même les accorder en franc aleu, sans justice ni Seigneurie. Elle pourra faire construire tels Forts, Châteaux & Places qu'elle jugera necessaires pour la defense du Païs. Les Officiers François militaires qui y sont presentement pourront y demeurer. Ceux qui sont actuellement en France pourront y passer sous le bon plaisir du Roi, pour y servir sur les Commissions de la Compagnie, sans que pour raison de ce service, ils perdent les rangs & grades qu'ils peuvent avoir actuellement en France. Le Roi promet à ladite Compagnie de la proteger & defendre, & d'employer la force de ses armes, s'il est besoin, pour la maintenir dans la liberté entiére de son Commerce. Ceux des sujets du Roi qui passeront dans les Païs concedez, joüiront des mêmes libertez & franchises que s'ils étoient demeurans en France; & que ceux qui naîtront d'habitans François dudit Païs & même des Etrangers Européens faisant profession de la Religion Catholique Romaine, qui pourront s'y établir, seront censez & reputez Regnicoles. Les denrées & marchandises que la Compagnie aura destinées pour les Païs de sa concession, & celles dont elle aura besoin pour la construction, armement & ravitaillement de ses Vaisseaux, seront exemtes des Droits apartenant au Roi & aux Villes de sa dependance. Les marchandises que ladite Compagnie fera aporter dans les Ports de France pour son compte, des Païs de sa concession, ne païeront pendant les dix premiéres années de son Privilége que la moitié des Droits que de pareilles marchandises venant des Iles & Colonies Françoises de l'Amerique doïvent païer. Le Roi fera délivrer de ses Magazins à ladite Compagnie tous les ans pendant le tems de son Privilége, qui est, comme on a dit, de vingt-cinq années, quarante milliers de poudre à fusil qu'elle payera au Roi sur le pié de ce qu'elle lui aura coûté.

Les fonds de cette Compagnie seront partagez en actions de cinq cens livres chacune, dont la valeur sera fournie en Billets d'Etat, desquels les intérêts seront dûs depuis le premier du mois de Janvier de l'année 1718. Les Billets desdites actions seront païables au porteur, signez par le Caissier de la Compagnie & visez par un des Directeurs.

Tous les Etrangers pourront aquerir tel nombre d'actions qu'ils jugeront à propos, & les actions apartenantes aux Etrangers ne seront sujettes ni au droit d'aubaine, ni à aucune confiscation, pour cause de guerre ou autrement.

Toutes lesdites actions pourront être venduës ou commercées. Tout Actionnaire porteur de 50. Actions, aura voix deliberative aux assemblées, & s'il est porteur de 100. Actions, il aura deux voix, & ainsi par augmentation. Les Billets de l'Etat reçus pour le fonds des Actions, seront convertis en rentes au denier 25, dont les intérêts courront, à commencer du premier Janvier 1718. sur la Ferme du Contrôle des Actes des Notaires du petit sceau & insinuations des Laïes, lesquelles Rentes seront Héréditaires. Les Directeurs emploïeront au Commerce de la Compagnie les arrérages dûs de ladite année 1718. des Contrats qui seront expediez au profit de la Compagnie, & il leur est très-expressement deffendu d'y emploïer aucune partie des interêts des années suivantes.

Les Directeurs arrêteront tous les ans à la fin du mois de Décembre le Bilan général des affaires de la Compagnie; après quoi ils convoqueront par affiche publique l'assemblée générale de toute la Compagnie, dans laquelle les Repartitions des profits de ladite Compagnie seront resoluës & arrêtées. Les Rentes desdites Actions, ensemble les Repartitions des profits provenans du commerce, seront païez suivant les numeros desdites Actions; en commençant par la première, sans qu'il puisse y être fait aucun changement. Les Actions de la Compagnie, ni les effets d'icelle ne pourront être saisis sous quelque prétexte que ce puisse être.

CAR-

CARTE QUI CONTIENT LA MANIERE DONT SE FAIT LA CHASSE DES BŒUFS SAUVAGES ET DES ELANS, LE GRAND SAUT DE LA RIVIERE DE NIAGARA, LA DANSE DU CALUMET AVEC SA DESCRIPTION, L'EXPLICATION DES ARMOIRIES DE QUELQUES SAUVAGES DU CANADA.

Ces animaux changent de Contrées selon le changement des Saisons et la diversité des Climats, quand ils sont dans les Pais du Nord et qu'ils commencent à sentir les aproches de l'hiver, ils passent aux Terres du Sud. Ils se suivent ordinairement les uns les autres, et l'on en voit un long troupeau quelque fois durant une lieue de chemin. Ils s'arrêtent tous au même endroit, et la place où ils ont couché est souvent remplie de pourpier sauvage. Les chemins par où ils ont passé sont aussi frayez que les chemins les plus fréquentez.

BŒUFS SAUVAGES DU CANADA.

SAUT OU CHUTE D'EAU DE NIAGARA.

A deux lieuës de ce grand saut est un gros Rocher détaché de la terre par la Riviére de Niagara, et jusques là elle est si rapide, qu'on est obligé de porter les Canots et les marchandises par terre. Sans quoi l'on pourroit aller avec de grandes Barques durant plus de 450 lieuës en traversant le Lac des Hurons, jusqu'au bout de celui des Ilinois. Mais ce Rocher et le grand Saut que l'on voit ici représenté, interrompent cette belle Navigation, d'une maniére irremediable. Les françois vouloient bâtir un fort à l'embouchure de cette Riviére pour brider les Iroquois.

ARMOIRIES DES SAUVAGES.

Les Outagamis portent à la Prairie de Sinople traversée d'une riviére serpentante en pal à deux Renards de Gueule, aux deux extremitez de la Riviére, chef et pointe.

PUANTS

Les Poutéoutamis appelez Puants portent au Chien d'argent dormant sur une Natte d'or. Ceux-ci suivent moins les régles du Blason que les autres.

OUTCHIPOVES

Les Outchipoves appelez Sauteurs portent à l'aigle de Sable, perché sur le sommet d'un Rocher d'argent et dévorant un Hibou de gueule.

NADOVESSIS

Les Nadovessis ou Scioux portent à l'Ecureuil de gueule mordant une Citrouille d'or. Les uns ont une ferme à l'Ecu, et les autres font servir l'Ecu la principale piéce de leurs armes.

LES BŒUFS OU TAUREAUX SAUVAGES que l'on voit ici réprésentez, ont de la laine fort fine au lieu de poil. Les femelles l'ont plus longue que les mâles. Leurs cornes sont presque toutes noires, beaucoup plus grosses, mais un peu moins longues que celles des Taureaux qu'on voit en Europe. Leur tête est d'une grosseur énorme: ils ont le cou fort court mais fort gros, et quelque fois de six pans de largeur, avec une bosse entre les deux Epaules. Leur jambes sont grosses et courtes, aussi couvertes d'une laine fort longue. Ils ont sur la tête et entre les cornes des crins noirs qui leur tombent sur les yeux et qui les rendent afreux. Lors que les sauvages voient un troupeau de ces Bœufs, ils s'assemblent en grand nombre et mettent le feu de toutes parts aux herbes séches alentour de ces bêtes, à la reserve de quelques passages où ils se tiennent postez avec leurs arcs et leurs fléches. Alors ces animaux qui veulent éviter le feu, sont contraints de passer près des Sauvages, qui en tuent quelque fois plus de cent en un jour.

DU CALUMET.

Rien n'est plus misterieux parmi les Sauvages, ni plus recommandable que le Calumet. C'est une pierre rouge, polie comme du marbre, et percée de maniere qu'un bout sert à recevoir le tabac, et l'autre s'enclave dans le Manche qui est un bâton de deux piés de long, aussi percé par le milieu. Il est ordinairement embellie de la tête et du cou de divers Oiseaux, et l'on y ajoûte de grandes plumes rouges, vertes et d'autres couleurs dont il est tout empanaché. Cet instrument semble être le Dieu de la paix ou de la guerre, l'arbitre de la vie ou de la mort: et l'on ne rend pas plus d'honneur aux Sceptres de Rois. C'est assez de le porter sur soi et de le faire voir, pour marcher en assurance au milieu des Ennemis, qui dans le fort du Combat mettent bas les armes quand on le montre. Il y a un Calumet pour la Paix et un autre pour la guerre. Les Sauvages s'en servent encore pour terminer leurs differens, pour affermir leurs alliances ou pour parler aux Etrangers.

CHASSE D'ORIGNAUX.

La chasse des Elans ou Orignaux se fait sur la neige avec des raquettes qu'on lie trois et dessous. Elles ont trois piés et demi de longueur et 14 pouces de large; on s'en sert pour marcher sur la neige plus vîte avec cette chaussure que l'autre à pié, que l'on ne fait en souliers ni demi-bottes.

L'Orignal est gros comme un Mulet d'Auvergne et de figure entière. Il a le poil long et brun, la peau est dure, et la chair assez bonne à manger. Quand on est arrivé sur les lieux à travers la neige au Nord du fleuve St Laurent sur la place, et l'on commence à chasser l'Elan à l'aide des chiens. Quand on l'a mené il faut tirer fort juste parce qu'autrement il vient furieux sur le tireur.

ENTRE LE LAC ONTARIO ET LE LAC ERRIE, il y a un grand et prodigieux saut dont la chute d'eau est tout à fait surprenante. Elle est composée de deux grandes nappes d'eau et de deux Cascades avec une Ile entre deux au milieu. Les eaux qui tombent de cette hauteur écument et bouillonnent d'une maniére épouvantable, avec un bruit affreux, qui s'entend de plus de quinze lieuës par le vent du Sud. Au pié de ce Saut est la Riviére de Niagara, qui n'a guêre qu'un demi quart de lieuë de largeur, mais elle est fort profonde en certains endroits. Elle est même si rapide au dessus du grand Saut, qu'elle entraine toutes les bêtes Sauvages qui la veulent passer à la nage pour aller pâturer de l'autre côté. Depuis ce Saut la Riviére roule ses eaux avec une rapidité extraordinaire sur tout pendant deux lieuës, jusqu'au Lac Ontario ou de Frontenac où commence à se rallentir l'impetuosité de ce Courant.

DANSE DU CALUMET.

La Danse du Calumet ne se fait que pour des sujets considérables, comme pour affermir la paix, ou se réunir dans quelque grande entreprise. L'Hiver la Cérémonie se fait dans une Cabane, et l'Eté c'est en rase Campagne. La place étant choisie entre plusieurs arbres, on y étend une grande natte de joncs peints de diverses couleurs. Là se place avec honneur le Dieu de celui qui fait la danse, qui est ou un Serpent ou quelqu'autre chose, et à sa droite le Calumet en l'honneur duquel se fait la fête. On chasse ensuite les voix qui doivent danser, et chacun de ceux qui arrivent doit saluer le Dieu en petunant et en lâchant contre lui la fumée de sa pipe, comme s'ils lui offroient de l'encens. Chacun va aussi prendre le Calumet, et le soutenant des deux mains, le fait danser en cadence à l'air des chansons en lui faisant faire plusieurs figures différentes. Celui qui doit commencer la Danse paroit ensuite au milieu de l'assemblée où il en fait autant. Il y a une autre danse qui se fait au son du tambour au lieu de chansons. Le Danseur fait signe à quelque guerrier de venir prendre des armes qui sont sur la natte, et il se fait alors une espéce de Combat.

ARMOIRIES DES SAUVAGES

Les Cinq Nations Outaoüises portent de Sinople à quatre Elans de Sable cantonnez et regardant les quatre angles de l'Ecu, au monceau de gravier en cœur.

HURONS

Les Hurons portent au Castor de Sable accroupi sur une Cabane d'argent au milieu d'un Etang; leur Ecu est rond au lieu que celui des Cinq Nations Outaouases est quarré. Il est ordinairement d'écorce de Bouleau ou de quelqu'autre arbre que ce soit.

ILINOIS

Les Ilinois portent à la feuille de Nêfre au papillon d'argent. L'usage de ces armes est de distinguer ces différentes Nations les unes des autres lors qu'elles vont à la guerre.

OUMAMIS

Les Oumamis portent à l'Ours de Sable, déchirant de ses deux pattes un arbre de Sinople arraché et couché en face.

DISSERTATION SUR LA VIRGINIE.

Ce fut, comme tout le monde sait, sous le règne de la Reine Elizabeth que les Anglois s'établirent en ce Païs. Ceux qui avoient été à la découverte en firent à cette Princesse un raport non moins avantageux que les Espions qui avoient été envoïez pour reconnoître la Terre promise. Ils lui assurérent que le Terroir étoit si fertile & si bon, le Climat si doux & si temperé, la Campagne si riante, que si cette Terre ne faisoit pas couler des ruisseaux de lait & de miel, du moins produisoit-elle quantité d'excellens fruits, & diverses espèces qu'ils n'avoient jamais vûs ailleurs. Ils dirent qu'on y voïoit plus de raisins qu'en aucune autre part du monde connu, de gros Chênes & d'autres arbres de haute futaïe, des Cédres rouges, des Ciprés, des Pins, & plusieurs arbres toujours verds, qui faisoient de ce Païs un séjour délicieux; qu'on y trouvoit des oiseaux sauvages, du Poisson, des Bêtes fauves & autre gibier en si grande abondance, que les Anglois les plus délicats y trouveroient dequoi satisfaire leur goût. Ils raportérent, non que les Indiens fussent des geans qui dévoroient les hommes; mais qu'ils étoient si affables & d'un si bon naturel, si peu instruits des Arts & des Sciences, si éloignez de toute sorte de Politique & de ruses, & si avides de la compagnie des Anglois, que bien loin de s'oposer à leur établissement, ils le favoriseroient de toute leur puissance. C'én fut assez pour faire aprouver à la Reine Elizabeth un dessein dont le succès paroissoit sans difficultez, & qui lui ouvroit un si beau champ pour planter Evangile & étendre sa domination dans ce beau Païs. Elle étoit alors en guerre avec l'Espagne, & elle concourut à l'exécution du projet proposé autant que la conjoncture des affaires le lui put permettre. Elle consentit même qu'on donnât à ce Païs le nom de Virginie, soit parce qu'il avoit été découvert sous son régne & qu'elle n'étoit pas mariée; soit parce que le Païs même & ses habitans sembloient retenir encore la pureté, l'abondance, & la simplicité de la premiére création.

La premiére découverte en avoit été faite par le Chevalier Walter Raleigh, en 1584. en consequence des Lettres Patentes de la Reine, par lesquelles lui & sa Compagnie devoient tirer tout le profit de ce voïage. A leur retour d'autres suivirent leur exemple, & partirent en 1585. pour pousser plus loin les découvertes des premiers. Ceux-là furent encore suivis de quelques autres, & enfin après plusieurs voïages, le premier établissement des Anglois se fit en la Baïe de Chesapeak en vertu des Lettres Patentes que le Roi Jaques I. leur accorda en date du 10. Avril 1606. par lesquelles il les formoit en deux Compagnies distinctes. La premiére Colonie fut établie par Jean Smith, sur une Peninsule qui est près du Cap Meridional de cette Baïe, à 50. milles ou environ de la premiére Riviére, qu'ils reconnurent & à laquelle ils donnérent le nom du Roi. Ce ne fut pas sans de grandes difficultez que les Anglois vinrent à bout de fixer leur habitation dans ce nouveau Monde. Les Naturels du Païs n'étoient pas à beaucoup près si patiens qu'on les avoit répréséntez; ils firent éprouver plus d'une fois aux Anglois qu'il ne faloit pas entreprendre témérairement de les chasser d'une terre où ils avoient pris naissance; & ce ne fut qu'après plusieurs coups donnez, & à force de secours envoïé plusieurs fois d'Europe, que la Loi du plus fort l'emporta sur les éforts de ceux qui combattent pour leurs foïers & pour leur patrie. Mais à quoi le desir du gain ne porte-t-il pas les hommes? L'exemple des Espagnols qui tiroient des profits immenses de deux petits Colonies qu'ils avoient déja établies en ce Païs-là fut un motif puissant pour les Anglois non moins avides de richesses, & ils poussérent si bien leurs conquêtes, qu'ils possédent aujourd'hui paisiblement toute cette partie du Canada.

La moindre étenduë qu'on lui donne est de deux cens milles vers le Nord depuis la pointe *Comfort*, & de deux cens milles au Sud. Elle est bornée par la Côte à l'Est, & renferme tout le Païs Ouest & Nord-Ouest d'une Mer à l'autre, avec les Iles adjacentes à cent milles du Continent. Les Vaisseaux y abordent par l'embouchure de la Baïe de Chesapeak, qui ressemble moins à une Baïe qu'à une Riviére, puisqu'elle court entre deux terres deux cens milles ou environ. Elle est d'ailleurs presque par tout aussi large qu'à l'embouchure qui peut avoir sept lieuës de large, & tous les Vaisseaux qui vont à Maryland doivent passer par là. La Côte en est saine & unie, le fond égal, & l'on y peut aborder tout le long de l'année. L'ancrage y est merveilleux d'un bout à l'autre, & il y a si peu de risque d'y échouër, que plusieurs Maîtres de Navires se hazardent jusqu'au fond de la Baïe sans y avoir jamais été auparavant. Le Païs contient trois sortes de terroir, dont l'un est aux endroits les plus bas, l'autre au milieu, & le troisième vers la source des Riviéres. Vers leur embouchure le terroir est par tout gras & humide, & propre pour les grains les plus grossiers, tels que sont le Ris, le Chanvre, le Maïz &c. L'on y trouve pourtant des veines d'une terre froide & sabloneuse qui est souvent couverte d'eau. Mais elle ne laisse pas d'être fertile. Ces endroits les plus bas sont presque par tout garnis de Chênes, de Peupliers, de Pins, de Cèdres, de Ciprés, & autres arbres aromatiques, dont les tiges ont jusqu'à 70. piés de haut sans aucune branche. Il y a aussi quantité d'arbrisseaux toûjours verds, comme le Houx, le Mirthe & autres dont les noms me sont inconnus. Vers le milieu du Païs, le terroir est uni presque par tout, quoi qu'il y ait quelques petites montagnes, & des vallées agréables où l'on voit couler plusieurs ruisseaux. La terre en quelques lieux est grasse, noire & forte; en d'autres elle est maigre & légère. Le milieu des Langues qui sont entre les Riviéres est un terroir d'argile blanche ou rouge, où l'on trouve des Chataigniers, & en Eté une espèce de petites cannes fort bonnes pour la nourriture du Bétail. Les endroits les plus fertiles sont le long des Riviéres & de leurs bras, qui sont couverts de Chênes, de Noïers, de Frênes, de Hêtres, de Peupliers & autres arbres d'une grosseur prodigieuse. Vers les sources des Riviéres, il y a un mélange de montagnes, de vallées & de plaines, plus ou moins fertiles, & où l'on trouve une grande varieté de fruits & d'arbres de haute futaïe. L'on y voit un terrain bas & fertile, tantôt garni de gros arbres, tantôt couvert de vastes prairies, où l'on ne découvre autre chose que des cannes & de l'herbe d'une hauteur extraordinaire. On y trouve aussi plusieurs sortes de terre, dont les unes sont médicinales, les autres propres à nétoier, & à faire des ouvrages de poterie. Il y a, par exemple, de l'antimoine, du talc, de l'ocre jaune & rouge, de la terre à dégraisser, de la marne, de la glaize dont on fait les pipes, &c. On y voit aussi du charbon, des ardoises, des pierres propres à bâtir, du pavé plat en quantité, & beaucoup de caillons. A l'égard des mineraux, la Latitude même du Païs, & quelques autres circonstances font croire qu'il doit y en avoir beaucoup. On y a déja trouvé quelques mines de fer & de plomb, & une mine d'or, ou du moins qu'on croïoit telle, mais qui doit être quelqu'autre bon métal. Les pierres transparentes qu'on y trouve au dessous de la surface de la terre ne laissent pas d'être de quelque prix: elles aprochent du diamant, & n'ont d'autre défaut que celui d'être molles; mais elles durcissent après avoir été quelque tems à l'air.

Ce Païs produit aussi quantité de fruits, de diverses espèces selon la nature du terroir. A l'égard des fruits à noïau, on y voit des Cerises, des Prunes, & des Persimmons. Les Cerises viennent dans les bois & sont de trois espèces: les unes noires au dehors & rouges en dedans, qui viennent par grapes ou par bouquets, & qui ne sont pas amères: les autres blanchâtres au dedans & d'un goût fade; & la troisième sorte, qu'on nomme Cerise des Indes, est la plus agréable du monde. Elle est d'une couleur de pourpre enfoncé & n'a qu'une seule queue comme les nôtres. Il y a deux sortes de prunes sauvages, petites l'une & l'autre, & du goût à peu près de la prune de Damas. Les Persimmons sont de différente grosseur: ils tiennent le milieu entre la prune de Damas & la poire Bergamote: leur goût est très-agréable quand ils sont mûrs. On y voit des meures de trois sortes, deux de noires, & une de blanches: deux sortes de groseilles, l'une rouge & l'autre noire, & des framboises sauvages qui sont fort bonnes. Les fraizes qu'on y trouve sont aussi très-délicieuses, & croissent presque par tout dans les champs. On y voit quantité de noix & de noisettes, sans parler des fruits particuliers du Païs, dont la simple description ne donneroit pas une idée suffisante. Il y croît une variété surprenante de raisins, dont quelques-uns sont fort doux & agréables au goût: mais les autres sont âpres, & seroient peut-être meilleurs à faire du vin ou de l'eau de vie. On en voit de petits qui croissent sur des seps fort bas, dont les uns sont blancs & les autres de couleur de pourpre: ils ne sont pas plus gros que nos groseilles. D'autres sont de la grosseur de nos prunes sauvages. On en fait des Tartes merveilleuses quand ils sont mûrs, & il y à aparence qu'on les rendroit propres à faire de bon vin, s'ils étoient cultivez avec soin. L'arbre qui porte le miel & celui qui produit le sucre viennent dans ce Païs vers les sources des Riviéres. Le miel est contenu dans des gousses épaisses & enflées qui paroissent de loin comme la cosse des féves ou des pois. Le sucre n'est autre chose que le suc qui découle d'un arbre dont on a percé le tronc & qu'on fait bouillir ensuite. De huit livres de cette liqueur, les Indiens en font une livre de sucre. Il est brillant & humide, a le grain beau, & sa douceur aproche de celle de la Cassonade. Le Mirthe croît vers l'embouchure des Riviéres, le long de la Mer & de la Baie, & dans le voisinage de plusieurs marais: il porte une baie dont on fait de la cire d'un très-beau verd, dure, qui casse facilement, & qui devient presque transparente à force d'être rafinée. On en fait des chandelles qui ne salissent point les doigts, & qui ne se fondent point au milieu des plus grandes chaleurs. Elles répandent de plus une odeur si agréable, que plusieurs les laissent fumer, quand elles sont éteintes, pour la respirer.

Cette Terre est semée par tout de diverses plantes curieuses, & de très-belles fleurs. Il y a aussi plusieurs sortes de bois & de terres qui sont propres à teindre en diverses couleurs fort belles. La serpentine, qui passe en Angleterre pour un des meilleurs cordiaux, & un antidote excellent contre les maladies pestilentielles, est une racine qui croît encore dans ce Païs. On y voit aussi la racine du serpent à sonnette, qui guérit de la morsure de ce reptile, dont le venin tuë quelquefois en deux minutes. Le Sassafras, dont l'écorce tient beaucoup de la vertu du Quinquina, est un arbre fort renommé; aussi bien qu'une certaine racine, qui croît dans les marais, & qui guérit à coup sûr toute sorte de fièvres. Les Indiens plantent dans leurs jardins & dans leurs champs quantité de Melons musquez, de Melons d'eau, de Citrouilles & d'autres fruits, qu'il seroit trop long de raporter. Ils ont aussi du Blé des Indes, des Pois, des Féves, & du Tabac.

Pour ce qui est du poisson, il n'y a point de Païs au monde où il y en ait de meilleur, soit d'eau douce ou d'eau salée. Au Printems les Harangs montent dans les ruisseaux & dans les guez des Riviéres, où il s'en trouve en si grande abondance, qu'il est impossible d'y passer à cheval sans leur marcher dessus. On y voit outre cela une infinité d'Aloses, de Rougets, d'Etourgeons, & quelques Lamproies, qui passent de la Mer dans les Riviéres. Avant que les Anglois s'établissent à la Virginie, il y en avoit une si grande quantité, que les petits garçons & les petites filles, armez d'un bâton pointu, en dardoient des

des plus petits qui nageoient sur les bas-fonds; mais les Indiens avoient plus de peine à prendre les gros poissons, qui n'aprochent pas tant du rivage. Pour y réüssir, ils faisoient une espèce de claïes avec de petits bâtons refendus, ou de cannes de la grosseur du doigt, qu'ils joignoient ensemble avec de jeunes branches de chêne verd, ou de quelqu'autre bois souple, & qu'ils mettoient si près les unes des autres, que les petits poissons ne pouvoient passer dans les intervalles. Vers l'un des bouts de cette claïe, il y avoit une ouverture, & l'ouvrage, qui étoit continué de part & d'autre, formoit trois ou quatre enclos tout de suite, disposez de telle maniére, que le poisson y pouvoit entrer facilement, & non en sortir de même. Lorsque la marée étoit haute, ils plantoient l'un des bouts de cette claïe sur le bord de la Riviére, ils étendoient l'autre dans l'eau à huit ou dix piés de profondeur, & l'affermissoient avec des pieux. Vers les sources des Riviéres, où l'eau est basse & le courant rapide, les Indiens pêchent d'une autre maniére. Ils font une digue de pierres séches, à travers le lit de la Riviére, & y laissent quelques ouvertures pour donner passage à l'eau. Là ils mettent une espèce de Panier fait de cannes & de figure conique, dont la longueur est de 10. piés & la base de trois: la rapidité du courant y entraîne le poisson, & l'y retient avec tant de force qu'il ne peut plus en sortir. On y pêche aussi de nuit à la faveur du feu, de la maniére qu'il est répresenté dans la Carte suivante.

Mais si les Riviéres de ce Païs sont pleines de poissons en Eté, elles ne sont pas moins couvertes d'oiseaux en Hiver. La quantité qui s'y voit de Cignes, d'Oïes, de Canards, de Sarcelles, de Macreuses, & d'autres oiseaux aquatiques est si grande, qu'on en tuë quelquefois jusqu'à vingt d'un seul coup. Les Etangs & les Ruisseaux sont aussi couverts de ce gibier en certaines saisons de l'année. On trouve aussi ailleurs des Gruës, des Herons, des Becasses, des Becassines, des Pluviers, des Alouëttes, & quantité d'autres oiseaux bons à manger, sans parler des Loutres, des Civettes & autres animaux sauvages que les Anglois y virent avec étonnement. Les Indiens n'avoient aucun autre instrument que l'arc & la flêche pour tuer les oiseaux, non plus que pour le gros gibier, qu'ils prennent de cette maniére. En Hiver quand les feuilles des arbres sont tombées, & si séches qu'elles peuvent brûler facilement, ils environnent une étenduë de bois de cinq ou six milles de circonference, & y mettent le feu; ils poussent ensuite plus avant en se tenant toûjours à une distance raisonnable les uns des autres, & pour hâter leur chasse qui doit être finie à la pointe du jour, ils mettent de nouveau le feu à l'herbe & aux feuilles: réïterant ce manège, jusqu'à ce qu'ils aient enfermé les Bêtes dans un petit cercle où elles s'atroupent, haletant & presque étoufées par la chaleur & la fumée qui les enveloppe de tous côtez. Alors les Indiens les percent à coups de flêches; & quoi qu'ils soient vis-à-vis les uns des autres, & que la fumée les empêche de se voir, il arrive rarement qu'il y en ait aucun de blessé dans ces sortes de chasse. Ils ne font tout ce carnage, que pour avoir la peau de ces animaux, dont ils laissent périr les cadavres dans les bois. Quand ces Peuples vont à la chasse dans un Païs écarté, c'est d'ordinaire pour toute la saison. Ils prennent avec eux leurs femmes & leurs enfans, s'arrêtent à l'endroit où ils trouvent le plus de gibier, & emploient deux ou trois jours à y construire de petites cabanes pour leur usage. La saison n'est pas plûtôt finie, qu'ils les abandonnent sans se mettre en peine de les démolir.

C'est ainsi que les Indiens de Virginie vivoient au jour la journée de ce que la Nature leur fournissoit, & que sans le secours d'une pénible industrie, leur divertissement supléoit à leurs besoins. Les femmes & les enfans mettoient seulement en réserve quelque peu de noix & d'autres fruits de la terre, pour leur servir dans l'occasion. Ce Peuple heureux n'étoit point exposé aux fatigues de l'agriculture, & après avoir emploié quelques jours de l'Eté à semer du grain & des melons, il donnoit le reste au plaisir & à la joïe. Content de peu, il ignoroit les soins, & les inquiétudes que causent le luxe & l'ambition; & leurs besoins se bornant au simple nécessaire, ne leur donnoient ni peine ni travail pour y subvenir. Mais cette douce tranquillité a bientôt été troublée par l'arrivée des Anglois, qui s'exposant aux périls d'une longue Navigation par le desir du gain, ont apris à ces Peuples ce que peut l'avarice & la cupidité sur les hommes. Nous verrons dans la suite les changemens qu'ils ont causez dans ce Païs, où la simplicité des premiers tems s'étoit conservée jusqu'à leur arrivée; & quelle est aujourd'hui la situation de ces Peuples assujettis à une domination qui leur avoit été inconnuë jusqu'alors. Mais parlons premiérement de l'état où les Anglois les trouvérent & de ce qui regarde en particulier cette partie du Nouveau Monde & ses Habitans.

Ils sont de moïenne taille, droits & bien proportionnez; leurs bras & leurs jambes sont d'une tournure merveilleuse; ils n'ont pas la moindre imperfection sur le corps, & à peine s'en trouve-t-il aucun parmi eux qui soit nain, bossu, tortu, ou contrefait. Leur couleur, quand ils sont devenus un peu grands, est d'un châtain brun, mais qui est beaucoup plus clair dans leur enfance. A mesure qu'ils avancent en âge leur cuir s'endurcit & devient plus noir par la graisse dont ils s'oignent, & par les raions du Soleil auxquels ils s'exposent. Leurs cheveux sont ordinairement d'un noir de charbon; ils ont aussi les yeux fort noirs, & le regard un peu louche tel qu'on l'observe dans la plûpart des Juifs. Presque toutes leurs Femmes sont d'une grande beauté: elles ont la taille fine, les traits délicats, & ne manquent d'autres charmes que de ceux d'un beau teint. On peut voir dans la planche suivante la maniére de leurs habillemens. Ces Peuples regardent le mariage comme une action fort solemnelle, & les vœux qu'ils font alors passent pour inviolables & pour sacrez. Quoi qu'ils permettent au mari & à la femme de se quitter, s'ils ne vivent pas de bonne intelligence, le divorce néanmoins est de si mauvaise odeur parmi eux, que rarement les conjoints poussent leurs démêlez jusqu'à la separation, pour n'être pas taxez d'inconstance & de lâcheté. Cependant lorsqu'ils en viennent à cette démarche, ils comptent que tous les liens du mariage sont rompus, & chacune des parties a la liberté de se remarier à qui elle veut. Mais pendant que le contrat dure, l'infidelité soit de la part du Mari, soit de la part de la Femme est regardée comme un crime impardonnable. En cas de rupture, chacun prend les enfans qu'il aime le plus; car bien loin de leur être à charge, ils les regardent comme leur plus grande richesse, de même que les Juifs autrefois; & si les parties interessées ne sont pas d'accord là-dessus, on sépare les enfans en nombre égal, & le Mari est le premier qui choisit. Quelques Voïageurs disent que les jeunes Indiennes se prostituent pour un petit présent qu'on leur fait; mais outre que les Indiens desavouent cette coûtume, un Anglois, né dans le Païs & qui en a soigneusement observé les usages, assure qu'il n'a trouvé aucun fondement à cette accusation, & que c'est une calomnie dont on les noircit injustement. Il est vrai que les filles en ce Païs-là sont Maîtresses d'elles-mêmes, & qu'elles peuvent disposer de leurs personnes comme il leur plaît; mais s'il arrive à quelcune d'avoir un enfant, elle est perdue de réputation pour toute sa vie, & elle ne peut plus trouver un Mari. Les Indiennes sont pleines d'esprit, toûjours gaïes & de bonne humeur. Elles aiment beaucoup à rire, & leur ris est, dit-on, accompagné de beaucoup d'agrément. Elles ont tant de feu & de vivacité, qu'elles ne cherchent qu'à badiner & à se divertir: ce qui a peut-être suffi à ceux qui ne savent pas distinguer le crime d'avec une liberté honnête, pour les taxer de libertinage; quoi qu'avec aussi peu de raison, que les Espagnols jaloux condamnent la liberté des Françoises qui sont au fond beaucoup plus chastes que leurs Femmes, malgré l'espèce d'emprisonnement où on les tient.

Parmi la grande variété de viandes & de fruits dont ces Peuples se nourrissent, la Nature ne leur a apris l'usage d'aucune autre liqueur que de l'eau; & quoi qu'ils aient par tout d'agréables fontaines, ils aiment beaucoup mieux l'eau dormante, échaufée par les raïons du Soleil. Le Baron de la Hontan parle d'un jus agréable de Maple qui est mêlé avec de l'eau; mais je trouve que les Indiens de Virginie n'en usent point, & qu'ils n'ont d'autre liqueur forte que celle que les Anglois leur donnent. Aussi en sont ils si avides, qu'ils ne manquent jamais de s'en enivrer, quand ils en trouvent l'occasion. Ils n'ont aucune sorte de Lettres pour exprimer leurs paroles; mais quand ils ont quelque chose à communiquer, qu'ils ne peuvent dire de vive voix, ils y emploïent une espèce d'Hieroglyphe ou de répresentation d'oiseaux, de bêtes ou d'autres choses, qui désignent leurs pensées. Leur langage n'est pas le même par tout; & deux Nations qui ne sont pas fort éloignées l'une de l'autre, ne s'entendent presque point. Ils ont pourtant une espèce de Langue générale qui est entendue des principaux de plusieurs Nations, comme la Langue Latine en Europe, & la *Lingua Franca* dans tout le Levant. Quand ils voïagent, ils peignent diverses marques sur leurs épaules, pour se distinguer & faire voir de quelle Nation ils sont. Leur marque ordinaire est une ou plusieurs flèches, qu'une Nation peint la pointe en bas, l'autre en haut, ou en travers, comme on le peut voir dans la Planche suivante. C'est peut-être ce que le Baron de la Hontan appèle les Armoiries des Indiens, dont on n'a pas d'ailleurs d'autre connoissance que celle-là. Quoi qu'il en soit, c'est ce qui donna occasion à la Compagnie de la Virginie, de faire des plaques d'argent, de cuivre, ou de bronze dont elle distribua quelque nombre à chaque Nation qui étoit en amitié avec les Anglois; & de faire ensuite une Loi, qui défendoit aux Indiens de voïager dans les Plantations Angloises, sans que quelcun de leur Compagnie fût muni d'une de ces plaques, pour montrer qu'ils étoient amis.

A l'égard de leur Religion, quelques Auteurs assurent que les Indiens ne reconnoissent aucune Divinité, qu'ils n'ont pas même de terme pour exprimer le nom de Dieu, & qu'ils sont incapables des raisonnemens communs là-dessus à tout le reste des hommes. On ajoûte qu'ils n'ont aucune cérémonie exterieure qui montre qu'ils rendent quelque culte à la Divinité, & qu'on ne voit parmi eux ni Sacrifice, ni Temple, ni Prêtre, ni aucune autre marque de Religion. Le Baron de la Hontan, au contraire, leur attribuë des notions si fines, & des argumens si subtils, qu'on ne peut s'empêcher de trouver de la contradiction entre son opinion là-dessus & celle du Père Hennepin qui est du sentiment des premiers. Je préfère donc le sentiment unanime de presque tous ceux qui ont écrit des Indiens de l'Amerique, & suivant le raport d'un Voiageur qui me paroît aussi sincère que bien instruit, je ne craindrai pas d'avancer que tous les Indiens de ces quartiers-là sont idolâtres & superstitieux. Pour ce qui est de leur Temple, appelé parmi eux Quioccosan, c'est une maison bâtie à la manière de leurs autres cabanes, de 18. piés de large sur 30. de long, où il n'y a que les murailles toutes nuës, un foïer au milieu, & un trou au toit pour donner passage à la fumée. En dehors & à quelque distance du bâtiment, il est environné de pieux, dont les sommets sont peints & répresentent des visages d'hommes en relief. Ce Temple n'a d'autre ouverture par où la lumiére y puisse entrer, que la porte & le trou de la cheminée. Mais à l'extremité oposée à la porte, il y a une séparation de nattes fort serrées qui renferme un espace d'environ 10. piés de long & où l'on ne voit pas la moindre lumiére, c'est là qu'est exposée l'idole des Indiens dans une niche que l'obscurité du lieu rend encore plus vénérable; car le jour n'y entre qu'à la faveur d'une des nattes de la cloison que l'on relève, & de cette lumiére sombre qui vient de la porte & du trou qui est au haut du toit. Ces ténébres ne servent pas peu à exciter la dévotion du Peuple ignorant; mais ce qui contribuë davantage à maintenir l'imposture, c'est que d'un côté le principal des Magiciens entre seul dans cette enceinte, & qu'il peut remuer l'image sans que personne s'en aperçoive, pendant que de l'autre un Prêtre se tient avec le Peuple pour l'empêcher de pousser trop loin sa curiosité, sous peine d'encourir les censures & l'indignation du Dieu. C'est ainsi que les Prêtres, abusant de la crédulité des Peuples superstitieux, s'en servent en tout Païs à affermir une autorité usurpée sur les consciences, particuliérement dans les lieux où les devotions exterieures ont pris la place du vrai culte Religieux. Ils font d'un Régne tout spirituel, tel que devroit être celui du Dieu qu'ils servent, un Régne purement temporel, qui est le leur, substituant leurs propres Loix & leurs propres Ordonnances à celles du véritable Legislateur, dont ils anéantissent l'autorité en la partageant. Plus la simplicité est grande dans les Peuples, plus les Ecclesiastiques en tirent avantage pour étendre aussi leur pouvoir. Persuadez qu'ils ne peuvent l'augmenter qu'à la faveur de l'ignorance, ils consacrent cette ignorance en la faisant passer pour la mère de la devotion. Il ne seroit pas nécessaire d'aller jusques dans le Nouveau Monde pour en chercher des exemples. Les Indiens ne sont pas plus zelez dans leur culte Idolâtre, que les Catholiques Romains les plus bigots dans celui qu'ils rendent à leurs Saints; & je trouve dans les uns & dans les autres une égale soumission à pratiquer les austeritez & les penitences que leurs Prêtres leur imposent. Conformité odieuse! qu'on ne peut trop s'étonner que les Missionnaires ne remarquent pas dans tous les lieux où les porte te leur zèle prétendu, & qui sera toûjours un obstacle invincible à la conversion de ces pauvres Idolâtres! Le moïen d'élever leur esprit à un culte tout spirituel, tant qu'ils verront à peu près les mêmes cérémonies & les mêmes usages dans la Religion qu'on leur proposera d'embrasser? Ne s'agit-il donc que de changer l'objet de la superstition pour la rendre Religieuse & sainte? Que gagneroient-ils à changer de domination, si celle du Pontife Romain leur impose un joug aussi dur que celui de leurs Prêtres? Heureux les Indiens de la Virginie, d'être si près du Roïaume des Cieux, par l'avantage qu'ils ont de recevoir le Christianisme épuré de tout ce que Rome y a mêlé d'étranger & de corrompu! Heureuses les Plantations faites sous l'autorité des Puissances Protestantes, si le zèle pour le salut des ames y étoit aussi grand que l'avidité pour le gain! Quelle abondante moisson n'y auroit-il pas à recueillir! Mais ce qu'a si heureusement commencé la pieuse Reine qui a jetté les premiers fondemens de cette Colonie de l'Amerique, le sage Roi qui remplit aujourd'hui le Trône de la Grande Bretagne l'achevera plus heureusement encore. On peut tout se promettre du zèle & des lumiéres de ce Prince, non moins attentif à affermir la Religion, qu'à maintenir la paix en Europe. Le soin qu'il prend de réfréner l'autorité de ceux qui veulent régner sur les consciences, est le plus sûr moïen de ramener les Peuples à JESUS-CHRIST dont le *Régne n'est pas de ce Monde*.

Les Indiens, comme les Catholiques Romains, élévent des autels par tout où il leur arrive quelque chose de remarquable; & ils leur rendent un profond respect, parce que toute leur devotion ne consiste qu'en Sacrifices. Ils en font pour la moindre occasion: s'ils entreprennent un long voïage, ils brûlent du Tabac au lieu d'encens à l'honneur du Soleil pour lui demander du beau tems, & un heureux retour. S'ils traversent quelque Lac ou quelque Riviére enflée par le débordement des eaux, ils y jettent du Tabac, du Peak, ou ce qu'ils ont de plus précieux, pour obtenir un heureux passage de l'Esprit qu'ils croïent présider en ces endroits. De même lorsqu'ils reviennent de la guerre, de la chasse, d'un long voïage, ils offrent une partie de leurs dépouilles au Dieu de qui ils croient avoir été protegez. Ils ont un autel particulier qu'ils honorent plus que les autres; & lorsqu'ils voïagent & qu'ils en rencontrent quelcun, ils ne manquent jamais d'instruire leurs enfans de l'occasion qui l'a fait élever, & du tems auquel on l'a bâti. De sorte que cette tradition répanduë avec soin, conserve la mémoire de ces antiquitez, aussi bien qu'aucun écrit pourroit faire, sur tout pendant que la même Nation habite sur les lieux où se trouvent ces autels.

Ils comptent comme nous par unitez, par dixaines, par centaines &c.; mais ils comptent le nombre des années par celui des Hivers, qu'ils appélent *Cohonks*, du cri des oies qui ne viennent qu'en Hiver dans leur Païs. Ils distinguent l'année en cinq differentes saisons, la 1. est lorsque les arbres bourgeonnent & fleurissent au Printems: la 2. lorsque les épics sont formez & bons à rôtir: la 3. est l'Été: la 4. la moisson, ou la chûte des feuilles: & la 5. l'Hiver ou *Cohonk*. Ils comptent les mois par les Lunaisons sans avoir aucun égard au nombre qu'il y en a dans l'année; mais à leur retour ils les appèlent du même nom, comme la Lune des cerfs, la Lune du grain, la premiére & la seconde Lune de *Cohonk* &c. Ils ne partagent point le jour en heures; mais ils en font trois portions, qu'ils nomment le lever, le montant, & la descente du Soleil. Enfin ils tiennent leurs comptes par le moïen des nœuds qu'ils font à un cordon, ou des coches qu'ils taillent à un morceau de bois.

Nous avons déja remarqué que les Indiens n'ont point de caracteres pour exprimer leurs pensées; de sorte qu'ils ne peuvent avoir de Loix écrites. Aussi l'état où les trouvérent les Anglois n'en demandoit-il pas beaucoup. La Nature & l'intérêt leur avoient apris à obéir à un seul, qui est chez eux l'Arbitre & le Souverain de tout. Ils n'ont aucune terre en propre, mais la Nation jouït en commun de toutes celles qu'ils cultivent. Ils chassent, ils pêchent, & ils cueillent des fruits par tout sans aucune distinction. Le soin qu'ils prennent pour élever leur grain, leurs courges, leurs melons &c. est si peu de chose; d'ailleurs le Païs est si fertile, & il y a tant de terres incultes que ce n'est pas la peine de se disputer pour en avoir; ils n'amassoient rien de tout ce que l'on peut appeler richesses; ils estimoient les peaux & les fourrures pour l'usage, & le *Peak* & le *Roenoke* pour l'ornement. Les titres d'honneur qui leur sont particuliers se réduisent à ceux de *Cockarouse* & de *Werowance*, le premier, qui signifie membre du Conseil du Roi, & le second un Officier militaire: l'un qui a grand' part au gouvernement, & l'autre qui commande tous les partis qui vont à la chasse, en voïage, ou à la guerre. Les Prêtres & les Devins, comme on l'a déja dit, ont aussi une grande autorité; c'est à eux que le Peuple s'adresse en toute occasion pour avoir leurs avis, ce qui joint aux prémices & aux offrandes continuelles qu'on leur donne, les met en état de vivre de la graisse du Païs, & de s'enrichir des dépouilles de leurs compatriotes ignorans.

Pour ce qui est maintenant de l'état présent de la Virginie, les Naturels du Païs sont presque tous éteints, quoi qu'il y ait encore plusieurs Bourgs qui retiennent leur ancien nom; mais ils ne pourroient pas lever tous ensemble cinq cens hommes propres à porter les armes. La Compagnie des Marchands de Londres, qui y fit le premier établissement de la maniére que nous l'avons dit, en donna d'abord le Gouvernement à un Président qui étoit choisi toutes les années par la Colonie, & à un Conseil dont elle nommoit elle même les membres. Les choses demeurérent en cet état, jusqu'en 1610. que la Compagnie obtint un nouvel octroi du Roi, par lequel elle avoit droit de nommer le Gouverneur, qui ne devoit agir qu'avec l'aprobation & l'avis du Conseil. Dix ans après on convoqua pour la premiére fois une assemblée générale de membres députez de tous les endroits du Païs où les Anglois avoient des plantations, pour régler conjointement avec le Gouverneur & le Conseil toutes les affaires publiques de la Colonie, ce qui servit à perfectionner la forme du Gouvernement. La Compagnie étant ensuite venuë à se dissoudre, le Roi laissa l'administration des affaires au Gouverneur, au Conseil & aux Députez, & l'on donna le titre d'Assemblée générale à ce Corps. Cette Assemblée traitoit de toutes les affaires importantes de la Colonie, & faisoit des Loix que le Gouverneur & le Conseil étoient chargez de faire exécuter. C'étoit le Roi qui nommoit ce Gouverneur, & les membres de ce Conseil, & le Peuple élisoit ses Députez à l'Assemblée générale. Mais le Gouverneur obtint ensuite un pouvoir si étendu, que son aprobation devint absolument nécessaire dans toutes les affaires qui se traitoient, quoi que d'ailleurs il fût obligé de prendre l'avis du Conseil. Tel fut l'état de la Colonie, jusqu'à la Rebellion qui éclata en 1676. & qui fut si funeste aux Anglois. Ce n'est pas ici le lieu d'en faire l'histoire qui nous méneroit trop loin. Je dirai seulement qu'on l'attribuë à quatre causes que je raporterai en peu de mots. 1. L'excessive mediocrité de la valeur du Tabac, & le préjudice qu'on faisoit aux propriétaires dans leurs échanges, sans que tous les efforts de l'Assemblée y pussent remedier. 2. Le partage de la Colonie en diverses donations que le Roi Charles II. avoit faites à quelques Seigneurs de sa Cour, contre la teneur des Chartes originales, & les charges exorbitantes que la Colonie étoit obligée de païer pour les amortir. 3. Les Restrictions que le Parlement d'Angleterre mit sur tout le Commerce de ce Païs-là, & 4. Les troubles excitez par les Indiens, qui habitoient vers la tête de la Baïe, & par ceux des frontiéres.

Les premiers avoient un Trafic règlé avec les Hollandois établis à *Monadas*, aujourd'hui la Nouvelle York, & dans le voïage qu'ils y faisoient tous les ans, ils avoient coûtume de passer par les frontiéres de la Virginie pour acheter des peaux & des fourrures des Indiens qui demeuroient au Sud. Ils en vendoient même une partie aux Anglois, & portoient le reste à Monadas. Ce Trafic continua sans interruption tant que les Hollandois occupérent cette place. Mais lorsque les Anglois en furent devenus les Maîtres, & qu'ils eurent apris les avantages que les Naturels de la Virginie retiroient de leur Commerce avec les Indiens de la Baïe, les premiers inspirérent à ceux-ci une telle haine pour les Anglois, qu'au lieu de continuer paisiblement leur négoce, comme ils avoient fait plusieurs années de suite, ces Indiens ne retournérent plus que pour commettre des brigandages & des massacres. Ceux des frontiéres n'étoient pas mieux intentionnez, ils apréhendérent que les découvertes que le Chevalier Berkeley méditoit avec l'aprobation de la Compagnie ne servissent à leur enlever le reste de leurs profits. Ces soupçons les rendirent fort incommodes à leurs voisins, qui, surpris, de leur côté, de l'émotion extraordinaire qu'ils voïoient parmi les Anglois, s'imaginérent qu'on machinoit quelque chose contr'eux & s'enfuirent à leurs Habitations les plus éloignées. Leur retraite confirma les Anglois dans la pensée que ces Indiens étoient les auteurs des brigandages dont on a parlé, & il n'en falut pas davantage pour engager le Peuple dans une guerre ouverte contr'eux. Le Commerce étant d'ailleurs devenu à charge par les raisons que nous avons dites, dégoutoit quantité d'ouvriers qui ne demandérent pas mieux que de servir comme volontaires contre les Indiens. Il ne manquoit qu'un Chef à ces troupes mutinées. Nathanael Baçon, jeune Gentilhomme actif & hardi se mit à leur tête, & les commanda en qualité de Général. Il se revolta même contre le Gouverneur qui ne vouloit pas favoriser ses desseins factieux; & cette guerre intestine auroit eu des suites plus fâcheuses encore, si la mort de ce Chef n'eût mis fin à ses ambitieux desseins. Les Mécontens desunis par la perte de leur Général sur la bravoure duquel ils comptoient, commencérent à se quereller, & alors chacun ne pensa plus qu'à faire sa paix.

Jusques-là le Gouverneur n'avoit pas le pouvoir de suspendre ni de casser aucun des membres du Conseil, mais il l'obtint alors, avec cette clause qu'il donneroit de bonnes raisons de sa conduite à cet égard, & qu'il répondroit au Roi de la validité de ses accusations. Cependant la Colonie obtint aussi une Charte, par laquelle Sa Majesté lui confirmoit, qu'elle seroit toûjours gouvernée par l'Assemblée générale, avec cette clause de plus, que si le Gouverneur venoit à mourir ou à être démis de sa charge, sans qu'il y eût dans le Païs une autre personne nommée pour lui succéder, alors le Président ou le plus ancien des Conseillers, assisté de cinq autres membres du Conseil, se chargeroit de l'administration des affaires. Avant l'année 1680. le Conseil s'assembloit dans la même chambre avec les Députez du Peuple; ce qui aprochoit beaucoup de la forme du Parlement d'Ecosse. Mais quelques démêlez qui s'élevérent entr'eux engagérent le Conseil à ne se joindre plus avec les Députez; en sorte qu'ils se séparérent en deux Chambres distinctes à l'exemple du Parlement d'Angleterre; & cette séparation a continué jusqu'à présent. C'est le Roi qui nomme le Gouverneur, & qui lui donne la commission sous le sceau privé & durant son bon plaisir. Il y a outre cela deux autres Officiers principaux, qui reçoivent leur commission du Roi immédiatement, savoir l'Auditeur des comptes des revenu publics, & le Secretaire d'Etat. Les revenus publics sont de cinq sortes. 1. Une rente que S. M. se réserve sur toutes les terres données par Lettres Patentes. 2. Un revenu accordé à S. M. par Acte de l'Assemblée pour l'entretien du Gouvernement. 3. Un fonds établi par l'assemblée & dont elle dispose pour des occasions extraordinaires. 4. Un autre fonds qu'elle a donné au Collége établi à Williamsbourg. 5. Un revenu qui se lève par Acte du Parlement d'Angleterre sur le Commerce de la Virginie.

Les Chrétiens de toutes les Nations jouïssent en Virginie d'une entiére liberté, & à leur arrivée ils ont droit *ipso facto* à tous les Privilèges du Païs, pourvu qu'ils prêtent serment de fidelité à la Couronne & au Gouvernement. Tous les François refugiez que le Roi Guillaume y envoïa à ses frais & dépens sont naturalisez; les autres qui le veulent être n'ont qu'à s'adresser au Gouverneur, qui leur en donne d'abord un certificat sous le sceau de la Colonie. On ne jouït des terres en ce Païs-là qu'à titre de roture, & on les acquiert par des Lettres Patentes sous le sceau de la Colonie, & l'attestation du Gouverneur avec le consentement du Conseil. Il y a trois differentes voïes pour en obtenir: 1. par une juste prétention & par arpentage. 2. en présentant requête pour demander les terres d'une personne déchuë de son droit. 3. en demandant aussi par Requête des terres confisquées. Par la Charte Roïale, toute personne qui se transporte dans ce Païs a droit à 50. Acres de terre, c'est-à-dire qu'un homme qui y améne sa Famille peut en avoir la même quantité pour sa femme & pour chacun de ses Enfans. On les obtient à titre de fief absolu, à condition de païer une rente foncière de 12. sols pour chaque cinquante acres, & d'y planter ou de s'y établir dans l'espace de trois ans, selon la Loi du Païs: c'est-à-dire de défricher un acre de terre, d'y semer du grain, ou d'y bâtir une maison & d'y tenir du bétail une année de suite, après quoi l'on ne doute point que le Possesseur ne s'y habitue tout-à-fait, parce qu'il ne voudroit pas perdre son bétail, qui, après avoir goûté le pâturage de ces nouvelles Plantations, ne s'accoûtume qu'avec beaucoup de peine à celui des autres. C'est ainsi que ce beau Païs déja si cultivé par l'industrie des Anglois & des François qu'ils y ont reçus avec eux, deviendra encore plus florissant par le soin qu'on prendra de profiter de sa fertilité naturelle; & que ce nouveau Monde enrichi des arts & des découvertes de celui-ci récompensera liberalement de ses trésors la peine qu'on aura prise de l'aller chercher si loin.

DES-

DESCRIPTION DE LA PÊCHE, HABILLEMENS, HABITATIONS, [MA]NIÈRES DE VIVRE, SUPERSTITIONS ET AUTRES USAGES DES INDIENS DE LA VIRGINIE; LE TOUT FIDELLEMENT EXTRAIT DES [MÉ]MOIRES ET DES DESSEINS QUI EN ONT ÉTÉ TIREZ SUR LES LIEUX

CARTE QUI CONTIENT UNE DESCRIPTION DES ILES & TERRES QUE LES ANGL[OIS POS]SEDENT DANS L'AMERIQUE SEPTENTRIONALE, ET EN PARTICULIER DE LA JAMAIQUE

DES ILES BARBADES, DE LA NOUVELLE ANGLETERRE, DES BARMUDES, de la CAROLINE, de la PENSILVANIE, et de NEW-FOUNDLAND, [...] DE CHAQUE PAIS, DU TEMS DE SA DÉCOUVERTE, DE SES DIFFERENTES PRODUCTIONS, et de la NATURE du COMMERCE QUI S'Y FAIT.

CARTE CONTENANT LE ROYAUME DU MEXIQUE ET LA FLORIDE,
Dressez sur les meilleures observations & sur les Mémoires les plus Nouveaux.
Echelle
CANADA ou NOUVELLE FRANCE
LAC ONTARIO
LAC ERIE
ACADIE
le Grand Banc de Terre Neuve
GRAND TEGUAIO
NOUVEAU MEXIQUE
FLORIDE
MER DU NORD
ISLES LUCAYES ou DE BAHAMA
Tropique du Cancer
GOLFE DU MEXIQUE
YUCATAN
ST. DOMINGUE
PORTO RICO
ISLES ANTILLES
HONDURAS
AMERIQUE MERIDIONALE
TERRE FERME
MER DU SUD OU MER PACIFIQUE
REMARQUE.

PREMIERE DISSERTATION SUR LE MEXIQUE, OU LA NOUVELLE ESPAGNE.

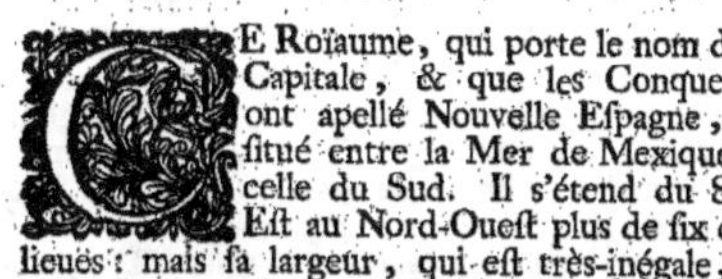

CE Roïaume, qui porte le nom de sa Capitale, & que les Conquerans ont apellé Nouvelle Espagne, est situé entre la Mer de Mexique & celle du Sud. Il s'étend du Sud-Est au Nord-Ouest plus de six cens lieues : mais sa largeur, qui est très-inégale, ne répond point à sa longueur. Ses bornes sont à l'Est la Mer & le Golfe de Mexique; au Nord, la Floride & le Nouveau Mexique; au Midi & au Couchant, la Mer du Sud.

Quoique ce Païs-là soit placé dans la Zone brûlante, il ne laisse pas d'être fort temperé; l'Air y est très-bon; & pour peu, dit un Géographe, qu'on se mette à l'ombre, on s'y trouve aussi fraîchement qu'en France. Il est vrai que le vent & la pluïe, qui regnent là souvent, & même quelquefois d'une grande force, contribuent beaucoup à cette douce & saine temperature. Le Mexique abonde en Froment, en Maïs, en pâturages, & en productions delicieuses. L'Arbre, nommé Maquei, ou Muguei, n'a pas son semblable; & si on ne nous en impose point, il vaut lui seul une petite metairie : imaginez-vous que cet admirable vegetatif fournit à la fois, de son fond, du Vin, du Vinaigre, du Miel. du Fil, des Eguilles, des Etofes, & du Bois, *voire* propre à bâtir, n'en est-ce pas assez pour nourir & entretenir son homme ? Il n'y manque que le pain.

Cette fertilité Mexiquaine s'étend sur bien d'autres choses : le Coton, la Laine, la Soïe, le Baume, le Sucre, le Sel, & le Cacao, espèce d'amande dont on fait le Chocolat. Il y a des chevaux de façon, & tous d'engeance Espagnole. Les Vaches, les Brebis, les Truïes, si je ne me trompe, & les Chevres y multiplient deux fois l'an; & les quadrupedes, ou bestiaux y foisonnent en si grande quantité, qu'on est obligé d'en tuer uniquement pour le Commerce des cuirs; & on laisse ces animaux écorchez aux Bêtes & aux Oiseaux de proïe. Entre les volatils le Cincon est d'une espèce toute singuliére, moins gros qu'un hanneton, son plumage est d'une beauté surprenante : cette petite merveille de la Nature vit de rosée & de l'odeur des fleurs; & s'attachant à une branche au mois d'Octobre, il y dort tranquilement, & ne se reveille qu'au mois d'Avril. Ce Païs-là est des plus riches : l'or & l'argent y sont fort communs; on en tire des mines, qui sont nombreuses; on en pêche dans les Riviéres; & néanmoins, quoi que ces metaux abondent, le Cacao y sert ordinairement de monnoïe courante, tant il est vrai que la valeur de la matiére consiste dans l'opinion; & que les choses n'ont de prix, que ce qui plaît aux Hommes de leur en donner.

En général les Mexicains ont leurs bons & leurs mauvais endroits. Ils sont, dit-on, honnêtes & de bon commerce; ils sont civils & traitables avec les Etrangers; ils ont beaucoup de franchise, d'amitié & de generosité. Mais on les taxe de paresse, & d'un trop grand penchant à la vangeance. Assez bien partagez du côté de l'esprit, ils ont du genie pour la Musique Instrumentale & pour la Peinture; faisant aussi des tableaux avec les plumes de leur admirable Cincon. Ils excellent en ciselure d'Orfevrerie; & ils font dans ce genre-là des Ouvrages où l'or se trouve si bien raporté sur l'argent, ou l'argent sur l'or, que les Connoisseurs trouvent cela dans la derniére perfection. Passons à l'Histoire.

Il n'y avoit en Amerique, quand on la decouvrit, que deux Etats auxquels on pût donner le Titre de Roïaume, le Mexique & le Perou; le premier Electif & l'autre Hereditaire. Les Incas, moins magnifiques & moins superbes, mais plus riches & plus anciens que la Monarchie Mexiquaine, montoient sur le Trône par droit de Naissance & de Succession; & au lieu de Couronne, ils avoient sur la tête un bourelet rouge de laine fine qui leur pendoit au milieu du front. Au contraire les Mexiquains se choisissoient un Maître;

tre; & chez eux la marque du pouvoir suprême, c'étoit une espèce de Couronne qui, coupée par derriére, & haute par devant, s'élevoit en pointe comme une mître d'Evêque.

Cette Nation aimoit la guerre: les Postes de la milice étoient les plus considerez; & la Noblesse ne s'aqueroit que par la bravoure. Les armes ordinaires de ces Peuples aguerris, étoient anciennement des rasoirs ou de certains caillous tranchans & pointus, dont ils garnissoient un bâton; de grosses & pesantes massues; des piques & certains javelots qu'ils lancoient avec une adresse inimitable: mais ils se servoient ordinairement de pierres. L'armure defensive consistoit en petits boucliers, & en figures de casques emplumez. Leur harnois étoit une peau de Lion, de Tigre, ou de quelque autre bête sauvage.

Lorsqu'ils marchoient à l'ennemi, on portoit à la queuë de l'Armée l'Etendart; & avant le combat on avoit soin de le placer sur une éminence d'où on pouvoit le voir de tous côtez, ce qui se pratiquoit apparemment pour animer le Soldat. Le Porte-Etendart étoit toûjours un vieux & vaillant Capitaine: on y attachoit deux fleches; & c'étoit pour éprouver superstitieusement la Fortune; car sur le point d'en venir aux prises, on tiroit une de ces fleches contre l'ennemi qui osoit avancer le plus: s'il étoit tué, c'étoit un présage infaillible pour la Victoire, & on la chantoit d'avance: mais quand l'instrument meurtrier n'attrapoit que de l'air, on ne comptoit presque plus sur la réüssite. Cet Augure ne valoit-il pas bien celui des poulets, des oiseaux, & de toutes les anciennes sotises des Aruspices?

Motezuma, ce fameux Monarque, qui tout belliqueux, tout puissant qu'il étoit, succomba honteusement sous les efforts d'une poignée d'étrangers, & dont la chute fut si glorieuse à un Heros, ou plûtôt à un Paladin Espagnol, c'est le célèbre Hernand Cortez: Motezuma, dis-je, avoit perfectionné sa Cavalerie: pour mieux inspirer l'émulation, il avoit institué des Ordres Militaires qui étoient comme des Commanderies; les distinguant par des marques d'honneur. La plus considerable étoit celle que portoient quelques Chevaliers, d'une Couronne de leurs cheveux, attachée avec une petite bande rouge, & un beau bouquet de plumes, d'où sortoient d'autres branches, & des bourelets de plumes qui leur pendoient sur les épaules. Chaque Chevalier avoit autant de ces glorieuses Pendeloques qu'il avoit fait de prouesses connues au Prince; le Prince lui-même étoit membre & confrere de l'Ordre. La seconde Chevalerie s'apelloit des Lions & des Tigres; & on y enrôloit les plus hardis & les déterminez, à peu près comme les Enfans perdus. La troisième étoit les Chevaliers Gris; & tous ces Ordres avoient des apartemens dans le Palais Roïal.

Si vous êtes curieux d'apprendre l'origine de cette Monarchie, il y a moïen de vous contenter, & voici comment. Les anciens Naturels du Païs en question, vivoient d'une maniére tout-à-fait sauvage, & beaucoup plus en bêtes qu'en hommes. Meprisant le travail & les fruits de l'Agriculture, toute leur occupation étoit de faire la chasse aux Bêtes fauves, aux Oiseaux, aux Serpens, aux Lezards; & même à prendre des vers, tout cela leur servant de nourriture en y joignant des herbes & des racines, telles que la Nature les donne: ils dormoient dans les buissons, dans les cavernes; ou pour mieux dire, ils se couchoient pour dormir, où le sommeil les prenoit. Les Femmes ne vivoient pas autrement que les Hommes; & pour accompagner leurs maris à la chasse, elles mettoient leurs enfans dans de petits paniers de jonc, & les laissoient ainsi pendus à des branches, pour les reprendre au retour. Cette Nation, qui d'ailleurs n'avoit ni Foi ni Loi, & qui ne tenoit à rien, s'étant avisée de se transplanter ailleurs, ce bon Païs fut habité quelque tems après par d'autres Peuples, venus des endroits les plus reculez au Nord, & nommez Navatlacas, c'est-à-dire, *Gens qui parlent bien.* Là sont les Provinces d'Atzlan, ou *Lieu des Herons*; & de Tuculbeacan, qui signifie *Païs des divins Ancêtres.*

Ces Peuples étoient separez en sept differentes Nations. Les Navatlacas ont par tradition qu'ils sortirent de sept Cavernes, l'an neuf cens deux, selon notre compte, pour venir s'établir dans ce qu'on nomme à présent le Mexique. Les Suchimilcas, ou *Gens de semence de fleurs*, s'étant habituez sur les bords du grand Lac du Midi, bâtirent une Ville de leur nom, & plusieurs Villages. Ceux de la dixième Caverne, nommez Chalcas, ou *Gens de bouche*, y firent aussi une Peuplade; & on leur marqua des bornes. Les Tapanicas ou *Gens de Pont*, eurent le rivage Occidental du Lac, & bâtirent une Ville qu'ils nommérent Azcapuzalco, c'est-à-dire *Fourmillere.* Les Culbuas, ou les *Courbez* peuplerent Texeuco. Ainsi tous ces Peuples occupérent le grand Lac, les uns à l'Orient, & les autres au Septentrion.

Les Tlallucas, ou *Gens de la Montagne*, se transportérent à l'opposite; & ils y trouvérent un grand Païs où la chaleur du Climat n'empêchoit point la fertilité. Les Tlascaltecas, c'est-à-dire *Hommes de pain*, passérent de la Montagne vers l'Est, par une autre Montagne qui jette du feu, entre les Villes de Mexique, & des Anges; & en bâtirent une qu'ils apellérent Tlaxcallan, ou Tixcallan qui signifie *une vallée entre deux Montagnes*; & Tlaxcallan, *un Païs bien fait*, par la raison que le Coutli, ou Grain, abonde là plus que dans tous les autres endroits. Cette derniére Nation trouva des obstacles à son établissement: car les anciens Habitans, que l'Histoire fait d'une taille énorme, ne voulant pas souffrir ces nouveaux venus, leur declarérent la guerre. Mais les Tlascaltecas usant de mauvaise finesse contre la force, invitérent leurs Hôtes à un grand repas; & aiant trouvé le moïen, peut-être dans l'ivresse, de les desarmer, ils massacrérent tous ceux qui ne purent fuir, & demeurérent Maîtres du Païs.

Ces Peuples donc nouvellement transplantez, resolurent de vivre en bons voisins; & puis mêlant leur sang par le mariage de leurs Enfans, ils contractérent une union intime; ils convinrent d'une certaine Police; enfin ils tracérent le plan d'une Republique. Trois cens deux ans après la sortie de ces Peuples, les Atzlanois & les Tuculhuacanois étant après de grandes difficultez, parvenus jusques dans cette Region-là, passérent à Mechvacap, à Malinalco & à Chapultepec, à une lieuë du Mexique: comme les premiers occupans

pans ne manquerent pas de les attaquer, on en vint bientôt aux prises : mais les derniers venus l'emporterent ; & faisant un grand carnage de leurs agresseurs, ils pousserent la barbarie jusqu'à leur arracher le cœur ; &, par une plaisante imagination, source feconde de toutes les Traditions fabuleuses & ridicules, leur Posterité s'est mis en tête, que de cet arrachement de cœurs, nâquit une certaine plante qu'ils apellent Tuna. Enfin ces vainqueurs fonderent le Roïaume dont il s'agit ; puisque ce furent eux qui mirent en être Tenoxitla, ou Mexique, du nom de Mexi leur Général.

Quelque tems après, ces Conquerans, qui avoient subjugué les Chalcas, eurent envie d'obéïr à une femme : ils avoient donc deja choisi pour Princesse, la fille du Roi de Culhuacan : mais leur Dieu Virziloputhli, qui apparemment en étoit épris, voulant l'immortaliser, pour la rendre digne de son divin lit, leur conseilla de l'écorcher toute vive, ce qui fut executé ponctuellement. Aiant fait un si beau sacrifice, ils s'appliquerent à faire de Mexique une Place forte, ou du moins à la mettre hors d'insulte ; & ce n'étoit pas peu de chose : ils se separerent en Cantons comme les Suisses, & se mirent en reputation de bravoure. Ces Usurpateurs n'étoient pourtant pas sans inquiétude : ils nourrissoient dans le sein de leur Republique naissante quantité de rebelles & de mécontens ; leurs voisins étoient en état de les attaquer ; & d'ailleurs il étoit à craindre que le Roi de Culhuacan ne leur demandât raison de l'écorchure : ils prirent donc des précautions pour se garantir de tous ces dangers.

Dans cette vuë-là, sur une longue & mûre déliberation il fut conclu, à la pluralité des voix, de changer le Gouvernement Republiquain en Monarchique, & de prendre un Prince du sang Mexicain ; qu'on choisiroit pour Roi le nommé Acamapixtli, c'est-à-dire fagot, ou poignée de roseaux ; & qu'on feroit prier, par une belle Ambassade, le Monarque de Culhuacan, d'accorder une de ses filles, pour épouse au nouveau Roi. Acamapixtli remplit parfaitement les esperances qu'il avoit données : ce premier, ou second Roi de Mexique, car la chose n'est pas tout-à-fait sûre, & quelques-uns lui donnent un Prédécesseur : ce Roi, dis-je, aneantit les efforts des voisins ; il affermit son Etat ; il rendit ses Peuples heureux ; & après un Règne de quarante années, il nomma, pour son Successeur, celui qu'il jugea le plus digne de la Couronne.

Un choix si beau & si desinteressé n'eut néanmoins point de lieu. Les Sujets, par reconnoissance pour le defunt, mirent sur le Trône Vitzilovitli, ou *Plume* riche, son fils, se promettant que ce Prince, aiant herité du merite Roïal de son Pere, gouverneroit avec la même sagesse & la même équité. Le premier soin fut de marier le jeune Monarque par une Alliance également honorable & importante. Vous saurez que leur Couronne étoit *feudataire* de celle des Tapanecas, qui exigeoient de leurs voisins des tributs si considerables, que les Mexicains n'y pouvoient fournir : ceux-ci demanderent donc la Fille de leur Seigneur *Suserain* & l'obtinrent. On amene la Princesse, & Vitzilovitli l'épouse, c'est-à-dire qu'on noua le bout du manteau de l'un avec le bout du voile de l'autre ; car c'étoit-là tout le mistère des *Epousailles*, comme nous le dirons dans la suite. Cette Reine s'apelloit Ayamchiquel : la Couche Roïale produisit un Prince ; & comme ces Peuples s'arrêtent beaucoup à l'Augure des noms, on nomma le nouveau né Chilmalpopoca, c'est-à-dire *Bouclier qui jette fumée*.

En faveur de cette naissance le Roi des Tapanecas déchargea les Mexiquains de la *Relevance* & du Tribut : mais la joie fut courte ; car la Reine ne survécut guère à son heureux accouchement. Vitzilovitli régna treize ans ; & sa mort fut une perte pour ses Sujets : c'étoit un Prince pacifique, grand & rare trésor ! Il vivoit en alliance avec ses voisins ; s'attachant à remplir les engagemens de sa dignité : la Ville de Mexique lui fut redevable de son opulence & de son agrandissement.

Chimalpopoca fut couronné à dix ans ; & probablement son Conseil se chargea de l'Administration publique. Cependant l'augmentation de puissance produisit l'ingratitude chez les Mexiquains ; & ils en agirent mal avec les Tapanecas leurs Bienfaicteurs : ils allerent même jusqu'à vouloir les traiter en Esclaves ou du moins en Vassaux : car aiant resolu de faire un Canal depuis Chalpultepec jusqu'à Mexique ; & cela pour pouvoir se passer de la mauvaise eau du Lac, ils prétendoient forcer leurs voisins à ce penible travail.

Les Tapanecas indignez d'un si mauvais procédé, chercherent l'occasion de faire éclater leur ressentiment, & ne la trouverent que trop tôt. En effet se vangeant d'un defaut de reconnoissance, par une sceleratesse des plus noires ; aiant trouvé le moïen d'entrer la nuit dans le Palais Roïal de Mexique, ils pénetrerent jusques à l'Apartement du Monarque ; & le voiant endormi, & très-mal gardé, ils l'immolerent à leur fureur. Telle fut la triste & cruelle destinée du petit Chimalpopoca.

Le forfait fut bientôt suivi d'une vangeance afreuse. Les Mexicains, après avoir couronné Iscoati autre fils d'Acamopixtli, marchent contre les meurtriers de leur Roi ; ils forcent la Capitale ; & par ordre du Général Tlacaellec, ils la pillent, ils égorgent, ils massacrent tout sans épargner ni âge ni sexe. Ceux qui s'étoient sauvez dans les Montagnes, contraints de se rendre à discretion, racheterent leurs vies par la perte du bien & de la liberté, tous étant tombez dans les chaines du Vainqueur.

Les Villes de Tacuba & de Cuïoacan n'eurent pas un meilleur sort : elles furent ruinées ; un grand Temple reduit en cendres ; & outre un nombre innombrable de Prisonniers, ou plûtôt d'Esclaves, ces Destructeurs revinrent chargez d'un butin prodigieux, consistant en habits, en armes, en plumes, en vaisseaux d'or & d'argent, & en pierreries. Ces heureuses & feroces Expeditions ne faisant qu'irriter l'appetit Conquerant de ces Barbares, ils entreprirent d'assujettir encore d'autres Nations ; & ils en vinrent à bout. On juge bien que par là, les Mexicains repandoient de toutes parts la terreur & l'effroi : mais le tonnerre gronde déja sur eux ; & ils auront bientôt leur tour.

Pendant tous ces Exploits qui meritent mieux le nom de Brigandage que de Victoire, le Roi Iscoali descend chez les morts ; & Motesuma, neveu de Tlacaellec monte sur la Scène où il va jouër un un grand rôle. Il avoit l'ame guerriere ; & en effet dès qu'on l'a placé sur le Trône, il trouble le repos de ses voisins. Dans la guerre qu'il fit aux Chalcas il arriva un fait extraordinaire. Ces Peuples aiant fait prisonnier le Frere du Monarque, vouloient en faire leur Roi, soit pour l'opposer aux Mexiquains, soit pour se faire un merite auprès de Motezuma, & l'engager par reconnoissance à leur accorder la paix.

Ce jeune Prince refuse genereusement une offre si *chatouillante :* mais voïant qu'on le pressoit, jusqu'à l'importunité, d'accepter la Couronne, & que, ni par raison, ni par priere, il ne pouvoit detourner le coup, alors agissant comme si effectivement il avoit été revêtu de l'Autorité Roïale, il commande qu'on dresse un arbre au milieu de la grande Place de *Chalco* & de menager sur la cime de l'Arbre une espèce de petit Théatre sur lequel il pût monter. Le Peuple, s'imaginant d'abord que cela se pratiquoit au Couronnement des Rois de Mexique, exécuta, sans delai, l'ordre du noble & important Prisonnier. Mais qu'ils devinoient mal les bonnes gens ! Le jeune Seigneur, tenant une guirlande, étant monté legerement comme sur un échafaut, faisant approcher quelques Mexicains mêlez parmi la foule des Spectateurs, fit cette harangue, courte à la verité, mais d'une Morale Heroïque : *Nos Ennemis nous doivent être toûjours suspects. Il y a plus de gloire à mourir qu'à les assister. La Couronne est toûjours honteuse quand elle est le prix d'une trahison.* En même il se precipite ; & tout le monde apparemment se reculant, on le laissa perir par le poids de sa chute. Les Chalcas surpris du courage invincible de ce Prince ; mais d'un autre côté chagrins d'avoir été dupes, & d'avoir manqué leur coup, se jetterent, comme des enragez, sur les pauvres Mexicains, qui ne pouvoient *mais* de l'Heroïsme de leur Prince, qui, par parenthese, dans cette occasion-là avoit agi avec plus d'élevation d'ame que de prudence. Mais ce massacre ne demeura pas long-tems impuni.

Motezuma I. jeune Roi qui avoit trop de cœur pour dissimuler une barbarie si injurieuse à sa Couronne, & à la Nation, secouru des Conseils & de l'experience de Tlacaellec, son Oncle, marcha contre les meurtriers, & les battit si bien qu'il se rendit Maître de leur Etat. Ce Monarque, emporté par l'attrait de la Victoire, porta ses Armes jusqu'aux Mers du Sud & du Nord ; &, par des Conquêtes importantes, il étendit beaucoup son Empire, de l'un & de l'autre côté. Ce Motezuma regna vingt-huit ans ; &, outre ses Expeditions militaires, il se distingua dans son Administration, en créant des Officiers de Guerre, des Magistrats de Police ; mais sur tout en faisant bâtir le somptueux & magnifique Temple du Soleil dont nous parlerons ci-après.

Après la mort de ce Prince, on offrit le Sceptre à Tlacaellec : mais ce grand Général, qui d'ailleurs devoit être fort âgé, content d'être jugé digne du Trône, refusa modestement d'y monter. Il proposa Ticocic, Fils de Motezuma, consequemment son arriere-Neveu ; & son choix fut unanimement accepté. Ticocic ne fit honneur ni à son Sang, ni à sa Dignité ; & soit qu'il abusât du Pouvoir Souverain ; soit qu'il y eût de l'indolence & de l'inhabileté dans son fait, on s'en défit par le boucon.

Le Peuple nomma pour Successeur Ayaxaca, Frere du Monarque empoisonné. Or suivant la coutume, qui, néanmoins ne pouvoit pas être fort ancienne, un Roi élu étoit obligé avant le Couronnement, de se signaler par quelque action d'éclat. Cet usage-là étoit apparemment une injustice criante : & il faloit peut-être sur le simple droit de l'épée, aller troubler des gens qui ne pensoient qu'à vivre en repos. Ne croïez pas que Ayaxaca s'amusât à ses voisins : voulant faire bien loin son Chef-d'œuvre de Conquerant & de Perturbateur, il attaqua le Roïaume de Tequantebec, à deux cens lieuës du Mexique ; & comme la Fortune ne favorise que trop souvent la violence & l'oppression, il vint à bout de son entreprise.

En effet, quoi que les *Attaquez*, qui aux approches de la tempête, s'étoient mis sur la defensive, fissent une vigoureuse résistance, les Mexicains, aiant pris la Capitale, la detruisirent rez pié rez terre ; & sans respecter la Religion des vaincus, ils raserent aussi leur Temple. Le pis de l'affaire, c'est qu'outre les riches depouilles dont les Destructeurs revinrent chargez, ils amenerent un nombre prodigieux de Prisonniers : c'étoient autant de victimes destinées au Soleil : on les égorgea tous devant l'Idole de ce Dieu prétendu, & l'horrible Sacrifice s'étant fait lors de l'exaltation du nouveau Monarque, cette copieuse effusion du Sang Humain donna un relief abominable, un éxecrable lustre à la cérémonie du Couronnement. Les suites d'un présage si funeste furent pourtant heureuses : Ayaxaca fut cheri de ses Sujets : mais la mort le leur enleva trop tôt ; car il ne règna qu'onze ans.

Autzol, non de la Maison regnante, mais un des premiers du Roïaume, lui succéda du consentement & aux acclamations de tout le Peuple. A son avénement sur le Trône, il débuta par mettre à la raison certains Rebelles, qui, non contens de refuser les Tributs, voloient les bons Sujets qui se mettoient en chemin pour les païer. Ce Monarque eut des guerres à soûtenir, & s'en tira toûjours avec avantage. Il eut même le bonheur d'étendre sa Frontiére jusqu'au Guatimala, Roïaume à trois cens lieuës du sien. Sans marquer la durée de son Regne, on le termine en disant que Autzol fut Pere de Motezuma ; que celui-ci, qui remplit sa place, fut revêtu des ornemens Roïaux ; & qu'entr'autres choses on lui perça le bout du nez pour y attacher une émeraude, suivant l'usage. Ce fut sous ce Prince, à qui on donne assez mal à propos le surnom de Grand, que se fit la Revolution : ainsi nous sommes au plus curieux endroit de la matiére présente.

On ne convient pas que Motezuma fut fils du Roi Autzol ; & l'Auteur Espagnol, qui a écrit avec beaucoup d'art & de finesse l'Histoire de la Conquête du Mexique, nous insinuë tout le contraire. Voici ce que cet Ecrivain, que je croirois encore plus judicieux, s'il avoit moins donné dans la superstition, debite sur ce grand sujet.

Motezuma, l'onzième Roi, & le second du nom, étoit du Sang Roïal : dès qu'il fut en âge d'entrer dans le service, il s'y distingua par des exploits éclatans ; & montant par degrez jusqu'aux premiers postes, il s'y soûtint avec un applaudissement universel. Cette haute réputation s'accommomodoit parfaitement avec son penchant ambitieux, il s'appliqua de son mieux à la bien ménager. Revenu donc à la Cour, & s'y voïant regardé comme le Heros du Tems, il crut qu'on ne pouvoit, avec justice, lui preferer aucun Competiteur quand la Couronne seroit vacante.

Ce jeune Seigneur, pour seconder la Fortune & pour travailler lui-même à son chemin, emploïa tout ce qu'il avoit d'adresse à se faire des amis, les regardant alors comme le plus grand bonheur de la vie : il suivoit en cela les maximes de la Politique, qui, quoi qu'un grand Art, ne laisse pas de se fourer quelquefois chez les Barbares; ou plûtôt qui dégenere elle-même en ferocité, quand ce qu'ils nomment Raison d'Etat, l'emporte sur la saine & droite raison. Motezuma affectoit dans toutes les occasions autant d'obéïssance que de vénération pour son Roi. Sa conduite étoit sage & modeste; ses actions & ses paroles composées; ses maniéres graves, & sa conduite toûjours uniforme. On disoit de lui que son nom lui convenoit; Motezuma signifie *le Prince sévere*. Mais il savoit adoucir, par de grandes largesses, cette rigidité de naturel ou d'affectation.

Il emploïoit encore un autre ressort dans sa machine, & ce n'étoit pas le moins efficace, j'entens le dehors & le masque de la Religion. Nôtre ambitieux, n'ignorant pas que c'est-là le moïen le plus sûr & le plus puissant pour s'emparer des esprits superficiels, & pour avoir l'ascendant sur le sot & credule Vulgaire, n'omettoit rien pour aquerir la reputation de zèlé, d'homme attaché au maintien du Culte, enfin, pour s'attirer le bruit, & l'admirable manteau de devot. Dans cette vûë-là, *le bon Apôtre*, car l'Hipocrisie est de tout Païs, choisissant *l'Eglise* la plus en vogue, & où apparemment il *s'operoit* plus de miracles, il y fit pratiquer un apartement, en forme de Tribune : là exposé à la vûë de la foule, il emploïoit, dit ingenieusement l'Historien, plusieurs heures à recevoir les vrais, les sincéres applaudissemens qu'on donnoit à sa fausse piété, & à consacrer entre ses Dieux l'Idole de son ambition. Que ce *Tartuffe* Païen a dans le Christianisme d'imitateurs de tout rang, & de toute condition!

Des maniéres si concertées lui attirerent la vénération publique; & après la mort du Roi, qu'on ne dit nullement son Pere, il fut choisi tout d'une voix par les Electeurs; & le Peuple en fit paroître tout l'épanchement dont cette bête de somme est capable en pareil cas. Dans cette importante occasion l'Imposteur joüa, en habile Comedien, son rôle d'Hipocrisie : il se cacha longtems, tremblant de n'être pas trouvé; & il ne se rendit qu'après toutes les grimaces nécessaires pour se faire souhaiter plus ardemment. Ne vous semble-t-il pas voir un Abbé de Cour, qui, nommé à un gros & gras Evêché, ne craint point, avant qu'on procéde à sa consecration, de protester devant Dieu & les hommes, qu'il ne veut point *Episcopiser*, quelle mommerie!

A peine Motezuma fut-il revêtu de l'Autorité suprême, que s'abandonnant à soi-même, & se montrant dans tout son naturel, on connut bientôt que jusqu'alors l'artifice & le déguisement avoient fait le principal de ce rare & sublime merite qu'on lui attribuoit. Sous prétexte de reformer les abus de l'Etat, il découvrit un fond extraordinaire d'orgueil & de vanité. Voici comment. Ses Prédécesseurs avoient toûjours admis dans leur maison, des Domestiques d'une naissance commune; la première action du nouveau Monarque, ce fut de casser, de congedier tous ces Officiers; ordonnant que dans la suite, la seule Noblesse pourroit prétendre au service du Palais; & que depuis le plus haut emploi jusqu'au plus bas, fût-ce l'office de *Marmiton*, & encore au dessous, tout ne pourroit être exercé que par des Gentilshommes, apparemment de plusieurs races : il alleguoit pour raison que la bienseance ne permettoit point à un grand Prince de se livrer à un sang vil & roturier. De plus, pour se rendre plus respectable, il n'étoit visible pour ses Sujets que très-rarement; & il ne se prêtoit à ses Ministres ou à ses Domestiques que dans la pure nécessité. Ce fier Barbare inventa de nouvelles reverences & des cérémonies inusitées pour ceux qui l'approchoient; defense sous peine de la vie au Peuple de le regarder en face : enfin il se faisoit adorer comme une Divinité, & se figurant, ce qui n'est pas rare chez les Dieux mortels, que tout l'Etre & tout *l'Avoir* de ses Sujets dépendoient souverainement de son bon plaisir; il exerca contre quelques-uns des cruautez horribles, & cela par le seul motif de bien établir son pouvoir absolu.

Il crea de nouveaux impôts, sans que la necessité des affaires de l'Etat l'y obligeât. Ces exactions tiranniques se levoient par tête sur cette prodigieuse multitude de Peuple; & on les exigeoit avec tant de rigueur, qu'on forçoit jusqu'aux pauvres mendians à reconnoître leur dependance, par le miserable tribut de quelques haillons, ou d'autres choses semblables, qu'ils venoient jetter à ses piez; & qu'on portoit au Trésor Roïal.

Ces violences avoient jetté une grande fraïeur dans l'esprit des Sujets de Motezuma : mais comme la crainte & la haine ne se separent guére, il se fit des soulevemens dans quelques Provinces. Le Monarque étoit trop jaloux de son autorité pour confier ses Armes à un autre; & d'ailleurs, personne ne le surpassoit en habileté dans le Commandement militaire. Motezuma donc à la tête de ses Troupes, marcha contre les mécontens; mais il ne pût éteindre qu'une partie du feu; & trois Provinces, plus fortes, ou plus braves que les autres, tinrent ferme contre le Tiran. Pour lui, il disoit dans le stile de la fanfaronnade, & à peu près comme le Renard qui trouvoit les raisins trop verds, *j'ai differé de soumettre ces autres Rebelles par la raison que j'ai besoin d'Ennemis qui me fournissent des Esclaves pour être immolez dans mes Sacrifices.*

Voilà une description monstrueuse de ce Prince & de son Administration : mais d'autres Historiens n'en parlent pas tout-à-fait de même. Ils le peignent d'une superbe la plus outrée, d'un orgueil inouï, j'en conviens : mais du moins ils lui attribuent de la grandeur d'ame, & l'amour de la Justice, deux qualitez essencielles dans un Monarque. Vous pouvez en juger, aussi bien que de sa puissance, par ce fragment historique.

Il avoit trois mille hommes pour sa Garde; il en pouvoit mettre en Campagne plus de trois cens mille; il en sacrifioit tous les ans plus de vingt mille à ses Idoles; & il pouvoit compter entre ses Vassaux jusqu'à trente Rois, dont chacun avoit cent mille sujets. Il étoit porté sur les épaules des grans Seigneurs, &, à la descente, il ne marchoit que sur

sur des tapis. Il ne portoit jamais deux fois un habit & ne se servoit jamais deux fois d'un plat ni d'un vase. Les choses destinées à son usage étoient toûjours neuves ; & comme il n'avoit point de plus grande joïe que de faire du bien à ses Domestiques, il étoit ravi qu'ils profitassent de ses dépouilles. Mais outre que sa magnificence donnoit de l'admiration, & que sa liberalité le faisoit aimer, il étoit severe sans être cruël ; & si grand zélateur de la Justice, qu'il n'eût pas épargné son Frere, s'il avoit osé violer les Loix établies.

Quelle que fût la tournure personnelle de Motezuma, il avoit atteint la quatorzième année de son Règne, lorsque, vers le commencement du seizième siécle, un Avanturier, à la tête de ses Compagnons de voïage, entreprit de briser ce Colosse de Puissance, & eut la gloire de le reduire en poudre. Les Mexiquains apparemment pour couvrir la honte & la lâcheté de leur Nation, voulant faire de la chute de leur Empire un événement surnaturel, débiterent sur ce sujet-là, de belles fables à leurs Conquerans, & ceux-ci, comme *gens de grande foi*, prirent ces contes-là pour des prodiges & pour des miracles. Cette crédulité est divertissante ; il est juste de vous en faire part. Ecoutons donc sur cet endroit-là le grave Ecrivain de la Conquête du Mexique ; cet Espagnol est fortement & très-devotement persuadé, que le Ciel & l'Enfer, Dieu & le Diable ont agi extraordinairement dans cette fameuse conjoncture ; venons aux preuves.

Une effroïable Comète, dit-il, pendant plusieurs jours, répandit la terreur sur le Païs. N'étant rien moins que paresseuse, elle se levoit dès minuit ; & montant toûjours dans sa route, elle ne se retiroit, qu'au lever du Soleil. Sa forme étoit piramidale. Quand ce terrible Epouvantail des Ignorans eut cessé de paroître, il en vint un autre qui causa bien d'autres allarmes. C'étoit une nuée claire, en figure d'un serpent de feu à trois têtes, qui se levant en plein jour à l'Occident, couroit avec une vitesse inconcevable, jusqu'à l'Horison opposé ; & après avoir marqué par des étincelles passageres, toute la trace de son chemin, elle disparoissoit à l'Orient.

Le grand Lac forçant sa bariére, rompant furieusement ses digues, causa une inondation sans exemple. Quelques maisons fûrent renversées, & même emportées ; on voïoit sortir de ce torrent comme des bouillons à plusieurs reprises ; & tout cela sans orage, & sans qu'on pût pénétrer la cause de ce grand desordre.

Le feu aiant pris, de soi-même, à un Temple de la Ville, quelques efforts qu'on pût faire pour l'éteindre, il n'y eut pas moïen ; & l'embrasement fut si complet, que les pierres même de l'édifice sacré furent réduites en cendres. Ce n'étoit pas là sans doute, l'ouvrage de Satan ; il y alloit trop du sien ; & il est à présumer que cet incendie lui fit passer de mauvais quart-d'heures.

On entendit dans l'Air, en plusieurs endroits, une Musique lugubre, & des concerts funestes : c'étoient des voix plaintives qui annonçoient la chute de la Monarchie Mexicaine ; car voïez-vous, elle étoit bien d'une autre importance, que tant d'autres Puissances qui sont tombées sans prodiges : & toutes les réponses des Idoles repetoient ce funeste Pronostic ; le Diable s'érigeant en Prophète, découvroit par leurs bouches muètes, ce qu'il prévoïoit dans l'avenir, soit par la connoissance des causes secondes qui se remuoient alors surnaturellement, soit par la revelation de l'Auteur même de la Nature, qui, tout exprès pour le faire enrager, le rend l'Organe & l'Instrument de la verité.

On fit voir à l'Empereur plusieurs monstres de differentes espèces ; &, ne pouvant les regarder sans horreur, il ne douta point que ce ne fussent autant d'Augures malencontreux qui presageoient une desolation prochaine. En effet, & c'est ce que mon Auteur dit de plus sensé, si ces signes ont été nommez monstres par les Anciens, à cause qu'ils montrent ou designent quelque chose, on ne doit pas s'étonner qu'ils passassent pour présages chez des Barbares dont l'ignorance n'étoit pas moindre que la superstition.

Deux prodiges fort remarquables entre les autres firent le plus d'impression sur l'esprit du Prince, & le rendant comme certain de son malheur, le jetterent dans la derniére consternation. Je le croi bien vraiment ! on s'épouvanteroit à moins ; vous allez voir.

Des Pêcheurs, trouvant sur le bord du grand Lac un oiseau monstrueux, tant pour la figure, que pour la grandeur, le prirent ; & comme la bête étoit plus curieuse qu'aucune capture qu'ils pussent faire à la pêche, ils la jugerent digne d'être présentée au Roi. Sûrement ces bonnes gens ne se trompoient point ; l'animal n'eut jamais son semblable, il fut l'unique Individu de son Espèce ; & si la Nature en étoit l'Auteur, elle ne l'avoit pas fait selon le cours naturel des Loix du mouvement. Ce prodigieux oiseau, outre que la vûë en étoit hideuse, portoit sur la tête une lame luisante en façon de miroir, où la reverberation des raïons du Soleil produisoit une lueur également sombre & afreuse. L'Empereur jetta d'abord les yeux sur la glace ; & s'approchant pour l'examiner il y aperçut comme une nuit, & des étoiles qui brilloient çà & là, & d'espace en espace à travers l'obscurité ; le tout si au naturel, que tout machinalement il se retourna vers le Soleil, comme s'il eût douté du jour. Mais revenant ensuite au miroir, ce fut bien autre chose : par une nouvelle découverte, il vit, ce qui s'apelle voir, des gens inconnus & armez, qui, venant de l'Est, faisoient main basse sur les pauvres Mexiquains. Aussi tôt on apelle les Sacrificateurs, & les Devins : Motezuma leur ordonne de faire leur métier, en interpretant ce grand mistère ; mais on a supprimé leur explication ; & c'est dommage. On dit seulement que l'oiseau demeura immobile jusqu'à ce que ces Docteurs en *Futur*, eussent eu le tems de s'éclaircir par eux-mêmes, & de bien averer le fait, après quoi il reprit rapidement son essor, ce qui fut un nouveau sujet de terreur. Mais laissons le Monarque & tout le Sacré College du Diable, ouvrir de grans yeux, lever les épaules, donner, sans oser ouvrir la bouche, toutes les marques d'un étonnement le plus profond ; & venons au plus beau de tous ces miracles.

Peu de jours après l'apparition, & le message Celeste ou Infernal du merveilleux Oiseau à miroir, un Laboureur, homme simple & grossier, vint au Palais : & demanda, d'une maniére si empressée, à parler au Prince, qu'on jugea bien qu'il y avoit-là du mistère. On tint Conseil ; & il fut resolu que Monsieur le Païsan, je le comparerois volontiers au Maréchal de Salon, seroit honoré d'une Audience Imperiale. Le Misterieux Rustique est donc introduit devant Sa Majesté Barbare : il entre en homme me de Cour; il fait ses révérences de très-bonne grace; point étonné, point embarassé. Après les devoirs du Cérémonial, il prononce sa harangue, qui à la verité, pour le stile, sentoit son manant; mais il la prononça avec une éloquence libre, hardie, qu'on auroit pris plûtôt pour un transport surnaturel que pour un Discours premedité; enfin il avoit tout l'air d'un inspiré; & on voïoit bien qu'il ne faisoit que prêter sa langue. Mais encore, que dit-il? *Or sus! oïez* & entendez le bon ou le malin Esprit; car il ne s'est pas perdu une parole, pas une syllabe de cette Avanture Prophetique.

Seigneur, j'étois hier au soir occupé à cultiver mon heritage, lorsque je vis fondre sur moi avec impetuosité une Aigle d'une grosseur extraordinaire. Elle me prit entre ses serres; & m'enlevant durant un assez long espace, elle me mit enfin à l'entrée d'une grotte, où un homme étoit en habit Roïal, dormant entre des fleurs & d'autres parfums, & tenant en sa main une pastille allumée. Je pris la hardiesse de m'approcher, & je vis ou votre figure, ou votre propre personne. Sur quoi je n'oserois rien assurer, sinon qu'il me paroît encore que j'étois alors d'un sens rassis & fort libre. La crainte & le respect me poussoient à me retirer promptement, lorsque je fus arrêté par le commandement d'une voix, qui me parlant avec beaucoup d'autorité, ne me causa pas moins de fraïeur, en m'ordonnant de prendre la pastille de votre main, & de l'appliquer à un endroit de votre cuisse qui étoit à découvert. Je me defendis, autant que je le pus, de commettre une action qui me paroissoit si insolente: mais la même voix d'un ton effroïable, me força d'obéir. Moi-même, Seigneur, sans pouvoir resister à cet ordre, la fraïeur me rendant hardi, j'appliquai la pastille brûlante à votre cuisse; & vous souffrites la brûlure sans vous éveiller, ni sans faire aucun mouvement. J'aurois cru que vous étiez mort, si au milieu de la tranquillité de votre sommeil, qui vous ôtoit le sentiment, le mouvement de la respiration ne m'eût assuré de votre vie. Alors la voix, qui paroissoit se former dans le vent, me dit: c'est ainsi que ton Roi s'endort, en s'abandonnant aux delices & aux vanitez, lorsque le courroux des Dieux gronde sur sa tête, & que tant d'ennemis viennent d'un autre Monde, pour detruire son Empire & sa Religion. Dis lui, qu'il s'éveille, pour apporter, s'il se peut, du remède aux malheurs qui le menacent. A peine la voix eut-elle fini ce discours, qui a fait une si forte impression dans mon esprit, que l'Aigle me reprit dans ses serres, & me rapporta dans mon champ sans me faire aucun mal. C'est l'avertissement que je vous donne suivant l'ordre des Dieux: reveillez-vous, Seigneur; votre orgueil & votre cruauté les irritent. Reveillez-vous, encore une fois; & regardez combien votre assoupissement est dangereux, puisque ce feu que votre conscience y applique, en manière de cautere, n'a pas la force de vous en faire revenir. Cependant, vous ne pouvez plus ignorer, que les cris de vos Peuples ne soient parvenus jusqu'au Ciel, avant que d'arriver à vos oreilles.

L'Ange, le Missionnaire, le Messager de Belzebut, aiant fini le récit du miracle, & sa Remontrance pathetique, n'eut pas assez de foi pour attendre la réponse: l'Esprit qui animoit ce Païsan, lui inspira de s'enfuir au plus vîte; & il obéit si promptement que la foule des Officiers lui fit place au lieu de s'opposer à son passage. L'Empereur, revenu comme d'un coup de massuë, crie qu'on arrête cet insolent, & qu'on le hache par morceaux: mais il lui survient une affaire pressée, & qui suspend le sentiment de sa colere & de sa vangeance. *Ah! grans Dieux, la cuisse!* s'écria-t-il tout d'un coup; *j'y sens une douleur violente & insuportable*; car il ne faut point douter que le Diable, lui qui se connoit si bien en brûlure, ne fit celle-là très-cuisante. On regarde donc à la cuisse Roïale; & on la trouve comme si un charbon de feu venoit de l'entamer. Motezuma s'effraïe; il fait de grandes & serieuses reflexions: mais il ne quite pourtant pas pour cela le dessein de punir le Prophète: tant s'en faut, il se promet bien d'en faire une victime, & d'offrir son sang aux Dieux pour les appaiser. Que croïez-vous que notre Espagnol infere de cette disposition vindicative du Monarque? *D'où l'on voit*, conclut-il, *ces avertissemens qui venoient du Demon, marquez du vice de leur origine; puisqu'ils portoient plûtôt à la colere & à l'obstination, qu'à la correction, & à la connoissance de sa faute.*

N'en déplaise à ce pieux Historien, sa conséquence est fort douteuse: suivant son principe, tous les avis salutaires que Pharaon recevoit par les miracles de Moïse, émanoient de la malignité du Prince des ténébres. On pourroit penser la même chose de tous les pécheurs, Princes ou autres, qui s'endurcissent aux menaces & aux avertissemens du Ciel; & d'ailleurs, comment est-il concevable que l'Empereur Satan, qui trouvoit si bien son compte dans la conduite de Motezuma, s'efforçât par des monstres & par des merveilles, à lui faire changer de train, & à l'amener à une meilleure vie? Le Roïaume du Diable est moins divisé. Mais cette Morale-là pourroit nous mener trop loin; il vaut mieux renouër le fil de l'Histoire & la finir.

Hernan Cortez, aiant mis pié à terre au Mexique, sa premiére vûë fut de paroître à la Cour & de déclarer sincérement, ou par prétexte, le sujet de son debarquement. On lui fit de grandes honnêtetez; mais le Monarque, soit par crainte des prétendus miracles, soit pour des raisons d'une bonne & solide Politique, ne voulant point entendre parler de le voir, & le faisant toûjours prier fort civilement de se retirer, l'Espagnol, sans s'inquiéter des suites, & sans égard à sa prodigieuse infériorité, résolut de tenir bon, & n'eut pas sujet de s'en repentir.

En effet Motezuma, voïant cette fermeté inébranlable, au lieu d'accabler ce petit nombre d'Avanturiers sous le poids immense de sa grandeur, prend honteusement le parti de les laisser venir; & porté sur les épaules de quatre Seigneurs, sous un poile d'or garni de plumes, il poussa même la bassesse, jusqu'à aller au devant du Decouvreur. L'entrevûë se fit avec beaucoup de complimens reciproques; & deux Interpretes, nommez Aquilar & Marine, repetoient fidelement, de part & d'autre, toute la conversation.

Ensuite, ce puissant Empereur conduisit dans sa Capitale ces mêmes hôtes qui devoient causer sa perte, & s'emparer de son Etat. Il les loge dans un quartier de son Palais, car c'étoit une petite Ville que ce Château; il leur montre ses richesses & ses beautez; il honore de ses visites le Général Espagnol; ce Heros devient une espèce de Favori; enfin tout en apparence, va le mieux du monde dans les commencemens.

Ce n'étoit pas-là le but du *Decouvreur*, encore moins

moins de ses *Consorts*: ils visoient à remplir à la fois l'ambition & l'hidropisie de l'Or; & il s'en présenta une occasion qu'ils saisirent avidement. Motezuma fut soupçonné de n'agir point de bonne foi; & sur cela seul, il fut résolu qu'on s'assureroit de sa Personne. Il faut convenir, dit l'Historien & l'Apologiste de Cortez, qu'on n'avoit point d'exemple d'une audace pareille à cette resolution. Arrêter prisonnier un si grand Monarque au milieu de sa Cour, & de sa Capitale! Le recit de cette action, toute veritable qu'elle est, semble blesser la sincerité de l'Histoire; & même il paroîtroit outré entre les exagerations & les licences de la Fable. Voïons comment on s'y prit pour éxécuter cette violence inouïe.

Pour ne point donner d'alarme mal à propos, on choisit l'heure à laquelle les Espagnols alloient rendre visite à l'Empereur. Cortez ordonna qu'on prît les armes, qu'on sellât les chevaux, & que tout le monde se tint prêt jusqu'à nouvel ordre. Il fit occuper les avenuës des ruës jusqu'au Palais; & il y alla à la tête de cinq Capitaines & de trente Soldats choisis.

On ne fut point surpris de les voir avec leurs armes, parce que c'étoit leur coutume; & que les Mexicains prenoient cela pour un ornement militaire. Motezuma, bien éloigné, comme vous pouvez croire, de se défier, sortit à son ordinaire, au devant du *Découvreur*. Alors celui-ci exposa son grief: c'étoit qu'un des Généraux de l'Empire s'étant ouvertement déclaré contre la Colonie de Vera-Crux, on ne pouvoit pas s'imaginer qu'il eût osé le faire de son chef. Que pour lui il n'en croïoit rien, la trahison, la perfidie, la duplicité lui paroissant indignes d'un grand Monarque *(il ne connoissoit donc guére le sien)* & que Sa Majesté devoit lui savoir bon gré d'un tel sentiment.

L'Empereur parut interdit; il changea de couleur, & protesta de son innocence. N'en étoit-ce pas plus qu'il n'en falloit pour rompre l'abominable dessein? Mais l'innocence du Roi n'étoit rien moins que ce qu'on demandoit. Notez que tous les Officiers de la Cour, s'étant retirez par respect, ce pauvre Roi se trouvoit seul à la merci de ces loups affamez. Cortez donc le voïant embarassé vient à son secours: *Sire*, dit-il, *je suis persuadé que Votre Majesté n'a nulle part à cette noirceur: mais les Espagnols ne seront jamais contens; & vos Sujets même ne cesseront de vous accuser, jusqu'à ce que, par un témoignage éclatant & tout extraordinaire, vous aïez effacé l'impression commune. Ainsi, je viens vous demander*, compliment terrible & presque incroïable! *que sans faire de bruit, & comme de votre propre mouvement, vous veniez chez nous, pour n'en sortir qu'après une pleine & entiére justification.*

Motezuma frapé & indigné de cette horrible proposition; & ne pouvant admirer assez cette insolence toute neuve, *les Princes de mon rang*, répondit-il avec chaleur, *ne sont point faits pour la prison; & quand j'oublierois assez ce que je suis, & ce que je me dois, pour me reduire à une bassesse de cette nature-là, mes Sujets le permettroient-ils?* Alors le Tiran: *si vous prenez le parti de venir de bonne grace à mon quartier, je me soucie fort peu de vos Sujets; & sans sortir du respect qui vous est dû, ni blesser l'amitié que j'ai pour vous, je saurai bien contenir vos Peuples par la bravoure invincible de mes Soldats.* Quoi! quelques centaines d'Etrangers contre des millions de Naturels? Oui; & cependant la suite montra qu'il n'y avoit point de rodomontade dans cette fiere menace.

La contestation fut assez longue; l'Empereur tenant ferme sur la defensive; & l'Oppresseur tâchant de s'en assurer par douceur, & sans en venir aux extrémitez. Enfin Motezuma, ouvrant les yeux, & découvrant l'abîme où son imprudence l'avoit jetté, entama une Capitulation. Il offrit d'envoïer sur le champ, Qualpopoca, son Général, tous les Officiers qui avoient servi sous lui dans l'action que les Espagnols traitoient de sceleratesse; & de les lui livrer pour en faire tel châtiment qu'il jugeroit à propos. Il vouloit même donner ses deux fils en ôtage, pour demeurer prisonniers en sa place, jusqu'à l'exécution de sa parole; *car enfin*, ajoûtoit-il en Prince foible, *je ne suis pas homme à me cacher, ni à fuir dans les montagnes.*

Ces offres n'étoient point du goût de Cortez; il vouloit absolument la personne du Monarque; & c'est à quoi Motezuma ne pouvoit se résoudre. Pendant la dispute, les Capitaines de Cortez, reflechissant sur les mauvaises suites que ce grand retardement pouvoit avoir, s'impatienterent jusqu'à la mutinerie: ils vouloient qu'on décidât par la voïe de fait; & l'un d'eux s'écria, *point tant de discours, il faut le prendre ou le poignarder.* Alternative qui fait horreur!

L'Empereur, aiant remarqué l'emportement de cet Espagnol, & curieux d'en apprendre le sujet, demanda ce qu'il avoit dit. Sur cela, Marine, Interpréte née Mexicaine, marquant, ou affectant le zèle de bonne sujette, déclara, comme en confidence au Monarque le peril qui le menaçoit, & lui fit une exhortation que la rusée femelle finit par ces paroles: *si vous allez avec eux, Seigneur, vous serez traité avec tout le respect dû à votre personne: mais si vous continuez à leur resister, je ne répons pas de votre vie.* Alors le Roi vraiment effraïé, se levant brusquement, *je me confie à vous*, dit-il à Cortez, *allons à votre logement: les Dieux le veulent ainsi, puisque vous l'emportez, & que j'y suis resolu.* Il appella aussi-tôt ses Domestiques, & leur commanda de faire préparer sa litiére, il en avoit donc une autre que les épaules des Grans. Faisant aussi venir ses Officiers & ses Ministres, *pour le bien de mon Empire*, leur dit-il, *& de concert avec les Dieux, j'ai arrêté d'aller passer quelques jours chez les Espagnols; & je veux bien vous faire part de cette resolution, afin que vous en avertissiez mes Sujets. Au reste, soïez persuadez que je vais là de ma pure & franche volonté; & que j'y vais pour mon avantage.*

Cela dit, Sa Majesté prisonniére donna ses ordres pour saisir le Général avec les Hauts Officiers de l'Armée; & sans un plus long delai il se mit pompeusement en marche pour sa prison. Il étoit accompagné de sa suite ordinaire, c'est-à-dire de trois mille hommes. Les Espagnols, étant à pié autour de la litiére, faisoient à rebours, l'escorte & les Gardes du Corps.

D'abord le bruit s'étant répandu que les Etrangers enlevoient l'Empereur, car le quartier des Espagnols étoit un autre Palais Roïal que la demeure actuelle du Monarque, le Peuple accourt en foule dans les ruës; & on crut que toute la Ville se soulevoit. Les uns poussoient de grans cris, se jettoient par terre comme des desesperez; les autres se contentoient de verser des larmes de tendresse & de compassion: mais on ne marque point que ces bons & af-

affectionnez sujets fissent le moindre mouvement pour arracher la proïe aux Ravisseurs, & pour delivrer leur Empereur. Il est vrai que ce Prince y mit bon ordre, & qu'il fit précisement tout ce qu'il falloit pour empêcher le recouvrement de sa liberté : car au lieu d'exciter ses Sujets à leur devoir, qui étoit, au risque de la vie, de fondre sur les Tirans & de les mettre en piéces ; il dit à cette multitude alarmée ; & qui, au signe de sa main, avoit fait un profond silence : *ne craignez rien, mes Enfans, je ne suis point prisonnier : je vais librement passer quelques jours avec ces Etrangers qui sont mes amis ; & je n'y vais que pour mon plaisir.*

Ainsi le Monarque entra, sans obstacle & bien content, au moins de visage, dans sa retraite forcée. Fut-il jamais, & verra-t-on dans les siécles à venir, un événement de cette bizarerie-là ? Un des plus puissans Princes du Nouveau Monde règne dans le sein de la captivité, de l'esclavage ; & il y règne, pour les dehors, aussi glorieusement que s'il étoit libre. En effet, Motezuma vit & gouverne dans sa prison comme au milieu de sa Cour : ses ameublemens aussi somptueux ; sa table aussi & même plus Roïale : il tient Conseil, & sa volonté est la Loi suprème & absolue, c'est l'ame & le mobile de l'Administration Publique. Ses Maîtres lui rendent des honneurs, des soumissions ; & si quelcun d'eux s'émancipe sur ce point-là, il fait les remettre dans le devoir.

Il passoit quelquefois les soirées à jouër au Totoloque avec Cortez son Geolier : c'est un jeu où avec de petites boules d'or, on vise à toucher ou à abbatre, d'une distance proportionnée, de petites quilles du même metal. Ils jouoient en cinq points ou marques des bijoux ou d'autres curiositez. Motezuma distribuoit son gain aux Soldats Espagnols, & Cortez donnoit le sien aux petits Officiers du Roi son prisonnier. Comme le Marqueur favorisoit quelquefois son Général, l'Empereur le railloit joliment sur ses meprises volontaires, le priant honnêtement de rendre plus de justice à la verité. Ainsi ce Monarque conservoit dans le jeu même les sentimens d'un Prince, regardant la perte comme l'effet du hazard, & le gain comme le prix de la Victoire. Cette reflexion, qui est de l'Historien, est une de ses plus courtes ; mais elle ne me paroît pas une des plus judicieuses. Faut-il donc être Prince pour jouër en Motezuma ? Hors les Joueurs de profession & de trafic, tous les sensez ont-ils un autre but, outre celui de passer le tems, que d'éprouver si le sort leur sera favorable ou contraire, s'ils seront victorieux ou vaincus ? C'est-là, ce me semble, le vrai point de vûë de cet amusement. Mais le bel esprit rafine sur tout, & trop souvent aux dépens du bon sens.

Cette Souveraineté captive étoit donc assez agréable ; & pendant vingt jours l'Empereur *détenu* n'eut point d'autre chagrin que celui de savoir qu'il n'étoit pas son Maître. Mais voici un furieux redoublement de mortification. Quand on eut amené prisonniers Quapolpoca & les autres Chefs de l'Armée, on les conduisit droit au Roi ; & Cortez, par une Politique obligeante, ne s'y opposa point, parce qu'il souhaitoit que ce Prince les obligeât à cacher l'ordre qu'ils avoient reçu de sa part ; & que d'ailleurs, il vouloit l'éblouir par ces demonstrations de confiance. L'Empereur parle à ces malheureuses victimes, les encourage à tout ce qui peut arriver ; & les envoïe à Cortez, comme à l'Arbitre de leur destinée.

L'Espagnol, qu'on pourroit nommer le Souverain du Souverain, au lieu de faire une action de clemence & de generosité, qui lui auroit fait honneur, & d'autant plus qu'il étoit fort persuadé de leur innocence, se promet bien d'en faire un exemple. La cause fut jugée militairement, & les prévenus condamnez à mort, avec cette circonstance que leurs corps seroient brûlez devant le Palais Imperial comme criminels de leze-Majesté : c'est qu'ils avoient déclaré n'avoir fait que suivre le commandement secret du Monarque ; & le cruel, le barbare Espagnol, contre sa propre conscience, traitoit cela d'une imposture, suggérée par la crainte naturelle de la mort.

Cependant, avant l'exécution des Condamnez, Cortez qui craignoit que Motezuma ne s'aigrît, & ne s'efforçât de sauver de braves Guerriers qu'on ne faisoit mourir que pour avoir obéï à ses ordres, conçut un dessein feroce, & tout-à-fait digne de sa brutale ambition. Se faisant aporter des fers dont on se servoit au Mexique pour les Criminels, il va trouver l'Empereur ; un Soldat portoit les menottes à découvert ; & le Général étoit accompagné de sa Marine & de ses Officiers, gens aussi peu raisonnables & aussi peu humains que leur Chef. Alors le Fourbe, après toutes ses reverences ordinaires, élevant sa voix & le prenant sur le ton de fierté, fit à l'Empereur ce compliment de Géolier : *Seigneur, on va supplicier vos Généraux, parce qu'ils ont merité la mort : mais comme ils soûtiennent fortement qu'ils n'ont agi que par obéïssance, c'est vous, oui c'est vous qui êtes le premier Auteur de la perfidie. Il faut donc necessairement que Votre Majesté se purge, par quelque mortification personnelle, de ces indices si violens. Je n'ignore pas que les Souverains ne sont point soumis aux peines de la Justice Humaine : mais je sai aussi qu'ils sont sujets à une Puissance superieure qui a droit & inspection sur leur Couronne & sur leur Administration. Ainsi ils doivent imiter, en quelque façon, les Criminels, quand ils se trouvent eux-mêmes convaincus ; & lorsqu'ils veulent donner quelque satisfaction à la Justice du Ciel.*

Quel travers de raisonnement ! Cortez avouë qu'un Souverain n'est responsable de ses actions qu'au Conducteur de l'Univers ; & lui, qui n'est au Mexique qu'un simple Etranger, se fait justice soi-même d'un Empereur ; n'étoit-ce pas prononcer sa condamnation ? Quoi qu'il en soit : aiant prononcé, d'un ton ferme & absolu, cette insolente & barbare Morale, il ordonna qu'on mît les fers au Roi ; & sans lui donner le tems de se reconnoître, il se hâta de sortir.

Motezuma fut tellement étourdi de ce cruel traitement, qu'il n'eut ni la force de resister, ni, ce qui est presque incroïable, la force de s'en plaindre. Pour le Tiran, il fit conduire les innocens au supplice après avoir pris toutes les précautions requises pour pouvoir soûtenir sans risque une exécution aussi temeraire & aussi criante que celle-là. Elle se passa, dit l'Historien, en presence d'une multitude innombrable de Peuple, sans qu'on entendît aucun bruit qui pût causer le moindre soupçon. Il sembloit qu'il fût tombé sur ces Indiens un esprit de fraïeur, qui tenoit en partie de l'admiration & en partie du respect. Peut-être bêtise & stupidité seroient-ils des termes plus convenables. Mais voïons la fin du malheureux Motezuma.

Les Mexicains, revenus enfin de leur assoupissement

ment prodigieux, se revolterent; & déja les Espagnols ne sachant plus où ils en étoient, se voïoient sur le point de païer chérement leur insolence. L'Empereur, aprenant dans sa prison, l'embaras de son Geolier, lui fit dire que s'il paroissoit sur la muraille, le Peuple pourroit s'appaiser à la vûë de son Roi. Cortez approuve l'expedient; & Motezuma, dans les habits & dans les ornemens de sa dignité, harangue l'Assemblée. D'abord il se fit un profond silence: mais le feu de la révolte se rallumant bien vîte, car ils avoient déja résolu de couronner un certain Quicuxtemex, les Rebelles, tournez tout d'un coup en fureur, crierent à Motezuma, qu'il n'étoit plus leur Empereur, & qu'il laissât le Sceptre & la Couronne pour prendre la quenouille & le fuseau; l'apellant lâche, effeminé, vil esclave de leurs Ennemis. Les cris emportoient les injures; & le Prince tâchoit, en faisant signe des yeux & de la main, de s'attirer leur attention, lorsque la quantité des traits qu'ils lancerent en ce moment-là, lui fit éprouver les derniéres horreurs d'un exécrable attentât de la part de ses Sujets. Deux Soldats Espagnols que Cortez lui avoit donné pour Gardes, s'efforcerent de le couvrir de leurs boucliers, & de prévenir le peril: mais tous leurs soins ne furent pas capables d'empêcher que l'Empereur ne fût blessé de plusieurs coups de fléche; & encore plus dangereusement d'une pierre, qui l'atteignit à la tête; & dont le coup offensant le cerveau, le fit tomber sans sentiment.

Cortez ressentit cet accident comme un des plus cruels contretems qui pouvoient lui arriver. Après avoir fait porter l'Empereur dans sa prison, il courut à la défense avec un terrible emportement: mais il se vit encore privé du plaisir de la vangeance, ne trouvant plus d'ennemis: car les Rebelles jugeant par la chute de Motezuma, qu'il étoit au moins blessé dangereusement, l'enormité de leur crime leur fit tant d'horreur qu'ils s'enfuirent sans savoir qui les poussoit, croïant que les Dieux alloient les écraser, ils se dispersoient çà & là, cherchant de tous côtez à se derober à la vûë du Ciel. Cortez, sans s'arrêter un moment, alla voir Motezuma, qui avoit repris quelque connoissance; mais avec tant d'impatience & de desespoir, qu'on eut bien de la peine à l'empêcher de se poignarder. On n'ômit rien pour guérir son corps & pour convertir son ame: mais l'un & l'autre furent inutiles; & après une agitation horrible qui dura trois jours, ce Prince rendit son esprit au Demon qui l'attendoit, & qui l'arracha aux exhortations des Convertisseurs.

D'autres Ecrivains, même Espagnols, rapportent bien differemment la triste catastrophe de ce Monarque. Selon eux, Cortez étant allé combattre Narvaez à Vera-Crux, Alvaredo, son Lieutenant, donna dans le Palais un Bal, où il fit massacrer les premiers de l'Empire. Les autres surpris de la barbarie & de l'ingratitude de ces Etrangers qu'ils avoient reçu & traité si humainement, assiégerent le Palais, & serrerent les Espagnols de si près, qu'ils ne pouvoient plus se défendre. Cortez revient promptement; & dans un intervalle que ces Peuples, qui dans toutes leurs guerres offensives, se reposoient ordinairement quatre jours, donnoient aux Espagnols, il trouva le moïen de rentrer. L'Armistice expiré, les Assiegeans recommencent les attaques, & les poussent si heureusement, qu'ils reduisent leurs Ennemis à la necessité de prendre secretement la fuite. La même nuit que les Espagnols exécuterent cette resolution, ils égorgerent Motezuma, un de ses Enfans, & quelques Seigneurs qui étoient leurs prisonniers: mais ils ne purent faire leur retraite si sourdement, que les Mexicains n'en tuassent plus de trois cens, tous chargez d'or & de pierreries. Cependant quelque tems après Cortez revint, avec une puissante Armée d'Indiens ses Alliez, devant Mexique; & après trois mois de siége, il s'empara de cette Capitale.

DES-

DESCRIPTION, SITUATION & VUE DE LA VILLE DE MEXIQUE, DES DEUX LACS SUR LESQUELS ELLE EST BATIE, DU GRAND TEMPLE DE CETTE VILLE, DES SACRIFICES D'HOMMES QU'ON Y FAISOIT, DE L'IDOLE DES MEXICAINS, DE LEURS JEUX, DIVERTISSEMENS, COUTUMES, SUPERSTITIONS & AUTRES USAGES PRATIQUEZ PARMI EUX.

La Province de Mexique est bornée au levant par le Tlascalan, au Nord par le Panuco, au Couchant par le Mechoacan, & au midi elle est bornée par la mer du Sud. Ce païs étoit autrefois plein de grandes Villes: mais les Espagnols l'ont presque épuisé d'habitans. [illegible]

CARTE DU MEXIQUE

Le grand Temple de Mexique.

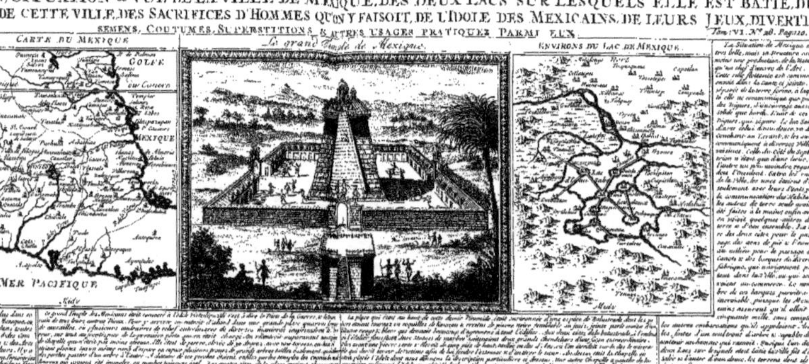

ENVIRONS DU LAC DE MEXIQUE.

La Situation de Mexique est très belle, mais sa structure est moins une production de la Nature qu'un chef d'œuvre de l'Art. [illegible]

[illegible]

Dances appellées Mitoles.

Idole d'Vitzilipuztli.

La Ville de Mexique.

[illegible]

SECONDE DISSERTATION SUR LE MEXIQUE, OU LA NOUVELLE ESPAGNE.

Après ce qui a été dit dans la Dissertation précédente de la Conquête du Mexique par les Espagnols, je ne m'arrêterai pas à en faire ici un plus grand détail. Il est vrai qu'elle fut accompagnée de quelques circonstances peu favorables à la gloire du Conquerant, mais comme les Espagnols se proposoient pour but d'acquerir de grandes richesses en ce Païs-là, & qu'après tant de périls & de fatigues, tout l'or de la Ville de Mexique ne fut pas capable d'assouvir leur avidité, il ne faut pas s'étonner que cette passion les ait poussez à commettre des cruautez qui leur ont été reprochées par plusieurs Auteurs de leur Nation même. Je me contenterai donc de faire ici, selon ma coûtume, la Description de ce grand Païs, & de raporter ce que les Relations les plus éxactes nous aprennent de plus curieux touchant les mœurs & les usages de ses habitans.

Je commencerai par la Ville Capitale, qui a donné son nom à tout le Païs. Elle étoit connuë au tems de sa fondation sous le nom de *Tenuchtitlan*, ou sous quelqu'autre semblable, sur lequel il seroit inutile de se fatiguer; son étenduë étoit alors de 60. milles en deux quartiers separez, dont l'un se nommoit *Tlateluco*, qui n'étoit rempli que de menu Peuple, & l'autre Mexico, où la Cour & toute la Noblesse faisoit son séjour. Elle étoit située au milieu d'une vaste plaine, environnée de tous côtez par de hautes montagnes, d'où les torrens & les ruisseaux alloient former dans la vallée divers Etangs & deux grands Lacs, séparez par une digue de pierre, où étoient pratiquées diverses ouvertures que l'on passoit sur des Ponts. Le plus haut de ces Lacs, étoit d'une eau douce & claire, & l'autre d'une eau épaisse & salée, semblable à celle de la Mer. Ce fut presque au milieu de ce Lac salé, que l'on fonda la Ville de Mexique à 19. degrez 13. minutes au Nord de la Ligne Equinoxiale, sous un Climat agréable & sain. Car quoi qu'elle soit située dans la Zone torride, crûe inhabitable par les Anciens, l'experience nous a apris que cette Region a aussi sa temperature, qui en fait un séjour non seulement suportable, mais aussi délicieux qu'aucun autre en quelques endroits. Les Edifices publics & les Maisons des Nobles, qui composoient la plus grande partie de la Ville, étoient de pierre & bien bâties; celles du Peuple, basses & inégales, mais les unes & les autres disposées de maniére, qu'elles laissoient différentes places vuides où les Mexicains tenoient leurs marchez. Outre plusieurs Temples très-riches & trois beaux Palais où l'Empereur de Mexique faisoit sa résidence, on y comptoit environ quatre-vingt mille maisons, avant le siége que Cortez fit de cette Ville; mais l'aiant presque entiérement ruinée, à cause de la résistance vigoureuse des Mexicains qui se défendirent de ruë en ruë durant 3. mois, celle que l'on voit aujourd'hui a été bâtie par les Espagnols, dont le nombre s'y est augmenté depuis de jour en jour. Il ne s'y trouve maintenant que 30. à 40. mille maisons bâties de pierre ou de brique; parce que les Espagnols aiant acquis toutes celles des Americains, en ont abatu plusieurs petites pour en faire de plus grandes. Elles forment des ruës fort droites & fort larges, où se voïent plusieurs Palais, Eglises, Couvents &c. le Viceroi de la Nouvelle Espagne y fait sa résidence ordinaire. Cette Ville est très-riche par le grand Commerce que ses habitans font en Europe par St. Jean de Ulva, & en Asie par Acapulco.

Le Palais de Motezuma marquoit bien la magnificence de ceux qui l'avoient bâti. On y entroit par 30. portes qui répondoient à autant de ruës différentes, & la principale face, qui regardoit sur une place fort spacieuse, dont elle occupoit tout un côté, étoit bâtie de pierres de Jaspe noir, rouge, & blanc, fort polies, & placées avec beaucoup d'ordre & de proportion. Trois vestibules magnifiques conduisoient à l'apartement du Prince, dont les salons étoient également admirables par leur grandeur & par leurs ornemens. Les planchers en étoient couverts de nattes, d'un travail délicat & diversifié,

fié; & les murailles tapissées de piéces tissuës de Coton, mêlé avec du poil de lapin, sur un fond de plumes, le tout relevé par l'éclat de diverses couleurs, & par la beauté des figures. Les Lambris, faits d'un assemblage de bois de Cyprés, de Cédres, & d'autres bois de senteur, avoient divers feuillages & festons de relief, & formoient de grands Plafonds, d'autant plus remarquables, que sans aucun clou ni cheville, dont on n'avoit point l'usage en ce Païs-là, ils ne se soûtenoient que par la liaison des piéces jointes ensemble avec un artifice admirable.

Outre ce Palais où cet Empereur faisoit son principal séjour, il avoit encore plusieurs maisons de plaisir, qui contribuoient à l'ornement de la Ville aussi bien qu'à son ostentation & à sa grandeur. L'une de ces maisons, où l'on voïoit de grands Coridors sur des Colonnes de Jaspe, étoit le lieu qui renfermoit toutes les espèces d'oiseaux que la Nouvelle Espagne produit, & qui sont estimez soit pour la beauté de leur chant, soit pour celle de leur plumage. Les Marins se nourrissoient dans un Etang d'eau salée, & les oiseaux de Riviére en avoient un d'eau douce. On dit qu'il s'en trouvoit de cinq ou six couleurs, que l'on plumoit en certaines saisons sans les faire mourir, afin de multiplier le profit que leur Maître tiroit de leurs plumes, marchandise très-précieuse parmi les Mexicains. Le nombre & la diversité de ces oiseaux étoient si grands, & les soins qu'on leur donnoit si extraordinaires, qu'ils occupoient plus de 300. hommes, habiles en la connoissance de leurs maladies, & obligez de leur fournir la nourriture dont ils se repaissoient, lorsqu'ils étoient en liberté.

Près de cette maison, Motezuma en avoit une autre plus grande, avec des apartemens capables de loger sa personne & toute sa maison. Là il tenoit son Equipage de chasse, & nourrissoit ses oiseaux de proïe, les uns dans des cages fort propres, pour le plaisir de la vûë seulement; les autres sur la perche, accoûtumez à porter la longe, & dressez pour le plaisir de la Faconnerie. Les Mexicains étoient très-savans en cet exercice, parce qu'ils avoient des oiseaux d'une race excellente, fort dociles à revenir au leurre, & d'une grande vigueur à fondre sur la proïe. Entre ceux qui étoient en cage, il y en avoit d'une grandeur & d'une fierté extraordinaire, sur tout des Aigles d'une taille surprenante, & d'une prodigieuse voracité. En une seconde Cour de cette maison on voïoit toutes les bêtes sauvages dont on faisoit présent à Motezuma, ou qui étoient prises par ses Chasseurs; on gardoit les feroces, comme les Lions, les Tigres, les Ours, &c. dans de fortes cages de bois rangées en bon ordre sous un lieu couvert. Mais rien ne surprenoit tant que la vûë du Taureau de Mexique, monstre singulier, composé de divers animaux, tenant du Chameau la bosse sur les épaules, du Lion, le flanc sec & retiré, la queuë touffuë, & le cou armé de longs crins, & du Taureau les cornes & le pié fendu, outre qu'il avoit la ferocité du dernier, avec beaucoup plus de vigueur & d'agilité à attaquer. Quelque Ecrivains prétendent qu'en un lieu secret de ce Palais on nourrissoit de viandes choisies une grande quantité d'animaux venimeux, comme Vipéres, Scorpions, Crocodiles &c. Mais comme les Espagnols n'en ont rien vu en arrivant au Mexique, il y a bien de l'aparence que c'est une fable inventée par ces Peuples timides, pour éxagérer la terreur de leur Roi. Au premier étage de cette Cour, occupée par les animaux, étoit un grand apartement pour les Boufons, Bateleurs, & autres, qui servoient aux divertissemens du Prince. Ils mettoient en ce rang jusqu'aux monstres, comme les nains, les bossus, & autres imperfections de la nature. Chaque espèce avoit son quartier séparé, & ses Maîtres à part qui leur montroient toute sorte de tours d'adresse, avec des Officiers qui avoient soin de les régaler. Ce qui se faisoit en si bon ordre & en si grande abondance, que parmi les pauvres il se trouvoit des pères qui défiguroient leurs enfans, afin de leur procurer les commoditez de la vie dans cette retraite. Chose remarquable néanmoins, soit que le hazard en ait ainsi décidé ou non, que ces espèces de fous fussent avec raison logez au même lieu que les animaux; puisque c'est en éfet ravaler la condition de l'homme, que de le faire servir de jouët à des hommes semblables à lui. Comme si la condition des Princes les élevoit au dessus de la nature.

La grandeur de Motezuma ne se reconnoissoit pas moins en deux autres maisons où l'on conservoit toute sorte d'armes. L'une servoit comme d'Arsenal où on les fabriquoit, & l'autre comme de Magasin. Tous les ouvriers excellens en cet Art vivoient & travailloient en la premiére de ces maisons. Ils étoient distribuez en différentes boutiques suivant leur emploi. En l'une on planoit les baguettes destinées à servir de flèches: en l'autre on tailloit les pierres à fuzil qui devoient en faire la pointe. Ainsi chaque espèce d'armes offensives ou défensives avoit son Ouvrier & ses Officiers séparez, outre certains Surintendans qui tenoient registre à leur maniére de la quantité & du prix de tout ce qui se faisoit. L'autre maison, dont le bâtiment avoit plus d'aparence, servoit, comme on a dit, de Magazin à serrer ces armes lorsqu'elles étoient achevées: & de là on les distribuoit aux Armées & aux Places frontiéres suivant la nécessité. Les armes destinées à la personne de l'Empereur étoient à l'apartement le plus élevé, suspendues en bon ordre le long des murailles. D'un côté on voïoit les arcs, les flèches, & les carquois enrichis d'or & de pierres précieuses. De l'autre étoient les épées & les massuës d'un bois extraordinaire, armées de pierres à fusil, qui en faisoient le trenchant. D'autre part on avoit rangé les dards & les armes de jet, le tout si luisant & si propre, jusqu'aux frondes & aux pierres, qu'il y avoit lieu d'admirer cette éxactitude. On voïoit encore différentes façons de cuirasses ou de salades faites de lames ou de feuilles d'or, plusieurs casaques de Coton piqué, qui résistoient aux flèches, & des boucliers ou rondaches de peaux impénétrables, qui couvroient tout le corps, & qui jusqu'au tems de combattre se portoient roulez sur l'épaule. Meubles vraiment dignes d'un Prince, & d'un Prince guerrier, qui surprirent également les Espagnols, & faisoient voir au même tems l'opulence & l'inclination martiale de Motezuma.

Toutes ces maisons étoient accompagnées de grands jardins très-bien cultivez. Motezuma ne se plaisoit pas à y voir des arbres fruitiers ou des legumes: il disoit au contraire que les Potagers ne convenoient qu'aux personnes de basse condition, & que les Princes ne devoient s'attacher qu'au plaisir en cette sorte de dépense, & non pas rechercher le profit. Il n'avoit donc dans ses jardins que des fleurs d'une très-agréable diversité & d'une odeur charmante, avec des plantes médecinales disposées en compartimens, & même dans les sales à manger. Il pre-

prenoit un soin particulier de faire transplanter dans ses parterres les simples rares que la terre produit en abondance dans ce Païs-là, où les Médecins n'avoient point d'autre étude que de connoître leurs noms & leurs propriétez. Ils en avoient pour toutes les maladies qu'ils chassoient par les sucs & les sirops, ou par l'application de ces herbes, dont ils composoient leurs remèdes avec des effets surprenans. On prenoit gratuitement au jardin du Roi toutes les herbes dont les Médecins composoient leurs Recettes, & Motezuma ne s'informoit de leur effet que pour en tirer une sorte de vanité, en faisant consister la gloire d'un Souverain dans le devoir de rendre la santé à ses sujets infirmes. Dans tous ces jardins & dans toutes ces maisons on voïoit plusieurs fontaines d'eau douce, qu'ils tiroient des montagnes voisines par divers conduits jusques aux chaussées, d'où elles alloient par des canaux couverts dans la Ville de Mexique. On y en avoit dressé quelques-unes pour la commodité publique; & l'on permettoit, moïennant un Tribut considérable, que les Indiens vendissent par les ruës l'eau qu'ils pouvoient tirer par leur industrie de quelques réservoirs particuliers.

Entre tous les Ouvrages de Motezuma, celui qui surprit le plus les Espagnols fut le Palais que les Mexicains appeloient *la Maison de tristesse*. C'est où il se retiroit quand il avoit perdu quelcun de ses parens, & aux autres occasions de calamité publique ou de quelque mauvais succès, qui demandoit une demonstration publique d'affliction. L'architecture de ce Palais imprimoit une certaine horreur: les murailles, le toit, & tous les meubles en étoient noirs & lugubres. Les fenêtres en étoient petites & fermées par une espèce de jalousies qui sembloient ne donner qu'à regret un étroit passage à la lumiére, & qui ne la recevoient que pour mieux faire remarquer l'obscurité. Il demeuroit dans cet effroiable séjour, jusqu'à ce qu'il eût épuisé ses regrets & ses plaintes. L'Empereur avoit encore hors de la Ville des maisons de Campagne, ornées de fontaines, qui fournissoient abondamment de l'eau pour les bains & pour les Etangs où il prenoit le plaisir de la pêche. Ces maisons étoient proche des forêts, où il s'exerçoit à la chasse, qu'il aimoit & qu'il entendoit fort bien, personne n'étant plus adroit que lui à manier l'arc & la fleche. Son plus grand divertissement étoit cette espèce de chasse qu'on appèle Battuë: il se faisoit accompagner de tous les Nobles de sa Cour, dans un Parc d'une très-grande étenduë, entouré par tout d'un fossé plein d'eau, bordé de forts épais, & non loin des montagnes voisines qui servoient de retraites aux Lions & aux Tigres. Il y avoit à Mexique & ailleurs des gens destinez pour cette chasse, qui faisoient une grande enceinte, qu'ils retrecissoient insensiblement, afin de pousser les bêtes dans le lieu marqué par l'Empereur, à peu près de la manière dont nos chasseurs en usent. Ces Indiens avoient une adresse & une agilité surprenante, à poursuivre & à prendre les animaux les plus farouches: & Motezuma se faisoit un grand plaisir de les voir combattre contre ces Bêtes, & de les tirer lors qu'elles venoient à portée. Il ne descendoit point pour cela de sa litiére, si ce n'est lorsqu'il trouvoit quelque hauteur commode, qu'on fortifioit toûjours de quelques palissades, avec bonne provision de flèches pour la sûreté de sa personne. Ce n'est pas qu'il manquât de courage, ou qu'il cédât en force & en adresse à aucun de ses sujets, mais il regardoit comme indignes de la Majesté Roïale ces périls auxquels on s'expose de gaieté de cœur; étant persuadé, par une juste attention sur sa dignité, qu'il n'y a que ceux de la guerre qui fussent dignes d'un Roi.

Les richesses de cet Empereur étoient si grandes, qu'elles ne suffisoient pas seulement à soûtenir la dépense & les delices de sa Cour, mais encore à entretenir sur pié deux ou trois armées en Campagne, ou pour dompter les Rebelles, ou pour couvrir ses frontiéres, outre un fonds considérable qu'il mettoit en reserve dans son Epargne. Les mines d'or & d'argent aportoient un grand profit à la Couronne. Les salines & autres droits établis de toute ancienneté n'en produisoient pas moins; mais le capital de ses revenus venoit des contributions de ses sujets que Motezuma avoit poussées jusqu'à des sommes excessives. Tous les hommes de travail de ce grand Empire païoient le tiers du revenu des terres qu'ils faisoient valoir; les ouvriers en rendoient autant du prix de leurs manufactures: les pauvres aportoient à la Cour, sans aucun salaire, tout ce que les autres devoient contribuer, ou ils reconnoissoient leur dépendance par quelqu'autre service personnel. Le Tribut des Nobles étoit d'assister à la garde de la personne du Prince, ou de servir dans ses armées avec un certain nombre de leurs Vassaux. Ils lui faisoient outre cela de continuels présens, qu'il recevoit comme des dons nécessaires, sans oublier de leur faire sentir qu'ils y étoient obligez. Il y avoit plusieurs Trésoriers différens, suivant les diverses espèces de choses qui entroient dans son Empire. Le premier Tribunal délivroit tout ce qui étoit nécessaire à la dépense de la maison de l'Empereur, & à la subsistance des armées. Les mêmes Ministres avoient soin de mettre à part ce qui restoit, afin de le porter au Trésor Roïal. Ils le réduisoient en espèces qui pussent être conservées longtems, particuliérement en pièces d'or, dont ils connoissoient & estimoient la valeur, sans que l'abondance fit rabattre rien de leur prix.

La maniére dont les Mexicains se gouvernoient étoit remarquable, par le juste raport que toutes les parties du Gouvernement avoient les unes avec les autres. Outre le Conseil des Finances, qui s'appliquoit, comme on l'a dit, à la dispensation des revenus de la Couronne, & du Domaine de l'Empereur, il y avoit un Conseil de Justice, où on relevoit les appellations de tous les Tribunaux inferieurs: Un Conseil de guerre, dont les Officiers avoient soin de la levée & de la subsistance des troupes: & un Conseil d'Etat, qui se tenoit ordinairement en présence du Prince, & où l'on déliberoit sur les affaires les plus importantes. Ils avoient encore leurs Juges de Commerce, outre plusieurs autres Ministres, comme des Prevôts de Cour, qui faisoient la ronde par la Ville & qui poursuivoient les malfaicteurs. Ils tenoient en main des bâtons qui marquoient leur charge, & ils étoient accompagnez de quelques Sergens. Leur Tribunal étoit en un endroit de la Ville, où ils s'assembloient pour juger les procès en première instance. Tous les jugemens étoient sommaires & sans écritures: le Demandeur & le Défendeur paroissoient chacun avec ses raisons & ses témoins, & la contestation étoit décidée sur le champ. On l'examinoit un peu plus longtems, s'il y avoit lieu d'appeler au Tribunal suprême. Ils n'avoient point de Loix écrites; mais ils se gouvernoient selon l'usage établi par leurs ancêtres: la coûtume leur tenant lieu de Loi, lorsque la volonté du Prince n'alteroit point la coûtume. Tous ces Conseils étoient composez de personnes d'une experience consommée dans les charges de la guerre & de la paix ; mais il n'y avoit que les Electeurs de l'Empereur qui eussent seance au Conseil d'Etat. Les plus anciens Princes du sang montoient successivement à cette dignité d'Electeur, & quand il se présentoit quelque matiére de grande consideration, on appeloit au Conseil les Rois de Tezeuco & de Tacuba, qui étoient les principaux Electeurs, par une ancienne prérogative qu'ils tiroient du droit de succession. Les quatre premiers Conseillers étoient logez & nourris dans le Palais, afin d'être toûjours auprès de la personne du Roi & de lui donner leurs avis sur les affaires, qu'il ne prenoit le plus souvent que pour autoriser ses decrets dans l'esprit du Peuple.

Les crimes capitaux étoient parmi eux l'homicide, le vol, l'adultère, & les moindres irreverences contre la personne du Prince & contre la Religion. Les autres fautes se pardonnoient aisément, parce que la Religion même desarmoit la justice en permettant les vices. On punissoit aussi de mort le defaut d'integrité dans les Ministres, & il n'y avoit point de péché veniel pour ceux qui éxerçoient des offices publics. Severité digne d'un Prince moins barbare & d'un Etat Chrétien ! Les Mexicains avoient aussi quelques vertus morales, particuliérement celle de conserver une éxacte droiture dans l'administration de cette Justice naturelle dont ils avoient quelque notion, qui consiste à réparer les injures & à maintenir la Société entre les Citoïens. Un des soins de leur Police qu'on ne peut trop estimer, est celui qu'ils donnoient à l'Education des Enfans, & l'industrie avec laquelle ils formoient leurs inclinations après les avoir éxaminées. Ils avoient des Ecoles publiques où on enseignoit aux Enfans du Peuple ce qu'ils devoient savoir, & d'autres Collèges ou Academies bien plus considérables où on élevoit les Enfans des Nobles depuis leur plus tendre jeunesse jusqu'à ce qu'ils fussent capables de quelque Emploi. On commençoit par aprendre aux Enfans à déchifrer les caractères & les figures dont ils composoient leurs écrits, & on éxerçoit leur mémoire en leur faisant retenir toutes les chansons Historiques qui contenoient les grandes actions de leurs ancêtres, & les louanges de leurs Dieux. Ils passoient de là à une autre classe, où on leur enseignoit la modestie, la civilité, &, selon quelques Auteurs, jusques à une maniére réglée de marcher & d'agir. A mesure que leur esprit s'éclairoit & que leur corps se fortifioit, ils passoient en une troisiéme classe, où ils se rendoient adroits aux éxercices les plus violens : là ils s'éprouvoient à lever des fardeaux ou à lutter ; ou ils se faisoient des défis au saut ou à la course ; aprenoient à manier les armes, à s'escrimer de l'épée ou de la massuë, à lancer le dard, ou à tirer de l'arc avec force & avec justesse. On leur faisoit souffrir la faim & la soif, pour les endurcir ; ils avoient des tems destinez à résister aux injures de l'air, jusqu'à ce qu'acoûtumez à un vie dure, ils retournassent dans la maison de leurs pères pour être appliquez selon la connoissance que leurs Maîtres donnoient de leurs inclinations & de leurs talens. Les Emplois de la paix, de la Religion ou de la guerre étoient ceux que la Noblesse pouvoit choisir, mais la guerre étoit la profession la plus considerée, parce qu'on y faisoit sa fortune plus aisément.

Outre les Collèges dont nous venons de parler, il y en avoit encore d'autres de matrones, devouées au service des Temples, où on élevoit les filles de qualité. On les leur mettoit entre les mains dès leur tendre jeunesse, & elles demeuroient dans une étroite clôture, jusqu'à ce que leurs parens les en fissent sortir pour les établir avec la permission de l'Empereur, étant très-adroites dans tous les ouvrages qui donnent de la réputation aux femmes.

Pour ce qui est des autres coûtumes de cette Nation, nous toucherons seulement les principales. Quoi que leur aveuglement par raport à la Religion fût tel, qu'ils avoient une grande multitude de Dieux, ils ne laissoient pas de reconnoître une Divinité Supérieure, à qui ils attribuoient la création du Ciel & de la Terre ; & ce Principe de toutes choses étoit un Dieu sans nom parmi les Mexicains, parce qu'ils n'avoient point de terme pour l'exprimer en leur langue. Ils faisoient seulement comprendre qu'ils le connoissoient, en regardant le Ciel avec vénération, & en lui donnant à leur maniére l'attribut d'Ineffable, avec cette espèce de doute Religieux dont les Atheniens reveroient le *Dieu Inconnu*. Néanmoins cette notion de la premiére cause, qui paroissoit devoir contribuer à les desabuser avec plus de facilité, fut dans la suite de très-peu d'usage, parce qu'il n'y eut pas moïen de les réduire à croire que cette Divinité pût gouverner le Monde sans avoir besoin de secours, quoi que, de leur aveu, elle eût eu assez de pouvoir pour le créer. Ils étoient prévenus de cette folle opinion, qu'il n'y avoit point alors de Dieux dans les autres endroits du Ciel, jusqu'à ce que les hommes fussent devenus misérables à mesure qu'ils se multiplioient. Car ils regardoient leurs Dieux comme des Genies favorables, & qui se produisoient lorsque les mortels avoient besoin de leur secours, sans qu'il leur parût absurde que les misères & les nécessitez de la vie humaine donnassent l'être & la divinité à ce qu'ils adoroient.

Ils croïoient l'immortalité de l'ame, & ils reconnoissoient des récompenses & des peines ; mais ils expliquoient mal le mérite & le péché, & cette verité étoit encore obscurcie par d'autres erreurs. Sur cette supposition, ils enterroient avec les morts beaucoup d'or & d'argent pour faire les fraix du voïage qu'ils croïoient long & fâcheux, & faisoient mourir quelcun de leurs Domestiques afin qu'il leur tînt compagnie. C'étoit une marque d'amour, ordinaire aux femmes légitimes, de célébrer par leur mort les funerailles de leur mari. Les monumens des Princes devoient être d'une vaste étenduë, parce qu'on enterroit avec eux une grande partie de leurs richesses & de leurs Domestiques, l'un & l'autre à proportion de leur dignité. Il faloit que le nombre de tous les Officiers fût rempli. On les envoïoit ainsi escorter le Prince en l'autre monde avec quelques-uns de leurs flateurs, qui païoient alors assez cher les impostures de leur profession. On portoit aux Temples les Corps des grands Seigneurs avec pompe, & en grand cortège ; les Prêtres venoient au devant avec des Brasiers de Copal, chantant d'un ton mélancolique des hymnes funèbres, accompagnées du son enroué & lugubre de quelques flûtes. Ils élevoient à diverses fois le cercueil en haut, durant qu'on sacrifioit ces miserables victimes, qui avoient devoué jusqu'à leur ame à l'esclavage.

Les Mariages des Mexicains avoient quelque forme de Contrât & quelques Cérémonies de Religion. Après qu'on s'étoit accordé sur les Articles, les deux parties se rendoient au Temple où un des Sacrificateurs examinoit leur volonté par des questions

tions précises & destinées à cet usage. Il prenoit ensuite d'une main le voile de la femme & la mante du mari, & il les nouoit ensemble par un coin, pour signifier le lien interieur de leurs volontez. Avec cette espèce d'engagement ils retournoient à leur maison accompagnez du Sacrificateur. Là par une imitation de ce que pratiquoient les Romains à l'égard des Dieux Lares, ils alloient visiter le foïer, qui selon leur imagination étoit le médiateur des differens entre les mariez. Ils en faisoient le tour sept fois de suite, precedez par le Sacrificateur, & cette cérémonie étoit suivie de celle de s'asseoir, afin de recevoir également la chaleur du feu, ce qui donnoit la dernière perfection au mariage. On exprimoit dans un Acte public les biens que la femme aportoit en dot, & le mari étoit obligé de les restituer en cas de séparation, ce qui arrivoit très-souvent. Il suffisoit pour le divorce que le consentement fût réciproque, & ce procès n'alloit point jusqu'aux Juges: ceux qui connoissoient les conjoints le décidoient sur le champ. La femme retenoit les filles, & le mari les garçons. Mais du moment que le mariage étoit ainsi rompu, il étoit défendu de se réünir, sur peine de la vie, & le péril de la rechûte étoit l'unique remède que les Loix eussent imaginé contre le divorce, auquel l'inconstance naturelle de ces Peuples les portoit facilement. Ils se faisoient un point d'honneur de la chasteté de leurs femmes & malgré le débordement qui les entraînoit dans le vice de la sensualité, on châtioit un adultère du dernier suplice, en quoi ils avoient moins d'égard à la difformité du crime qu'à ses inconveniens. Ils portoient au Temple avec cérémonie les enfans nouveau-nez, & les Sacrificateurs, en les recevant, leur faisoient certaines exhortations sur les misères & les peines où l'on se trouve exposé en naissant. Si les enfans étoient Nobles, ou leur mettoit une épée à la main droite, & à la gauche un bouclier que les Sacrificateurs conservoient pour ces usages. S'ils venoient d'Artisans, on faisoit la même cérémonie avec quelques outils ou instrumens mécaniques. Les filles de l'une & l'autre qualité n'avoient que la quenouille & le fuseau.

Leurs Empereurs, comme on l'a dit, étoient électifs; mais ils ne recevoient la Couronne que sous des conditions très-singuliéres. Après l'élection, le nouveau Prince se trouvoit obligé de sortir en Campagne à la tête des troupes, & de remporter quelque victoire, ou de conquerir quelque Province sur les ennemis avant que d'être couronné & de monter sur le Trône. Ce fut par une obligation si considerable, que cet Empire s'étendit en si peu de tems. Dès que le mérite des Exploits du nouveau Roi l'avoit fait paroître digne de règner, il revenoit triomphant dans la Ville Capitale où on lui avoit préparé une Entrée avec toute la pompe & l'appareil ordinaire en semblables occasions. Tous les Nobles, les Ministres & les Sacrificateurs l'accompagnoient jusqu'au Temple du Dieu de la guerre, où il descendoit de sa litière; & après les sacrifices propres à cette cérémonie, les Princes & Electeurs mettoient sur lui l'habit & le manteau Imperial. Ils lui armoient la main droite d'une épée d'or garnie de pierres à fusil, qui étoit la marque de la Justice. Il recevoit de la main gauche un arc & des flêches qui désignoient le souverain commandement sur leurs armées, & alors le Roi de Tezeuco, lui mettoit la Couronne sur la tête, ce qui étoit la fonction privilegiée du premier Electeur. Un des principaux Magistrats faisoit ensuite un long discours pour congratuler le Prince, au nom de tout l'Empire, de sa nouvelle dignité; & le discours fini, le Chef des Sacrificateurs s'aprochoit avec un profond respect pour recevoir le serment que l'Empereur faisoit entre ses mains. Les circonstances en sont très-remarquables. I. Il juroit de maintenir la Religion de ses Ancêtres, d'observer les Loix & les Coûtumes de l'Empire, & de traiter ses Sujets avec douceur & bonté. II. Il juroit encore que tant qu'il règneroit, les pluïes tomberoient à propos: que les Riviéres ne feroient point de ravages par leurs débordemens, que les Campagnes ne seroient point affligées par la stérilité, ni les hommes par les malignes influences du Soleil. Paroles mistérieuses à mon sens, qui exprimoient en termes énigmatiques, que le Prince règneroit avec tant de modération, qu'il n'attireroit point la colère du Ciel sur ses Etats, n'ignorant pas que les châtimens & les calamitez publiques tombent souvent sur les Peuples pour les crimes & les injustices des Rois.

Les Mexicains ont la taille belle, & le visage agréable, ils sont presque tous riches, parce qu'ils s'appliquent extrèmement au Négoce. Il y en a plusieurs parmi eux pour qui l'on a les mêmes considérations, que pour les Espagnols naturels. De tous les Princes du sang de Motezuma, il ne restoit plus personne à Mexique après sa Conquête, qu'un Chevalier de l'Ordre de St. Jaques, nommé Don Diego Cano Motezuma, Don Juan son fils, & deux de ses Neveux. Ils joüissoient tous de pensions assignées sur la Caisse Roïale; & quoique ces pensions fussent modiques par raport au sang illustre dont ils étoient sortis, elles ne laissoient pas de les faire subsister avec honneur.

Il n'y a point en ce Païs de Riviéres célèbres par raport à la Navigation, mais il y en a plusieurs qui sont considerables, parce qu'on y trouve de l'or & de l'argent, des perles & des pierres précieuses: elles nourrissent aussi quantité de Crocodiles qui sont moins gros que ceux de l'Egipte. Les Mexicains les mangent comme une viande délicate, de même que les serpens que l'on vend dans les marchez, après en avoir coupé la queuë & la tête. Le terroir y est extrèmement fertile, & tous les fruits de l'Europe que les Espagnols ont pris soin d'y transporter, y ont très-bien réüssi. à la réserve des Vignes & des Oliviers, dont les fruits n'y peuvent pas meurir, à cause des pluïes continuelles qu'il y fait pendant l'Eté. Pour le Blé & le Maïz, ils y viennent si bien qu'on en sème & on en recueille deux fois l'année. On y cultive aussi quantité de Coton, de Tabac, d'Indigo, de Sucre & de *Cochenille*. Tout le monde ne sait peut-être pas que la Cochenille est une sorte de petite araignée blanchâtre, qui naît sur certains figuiers d'une espèce particuliére. Ces figuiers sont de petits arbres, fort bas de tige, mais dont les feuilles sont en grand nombre & d'une prodigieuse grandeur. Personne n'ignore l'estime & l'usage qu'on fait de la couleur d'écarlate dans tous les Païs de l'Europe; cependant c'est de cette petite araignée seulement qu'on la tire. Ce Païs produit encore sans culture plusieurs fruits, comme *l'Agnil* ou *Pastel*, le bois de *Campêche*, le *Mollé*, & le *Cacao*. Le Pastel se fait d'une herbe semblable à du chanvre, qui est excellente pour les belles teintures bleuës, & les Peintres, non plus que les Teinturiers, ne peuvent s'en passer. Le Bois de Campêche est une des principales marchandises dont se chargent les Navires qui reviennent en Europe, & que

que l'industrie des hommes a trouvé propre à teindre de 22. differentes couleurs. Le Mollé est un grand arbre feuillu, dont la feuille verte teint en jaune; ses petites branches appliquées entre la tête & le chapeau, passent, selon la commune opinion, pour un refrigeratif, & préservent des ardeurs du Soleil. La gomme blanche qui en coule est un baume qui guérit toute sorte d'ulcéres & de blessures. Son tronc sert pour le charonnage, & son fruit, qui sont de petites grapes aprochant de nos groseilles rouges, pour la grosseur, la forme, & la couleur, est de bon goût & d'une odeur agréable, quoi qu'un peu forte: on en tire une espèce de vin qui enivre quoi qu'il soit fort doux.

Pour le *Cacao*, c'est un arbre de moienne hauteur, qui ne se trouve guère qu'à l'ombre, & se couvre presque toûjours de quelque autre arbre plus élevé, pour se garantir des ardeurs du Soleil. Il produit depuis la surface de la terre jusqu'à ses plus hautes branches une espèce de *Coco* grenu, de la forme d'un grand concombre, d'un gris brun, lequel étant ouvert laisse voir au dedans environ 100. grains, plus ou moins, couverts chacun d'une petite écorce cotoneuse, de très-bon goût & pleine de suc. Lorsqu'on a mangé cette écorce, on trouve dedans un grain roux, couvert d'une autre écorce plus mince, & presque noire, & ce grain qu'elle renferme est ce qu'on appèle le *Cacao*. L'usage en est à présent commun dans toute l'Europe, quoi que depuis quelques années celui du Café l'ait emporté sur lui, sur tout en France, en Angleterre, & en Hollande. Ce grain sert de monnoïe dans le Commerce; on en donne 70. pour 7. sols. Dans les marchez publics on en achète les menus utenciles de Cuisine & de ménage, & l'on s'en sert aussi à faire l'aumône aux mendians. Lorsqu'on l'a moulu & qu'il est réduit en pâte, il s'en tire une espèce de pommade blanche, qu'on appèle *pommade de Cacao*. Elle est d'une odeur fort agréable: elle sert utilement en plusieurs sortes de maladies, & quelques-uns l'appliquent avec succès sur des blessures nouvellement faites. Il y en a de petit, de moïen, & de gros; mais sa bonté ne consiste ni en sa grosseur ni en sa couleur, mais en l'excellence de son goût qui provient de la qualité du terroir. Le meilleur de tous est celui de Nicaragua & de Guatimala; ensuite celui de St. Domingue, qui est menu & excellent pour son suc. Celui de Caracas, qui est le plus gros, est le moins estimé de toutes les Indes, c'est de quoi l'on fait le Chocolat.

Entre les choses les plus remarquables de la Nouvelle Espagne, sont les deux Volcans de Guatimala. Le premier, qui ne jette que de l'eau, est une montagne appelée *Almolonea*, qui a quatre lieues de hauteur, & dixhuit de tour. L'autre vomit sans cesse des tourbillons de flammes jusqu'à la hauteur d'une pique. On les aperçoit de fort loin, & la fumée qui les surmonte, semble avoir de la continuité avec les nuës, tant elle s'élève dans les airs. De quart d'heure en quart d'heure il part de cette montagne un bruit semblable à celui d'une Couleuvrine, ce qui cause de l'étonnement & même de l'épouvante à ceux qui n'y sont pas accoûtumez. On voit à Mexicalfingo un Etang d'une vaste étenduë, sur lequel il y a un grand nombre de maisons & de jardins flotans. Voici de quelle maniére les Indiens les fabriquent. Ils étendent sur trois ou quatre grosses cordes une infinité d'osiers les uns sur les autres, de la longueur de 60. piez en quarré & d'un demi pié de hauteur. Ils attachent ensuite les bouts de ces cordes aux Aulnes, Saules & autres arbres qui sont sur les bords de l'Etang, pour assurer davantage le fondement de la machine. Ensuite ils couvrent ces osiers de gazons sur lesquels ils répandent de la terre & du fumier par dessus pour l'engraisser, & y sèment toute sorte de fleurs & de legumes. De toutes ces differentes matiéres jointes ensemble, il se fait un composé, qui devient avec le tems une masse épaisse & solide, sur laquelle ils bâtissent de petites maisons qui suffisent pour les loger eux & leurs familles. Il arrive quelquefois que le Maître de ces petites Iles flottantes allant à la Ville dans son Canot pour y vendre ses denrées, ne retrouve plus à son retour son habitation au même lieu où il l'avoit laissée, parce que les cordages qui l'arrêtoient venant à s'user avec le tems & à se pourrir par l'humidité, se rompent enfin & l'abandonnent au gré du vent & du courant. Alors le Jardinier demande à ses voisins s'ils n'ont point vu par hazard passer son Ile de leur côté, & sur leur raport, l'aiant suivie comme à la piste, ils la remorquent avec des cordes dans le même endroit d'où elle étoit partie.

Le Roi d'Espagne gouverne ce vaste Païs par un Viceroi qui a un très-grand pouvoir. Son règne est ordinairement de cinq ans; mais la faveur fait assez souvent prolonger ce terme. Au reste c'est un usage établi dans ce Païs, que tous les Gouverneurs & les Juges, tant grands que petits, tant Souverains que subalternes, sont obligez de resider dans les lieux de leur Jurisdiction un certain tems après que celui de leur emploi est fini, pour répondre aux accusations de tous ceux qui voudront se plaindre de leur administration. Il s'en dresse des informations qui sont faites par devant des Juges nommez spécialement pour cet effet. Ces Juges qu'on appèle *Juges de résidence*, envoïent ces informations à la Cour, qui statuë des peines ou des récompenses suivant la nature du raport. Loi prudemment établie! qui produiroit des biens infinis, si elle étoit observée aussi exactement qu'elle a été judicieusement prescrite. Mais les abus presque infinis qui se sont glissez dans l'exécution, par la facilité que les Juges commis à cet examen ont à se laisser corrompre, en rendent l'effet entiérement inutile pour le bien des Peuples & pour l'honneur du Gouvernement.

DES-

DESCRIPTION DE L'ISTHME DE DARIEN, DES PROPRIETEZ DU PAÏS ET DE LA VILLE DE PANAMA; A LAQUELLE ON A JOINT UNE DESCRIPTION CURIEUSE DES DIVERSES PLANTES, OISEAUX, POISSONS LES PLUS RARES QUI SE TROUVENT DANS LA NOUVELLE HOLLANDE.

Fig. I.

La 1 Figure qui est au bas de cette planche, est la fleur de Coton qui se trouve à ... dans le Bresil. Cette fleur est composée de quantité de petits filamens presque aussi deliez que des cheveux, d'un rouge obscur, et de 3 ou 4 pouces de long; leur sommité est de couleur cendrée. Au bas de la tige il y a cinq feuilles étroites et roides de six pouces de long.

La 2 fleur s'appelle Iasminum Brasilianum luteum, Mali limonii folio nervoso, petalis crassis.

La 3. Crista pavonis Brasilianum, Bardanæ foliis. Ses feuilles en sont fort tendres et ressemblent pour la forme et le contour aux feuilles qui croissent au sommet de Bardanæ Major.

Fig. 4. Filix Brasiliana, osmundæ minoris serrato folio.

C'est une espèce de fougère qui porte les vaisseaux de sa semence tout le long de l'extrémité de sa feuille.

La II. PLANCHE ci dessous représente fig. 1. Rapuntium Novæ Hollandiæ flore magno coccineo. Le Pericanthium composé de cinq parties longues et pointues, la forme du Vaisseau de la semence, et la petitesse de ses feuilles prouvent que cette plante est un Rapuntium.

La fig. 2 se nomme Fucus foliis Capillaris brevissimis, vesiculis minimis donatus. Ce beau fucus est une espèce d'Erica Marina ou de Sargazo, mais ses parties sont beaucoup plus déliées; il a été cueilli, aussi bien que la première plante, dans la Nouvelle Hollande.

La fig. 3 s'appelle Ricinoides N. Holland. angulosa Crassis foliis. Ses feuilles sont épaisses et arrondies; son fruit ... se divise en cinq parties.

Fig. 4. Solanum Spinosum N. Holl. Mollibus foliis Subrotundis. Il porte une fleur bleuâtre; ses feuilles sont blanchâtres, épaisses et cotonneuses dessus et dessous, longues d'un pouce et presque aussi larges. Ses piquans en sont fort aigus, bien serrez et de couleur d'orange, surtout vers les pointes.

L'Isthme de Darien est proprement le païs ou la plus étroite de l'Isthme de l'Amerique, du nom de la rivière qui borne la côte Septentrionale à l'Est. Il est presque tout renfermé entre le 8. et le 10. degré de latit. Septentr.

La Baie de Panama se forme par la Courbure de l'Isthme et il n'y en a pas une au monde plus agréable ni plus commode. Le terrain de ce païs est presque partout entrecoupé de montagnes et de vallées; on y voit quantité de ruisseaux de Rivières et de fontaines qui ne tarissent jamais.

La plupart de ces Rivières prennent leurs sources de une chaîne de montagnes qui courent à travers de la longueur de l'Isthme, et qui sont presque parallèles au rivage.

Depuis la Baie de Caret qui est le seul Havre qu'on trouve dans la côte de Darien jusqu'au Promontoire voisin de l'île d'Or, le rivage de l'Isthme est assez facile. A l'Ouest du cap à l'entrée de la rivière, il y a une autre plus Baie sablonneuse, qui renferme dans son bassin une petite île basse entourée de bancs, où le fond est si mauvais qu'on n'y sauroit mouiller, mais à l'entrée de la baie il y a beaucoup d'eau, le fond y est d'un Sable dur et l'on y ancre sûrement.

La Ville de Panama a une Rade aussi bonne qu'un Havre pour de petits vaisseaux. Elle est bâtie sur un terrain uni et entourée de hautes murailles du côté de la mer. Cette ville est le rendez-vous general de tout ce quartier de la mer du Sud; on y reçoit les trésors qui viennent de Lima et des autres endroits du Perou. Elle fait aussi quelque négoce avec le Mexique, mais il ne s'étend guère au delà du Golfe de Nicaragua. Le Roi d'Espagne y tient un President qui agit de concert avec son Conseil, et le Gouverneur de Portobel est sous lui. Cette Place, quoique située dans un bon païs, ne laisse pas d'être fort malsaine.

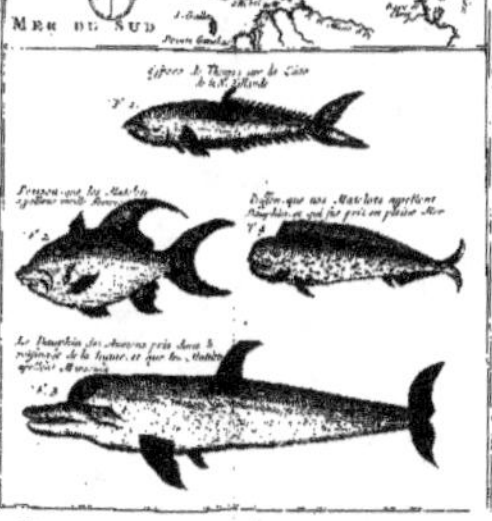

Il croît dans l'Isthme de Darien une infinité d'arbres inconnus en Europe.

Le Cotonnier est le plus commun. Il porte un fruit de la grosseur d'une Noix muscade, plein d'une laine courte qui en sort quand il est mûr. On ne s'en sert pas grand cas.

Les Cèdres y sont d'une hauteur et d'une grosseur considérable; sur le continent le bois en est fort rouge et très odoriférant. Les Indiens ne s'en servent que pour des Canots et des Pirogues.

Il y a aussi plusieurs sortes de Palmiers, entre lesquels on peut ranger le Cacao.

On trouve des Cannes de sucre dans l'Isthme, mais tout l'usage qu'en font les Indiens est de les mâcher et d'en sucer le moëlle.

Il n'y a que trop de bambous où de Cannes encore plus. Il semble que ce soient autant de bruières et de broussailles impraticables. Il en sort jusqu'à 20 et 30 tiges d'une seule racine.

On y trouve aussi deux sortes de poivre en grande quantité: l'un s'appelle poivre en tête, et l'autre poivre des oiseaux. Ils viennent tous deux sur un Arbrisseau qui peut avoir une verge de long.

Les Indiens de ce païs sont droits et bien faits, légers à la course et fort actifs. Les femmes sont petites et ramassées et n'ont pas la vivacité des hommes. Les jeunes ... ont de l'embonpoint, la taille jolie et l'œil vif. Les uns et les autres ont le visage rond, le nez gros et court, les yeux grands et pour la plupart gris. Ils ont les cheveux noirs, longs, plats, unis et rudes. Il n'y a que les femmes qui les relèvent avec un cordon. Tous ont le teint basané, de couleur de cuivre jaune ou d'orange, et les sourcils noirs comme du jais. Ils se les frottent avec de l'huile pour se les rendre plus luisants.

La 1 Fig. de cette III. Pl. se nomme Scabiosa N. Holl. Stoechados foliis subincanis ... Ses fleurs qui croissent en épi de quatre pouces de long est renfermée dans un duvet fort rude et jaunâtre. Ses feuilles n'ont pas plus d'un pouce de long, elles sont fort étroites, vertes en dessus, blanches et cotonneuses en dessous, et croissent en touffe; on pourroit aussi l'appeler Helichrysum.

Fig. 2. Alcea N. Holl. foliis angustis ... Les feuilles et la tige de cette plante sont toutes cotonneuses de même que le dessous du calice. La fleur a cinq feuilles fort tendres, au milieu desquelles il y a une petite Colonne toute couverte de pointes ...

Fig. 3. Cet Arbrisseau dont on ne connoît ni le nom ni l'espèce, a une fleur rouge très belle composée de cinq feuilles ... de part et d'autre. Le milieu est rempli de filamens cramoisis au bas et couronnés

Fig. III.

chacun de son apex. Ses feuilles de la plante approchent de celles de l'Anchusa ... Lob. mais elles ne terminent pas en pointe.

Fig. 4. Dammara N. Holl. Summitate Serpylli folia. Ses fleurs remplies de filamens paroissent de couleur d'herbe et viennent entre les feuilles qui sont courtes, presque rondes, pareilles de celles d'un vert obscur dessus et pâle au dessous; ses feuilles ont un goût fort Aromatique.

PLANCHE IV. fig. Equisetum N. Holl. frutescens foliis longissimis. Les plus longues de ses feuilles ont à peu près neuf pouces de long.

Fig. 2. Colutea N. Holl. floribus amplis coccineis umbellatim dispositis, macula purpurea notatis. Ses fleurs sont écarlates faites en manière de parasol.

Fig. 3. Conyza N. Holl. angustis Rorismarini foliis. Elle est d'un goût bon amer quand elle est fraîche.

Fig. 4. Mohoh Insulæ Trinit. Cette plante est fort singulière; sa feuille est presque ronde, verte au dessus et blanche au dessous; elle a plusieurs fibres qui sortent du milieu vers la circonférence. Ses fleurs sont blanches tachetées par un fond ... et de la figure du Stramonium.

Fig. IV.

Fig. II.

Le Pintado représenté N.° 1. dans cette dernière planche est un Oiseau du Pais Méridional, aussi gros qu'un Canard; il a la queue courte et les ailes fort longues comme la plupart des Oiseaux de Mer.

Il y a de trois sortes de ces Oiseaux tous de la même grosseur, qui ne diffèrent que par le plumage. Les uns sont noirs par tout. Les autres ont le manteau gris, avec le jabot et le ventre blancs, comme celui qu'on voit ici. Si l'on en excepte ses mouchetures, et les troisièmes sont admirablement bien mouchetez de blanc et de noir.

Tous les autres Oiseaux représentez dans la même Planche sont des Oiseaux de terre, dont les plus gros n'excèdent pas la grosseur des Alouettes; quelques uns ne sont pas plus gros que des Roitelets, mais ils ont tous un chant fort ... et plein de mélodie. On peut voir ici la figure de 3. Sortes de ces Oiseaux.

Parmi ceux de Mer, il y en a un nommé Petrel, qui ne diffère pas trop de l'Hirondelle; il est seulement plus petit et a la queue plus courte. Il est noir partout excepté sur le Croupion où il a une tache blanche. Il frise l'eau en volant comme l'Hirondelle, et l'on n'en voit guère lors qu'il fait beau temps. Mais lors qu'ils volent autour des Navires, on a sujet de craindre quelque orage. Ils voltigent jusques sous la Poupe, s'il y a tempête, et à mesure qu'ils suivent la trace d'un vaisseau, ils se mouillent les pieds à différentes reprises.

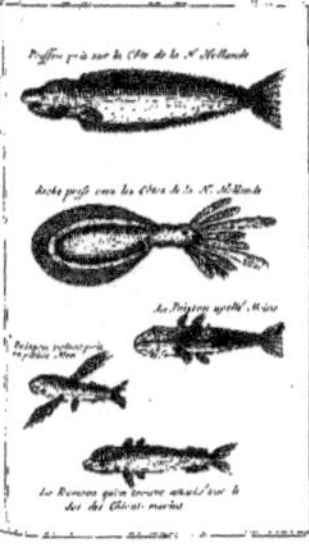

La Planche du Milieu représente quelques poissons pris dans les Mers de l'Amerique. fig. 1. est une espèce de Thon qui ne ressemble pas mal à celui qui est appelé Guarabucu dans l'appendice à l'Histoire des Poissons de M. Willoughby, et dont on voit la figure Pl. III. Cependant il diffère un peu, sur tout à l'égard des Nageoires, du Guarapuen dont Piso a donné la fig.

Fig. 2. Celui ci approche du Guaperva maxima caudata de Willoughby et du Guaperva de Piso, mais ils ne sont pas semblables à tous égards.

Fig. 3. Il y a deux sortes de Marsouins. L'un, qui a le museau long, est le Dauphin des Grecs; et l'autre, qui l'a rond en forme de bouteille, est le Phocæna d'Aristote, à ce que plusieurs croient.

Fig. 4. C'est le Guaracapema de Piso et de Marggrave, et le même que d'autres appellent Dorade. On en trouve la figure dans l'Ichthyologie de Willoughby Pl. O. 2. sous le nom de Delphin Belgis.

Les Poissons de cette dernière Planche sont de ceux que l'on prend à la ligne quand la mer est calme; ce sont des Guapperva, des Bremes, des Seiches, des Vieilles, des Moines et des Remora qu'on trouve attachez sur le dos des Chiens marins. Lors qu'on voit de ces derniers il n'en paroît guère d'autres, soit qu'ils leur donnent la chasse, ou qu'ils soient plus goulus pour mordre à l'hameçon. Il y a aussi une sorte de poissons volant que l'on peut prendre en pleine mer. Tous ceux que l'on voit ici ont été dessinez d'après le Naturel.

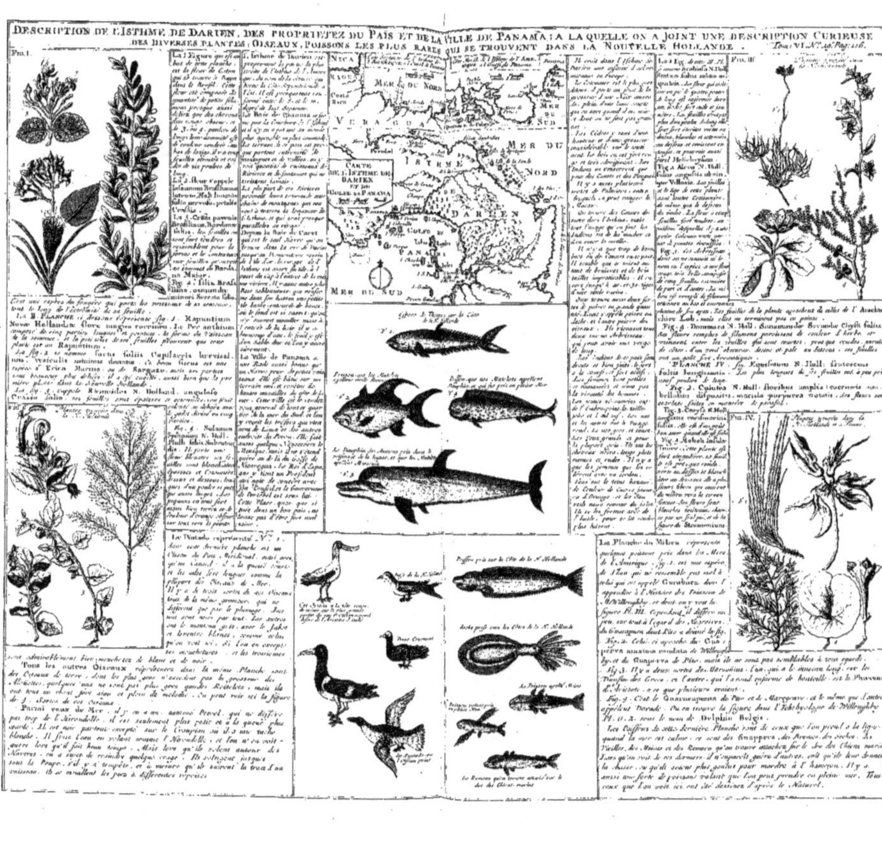

LES ET TRES UTILES NON LEMENT SUR LES PORTS ET ILES DE CETTE MER,

des Voyageurs par qui la decouverte en a été fai out pour *l'intelligence Des Dissertations suivantes*

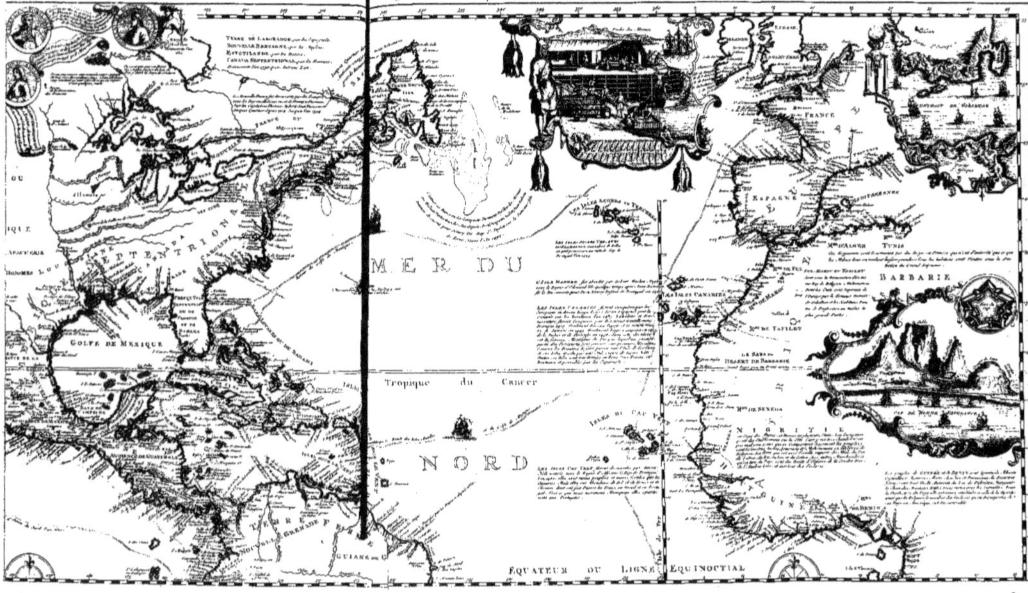

DISSERTATION SUR L'AMERIQUE MERIDIONALE Et en particulier SUR LE PEROU.

CEtte partie du Nouveau Monde est jointe à l'autre partie par une langue de terre qui peut avoir vingt lieuës d'Allemagne. Sa longueur du Midi au Septentrion est selon les uns de treize cens trente lieuës, & sa largeur d'Occident en Orient de plus de quatorze cens. D'autres n'en mettent qu'onze cens quarante. Voilà, comme vous voïez, des Guides assez éloignez les uns des autres; c'est à eux à se raprocher comme ils pourront, & à nous de nous en raporter à ce qui en est. On suppute le circuit de cette presqu'Ile à environ sept mille lieuës.

Ses bornes sont au Septentrion & à l'Orient la Mer du Nord, au Midi la Magellanique & les Terres Australes; & à l'Occident la Mer du Sud. Comme sa figure est triangulaire, l'une de ses pointes regarde l'Amerique Septentrionale, l'autre l'Afrique, & la troisiéme le Détroit de Magellan. On la divise en plusieurs parties principales, savoir la Castille d'or, le Bagota, ou nouveau Roïaume de Grenade, le Pérou, le Chili, le Chica, le Bresil, la Carbiane, la Guiane, le Biguire, &c. De toutes ces Provinces je choisirai les plus considerables.

DU PEROU.

NOus voici à l'endroit particulier des Trésors; le Perou est si fameux par raport aux entrailles metalliques de la Terre, que pour exprimer une opulence extraordinaire, on cite proverbialement les richesses du Perou. Avant que d'entrer en cet heureux Païs je veux regaler ici votre louable curiosité de la Relation savante d'un illustre Voïageur; aiant fait cette docte remarque au sujet du Perou qu'il a étudié pratiquement, & où il a été: elle se presente trop naturellement pour ne pas l'inserer, voici ce que c'est.

Les anciens Philosophes & quelques modernes ont attribué au Soleil la formation des metaux; mais outre qu'il est inconcevable que sa chaleur puisse penétrer jusques à des profondeurs infinies, il est facile de secouër ce préjugé, si on veut se donner la peine de réflechir sur ce qui suit. Il y a environ trente ans que la foudre tomba sur la montagne d'Ilimani qui est au dessus de *la Paz*, autrement Chuquiago, Ville du Perou à quatre-vingt lieuës d'Arica. Le Tonnerre donc abbatit de cette montagne un morceau dont les éclats, qu'on trouve répandus dans la Ville & aux environs, étoient pleins d'or. Cependant de tems immémorial cette montagne a toûjours été couverte de neige: donc le Soleil n'aiant pas eu la force de fondre ce méteore, n'a pas eu assez de chaleur pour former l'or qui étoit dessous, & que la neige a couvert sans interruption.

Il est visible par ce fait-là, que nos Européens sont mal instruits du Païs des mines. Par exemple, un célèbre Phisicien, dit dans sa *Philosophie occulte*, qu'on connoît les miniéres quand il y a de la gelée blanche sur la terre, & qu'il n'y en a point sur les veines des metaux; parce qu'il s'en exhale des vapeurs séches & chaudes qui empêchent qu'il n'y gêle, & que par la même raison la neige s'y fond bien vite. Si cela est vrai de quelques endroits, il ne l'est pas des mines d'or du Perou, ni de celles d'argent du Chili, qui sont couvertes de neiges huit mois de l'année.

Après que cet habile homme a ainsi réfuté l'opinion commune, il propose son sentiment. Pour moi, dit-il, qui n'admets de conjectures que celles qui

qui sont fondées sur l'experience, j'attribuerois plûtôt la formation des metaux aux feux soûterrains; & sans m'embarasser du feu central de certains Philosophes, je ne manquerois pas de preuves pour faire voir que toute cette partie de l'Amerique est pleine de ces feux cachez. C'est ce qui paroît par ces Volcans qu'on y voit crever, & s'embraser de tems en tems. Tels sont ceux d'Ariquipo, de Quito, & du Chili, qui sont dans le Païs des miniéres. Il n'est pas même impossible que ceux du Méxique y aïent quelque part, quoiqu'en aparence un peu éloignez: ou rien n'empêche qu'on ne compare la terre à un four à charbon où un trou suffit pour donner de l'air, & conserver le feu dans la partie opposée.

Cette chaleur étant bien établie, elle doit mettre en mouvement les sels, les soufres, & les autres principes que la Terre renferme & qui peuvent entrer dans la composition des métaux, lesquels étant poussez & rarefiez comme une vapeur s'insinuent dans les pores de la pierre & principalement dans ces bancs de rochers qui sont comme une planche ou un corps étranger enfermez dans une masse heterogene, ou de differente nature. Là cette exhalation se fige & se condense comme la Glu par la disposition des pores où elle est poussée. Nous en avons une expérience sensible dans le mercure qui se volatilise en fumée, & se condense de nouveau quand il rencontre de l'eau. Si ce metal peut prendre la consistance des autres, comme le prétendent les Alchimistes, la conjecture n'est pas mal apuïée.

Je ne donnerai point ici, continuë notre Naturaliste, dans les visions des Chercheurs de Pierre Philosophale; je veux même croire malgré tout ce qu'on nous dit de plus apparent, sur l'expérience qu'on en a faite, que ce sont des tours de fourberies qui ont mis cette vaine occupation en credit. Mais quoiqu'ils n'aïent pas atteint toute la perfection de l'or, toûjours est-il vrai, & on ne peut raisonnablement le contester, qu'ils l'ont très-bien imité avec le mercure. C'en est assez pour fonder mon sentiment sur la formation des metaux. Ne peut-on pas inferer de là que la méchanique de la Nature dans ses productions ne differe de la Chimie que parce qu'elle est plus parfaite?

Quoiqu'il en soit, il est certain qu'il sort continuellement de fortes exhalaisons des mines. Les Espagnols qui vivent au dessus sont obligez de boire très-souvent de l'herbe du Parquai, ou Maté, pour s'humecter la poitrine, sans quoi ils souffrent une espèce de suffocation. Les mules même qui passent dans ces endroits-là, quoique beaucoup moins rudes & moins montueux que d'autres, où elles vont en courant, sont obligées de se reposer presqu'à tout moment pour reprendre haleine. Mais ces exhalaisons sont bien plus sensibles au dedans; elles font un tel effet sur les corps qui n'y sont pas accoutumez, qu'un homme qui y entre pour un moment, en sort comme perclus; sentant dans tous les membres une douleur à ne pouvoir se remuer: elle dure même souvent plus d'un jour, & alors le remède est de raporter le malade dans la mine. Les Espagnols appellent ce mal *Quebrantabuessos*, c'est-à-dire *qui brise les os*. Les Indiens même qui y sont accoutumez sont obligez de se relever alternativement presque tous les jours.

Il est aussi arrivé quelquefois qu'en travaillant à certaines parties des miniéres, il en est sorti des exhalaisons empestées qui ont tué les Ouvriers sur le champ: si bien qu'on étoit obligé d'abandonner ces endroits-là. Pour preservatif contre le mauvais air qu'on respire dans les mines, les Indiens y mâchent continuellement de la Coqua, espéce de Bêtel, & ils prétendent qu'ils ne pourroient jamais travailler sans cela. Cette Coqua est une plante unique en son espèce, & dont on ne peut assez admirer la vertu. On dit que la feuille mise dans la bouche nourrit & preserve de la faim & de la soif. Ainsi avec une telle plante on n'a pas besoin d'autres alimens, & l'on peut vivre presque pour rien, & même sans avoir la peine de mâcher, ni d'avaler: cette merveilleuse propriété n'accommoderoit pas mal les pauvres & les vrais Philosophes.

Après avoir vu par ce curieux morceau de Phisique la maniére la plus probable dont l'or & l'argent se forment, & qui nous montrent qu'on fait trop d'honneur au Soleil quand on le nomme le Pere des metaux, venons maintenant à la description & à l'histoire de cette contrée, où les meilleures miniéres sont si frequentes & si fertiles.

Le Pérou, selon quelques Ecrivains, prend son nom d'une Riviére qui le traverse: mais dans la langue du Païs on l'apelle *Tahantisuio*, mot qui signifie les quatre parties du Monde. On parle, à l'ordinaire, differemment de son étenduë: l'un dit, *sa longueur est de sept cens lieuës du Nord au Sud*; *sa largeur de cent du Couchant à l'Est*. L'autre fixe sa longueur à six cens soixante lieuës, & sa largeur à deux cens quatre-vingt. Enfin survient un troisiéme qui dit six cens soixante lieuës de Côtes; deux cens soixante en sa plus grande largeur d'Orient en Occident, & pour l'ordinaire cent quarante. Dans cette diversité-là, il vous plaira de choisir, ou de calculer mieux. Les bornes de cette precieuse pepiniére des metaux, comme parle un de nos meilleurs Géographes, sont à l'Orient, une chaine de montagnes; au Midi le Chili; à l'Occident, la Mer du Sud; & au Septentrion, le Bogora.

Cette partie du nouveau Monde se partage en haut & en bas Perou. Le haut est un Païs qui consiste en montagnes dont les valées sont très-fertiles, & qui s'étend fort loin à l'Est. Le bas est un Païs plat, uni & qui borde la Mer. Les Villes des Côtes sont Vieux Port, Thamé, Camba, & Saint Michel, Truxillo, Araquipa, Tambes, Cumana, & Lima, Capitale du Perou, qui prend son nom de la vallée où elle est bâtie. Dans la partie montagneuse est placé Cusco, & c'est où les anciens Rois du Perou, si connus sous le nom d'*Incas*, faisoient leur résidence.

Si jamais Histoire fut plus obscurcie par le mêlange des fables, on peut dire que c'est celle de ces Rois, qui font remonter si haut la source dont ils se croïent descendus, qu'on la perd de vûë à force de la vouloir chercher. Ce n'est pas qu'ils ne se donnent une Tige des plus éclatantes; puisqu'ils prétendent tous être issus du Soleil; mais la lumiére même de cet Astre brillant qu'ils veulent avoir pour Pere, bien loin de répandre quelque clarté sur la naissance de ses Enfans prétendus, ne sert qu'à éblouïr & ceux qui se disent sortis d'une source si pure, & ceux qui voudroient l'envisager de trop près pour en savoir la verité. Je ne raporterai point ce que les Indiens du Perou racontent de l'origine de leurs plus anciens Rois, qu'ils placent immediatement après le déluge; du partage qu'un certain homme, préservé comme miraculeusement, fit du Monde en quatre parties qu'il donna à autant d'hommes, qu'il honora du titre de Rois; ni des Descendans de ces

ces Rois fabuleux jusqu'à *Manco Capac* qui est certainement le premier Roi connu, & celui qui fit bâtir la Ville du *Cuzco*. Mais pour faire voir quelle est la tradition de ces Peuples sur la prétenduë origine de leurs Rois issus du Soleil en droite ligne, voici ce qu'un de leurs *Yncas* en a dit lui-même à un de ses parens, qui l'interrogeoit sur le principe de son extraction. „ Vous saurez, dit-il, qu'anciennement „ dans toute l'étenduë de ce Païs, il n'y avoit que „ montagnes & précipices couverts de brouillards „ & de buissons. Les Hommes tels que des bêtes „ étoient sans Religion & sans Police. On ne parloit „ parmi eux, ni de Villes ni de Maisons, & comme ils n'avoient aucun esprit, ils ne savoient ni „ cultiver la terre, ni filer la laine, ou le coton, „ pour en faire des habits propres à couvrir leur nudité. Leur vie étoit toute sauvage. Ils la passoient „ deux à deux, ou trois à trois selon qu'ils se rencontroient, & se retiroient dans des cavernes, „ & dans des lieux souterrains. Les herbes des „ champs, les racines des Plantes & les fruits sauvages étoient leurs alimens ordinaires. Les uns „ alloient nuds exposez à toutes les incommoditez „ de l'air, les autres se couvroient de peau d'animaux, d'écorce d'arbres, ou même de leurs feuilles. Enfin ils menoient une vie tout-à-fait brutale, s'accouplant avec la premiére femme qu'ils „ rencontroient, sans en avoir aucune en propre. „ Comme donc le Soleil notre Pere vit les hommes „ en cet état, il en fut touché de compassion, & „ leur envoïa du Ciel deux de ses Enfans, un Fils „ & une Fille pour les instruire dans la connoissance du Soleil notre Pere, afin qu'ils l'adorassent à „ l'avenir, & le reconnussent pour leur Dieu. Ces „ deux Divins Enfans leur furent aussi envoïez pour „ leur imposer des loix & leur donner des préceptes, par le moïen desquels ils pussent vivre en „ hommes raisonnables, aprendre la civilité, demeurer dans des maisons, peupler les Villes, labourer la terre, cultiver les plantes, faire la moisson, nourrir des troupeaux, joüir des commoditez de la vie, en un mot rendre la société agréable par la culture des arts & des mœurs. Avec „ cet ordre, continua l'*Ynca*, qu'il plut au Soleil „ notre Pere de donner à ses deux Enfans, il les mit „ près du marécage de *Tisicaca* qui est à huit cens „ lieuës de Cuzco, & leur dit qu'ils allassent où bon „ leur sembleroit, & que lorsqu'ils voudroient manger ou dormir en quelque lieu, ils essaïassent de „ ficher en terre une verge d'or, qui avoit deux „ doigts de grosseur & demi-aune de long, qu'il „ leur donna tout exprès pour un signal infaillible „ de sa volonté, qui étoit que là où cette verge enfonceroit dans la terre d'un seul coup, là même „ le Soleil notre Pere vouloit que ses deux enfans „ s'arrêtassent pour y établir & y tenir leur cour. „ Ensuite il leur donna des préceptes sur la maniére de gouverner leurs Peuples, selon les loix de „ la raison, de la piété, de l'équité, & de la clemence, leur ordonnant de faire pour eux tout „ ce qu'un bon Pere a coutume de faire pour ses „ enfans qu'il aime tendrement; en quoi, leur dit-il, vous suivrez mon exemple, puisque, comme „ vous savez, je ne cesse de faire du bien à tous les „ mortels. Car c'est moi qui les éclaire de ma lumiére, pour leur donner moïen de voir & de vaquer à leurs affaires; c'est moi qui les échauffe „ quand ils ont froid, qui rend fertiles leurs champs, „ & leurs pâturages, qui fais fructifier leurs arbres, „ qui multiplie leurs troupeaux, & qui leur envoie „ la pluïe & le beau tems quand la necessité le demande; c'est moi encore qui prend le soin de faire le tour du Monde une fois le jour, pour voir „ de quelle chose la terre peut avoir besoin, afin „ d'y mettre ordre au soulagement de ceux qui „ l'habitent. Je veux donc que vous fassiez, à mon „ exemple, comme mes enfans bien aimez, que „ j'envoie au Monde pour le bien & l'instruction „ de ces pauvres gens qui vivent en bêtes. C'est-pourquoi je vous donne à present le titre de Rois, „ & je veux que votre Empire s'étende sur tous les „ Peuples que vous instruirez par de fortes raisons, „ & de bonnes actions, mais sur tout par votre „ exemple & par votre bon gouvernement".

Sans m'amuser à refuter cette Fable qui se détruit d'elle même, il est aisé de reconnoître qu'elle fut inventée par ce *Manco Capac*, le premier des Yncas, qui, pour se donner une illustre origine, & prendre par ce moïen plus d'ascendant sur l'esprit de ces Peuples grossiers, leur persuada qu'il étoit issu du Soleil. Je n'entreprendrai point de deviner quel étoit ce Manco Capac, ni d'où il pouvoit être venu; mais soit qu'il eût été jetté sur les côtes du Pérou par quelque naufrage, soit qu'il y eût été transporté autrement; il y a bien de l'aparence que se trouvant seul avec sa femme dans cette Terre inconnuë, habitée par des sauvages qui n'avoient que la figure humaine, il entreprit de les aprivoiser peu à peu, de les réünir & de s'en faire Roi. Il reconnut d'abord que ces Peuples adonnez à une Idolatrie grossiére ne pourroient jamais s'élever jusques à adorer un Dieu invisible & spirituel. Il commença peu à peu à les détromper des fausses Divinitez qu'ils s'étoient forgées; & pour les amener par dégrez à la connoissance du seul Dieu veritable qu'ils ne pouvoient voir, il leur proposa au moins le plus beau de ses ouvrages. Il ne pouvoit guére autrement gagner leur confiance, pour leur donner des Loix & les assujettir à sa domination, qu'en leur persuadant qu'il étoit fils de ce bel astre, & qu'il venoit de sa part les instruire de tout ce qu'ils devoient faire pour être heureux. Ils eurent d'autant moins de peine à ajoûter foi à ses discours, qu'ils ne voïoient rien de plus digne de leurs hommages que ce Pere commun de la vie & de la clarté. D'ailleurs ils ne remarquoient dans cet Homme extraordinaire qui entreprenoit de les réünir dans une douce société que des dispositions tendres & favorables à leur égard. Il leur parloit en Pere qui ne vouloit que le bien & l'avantage de ses enfans. Ils n'étoient point effraïez par la terreur des armes: ils ne voïoient point d'armées prêtes à les subjuguer. Un seul homme bienfaisant & charitable leur proposoit de suivre ses conseils pour leur propre conservation, & s'apuïoit d'une autorité respectable: le moïen qu'il ne les amenât pas, sans peine, au but qu'il s'étoit proposé?

Ce n'est pas, comme nous le dirons dans la suite, que ce premier Fondateur des Peruviens n'eût quelque connoissance du vrai Dieu; il le connoissoit sans doute, & il aprit à ces Idolâtres à le connoître; mais dans l'ignorance profonde où il les trouva, accoûtumez à se faire des Dieux des choses les plus viles, il ne put les desabuser si promtement de leurs grossiéres erreurs, & il eut besoin d'avoir recours à l'artifice, dont nous parlons, pour donner plus de poids à son entreprise. Car il faut distinguer deux tems fort différens dans l'idolatrie de ces Barbares In-

Indiens. Le premier avant l'établissement des Yncas, où, dispersez, comme j'ai dit, dans les montagnes, ils étoient aussi sauvages que les bêtes qui habitoient comme eux ces vastes deserts. En cet état ils avoient autant de Dieux que leur imagination pouvoit leur en forger, & tous différens les uns des autres, parce qu'ils se persuadoient, qu'il n'y avoit que le Dieu auquel ils se devouoient particuliérement qui pût les secourir dans leurs besoins. Dans cette intention vague d'avoir des Dieux qui différoient les uns des autres, sans se mettre autrement en peine de leur nature ni de leur dignité, ils adoroient indifferemment des herbes, des plantes, des fleurs, des montagnes, des cavernes, des précipices profonds, d'afreux rochers, & des cailloux diversement colorez. D'autres adoroient divers animaux, les uns pour la crainte qu'ils leur inspiroient, comme le Tigre, le Lion, & l'Ours, qu'ils ne rencontroient jamais qu'ils ne se prosternassent contre terre jusques à se laisser tuer misérablement plûtôt que de se mettre en defense contre ces brutales Divinitez; les autres pour leur ruse, comme les Singes & les Renards; les autres pour leur fidelité, ou pour leur vîtesse comme le Chien & le Loup Cervier. Ils adoroient aussi des oiseaux, des reptiles: en un mot tout étoit bon pour être leur Dieu sans aucun choix ni discernement. Leurs mœurs répondoient à la grossiéreté de leur culte, & ils ne différoient des Brutes devant lesquelles ils se prosternoient, que par la figure humaine, & le sentiment naturel qui les portoit à se choisir des Divinitez.

Il professoient une Religion si barbare qu'une copieuse effusion de sang humain passoit chez eux pour le seul moïen de remettre leurs Idoles en bonne humeur, quand elles étoient en colere. Ainsi leurs meilleures victimes dans les sacrifices, c'étoient des Hommes. Avant que ces Peuples naturellement feroces se soûmissent à une espèce de gouvernement, le bon & le mauvais, l'aimable & le haïssable entroient également dans leur Religion. La maniére dont ils immoloient leurs semblables, leurs Co-individus, leurs Freres en nature, ne peut se lire sans horreur. Avoit-on fait des Prisonniers de guerre, Vieillards, Enfans, Hommes, ou Femmes: on lui ouvroit la poitrine; on arrachoit le cœur & les poumons, & ils versoient sur l'idole le sang encore chaud & fumant. Ensuite on brûloit ces muscles arrachez, & le reste du corps servoit au repas le plus exquis que ces monstres pussent faire.

La circonstance la plus affreuse de cet horrible tableau, la voici; ces habitans étoient si dénaturez, que dans cette execrable cérémonie, ils n'épargnoient pas même leur propre sang; car par un transport de zèle & de dévotion, ils traitoient quelquefois leurs enfans comme leurs ennemis. En certains endroits les Femmes, dont le sexe est naturellement moins dur que le nôtre, rafinoient néanmoins sur la barbarie de leurs sanguinaires & abominables Epoux. Elles se frotoient le bout des mammelles du sang de ces malheureuses victimes; & cela pour le faire sucer à leurs enfans avec le lait. Elles déchiroient la chair de ces pauvres Prisonniers encore vivans; ces Tigresses à figure humaine la mangeoient toute cruë comme un mets délicieux; & si le patient avoit assez de force & de courage pour souffrir ce cruel suplice, sans donner aucune marque de douleur, alors on crioit miracle, on faisoit son *Apotheose*, & il étoit adoré comme un Dieu. Preuve que ces Peuples grossiers, tout brutaux qu'ils étoient, & chez qui on pouvoit aquerir le droit d'immortel & d'adorable, par la mort la plus tragique, avoient pourtant une idée confuse, quoique fausse, d'une autre vie.

Les Peruviens n'avoient pas la moindre ombre de société humaine. Les uns demeuroient sur le haut des montagnes, parce qu'ils s'y croïoient plus en sûreté contre leurs ennemis; d'autres choisissoient pour domicile le creux d'un arbre pouri; & il y en avoit qui erroient par la campagne comme des Bêtes. S'ils se donnoient un Chef c'étoit toûjours le plus féroce, le plus furieux; & ils se livroient en esclaves à tous ses caprices. Ils ne vivoient que de brigandage & de meurtre: ils étoient avides de chair humaine: on l'étaloit même publiquement; mais plus vers le Sud que du côté du Nord. Ne connoissant ni pudeur ni bienséance ils n'étoient vêtus que de leur peau. La Nature les habilloit comme elle habille chaque vivant selon son espèce; & si les Peruviens couvroient quelque partie du Corps, ce n'étoit que pour se garantir du froid. Tout cela paroît presque incompatible avec le nœud du mariage. Ne semble-t-il pas que des Peuples, qui n'avoient pour Maîtresse que la Nature, devoient vivre aussi sur cet article-là comme les Bêtes, & ne suivre que l'instinct amoureux? L'Histoire dit pourtant que l'union conjugale étoit en usage dans le Pérou. Il est vrai qu'en certains endroits la consanguinité ne faisoit point d'obstacle au lien matrimonial: le Frére pouvoit épouser la Sœur, & la Mere devenoit la Femme de son Fils.

Ce fut dans cet état deplorable que Manco Capac trouva ces malheureux Indiens, & dont il entreprit de les tirer. L'établissement de son Empire, & le culte du Soleil qu'il institua parmi eux, est le second tems de leur Idolatrie, mêlé de quelque connoissance du vrai Dieu, qu'il ne faut pas confondre avec le premier. Voici comme il s'y prit pour leur persuader qu'il ne faisoit rien que par l'ordre du Soleil, selon la tradition fabuleuse qui en est demeurée dans le Païs. „ Après que les enfans de cet Astre eurent apris la volonté de leur Pere, dit encore l'Ynca dont nous avons parlé, ils sortirent de Titicaca, & marcherent du côté du Septentrion, sans oublier dans tous les lieux où ils s'arrêtérent, d'éprouver leur verge d'or, selon l'ordre qu'ils avoient reçu. Mais ils trouvoient toûjours qu'elle ne s'enfonçoit point dans la terre. Enfin après avoir marché longtems, ils arrivérent en un petit lieu vers le Midi dans un Vallon où est aujourd'hui la Ville de Cuzco. Là ils firent la même épreuve de leur verge d'or, qu'ils avoient faite dans tous les lieux de leur passage, & au premier coup qu'ils en donnérent, elle s'enfonça si avant dans la terre, qu'ils ne la virent jamais plus depuis. Alors l'Ynca, ou le fils du Soleil, s'adressant à la Reine qui étoit sa Sœur & sa Femme, lui dit que c'étoit dans ce Vallon, que le Soleil leur Pere leur ordonnoit de s'établir. Après quoi ils s'en allérent l'un d'un côté, l'autre d'un autre, pour faire assembler les Peuples & leur donner les loix que le Soleil leur avoit dictées. Ainsi furent rassemblez ces Hommes épars dans les forêts & dans les montagnes; dociles à la voix de ces Enfans du Soleil, ils se réünirent dans une douce société. Les Campagnes incultes s'aplanirent, les Bois firent place aux Villes & aux maisons, tout se peupla en peu de tems, & la Ville

„ Im-

„ Impériale de Cuzco fut bâtie par les soins de ce „ nouveau Roi, & sur le modele que lui-même en „ donna. A mesure qu'il remplissoit la Ville d'ha„ bitans, il leur aprenoit à rendre la terre fertile, „ à semer les legumes & les grains, à faire des cha„ ruës pour ouvrir le sein de cette terre, jusques „ alors hérissée d'épines; enfin il leur enseigna les „ commoditez qu'ils pouvoient tirer des ruisseaux, „ l'usage qu'ils pouvoient faire des peaux de Bêtes, „ & de tout ce que la Nature leur mettoit libérale„ ment entre les mains. La Reine de son côté n'é„ toit pas oisive. Elle dressoit les Indiennes aux „ exercices propres aux Femmes, à filer la laine & „ le coton, à en faire des habits pour elles, pour „ leurs maris & pour leurs enfans, en un mot à se „ donner tout ce qui pouvoit rendre la vie agréa„ ble & commode".

Quoiqu'on puisse dire de cette fable & de l'origine de ce premier Ynca, il est certain qu'on ne connoit rien de plus ancien que lui dans le Perou, & que sans savoir qui lui a donné la naissance, il est le premier des treize Rois qui régnerent successivement dans ce Païs. Cet Ynca ou Roi, car ces deux noms signifient la même chose, se nommoit, comme j'ai dit, *Manco Capac*, & la Reine sa femme *Coya:* & ce fut vers l'an du Monde 1125. quatre cens ans ou environ avant que les Espagnols entrassent dans le Pérou, que se fit ce premier établissement, dont je viens de parler. Ce qui fait qu'on donne cette origine fabuleuse à la fondation de Cuzco, & qu'on ne sait rien d'assuré touchant ses premiers Habitans, c'est que ces Peuples n'ont point de livres pour conserver la mémoire des choses passées, pour marquer le commencement & la durée de leurs Rois, & pour transmettre à la posterité les autres choses memorables qui servent à l'histoire d'un Païs. Ce que nous en savons jusques à la Conquête qu'en firent les Espagnols en 1525. ne nous a été apris que par la Relation d'un Indien, qui ne l'a su lui-même que par une tradition verbale de ses ancêtres; & c'est sur cette Relation, que je dresserai le récit que je vais donner ici des mœurs & des coûtumes de ce Païs.

Le Roi faisoit assembler chaque année ou tous les deux ans tout ce qu'il y avoit de Filles & de Garçons à marier dans la Ville de Cuzco. Les Filles devoient être âgées de 18. à 20. ans & les Garçons de 24. afin qu'ils eussent l'âge & le jugement requis pour bien gouverner leur maison. Quand il étoit question de les marier, l'Ynca se mettoit au milieu d'eux, & les appelloit par leur nom; puis les prenant par la main, il leur faisoit donner la foi mutuelle, & les remettoit entre les mains de leurs parens. Alors les nouveaux mariez s'en alloient dans la maison du Pere de l'Epoux, & la nôce se faisoit pendant trois ou quatre jours entre les plus proches. Ces Filles ainsi mariées s'appelloient *les Femmes légitimes ou livrées de la main de l'Ynca*, qui étoit un grand titre d'honneur parmi eux. Ensuite les Parens donnoient aux nouveaux mariez tous les utenciles du menage, chacun aportant sa piéce fort exactement, & ils n'y pratiquoient ni sacrifices, ni autres cérémonies. A l'égard des Provinces, les Gouverneurs & les Curacas étoient obligez par le devoir de leur charge, de pourvoir de la même maniére les Garçons & les Filles de leur département. Ils assistoient en personne à ces mariages, en qualité de Seigneurs & de Peres communs, & jamais l'Ynca ne les troubloit dans leurs Privilèges. Ceux d'une Province ou d'une Ville ne pouvoient se marier dans une autre; mais il faloit qu'ils s'alliassent dans leur Ville, & parmi les personnes de leur parenté, comme anciennement les Tribus d'Israël. La raison de cette coûtume étoit pour ne pas confondre les Nations, ni les Familles, dont ils exceptoient néanmoins les Sœurs. Les Communautez de chaque Ville étoient obligées de faire la maison des nouveaux mariez parmi les bourgeois, & les plus proches parens de fournir les meubles du menage. Ainsi tous les Habitans d'une Province se disoient parens, & parloient tous le même langage, ce qui ne contribuoit pas peu à entretenir entr'eux la paix & l'union. Il leur étoit defendu d'aller vivre d'une Province ou d'un quartier d'une Ville dans un autre, pour ne pas confondre les Décuries qui partageoient la Ville à peu près comme autrefois parmi les Romains.

Les Veuves ne sortoient point la premiére année de leur veuvage. Si elles n'avoient point d'enfans, on les voïoit rarement se remarier; & si elles en avoient, elles passoient leur vie dans une continence perpetuelle, & ne s'engageoient plus dans le mariage. Aussi étoient-elles si estimées à cause de leur vertu, qu'elles avoient divers privilèges particuliers, & des loix expresses en leur faveur, qui ordonnoient que les terres des Veuves fussent labourées avant celles des Curacas, & de l'Ynca même. Malgré tout cela les Indiens épousoient rarement des Veuves, à moins qu'ils ne fussent veufs aussi, estimant, que c'étoit dégenerer de leur condition, que d'épouser, étant garçon, une Femme qui avoit déja été mariée.

Au reste toutes les filles ne se marioient pas: il y en avoit qui faisoient profession d'une virginité perpetuelle, & qui se consacroient au service du Soleil, il ne faloit pas le deshonorer par aucun mêlange de sang étranger. Elles logeoient toutes dans une grande maison, où il n'entroit jamais aucun Homme, de même qu'aucune autre Femme n'entroit dans le Temple du Soleil. Les vieilles faisoient l'office d'Abbesses, & gouvernoient les plus jeunes qui étoient comme les Novices, pour les instruire dans le culte du Dieu & aux ouvrages de la main. Les unes gardoient la porte, & les autres vaquoient aux affaires du dedans, chacune aiant son Emploi particulier selon les besoins de la maison. Ces Religieuses demeuroient toûjours renfermées, ne voïant ni Hommes ni Femmes, pour ne pas se corrompre par le commerce qu'elles auroient pu avoir au dehors. Il n'y avoit que la Reine & ses Filles qui eussent le privilege de les aller visiter, & l'Ynca même s'en abstenoit pour donner l'exemple aux autres. Les principaux exercices de ces vierges cloîtrées, étoient de filer, de coudre & de faire tous les habits que portoient l'Ynca & la Reine sa Femme, aussi bien que les autres qu'on offroit en sacrifice au Soleil. Le Roi portoit ordinairement sur sa tête un cordon en forme de Diadéme d'un pouce de large, qui faisoit trois ou quatre tours, avec une bordure de couleur, & qui joignoit d'une temple à l'autre. Son habit étoit une Camisole d'une laine très-fine, qui alloit jusques aux genoux, & une espèce de casaque sur les épaules. Les Religieuses faisoient aussi pour l'Ynca une espèce de bourse quarrée qu'il portoit comme en écharpe attachée à un cordon fort bien travaillé de la largeur de deux doigts. Ces bourses ne servoient qu'à mettre d'une herbe appellée *Cuca* que les Indiens ont coûtume de macher, comme je l'ai dit, & qui n'étoit alors reservée que pour l'Ynca. Tous les Ouvrages qui sortoient des mains de ces vierges choisies, non moins delicats que

 ceux

ceux des Religieuſes de France, ou d'Italie, étoient regardez avec une ſinguliére venération. Ce n'étoient ni des *agnus*, ni des reliquaires, ni des chapelets, ni des bouquets de ſoïe, ni des ſcapulaires, mais des ornemens deſtinez au Temple du Soleil, ou des habillemens conſacrez à cet Aſtre leur cher époux, ni plus ni moins que les devants d'Autel ou les voiles que nos filles grillées font pour orner leurs Chapelles & les Images de leurs Saints. Outre cela elles faiſoient encore le pain deſtiné au ſacrifice du Soleil, comme nos Religieuſes font pour la plûpart les oublies, ou *le pain à chanter* dont on ſe ſert à la Meſſe, auſſi bien qu'une certaine liqueur que les Yncas, & ſes Parens boivent dans les grandes ſolemnitez. Tout cela étoit exquis, comme tout ce qui ſort des mains de nos Beguines, auſſi ne le prodiguoit-on pas aux gens du commun. L'Ynca ſeul & ceux de ſa Famille Roïale avoient le privilége de participer à ces ſaintes douceurs; & ces Religieuſes, plus reſervées que les nôtres, n'avoient garde d'en faire part aux profanes du dehors. Elles n'avoient ni Directeurs, ni Confeſſeurs qu'elles regalaſſent pieuſement au parloir, de confitures ſeches ou liquides: uniquement deſtinées au ſervice de leur Dieu, elles ne ſe diſſipoient point par des converſations devotes en aparence, mais où la plus fine galanterie ſe debite ſous prétexte de ſpiritualité.

Toute la vaiſſelle de cette maiſon, juſques aux chaudrons & aux vaſes, étoit d'or & d'argent, comme celle de la maiſon du Soleil. Il y avoit auſſi un jardin, dont les arbres, les plantes, les herbes, les fleurs, étoient d'or & d'argent, faits au naturel, comme ceux qu'on voïoit dans le Temple du Dieu dont on trouve la deſcription ci-après. Foible amuſement pour ces Vierges volontaires qui ne laiſſoient pas quelquefois, comme les nôtres, d'oublier leur vœu de virginité. Cela étoit beaucoup plus rare néanmoins, & la peine portée contre celles qui faiſoient quelque faute contre leur honneur étoit auſſi beaucoup plus rigoureuſe que parmi nous. Elles étoient enterrées toutes vives, & le Galant pendu ſans remiſſion. C'étoit peu de punir ſeulement le coupable qui avoit oſé violer une fille conſacrée au ſervice du Soleil leur Dieu, la même Loi ordonnoit que la Femme & les Enfans, les Parens, les Serviteurs & la Ville même de celui qui avoit commis le crime, en portaſſent tous enſemble le châtiment. Pour cela on ruïnoit la Ville, on y ſemoit de la pierre pulveriſée, & toute ſon enceinte demeuroit deſerte, deſolée & excommuniée en ſigne éternel d'éxecration, pour le malheur qu'elle avoit eu de porter un ſi deteſtable habitant. Effet ſurprenant du zèle & de la jalouſie de ces Peuples pour la pureté du ſervice de leur Dieu, digne d'être à jamais imité par celles qui ſe conſacrent parmi nous au Dieu de toute pureté, dont le culte néanmoins tout exterieur & tout Phariſaïque ne conſiſte la plûpart du tems que dans une fauſſe aparence.

Outre cette maiſon de Vierges conſacrées au ſervice du Temple de Cuzco, il y en avoit encore pluſieurs autres dans les principales Provinces du Roïaume. Là toutes ſortes de filles étoient reçuës, ſoit qu'elles fuſſent du ſang Roïal & legitimes, ſoit qu'elles fuſſent bâtardes, & nées d'un ſang étranger. On y admettoit par faveur les filles des Seigneurs qui avoient des vaſſaux, & celles des moindres Bourgeois, pourvu qu'elles fuſſent belles. On les gardoit avec le même ſoin que les premiéres. Elles étoient entretenuës aux dépens du Roi, & s'occupoient comme les autres, à filer, à coudre, & à faire quantité de robes pour la Famille de l'Ynca. Toute la différence qu'il y avoit entr'elles & celles du Temple de Cuzco, c'eſt que celles-ci étoient les Femmes du Soleil, & conſacrées à lui ſeul; au lieu que les autres étoient les Femmes de l'Ynca, & qu'il choiſiſſoit les plus belles pour ſes Maîtreſſes. Dans toutes les maiſons des Filles choiſies pour le plaiſir de l'Ynca, la vaiſſelle & les autres utenciles étoient d'or & d'argent, comme celle de la maiſon de Cuzco: toutes les richeſſes de ce grand Empire n'étant alors deſtinées qu'à l'ornement & au ſervice des Temples, ou à la magnificence du Palais du Roi. Ces Filles néanmoins n'étoient pas tellement deſtinées pour le ſeul Ynca, qu'il ne lui fût permis d'en donner pour Femmes aux Officiers dont il vouloit récompenſer le mérite. C'étoient pour l'ordinaire des Filles d'autres grands Seigneurs qui ne s'en eſtimoient pas moins honorez, parce qu'elles étoient placées de la main du Roi. Il marioit encore, mais rarement, les Bâtardes du ſang Roïal aux Curacas Seigneurs des Provinces.

CAR-

CARTE DE LA TERRE FERME, DU PEROU, DU BRESIL, ET DU PAYS DES AMAZONES, Dressée sur les Mémoires les plus Nouveaux & les observations les plus exactes.

CARTE TRES CURIEUSE DE LA MER DU SUD, CONTENANT DES REMARQUES

Mais aussy sur les principaux Pays de l'Amerique tant Septentrionale que Meridionale, Avec les No

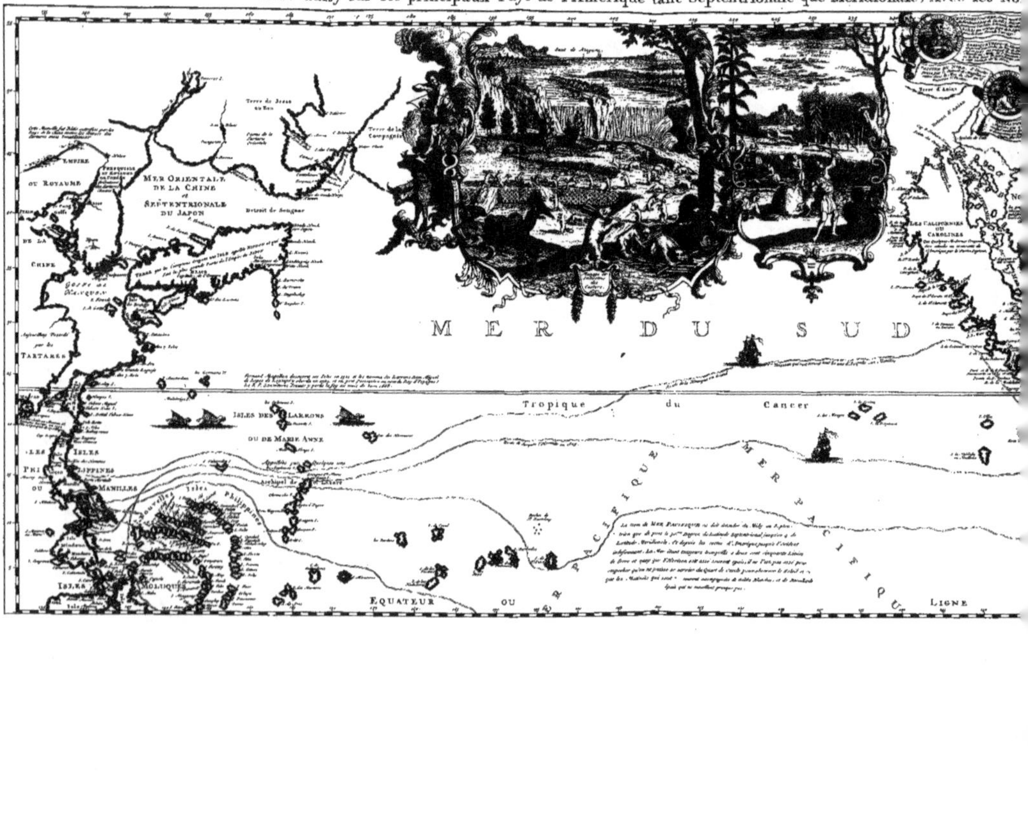

VELLES ET TRES UTILES NON SEULEMENT SUR LES PORTS ET ILES DE CETTE MER,
Route des Voyageurs par qui la decouverte en a été faite. Le tout pour *l'intelligence Des Dissertations suivantes*

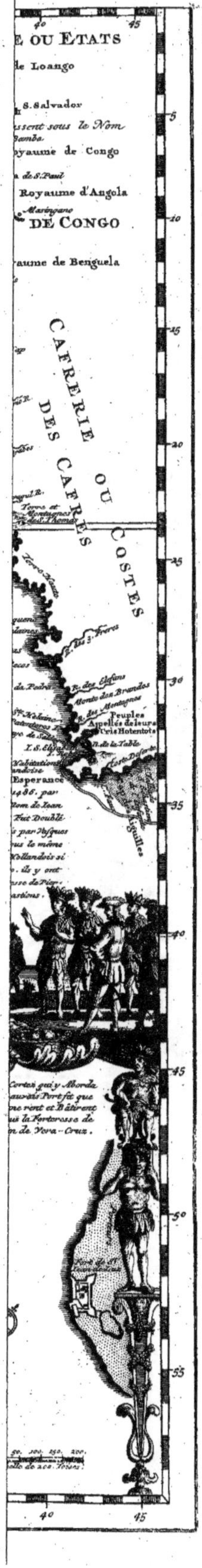

E OU ETATS
de Loango
S. Salvador
Royaume de Congo
Royaume d'Angola
Maringano
DE CONGO
aume de Benguela
CAFRERIE OU COSTES DES CAFRES
R. des Elefans
Monte dos Brandos
Peuples Appellés de leurs Cris Hotentots
B. de la Table
Esperance
Cortez qui y Aborda
de Vera-Cruz.

MER
DU
NOUVELLE HOLLANDE
MER DU NORD
MER DU SUD
MER DU SUD
MER DU SUD
Port de Acapoulco

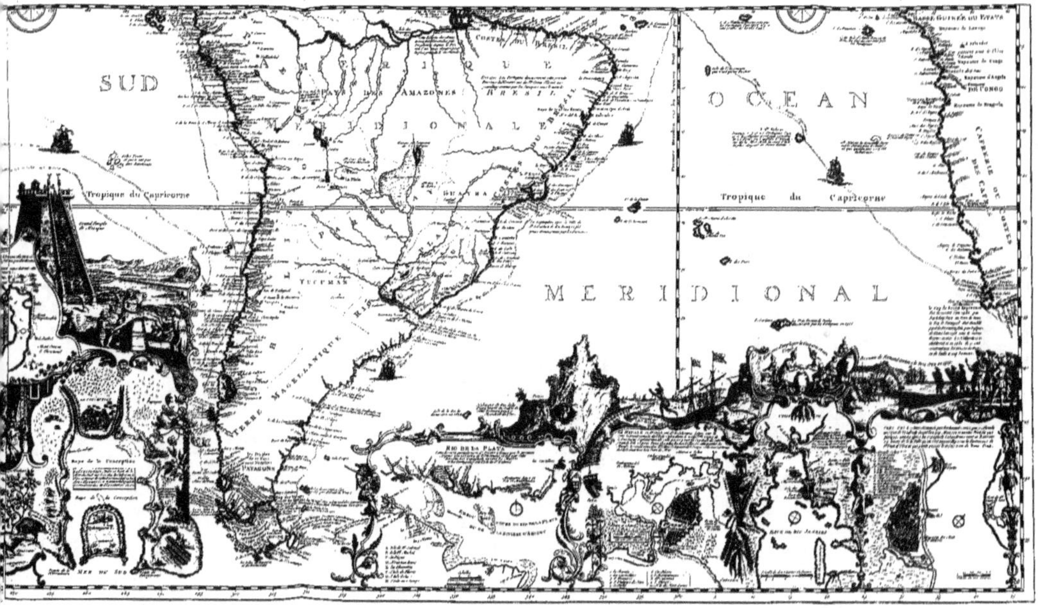

SUD
OCEAN
MERIDIONAL
Tropique du Capricorne
Tropique du Capricorne
PAYS DES AMAZONES
BRESIL
TUCUMAN
TERRE MAGELLANIQUE
PATAGONS
RIO DE LA PLATA
MER DU SUD

SECONDE DISSERTATION

SUR

LE PEROU.

QUoique par tout ce qu'on a vu jusques à présent, il paroisse que le Soleil a été la principale Divinité visible à laquelle les Indiens sacrifioient, il est pourtant certain que les Yncas ont connu le Dieu invisible que nous adorons, & qu'ils lui rendoient, dans leur ame, une vénération particuliére. Ils le nommoient *Bachacamac*, qui signifie Créateur de l'Univers; & avoient un si grand respect pour ce nom sacré qu'ils n'osoient pas même le prononcer. La conformité de cette pratique avec celle des anciens Israëlites, qui avoient la même vénération pour le nom de *Jéhova*, jointe à la Loi qui defendoit aux Peruviens de se marier dans des Familles étrangéres, & à plusieurs autres usages qui se pratiquent parmi eux, me feroit presque soupçonner que leur premier Ynca étoit Juif, & que sans renoncer dans le cœur à la Religion de ses Peres, il donna quelque chose au penchant de ces Peuples pour l'Idolatrie, en leur permettant d'adorer le Soleil. Mais cet Astre n'étoit chez eux qu'une Divinité subalterne. *Bachacamac* tenoit sans contredit le premier rang. Lui seul, comme ils disoient, donnoit la vie à l'Univers & le faisoit subsister. Comme ils ne l'avoient jamais vu, ils ne lui bâtissoient point de Temples, & ne leur offroient point de Sacrifices; mais ils l'adoroient dans le fond de leur ame, & le regardoient comme le Dieu inconnu. Le culte qu'ils rendoient au Soleil, comme le plus bel ouvrage de ce Dieu invisible qui l'avoit formé, étoit un effet de leur reconnoissance, pour tant de biens qu'ils recevoient sans cesse de cet Astre lumineux; & la même reconnoissance leur inspiroit un respect égal pour ses enfans qu'il leur avoit envoïez par une faveur particuliére; & dont ils ne pouvoient assez éxalter les bienfaits. De là cette vénération profonde qu'ils avoient pour leurs Yncas, qu'ils ne nommoient jamais qu'avec un respect extrême, & dont la mémoire leur est encore très-prétieuse aujourd'hui. Ils se soumirent, sans beaucoup de peine, à une Domination qui leur étoit si avantageuse, outre qu'ils la croïoient descenduë du Ciel; puisque rien n'est si beau que la maniére dont ces Yncas gouvernoient leurs Peuples, qui devenoient tous les jours plus nombreux.

Entre les Loix qui faisoient fleurir ce grand Empire, c'en étoit une très-remarquable, de ne jamais condamner personne à l'amende; parce, disoient les Indiens, que de s'en prendre aux biens des coupables, ce n'est pas le moïen de bannir les crimes d'un Etat, si l'on leur laissoit en même tems la vie. Mais quand on l'avoit ôtée à quelque traître, ou à quelque rebelle contre le Roi, son Fils, si c'étoit un homme en place, ne perdoit pas son emploi pour cela. Au contraire on le lui donnoit pour l'engager par là à éviter la faute de son Pere. Lorsqu'un Juge rendoit une sentence, il ne devoit jamais déroger à la peine portée par la Loi, mais il l'éxécutoit ponctuellement, sous peine d'être mis à mort lui-même. La raison de cette pratique étoit, que c'est ravaler la majesté de la Loi que de permettre au Juge d'y retrancher, ou d'y ajouter: d'autant plus que c'étoit le Roi lui-même qui l'avoit faite de l'avis de son Conseil. Ainsi les Juges n'étoient point Législateurs, mais simplement executeurs de la Justice. Elle ne varioit point, comme parmi nous, selon les différentes Provinces ou Juridictions de ce vaste Païs; mais tout ce grand Roïaume, qui avoit près de 1300. lieuës d'étenduë, étoit gouverné par tout, par les mêmes Loix. Et parce qu'on croïoit que ces Loix étoient divines, étant émanées de l'Ynca, qui étoit de la Race Divine du Soleil, elles n'en étoient que plus religieusement observées; on en regardoit la violation, comme un Sacrilege, & les Criminels accusez par le témoignage de leur propre conscience alloient eux-mêmes se deferer en jugement. On n'appeloit jamais d'une Chambre à l'autre dans les procès; parce que les Juges ne pouvant contrevenir à la Loi, ne pouvoient aussi donner lieu à l'appel. Pour vuider un procès sans délai, il y avoit un Juge dans chaque Ville, qui, parties ouïes, ordonnoit l'exécution de la sentence en cinq jours. Mais s'il se passoit quelque action qui, pour être plus atroce, méritoit d'être renvoïée au Juge Provincial, on alloit droit à lui, & il jugeoit définitivement. Il ne se donnoit point de sentences par les Juges ordinaires, dont ils ne fussent obligez de rendre compte, chaque Lune, à leurs Superieurs, qui le rendoient eux-mêmes à d'autres, dont ils n'étoient que les subalternes. Quand on vouloit aprendre à l'Ynca les fautes de ces divers Officiers, on le faisoit par le moïen de certains cordons de diverses couleurs, où il y avoit plusieurs nœuds, par lesquels, comme par des chiffres, ils comprenoient tout ce qu'on vouloit dire.

Cette maniére de s'exprimer & de compter leur tenoit lieu de l'usage des Lettres qui étoit inconnu parmi eux. Ils n'entendoient aussi que très-peu

peu de Géometrie, qu'ils ne pratiquoient point par la hauteur des degrez, ni par une supputation spéculative, mais seulement par le moïen des Niveaux, des nœuds, & de certains petits cailloux dont ils se servoient pour compter. Quant à la Géographie ils en avoient assez de connoissance, pour lever des plans de leurs Villes & de leurs Provinces. Ils faisoient aussi des modeles très-exacts des Places qu'ils vouloient représenter en petit. Cet ouvrage étoit fait de terre, de cailloux, & de petits bâtons. Les maisons, les carrefours, les ruës & jusques aux ruisseaux qui traversoient ces Villes y étoient représentez d'une maniére fort juste, aussi bien que les Païsages des environs. Pour ce qui est de l'Arithmetique, ils n'y emploïoient que les nœuds dont j'ai parlé, avec des ficelles de diverses couleurs: avec ces nœuds ils sommoient, divisoient, & multiplioient leurs comptes avec toute l'exactitude que l'on peut desirer. Ils exprimoient par ce moïen tout ce qu'il y avoit d'impôts & de contributions dans le Roïaume de l'Ynca; & afin de savoir au juste ce que chaque Ville devoit fournir, ils en faisoient la division avec des cailloux & des grains de Maïs sans se tromper jamais dans leur calcul.

A l'égard de l'Astrologie, le Soleil, la Lune, & les autres planetes frapant leurs yeux excitoient aussi leur curiosité. Ils remarquérent que le Soleil tantôt s'éloignoit d'eux & tantôt s'en aprochoit: que parmi les jours les uns étoient plus longs & les autres plus courts: que la Lune étoit tantôt pleine, tantôt en son croissant, tantôt en diminution; toutes ces Phases différentes les porterent à faire quelques observations, mais elles n'étoient guére plus étenduës que leur vûë. Ils reconnurent aussi que le Cours du Soleil s'achevoit dans un an. Le même Peuple comptoit les années par les recoltes, & tous en général connoissoient les Solstices d'Eté & d'Hiver d'une maniére fort extraordinaire. Il y avoit seize Tours à Cuzco, huit à l'Est, autant à l'Ouest qui étoient rangées quatre à quatre. Les deux du milieu étoient plus petites que les autres, & avoient trois étages de hauteur. L'espace qu'il y avoit entre ces petites Tours par où le Soleil passoit à son lever, & à son coucher, étoit le point des Solstices. Ils faisoient leur année de 12. Lunes, mais ils ne savoient pas l'ajuster avec l'année solaire qui étoit plus longue d'onze jours. Ils remarquoient de même les Equinoxes, & faisoient en ce tems-là de grandes solemnitez. Pour mieux observer le tems de l'Equinoxe ils avoient élevé de riches Colonnes vis-à-vis le Temple du Soleil, où leurs Prêtres s'assembloient tous les jours pour reconnoître l'ombre de ces Colonnes. La place, où elles étoient situées, formoit un Cercle, & ils tiroient une ligne de l'Est à l'Ouest, qui passoit par son centre. Une longue experience leur avoit apris en quel endroit ils devoient chercher leur point, & par l'ombre que la Colonne faisoit sur la ligne, ils jugeoient de l'éloignement ou de l'aproche de l'Equinoxe. Si depuis le lever du Soleil jusques au coucher, l'ombre tournoit autour de la Colonne, & qu'il n'y en eût point du tout à Midi, ils prenoient ce jour-là pour l'Equinoxial. Aussitôt ils paroient ces Colonnes de fleurs & d'herbes odoriférantes, & puis ils mettoient dessus, la Chaire ou le Trône du Soleil, disant qu'il venoit s'y asseoir ce jour-là avec toute sa lumiére. Ces cérémonies étoient accompagnées d'adorations & de réjoüissances extraordinaires, aussi bien que de divers presens qu'ils faisoient à ce Dieu, d'or, d'argent, de pierreries, & d'autres choses de prix.

La maniére dont les terres étoient cultivées sous le régne des Yncas est d'autant plus remarquable, que celle des pauvres étoient toûjours labourées les premiéres. Après qu'on avoit mis ces terres en état d'être semées, chacun labouroit les siennes à son tour, puis celles du Curaca ou Gouverneur, qu'on gardoit pour les derniéres. Les terres des Soldats, qui étoient à la guerre, étoient aussi cultivées, comme celles des Veuves, des Orphelins, & des Pauvres. Chacun y portoit sa provision à ses frais & dépens: & pendant que les maris servoient dans les armées, leurs femmes étoient mises sur le rôle des Veuves, & leurs Enfans étoient entretenus, & mariez aux depens du public, s'il arrivoit qu'ils fussent tuez à l'armée. Les terres du Roi & du Domaine du Soleil n'étoient labourées qu'après toutes les autres. Chacun s'y portoit avec joïe, & prenoit pour cela ses plus beaux habits. Le soc de leur charuë étoit un morçeau de bois de la longueur du bras, plat par devant & rond par derriére, large de quatre doigts, & pointu par le bas, afin qu'il pût entrer dans la terre. Il étoit étançonné par le milieu avec deux pieux; un Indien mettoit le pié sur le soc, & l'enfonçoit si avant, qu'étant tiré par sept ou huit personnes, il jettât à côté du sillon de très-grosses mottes de terre. Les femmes aidoient presque toûjours les hommes dans ce travail & servoient sur tout à déraciner les méchantes herbes. Le labourage se faisoit en conséquence d'un partage de toutes les terres entre chaque Famille d'Indiens. Chaque homme marié en avoit un Tupu, c'est-à-dire environ l'espace d'une lieuë, & s'il avoit des enfans on en donnoit autant à chaque garçon, & la moitié à chaque fille. Elle ne la portoit point en dot en se mariant; mais le mari en aiant suffisamment pour lui, & pour sa femme, la portion des filles demeuroit à ses parens quand la fille étoit pourvuë. Pour ce qui est des Curacas & de la Noblesse, les Seigneurs de plusieurs Vassaux recevoient des terres plus ou moins, selon le nombre qu'ils avoient d'enfans, de femmes, de maitresses, de valets & de servantes. La même proportion étoit observée à l'égard des Yncas ou Princes du sang Roïal, avec cette différence qu'on leur donnoit les meilleures terres, & que leur portion étoit plus considérable. Ce partage des terres étoit accompagné du partage de l'eau nécessaire pour les arroser. Comme l'experience leur avoit apris combien il en faloit pour chaque portion, on permettoit à chacun d'arroser la sienne pendant un certain nombre d'heures, & chacun le faisoit à son tour, sans preference ni distinction. Si quelcun négligeoit de le faire dans le tems qui lui étoit prescrit, il étoit puni exemplairement, & on lui donnoit quelques coups de pierre ou de fouët sur les épaules.

Il étoit bien juste que les sujets reconnussent en quelque maniére ces gratifications de l'Ynca. Le principal tribut auquel ils étoient obligez, étoit de labourer, comme j'ai dit, ses terres & celles du Soleil, de faire la recolte des grains, de les serrer dans les greniers ou dans les magasins du Roi, dont il y en avoit un exprès dans chaque Ville. Les Indiens qu'on y faisoit travailler étoient entretretenus aux depens du Tresor public, & ils ne donnoient que leur peine & leur salaire. Outre ce tribut ils étoient encore obligez de faire les habits, les armes, & la chaussure des Soldats & des pauvres que la vieillesse ou la maladie rendoient incapables de travailler. Ces habits étoient ou de laine dans les Païs Septentrionnaux, où on les pouvoit porter, ou de coton dans les autres où la chaleur étoit plus grande. Ces habits de laine étoient de trois sortes selon les conditions. La premiére, de laine grossiére, ne servoit qu'aux gens du commun. La seconde, de laine fine teinte de diverses couleurs, étoit reservée pour les Gentilshommes, & la troisiéme de la plus fine qu'il y eût, étoit pour la Maison Roïale, & ceux de la Famille de l'Ynca. La chaussure se faisoit dans les Provinces, où croissoit le chanvre, qu'on tiroit de la tige & des racines d'un arbre appellé *Maguey*. A l'égard des armes, on les fabriquoit dans le Païs, où il y avoit des materiaux propres pour les travailler. Certaines contrées fournissoient des arcs & des fléches; d'autres des lances, des javelots & des haches d'armes; d'autres des frondes, & d'autres des Rondaches, qui étoit toute l'armure des premiers Indiens. C'étoit une Loi générale dans tout l'Empire du Perou, qu'aucun Indien ne sortît de la Province pour aller chercher ailleurs le tribut qu'il devoit païer. Et cela pour empêcher les sujets de faire les vagabonds de Province en Province & de couvrir leur faineantise du prétexte spécieux d'aller chercher le tribut. La Province qui en fournissoit d'une sorte n'en fournissoit pas une autre. On observoit de ne fouler jamais ni le public ni les particuliers: aussi la douceur de ces sages Loix gagnoit-elle si bien le cœur des Vassaux, qu'ils servoient tous leurs Yncas avec un zèle & une fidelité incroïable. Belle leçon pour la plûpart de nos Rois, qui, ignorant ce que c'est que le tresor qu'on posséde quand on est sûr du cœur des Peuples, font consister leur puissance dans l'épuisement & la servitude de leurs sujets.

On ne peut assez s'étonner que les Yncas, qui n'avoient aucune connoissance des coûtumes des Grecs & des Romains, qui ignoroient les sciences & les arts qui polissent les mœurs, & qui enfin n'avoient d'autres lumiéres que celles que la raison naturelle peut fournir à l'homme, aïent fait néanmoins des Loix si justes & si raisonnables, qu'elles se trouvent conformes aux plus belles ordonnances des Nations les plus policées. Leur Loi *municipale* regardoit les intérêts particuliers de chaque Ville, ou de chaque Peuple dans sa propre juridiction. Ils en avoient une semblable à celle que les Romains appelloient la Loi *Agraria*, qui leur servoit à mesurer les terres, & à les partager entre les habitans. Ils nommoient la Loi *Commune* celle qui ordonnoit de travailler aux Ouvrages publics comme à la construction des Temples, ou des Palais des Rois, au labourage des terres, à l'entretien des ponts & des chemins. Par la Loi qu'ils appelloient *fraternelle* ils entendoient celle qui enjoignoit aux habitans des Villes de se donner mutuellement toute sorte de secours selon les occasions. Ils en avoient une autre, qui rendoit le travail alternatif entre chaque Province, chaque Ville, chaque Famille, chaque Personne, afin que chacun fit la tâche qui lui étoit imposée & que tous eussent le tems de se délasser tour à tour. Une autre qui régloit leurs depenses ordinaires, qui leur defendoit de profaner l'or, l'argent & les pierreries sur leurs habits. Cette même Loi retranchoit les superfluitez des festins, la somptuosité des meubles, & vouloit que les habitans s'assemblassent deux ou trois fois le mois, pour manger ensemble devant leurs Curacas, & qu'outre cela ils s'exerçassent à des jeux militaires & autres divertissemens propres à leur former le corps.

La Loi établie en faveur des pauvres, ordonnoit que les aveugles, les muets, les boiteux, les estropiez, les vieillards & les malades, fussent entretenus des provisions qu'on tiroit des magasins publics. Suivant une autre ordonnance on prenoit de ces magasins de quoi assister les nouveaux hôtes qui leurs survenoient, soit qu'ils fussent étrangers, ou compatriotes. Il y avoit pour les recevoir des maisons publiques ou Hopitaux, où on leur fournissoit abondamment tout ce qui leur étoit nécessaire. Ils avoient encore une autre Loi sur le ménage, par laquelle deux choses leur étoient soigneusement recommandées; la premiére qu'aucun d'eux ne fût oisif; ce qui alloit si loin, que jusques aux enfans de cinq ans étoient occupez selon leur âge. L'autre que chacun laissât sa porte ouverte aux heures des repas, afin que les Officiers de la Justice eussent l'entrée libre chez eux, toutes les fois qu'ils voudroient les visiter. Ces Juges visitoient les Temples, les Maisons publiques & particuliéres, examinoient si chacun avoit soin d'instruire ses enfans, & s'ils entretenoient chez eux la netteté & l'ordre nécessaire. Ils louoient à haute voix ceux qu'ils trouvoient les plus sages & les plus reglez, & châtioient au contraire à coups de verges les négligens & les lâches. Jamais Licurgue ni Solon, avec le secours des Belles Lettres & des Sciences Humaines, ont-ils rien établi de si sage & de si judicieux; & le Législateur de la Republique moderne, qui donne par la bouche de Mentor de si belles regles de Gouvernement, a-t-il rien inventé de plus sensé & de plus utile, que ces Loix établies parmi des Barbares qui n'avoient que l'humanité pour guide, & pour flambeau que le sens commun? Aussi cette police admirable entretenoit-elle chez eux une si grande abondance des choses nécessaires à la vie, qu'on y donnoit presque pour rien celles qui sont les plus estimées aujourd'hui. Mais la plûpart de ces Loix si sages & si dignes d'être imitées parmi nous, s'étoient presque tout-à-fait abolies par les revolutions arrivées dans cet Empire, & les Indiens d'àpresent se sont replongez dans une barbarie encore plus affreuse que la premiére dont les Yncas les avoient tirez.

Manco Capac, auteur de la Famille de ces Yncas, c'est-à-dire Seigneurs, titre dont il honora aussi les Grands de la Nation, agrandit beaucoup son Etat, & mourut après un régne de quarante ans. Plusieurs de ses Descendans lui succedérent qui tous firent de nouvelles conquêtes. Ce fut sous un de ces Monarques nommé *Atapalipa* que trois Espagnols qui demeuroient à Panama dans la Terre-ferme entreprirent la depouille du Perou. Ils s'appelloient François Pizarre, Jaque d'Almagre, & Ferdinand de Lucques, Prêtre & Maître d'Ecole. Ces trois Personnages, qui bien ou mal avoient aquis déja beaucoup de bien, brûlant de la pas-

passion insatiable des richesses, s'unirent, par un Contrât en bonne forme, pour enlever les trésors qu'ils trouveroient sur les côtes de la Mer du Sud. Comme le projet paroissoit témeraire on nomma leur Societé la Compagnie des trois fous. Pendant quelque tems ces affamez de fortune réüssirent fort mal : mais enfin le sort leur fut favorable, & voici une Relation de leur progrès dans le Perou.

Atapalipa, Concurrent de Guascar son Frere, vient à l'improviste fondre sur lui avec une armée de trente mille hommes, gagne la victoire & se rend Maître de son Compétiteur. Ravi de la capture il convoque les Etats du Roïaume. Le prétexte étoit de trouver dans cette assemblée générale les moïens de faire entrer les deux Fréres en un accommodement solide & durable; mais dans le fond, le vainqueur, qui ne vouloit ni partage ni compagnon dans l'autorité supréme, ne visoit qu'à suborner les Députez, & qu'à les mettre dans ses intérêts.

Ce Monarque informé que Pizarre étoit entré dans le Païs & qu'il s'avançoit avec quelques Espagnols vers Cuxamalca, la premiére Ville après Cuzco, lui envoïa signifier par un exprès qu'il eût à sortir au plûtôt du Roïaume. Je ne demanderois pas mieux, répondit honnêtement le *Chercheur* de trésors, que d'obéir à Sa Majesté ; mais la chose n'est pas en mon pouvoir : je viens de la part du Roi mon Maître ; m'aiant commandé de négocier une alliance avec Atapalipa & de lui communiquer des affaires de la derniére importance, il iroit de ma tête si je ne m'aquitois pas de ma commission.

Le Perovan pénétrant bien le vrai sens de cette civilité; & ne doutant point que ces Etrangers ne vinssent avec des intentions de force & de violence, sans égard au grand nombre d'hommes qu'il pouvoit mettre sur pié & comme s'il eût eu affaire à un ennemi superieur & formidable, il prend le parti de la ruse & de la dissimulation. Atapalipa fait aux Espagnols une seconde deputation chargée d'un riche présent qui consistoit en plusieurs ouvrages d'or ; & pour pouvoir distinguer Pizarre lorsqu'il arriveroit, il y avoit pour lui une espèce d'Escarpins dorez. Quel pouvoit être le motif de cette largesse-là, on n'en marque rien : mais si on disoit que le Monarque vouloit jouër un mauvais tour à Pizarre, la conjecture seroit-elle fausse? Que le present fût un apas ou une vraïe générosité, le *Thesauriseur* continua sa route. Quand le foible & lâche Atapalipa sut qu'il approchoit de la Ville, il lui fit defendre de se loger sans permission. Où se loger? Etoit-ce dedans? Etoit-ce dehors? Où étoit le Prince? L'Historien laisse à deviner tout cela, ce qu'il fait souvent ; & je n'ai pas de quoi l'éclaircir.

Pizarre, continuë le Narrateur ordinairement assez peu exact, se moquant du nouvel ordre, choisit l'endroit le plus avantageux, s'y retranche, & détache Fernand Soto, escorté de quelques Cavaliers pour aller vers le Roi qui étoit je ne sai où. Les Espagnols poussent leurs chevaux à toute bride ; & les Peruviens à qui ces grosses Bêtes de service étoient nouvelles, craignant d'en être écrasez, se debandent & prennent la fuite. Le Monarque fait voir plus d'intrepidité ; il tient ferme, & il dedaigne même de donner audience à Soto. Mais plaisante bravoure : car au même tems qu'il faisoit le fier, il envoïoit prier humblement Pizarre de ne point le presser si vivement.

Sur cela l'Espagnol fait partir, pour la Cour, Ferdinand un de ses Freres. On n'osa refuser ce second Ambassadeur ; & suivant son instruction, il dit au Roi que ces Etrangers venoient de la part de leur Empereur, un des plus puissans Princes du Monde, & que le sujet de leur venuë n'étoit que l'Alliance & la Paix entre les deux Monarques.

A cette declaration-là Atapalipa recommence à se souvenir qu'il est chez soi, & à parler en Maître. He bien! répond ce Prince avec une hauteur convenable à son auguste Rang, que votre Conducteur debute par restituer toutes ses usurpations, & à sortir au plus vîte de mes Etats ; à ces deux conditions-là, qu'il vienne, ou qu'il députe, j'écouterai les propositions dans mon Palais.

Quand Pizarre aprit le mauvais succès de son Frere, & qu'il sut les grandes richesses qui éclatoient autour du Monarque, il resolut de faire une tentative pour s'emparer d'une si noble & si riche proïe. Dans cette vuë-là notre Vautour Espagnol prend secretement & la nuit toutes les mesures dont la faim insatiable de l'Or & la passion ingenieuse de l'Avarice peuvent rendre capable. Atapalipa donna lui-même occasion à son malheur : ce Prince, se flatant qu'il n'y avoit rien à craindre par la force, se met en marche pour entrer dans Caxamalca : sa suite étoit de mille hommes ; & rien de plus superbe que son Equipage : entr'autres choses les premiers & les plus Grans du Roïaume portoient sur leurs épaules le Monarque assis dans une espèce de Trône d'or.

Dans cette allure pompeuse un Moine Dominiquain, nommé Vincent Valverde, la Croix d'une main, & son Breviaire de l'autre, perce si brusquement la foule, qu'il arrive auprès du Roi. Là le zèlé Missionnaire, par un Interprete qui se trouvoit à propos je ne sai comment, notifie au Prince qu'il vient de la part du Pape de Rome, le *Vice-Dieu* sur Terre, pour lui desiller les yeux & pour le tirer de son aveuglement. Ensuite il cathechise dans les formes, faisant un détail des mistères inconcevables de la Religion Chrétienne. Sur tout il apuïe sur l'Autorité divine & toute-puissante du Saint Pere, qui avoit donné au Roi d'Espagne, le plus grand Prince de la Terre, tous les Païs qu'on pourroit découvrir. Conclusion, le Moine déclare net au Monarque, qu'il faut absolument qu'il se catholicise au plûtôt ; & que s'il ne le fait de gré à gré, on saura bien le convertir de force.

Atapalipa eut la patience de ne point interrompre le *Prêcheur* ; & par un exemple très-rare, au lieu de s'emporter, comme tout autre eût fait en sa place, principalement sur la conclusion, car elle étoit de la derniére insolence, il répondit froidement : *J'accorderai volontiers mon amitié au plus grand Roi de la Terre, si le Roi d'Espagne est tel : mais je ne juge pas à propos de renoncer à ma Souveraineté pour me mettre sous la dependance d'un Inconu. Si les Chrétiens adorent Jesus-Christ mort sur une Croix, j'adore le Soleil qui est immortel. Quant à votre Pape, il n'a nul droit de disposer du bien des autres ; & pour le res-*

veste, ma Couronne me garantira de toute violence. Après cette réponse aussi judicieuse que juste, le Roi demande au Moine, où il avoit puisé toute cette belle Theologie qu'il venoit de lui étaler. Tous ces Dogmes Sacrez sont dans ce Livre-là, replique-t-il en presentant son Breviaire. Le Prince le prend; & aiant tourné quelques feuillets pour la forme, comment, s'écrie-t-il, en raillant, je ne trouve pas un mot de ce que tu m'as dit! Puis faisant le fâché, il jette le Saint Breviaire par terre. Alors le vehement Apôtre entre en fureur; & ramassant brusquement le volume inspiré, il crie de toute sa force, *vangeance, mes Amis, vangeance, Chrétiens! N'avez-vous pas vu avec quel mépris il a profané les Evangiles? Vous avez épargné trop long-tems tous ces chiens. Main basse sur ces Infideles qui foulent aux piez la Loi de Dieu!* O le Convertisseur monstrueux! En bonne foi, ce fougueux *Sermonneur* ne faisoit-il pas un bel usage de cette Croix & de ce Livre dont il s'étoit armé? Mais apparemment le Catéchiste sanguinaire n'avoit fendu la presse que pour favoriser l'embuscade Espagnole, & pour être la cruelle trompête du meurtre des pauvres Indiens.

En effet, sur l'exhortation diabolique du Moine, Pizarre donnant le signal, ses Freres sortent avec ce qu'ils avoient de Cavalerie. Les Perouans aussi effraïez que l'autre fois, par la vûë & le hennissement des chevaux; mais beaucoup plus par le brillant des épées nuës, &, sans parler du fracas des tambours & des trompêtes, par le bruit tonnant de l'Artillerie, les Perouans, dis-je, épouvantez de tout cela, couroient de tous côtez, ne cherchant qu'à échaper à une mort qu'ils croïoient inévitable. Les Mousquetaires tuoient les plus avancez; la Cavalerie partagée en trois Corps, poursuivoit les fuïards & en faisoit un grand carnage: le Canon éclaircissoit les Bataillons serrez; & ceux qui étoient autour du Roi culbutoient les uns sur les autres. Enfin Pizarre, quoique sa cause ne valût rien, la gagna; & sa victoire fut si complète, que, sans perdre un seul homme, il ne lui en couta qu'une legere blessure à la main; encore la reçut-il d'un de ses Gens qui vouloit porter un coup d'épée à un Indien.

Ce Vainqueur également brutal & avare, regardoit comme l'essenciel de la capture, la Personne du Monarque & ce Trône d'or massif sur lequel on le portoit. Voïant les nobles Porteurs ou morts ou blessez, il s'approche d'Atapalipa; & le prenant par le bras, il le tire si rudement qu'il le fait tomber. Alors les Peruviens, voïant le Roi entre les mains de leurs barbares ennemis, quitent la partie: ils ne pensent plus qu'à se sauver: mais les cruels Espagnols s'opposant à leur fuite, arrêterent tout ce qu'ils purent, & firent de ces tristes victimes de l'inhumanité un massacre effroïable.

Pour le malheureux & innocent Prince, je dis innocent par raport aux Espagnols; car d'ailleurs il avoit répandu son propre sang, & en prodigieuse quantité, comme un Criminel, comme un Scelerat, on le jetta, chargé de fers, dans le fond d'une prison. Dans ce revers afreux Atapalipa, perdant cette grandeur d'ame qui sied si bien à un Prince dans la mauvaise fortune, ne fut plus attentif qu'à sa delivrance. Son Tiran étant venu le voir, peut-être pour le braver, Sa Majeste enchainée lui parlant d'un ton de sujet, le pria humblement de ne point oublier ce qui étoit dû à sa dignité. Ce Monarque, prisonnier au milieu de ses Etats, & prisonnier par la barbarie d'un Oppresseur, offrit une rançon proportionnée à son rang. C'étoit de lui donner autant de vaisseaux d'or & d'argent qu'il en faudroit pour remplir une grande salle; ou, suivant quelques Ecrivains, la Cour quarrée du Palais de Caxamalca jusqu'à la hauteur du bras.

Atapalipa prenoit adroitement son Tiran par l'endroit sensible. La promesse porta coup: car Pizarre ravi de posseder ce trésor immense; & plus avare que bon Politique, consentit, pour un tel prix, à la liberté de son Prisonnier. Le marché conclu, le Prince, pour degager sa parole, envoïe ses ordres par tout le Roïaume, & principalement à Cuzco, qui, comme Capitale, étoit la Ville la plus abondante en ces riches & précieux ouvrages dont on devoit fournir un nombre si prodigieux. En un mois il ne s'en trouva qu'un peu plus de la moitié. Cette lenteur causoit de l'impatience aux Espagnols: ne voïez-vous pas, disoient-ils à leur Chef, qu'Atapalipa vous amuse? Pourquoi, à votre avis, suspend-il l'exécution entiére de sa promesse? C'est qu'il gagne du tems pour chercher le moïen de s'évader; & nous savons même qu'il léve sourdement une puissante Armée.

Pizarre raportant au Roi le murmure & les plaintes des Espagnols, pour l'exciter à la diligence, qu'avez-vous à craindre? répondit le Captif Couronné; vous avez en Otages mes Femmes & toute ma Famille. D'ailleurs arrêté par une chaine de fer, & gardé à vûë, comment pourrois-je m'enfuir, ou avoir intelligence avec mes Sujets? De plus, ajoutoit ce Monarque infortuné, vous devez considerer que ce que vous attendez avec tant d'impatience, venant de loin & de plusieurs endroits, on ne peut ni l'assembler, ni l'aporter si-tôt. Mais enfin, voulez-vous agir surement? Envoïez vous même à Cuzco, vous trouverez-là dequoi vous contenter; & en même tems vous serez convaincu de ma droiture & de ma bonne foi.

Le Conquerant, n'aiant rien à repliquer à une justification si solide, accepte la proposition. Il fait partir incessamment pour la Capitale Fernand Soto & Pierre Berco; & Fernand Pizarre son Frere, reçoit ordre d'aller, pour la même raison, en differens lieux. Ces Brigands n'eurent pas la peine d'aller bien loin: rencontrant en chemin grand nombre d'Indiens, qui accouroient de toutes parts, chargez de vases d'or & d'argent, ils revinrent à Caxamalca; & en peu de jours la rançon du Roi se trouva complète. Jaques d'Almagre, un des membres de ce detestable *Triumvirat* que nous avons vu, arriva justement dans cette conjoncture-là: on se seroit apparemment bien passé de lui: mais il falut sauver les dehors; & après qu'on eut mis à part le droit de Charles-Quint, & la chose étoit trop juste, puisque le pillage, & l'effusion du sang innocent se faisoient en son nom, & sous son autorité, après, dis-je, qu'on eut pris sur le total du Tresor, un cinquième pour cet Empereur soi disant *très-juste & très-religieux*, tout le reste du butin fut partagé.

Vous jureriez ici que voila le Roi du Perou hors

hors de prison; & pour peu que vous aimiez l'équité naturelle vous vous félicitez déja de sa délivrance. N'allons pas si vîte. A peine nos oiseaux de proïe sont-ils en possession du bien de ce Prince, & de celui de ses Sujets, que par une perfidie des plus criantes, on prend dans le Conseil des Scelerats, la noire & cruelle resolution de se defaire du Prisonnier, quelle horreur! On condamne donc à la mort le deplorable Atapalipa; & on lui signifie sa Sentence. Ce Monarque n'étoit rien moins que Philosophe; & se livrant tout entier à l'impression naturelle, il demande la vie en homme du Vulgaire & du plus bas étage. Atapalipa supplie, conjure, pleure; & pour derniére ressource, il fait instance qu'on l'envoïe en Espagne. Comment osoit-on rejetter un Apel à l'Empereur? N'étoit-ce pas violer manifestement la Justice & la subordination? Mais ces Juges iniques sacrifient tout à ce qu'un illustre Ancien apelle *l'exécrable faim de l'Or*; & le Monarque fut étranglé.

Après cette horrible exécution, Pizarre, ne pensant plus qu'à s'emparer de tout le Roïaume, se met en marche pour la Capitale: trouvant en chemin le Général du dernier Roi, qui venoit avec des Troupes, mais trop tard, au secours de son Maître, il le met aisement en déroute. Ensuite, il envoïe promptement d'Almagre à Cuzco pour s'en saisir; & afin que la trouvant ouverte à son arrivée, il pût y entrer triomphant: mais les Habitans firent une résistance si vigoureuse, que les Affiégeans se retirerent honteusement: on les poursuit, & on les met en fuite.

Pendant ce grand desordre le Conquerant survient; il reconnoit l'ennemi; il rassemble les fuïards dispersez; & fondant impetueusement sur les Indiens, il les bat & les écarte. La nuit aiant separé les combatans; & d'ailleurs Pizarre craignant une embuscade, il campe devant Cuzco. Alors les Habitans, ne pouvant, ou n'osant plus tenir, prirent ce tems-là pour se sauver; & enlevant ce qu'ils purent de provisions, ils se retirent sur les montagnes: le jour suivant, Pizarre, n'aiant plus d'obstacle, fit son entrée au bruit des tambours & des trompètes. Ne vous imaginez pas qu'il s'amusât à célébrer son triomphe par des actions de graces au Ciel, & par le *Te Deum*; son Moine Valverde pratiquoit tout une autre Morale. Le barbare vainqueur donna ses premiers soins à faire égorger la Garnison, qui aparemment par devoir étoit restée dans la Ville. Après cette belle & glorieuse prouesse, les Espagnols s'attacherent ardemment au pillage; & ils firent un si gros butin principalement dans le Temple éclatant du Soleil, que la prétenduë rançon du Monarque supplicié, & la dépouille de Caxamalca, n'étoient rien en comparaison des richesses de Cuzco.

A propos de ces Trésors, le zèle & la somptuosité des Perouans pour le Culte du Soleil, dont les Yncas se disoient descendus, est quelque chose de curieux. Les Temples de cet Astre avoient des murailles couvertes de plaques d'or, où on avoit enchassé differentes espèces de pierres précieuses. La statuë du Soleil étoit d'or massif, & toute brillante de pierreries. La Lune, le Tonnerre, & l'Arc-en Ciel, comme trois Divinitez subalternes, avoient leurs Chapelles dans l'Eglise *Solaire*; & ces objets du Culte inferieur étoient formez de la même matiére; ils étoient enrichis des mêmes ornemens.

Ces édifices sacrez avoient une enceinte faite d'or & d'argent. Les jardins des Maisons Roïales répondoient à cette magnificence. On y voïoit, de ces deux métaux, une infinité de plantes, d'arbres, de fleurs, d'herbes, de reptiles, d'oiseaux, d'animaux de toutes les espèces; le tout en figure naturelle, le tout admirablement travaillé.

Il y avoit au Perou des champs semez de grains d'or, en forme de legumes; des buchers d'or & d'argent, arrangez les uns sur les autres; des statuës, en grand, d'hommes, de femmes & d'enfans; il y avoit même des greniers remplis de grains d'or. Les instrumens de l'Agriculture étoient de la même matiére. Les Palais des Grans approchoient des Temples pour la richesse & pour l'éclat: jusques aux pierres de leurs maisons, elles étoient cimentées avec un mortier composé d'or, d'argent, & de plomb fondu.

S'il n'y a rien là d'hiperbolique, il est certain que le Soleil, en l'honneur de qui cette profusion se faisoit, étoit servi, à l'exterieur, en ce Païs-là, plus richement, plus superbement que le vrai Dieu ne l'est sur toute la Terre. Dans le fond, ces Gentils faisoient honte aux Chrétiens; ceux-là, persuadez que le Soleil étoit l'auteur de leurs Trésors les lui consacroient, en les emploïant principalement à sa gloire: les Chrétiens, au contraire, font ordinairement un très-mauvais usage des largesses du Créateur; & quoique lui-même ait déclaré que les infortunez étoient, en quelque maniére, d'autres lui-même, combien a-t-on de peine à les secourir; & combien leur fait-on païer, en mépris, & en hauteur, le moindre soulagement? Mais renouons le fil de la narration; elle est trop interessante pour la laisser imparfaite.

Les Espagnols qui avoient tant pillé sur les Originaires du Païs, ne furent pas longtems sans se diviser: tout occupez à accumuler richesses sur richesses, chacun d'eux ne pensa plus qu'à l'intérêt personnel; & l'ambition se joignant à l'avarice, la Sceleratesse leur parut Justice dès qu'il s'agiroit de l'agrandissement particulier. Ils avoient fait perir honteusement un Monarque qui n'étoit coupable à leur égard que de posseder legitimement de grans trésors. Ils avoient massacré des Sujets à qui on ne pouvoit reprocher que la fidelité envers le Prince, & que l'usage du Droit Naturel pour se défendre contre des *Oppresseurs* qui pilloient leurs biens, qui forçoient leurs Femmes & leurs Filles, qui bruloient leurs maisons; enfin, qui les regardant comme des chiens, exerçoient sur eux tout ce que la fureur peut inspirer de plus violent. Pouvoit-il après cela ne point arriver que ces Barbares, soi disant humains & policez, brouillez entr'eux, pour l'augmentation de la fortune, rompissent les liens du devoir & de la société? C'est ce que vous allez voir.

En récompense de tous ces beaux exploits que nous avons vu, d'Almagre, par des Patentes envoïées d'Espagne, fut nommé par Charles-Quint Grand Maréchal du Perou, & Gouverneur d'environ quatre-vingt lieuës de déconverte, au delà du ressort de Pizarre, qui, contre la foi de l'Association, s'étoit fait pourvoir seul par le même Empereur, de la direction des premiéres Conquêtes. Comme Cuzco n'étoit point du district de Pi-

Pizare, d'Almagre en distribue les fiefs & les fonds à ses Créatures. Au premier avis que Pizarre en reçoit, il dépêche promptement un de ses Fréres pour défendre à son Collegue de rien innover sans son consentement. D'Almagre s'en moque : l'Associé vient lui-même : d'abord sa partie tient ferme : mais ne se sentant pas assez fort il mollit, & s'accommode avec son Concurrent.

Les deux Gouverneurs gardoient assez bien le dehors d'une bonne intelligence, lorsqu'il se presenta une occasion de se separer. Les Indiens, pour afoiblir la puissance Espagnole, en la partageant, apprirent aux Chefs, que le Chili, à deux cens lieuës de Cuzco, surpassoit en richesses & en bonté tous les autres endroits de la Terre. Sur une si bonne nouvelle l'appetit insatiable de ces affamez s'irritant, Pizarre propose l'entreprise à son Competiteur, & le tourne si finement, que l'autre consent de faire le voiage. La condition fut que si la tentative réüssissoit, il seroit libre à d'Almagre de solliciter à la Cour, en son propre & privé nom, le Gouvernement du Chili, ou de revenir pour partager ensemble cette nouvelle Conquête. La convention faite, & confirmée par des sermens reciproques, & par toutes les marques d'une sincère amitié, d'Almagre part avec un grand nombre de Naturels, qui vouloient bien être les guides & les complices de leurs voleurs; son Armée, tant en Cavalerie qu'en Infanterie consistoit en cinq cens Espagnols. A peine la Troupe Conquerante étoit en marche qu'on reçoit à Lima des Lettres de l'Empereur, par lesquelles il donnoit à Pizarre le titre de Marquis, & confirmoit le Gouvernement d'Almagre: mais le Ciel ne ratifia pas ces honneurs-là; l'Historien va nous dire comment.

Après le supplice d'Atapalipa, Pizarre, qui, quoique venu de rien, se mêloit de faire des Rois, avoit donné la Couronne à Puchuti Yupan, Frére du Monarque étranglé. L'insolent Espagnol faisant ce qui étoit infiniment audessus de lui, avoit mis le Prince en possession du Trône; & il le fit autant par politique que par orgueil, quand ce n'eût été que pour prévenir une révolte générale dans le Roïaume.

Le nouveau Roi gemissoit sous le dehors éclatant de sa dignité. Il tenoit le Scèptre de la main du meurtrier de ses Freres, car Pizarre en avoit fait étrangler deux, n'étoit-ce pas là déja pour Puchuti Yupan un endroit bien mortifiant? D'ailleurs il n'avoit que le nom de Monarque, il n'étoit qu'un phantôme Roïal; l'Espagnol étoit son Maître & son Tiran. Resolu donc à secouër le joug, & à faire valoir son droit de naissance, il travaille sous main à se mettre en état d'emploïer la force: mais malheureusement découvert par son Argus, on l'arrête, on lui met les fers aux piez; & on lui donne pour prison la Citadelle de Cuzco. Moïennant beaucoup d'or & d'argent, & sur le ferment d'une fidelité inviolable dans la suite, Jean Pizarre relâche le Prisonnier. On ne dit point si ce fut du consentement de son Frere: mais si la chose se fit de concert, pour le coup notre Conquerant fut bien la dupe de son avarice.

En effet Puchuti Yupan, qui probablement n'ignoroit pas cette maxime de Morale, *la force majeure dispense du serment*, ne fut pas plûtôt en liberté qu'il trouve le moïen de se mettre à la tête d'une puissante Armée; ou pour ne pas trop dire, il tient la campagne avec ses Troupes. Le Monarque, informé que ses Ennemis s'étoient dispersez pour courir à la proie, saisissant l'occasion, va droit aux mines, fait égorger tous les Espagnols qui s'y rencontrent; & regardant ses Sujets qui travailloient au service de l'étranger *Oppresseur*, comme criminels de lèze-Majesté, comme traitres à la patrie, il les fait tous tailler en piéces. Après cet essai de vangeance, il envoïe un Général à Cuzco; & celui-ci prenant la Ville par surprise, fit massacrer tous les Espagnols qui eurent le malheur de s'y rencontrer; & se rendit Maître du Château. Il est vrai que, quelque tems après, les usurpateurs recouvrerent cette Capitale: mais les Indiens la reprirent, la brulerent; & de tous les Espagnols qui s'y trouverent, pas un seul n'échapa.

Cependant le Seigneur Marquis, à la premiére nouvelle que le Roi avoit levé le masque & l'étendart, sans s'informer si le Monarque avoit peu ou beaucoup de Troupes, il envoïe sous le commandement de son Frere Jaques un gros Corps de soixante quinze Espagnols dont il ne resta pas un seul. Ceux que le nommé Margovio mena au secours de Cuzco, eurent la même destinée. Gonzale de Tapia qui commandoit quatre-vingt chevaux fut aussi battu, & ne sauva que très-peu de son détachement; & Gaëtte, Capitaine de cinquante hommes, ne fut pas plus heureux.

Le Conquerant, n'apprenant rien de tous ces pelotons, detache encore quarante Maîtres qui furent chargez dans un defilé. Le Commandant qui eut de la peine à s'en tirer, annonça, à son retour, au Marquis toutes ses pertes, tous ses malheurs, & lui apprend de plus qu'une Armée d'Indiens marchoit à Lima. Alors la Fortune fit un tour de roüe. Pizarre, aiant fait prendre les devants à Pierre de Lerme, avec cinquante Cavaliers, & beaucoup d'Indiens amis, part le lendemain, & se mettant à la tête de sa petite Armée il va fierement à l'ennemi; il le défait, & oblige les Indiens à se retirer sur une éminence. Il ne lui en couta que deux hommes: de Lerme eut les dents cassées d'un coup de pierre.

Cet avantage ne tiroit pas le vainqueur d'inquiétude ni d'embaras: il se trouvoit serré près de Lima; ses forces étoient diminuées de quatre cens Espagnols & de deux cens chevaux: du côté de Cuzco il n'apprenoit rien ni de ses Freres ni de ses amis; & ne lui restant pas assez de troupes pour soûtenir sa méchante cause, il commençoit à desesperer, ou du moins il craignoit, & non sans fondement une fâcheuse revolution.

Dans cette extremité Pizarre, qui croïoit d'Almagre & son monde peris au Chili, mande Alvarado qui faisoit la guerre en Chachapoja, tire tous les Espagnols de Truxillo, & reçoit du secours de Nicaragua. Alvarado, venu, & fait Capitaine Général, battit avec moins de trois cens chevaux, l'Armée Indienne forte de cinquante mille hommes, & commandée par le Général Tizoïa. Cet heureux succès redonnant l'esperance au *Découvreur*, il envoïe encore deux cens chevaux; & avec ce renfort Alvarado remporte une seconde victoire sur le même Général qui néanmoins s'étoit defendu avec une valeur distinguée.

Lors de cette conjoncture, d'Almagre revient du

du Chili : son expedition avoit été fort malheureuse ; &, outre des fatigues incroïables, la plûpart de ses gens étoient morts de faim en passant les montagnes : trainant donc après soi les tristes debris de son naufrage, il marche vers Cuzco dans l'intention de s'y délasser & de s'y refaire. Puchuti Yupan ; car je croi que c'est lui qu'on nomme ici l'Ynca Manco, assiègeoit actuellement sa Capitale : mais aprenant l'arrivée de d'Almagre, qu'il croïoit peut-être dans une meilleure situation, & craignant de s'enfermer entre les Espagnols, il se retira dans des montagnes où, faute de vivres, la plûpart de ses Gens l'abandonnerent.

Almagre vint donc sans obstacle, jusques aux portes de Cuzco : mais un des Pizarres qui y commandoit, lui en refusa l'entrée, alléguant qu'il ne pouvoit le recevoir sans l'agrément de son Frere. C'étoit une infraction aux ordres de l'Empereur. Aussi d'Almagre, loin de se rebuter, s'intrigue sourdement avec les partisans qu'il avoit dans la Ville ; & ceux-ci menagerent si adroitement l'affaire, que d'Almagre fut introduit pendant la nuit. Par où il debuta, ce fut d'arrêter Fernand & Gonzale Pizarres, de les enfermer separement, après quoi il est reconnu pour Gouverneur. Alvarado, instruit du fait, accourt dans le dessein de forcer la Place : mais d'Almagre va lui presenter le combat ; il a le bonheur de le prendre, & il le met dans la même prison où étoit Gonzale Pizarre : tous deux gagnent leurs Gardes & s'évadent heureusement.

Par là les deux Gouverneurs étant en rupture ouverte, ils tâchent de se fortifier, chacun de son côté. On alloit voir une guerre civile, sanglante ; & qui, au grand bonheur des Naturels, auroit aparemment détruit l'usurpation : mais Jean de Guzman Trésorier de l'Empereur, escorté de quelques Moines intervint, & bâtit un accommodement. Les conditions de la Paix furent 1. que les deux Competiteurs écriroient en Espagne pour savoir les intentions de Charles-Quint sur le partage de leurs Gouvernemens : 2. qu'ils congedieroient leurs Soldats : 3. que Fernand Pizarre seroit élargi : 4. & enfin, que les deux Concurrens, chacun avec une escorte de dix Cavaliers, se rendroient à Mala, pour y confirmer, par cette entrevuë, une solide & durable reconciliation.

Almagre exécute de bonne foi la derniére clause : mais averti secrètement qu'on en vouloit à sa vie, il sort au plûtôt de Mala, suivi de ses dix Cavaliers ; & aiant découvert des Arquebusiers en embuscade, il change de route & court jusqu'à Cuzco. La chose aiant éclaté, le Marquis, alarmé pour son Frere Fernand, députe Alvaredo au Grand Maréchal, pour lui protester de son innocence, le conjurant de revenir, & de lui rendre la justice de le croire incapable d'une perfidie si noire. Alvaredo, qui ne connoissoit pas le fond du personnage, accepte volontiers la mediation : il part, il arrive ; il s'emploïe en honnête homme pour un bon & sincère racommodement. Les amis de d'Almagre lui conseilloient fort de ne point s'y fier : mais aiant de la droiture, il jugeoit des autres par soi-même ; & d'ailleurs ne voulant pas faire obstacle à la Paix, il accorde tout au Médiateur.

Alors le Marquis, parvenu à son but, se demasque, & se fait voir dans son naturel. Dès qu'il eut son Frere Fernand, de son autorité particuliére il le crée Grand Prevôt ; il nomme Gonzale Lieutenant Général ; & les aiant revêtus de ces deux charges, il les envoïe avec une Armée contre le Grand Maréchal. Ce dernier qui avoit la justice de son côté, se met sur la défensive : il y eut combat ; mais d'Almagre, battu & pris, fut condamné par le Grand Prevôt à avoir la tête coupée. L'indigne Marquis pense à se justifier auprès de son Maître ; & pour se rendre son Juge favorable, n'ignorant pas que, comme dit un Ancien, les Dieux & les Hommes s'appaisent à la vûë de l'or, il envoïe en Espagne son Frere Fernand, pour porter à l'Empereur le cinquième du Brigandage, & pour lui presenter en même tems le procès du Grand Maréchal. Mais le Monarque, ou son Conseil, ne se laissa point éblouïr : le prétendu Grand Prévôt fut arrêté. Il est vrai qu'on ne voulut point faire un exemple de ce Scelerat révolté ; la Politique & l'intérêt d'Etat demandoient qu'on menageât le Marquis : mais aparemment on fit une justice secrète du meurtrier ; car, suivant un Historien, depuis la detention de ce Pizarre, on n'en entendit jamais parler.

Pour le Marquis, il n'échapa point au Juge suprème, à la vangeance Divine ; & voici comment : Almagre avoit eu d'une Indienne un fils qui portoit le nom de son Pere : ce Jaques, soûtenu d'un certain Jean de Rada, qui l'exhortoit vivement à se vanger, vint à Lima, n'aiant que quinze Soldats & quelques amis. Rada, Chef & Conducteur de l'entreprise traverse, avec sa petite troupe, la grande Place, criant *Vive le Roi ! Meure le Tiran !* & entre dans le Palais du Marquis. Pizarre étonné du bruit commande qu'on ferme la salle, & court aux armes. Son Capitaine des Gardes ou comme il vous plaira le nommer, se flatant que les conjurez respecteroient sa personne, ne laisse pas d'ouvrir la porte : mais un coup de sabre lui mit la tête en deux moitiez. Un autre Frere de Pizarre, & son aîné qui portoit le nom d'Acantara, se joignit à lui en criant, *Courage, mon Frere ! Je jure Dieu que nous viendrons à bout de ces traîtres :* mais il ne porta pas loin la juste punition de son serment temeraire : car un coup mortel le mit hors d'état de jurer ; & le Marquis même reçut à la gorge une blessure dont il tomba mort. Telle fut la fin de ce *Decouvreur* qui, dans ses vastes projets d'avarice & d'ambition, avoit, comme presque tous les autres mortels, negligé la plus importante des decouvertes, savoir, que la vie ne tenant à rien, la plus grande folie est de bâtir sur elle comme sur une immortalité.

Au reste, Pizarre & d'Almagre avoient entr'eux quelques raports de convenance : tous deux étoient nais dans la poussiére ; tous deux parfaitement ignorans, ne sachant pas même ni lire ni écrire : mais le premier étoit un Scelerat orgueilleux ; & l'autre, dans les regles de la prudence du siècle, pouvoit passer pour honnête homme.

Après la mort de ces deux Chefs, le Fils du Grand Maréchal decapité faisant crier *Vive le Roi & d'Almagre*, s'empare de tout le Gouvernement. Mais Charles-Quint, aiant apris ces violences, crut, comme de raison, devoir remedier au desordre : ce Monarque envoïe donc Vacca de Castro avec le titre d'Administrateur Général du Perou. Ce nouveau Viceroi arrive : d'Almagre se se révolte; Guerre Civile : mais le meilleur Parti aiant triomphé dans une Bataille, d'Almagre est pris; & on lui coupe la tête comme à un Rebelle.

Vacca, paisible Possesseur du Gouvernement, distribuë les terres aux Espagnols, travaille à de nouvelles découvertes; mais le pillage & l'oppression continuent toûjours sur l'ancien pié. Ces deplorables Peuples aiant trouvé moien de faire porter leurs justes plaintes à la Cour d'Espagne, le Conseil des Indes fit partir, en qualité de Viceroi, Blasio Nunez Vela, homme de grand cœur, mais fier & severe. Ce Gouverneur débute par faire publier les Ordonnances de l'Empereur en vertu desquelles les Indiens étoient déclarez une Nation libre : grande faveur, comme si la Nature ne lui avoit pas accordé ce Privilege-là aussi bien qu'à toutes les autres Societez Humaines. Un Moine, parlant avec un zèle emporté contre cet Acte de Justice, le rigide Vela le traitant selon son merite, eut le courage de le faire étrangler. Castro qui s'opposoit à la volonté Imperiale devoit subir le même sort : mais on prit le parti de l'arrêter & de l'envoïer en Espagne.

Le nouveau Viceroi, se rendant par la rigueur de son Administration, insupportable à des gens accoutumez à la licence & au brigandage, les Espagnols de Lima, s'adressent à Gonzale Pizarre, qui étoit actuellement occupé à faire travailler aux riches mines du Potosi; & l'apellent au secours de ce qu'ils nommoient liberté. Pizarre prévoïant bien le risque de l'entreprise, s'en defendit longtems : mais enfin après avoir fait ses reflexions; & d'ailleurs la chose étant apparemment conforme à son panchant ambitieux, il se rendit aux sollicitations des mécontens, & leva l'étendart de la revolte.

A la premiére nouvelle de sa marche, plusieurs quittent le Viceroi, & vont grossir le parti des Rebelles. Cette desertion, quoiqu'assez nombreuse, n'étonne point l'Homme de l'Empereur; & loin de moderer sa severité naturelle, il fait mourir un des principaux de ses Gens dont il se defioit. Cependant Pizarre arrive, & entre dans Lima : on assiége le Viceroi dans son Palais; & étant pris, on le met dans une espèce d'honnête prison : mais que faire de ce Chef? C'étoit-là l'embaras; les plus violens opinoient à la mort : mais à la pluralité des voix il fut resolu qu'on embarqueroit le Prisonnier pour l'Espagne, & que Pizarre, mettant les Armes bas, seroit reconnu pour Gouverneur. Mais un certain Alvarez aiant trouvé un expedient pour mettre le Viceroi en liberté, on ne put disposer de sa Personne.

Pizarre ne laissa pas de se mettre en possession du Gouvernement; & ses premières fonctions, ce fut de casser le Conseil, parce qu'il pouvoit s'opposer à son pouvoir arbitraire; & ce fut aussi de prendre l'argent du Roi pour païer ses Soldats qui avoient combatu, aussi bien que lui, contre l'autorité du Souverain. Véla Nunez, qui levoit du monde pour le Viceroi son Frere, & qui par cette raison-là, étoit bien muni d'or, aiant eu le malheur de tomber dans un parti des Gens du nouveau Gouverneur, on le conduisit à Lima où il finit par la main du Boureau, aiant éte condamné à perdre la tête. Ce Rebelle eut d'autres avantages encore plus considérables. Un Carvajal, qui ne respiroit que vangeance, car il étoit Frere de ce Seigneur que le Viceroi avoit fait tuer; & de plus il étoit Mestre de Camp de Pizarre, ce Carvajal donc battit un des Commandans de la bonne cause, nommé Centeno, & l'obligea de s'enfuir sur les montagnes.

Véla, de son côté, ne s'endormoit pas: aiant assemblé une petite Armée, il cherchoit son ennemi: mais lorsqu'il le croïoit fort éloigné, Pizarre parut tout d'un coup; & il falut se défendre. Le Viceroi fit dans cette surprise, tout ce qu'on pouvoit attendre d'un brave homme : mais tombé de cheval; & le poids de ses armes l'empêchant de pouvoir se relever, il prie un Prêtre de le secourir: mais ce mauvais l'évite, au lieu de remplir le devoir de son caractere, en agit en Barbare, & court avertir Caravaïal: celui-ci, transporté de joïe, envoïe promptement un Esclave, avec ordre d'égorger Véla, & de lui en apporter la tête, ce qui fut exécuté. La suite & la conclusion de ces troubles ne sont pas moins curieuses; c'est l'Historien qui va nous le conter.

„ Pierre de la Gasca qui, l'an mille cinq cens quarante-six, fut envoïé d'Espagne avec la charge „ de President, arriva en cinquante jours au Nombre de Dios; & l'Amiral de Pizarre se joignit à „ lui avec ses Vaisseaux. D'autres Officiers abandonnerent aussi le Rebelle; & pour signaler „ leur fidelité, chacun faisoit gloire de trahir & „ de pendre même son Compagnon. Pizarre de „ son côté, ne faisoit point de quartier à ses prisonniers. La Gasca étoit encore plus cruel: les „ Indiens qu'il forçoit à porter ses provisions, marchoient à la chaine comme des Esclaves; & s'ils „ se couchoient pour se delasser de leur fardeau, „ ou pour prendre haleine, on leur coupoit les jarets, les bras, les oreilles ou la gorge; on leur „ passoit l'épée au travers du corps.

Toutes ces horreurs finirent par un combat: Pizarre eut le dessous; il fut pris; & le vainqueur lui fit voler la tête. Pour Caravaïal, l'associé du dernier, sa fin fut plus tragique & plus honteuse: après avoir été trainé, plus d'un bon quart d'heure à la queuë d'un Cheval, il fut pendu avec treize Capitaines prisonniers comme lui. Ce Caravaïal étoit un plaisant de profession; & il avoit quelquefois d'assez bonnes saillies.

Lorsqu'il fut fait prisonnier, voïant que celui à qui on avoit confié sa garde, le traitoit fort humainement, il lui dit, *puisque vous en usez avec tant d'honnêteté, obligez moi de me dire votre nom. Je suis Diego Centeno*, répondit le Gardien, *pouvez-vous ne me pas connoître? Hé! Comment voulez-vous que je connoisse votre visage*, reprit Caravaïal avec plus d'esprit que de reconnoissance, *vous que j'ai si bien accoutumé à tourner le dos dans tous mes combats?* Voïant qu'on le mettoit dans un tombereau pour le mener à la potence, *quoi*, s'écria-t-il, *veut-on donc encore me mettre dans le berceau?* La raillerie portoit d'autant mieux qu'il avoit soixante & quinze ans, & qu'il marquoit par là un genereux mépris la vie.

Ainsi conclut notre Narrateur par une reflexion judicieuse; les Conquerans du Perou, les effroïables meurtriers de ses Habitans perirent tous de mort violente. Pendant ce tems-là les autres Espagnols emploïoient ailleurs le fer & le feu; & ces mêmes Peuples dont ils disoient chercher la conversion, les avoient en telle horreur qu'ils ne vouloient absolument point entendre parler du Christianisme : des Gens, disoient-ils, qui poussent l'avarice & la barbarie jusqu'au dernier excès, peuvent-ils professer une Religion qui ne soit detestable ? Quelques Sauvages même, condamnez au supplice, demanderent aux Moines qui les confessoient, où les Espagnols alloient demeurer en partant de ce Monde-ci : *les Bons vont en Paradis*, répondoient les Convertisseurs. *Oh ! dès que ces Barbares peuvent entrer dans le Ciel*, repliquoient les Indiens, *nous cédons notre part de vos belles promesses ; & crainte de nous trouver en si mauvaise Compagnie, nous renonçons de bon cœur à notre Bâteme.*

Quant au nombre des Naturels que les Usurpateurs firent perir, il n'est pas facile d'en faire un calcul exact. Las Casas, Moine Dominiquain, Evêque de Chiapa dans le Mexique ; & conséquemment Historien irreprochable, dit qu'en quarante ans ces Massacreurs, cette *Gent* sanguinaire, détruisit quinze millions d'Indiens. On peut juger à proportion de ce qu'ils ont fait dans le Nouveau Monde, depuis le Regne de Charles-Quint. Un Anglois de la même *Moinerie* que Las Casas assure qu'ils ont fait perir, en dix sept ans, plus de trois millions d'Originaires dans l'Espagnole ; & à les voir repandre le sang, ils en paroissoient beaucoup plus avides que les Ameriquains les plus sauvages qui ne vivoient que de chair humaine.

DES VILLES DE CUZCO ET DE LIMA.

VEnons maintenant à la description particulière de la Ville impériale de Cuzco, que les Espagnols appellent la Grande, & qu'ils honorent de plusieurs autres titres pompeux. S'il faut s'en rapporter à un des Conquerans du Perou, Cuzco étoit une Ville également puissante & peuplée. Elle contenoit plus de cent mille maisons. Les rues qu'on avoit disposées en croix, étoient droites, larges, & pavées. Il y avoit un Marché quarré, une Citadelle fortifiée de trois murailles, une quantité incroiable de pierres massives, & non cimentées. On auroit dit que le Diable étoit l'Architecte d'une telle maçonnerie. Les rochers qu'on avoit assemblé, & mis les uns sur les autres pour élever & construire cette rare Ville, surpassoient, dit-on, toutes les merveilles de l'Antiquité. Plusieurs Ecrivains marquent qu'au milieu de Cuzco, il y avoit une grande Place qui aboutissoit à quatre rues qu'on nommoit Roïales. Il y avoit de plus un Château construit de materiaux si prodigieusement grands & épais, que vingt bœufs avoient de la peine à tirer une pierre. Il faut avoir la foi historique pour croire cette circonstance. La Ville est située dans une vaste campagne environnée de hautes montagnes de tous côtez, & où coulent quatre ruisseaux qui arrosent toute la vallée, sans compter une fort belle fontaine dont on tire du sel abondamment. Le Climat en est également temperé toute l'année, ce qui fait que les habitans ne sont pas plus vêtus en hiver qu'en été. Les premières maisons qui la composent furent bâties au bas d'une Colline qui est entre l'Orient & le Septentrion ; ainsi la Ville est divisée en haute & basse. Les Yncas en avoient partagé les quartiers selon les quatre parties de leur Empire. Les Sauvages soumis par Manco Capac devoient s'y loger conformément aux lieux, d'où ils étoient sortis ; de sorte que ceux de l'Orient demeuroient à l'Orient, ceux de l'Occident à l'Occident, & ainsi des autres. A mesure que l'on conquéroit de nouveaux Peuples, ils se logeoient selon la situation des Provinces d'où ils étoient venus. Ce qui se faisoit avec tant d'ordre, & en gardant si bien les proportions, qu'en considérant les quartiers, les avenuës & les maisons de tant de Nations differentes, l'on voïoit tout l'état de ce grand Empire, comme dans une Carte particuliére, en racourci. Chacun y observoit la manière de vivre de ses ancêtres, & chaque Nation y étoit distinguée par une espèce de Toque qu'elle portoit sur la tête, chacune à la mode de son Païs. Tout ce vaste Enclos, habité par les divers sujets de l'Empire, n'étoit, pour ainsi dire, que les fauxbourgs de la Ville, où les Yncas priviégiez, ni ceux du sang Roïal ne demeuroient pas. Leur quartier, situé vers le Sud, étoit separé de l'autre par un ruisseau, & chaque branche de cette illustre & nombreuse Famille avoit son canton particulier. On appelloit *Yncas* ou *Princes du sang*, tous ceux de la Race Roïale indiféremment, & les Femmes s'apelloient *Pallas* ou Princesses Roïales. Je ne dirai rien des anciens Edifices qu'on y voïoit, non plus que du Palais des Yncas, parce qu'ils furent presque tous détruits par les Espagnols, & qu'il n'en restoit plus que les mazures. Cette Ville est pourtant encore aujourd'hui assez grande, puisque qu'on y compte plus de 30000. Communians, dont les trois quarts sont Indiens. On y fait de toutes sortes d'ouvrages de cuir tant pour l'usage des hommes que pour les harnois des chevaux & des mules, & les Manufactures de toile de coton font tort à celles de l'Europe. Cette Ville est encore renommée à present par la grande quantité de tableaux & de peintures que les Indiens y font, & dont ils remplissent tout le Roïaume, quelques mauvaises qu'elles soient. Elle avoit pour bornes à l'Orient & au Septentrion les Provinces d'Andesuia & de Cinciasuio ; au Midi & à l'Occident, celles de Collasuio & de Condé-suio. Cette Capitale est partagée en Havan Cuzco & Harim Cuzco, c'est-à-dire haut & bas Cuzco.

La Ville qui prime à present dans le Perou est Lima : elle est située dans une belle plaine au bas d'une vallée qu'on nommoit autrefois Rimal du nom d'une fameuse Idole des Indiens qui rendoit de grans Oracles, d'où par corruption & par la difficulté que ces Peuples avoient de prononcer l'R aussi rudement que les Espagnols, est venu le mot Lima : ce nom-là diffère de celui que son Fondateur lui imposa dans son établissement : car François Pizarre qui, en mille cinq cens trente-cinq, sous le Regne de Charles-Quint, jetta les premiers fondemens de cette Ville-là, l'avoit nommée la Ville des Rois ; & cela en l'honneur de Don Carlos, & de Dona Juanna sa Mere tous deux regnant conjointement en Castille. Peut-être aussi le Bâtisseur lui donna-t-il le nom de Los Reyes, parce que les Espagnols conquirent cette belle & fertile vallée le jour des Rois. L'Ecusson des armes de la Ville semble favoriser ces deux sentimens. Il porte trois couronnes d'or, deux & une, en champ d'azur, surmontées en chef d'un étoile raïonnante. Quelques-uns font entrer dans l'Ecusson les deux Colonnes d'Hercule ; mais en plusieurs endroits elles ne paroissent que comme suport avec ces deux mots *plus ultra*, plus outre, & les deux lettres I & K. pour exprimer les noms de *Juanna* & de *Karlos* dont elles sont initiales.

Les Espagnols, qui par une louable émulation sont

font toûjours fort attentifs à tous les dehors du culte, avant que de penser à aucun autre édifice, debutérent par tracer le plan de la maison du Seigneur, jettant à peu près au milieu de la Ville les fondemens d'une Eglise. Ensuite Pizarre le Fondateur traça les ruës, distribua les Iles des maisons par quartiers de soixante-quatre toises en quarré. Douze Espagnols, qui en furent les premiers bourgeois sous sa regence, commencerent à s'y loger; après quoi trente hommes de Sar Gallaa, & quelques autres qui étoient à Xuuxca vinrent se joindre à eux & formerent en tout le nombre de soixante & dix Habitans. Cette petite Pepiniére a reçu avec le tems une copieuse benediction; car Lima est aujourd'hui la plus grande Ville de l'Amérique Méridionale.

La distribution du plan en est très-belle. Les ruës sont parfaitement bien alignées & de largeur commode. Au milieu de la Ville est la place Roïale, où tous les besoins publics se trouvent rassemblez. A l'Orient sont la Cathédrale & l'Archevêché : au Septentrion le Palais du Viceroi : à l'Occident la Justice, la salle d'Armes & une suite de porches uniformes. Enfin le côté du Midi est comme le précédent orné de porches & c'est où sont les boutiques des Marchands. Au milieu de la Place est une fontaine de bronze ornée d'une belle statuë de la Déesse à cent bouches, cette renommée qui dit tout ce qu'elle sait & tout ce qu'elle ne sait point. Il y a de plus à cette fontaine huit Lions aussi de bronze qui jettent de l'eau tout autour. Et de plus elle est cantonnée de quatre autres petits bassins fort riches & d'un très-beau travail.

Dans le quartier près de la Place Roïale, du côté du Nord coule la Riviére de Lima, qui est presque toûjours guéable excepté en Eté au tems des pluïes de la montagne, & de la fonte des neiges. On la saigne en plusieurs endroits, pour arroser les campagnes, les ruës, les jardins, & on la conduit dans la Ville par des aqueducs souterrains & couverts.

La partie que cette Riviére separe du côté du Nord a communication avec le gros de la Ville par un pont de pierre composé de cinq arcades d'assez bonne construction. Cet ouvrage fut construit sous la Viceroïauté de *Montes Claros :* la ruë qu'il enfile conduit directement à l'Eglise de St. Lazare, Paroisse d'un fauxbourg nommé Malambo; & se termine auprès de Lameda. Cet endroit-là est une promenade de cinq allées d'Orangers, longue environ de deux cens toises, dont la plus large est ornée de trois bassins de pierre pour les fontaines. La beauté de ces arbres toûjours verds, les bonnes & agréables odeurs que les fleurs répandent presque toute l'année & le concours des caléches qui s'y assemblent tous les jours à l'heure de la promenade font de ce Cours un lieu de delices sur les cinq heures du soir.

Les tremblemens de terre qui arrivent fort souvent au Perou ont causé de grandes pertes à Lima & tiennent les habitans dans une inquiétude continuelle. Le 17. de Juin 1678. il en fit un qui renversa une grande partie de la Ville & principalement les Temples consacrez à la Vierge Mere de Dieu. Il semble, dit un Ecrivain Espagnol, que ce soit cette Reine des Cieux qui excite son Fils à faire tout ce desordre. Le 19. d'Octobre 1682. la terre trembla si violemment que Lima fut presque tout-à-fait bouleversée. On delibera même s'il ne valoit pas mieux abandonner la place & bâtir une nouvelle Ville dans un endroit plus sûr. On renouvelle tous les ans par des priéres publiques la mémoire de ce terrible événement. Si l'on veut s'en raporter à la credulité publique, un Moine de la Redemtion des Captifs ou de la Merci avoit prophetisé cet afreux accident. Cet Enthousiaste, couroit, dit-on, les ruës criant comme un autre Jonas, *faites pénitence*. Ce tremblement fut si extraordinaire qu'à chaque demi-quart d'heure ces horribles secousses recommençoient, si bien qu'en vingt-quatre heures on en compta plus de deux cens.

Il ne pleut jamais à Lima. C'est à cause de cette grande secheresse que les maisons ne sont couvertes que d'une simple natte posée de niveau avec un doigt de cendre pour absorber l'humidité du brouillard; & même les demeures les plus magnifiques ne sont bâties que de briques cruës, c'est-à-dire de terre paîtrie avec un peu d'herbe, & sechée simplement au Soleil; ce qui ne laisse pas de durer des centaines d'années, par la raison que l'eau n'y pénétre jamais.

Les murailles même de la Ville, qui doivent être un ouvrage éternel, ne sont pas construites d'une autre matiére. Elles sont environ de vingt piés de hauteur & neuf d'épaisseur au cordon. Ainsi dans tout le contour de la place, il n'y a pas un seul endroit assez large pour mettre une piéce de canon, d'où on presume avec fondement qu'on n'a bâti ces murailles que pour mettre la Ville hors d'insulte de la part des originaires du Païs.

Le nombre des Familles Espagnoles de Lima peut aller jusques à 9. mille blancs : les autres sont une bigarure de Mestices, de Mulâtres, de Negres, & d'un peu d'Indiens. On fait monter les habitans à vingt-huit mille, & la Moinerie, engeance des plus pullulantes, tant mâle que femelle, occupe tout au moins un quart de la Ville.

Comme on compte les carosses en Europe pour marquer la magnificence des Villes, ce sont à Lima les caléches, dont les mules font l'attelage, qui font voir l'opulence de cette belle Ville. Il n'y a pas moins que quatre mille de ces voitures; & c'est de quoi l'on se sert ordinairement dans le Païs. Mais pour montrer les richesses de Lima il ne faut que lire le détail suivant.

En mille six cens quatre-vingt-deux, à l'entrée du Duc de la Palma, qui venoit pour être instalé dans son nouveau Gouvernement, les Marchands de cette Capitale firent paver les ruës de la Mercad & de la Mercaderes par où le Viceroi devoit passer pour entrer dans la place Roïale où est le Palais. Les Negocians, dis-je, firent paver ce chemin-là de lingots d'argent quintez, qui communément pesent environ deux cens marcs, longs de douze à quinze pouces, larges de quatre à cinq, & épais de deux à trois; ce qui, monnoïe de France, revenoit plus ou moins à 80000000 d'écus, & à 320000000 de livres. Il est vrai que Lima est comme la depositaire des Trésors du Perou. Il y a quelque tems qu'on supputa qu'il s'y depensoit six millions d'écus, savoir en combien de tems, mon Auteur l'a apparemment oublié. Mais il assure que ce bon temslà n'est plus, & que par le Commerce des François dans ce Païs-là les marchandises de l'Europe à bon prix, on peut dire que Lima est déchue de son ancienne opulence, & que cette Capitale est aujourd'hui pauvre en comparaison de ce qu'elle étoit autrefois.

Ce changement de fortune ne laisse pourtant pas d'irriter plûtôt la passion du luxe que de l'afoiblir. La magnificence des habits domine dans les deux sexes, sur tout chez les femmes où elle est énorme. Ces Dames ont une fureur non seulement pour les étofes les plus riches, mais aussi pour les denteles, pour les perles, & pour les pierreries. Il y a telle de ces Marchandes qui porte un petit Perou sur le corps; leurs bijoux & leur parure ne montant pas à moins qu'à deux cens quarante mille livres; si bien que cette depense exorbitante abîme les Epoux & les Amants. En général les Femmes de Lima sont d'un assez beau sang; elles ont des maniéres vives & engageantes, qui semblent leur être particuliéres: mais peut-être aussi, dit-on, doivent-elles une partie de leurs charmes à l'opposition des Mulatresses, Noires, Indiennes & autres visages hideux, qui font le plus grand nombre dans le Païs.

CAR-

CARTE PARTICULIERE DU PEROU, PLAN DE LA VILLE DE LIMA, DESCRIPTION DE QUELQUES PLANTES, ANIMAUX, & MACHINES DU PAYS.
Avec l'Habillement des Hommes & des Femmes Espagnoles qui y Demeurent.

Les moutons du Perou qu'on voit ici representés à la lettre A. sont des especes de petits chameaux [illegible]

Cet Arbre appelé Pacay a les feuilles assez Semblables à celles du Noier, mais d'inégale grandeur. Elles sont rangées deux à deux sur une même côte & vont en augmentant à mesure qu'elles s'éloignent de la tige. Sa gousse representée au dessous a quatre faces, dont les deux grandes sont larges de 15. à 18. lignes & les petites de 7. à 8. Elle est divisée en dedans en plusieurs petites Loges, qui enferment chacune un grain semblable à une fève plate, enveloppée d'une substance blanche qu'on prendroit pour du Coton; mais qui n'est qu'une huile Cristalisée, qu'on mange pour se rafraichir. les françois [illegible] à cause d'un goût musqué fort agréable qu'il laisse dans la bouche. on donne à cet arbre le nom d'Inga, parce que sa fleur representée separément au dessus, ressemble assez à l'Inga de Pison & du P. Plumier, quoique ses fruits soient differents.

L'Habit des femmes Espagnoles du Perou est fort simple, mais malgré cette simplicité [illegible] ... avec indifference.

[illegible]

DESCRIPTION DE LIMA.

La Ville de Lima, Capitale du Perou, dont on voit ici le Plan, est située à 12. degrez quelques minutes de Latitude Meridionale & à 79. degrez quelques minutes de longitude. Elle est bâtie dans une belle plaine, à deux lieues du Port de Callao, le meilleur de cette Côte. ses rues sont parfaitement bien alignées & d'une raisonnable largeur. Au milieu est la place Roiale, où se trouvent abondamment toutes les choses nécessaires à la vie. la Cathedrale & l'Archevêché sont à l'Orient. le Palais du Viceroi au Nord. la Justice, la prison & la sale d'armes à l'Occident, & au midi plusieurs Porches & boutiques de Marchands. le Milieu de la Place est orné d'une fontaine surmontée d'une statue de la Renommée, accompagnée de huit Lions de bronze comme la statue, qui jettent de l'eau tout à l'entour. A l'un des quartiers de la ville du côté du Nord, passe la riviere de Lima, qui est presque toujours Guéable, excepté en Eté, dans le tems des pluies & de la fonte des Neiges. on la saigne en plusieurs endroits pour arroser les Campagnes, les rues, & les Jardins, où on la conduit par des Canaux couverts. Cette partie de la Ville, séparée par la riviere, Communique à l'autre par un Pont de pierre de cinq Arches, qui est d'une belle Ordonnance, & d'une solide construction. la rue qu'il enfile, se termine à une Promenade de cinq allées d'Orangers, longue d'environ deux cens toises, dont la plus large est ornée de trois bassins de Pierre pour des fontaines. la beauté de ces Arbres toujours verds, le parfum que les fleurs y répandent Presque toute l'Année, & le concours des Calêches qui s'y rassemblent tous les soirs, font de ce lieu de délices une Promenade fort agréable. Il ne manqueroit rien à la beauté & à la Commodité de ce sejour délicieux, sans les frequens tremblemens de terre, qui ont déja fort endommagé la Ville & qui Inquiettent tous les jours ses Habitans. Cependant la crainte de ces dangereux Phenomenes n'a pas empêché qu'on n'ait élevé à Lima quantité de belles Eglises, & de Clochers fort somptueux. Il est vrai que la plûpart des voutes n'y sont que de bois peint. les murs des Grands Edifices sont de briques cuites. & ceux des Petits, d'Adobes ou de briques cruës. les Maisons ne Consistent qu'en un rez de Chaussée, sur lequel on voit quelquefois un premier Etage bâti de Cannes pour le rendre Leger. Elles sont toutes sans Toit, parce qu'il n'y pleut Jamais, mais seulement dans les Montagnes à quinze & vingt lieues de la Côte. les murs de la Ville sont bâtis de même. ils ont 18. à 20. pieds de haut & neuf d'épaisseur au cordon, de sorte que dans tout le contour de la Place il n'y a pas un seul endroit assez large pour y Mettre du Canon. l'enceinte est flanquée par des bastions de 15. toises de flanc perpendiculaire à la Courtine, & d'environ 30. toises de face. Au reste il n'y a ni fossé, ni dehors. & cette Fortification est de l'an 1685.

Ce Grand païs de l'Amerique Meridionale est borné au Nord par le Popayan, au midi par le Chili & par le Paraguay, au levant par les terres inconnues des Amasones, & au couchant par la Mer du sud; on lui donne environ six cens lieuës de Côtes & quatre vingt dix dans sa moienne largeur. on le divise en trois grandes Provinces ou Audiences. celle de Panama, qui est au Nord, celle de Quito dans le Milieu, celle de Lima ou le Perou propre au sud. quoique cette derniere Province soit située entre la ligne Equinoctiale & le Tropique du Capricorne le Climat n'y est pas néanmoins trop chaud il est au contraire toujours égal & fort temperé, par les raisons que nous en raportons dans la Description de la ville Capitale de Lima. le terroir y est un des plus fertiles du monde, à cause des Grandes rosées qui tombent le soir & le matin, & du soin qu'on prend de l'arroser par tout où il y a des Rivieres. Il produit Abondamment du Maïz, du Cotton, des Cannes de sucre, & plusieurs fruits qu'on y a transportez d'Europe, outre de l'Huile & du vin, meilleur que celui d'Espagne. Mais les Mines d'or, d'Argent, d'Emeraudes &c. sont la plus Grande richesse du Païs.

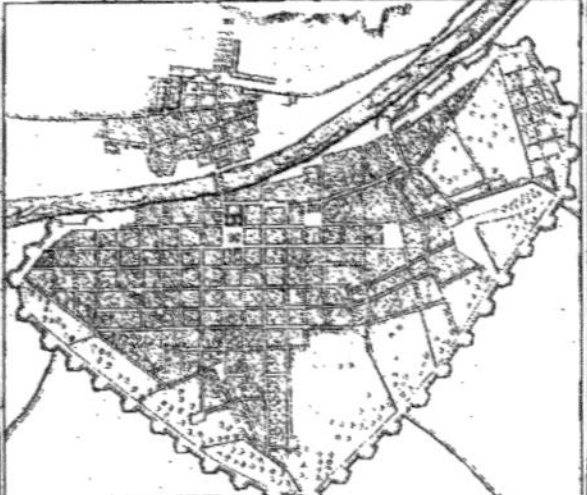

DESCRIPTION DE LIMA.

Le Nombre des familles Espagnoles de Lima peut monter à huit ou neuf mille blanes, & si l'on y Comprend les Indiens il peut Aller à 28000. Ames. de ce nombre sont les Religieux & les Religieuses, qui occupent au moins un quart de la ville. Comme on compte les Carosses dans les villes d'Europe pour en marquer la Magnificence, on compte de même jusqu'à 4000. Calêches à Lima, tirées par des mules. Cette Ville étoit très riche, étant le dépôt des trésors du Perou. on supputoit il y a quelques Années qu'il s'y faisoit pour plus de six Millions d'écus de dépense; mais depuis que le Commerce des françois y a aporté les Marchandises d'Europe à bon prix, il faut en rabattre beaucoup maintenant, tellement qu'elle est pauvre aujourd'hui en Comparaison de ce qu'elle étoit Autrefois. C'est le siege Ordinaire du Viceroi du Perou, qui est absolu comme le Roi même dans les Audiences de Lima, Chuquisaca, Quito, Panama, du Chili & de Terre ferme, en qualité de Gouverneur & de Capitaine Général de tous les Roiaumes & Provinces de ce Nouveau Monde ainsi qu'il est porté par ses titres. Il a quarante mille piastres d'Apointemens, sans en parler des autres Gages Extraordinaires, comme ceux qui lui sont Assignez pour la visite des Provinces. Il nomme à plus de cent Gouvernemens. & il est maître de tous les Emplois triennaux tant du Civil que du Militaire. la plûpart des charges de ce païs ne se donnent ou ne se vendent que pour un tems. les Viceroys & les Presidens les possèdent Ordinairement pendant sept ans. les Gouverneurs les ont pour cinq & la plûpart seulement pour trois. Ce qui est sans doute ainsi reglé, pour empêcher qu'ils n'aient le tems de se faire des Creatures & de former des Partis contre un Roi si éloigné d'eux qu'il faut des années entieres pour en recevoir les Ordres. la Garnison de Lima n'est Composée que de troupes de Milices Bourgeoises, qui ne tirent aucun Gage du Roi excepté les Officiers Généraux & les sergeans des Compagnies d'Infanterie. Elles sont de cent hommes chacune & n'ont pour Officiers qu'un Capitaine, un Enseigne, & un sergent. les Compagnies de Cavalerie ont un Capitaine, un Lieutenant & un Cornette. Cette Ville renferme huit Paroisses, outre la Cathedrale & plusieurs Maisons Religieuses de l'un & de l'autre sexe, qui en occupent la Meilleure partie. Mais la plûpart des Moines y Mènent une vie Licencieuse, & les Religieuses pour la plûpart y Observent si peu la Regularité de leur Institut, que tout se ressent de la Molesse du Climat & du temperamment Amoureux qui y régne. en effet l'air y est toujours temperé, & Conserve un juste milieu entre le froid de la nuit & la Chaleur du jour. le ciel y est Ordinairement couvert de nuages, qui Garentissent cet heureux Climat des raions que le soleil y darderoit perpendiculairement. & ces nuages ne s'y changent jamais en pluie, qui puisse troubler la promenade ni les plaisirs. ils s'abaissent seulement quelquefois en brouillards, pour rafraichir la surface de la terre, de sorte qu'on y est toujours assuré du tems qu'il fera le lendemain. Outre cet Agrément, on y a encore celui d'y trouver toute l'année toute sorte de fruits. enfin cette Ville est un sejour delicieux à tous égards, & fort propre à entretenir la sensualité de ceux qui l'Habitent.

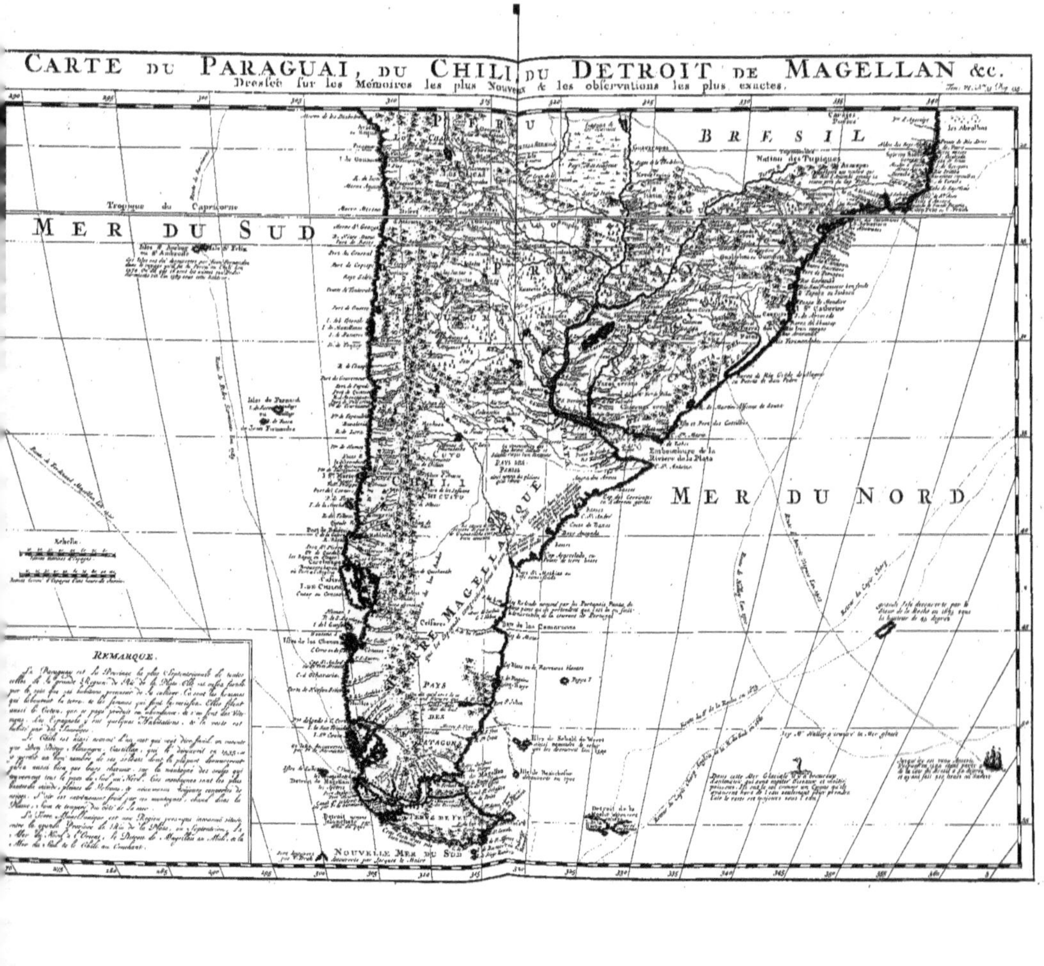

CARTE DU PARAGUAI, DU CHILI, DU DETROIT DE MAGELLAN &c.
Dressée sur les Mémoires les plus Nouveaux & les observations les plus exactes.
PEROU
BRESIL
PARAGUAY
CHILI
MER DU SUD
MER DU NORD
Tropique du Capricorne
Embouchure de la Riviere de la Plata
Nouvelle Mer du Sud
Les Abrolhos
Nation des Tupiques
Isles de Fernand
Terre de Feu
Detroit de Magellan
REMARQUE.

DISSERTATION SUR LE CHILI ET LE BRESIL.

LE Chili s'appelle ainsi d'une vallée qui porte le même nom: les Espagnols le nomment Chilé, & les François par corruption disent Chili. On lui donne environ quatre cens vingt lieuës de longueur du Nord au Sud, & de l'Est à l'Oüest cent cinquante de largeur & pour l'ordinaire quatre-vingt dix. Ses bornes sont au Septentrion le Roïaume du Perou; à l'Orient le Magellan dont il est divisé par une longue suite de montagnes, nommées en Espagnol *La Sierra Nueucada de los Andes*; au Midi la Terre Magellanique; & à l'Occident le Païs des Patagons.

Les Géographes conviennent que *Chili*, dans la langue du Païs signifie *froid*; mais ils ne s'accordent pas sur la raison pour laquelle on a donné cette épithéte à une contrée de la Perouane ou Amérique Méridionale. C'est, dit l'un, parce qu'il y fait un froid extraordinaire à cause de sa situation, & quoique l'air y soit à peu près temperé comme en Espagne, cependant l'Hiver y est si rude qu'il tuë les hommes & les bêtes. Un autre Ecrivain borne ce froid aux seules montagnes qui sont à l'Est & au Nord du Chili; & enfin on a donné, dit le troisiéme, le nom de *froid* à cette grande étenduë de terre, parce que on n'y peut aller du Perou, que par des montagnes couvertes de neige, & par consequent extraordinairement froides.

Jaques d'Almagre commença la decouverte du Chili; & Pierre de Baldivia la continua, en mil cinq cens trente-neuf. Le printems y commence au mois de Septembre, l'Eté en Decembre, l'Automne en Mars, & l'Hiver en Juin. L'air y est temperé, & le Païs fertile. Il produit en abondance du froment, du vin & de l'or. Il y a entre ses limites plusieurs Provinces qu'on n'a point encore decouvert.

La premiére Ville du Gouvernement de Chili est Serena; ce fut Baldivia qui la fit bâtir; & on la nomme aussi Coquimbo, de la vallée, où elle est située. Drak étant entré dans le Port de cette Ville-là pour faire aiguade, trois cens Cavaliers & deux cens Fantassins parurent & l'obligerent de se retirer; le même Capitaine Anglois, aiant mouillé dans le Havre de Saint Jaques, prit un vaisseau où il trouva vingt-cinq mille pesos qui apartenoient à Baldivia; puis aiant fait descente il brûla quelques maisons & une Chapelle. La Ville de Saint Jaques est à soixante lieuës de celle de la Conception; & celle-ci à quatre lieuës de Quilacoïa d'où Baldivia fit tirer des mines, pendant son Gouvernement, une quantité d'or prodigieuse.

Ce Conquerant, Fondateur de l'Imperiale & de la Conception, revenu de cette derniére Ville, en 1551. fit construire trois Forts: l'un dans le Tacapel; le second dans le Puron; & l'autre dans l'Arauco, trois Provinces qui n'étoient qu'à huit lieuës l'une de l'autre. Le but du Bâtisseur étoit de domter ces Peuples qui avoient toûjours maintenu courageusement leur liberté contre les Peruviens. Mais le *Decouvreur* se mécomptoit du tout au tout: car ces braves Indiens ne pouvant souffrir ni l'esclavage ni les Espagnols, attaquerent ces petites Forteresses & les detruisirent. Baldivia étant accouru à une de ces attaques pour contraindre les Assiegeans à se retirer, il y eut un rude choc; & l'Espagnol succomba. Aiant été pris dans le combat, les vainqueurs le traiterent, à la verité, cruellement & en vrais barbares; mais pourtant d'un supplice, à mon sens, bien convenable au Brigandage de ces sortes de Conquerans: on versa donc de l'or fondu dans la gorge & dans les oreilles du malheureux prisonnier: on fit de son crane un vaisseau à boire: & des trompètes des os de ses cuisses.

Outre les Villes du Chili dont on a fait mention, sont encore Baldivia que les Indiens brûlerent en 1599; los Infantes, Ville riche; Osorno, Chiloé ou Castro; Mendoza & Saint Jean de la Frontiére, toutes deux bâties par Garcie de Mendoza, fils du Viceroi du Perou, Gouverneur de cette Province-là. Après la prise de Baldivia, l'Imperiale soûtint le siége un an tout entier: mais enfin, la Garnison étant reduite à vingt Espagnols, les Chiliens s'emparerent de la Place.

De treize Villes considerables les Naturels en enleverent sept & les detruisirent. Les Habitans de ces Villes ruïnées furent tous taillez en piéces. On fit pourtant grace au beau sexe; & la rançon de chaque femme étoit une paire d'étriers, ou d'éperons,

rons, ou une bride de Cheval; on donnoit six femelles humaines pour une épée. Les Indiens trouvoient assez leur compte dans ce genre de trafic: ils se servirent de ces instrumens pour guerroïer contre les Espagnols; & c'est ce qu'ils continuerent avantageusement pendant quarante-deux ans, tems où le Gouverneur Vaidez eut l'adresse de conclure la paix avec eux.

Le Chili, aiant dans son voisinage plusieurs montagnes qui jettent du feu, ce qu'on nomme *Volcans*, on attribue à cela les horribles tremblemens de terre auxquels il est sujet. Il y en eut un si furieux qu'il renversa des Villes entiéres & des montagnes; qu'il arrêta le cours des Riviéres; que la Mer sortant de ses bords, jetta les Vaisseaux à sec; & que le bruit de cette furieuse secousse fut entendu à plus de trois cens lieuës de la Côte.

Ces Peuples font grand cas de la force du corps: & si on en croit un Historien, ils prennent ordinairement pour leur Chef celui qui porte le plus longtems un gros arbre sur les épaules.

Il n'y a point de Païs dans toute l'Amerique qui approche plus de l'Europe Meridionale, & sur tout de l'Espagne que le Chili: situé entre la Zone Torride & le Tropique du Capricorne, on y jouït d'une agréable & feconde temperature de climat. Outre le Vin, le Blé, les Fruits & l'Or, productions qui, comme on a vu, viennent là en abondance, on y trouve encore beaucoup de bois de teinture, du miel & quantité d'Autruches. Depuis l'établissement des Espagnols, les Chevres y ont si bien multiplié, que, s'il faut s'en raporter aux Relations, on en tuë plus de cinquante mille tous les ans, pour en avoir la peau & le suif.

Les Chiliens sont ambitieux, impatiens, hardis, braves & très-jaloux de la liberté; de belle taille; bien proportionnez, & d'ailleurs d'une force *athletique*; aussi sont-ils durs & infatigables dans la peine & dans le travail. Ils exercent leurs enfans à la course, à la chasse & aux armes; ce qui les aguerrit de bonne heure.

Comme je ne croi pas qu'on soit fâché de trouver ici le Christianisme des Chiliens, voici ce qu'un habile Voïageur nous en apprend. Aux environs de la Conception, peu d'Indiens professent serieusement l'Evangile, hors ceux qui sont sous le joug des Espagnols: encore ne sont-ils apparemment Chrétiens que de nom, n'aïant aucune connoissance de la Doctrine essentielle du Culte de l'Homme-Dieu. Ce qu'il y a de constant, c'est que ces Chrétiens mal instruits & ignorans venerent les Images jusqu'à l'Idolatrie: sans s'inquiéter de la maniére relative ou absoluë, ils metamorphosent les saintes figures en espèces de Divinitez mortelles; & ils font un grand merite de leur porter dequoi faire bonne chère, superstition qui accommode trop les Officiers du Sanctuaire pour la battre en ruïne. Ces bonnes gens ne peuvent s'élever au dessus du sensible; & la distinction, la separation entre le corps & l'ame surpasse absolument leur foible portée. Comme les *Dogmatiseurs* se soucient fort peu de prêcher suivant la Foi Romaine, à ces Ouailles grossiéres, que dans la beatitude celeste les Saints voïent en Dieu ce qui se passe ici bas; que les priéres & les voeux qu'on leur adresse, montant jusqu'à leurs oreilles, ils se rendent Intercesseurs; & qu'enfin leurs Images ne sont que des signes pour retracer leurs actions, il n'est pas étonnant que ils leur portent à boire & à manger, puisque les voïant magnifiquement habillez, & de plus encensez par les Espagnols, ils s'imaginent qu'ils ont aussi besoin d'alimens; & que la fumée de l'encens ne suffit pas pour les repaître. Par la même raison les encensemens du prétendu Sacrifice & du Sacrement doivent produire un effet semblable, chez ces Convertis qui ont trop de bon sens pour le Catholicisme.

Les Indiens de la Frontiére, sur tout le long de la Côte, seroient assez faciles à christianiser sans deux obstacles, la pluralité des femmes, & l'excès de boisson. Quelques-uns même se laissent bâtiser: mais ils ne sauroient se vaincre sur la Poligamie & sur l'Ivrognerie. Houvansales Montero visitant son Diocèse en 1712. plus de quatre cens Indiens, persuadez que le motif de cette visite-là étoit de reduire leurs mariages à l'unité *feminine*, s'attrouperent; & ils attendoient au delà du Biobio, le Prelat pour l'assassiner. Ce fut au Seigneur Evêque à éteindre bien vîte le feu de son zèle Apostolique: sa Grandeur Pastorale declara à ces brebis rebelles, qu'il ne prétendoit les violenter en rien; & cette timidité qui n'étoit ni édifiante, ni d'un homme qui eût du goût pour le martire, le tira d'affaire.

A proprement parler, les Chiliens Originaires n'ont point de Religion. Un Jesuite de bonne foi, c'est un oiseau bien rare! Procureur des Missions que le Roi d'Espagne entretient en ce Païs-là, assura notre Voïageur, que ces Peuples étoient de vrais Athées; qu'ils n'avoient nul objet d'adoration; & qu'ils tournoient en plaisanterie le Cathechisme, & les *Prêchemens* des Apôtres *Tricornus*. Cela s'accorde bien mal avec les Lettres de ces Reverens, qui, par une pieuse imposture, écrivent en Europe, qu'ils font au Chili, de grans & feconds exploits dans la milice Missionnaire.

Ce qui prouve l'irreligion des Chiliens, c'est qu'on n'a jamais trouvé chez eux ni Temple, ni Idole, ni aucun signe sensible de Culte & de Religion. Ce ne fut pas la même chose ailleurs: dans le Perou, par exemple, où on voit encore aujourd'hui les traces du Paganisme; & sur tout le superbe & riche Temple du Soleil à Cuzco. Si les Chiliens ont quelque apparence de sortilege, ce n'est que pour le poison; car ils sont grans Sorciers de ce côté-là. Ce qui est plaisant dans le genre contradictoire, c'est que, nonobstant l'Atheïsme, & quoiqu'ils ne croïent point d'ame immortelle, ils ne laissent point de croire une autre vie: autrement ils ne seroient pas si soigneux de fournir aux morts dans la sepulture tous les besoins des vivans; les Curez Espagnols, loin de s'opposer à cet usage superstitieux, le tolerent volontiers chez leurs paroissiens originaires; ils supléent de bon cœur au peu d'appetit des défunts enterrez; ils ont la charité de s'habiller pour eux; & ce n'est pas le moindre endroit du Casuel *Curial*.

Chez les Chiliens qui ont rejetté le Batême, les Femmes passent quelque tems sur le sepulchre de leurs Epoux, à leur faire la cuisine; à les arroser au lieu d'eau benite, d'une boisson nommée Chica; & à preparer le bagage; & cela dans la ferme persuasion que le mort sera très-longtems en chemin.

Il ne faut pas croire pour cela, que ces Peuples aïent la moindre idée d'un Etre qui ne soit point materiel: ils regardent l'ame comme quelque chose de corporel, qui, après avoir traversé toutes les Mers, arrive en des endroits voluptueux & enchantez. Là les Hommes regorgeront de viandes & de boissons; ils goûteront un plaisir venerien qui ne sera sujet ni à la génération, ni à l'épuisement. Leurs fem-

femmes feront toute leur occupation de servir leurs maris, & de se sacrifier pour leur contentement. En quoi donc consistera le Paradis de ces pauvres femmes? Aparemment elles partageront la bonne chere, cette volupté sans propagation, qui n'est pas un petit article, & tous les autres plaisirs de leurs conjoints: mais au bout du compte, elles travaillent comme des Esclaves, à toutes les fonctions du menage; & dès lors plus de Paradis.

Mais il faut tout dire: les Chiliens ne croïent que confusément une sotise si grossiere; & les plus raisonnables d'entr'eux la regardent comme telle; elle passe chez les dedupez pour un de ces monstres que l'imagination de l'Homme produit si souvent, & en tant d'espèces differentes. Quelques Espagnols prétendent que cette folle croïance est un reste gâté, corrompu, de la Doctrine que Saint Thomas avoit prêché au delà de la Cordillere: mais les raisons sur lesquelles ils s'appuient pour soûtenir que cet Apôtre & Saint Barthelemi pénétrerent jusques dans l'Amerique, sont si pitoïables, qu'elles ne meritent pas qu'on les raporte.

Les Indiens du Chili n'ont parmi eux ni Rois, ni Souverains qui leur prescrivent des Loix: chaque Chef de Famille est Maître chez lui; mais comme la Nation a multiplié, ces Chefs, par succession de tems, sont devenus Seigneurs d'un certain nombre de Vassaux qui vivent sous leur conduite; mais sans acheter la soumission, trop souvent l'esclavage, comme on fait par tout, sans païer aucun tribut: ces espèces de Princes sont nommez Caciques. Tous leurs droits, toute leur autorité consiste à commander pendant la guerre, & à tenir la balance de la Justice. Ils succèdent à cette Seigneurie par droit d'aînesse: chaque Cacique est independant: il est Maître absolu dans son district. On ne parle pas ici seulement des Chiliens qu'on nomme *Braves*, c'est-à-dire indomptez; mais aussi de ceux qu'on apelle de *Reduction*; car quoi que, par un Traité de Paix ces Caciques aïent bien voulu reconnoître le Roi d'Espagne, pour leur Monarque, ou plûtôt pour leur *Oppresseur*, ils ne sont engagez à rien qu'à fournir des hommes, pour aider à retablir les fortifications; & à se defendre contre les autres Indiens: c'est-à-dire pourtant, que ces Originaires sont obligez à secourir l'Usurpation contre leurs Compatriotes: si ce n'est pas toûjours-là une pesante & honteuse servitude, j'avouë que je ne m'y connois point. On fait monter le nombre de ces *Reduits* à près de quinze cens Habitans.

Il n'en va pas ainsi des *Subjuguez*, ou comme on les apelle dans le Païs, des *Tanaconas*: ceux-là doivent païer par tribut au Roi d'Espagne chacun la valeur de dix piastres, par an, en espèces ou en denrées. On les emploïe aussi à servir les Familles Espagnoles à qui Sa Majesté Catholique accorde, du bien d'autrui, ou par recompense, ou par vente, des Indiens qui sont obligez de servir comme valets, & non comme Esclaves: car outre la nourriture, on doit leur païer trente écus de salaire; & quand ils ont trop de cœur pour prendre un Maître, ils peuvent se degager pour dix écus. Ces recompenses, ou achats vraiment tiranniques par raport aux malheureux Indiens, portent à l'Espagnole, le beau & noble titre de *Commanderie*. Leur âge de service est depuis seize jusqu'à cinquante ans: au dessus & au dessous ils ont leur liberté.

Outre les Indiens de Commanderie, les Espagnols, ce n'est que dans le Chili, en ont à leur service, qu'ils achètent, comme Esclaves, des Originaires libres: car ceux-ci sont d'un assez mauvais naturel pour vendre leurs Enfans à leurs Tirans: & cela pour du Vin, pour des Armes, pour de la Clinquaillerie, & autres marchandises. Comme c'est un abus toleré contre les Ordonnances du Roi d'Espagne, cet esclavage n'est pas si rude qu'en Afrique: les Maîtres ne peuvent revendre qu'en cachette, & que du consentement de l'Esclave; & celui-ci, avec une Lettre d'*Amparo* c'est-à-dire de *Protection*, est en droit de revendiquer sa liberté. C'est pour cela que dans chaque Ville, & dans l'Audience de Saint Jaques, il y a un Protecteur des Indiens auquel il leur est permis de s'adresser.

C'est aussi par la raison de tolerance, que les enfans des Esclaves ne suivent point le sort du ventre, quand leur Pere est valet de *Commanderie*, parce que, ce dernier étant permis, les avantages lui doivent tomber preferablement à l'autre. Le mélange du sang Espagnol affranchit ceux que le Pere veut bien reconnoître, & donne droit aux *Mestices*, ou fils d'un Espagnol & d'une Indienne, de porter du linge.

Pour connoître la source de cette espèce d'esclavage, il faut remonter à la Conquête du Perou. Les particuliers qui inventerent cette sorte de servitude, devoient, par leur convention avec le Roi d'Espagne, avoir les Indiens pour Esclaves pendant toute leur vie, après laquelle ils tomberoient aux aînez des Familles, ou à leurs Femmes s'ils ne laissoient point de posterité. Il y avoit là une ombre d'équité, non seulement pour recompenser le courage & les fatigues des *Decouvreurs*; mais aussi parce que ces Conquerans avoient entrepris & poursuivi cette guerre à leurs dépens. Cependant comme ces Maîtres en agissoient en barbares avec leurs Esclaves, quelques bonnes ames, touchées de compassion, remontrérent fortement à la Cour, qu'on accabloit, qu'on opprimoit ces Infortunez par d'horribles exactions; qu'on exerçoit sur leurs personnes des cruautez afreuses; qu'on alloit même jusqu'à les faire expirer dans les tourmens.

On fit attention à ce désordre; & pour y remedier on envoïa un nouveau Gouverneur avec ordre de décharger de toute imposition les Indiens, & de leur rendre la liberté. Mais comme la principale richesse des Colonies consiste dans le grand nombre d'Esclaves, principalement chez la Nation Espagnole qui abhorre la peine & le travail des mains, la plûpart refuserent d'obéir à des ordres qui leur parurent trop severes; & dont l'exécution les auroit mis à la besace. Ces Espagnols ne voulurent donc pas reconnoître le nouveau Gouverneur, ce qui donna lieu à tous ces troubles, à tous ces meurtres que nous avons vu dans le Perou.

Enfin, pour trouver un adoucissement à l'esclavage des Indiens, & ne pas ruïner les Espagnols, le Roi s'appropria les Naturels dont les Maîtres mouroient, & les donna, pour recompense, aux Officiers, ou à d'autres, aux conditions que j'ai dit.

Cet Esclavage de Commanderie a donné lieu à des guerres sanglantes & ruïneuses entre les Espagnols & les Chiliens. Ceux-ci vouloient bien reconnoître le Roi d'Espagne pour leur Souverain: mais, comme gens sensez, ils vouloient conserver leur liberté; ces Peuples ne firent la paix qu'à cette condition-là, il y a vingt-cinq ou trente ans: mais ils eussent encore bien mieux fait, s'ils s'étoient conservé la maîtrise & la possession de leur Païs.

Quoique ces Peuples soient Sauvages, ils savent très-

très-bien s'accorder sur l'Intérêt commun. Ils s'assemblent avec les plus anciens & les plus experimentez; & s'il s'agit de guerre, ils choisissent sans brigue, sans partialité, un Général connu par son merite, par sa valeur; & ils lui obéissent exactement. Ce fut par leur bonne conduite, & par leur courage, qu'ils repousserent autrefois les Monarques du Perou; & que bornant les progrès des Espagnols, ils les ont arrêtés à la Riviére de Biobio, & aux montagnes de la Cordillere.

La maniére dont ils s'assemblent, la voici: ils choisissent une belle Campagne; ils s'y rendent tous bien pourvus de munition bachique; & dès que la buvette est en train, le plus ancien, ou celui qui, par quelque autre titre, a droit de haranguer, propose l'affaire en question, & dit son sentiment avec beaucoup de force; car on leur attribuë une Rhetorique naturelle: la harangue finie, on delibere à la pluralité des suffrages; on publie la conclusion au bruit du tambour; il y a trois jours pour y penser; & si dans cet intervalle, il ne se trouve point d'obstacle, la resolution est confirmée; on prend toutes les mesures que la prudence peut inspirer; puis on procéde vigoureusement à l'exécution du projet.

Les mesures communes ne sont guère embarassantes: car les Caciques ne fournissent rien à leurs Vassaux pour la guerre. Les aiant une fois avertis, chaque Guerrier se munit d'un petit sac de farine d'Orge, ou de Maïs, qu'ils detrempent avec de l'eau; & ils en subsistent pendant plusieurs jours. Chacun a aussi son cheval & ses armes, toutes prêtes; si bien qu'ils forment une Armée tout d'un coup, & sans preparatifs. Pour éviter la surprise, dans chaque Cacicat & sur la plus haute éminence, il y a toûjours une trompe faite de cornes de boeuf. Ainsi quand il survient quelque affaire, on sonne de cet instrument qu'on entend de deux lieuës à la ronde, & comme on fait dequoi il s'agit, chacun se rend à son poste.

Les *Outils* meurtriers que nos Chiliens emploïent ordinairement dans la *Tuerie* militaire, sont la pique, & la lance, au maniment de laquelle ils excellent: plusieurs ont des hallebardes qu'ils ont pris aux Espagnols; & ceux-ci leur vendent aussi des sabres, en quoi, dit l'Ecrivain, ils manquent de Politique; car il est à craindre qu'on jour ils ne soient fouëttez de leurs propres verges. Les Chiliens se servent aussi dans le combat, mais plus rarement, de dards, de fleches, de massuës, de frondes, de lacs de cuir, qu'ils manient si adroitement, qu'ils enlacent un cheval à la course par telle partie qu'ils veúlent. Ceux qui manquent de fer pour les fleches, se servent d'un certain bois, qui, étant durci au feu, vaut presque l'acier. A force de faire la guerre aux Espagnols ces Originaires du Païs ont gagné des cuirasses, avec l'armure complette; ceux qui n'en ont point s'en font de cuir cru qui resiste à l'épée; & ils ont un avantage; c'est que leurs cuirasses sont plus legéres & moins embarassantes. Au reste, ils n'ont point d'armes uniformes; chacun se servant à son gré de celles dont il entend mieux l'usage.

Leur maniére de combattre, c'est de former des Escadrons par files de quatre-vingt ou cent hommes: les uns Piquiers, les autres Archers entremêlez; & quand les premiers sont forcez, ils se succèdent les uns aux autres avec tant de vitesse qu'on ne diroit pas qu'ils ont été rompus. Ils ont toûjours soin de s'assurer une retraite; c'est près des Lacs & des Marais; & ils y sont plus en sureté que dans la meilleure Forteresse. Ils marchent au combat avec beaucoup de fierté au son de leur tambour, avec des armes peintes, la tête ornée de panaches de plumes. Avant la Bataille, le Général fait ordinairement une harangue: ensuite, émus de ce Discours fait à l'éloquence Indienne, tous frapent des piez, & poussent tout des hurlemens effroïables; cela pour s'animer contre l'ennemi.

Sont-ils contraints de se fortifier? Ils se palissadent; ou, retranchez derriere de gros arbres, ils creusent devant de distance en distance, des puits; ils en herissent le fond avec des pieux plantez la pointe en haut, & garnis d'épines; puis ils les couvrent de gason, en sorte qu'il n'y paroît rien. Malheur à ceux qui y tombent! Car alors, ces Barbares, ne respirant que vangeance & que carnage, se jettent, comme des enragez, sur le pauvre prisonnier: ils le dechirent; ils lui arrachent le cœur, le coupent par morceaux; & ils en boivent le sang. Quand cette deplorable victime de la fureur, est d'un rang distingué dans son parti, on en expose quelque tems la tête, au bout d'une lance; ensuite, ils font du crane une tasse dont ils se servent, & qu'ils gardent précieusement comme une marque de triomphe. Ils convertissent en flûtes les os des jambes; & ces funestes instrumens de musique sont pour leurs réjouïssances, qui ne sont que d'affreuses ivrogneries; & ces joïes durent autant que la boisson. Cette crapule est tellement de leur goût, que ceux qui sont Chrétiens, célèbrent, ou pour mieux dire, profanent de cette maniére-là les jours consacrez dans la Catholicité prétenduë.

Notre Voïageur en fut un jour témoin oculaire. Les Esclaves de Commanderie solemnisoient la Fête de Saint Pierre, Patron de deux Espagnols. Après avoir assisté à ce que l'Eglise Romaine apelle le Saint Sacrifice de la Messe, ces Domestiques amphibies, montent à cheval pour courir la poule, à peu près comme on court l'oye en France. Il y a pourtant une difference, c'est que au Chili, tous se jettent sur celui qui emporte la tête de la volaille, pour l'arracher, & la presenter au Heros de la Fête. Comme ces Coureurs alloient à toute bride, ils se heurtoient pour enlever le morceau; & ne laissoient pas néanmoins de ramasser fort adroitement tout ce qu'ils avoient fait tomber.

La course finie, les Cavaliers descendirent pour le repas. Quel festin! Les aprets étoient bon nombre de tasses, disposées en cercle sur la prairie, & pleines de pain trempé dans une sausse composée de Vin & de Maïs. Alors les Indiens qui traitoient, apporterent à chaque convié une canne de Bambou, longue de dix-huit à vingt piez, garnie de pain, de viande, & de pommes attachées tout autour. Ensuite après avoir fait en cadence le circuit des mets, on presenta un petit Etendart rouge & traversé d'une croix blanche, à celui qui devoit complimenter les conviez. Ceux-ci de leur côté choisirent un des leurs pour répondre; & ces deux Messieurs se dirent tant de belles choses, que les complimens reciproques durerent plus d'une heure. La raison de cette longueur, c'est que leur stile est si diffus, que sur le moindre sujet ils remontent à la source, & font cent écarts qui ne font rien à la chose.

Après le repas, ils monterent sur une espèce d'échafaut, fait en amphiteatre, l'étendart au milieu; & chacun sa canne auprès de soi. Là, parez de plumes d'Autruches, & d'autres oiseaux de couleur vive, bien arrangées sur le bonnet, ils entonnerent une Musique, au son de deux Instrumens faits d'un mor-

morceau de bois percé d'un seul trou ; dans lequel en souflant plus ou moins, ils forment des sons differens.

Pendant cette simphonie, les Femmes leur donnoient à boire dans un utencile de bois, long d'environ deux piez, fait d'une tasse emmanchée d'un côté, & d'un long bec de l'autre, creusé d'un petit canal, fait en serpentant, afin que la liqueur coule à longs traits par un petit trou. Avec cet Instrument de débauche ils s'enivrent jusqu'à perdre leur peu de raison : ils chantent continuellement, & tous ensemble ; mais d'un chant si peu modulé, que trois notes suffiroient pour l'exprimer tout entier. Ce qu'ils chantent n'a ni rime ni cadence ; & c'est ce qui leur vient dans l'esprit. Tantôt ils racontent les prouesses de leurs Peres ; tantôt ils vantent la beauté de leurs Familles ; mais sur tout ils se récrient fort dans ces concerts sur la réjoüissance présente.

Tant que la source du *Bachicisme* ne tarit point ils font cette vie-là jour & nuit ; or la boisson dure longtems ; car outre que le Heros de la Fête en fournit abondamment, chacun apporte sa provision, tant les conviez que les survenans. Ainsi ils boivent & chantent quelquefois quinze jours sans relâche. Ceux qui succombent sous le poids de l'Ivrognerie, ne sortent pas pour cela de la lice : ces braves Champions, après avoir cuvé leur crapule dans la boüe & dans l'ordure, remontent vaillamment sur la Scène ; ils y remplissent les places vacantes, & recommencent sur nouveaux frais.

On les a vu se relever ainsi jour & nuit, sans qu'une grosse pluïe & un graud vent pussent les détourner pendant trois fois vingt-quatre heures. Ceux qui n'ont point de place sur le Theatre, chantent en bas & dansent autour avec les Femmes : on peut nommer danse, marcher deux à deux en se courbant & se redressant un peu vîte, comme pour sauter sans perdre terre. Leur danse en rond aproche de la nôtre.

Les Chiliens sont si passionnez pour de telles débauches, qu'ils apellent *Cahouin Touhan*, & les Espagnols *Borrachera*, Ivrognerie : ils en sont, dis-je, si passionnez, qu'elles accompagnent toûjours leurs déliberations importantes. Moïen admirable pour faire presider la Sagesse à leurs Conseils ! Ils ont pourtant la precaution de destiner une partie de leurs gens à les garder, pendant que l'autre se plonge dans la boisson. Les Originaires, bien ou mal *christianisez*, ne sauroient gagner sur eux de renoncer à ce brutal & ridicule divertissement ; on a beau les moraliser là-dessus, le mauvais penchant & la force de l'habitude l'emportent toûjours. Cependant ces Fêtes-là sont d'autant plus opposées à la profession de l'Evangile, qu'elles produisent occasionnellement des actions criminelles & d'autres desordres que l'ivresse. En effet, c'est pendant ces jours tumultueux que les brouilleries & les demêlez se reveillent, & que la discorde joüe son jeu à decouvert. On assure même qu'ils renvoient jusqu'au Cahouin Touhan les effets de leur haine & de leur vangeance, afin que tuant leurs ennemis dans la boisson, ils paroissent plus excusables. D'autres poussent l'Ivrognerie si loin, qu'ils meurent sur le champ de bataille. Ce qui est bien remarquable, c'est que, nonobstant ces grans & frequens excès, ils ne laissent pas de vivre des cent ans, tant ils sont forts & robustes ; c'est par la même raison qu'ils s'endurcissent à toutes les injures de l'air, & qu'ils supportent longtems & sans peine la faim & la soif dans la guerre & dans les voïages.

Ils vivent ordinairement chez eux de Taupinambours ou Pommes de terre ; ils les nomment *Papas* ; de Maïs en épi, simplement bouilli ou rôti ; de cheval, de mulet ; mais fort rarement de bœuf, trouvant que cette derniére viande leur donne la colique. Ils mangent le Maïs de differentes maniéres, bouilli à l'eau ; rôti au sable dans un pot de terre, & puis mis en farine, qu'ils détrempent avec de l'eau : si on peut la boire, c'est leur *Oulipo* ; quand elle est en farine assaisonnée de piment & de sel, ils nomment cette partie *Kubult*.

Pour moudre le Maïs rôti, ils ont, au lieu de moulin, des pierres ovales, longues environ de deux piez, sur lesquelles avec une autre pierre de huit à dix pouces, ils écrasent ce grain à genoux & à force de bras ; c'est le travail du beau sexe. Cette farine-là fait toute leur provision pour la guerre. Lorsqu'ils trouvent de l'eau, ils font leur bouillie claire dans leur *Guampo*, c'est une corne qu'ils tiennent toûjours penduë à l'arçon de la selle ; si bien qu'ils peuvent à la fois boire & manger sans s'arrêter.

Leur boisson ordinaire est cette Chica, dont on a parlé : ils en font de plusieurs sortes ; la plus commune est celle de Maïs qu'ils font tremper jusqu'à ce que le grain crève comme pour la biere : ensuite, on le fait bouillir, & on en boit l'eau froide. La meilleure Chica se fait avec du Maïs mâché par de vieilles femmes dont la salive cause une fermentation, comme le levain dans la pâte. Les Chiliens en composent aussi quantité avec des pommes, en maniére de cidre. Mais la plus forte & la plus estimée est celle qui se fait avec la graine d'un arbre nommé *Ovinian*, presque semblable au Genevre pour la grosseur & pour le goût ; elle donne à l'eau une couleur de vin de Bourgogne ; & cette eau-là est une liqueur forte dont l'ivresse dure longtems. Ces Peuples, quand ils prennent leur repas en famille, sont en rond, ventre à terre, & appuïez sur leurs coudes ; les femmes sont obligées de servir les maris.

Les Indiens du Chili sont grans, les membres gros, l'estomac & le visage larges, la couleur tirant sur le cuivre rouge, sans barbe, assez degoûtans, les cheveux gros comme du crin, & plats. Ils s'habillent si simplement, que ce n'est pas la peine de dire qu'ils sont vêtus. Ils ont jusqu'à la moitié du corps une chemise tellement cousuë qu'il n'y a que le passage de la tête & d'un bras pour la mettre ; & pour tout autre habillement, une espèce de culote qui est ouverte le long des cuisses. Pour se garantir de la pluïe, ou leur robe de cérémonie, c'est un manteau long comme un tapis de table : ce surtout est sans aucun travail, il y a seulement au milieu un trou pour passer la tête ; c'est comme une tunique. Ils n'ont pour l'ordinaire ni chaussure, ni coeffure : mais quand la necessité ou la bienseance exigent le contraire, ils portent un bonnet d'où pend un collet qui descend sur les épaules ; & une espèce de brodequins ou gamaches de laine : rien aux piez : mais quand ils marchent dans un chemin pierreux, ils ont des sandales de couroïe ou de jonc qu'ils nomment *Ojoïa*.

L'habit des Femmes est une robe longue sans manches : étant ouverte d'un côté, elles la croisent avec une ceinture sous la gorge & sur les épaules par deux crochets d'argent avec des plaques du même metal de trois à quatre pouces de diamètre : ce vêtement qu'on apelle Choui, est toûjours bleu, ou de couleur brune tirant sur le noir. Dans les Villes elles mettent par dessus une jupe, & une autre parure nommée *Revos* ; en Campagne elles se couvrent d'une petite piéce d'étoffe carrée, qu'elles nomment *Iquella* : les deux côtez tiennent sur le sein par une grande éguille d'argent qui a une tête plate de quatre à cinq pouces de diamètre, nommée *Toupos*. Les

Les Chiliennes ont les cheveux longs, souvent tressez par derriére, coupez courts par devant, & aux oreilles des plaques d'argent de deux pouces en carré comme des pendants d'oreilles, ce qu'ils nomment *Oupelles*. Suivant un Historien, les Dames Romaines portoient anciennement une parure à peu près semblable, & qu'elles faisoient tenir avec un crochet.

Les Chiliens & leurs voisins ne s'embarassent point des Ordres, ni des Regles d'Architecture; & la magnificence, ou la propreté des ameublemens ne les touche point. Heureusement exempts de ce luxe, de cette vanité dont les aveugles mortels s'entêtent sottement dans un passage aussi court que celui de la vie, ils ne cherchent qu'à se mettre à couvert. Leur logement n'est jamais qu'une Cabane de branches d'arbres; & pourvu qu'elle puisse contenir une Famille, cela leur suffit. Cette maison rustique n'étant meublée que d'un petit coffre, & de quelques peaux de mouton pour se coucher, il ne leur faut pas beaucoup de place.

Toutes leurs maisons sont dispersées çà & là; & jamais ils ne s'approchent pour vivre en Societé. Ainsi il n'y a dans tout le Chili ni Ville ni Village des Naturels du Païs. Ils tiennent même si peu à leurs *Tabernacles*, que quand l'envie leur prend de changer, ils se contentent aussi-tôt, soit en laissant-là leur Cabane, soit en la transplantant. Aussi le grand secret pour les détruire, n'est pas de les aller chercher: il ne faut que se poster avec quelques Troupes au milieu du Païs, ravager les Campagnes, faire obstacle aux semailles, & prendre leur bêtail.

Cette dispersion des Originaires fait paroître le Païs destitué d'Habitans: c'est pourtant tout le contraire; le Païs est très-peuplé, & les Familles fort nombreuses. La Poligamie grossit beaucoup les Familles chez ces Peuples; & comme ils font un indigne & honteux trafic de leur sang, plus ils ont d'enfans, plus ils sont riches. Sur tout les filles les accommodent le mieux, par la raison qu'on les marie par vente comme une marchandise: cela rend leur condition pitoïable; car ces Messieurs les époux, comme acheteurs, traitent leurs moitiez en Esclaves: dès qu'ils n'en veulent plus ils les revendent sans façon; & dans le menage on les occupe aux plus rudes travaux de la Campagne. Les Hommes bêchent seulement la terre une fois l'an pour faire les semailles, & planter des legumes; puis après ce travail, ils s'assemblent, boivent, s'enivrent & se reposent; les pauvres femelles étant chargées de tout le reste.

La femme qui couche avec le Maître a l'honneur ce jour-là de lui faire la cuisine: cette Favorite tâche de bien païer sa bonne nuit en faisant grand' chere à son bienfaicteur: mais aussi c'est à elle à seller & brider le cheval, ce qu'apparemment elle feroit toûjours volontiers au même prix. A propos de montures, les Chiliens sont si accoutumez à ne point marcher, que n'eussent-ils que deux cens pas à faire, ils ne sont pas gens à aller à pié. Ils entendent très-bien le manege: on les voit monter & descendre par des endroits si escarpez, que les chevaux d'Europe ne pourroient pas s'y tenir sans charge. Forcez dans une défaite à fuir dans les Bois, ils se mettent sous le ventre du cheval, pour n'être pas dechirez par les branches. Leur selle est une double peau de mouton, qui leur sert de nuit à se coucher en Campagne; & les étriers sont des sabots de bois carrez, tels que les Espagnols en ont d'argent pour la parade, qui valent jusqu'à quatre & cinq cens écus.

La maniére dont on negocie au Chili merite d'être raportée. On va droit chez le Cacique; & on se presente devant sa face sans parler. Alors cette figure de Prince apostrophant l'Européen, *te voilà donc venu?* lui dit-il. L'autre répondant affirmativement, *que m'apportes-tu?* reprend le Seigneur. *Du Vin*, replique le Negociant; car c'est le present essenciel; c'est par cette offrande-là qu'on doit débuter & faire le salut, ce qui n'empêche pas les autres liberalitez. A ce mot de Vin, *sois donc le très-bien venu*, dit le Phantôme de Monarque. En même tems il loge l'Etranger près de son Palais ou Cabane; & à peine y est-il que les Femmes & les Enfans de la Famille Roïale entrent, souhaitent la bien-venuë au nouvel hôte; & le tout pour avoir un present qu'on n'oseroit ne pas donner, quand ce ne seroit qu'une bagatelle.

Ensuite le Cacique fait rassembler, au son d'une trompe, ses sujets dispersez; & on leur donne avis, de la part du Souverain, qu'il est arrivé à la Cour un Marchand avec qui Son Altesse, car Majesté seroit trop, leur permet de trafiquer. Sur cela les *Troqueurs*, accourent & visitent les marchandises. Matiéres tout-à-fait précieuses! Ouvrages de haute valeur! Ce sont des couteaux, des haches, des peignes, des éguilles, des miroirs, des rubans, du fil &c. La marchandise du meilleur debit ce seroit le suc de la grape: mais l'usage du vin est trop dangereux chez les Chiliens: ils ont l'ivresse meurtriere; & même quelquefois la boisson les rendant furieux, ils s'immolent au Dieu de la Tonne.

Quand on est convenu des échanges, les Acheteurs emportent chez eux les marchandises sans faire la moindre mention du paiement: si bien qu'il arrive par là que le Marchand a tout livré sans savoir à qui, ni où prendre ce qui lui est dû. Il ne risque rien néanmoins: car parle-t-il de s'en aller? Tout aussitôt le Cacique fait ressonner la corne *trompetante*; & chaque Debiteur amene son Troq. Ce sont tous animaux sauvages, comme mules, chèvres: mais principalement des bœufs, des vaches &c. Et parce que ce bêtail est difficile à conduire, le Seigneur nomme des gens qui accompagnent l'étranger jusques sur la Frontiére. Remarquons ici que la probité est de tout Païs; & qu'il y a, sinon en tout, du moins en beaucoup de choses, autant de police & de bonne foi chez ces Peuples, que chez les Nations qui se piquent le plus d'intelligence, de politesse & de bon Gouvernement.

DU BRESIL.

C'Est la partie la plus Orientale du Nouveau Monde. Elle s'étend du Septentrion à l'Orient le long de la Mer du Nord; mais ses bornes vers le Couchant sont encore à découvrir. Nos Géographes ne laissent pas de lui donner pour limites, au Midi, le Guaira; & à l'Occident le Paraguai & le Païs des Amazones. Le Bresil est situé entre le Cap Blanc, le plus proche de la Ligne Equinoxiale, & celui de Sainte Marie sur la Riviére de la Plata. Il fut découvert la derniére année du quinziéme siécle par Alvare Cabral, ou Capral Portugais, qui suivant sa route le long de la Côte d'Afrique pour aller en Calecut, par ordre d'Emanuel Roi de Portugal, essuïa une tempête qui par un heureux malheur, le jetta sur les Côtes du Païs dont il s'agit. Il y dressa une Colonne avec les Armes du Monarque son Maître; & il donna le nom de Sainte Croix à sa Decouverte. Selon un Ecrivain Espagnol, cette Region-là avoit été déja trouvée par le nommé Vincent Jannez Pinçon; & peu de tems après par Diego de Lope. Que Capral ait été ou non le premier *Decouvreur*, il passe pour certain que le même Roi Emanuel y envoïa Americ Vespuce pour

mieux

mieux reconnoître après Cabral. On apelle cette Contrée Bresil ou Bois rouge, parce qu'il y vient abondamment: cet arbre, que les Naturels Brasiliens nomment Arraboutan, a, pour sa hauteur & pour sa quantité de feuilles, quelque raport avec le Chêne. On donne au Bresil, les uns quatre cens quatre-vingt-dix lieuës, les autres cinq cens cinquante-six lieuës d'Allemagne de longueur; & huit cens lieuës de Côtes.

Quoique le climat soit plus que médiocrement chaud, on ne laisse pas d'y respirer un air doux & fort sain; le terroir n'y rapporte pas beaucoup de grains, tels que sont le Mahis & le Millet: mais en recompense il y a d'excellens pâturages; & la terre abonde en fruits & en legumes. Les Portugais y ont planté des Oranges, des Citrons, des Limons, & ces agréables rafraîchissemens y viennent très-bien. On y cueille plusieurs espèces de racines étrangeres à notre Europe: des Ananas, des Acajous, des Asaticous, des Patates qui sont de grosses racines, du Manioc, ou Mandioche, & de l'Aïpi; ces deux derniéres servant à faire de la bouillie & du pain. La plus grande fertilité du Païs est en cannes de sucre; & il y croît aussi quantité de Tabac.

Outre les bêtes tant à poil qu'à plume, tant domestiques que sauvages, qui nous sont connues, il y en a de rares & de singulieres: par exemple, la Tatusie qui porte sur le dos une armure d'écaille dont elle est si bien couverte qu'on ne lui voit que la tête: la Pigritie ou Paresse, bête grosse à peu près comme un Renard: cet animal est, je croi, unique dans son genre: ne faisant aucun usage de ses pattes, non pas même apparemment dans le peril, il se traîne sur le ventre; & son allure est si lente, qu'il met quinze jours à faire cent pas.

Les Serpens, les Couleuvres, les Lezards, les Crapaux naissent-là sans venin; &, par une dispense de Mere Nature, on en mange en toute assurance. On vante ordinairement le Bresil, en ses Montagnes pour le bois de teinture; en ses Vallées pour le Tabac; en ses Plaines pour le sucre; & enfin en ses Côtes pour les poissons volans: ces poissons s'élèvent en grandes troupes sur la Mer, comme les étourneaux dans l'air: ils sont de la grosseur du harang, & leurs ailes ressemblent à celles des chauvesouris. On pêche aussi sur les mêmes Côtes certains poissons d'un goût exquis, & qu'on dit l'emporter en delicatesse & en bonté sur tous les autres sujets de Neptune: entr'autres la Dorade, la Bonite, l'Albacore &c.

Les Bresiliens, ou, si vous l'aimez mieux, Brasiliens, jouissent communément d'une vie extraordinairement longue, ce qu'on attribuë à l'air, aux eaux, & sur tout, à une disposition naturelle qui les éloigne de toute inquiétude & de tout chagrin. Il n'est pas rare d'en voir qui finissent leur course au bout d'un siècle & demi, privilége qui seroit bien considérable dans l'Espece Humaine, si les maux n'entroient point ici bas en compensation avec les biens. Ces Peuples étant forts & robustes, aussi sont-ils capables des plus grandes fatigues; & une abstinence de quatre jours ne les afoiblit point. En général ils sont cruels, vindicatifs, emportez, & hardis jusqu'à la temerité. Mais on distingue entre les Habitans des Terres & ceux des Côtes: les premiers sont de vraïes bêtes feroces, toûjours en guerre avec leurs voisins; & mangeant de rage leurs ennemis: on leur attribuë l'Art du *Grimoire* & la *Sorcellerie*: mais apparemment comme chez les Caraïbes, autre & rare Nation du Nouveau Monde, elle vaut bien un petit écart.

Ces Caraïbes ne sont jamais malades qu'ils ne se croïent ensorcelez; & pour un petit mal de tête, pour un accès de Colique, ils cherchent dans leur esprit qui a pu se joindre au Diable pour leur faire ce mauvais tour; & leur conjecture tombe toûjours sur une femme, par la raison qu'étant fort lâches ils n'oseroient s'adresser à un homme. Celle qui a le malheur d'être soupçonnée est perduë sans ressource; on a commencé par conclure sa mort: mais avant que de la tuer, il faut qu'elle passe par des tourmens horribles. Les parens & les amis se saisissent de la pauvre prevenuë, on l'oblige à creuser en plusieurs endroits jusqu'à ce qu'elle ait trouvé son sortilége prétendu; & on la traite si cruellement, que souvent, pour se delivrer de ses boureaux, elle confesse ce qui n'est pas, & ramasse des morceaux de certains coquillages, avouant faussement que là gît le secret diabolique. Alors les *Tourmenteurs*, s'écriant que c'est justement le reste de ce qu'ils ont mangé, se jettent sur la miserable; *ils lui font des taillades sur le Corps; leurs dents d'Agouty la mettent tout en sang, puis la pendent par les piez, lui fourent du Piman, espèce de poivre très-fort, dans la nature, lui en frottant les yeux, & la laissant plusieurs jours sans manger. Enfin un de ces boureaux vient à demi ivre qui lui casse la tête d'un coup de massuë, & la jette à la Mer.* Le Voïageur que je viens de faire parler, a été temoin oculaire de cet afreux spectacle, *il fait cela pour en avoir sauvé deux des mains de ces Barbares.* A votre avis, est-on plus raisonnable & plus humain dans notre Chrêtienté quand on y brûle les Sorciers? Je m'en raporte au bon sens, & je rentre au Bresil.

Ceux qui habitent le long des Côtes sont devenus plus sociables par la frequentation des Européens; & si leurs Conquerans leur ont ravi le précieux trésor de la liberté, du moins ils les ont rendu capables du commerce de la vie humaine. Comme ces Peuples sont d'un tempérament qui est actif, ils aiment tous la danse & la chasse. Ils vont tout nus, & leur peau barbouillée de plusieurs couleurs, leur tient lieu d'habit & d'ornement. Leurs maisons sont des Cabanes dont ils sont eux-mêmes les Architectes; & ils ont pour lits des raiseaux de coton, suspendus, qu'ils nomment Amacas.

Entre les Originaires, & ceux qui habitent le milieu du Païs les plus remarquables sont les Topinambous, les Margajas, les Ouetacates, les Paraibas, & les Tapouïes. De toutes ces Nations, les unes sont gouvernées par un Maître qu'ils se donnent eux-mêmes, choisissant toûjours le plus propre; & les autres, abandonnez entiérement à l'instinct machinal ne connoissent ni Loix ni Conducteur. Les Brasiliens n'ont ni Temples ni forme de Religion: Quelques-uns croïent pourtant un Dieu qui tonne & qui fait tant de fracas là-haut; ils craignent aussi des Intelligences malfaisantes qui se plaisent à tourmenter les malheureux mortels.

Il y a déja longtems que le Portugal s'est emparé de toutes les Côtes du Bresil, & cette Couronne possede aussi environ soixante lieuës dans les Terres. Les François avoient bonne envie de partager ce riche butin. Sans respecter la plaisante donation du Saint Pere Alexandre VI. au Roi de Portugal, ils firent une tentative en ces quartiers-là, en mille cinq cens cinquante-cinq: le Chevalier de Villegagnon présidoit à l'entreprise, & il fit bâtir le Fort de Coligni à l'embouchure de Reo-Janeiro, en François la Riviére de Janvier, ainsi nommée parce que Diego de Solis y étoit en ce mois-là.

Dupont y mena une autre Flote l'année suivante; mais

mais en mille cinq cens cinquante-huit, les Portugais, commandez par Emanuel de Sa s'emparerent de tout ce que les François avoient fait bâtir ; & par une insigne perfidie, ils les égorgerent après leur avoir promis de les laisser aller.

En mille cinq cens quatre-vingt-quatre Diego de Flores, Espagnol, prit Paraïba ; & en chassa encore les François, dont les Petiguares étoient si bons amis, que les deux Nations mêloient leur sang par le mariage.

En nommant les Topinambous, ou pour parler plus doctement Tupin-Ambaoux, j'ai oublié la remarque curieuse d'un Historien : *ils tiroient*, dit-il, *des poulets blancs des plumes qu'ils teignoient ensuite, & qu'ils appliquoient avec de la gomme sur le Corps ; ce qui fit croire à ceux qui les virent, qu'ils étoient naturellement couverts de plumes comme des oiseaux.*

Autres particularitez du Bresil : Il s'y trouve un volatil, nommé Gonambuch : il n'est pas plus gros qu'une mouche ; ses ailes brillent : mais, ce qui est presque incroïable, c'est que ce petit oiseau, s'il merite ce nom-là, chante aussi fort, & aussi melodieusement que le Rossignol. Quelques-uns de ces Peuples rendent le Culte Divin à une Citrouille, qu'ils appellent Tamaraca. D'autres se croïent horriblement persecutez du Diable, qui, à ce que je croi, a bien d'autres affaires, dans son Roïaume & au dehors, que de s'amuser à tourmenter des gens qui sont à lui ; ils l'apellent Aignan. Un Crapaud bien rôti est pour ces Messieurs un excellent ragoût. Ils ne mangeoient jamais de Canard, persuadez que cette nourriture rend le corps pesant. Par le même endroit ils s'abstenoient de tout animal qui marche lentement, & des poissons qui ne nagent point vîte. Ils terminoient leurs differens entre les parties ; & defense aux desinteressez d'intervenir. Ils observoient exactement la peine du talion, soit pour les blessures, soit pour l'homicide.

Quoiqu'on n'ait encore connu que les Côtes du Bresil, on ne laisse pas de le partager en neuf Gouvernemens, les voici : la Province de Saint Vincent a une Ville de même nom : celle de la Riviére de Canibara ou Janeiro, lieu où les François s'étoient établis, à Saint Sebastien & Angra de Reiës dans le Continent : la Province du Saint Esprit ; celle de Port sûr, qui a une Ville du même nom, avec celles de Sainte Marie & de Sainte Croix : le cinquième Gouvernement est celui des Iles. Le sixième, de tous les Saints, où est la Ville de San Salvador, en Espagnol la Baya de todos los Sanctos, Capitale du Bresil Portugais. Olinde, Maurice Ville, & le Recif sont dans le Pernambuc : Tamarcan & Paraïva sont dans les Gouvernemens qui portent les mêmes noms.

Le Recif est la plus forte Place du Bresil ; les Hollandois l'occupent & y tiennent leurs magasins : c'est proprement un Rocher où commence une chaine de montagnes qui continuë plus de six cens lieuës le long de la Côte de l'Amerique ; & qui s'ouvrant d'espace en espace, forme des ports où les Vaisseaux se mettent ordinairement à couvert des vagues qui sont furieuses en cette côte-là. Pernambuc est un autre Rocher attaché à la Terre-ferme, assez près d'Olinde ; ce mot, qui est proprement Fernambouch, signifie bouche d'enfer.

Pour rassembler ici sommairement le bon & le mauvais de l'Amerique, ce Nouveau Monde fournit dans le Commerce, des Cuirs, des Castors, des Orignacs, des Singes, des Perroquets, de l'Indigo, de la Cochenille, du Mastic, de l'Aloès, du Chocolat, d'excellent baume, du bois de teinture, de l'Ebène, du Tabac, de la Sarsepareille, de la Casse, du Gingembre, du Galac, de l'Ecaille de Tortuë, de l'Ambre gris, du Sucre ; & ce qui met beaucoup plus que tout cela en mouvement l'avarice & l'insatiabilité du gain, l'Amerique produit en abondance, ces matiéres, tant estimées, tant adorées, tant recherchées, qu'on nomme Perles, Or & Argent.

Dans la plûpart des Terres de ce vaste Continent, les Naturels ont des travers d'esprit, d'inclinations, & de conduite qui nous paroissent étranges : mais si nous savions nous rendre justice, ne se trouveroit-il point que très-souvent nous raisonnons aussi mal & aussi peu consequemment qu'eux ?

CAR-

CARTE DE L'ILE DE MADAGASCAR CONTENANT SA DESCRIPTION & DIVERSES PARTICULARITEZ CURIEUSES DE SES HABITANS TANT BLANCS QUE NEGRES

DISSERTATION SUR L'ILE DE MADAGASCAR.

On apelle aussi Madagascar, l'Ile de Lune, l'Ile Dauphine, l'Ile de St. Laurens. Les Auteurs ne s'accordent point sur la raison de ce dernier nom: les uns disent qu'elle l'a reçu des François, parce qu'ils la découvrirent le 10. d'Août jour que l'Eglise Romaine célèbre la Fête de ce Martir. D'autres veulent que Fernand Soures & Roderic Friério, Commandans d'une Flote Portugaise qui alloit à la découverte, jettez par une tempête à Madagascar, dont on n'avoit point encore entendu parler, lui donnérent le nom de St. Laurens, pour faire honneur au Fils de François Almeyde, Général des Portugais dans les Indes, qui portoit ce nom-là.

Madagascar, que les Naturels du Païs nomment Madecasse, est une des plus grandes Iles du Monde. Les Portugais la découvrirent sur la fin du 15. siècle. Elle est située entre le Zanguebar & la Cafrerie; elle tient depuis onze jusques à vingt-cinq dégrez cinquante minutes de Latitude Méridionale; qui sont trois cens trente-six lieuës de longueur. Cependant d'autres supputent cent cinquante de l'un, & pas plus de cent pour l'autre.

L'air y est bon, excepté en quelques endroits où il se corrompt par les eaux croupissantes. Le terroir est fertile en quantité de choses nécessaires & agréables à la vie humaine. Le Païs abonde en bêtes terrestres & aquatiques tant bonnes que mauvaises: il y a même des mines d'or & d'argent, mais les Originaires ont la finesse ou plûtôt la prudence de les cacher aux étrangers. La Religion la plus commune est l'Idolâtrie, & le reste un Mahometisme defiguré. Les habitans sont ou tous blancs qui se disent descendus des Arabes, ou noirs qui sont presque soûmis aux autres; ceux des Côtes sont plus sociables & de meilleur commerce, que ceux qui vivent vers le milieu de l'Ile. Elle est gouvernée par des Grans, appellez en langue du Païs Dians; & chacun de ces Seigneurs est absolu dans son departement. On partage cette grande Ile en vingt-huit Provinces. J'oubliois que sa pointe au Midi s'élargit vers le Cap de Bonne Esperance; & celle au Nord, beaucoup plus étroite, se courbe vers la Mer des Indes.

Cette Ile, qui a huit cens lieuës de tour, & la plus grande des Mers connuës, a été visitée de toutes les Nations de l'Europe; mais particuliérement des Portugais, des Anglois, des Hollandois, & des François. Ces derniers furent les seuls qui tinrent bon; & aiant commencé leur premier établissement en mil six cens quarante-deux, après quelques traverses, vingt-deux ans après, ils seroient devenus tout-puissans dans ces Païs-là, sans un accident causé par un zèle indiscret; en voici l'histoire.

Il y avoit dans le Fort Dauphin, le Chef de la Colonie, & le Commandant de la Place; & ces deux Officiers, Rivaux en autorité, ne s'accordoient point. La mort obligea le Chef à quiter la partie: cela affermit le pouvoir du Commandant; & pour éteindre entiérement les prétextes de desunion, il prit pour soi le Lieutenant du Defunt. Ce Gouverneur ne trouvant donc plus d'opposition à son Commandement, il fit un détachement de trente hommes de la Colonie, c'est-à-dire trente François, pour aller en course, en avanture, depuis les Matatanes jusqu'à quatre-vingt lieuës vers la Baïe de Saint Augustin, qui regarde le Monomotapa; & ces Coureurs eurent un succès si heureux, qu'en peu de tems, ils assujettirent cette grande étenduë de Païs.

Ensuite on envoïa, sous la conduite d'un Rochelois, homme distingué pour sa valeur & pour son merite militaire, une vingtaine de Soldats pour reconnoître l'Ile soixante lieuës plus au Nord que les Matatanes. Enfin un parti de quarante autres François eut l'agrément du Gouverneur pour pénétrer jusques à la partie de l'Ile la plus voisine du Continent de l'Afrique, & plus haut qu'on n'avoit encore decouvert, d'où on se flatoit de revenir, non seulement avec quantité de bétail, mais même chargé de pierreries.

Ces expeditions, dont on attendoit tant d'avantages, & par lesquelles on se promettoit d'étendre bien loin la gloire de la *Gent* Conquerante, pour ne point dire usurpatrice, ces Expeditions, dis-je, ne devoient vraisemblablement donner aucune atteinte au centre de la Puissance Françoise à Madagascar: cette Puissance n'avoit plus d'ennemis; & d'ailleurs tout abondoit chez elle par les Tributs

buts de deux cens mille Habitans, qui dans leur propre Patrie imploroient la clemence d'une petite troupe d'Etrangers, qui ne montoient pas à deux cens; & qui de plus étoient fort loin de leur Païs; ils venoient, dis-je, leur demander la vie. Ainsi on jouïssoit au Fort Dauphin d'une pleine & glorieuse Paix. Mais la Religion, qui se fourre par tout; & qui pour un peu de bien qu'elle produit ici bas, cause des desordres innombrables chez le Genre Humain; cette Religion gâta tellement ce grand Ouvrage que peu s'en falut qu'il ne fût tout-à-fait renversé; voici le fait.

Un Missionnaire, persuadé, dit un judicieux Historien, que Jesus-Christ aime à regner, entreprit, par un transport de zèle, & comme saisi d'un violent accès d'inspiration, de christianiser les Madagascarois; & pour avancer plus rapidement dans l'exécution de ce pieux & fervent projet, il resolut de débuter par la Conversion d'un Grand, ne doutant point que l'exemple de ce Prince n'eût des suites très-avantageuses à la Religion prétenduë Catholique.

Ce Grand, ou Dian, dont le nom étoit Manangue, vivoit en bonne intelligence avec les François, & même par leur alliance & par leur protection, il se faisoit craindre à ses ennemis. Les François, de leur côté, contribuoient à l'augmentation de ses forces, croïant cela de leur intérêt, parce qu'il étoit leur Ami Tributaire. Dian Manangue étendoit sa domination le long de la Riviére de Mandanderei, sur l'étenduë du Païs, qui est entre la Province d'Anossy, où les François avoient leurs principales forces; parce que de ce côté-là étoient les Dians qu'ils avoient assujettis au Sud & à l'Ouest.

Les François, quoiqu'ils ne fussent qu'une petite Compagnie, ne laissoient pas d'être d'une grande utilité à leur allié. Les Troupes de Dian Manangue regardoient avec admiration la valeur de ces Etrangers, leur habileté guerriére; & ils combatoient sous cet Etendart avec une telle confiance, que conduits par de si bons guides, ils se croïoient invincibles. En effet cette Armée ne trouvoit point de resistance; & par tout où les Insulaires, apuïez de leurs amis, paroissoient, tout plioit, tout faisoit joug.

D'ailleurs le Prince passoit chez ses Sujets pour le premier homme de l'Ile; ils lui attribuoient toutes les qualitez d'un Heros; & quand en cela il y auroit eu de la prévention, en faloit-il davantage pour rendre la personne de Dian Manangue d'une importance tout extraordinaire au projet du Convertisseur? Cet Apôtre, sans inspiration, & dont la langue de feu n'étoit assurément pas tombée du Ciel, ne doutant point que le Bâtême de ce Grand n'entraînât toute sa *Granderie* au Christianisme, & comme Dian Manangue avoit attrapé assez heureusement le François, le Reverend Missionnaire crut qu'il n'auroit nulle peine à en faire un bon Proselite, & à devenir lui-même, par-là, le Saint Paul de Madagascar.

Sur ce pié-là, le Commandant, ou Gouverneur François, à qui sa Reverence Apostolique avoit si bien communiqué son pieux dessein, qu'elle l'avoit mis de moitié dans l'ardeur bouillante de son zèle, envoïe ordre à Dian Manangue de se rendre, en toute diligence, au Fort Dauphin: ce Prince, plûtôt assujetti qu'allié, croit bonnement qu'il s'agit de quelque nouvelle entreprise; & voulant marquer toute la reconnoissance possible aux François, qu'il confesse, lui-même, être, par leur protection & par le concours de leurs armes, les Auteurs de sa puissance, il vient promptement trouver le Commandant.

Dian Manangue est reçu, on ne peut pas mieux: le Gouverneur lui fait mille amitiez; & lui proteste qu'il ne tiendra qu'à lui de monter au plus haut point de grandeur & d'élévation qu'il puisse esperer. Le Madagascarien est ravi, & ne pense qu'à répondre, en honnête homme, à ces offres obligeantes; mais voici le rabat-joïe: le Missionnaire, qui étoit present, & qui devoit être le principal Acteur de la Scène, entame son rôle: donnant au Prince une embrassade fraternelle il le prie, il le conjure, par les entrailles de L'HOMME-DIEU, de se faire Chrétien, lui faisant, n'en doutons point, un détail circonstancié, & non hiperbolique, de cette *Beatitude* infinie qui attend les Elus dans le séjour éternel de la Gloire.

Dian Manangue fut étourdi de la proposition, il lui parut nouveau qu'on s'avisât tout d'un coup d'en vouloir à sa Conscience & à sa liberté. Sa premiére réponse fut que, se trouvant bien de sa Religion, il étoit absolument inutile de le *catéchiser*. Sur cela, l'Apôtre le prend sur un autre ton: il déclare que les François n'ont point de plus mortels ennemis que les Idolâtres; & que conséquemment si Son Altesse, car je ne croi pas que la chose allât jusqu'à la Majesté, que si Son Altesse donc persistoit à refuser la connoissance & le culte du vrai Dieu, on romproit tout-à-fait le nœu de l'Alliance.

Cette menace imprévuë étonna notre Grand; mais il ne plut point au Saint Esprit de la mettre en œuvre, & de la faire valoir par la Grace victorieuse. Dian Manangue repliqua qu'il vouloit bien accorder dans ses Etats permission de prêcher l'Evangile; qu'il consentoit même que ses Enfans embrassassent la Foi des Chrétiens, mais il ajouta, en jurant, que pour lui, il prétendoit s'en tenir à sa Morale, lui étant impossible de renoncer à la Poligamie, & à sa maniére de vivre. Sur cette ferme résolution, le Catéchiste, prenant un accent encore plus bilieux, & brusquant la controverse, dit au Prince, que puis qu'il étoit si opiniâtre, on vouloit le sauver malgré lui, & qu'on debuteroit par lui enlever ses Femmes. Ce fut un coup de foudre pour Dian Manangue; & ces paroles-là faisant chez lui plus d'impression que tous les beaux raisonnemens du Convertisseur, il demanda un délai de quinze jours, & l'obtint.

Le terme expiré, le Gouverneur mande le Dian; il lui fait savoir qu'il y a sur le tapis une entreprise importante; & pour lui mettre l'esprit en repos, il l'invite, foi d'honnête homme, à venir en toute assurance. Sur cette sureté-là, le Prince qui aiant aparemment l'ame droite, ne pouvoit imaginer dans un autre la perfidie, la noirceur dont il se sentoit incapable, vient franchement. Après l'avoir entretenu d'une affaire, soit réelle soit prétextée,

l'Offil'Officier du Paradis revient à la charge & livre un nouvel assaut : il exhorte son prétendu Catécumene ; il le presse de se rendre docile à la Grace, & d'accepter le grand salut que Dieu lui offre preferablement à une infinité d'autres mortels que, par le secret impénetrable de sa Justice, il laisse vivre & mourir dans le chemin de l'erreur & de la perdition. Mais c'étoit montrer de belles couleurs à un aveugle ; le Maître invisible n'operoit point dans l'Ame de Dian Manangue ; & ce Prince faisoit assez voir, par une negative inébranlable, que le tems qu'on lui avoit accordé, n'avoit servi qu'à l'affermir dans sa premiére resolution.

Le Gouverneur desesperant qu'on pût gagner à Dieu cet Idolâtre endurci, l'envie lui prend de l'envoïer au Diable : tirant le Missionnaire un peu à l'écart il l'avertit que d'un coup de pistolet, il va bruler la cervelle à l'opiniâtre : vouloir, par une insigne trahison, commettre un homicide ; & cela de chagrin, de dépit de ne pouvoir faire un converti, cela s'appelle un zèle plûtôt enragé qu'Evangelique ; & c'est pourtant-là le vrai Esprit des Persecuteurs & de l'Apostolat *Inquisitoire*. Le Missionnaire, plus moderé, n'approuva pas ce furieux & detestable assassinat : s'opposant, de toute sa force, à la mauvaise volonté du Commandant, il le prie de remettre la chose à la disposition du Ciel ; lui representant judicieusement que peut-être au moment qu'il lui parle, Dieu a déja fait son œuvre, & changé le cœur du Paien endurci.

Pendant ce tems-là le Dian n'étoit pas sans inquiétude : comme il étoit fin & pénétrant il se defia de l'intention du Gouverneur, & resolut de se tirer, comme il pourroit, d'un pas si dangereux. Ainsi le Missionnaire étant rentré en fonction, le Madagascarois l'écoute en apparence plus attentivement qu'auparavant : il forme des objections ; il fait semblant d'en goûter les réponses ; enfin, il se traduit si bien en persuadé, que le Convertisseur, ne doutant plus de sa glorieuse Conquête, s'engage à aller le trouver un certain jour pour lui ouvrir la porte de l'Eglise, en le lavant de cette eau miraculeuse qui a la vertu d'effacer la souillure que le premier homme a laissée, en heritage, à toute sa malheureuse posterité.

Le Grand, aiant trouvé par cette fine dissimulation le moïen de mettre sa vie à couvert, se retira chez les Machicores à vingt-cinq lieuës du Fort Dauphin. Là reflechissant sur sa convention avec le Missionnaire, & sur les suites fâcheuses que l'inexécution de sa promesse pourroit avoir ; & d'un autre côté, n'aiant nulle envie de tenir parole, cette incertitude le plongeoit dans un étrange embaras. Un de ses Fils, qui s'étoit laissé batiser, aiant compassion de son état, courut vers l'Apôtre, & le pria de suspendre le voïage, jusqu'à ce que son Pere fût dans une situation plus calme & plus tranquile.

Le Missionnaire, emporté par l'impatience de son zèle ; & ne doutant point que sa devote & pieuse ardeur ne fût un mouvement du Saint Esprit, rejetta bien loin la proposition & la priére de son Proselite ; je ne sai même s'il ne le censura pas amérement de vouloir retarder le Salut du Prince & l'avancement d'une Eglise naissante. Quoiqu'il en soit, sa Reverence Apostolique se met en chemin, escortée d'un Frere, d'un autre François, & de six Negres chargez du sacré harnois qui devoit servir au Sacrificateur.

Le Convertisseur, arrivé chez Dian Manangue, on le reçoit avec tous les dehors de respect & d'amitié qu'il pouvoit souhaiter : mais dès qu'il veut s'expliquer sur le sujet de sa venuë, on lui ferme la bouche ; & le Grand declaré net, qu'il n'y a absolument rien à faire. L'Apôtre ne se rebute point : il *sermonne*, il exhorte, il prie, il conjure, il embrasse ; enfin, il emploïe toute l'artillerie du *Convertissage* ; & le tout inutilement, c'est de la poudre en l'air. Cette manœuvre Apostolique dura plusieurs jours : mais enfin le fervent Missionnaire perd patience ; & au lieu, conformément à l'intention de notre divin Legislateur, de se retirer en secouant ses souliers, il déclare la guerre à Dian Manangue, & le menace de l'enlevement de ses Femmes.

C'étoit l'attaquer par son endroit sensible ; & ses Epouses faisoient le point essenciel de son Catéchisme. Aussi cette terrible menace l'obligeat-elle à prendre son parti. Premiérement il protesta que cette rupture avec les François lui causoit le dernier chagrin ; que leur aiant beaucoup d'obligation, il étoit plein de reconnoissance pour eux, mais que sa Conscience ne lui permettant pas d'embrasser le Christianisme, il y avoit de l'injustice & de la violence à vouloir le forcer sur cet article-là. Ensuite tâchant d'apaiser l'Ecclesiastique, il le pria d'accepter encore un repas, ajoutant avec adresse, que peut-être pendant ce tems-là, Dieu lui ouvriroit les yeux, & lui inspireroit d'autres sentimens.

A ce raïon d'esperance le bon Missionnaire se met à table : mais le repas fut funeste ; car on en avoit tellement ménagé les aprêts, que le Pere, le Frere, & l'autre François furent regalez d'un mets empoisonné. Comme le poison étoit lent, les malheureux convives ne s'apercûrent pas si-tôt de son effet. Ainsi le Convertisseur redoubloit ses efforts n'ômettant rien de tout ce qui pouvoit contribuer à le rendre victorieux. Le pauvre Apôtre ne se defioit guére que celui à qui il souhaitoit si ardemment la vie éternelle, lui avoit mis la mort dans le corps.

Dian Manangue garda jusqu'à la fin avec ses hôtes toutes les mesures de bienseance & d'honnêteté. Lors de la separation, le Missionnaire, au desespoir de sa mauvaise réüssite, & le cœur pénetré d'une sainte fureur, vouloit partir seul avec sa Compagnie : mais le Prince scelerat, ou du moins trop vindicatif, voulut absolument le conduire, comme pour lui faire honneur ; & l'autre s'en defendant, plus par depit que par respect, le Dian déclara qu'il ne le quitteroit qu'à un certain lieu jusqu'où il prétendoit l'escorter.

Après environ trois lieuës de route, le spectacle tragique s'ouvrit : le Frere Missionnaire fut la premiére victime ; & la drogue *mortifere* faisant son effet, il expira dans les douleurs. Les deux autres resisterent plus longtems : mais

Dian Manangue, fâché de ce retardement, & craignant peut-être qu'on n'eût pas donné la doze assez forte, les fit assommer à coups de bâton. On ne sauroit disconvenir que l'action de ce Grand ne soit exécrable; mais aussi doit-on avouër que le Prêtre Etienne, car c'étoit son nom, par son zèle indiscret, & par sa persecution outrée, s'étoit rendu le premier artisan de son malheur, & de celui de ses Compagnons. Mais voïons les suites de cette catastrophe.

Dian Manangue s'étant si cruellement demasqué, il resolut de ne finir la pièce que par le sang de tous les François. Le premier pas qu'il fit dans l'exécution de ce barbare projet, ce fut de faire perir ce parti de quarante hommes qui couroient à la Fortune, par la decouverte des pierreries dont ils s'attendoient bien de revenir chargez. Il fit donc partir promptement un de ses Fils, franc idolâtre comme le Pere, il le fit, dis-je, partir vers un autre Grand, nommé Lavatangue. Celui-ci étoit beau-frere du nouvel ennemi des François; & il étoit même actuellement en rupture ouverte avec lui. Voulant se racommoder aux dépens de la Nation Etrangere, il donne avis à Lavatangue du dessein de ce détachement. Il l'avertissoit, en même tems, & cela, de la part de son Dieu, dont il se disoit inspiré, que la fortune des Armes ne favoriseroit plus les François, que la victoire leur aiant tourné le dos, ils seroient toûjours battus, par la raison qu'ils faisoient la guerre aux Divinitez, & qu'ils s'appliquoient à détruire le Culte du Païs. Dian Manangue craignoit que son beau-frere ne doutât de son inspiration: pour vous en persuader, lui écrivit-il, & pour vous ôter tout prétexte d'incredulité, mon Fils sera le gage de la verité de l'Oracle; & en le mettant à la tête de vos Soldats, vous verrez s'il ne verifiera pas ma Prophetie.

Lavatangue, profitant de la nouvelle, met du monde en Campagne, & prend toutes les précautions requises en pareil cas. Il n'y avoit que deux jours que son Neveu étoit venu, qu'il vit bien que l'avertissement étoit arrivé fort à propos. En effet, un Coureur vint annoncer que les François campoient à une lieuë de la demeure du Dian. Lavatangue leur envoïa une civile & obligeante deputation: on leur offrit de sa part du ris, du miel, & quatre bœufs; mais on les pria honnêtement de vouloir bien declarer le motif de leur voïage. La réponse du Commandant des quarante hommes n'étant rien moins que satisfaisante, le Dian comprit aisement qu'on en vouloit à sa Souveraineté. Alors il pense à mettre en œuvre la revelation de Dian Manangue; mais étant homme de petite foi, une quarantaine de gens armez l'épouvanta; & sa peur fut d'autant plus grande, que jamais la Nation Françoise n'avoit pénétré si avant dans le Païs. On fait dans ces Contrées *lointaines*, des Conquêtes à grand marché; & c'est surtout contre ces Peuples, bien, ou mal aguerris, que le nombre & la valeur servent très-peu. Pour moi je me figure que dans ces Regions nouvellement découvertes, un coup de fusil faisoit fuir une Armée comme un Troupeau de moutons.

Lavantague étant donc alarmé d'une si petite troupe d'Etrangers, n'eut point honte, nonobstant sa puissance & sa grande superiorité, de consentir à se racheter, & de proposer des conditions d'accommodement. Il feroit beau voir un Prince d'Allemagne demander ainsi à composer avec une Compagnie d'Avanturiers qui le menaceroient de l'assujettir. Notre Grand offrit pourtant trente mille bêtes à cornes pour conserver sa liberté: mais les François qui avoient bien d'autres prétensions; & qui apparemment se moquoient d'une si plaisante foiblesse, rejettant l'offre avec hauteur, demanderent quarante mille bœufs.

Le Dian, voïant bien qu'on avoit resolu de le pousser à bout, tira du courage de son desespoir, & prit le parti de la force majeure. Il envoïa aux ennemis la vache rouge, usage bizarre pour déclarer la guerre, & les fit defier à combattre le lendemain. Qui ne croiroit que les François, bien & dûment avertis, se preparerent de leur mieux à une journée qui devoit décider de leur sort; & qui, en cas de victoire, leur auroit fait recueillir le fruit de leur longue & penible marche? Mais nos braves présumoient trop de leur vaillance. Ne pouvant s'imaginer que les Insulaires eussent la hardiesse de les attaquer, non seulement ils dédaignerent de se tenir sous les Armes; mais même, étant entrez dans un champ de cannes de sucre, ils le moissonnoient en brigands & en voleurs. Une telle conduite est presque incroïable; & puisque souvent Dieu punit le crime en aveuglant le criminel, n'est-il pas permis de conjecturer ici, que la Justice suprème se vangeoit par cette voïe-là de la violence que ces François vouloient exercer sur des innocens?

Lavatangue, de son côté, s'étoit preparé, de tout son pouvoir, à tenir parole; & faisant bien voir que son Apel n'étoit pas une rodomontade, il vint, avec quelques Troupes, chercher les François: les trouvant dispersez, & dans le desordre où la presomption & l'avarice les mettoit, il ne manqua pas de saisir l'occasion: il ordonne à ses gens de faire main basse sur ces pillards; & on lui obéït si bien qu'ils demeurerent tous sur la place. Un Portugais qui pour avoir part au butin, s'étoit fourré avec ces bandits autorisez, fut le seul qui eut le bonheur d'échaper; & ce fut lui aussi qui porta au Fort Dauphin la nouvelle de ce funeste évènement.

Le Gouverneur déja informé de l'empoisonnement & du meurtre commis par Dian Manangue, entreprit de vanger la mort des massacrez. Pour l'encourager à cette brave & vigoureuse resolution, un autre Apôtre, & le seul qui restoit dans l'Ile, deploïa le drapeau, & voulut remplir lui-même le poste d'Enseigne. Comment ne prit-il pas plûtôt une Croix? Outre que cet instrument du salut convenoit mieux au caractere Apostolique, ne devoit-il pas se souvenir de ce qui fut dit en vision à l'Empereur Constantin, *ce signe-là t'assure de la victoire?*

Sous ce Prêtre *Porte-Etendart* le Commandant du Fort, à la tête d'une Armée de trente François & de quelques Négres, marche vers l'endroit où Dian Manangue faisoit sa residence. Ce Prince, aprenant qu'ils s'avançoient à grans pas, ne fit pas plus d'attention que son beau frere, à l'inspiration divine: quoi que fort de quatre mille hommes, il abandonne brusquement son

Pa-

Palais ; & se retirant dans le voisinage, il partage ses Troupes en plusieurs corps.

Le Commandant, qui crut que l'ennemi fuïoit, s'empare, à bon compte, de la maison du Grand, &, pour ne point s'endormir dans une securité dangereuse, il poste des sentinelles, & mèt une Garde exacte & reguliére autour du Palais, qui apparemment étoit un Fort à la maniére de ce Païs-là.

Sur le soir, & lorsqu'on ne pouvoit plus distinguer les objets, le Dian, rassûré par les ténèbres, se raproche de chez lui : Au bruit sourd de sa marche, les sentinelles font feu du fusil : les Négres qui avoient la même arme, car les François les en avoient muni quand ils étoient leurs auxiliaires, les Négres, dis-je, répondent coup pour coup ; & l'attaque de Dian Manangue fut si heureuse, qu'il avança assez pour investir le Château. Le Commandant, qui ne manquoit point de bravoure, auroit bien voulu faire une sortie sur son Assiegeant : mais la Garnison n'étoit pas assez forte ; & d'ailleurs, sans parler de la superiorité de l'ennemi, l'obscurité faisoit craindre une embuscade. Ainsi ce Général, peut-être d'une centaine de Soldats, tant bons que mauvais, se contentoit d'emploïer sa poudre & son plomb, faisant tirer autant que sa disette de munitions pouvoit le lui permettre.

Pendant ce tems-là Dian Manangue ne visoit pas à moins qu'à brûler les Assiegez, ou les forcer de venir se livrer à la fureur de ses Négres. Voulant absolument reduire les François à cette terrible alternative, il fit lancer des tisons allumez contre son Palais, qui, construit de bois, & couvert de feuilles déja seches, donnoit beau jeu aux incendiaires. Par une espèce de miracle, ou par les soins actifs des assiegez, le feu ne fit point son effet : le Dian eut le chagrin de voir sa maison sauvée malgré lui ; & le jour venant à paroître, il leva le siége, sans autre succès que d'avoir fait voir beaucoup de foiblesse & de lâcheté par raport aux quatre mille hommes qu'il commandoit.

Ce Grand ne quitoit pourtant pas la partie, son but étant d'agir sans crainte & en toute sureté. En effet le Commandant n'osant quiter son poste ; & d'un autre côté manquant de provisions, hazarda quatre François, soutenus de quelques Insulaires, pour aller à la chasse du gros & menu bétail. Ce petit détachement ne put tromper la vigilance d'un ennemi qui voltigeoit : les Pourvoïeurs eurent le malheur de tomber entre ses mains ; & les quatre Soldats, qui devoient être les meilleurs de la Troupe, puisqu'ils avoient bien voulu, en courant un tel risque, se sacrifier pour le bien commun, furent massacrez. Après ce digne Exploit, le barbare, à la tête de vingt fuseliers, & de trois cens hommes, armez d'un *outil* à tuer, qu'on nomme Saguaïe, attaque, & en plein Soleil cette fois-là, attaque la Garde du Château, la fait reculer, la pousse jusqu'à la contraindre de rentrer : mais cette autre *prouesse* coute encore quatre François tuez sur le champ de Bataille, & quelques blessez.

Le Gouverneur voïant bien, sur tout après ces deux échecs, que la partie étoit trop inégale, se détermine à retourner au Fort Dauphin : mais la chose est-elle faisable ? Dian Manangue a un corps de Troupes qu'on peut appeller une Armée ; le nombre de ses Fuseliers l'emporte sur tous les François ensemble. De plus il entend le métier de la Guerre, l'aiant apris dans l'Ecole même de ses ennemis : est-il donc croïable qu'avec tous ces obstacles, nos François puissent passer ? Comment ne seront-ils point découverts ; & s'ils le sont, peuvent-ils éviter d'être taillez en pièces ?

Cela paroît tout-à-fait de même. Mais le rusé Dian avoit formé le projet d'une Tragi-Comedie ; & au lieu de s'opposer d'abord & à découvert au retour des Etrangers ; & voulant les exterminer avec une raillerie insultante, il dissimula leur départ. Voïons le fait : il est rarement singulier ; & c'est aussi par où je vais finir l'histoire.

Les François aiant à traverser le Mandanderai, marchent le long de ce Fleuve, cherchant un endroit guéable pour passer plus commodément. Dian Manangue, certain qu'ils n'avoient point d'autre route, traversa le premier la Riviére, & couvert d'un bois qui cachoit sa marche, il cotoïoit ses ennemis, & faisoit autant de chemin qu'eux. Les François découvrant un gué, s'arrêtent à le sonder, & n'y trouvant point de profondeur perilleuse, ils se hâtent d'entrer dans l'eau, se promettant de gagner au plus vîte le rivage opposé.

Mais voici un terrible Rémora. Tout d'un coup Dian Malangue paroît sur l'autre bord du Fleuve, devineriez-vous bien en quel équipage ? Sa cuirasse étoit le surplis du Missionnaire assommé ; son casque le bonnet quarré du même Prêtre Etienne ; & sous ce harnois Sacerdotal, il étendoit ses Troupes sur l'autre rive, invitant, par une moquerie sanglante & sacrilege, les François à passer pour entendre sa Messe, & pour recevoir sa benediction. Le Commandant n'eut point d'autre ressource que de camper dans une petite plaine, où lui & son monde eussent infailliblement péri, si par un hazard tout extraordinaire, un Guerrier François & invincible, avec de nouvelles Troupes, ne fût accouru promptement au secours. Doutez-vous qu'on ne regardât cette heureuse delivrance comme un miracle ? Les ames, à grande foi, crurent bonnement que le Martir Saint Etienne, non l'ancien & le lapidé, mais le moderne & le massacré, ne fut pas plûtôt en Paradis, que, par son intercession, Dieu suscita un liberateur contre Dian Manangue ; & sur tout pour le châtier d'avoir profané la sainte & sacrée dépouille d'un Sacrificateur.

Je croi qu'on ne sera point fâché de trouver ici, pour conclusion, un récit curieusement circonstancié des Madagascarois, & de leurs usages. L'Ile n'est point peuplée à proportion de son vaste circuit. Le nombre des Originaires, autant qu'un tel calcul est supputable, ne se monte pas à plus de seize cens mille. Tous les Habitans sont noirs : il faut pourtant excepter une petite Province dont on ne marque point le nom ; & la plûpart des Grans qui descendus des Arabes, conservent encore quelque chose du teint & de la couleur de cette Nation-là.

Le Madagascarois est communement de la haute taille ; il est agile, & fier dans son port & dans sa démarche. Il sait cacher, sous un visage gai & ouvert, le fond d'un grand dessein,

sein, d'une vive passion; & il peut dissimuler avec autant d'art que les Nations les plus rafinées.

Ces Peuples ont leurs Loix pour le civil & pour le criminel. Le vol, chez eux, n'est point un crime capital; & le coupable en est quite pour avoir la main percée. Mais on coupe la tête au meurtrier. C'est le Grand de la Province qui preside aux procedures; & les Chefs d'Habitation sont les Conseillers & les Juges du Tribunal. Le Seigneur President n'exige rien pour sa peine dans les causes criminelles, se croïant assez bien païé d'avoir châtié un méchant, ou d'avoir purgé son Païs d'un Scelerat. Mais pour les causes civiles, la Justice n'est pas, à la verité, si venale ni si chere que chez nous: mais aussi n'est-elle pas tout-à-fait gratuite; le Dian exigeant, pour son droit, plus ou moins de bétail, suivant l'importance de l'affaire; & les parties sont de moitié pour les dépens.

Les sujets sont obligez de marcher dès que le Prince juge à propos de prendre les Armes: leur bravoure dépend de sa valeur: ils ne combatent qu'autant qu'ils le voïent en action; & s'il prend la fuite, ou s'il a le malheur d'être tué, tous les Soldats, perdant courage, cherchent leur salut dans la vitesse de leurs jambes.

On ne peut pourtant pas dire que ces Peuples craignent la mort: en général quand un Madagascarois la voit presente & inévitable, non seulement il la reçoit avec toute la fermeté que pourroit faire un Philosophe; mais il va même au devant; il defie, il irrite, il brave celui de qui il attend le coup mortel. C'est parmi eux un grand malheur d'avoir obligation à son ennemi. Quand le Dian a remporté la Victoire dans un combat, ne consultant que sa vangeance, il fait perir, s'il peut, celui qu'il a défait, & ordinairement il étend sa ferocité sur toute la Famille du vaincu. Mais si lui-même est batu, fait prisonnier, & que son vainqueur lui fasse grace de la vie, cette generosité le chagrine; & quelquefois il exécute, par desespoir, sur sa personne, ce que son ennemi n'a pas voulu faire.

Ces Insulaires ont des dispositions & du naturel pour les Sciences speculatives, pour les beaux Arts, pour la Mecanique; & il y a peu de métiers en Europe dont ils n'aïent l'ébauchement, & dont ils ne fassent quelque usage. Les Femmes à Madagascar, comme par tout ailleurs, vivent sous la domination souvent tirannique de notre sexe: mais, aussi bien qu'en certains Païs, il ne laisse pas de s'y trouver des Amazones, des Heroïnes; enfin des Femelles Humaines qui font honte aux mâles; & qui les surpassant en esprit, en courage, en vertu, meritent de commander aux Hommes. On fait mention d'une Princesse Rena, qui avoit conquis toute l'Ile, environ un siècle avant un autre grand Conquerant nommé Dian Pousse; & l'Histoire de cette Femme guerriére & martiale est écrite dans la langue du Païs.

Une autre Grande, qui s'apelle Nong, doit aussi être comprise dans l'Heroïsme des Madagascaroises: c'est, ou c'étoit, l'épouse de ce vaillant Rochelois, qui, par la défaite de Dian Manangue, sauva la Colonie de sa Nation. Cette Grande accompagnoit toûjours son mari dans ses expeditions; & il lui fut plus d'une fois redevable de la vie; en voici un exemple:

Le Commandant du Fort Dauphin, jaloux du merite & de la haute reputation de Monsieur de la Case, ainsi se nommoit le Rochelois liberateur, vouloit le sacrifier à sa noire & furieuse passion. Pour en venir à bout ce Scelerat s'adresse à des Négres, & leur promet une grosse recompense s'ils veulent égorger le François: ces Noirs acceptent le parti; ils vont chercher le Héros; arrivez près de son Donac ou Palais, ils aprennent qu'il dort sans Garde & sans précaution: sur cela, ils ne pensent plus qu'à entrer pour faire leur coup. Mais l'Epouse soupçonnant le complot, met la Saguaïe à la main, repousse les assassins, & le Mari s'étant reveillé au bruit, il apelle du secours, & les Emissaires du Commandant sont contraints de se retirer. Cette vaillante & intrepide Femme avoit déja fait la même chose dans une autre occasion; mais avec moins de succès; car il lui en couta une blessure dans le fort du combat.

Si le Sexe de cette grande Ile se fait admirer par ses qualitez heroïques, il n'est pas moins aimable par ses charmes & par ses attraits. Ces Femmes ont de la bonne mine & de la beauté: la taille bien prise, le corps fait au tour, l'œil vif & brillant, les dents d'un arrangement à faire plaisir, & la peau extrêmement douce. Il est vrai qu'elles sont fort noires; mais quand on peut se defaire assez de la prévention pour remarquer que ce noir est inalterable, & qu'il n'a point les inégalitez, qu'il n'est point sujet à la pâleur des teints blancs, on est forcé de convenir qu'il forme une beauté plus solide, plus constante & beaucoup plus durable. D'ailleurs ces Dames les Négresses ont grand soin de relever leurs agrémens naturels par la propreté, & par l'ajustement.

Elles ont quelquefois des intrigues d'amour, & des amans de choix & de profession: la liaison des cœurs & cet agréable reciproque qui fait la plus grande douceur de la tendresse amoureuse operent là comme chez nos Nations: naturellement les Madagascaroises ont du penchant à la volupté venerienne; mais elles en pratiquent toute la delicatesse, toute la sensibilité. Un Commandant François en avoit épousé une: la Dame, qui preferoit le noir au blanc, avoit un Galant de sa couleur; le mari l'épie; & trouvant ce qu'il trembloit de rencontrer, il voit sa chere moitié en plantation actuelle de cornes. Le Seigneur cocu, étant Juge & partie, condamne son rival à être attaché à un arbre, & *Saguaïé* jusqu'à ce que mort s'ensuivit. Le Négre, aïant reçu quatre coups, le boureau croïant l'ame partie pour l'autre Monde, laissa le corps dans la posture où il étoit. Madame la Commandante envoïe secretement visiter les reliques de son amant; & comme on lui raporta qu'il respiroit encore, elle ordonna à son confident de mettre dans les plaïes du mourant des blancs de poule écorchées vives; & par ce lenitif, dont je croi que nos *Guérisseurs* de métier ne se seroient jamais avisé, la belle Noire eut la joïe de redonner la vie à l'objet de ses amours; & apparemment le plaisir de lui faire païer souvent, mais très-sourdement, un si grand bienfait.

Quant aux Maris, on ne peut pas en concevoir de meilleurs; & si mon Auteur, qui me paroît, en en fait de portraits, un Peintre habile & judicieux, ne les flate point, c'est Madagascar qu'on doit apeller *le Paradis des Femmes.* Les Maris du Païs, c'est l'Historien qui parle, sont fort complaisans; jamais en colere ni tristes en presence de leurs Femmes; leur vuë les met en humeur de toûjours jouër, chanter & danser. Enfin là, comme ailleurs, les Femmes sont le charme des ennuis de la vie, le soulagement des esprits fatiguez des embaras du Monde; la moitié la plus agréable & la plus douce des habitans de la Terre, & la consolation de ceux qui sont maltraitez par l'injustice de la fortune, & par la cruauté des Hommes qui sont des Tigres les uns envers les autres.

Le beau sexe est bien redevable à cet éloquent Ecrivain: je ne sai si jamais on a donné des louanges plus magnifiques aux femelles de notre espèce. Savoir s'il n'y a rien d'outré dans ce pompeux éloge, & si cette belle Rethorique est fondée sur la verité; savoir encore si l'Apologiste parle avec autant de desintéressement que d'esprit, je m'en raporte à ceux qui ont étudié à fond le bon & le mauvais de la Femme. Qu'il me soit seulement permis d'avancer, que si effectivement les Madagascaroises ont la vertu de rendre un époux si heureux, il faut que dans cette Ile Fortunée, l'union conjugale soit les Antipodes du Mariage des Européens: soit dit par l'experience commune, & sans rejetter les exceptions. Passons à un autre sujet.

Ces Insulaires ont la superstition, si c'en est une, d'admettre les jours de bonheur & de malheur. Lors qu'une femme accouche dans le dernier cas, on abandonne l'enfant: on ne marque point ce qu'il devient: mais je conjecture que les parens le font perir; car suivant ma Relation, c'est par cette raison-là que l'Ile n'est pas habitée à proportion de son étenduë. Pour l'Enfant qui vient dans un jour heureux, on le plonge incontinent après sa naissance, dans un ruisseau, ensuite on lui presente le teton. La Mere le porte sur son dos dans une toile; & si elle a les mammelles assez pendantes, elle l'allaite par dessus l'épaule; sinon elle suit la maniére naturelle de toutes les nourices. La propagation est fort prematurée à Madagascar: on y marie souvent les filles à neuf ans, sans qu'il soit besoin de differer la consommation des nôces; & au bout de neuf mois, la petite épouse trouve dans son sein, très-bien formé, de quoi nourrir son *poupard.* Les Grandes ou Femmes des Grands, gardent le Palais quatre semaines depuis leur accouchement, ce qui n'est qu'une formalité de cérémonie; & deux autres mois après, en signe de leur fecondité, elles portent un petit balai de feuilles de Latanier.

Un jeune homme qui veut se marier n'a nulle inquiétude sur le pucelage de sa Future, une fille étant maîtresse de son corps, & pouvant en disposer à son plaisir. Que cet usage-là, fondé en nature néanmoins, accommoderoit bien de jeunes Chrétiennes; sur tout dans cette fâcheuse enflure qui ne paroît, & dont on ne guérit que par la perte de l'honneur! Un Insulaire qui souhaite de vivre avec une Compagne qui *le mette en humeur de toûjours jouër, chanter & danser*, je veux dire qui vise au Mariage, s'adresse aux parens de la belle; & pour se les rendre favorables, il leur fait present de bétail, de menilles d'or & d'argent, ou d'autre chose suivant sa portée: mais ce prétendant ne fait ces liberalitez qu'à condition que si son épouse, peu contente de la fonction maritale, ou pour quelque autre raison, s'avise de le quiter, le tout lui sera exactement rendu. Cette Loi-là seroit admirable pour ces vilains & indignes mortels, qui, de peur de toucher au coffre fort, laissent languir leurs filles dans les peines secrètes & dangereuses de la virginité. Au reste la Religion n'entre point dans le Mariage chez ces Peuples. On ne dit point que la Poligamie y soit commune: je trouve bien qu'un Grand peut avoir jusqu'à quatre femmes; ce qui est encore assez modeste par raport aux Monarques *Poligamites*: mais si cette pluralité de femelles est un droit attaché au titre de Dian, c'est sur quoi mon Auteur ne s'explique point.

On meurt enfin, dit-il, à Madagascar comme dans les autres endroits du Monde; & on y enterre avec plus ou moins d'appareil, selon le rang & le bien du défunt. On l'envelope de certaine espèce de couverture ou tapis qu'on nomme Pagnes; & on lui en donne autant qu'il en a laissé: enseveli si chaudement, & si bien muni contre le froid, on le pose dans un cercueil construit de deux troncs d'arbres bien joints; & on le porte, si c'est un Dian, dans une maison de bois, sous laquelle il est enterré; si c'est un autre, on le met entre des pieux; & ils sont là aussi bien placez pour attendre la résurrection de la chair, que dans ces mausolées somptueux & superbes qu'on prend la peine de bâtir pour faire honneur aux vers, & pour illustrer un peu de poussiere.

Les Madagascarois, aussi bien que quantité d'autres Peuples, ont une plaisante idée de la mort: croïant apparemment que l'ame separée tient compagnie à son corps jusqu'à ce qu'il soit pouri; & prévenus que c'est cette substance spirituelle qui fait, par elle-même, les fonctions organiques & animales, ils lui fournissent de quoi vivre dans la sepulture; leur prévoïance va même jusqu'au vêtement. Sur ce beau principe d'humanité, on laisse auprès du défunt une pipe, du tabac, du feu, des pagnes & des ceintures; & on lui sert pendant quelque tems, les mêmes mets dont il usoit pendant sa vie. Mais quand l'ame sort du tombeau, que devient-elle? Je m'imagine que ce point-là n'embarasse pas tant ces trop heureux mortels, qu'il cause d'inquiétude à des Nations qui se vantent de bien connoître l'avenir.

Entre les differentes superstitions de ces Insulaires, ils adorent une espèce de Grillon qu'ils nourissent au fond d'un grand panier bien travaillé: ils mettent dans ce Sanctuaire, ou Tabernacle, ce qu'ils ont de plus précieux; & ils apellent cela leur Oly, c'est-à-dire leur Oracle. La maniére dont ils s'y prennent pour le consulter n'est pas moins ridicule que la petite Divinité à corbeille. Ils dansent autour avec emportement, s'excitent comme des furieux, & leur imagination s'échaufant par la violence d'un tel mouvement, ils se persuadent que l'Oracle agit en eux; & que c'est la Majesté *Grillonnique* qui leur inspire toutes leurs entreprises.

Quand on demande à un Ombiaſſe, ou Lettré, pourquoi ils préferent un Grillon à une infinité de grans objets dont la Nature eſt compoſée, le Theologien Madagaſcarois vous répond dogmatiquement, que dans l'effet il adore la cauſe; qu'on doit déterminer un ſujet pour fixer l'eſprit; & que plus l'objet du culte paroit petit, mieux il repreſente l'Etre parfait.

DIS-

DISSERTATION
SUR LES
PHILIPPINES
ET LES
MOLUQUES.

CE grand nombre d'Iles compris sous le nom des *Philippines*, n'a été ainsi nommé, que parce qu'il a plu aux Espagnols de donner ce nom à une des premiéres qu'ils découvrirent, pour faire honneur à leur Roi Philippe II. & il a été si fort approprié à toutes en général, que celle dont elles l'ont reçu, l'a presque perdu & ne s'apelle plus que *Tandaye*. Mais les Portugais & les Orientaux ne se sont pas assujettis à cette Loi : les premiers les nomment *Manilles*, & les seconds les Iles de *Luçon* d'une des plus considérables qui porte indiféremment ces deux noms. Il y a quelque diférend entre ceux qui ont écrit de ces Iles, sur leur conquête, leur nombre, leur fertilité, & leur situation. On tombe bien d'accord que le célèbre *Magellan* Portugais fut le premier qui les découvrit en 1520. mais quand on vient au tems qu'elles furent conquises par les Espagnols, on commence à se brouiller par raport à dix-huit ans de différence, c'est-à-dire depuis 1546 jusques à 1564. Comme ceux qui prétendent que les Espagnols n'y ont été établis par *Michel Lopès de Legasque*, qu'en cette derniére année, n'en disent aucune raison, pourquoi les croire sur leur parole plûtôt que les autres? Les Iles Philippines sont en si grand nombre, qu'on peut aisément n'en pas convenir, mais de douze cens dont plusieurs, disent les uns, sont fort petites, & quelques-unes même inhabitées, à venir jusques à dix ou douze mille en tout, entre lesquelles, comme assurent les autres, il y en a mille ou douze cens de quelque considération, en verité c'est se tromper de trop. Ceux qui sont pour les douze cens seulement ont sans doute passé sur une infinité de petits Ilots qui se trouvent dans ces Mers & qu'ils ont retranchez des Iles Philippines. Chacun cherche à se distinguer comme il peut. La diversité & le grand nombre de ces Iles est tout-à-fait admirable, & nous savons tous que c'est l'ouvrage des mains de Dieu; mais toute ridicule que soit l'opinion des Sauvages de l'Amerique sur le grand nombre des Iles qu'il y a dans la Mer, elle ne laisse pas de faire croire que ces Peuples ont eu autrefois quelques notions de la création du Monde. Ils prétendent qu'après que le Grand *Mabouïa* eut fait l'Homme de terre, & le reste du Monde, il lui resta encore de cette Terre dans les mains, qu'il secoua dans la Mer, & que chacune des petites parties qui tomberent çà & là forma une Ile. Ce sont autant d'absurditez grossiéres; mais de quoi l'homme n'est-il point capable, quand il est livré à son égarement!

Des principales Iles Philippines.

MAnille ou *Luçon* est, comme j'ai dit, une des plus considérables tant à cause de sa grandeur, que parce que c'est le siége d'un Archevêché, & le lieu du Conseil Souverain que les Espagnols y ont pour leurs Iles Philippines. Elle a environ cent lieuës du Nord au Sud, autant du Couchant au Levant, & quatre cens de circuit. Ce n'est plus cela selon un autre qui l'a mesurée plus exactement, & qui lui donne quatre cens cinquante lieuës de tour, cent trente de longueur, & soixante & sept de largeur. Peut-être y comprend-il la Baïe de *Manille*, qui s'avance dans l'Ile jusques à vingt-cinq ou trente lieuës. C'est sur son fond que la Ville de Manille s'est bâtie. Cette Ville a un Archevêque, qui fait les fonctions de Vice-Roi des Philippines & qui, outre cela, est Président du Conseil Souverain. Je ne dirai pas que la Ville est grande pour m'accommoder avec celui qui veut qu'elle ne le soit que médiocrement. Ce n'est qu'un petit adoucissement qui ne fait rien au Lecteur, quoi qu'entre Auteurs on s'en pique. Elle est deffenduë par une bonne Citadelle, & bien peuplée d'Espagnols aussi bien que de Chinois. Les Jesuites & les Jacobins y tiennent College. L'Archevêque a pour Suffragant l'Evêque de *Cagayon*, ou la nouvelle *Ségovie*, située sur la Côte Septentrionale de la même Ile, environ à quarante lieuës de la précédente & près du Cap d'*Engano*. *Caceres*, ou *Caceres de Camarinha* est une troisiéme Ville de l'Ile *Manille* & un autre Evêché suffragant de la Ville de ce nom; elle est sur le détroit de *Manilha* où elle a un fort bon Port. Il n'est plus nécessaire de faire mention de la Ville de *Luçon*, depuis qu'on l'a mise au nombre des Villes supposées, ou qu'on a estimé que c'étoit la même que celle de Manille, à moins qu'on ne dise que la même Ville a deux noms, de *Luçon* pour ceux qui apellent l'Ile de ce nom, & de Manille pour les autres qui nomment ainsi cette Ile.

Tandaye chez les Espagnols est la premiére des Philippines, parce qu'en effet ils la découvrirent avant les autres, & qu'elle est la plus belle. Le détroit de *Manille* la sépare de l'Ile de ce nom, & elle est à son midi. On lui donne cinquante lieuës de long, & quarante de large, & une montagne qui y est vers le côté Septentrional la distingue des autres Iles, parce qu'elle tient rang entre les montagnes qui jettent feu & flames: c'est-là proprement l'Ile *Philippine* qui a donné le nom aux autres, & dont les Espagnols sont les Maîtres. *Mindanao* est aussi mise au nombre des principales *Philippines*, mais sous un seul nom il en faut

faut compter trois qui ne sont separées que par des détroits fort petits, la premiére est *Mindanao*, & les deux autres sont *Canola* & St. *Juan*. Elles sont les plus Méridionales des Philippines. Leurs habitans relévent d'un Roi Mahométan qui fait sa residence dans la premiére. Ils sont tous Idolâtres & grands ennemis des Portugais & des Espagnols. Il y a plusieurs Villes, & entr'autres on parle de *Saragos*, de *Zometan*, de *Dapito*, & de *Canola*. *Paragoya* pour sa grandeur ne céde à aucune autre; mais c'est aussi une des moins fertiles & des plus mal peuplées. Elle peut avoir cent lieuës de longueur & vingt de largeur; elle tire vers l'Ile de *Borneo*, dont on dit que le Roi lui fait païer tribut. Sa sterilité a donné de l'industrie à ses habitans, comme il arrive à tous ceux, dont le Païs est ingrat, si ce qu'on dit est vrai, qu'ils y distilent du ris dont ils font du vin plus estimé que celui de Palmier. La Nature cependant qui leur a été si avare en d'autres productions, ne leur a pas épargné les figues, mais des figues d'une énorme grosseur, épaisses comme le bras & longues comme la moitié du bras. Comme dans les grandes & petites Indes ils sont grands amateurs de ce fruit, dont la plûpart se nourrissent, ceux-là n'ont pas lieu de se plaindre. *Mindora* est une grande Ile des *Philippines*, mais on n'en dit ni bien ni mal, sinon qu'elle a une Ville du même nom avec un bon Port. Le détroit qui porte son nom la sépare de la *Manille*. On compte qu'elle a dix-huit lieuës de large sur vingt-cinq de long. Elle appartient aux Espagnols, mais on ne dit pas un mot ni des naturels ni de la nature du Païs. *Cebu* tout au contraire est une petite Ile fort bien cultivée, & dont le nom ne peut périr qu'avec celui du fameux *Magellan* qui l'a découverte & qui y fut tué le 27. Avril, 1521. Elle est entre celles de *Minao* & de *Manille*. Les Espagnols l'ont nommée *los Pindatos*. Ils y ont une petite Ville qui est le siége d'un Evêque suffragant de *Manille*. *Matan* tient encore rang entre les Philippines dont on fait quelque cas. Un Moderne lui donne la gloire d'avoir vu mourir le célèbre *Magellan*, & ne veut pas l'accorder à *Cebu*. Il doute cependant de ce qu'il avance, seulement, dit-il, pour suivre le sentiment le plus commun: & il permet de croire que *Luçon* est la véritable dépositaire des cendres de cet illustre Avanturier. Pourquoi ne pas accorder cette même liberté à l'égard de *Cebu* & en donner le dementi à un autre? Il y a plaisir à combattre contre celui qui s'est déja fait un nom pour faire valoir le sien. *Matan* a dépendu autrefois des Espagnols, mais elle s'est mise en liberté. *Negoati* suit *Matan* comme sa voisine entre celles de *Manille*, & de *Mindanao*. *Masbat* en est une autre qui est située au Midi de la *Manille* & au Couchant de la *Tandaye*; & entre celle-ci & *Masbat* se trouve *Capule* la derniére qui est de quelque considération parmi ce grand nombre d'Iles ramassées ensemble dans l'Ocean Indien, où il faut chercher leur situation.

La véritable situation des Iles Philippines qui font un si grand corps, varie selon les differens sentimens de ceux qui en ont traité. Ils font mouvoir ce puissant Corps d'Iles pour l'avancer ou le reculer comme ils veulent. L'un prétend qu'il est situé au Nord des Moluques & au Midi de la Chine: personne ne lui dispute ce point: entre le 5. & le 50. degré de Latitude Septentrionale, & le 151. & 167. degrez de Longitude. Mais un autre le fait avancer d'un degré & ne lui donne d'étenduë que vingt dégrez de Latitude. Une difference de 15. degrez n'est pas pardonnable à ceux qui ont été sur les lieux, & qui en ont raporté des journaux si pleins d'erreurs auxquels cependant on est obligé de se conformer. Il y auroit moins lieu de s'étonner de cette erreur à l'égard de quelque Ile perduë dans l'Ocean que d'une longue suite d'Iles qui s'étendent dans une plage de 20. à 50. dégrez. Je ne vois qu'un moïen de reconcilier ces deux opinions de 20. & de 50: c'est que l'Auteur qui donne aux Iles Philippines jusqu'à 50. degrez de Latitude depuis cinq, en fait monter le nombre jusqu'à 12000. & que l'autre qui les place entre le quatriéme & le vingtiéme dégrez de Latitude en diminuë le nombre jusqu'à douze cens: il a même retranché les dégrez de Longitude qu'il ne met point ou qu'il a oubliez. Quoi qu'il en soit le Lecteur peut, s'il le juge à propos, se regler sur l'expedient que je lui donne pour accommoder ce differend.

L'air de ces Iles est fort chaud, mais plus dans un tems que dans l'autre, & le plus ou moins de chaleur dans ces Païs, aussi bien que dans la plûpart de ceux qui ne s'éloignent pas de la Ligne, fait toute la difference des saisons. Au lieu d'Hiver ils ont ou une chaleur étouffante, parce qu'alors la Brise ne s'éleve point à son ordinaire, ou des ouragans & des pluïes continuelles. Mais l'Eté est une saison parfaitement délicieuse pour les personnes qui ne vivent pas de leur travail & qui peuvent prendre chez eux le frais qui est très-grand la nuit & fort agreable le jour. Toutes les plantes & les arbres qui ont repris la nuit leur verdeur un peu mortifiée le jour, paroissent tous les matins d'un verd charmant, & l'herbe couverte d'une rosée abondante & cristaline, semble pendant quelque tems avoir au bout de chaque brin, des perles enfilées & luisantes, lorsque le soleil commence à répandre dessus ses rayons. On dit qu'il pleut plus de 4 mois de suite aux Philippines, c'est assez la régle des Païs chauds: mais comment un habile homme peut-il dire qu'il s'en faut bien que le terroir y soit aussi fertile que plusieurs Auteurs se sont imaginé, parce qu'il n'y a ni bled, ni vin, ni olives, ni même aucuns fruits de l'Europe, si ce n'est des oranges? On pourroit raisonner de même de quantité d'Iles dans la même Zone, & dire que ce sont des Païs ingrats, *parce qu'il n'y a ni bled, ni vin, ni olives* &c, & cependant ce sont les meilleurs Païs du monde & les plus fertiles. C'est comme si quelque habitant des Philippines assuroit que la France ou l'Angleterre sont des terres maudites, parce qu'il n'y a ni vin de Ris, ni de Palmier, ni Figues &c. Ils auroient autant de raison que celui qui prétend que les Philippines ne sont pas une terre féconde par la raison qu'il apporte. Si on les considére ne formant toutes qu'une grande & vaste terre, on verra que c'est comme dans les Roïaumes d'une grande étenduë, où il y a des Provinces plus ou moins fertiles. Il est difficile de croire que dans une si grande multitude d'Iles qui contiennent tant de Païs, il n'y en ait pas de fort abondantes, non en vin, ni en bled ni en olives, mais en coton, en cire, en miel & en sucre qui y est, de l'aveu du même Auteur, à si bon marché, que depuis que les Espagnols y ont bâti des moulins pour en faire, on en a vingt-cinq livres pour vingt sols. Cette commodité n'est-elle à compter pour rien? & en ajoûtant qu'il n'y a presque point d'arbres dans ces Païs qui ne soient propres à confire, n'a-t-on pas de quoi faire le regal des palais les plus délicats? S'il n'y croît pas du Champagne ni du Bourgogne, vous y avez en récompense d'excellens vins de Ris & de Palmiers, j'entens pour ceux qui n'en connoissent point d'autres. Mais de plus les Espagnols y ont transporté du Froment, de l'Orge, du Millet, & des Vignes qui y viennent, dit-on, fort bien. On assure qu'il y a un grand nombre d'animaux domestiques & sauvages, & que les vivres y sont à un plus bas prix que dans beaucoup d'autres Iles. Elles ont aussi du Poivre, du Gingembre, de la Canelle, &

du Safran. Il ne faut point douter qu'il n'y ait dans les forêts des Perdrix, des Ortolans, des Ramiers sauvages & quantité d'autre gibier qui foisonne ordinairement dans ces sortes de Païs, avec d'excellent Cochon sauvage provenu des Cochons dont les Espagnols ont pourvu les Iles qui ont été à eux. On parle beaucoup des Crocodilles, & des Serpens des Philippines, aussi bien que d'un sorte de poisson qu'on voit sur la Côte, que les Orientaux nomment *Poisson-femme* & que nous apellons Sirenes. Les Habitans des Philippines sont idolâtres, à la reserve de quelques-uns qui ont été convertis; d'ailleurs ils sont assez spirituels, & bien faits de Corps, mais tout l'avantage qu'ils ont du côté de l'Esprit & du Corps est emploïé à la ruse & à la fainéantise dont ils sont grands amateurs.

Des Iles Moluques.

LEs Moluques sont un autre grand Corps d'Iles situées dans l'Ocean Oriental. Il est bien certain qu'elles sont sous la Ligne au Midi des Philippines & au Levant de celles de la *Sonde*: mais pour leur situation, on ne voit pas qu'on en ait encore pris ni en général ni en particulier la Latitude non plus que la Longitude qu'on passe sous silence & que j'ômettrai aussi par cette raison. Il ne fait sans doute pas froid dans ce Païs-là, mais fort chaud; à quoi cependant la Providence a pourvu par la fraîcheur des vents, de la rosée, & des montagnes, communes à toutes les Iles de cette Zone & dont les *Moluques* ont leur portion. Ce seroit aussi parler improprement que de dire qu'elles ne sont pas fertiles; car une terre qui produit du Girofle, de la Muscade & du Ris en abondance, sans compter les fruits, les animaux, le gibier & le poisson dont elle est pourvue comme les autres des Indes, ne peut pas être apellée ingrate à moins d'être insensible à tous ces biens dont Dieu l'a favorisée. Les Hollandois, qui en tirent des revenus immenses ne traiteront pas les Moluques d'un Païs stérile. C'est ce qu'on peut dire de ces Iles prises en gros. Pour en juger comme il faut, il est nécessaire de les distinguer en petites & grandes, & diviser les grandes en pelotons, parce qu'il y en a plus des derniéres que des autres.

Des petites ou vraïes Moluques.

LEs petites Moluques, qui donnent le même nom aux plus grandes, sont fort peu éloignées les unes des autres, & d'une très-petite étendue. A la reserve d'une seule, elles sont sujettes au Roi de *Ternate*, mais on peut dire que les Hollandois en sont les Maîtres. Ils laissent aux autres les honneurs de la Roïauté, pourvu qu'ils restent dans leur indépendance, & qu'ils fassent eux seuls le commerce de tout ce qu'il y a de meilleur dans le Païs: ces Iles sont cinq en nombre. La premiére s'apelle *Ternate* & n'a que dix ou douze lieuës de circuit, mais elle est d'une grande richesse; puisqu'elle abonde en épiceries, & sur tout en Girofle. Elle fait aussi partie du Roïaume de *Ternate*, dont le Roi a son séjour à Malayo. Quelques-uns disent que ce Roi a plus de soixante Iles sous sa domination; entr'autres les Iles de *Ternate*, de *Motir*, de *Machian*, une partie de *Gilolo* lui obéïssent. Cependant tout grand Roi qu'il est, les Hollandois en font ce qu'ils veulent. Ils sont les Maîtres de sa residence, & le Roi a été obligé de leur céder *Ternate* dont il porte le nom, & où ils ont quelques Forts.

Tidor est une autre Ile des petites Moluques, entre celles de *Ternate* & de *Motir*. Elle posséde encore le riche trésor des épiceries. Les Hollandois y ont la forteresse de *Mariéco*, mais l'Ile demeure sous l'obéïssance d'un Roi particulier. Elle a une Ville de même nom que les Européens ont donné à l'Ile, quoique les Insulaires l'apellent *Tadura*. *Motir* fait la troisiéme, sa situation est entre *Tidor* & *Machian*. Son circuit n'est que de cinq ou six lieuës. Elle n'est considérable que par le Fort de *Nassau* que les Hollandois y ont fait bâtir, après s'en être rendus Maîtres, en la Place d'un Roi qui la possedoit. Il ne faut pas douter que l'agréable odeur du Girofle ne les y ait attirez, & que cette Ile n'en soit aussi bien pourvue que les autres. *Machian* est une quatriéme petite Moluque qui en est aussi très-bien partagée. On la place sur la Côte Occidentale de l'Ile de *Gilolo*, fort près de l'Equateur. Douze lieuës de circuit est tout ce qu'elle peut avoir. Les richesses qu'elle contient dans une si petite étenduë sont gardées par les Forts de *Mauritio*, de *Tabillola* & de *Nahacao* que les Hollandois y ont fait faire. *Bachian* fait la cinquiéme semblable aux autres pour sa petitesse & sa fertilité en épiceries. Elle comprend sous elle plusieurs autres Iles voisines qui portent toutes son nom. Elle a cela de particulier que plusieurs caneaux la traversent, & forment autant de petites Iles. Elle a aussi une ville capitale de son nom, avec le Fort *Barnewelt* que les Hollandois occupent. D'autres mépriseroient ces petites Iles & ne daigneroient pas d'en parler, mais outre que le dessein de ces Dissertations est de suppléer, autant qu'il est possible, aux ouvrages de cette nature, j'ai cru que ces Iles, toutes petites qu'elles sont, méritoient bien d'être remarquées en particulier. Ce n'est pas le grand terrain qui fait la richesse de celui en est le maître, mais le fond, & la nature des choses qu'il produit. Quatre cens pas en quarré semez en bled ou plantez en vignes ou autrement ne rendent pas le Propriétaire bien riche. Mais autant de terre plantée en cannes de Sucre, avec de bons Négres & plusieurs moulins, suffit pour donner à un homme un revenu de dix ou douze mille florins. Si c'est de l'Indigo qui est semé dans cette terre elle produira davantage. Sur ce pié, la Muscade & le Girofle qui croît dans ces petites Iles doivent râporter des richesses immenses. Ces terres sont préférables à des mines d'or où l'on emploïe beaucoup de travail & de monde avec de grands frais pour en tirer du profit; au lieu que ces plantes viennent plus qu'on ne veut & qu'il faut les éclaircir pour qu'elles ne soient pas étouffées ou qu'elles ne fassent pas de tout le Païs une forêt. Les Hollandois qui ont le goût aussi fin qu'il y ait Peuple dans le monde, ont fait il y a longtems cette reflexion, & ils s'en sont bien trouvez. Ils n'ont pas négligé ces petits endroits reculez; & quoiqu'ils n'en aïent pas fait les premiers la découverte, ils en ont mieux connu la valeur qu'aucun de ceux qui les y avoient précédez. Ils ont profité de la négligence des autres qui ne méritoient pas de retenir des Trésors dont ils connoissoient si peu le prix.

Des grandes Iles Moluques.

MAintenant pour ce qui est des grandes Iles Moluques, elles sont en si grand nombre, que nous sommes obligez de partager ce grand Corps d'Iles en plusieurs petites, mettant à la tête la plus considérable avec quelques autres dont elle est environnée. *Célébes* est la principale de toutes celles qui sont apellées Iles *Célébes* ou de *Macassar*, faisant partie de l'Archipel des Moluques avec lesquelles on les joint. Elle mérite le premier rang pour sa grandeur qui contient 150. ou 200. lieuës du Septentrion au Midi, & 68. ou 80. du Couchant au Levant. On ne la divise plus en 6. Roïaumes comme on faisoit autrefois, car les Auteurs modernes ont jugé à propos de n'en faire que deux des six, sans nous dire ce que sont devenus les quatre Rois qui régnoient, ou quels ont été les Conquérans de leurs Roïaumes. Je croi qu'il vaut mieux avouer qu'on n'a connoissance que de ces deux, qui sont le

Roïaume de *Célebes* & celui de *Macassar*. Dans celui de *Célébes* on y trouve la Ville de ce nom Capitale, avec *Mandar*, *Madona*, *Totoli* & *Munada*, dont on ne dit que le nom : ce qui feroit croire que toutes ces Villes sont supposées. Pour ce qui est de *Célébes* on la met sur la Côte Occidentale de l'Ile.

Le Roïaume de *Macassar* paroît un peu plus connu. On parle de son Roi comme d'un Prince assez puissant, de la Religion Mahométane. La Ville capitale a le même nom de *Macassar* : elle est accompagnée de plusieurs autres, comme *Cion*, *Tabuco* & *Bantachia*, mais il est bien difficile d'en trouver quelque chose dans les Auteurs : si ce n'est que *Bantachia* est située sur le bord Occidental du Golfe de *Macassar*, & que *Jompandanqui* avec sa Forteresse est aux Hollandois. Eux & les Anglois fréquentent beaucoup les Côtes Méridionales de cette Ile, dont ils tirent de l'Or, de l'Ivoire, du bois de Sandal & du Coton. Ce Païs est très-fertile en Ris, Palmiers, Cocos, Figues & autres fruits. Les habitans suivent la Loi de *Mahomet* avec tant d'exactitude, qu'ils n'osent pas même boire du vin de Palmier. On dit qu'ils ne portent point d'habits, & qu'ils cachent seulement par pudeur ce qui leur a donné la vie ; mais je ne croi pas qu'on parle de ceux qui habitent dans les Villes ; car quoi qu'on en voie quelquefois passer par les Villes des Chrétiens de ce Païs, je n'ai point encore lu qu'il y eût de Ville habitée par des hommes nuds. Cette Ile a pour voisines celles de *Salaye*, *Cabona*, *Bouton* ; mais elles ne meritent pas qu'on en parle.

Gilolo tient la seconde place entre les grandes Iles *Moluques*. On lui donne 250. lieuës de tour & 100. du Septentrion au Midi, de même que du Couchant au Levant. Elle est formée de 4. Presqu'Iles, dont l'une est tournée vers le Nord & les trois autres vers le Levant. La plus grande partie appartient au Roi de *Gilolo*, les Rois de *Ternate* & de *Loloda* ont aussi chacun la leur : & les Sauvages habitent le reste, à la réserve de quelques places qui appartiennent aux Hollandois & aux Espagnols. Les habitans de ce Païs ont une fort grande commodité, qui est de tirer leur pain, leur vin & des étoffes d'un arbre qu'ils apellent Sagous. La Ville Capitale du même nom est située sur la Côte Occidentale de cette Ile. Quelques-uns l'honorent de trois autres Villes, savoir *Cuma*, *Maro* & *Tolo*. C'est à ceux qui les ont découvertes, à nous apprendre quelle est leur situation. D'ailleurs *Gilolo* se trouve toute seule, faute de quelcune qui l'accompagne. *Amboine* n'est pas si grande que la précédente ; puisqu'elle n'a que 16. ou 24. lieuës de tour, mais elle a de quoi la rendre considérable. Elle donne son nom à plusieurs petites Iles voisines, qu'on apelle les *Ambones*. *Antonio Abro* Portugais la decouvrit l'an 1515. & ceux de sa Nation l'ont conservée jusqu'à 1603. Ce fut Etienne *Verhagen* Hollandois qui les en chassa : les Espagnols les traiterent de même en 1620. mais les Hollandois la reprirent & s'y établirent en 1655. ils la tiennent à présent bien gardée de trois Forts, l'un, qui sert de Citadelle à la Ville d'*Ambone* Capitale de l'Ile, se nomme *Victoria*. C'est le plus considérable des trois & passe pour le meilleur établissement que les Hollandois aïent dans les Indes après *Batavia*. Il est toûjours muni de soixante piéces de Canon avec une Garnison de six cens hommes : les deux autres portent le nom de *Hiten* & de *Low*. On trouve dans les Iles voisines nommées les *Ambones* une grande abondance de Cloux de Girofle. *Ceram* peut aussi passer pour une des grandes Iles *Moluques*. Elle est au Midi de celle de *Gilolo* & au Couchant de la Terre des *Papous*. Sa richesse consiste en épiceries dont elle est assez bien pourvuë. Il y a dans cette Ile un Roi particulier qui est Allié ou Tributaire des Hollandois. Ceux-ci ont un Fort dans la principale Place nommée *Cambello*, & que le Fort commande aussi bien que le port de la Ville qu'on dit être bien peuplée de même que le reste de l'Ile. Je joindrai à cette Ile la Terre des *Papous*. Elle n'est apellée Terre que parce que plusieurs croïent qu'elle est jointe à la Nouvelle Guinée : mais si elle en est séparée, comme d'autres l'assurent, par un petit détroit, on la peut bien ranger entre les Moluques & la faire aller de compagnie avec sa voisine la précedente, jusqu'à ce qu'on en soit mieux informé.

On ne parle que de la fidelité & de la valeur des Habitans de ce Païs. Ce n'est pas la derniére qualité qui les distingue des autres Peuples, dont il y en a sans doute aussi vaillans que les *Papous*. Les Anglois seroient les premiers à leur disputer la gloire d'être les plus braves gens de l'Univers, & ils ne manquent pas d'Auteurs qui les confirment dans cette bonne opinion. Mais pour la fidelité la Terre des *Papous* est bien heureuse que cette qualité se trouve parmi ses habitans. Ils peuvent se vanter d'un merite qui est bien rare par tout ailleurs : il seroit à souhaiter que cet heureux Païs ne fût pas si éloigné, afin que par la communication de ses habitans, la fidelité se répandît un peu plus sur tout le reste de la Terre.

Il se presente encore dans la Mer des Indes & parmi les *Moluques* un autre petit Corps d'Iles qui portent toutes le nom de *Banda* qui en est la plus renommée. Elle n'a pourtant que trois lieuës de long & une de large : mais on peut dire qu'il n'y a pas un arpent de terre qui ne soit d'un prix fort considérable ; puisque cette Ile est toute couverte de Muscadiers, qui croissent aisément, & qui sont en tout tems chargez de fleurs & de fruits verds & mûrs. Un verger planté de ces arbres a de quoi satisfaire l'homme tout entier, non seulement par la richesse du fruit qui seul peut fournir aux autres besoins de la vie, mais encore par son odeur & sa beauté. Il n'y a, dit-on, que l'Ile *Bandà* qui possede dans le monde ces sortes de richesses avec ses voisines qui jouïssent de l'avantage d'être fecondes en un fruit aussi précieux. Ces Iles en ont quatre autres au Nord : l'une se nomme Puloway, dont les Hollandois sont les Maîtres : ils y ont le Fort *Revenge*. Une autre s'apelle *Puloron* ou *Pulorin*, qui est au Couchant de celle de Gumanapi, & dependante des Anglois. *Néra* fait la troisiéme au Nord de celle de *Banda*. Elle a les Villes de *Néra* & de *Labetack*, où les Hollandois ont le Fort *Nassau* & le *Belgique*. *Gumanapi* est la derniére remarquable, non par les biens qu'elle raporte, mais par une montagne aux pieds de laquelle elle est située, & qui empêche sa fecondité par les flammes qu'elle vomit. Les Habitans de ces riches Iles sont Mahométans & jouïssent longtems d'une parfaite santé. S'ils sont redevables de cet avantage à l'air embaumé de l'odeur des Noix Muscades, c'est du moins le seul qu'ils en tirent ; car ce fruit seul ne pouvant fournir à tous leurs besoins, ils sont obligez de le troquer souvent pour des choses de peu de valeur : semblables en cela au Coq de la Fable qui donne son rubis pour un grain de blé. Ils cherchent l'utile & n'ont pas tort : mais les autres en profitent, & parmi ceux-ci, les Hollandois sont ceux qui y gagnent le plus.

Timor est le dernier peloton d'Iles dont il nous reste à parler : on y joint *Flores* & *Terralta*. L'Ile de *Timor* est placée sous le dixiéme degré de Latitude Méridionale. Sa longeur est à peu près de soixante lieuës sur quinze de large. Quoique ses productions ne soient pas si estimables que celles des Iles de *Banda*, elle ne laisse pas d'avoir abondance de choses fort nécessaires. Outre les Grains & les Fruits qu'elle donne à ses Habitans, elle remplit encore tout le Monde de son Sandal blanc, aussi bien que du jaune. Elle n'est pas la seule qui en produise, mais il en croît une si grande quantité en ce Païs-là qu'il y en a des forêts entiéres. Le bois de Sandal est d'une vertu qui ne peut pas être connuë à ceux de cette Ile. Il en est de cette production comme de toutes les autres de quelque valeur dans ces sortes de Païs. Les habitans sont ceux qui en tirent le moins de service, & il semble que ce ne soit pas pour eux que la Nature l'y ait produit. Ils ignorent même diverses autres choses plus communes, puisqu'on assure que ceux de cette Ile n'ont l'usage du feu que depuis quelque tems. Sans trop approfondir dans les secrets de la Providence qui ne fait rien par hazard, ne peut-on pas dire qu'elle fait naître de si riches productions parmi des Peuples ignorans, ou des Peuples ignorans au milieu des biens qu'ils ne connoissent point, pour y attirer les plus éclairés & s'en servir pour instruire & humaniser les autres ? Si néanmoins le Commerce des derniers avec les premiers n'a pas encore eu grand succez, depuis qu'on a trouvé le chemin de pénétrer jusques chez ces Peuples Barbares, c'est qu'il faut plusieurs siécles pour faire changer des Nations : outre que c'est le moindre soin de ceux qui y vont, qui n'ont en cela d'autre vuë que de faire valoir leur Commerce.

CARTE DES ANTILLES FRANÇOISES ET DES ISLES VOISINES
DRESSÉE SUR DES MEMOIRES MANUSCRITS.

Tom. VI. N.° 35. Pag. 254.

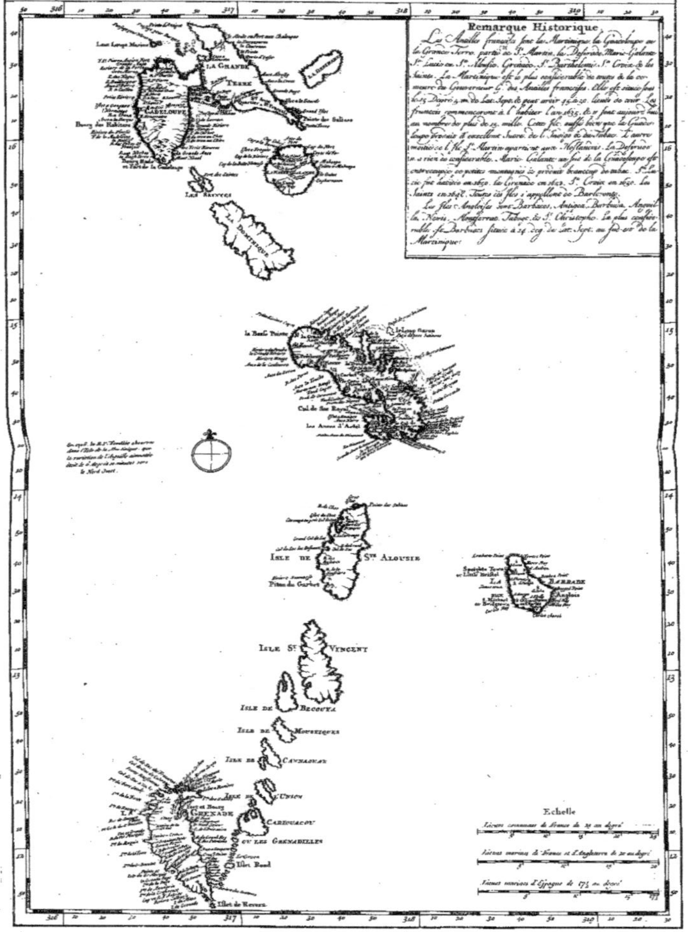

DISSERTATION GENERALE SUR LES ANTILLES, Et premiérement, DE L'ILE St. CHRISTOPHE.

Chacun fait que les *Antilles* sont ainsi nommées, parce qu'elles sont les premiéres que l'on rencontre quand on fait le voïage de l'Amerique, & que, composant avec les autres, parmi lesquelles elles sont mêlées, comme une barriére oblique, elles ferment en quelque façon le Golfe du Mexique dont elles couvrent toute l'étenduë.

L'Ile St. Christophe est la Capitale de toutes les Antilles, & la demeure du Lieutenant Général du Roi de France, pendant qu'elle étoit en son pouvoir. Elle est située sous le dix-septiéme degré trente minutes de Latitude Septentrionale, ce qui fait qu'étant plus proche du Nord que la Martinique & la Guadeloupe, elle se ressent moins aussi des ardeurs brûlantes qui regnent dans les Païs voisins de l'Equateur. Mais si l'air y est si temperé que quelques-uns l'ont nommée l'Ile douce, elle est d'ailleurs beaucoup plus tourmentée de ces furieux ouragans qui ne sont que trop frequens en ce Païs-là. La commune opinion est que Christophe, Colomb lui a donné son nom, quoique les simples se persuadent qu'on lui a imposé le nom de St. Christophe à cause que du milieu de cette Ile on aperçoit une petite montagne sur la croupe d'une autre beaucoup plus élevée qui semble la porter sur son dos, comme les Peintres représentent JESUS-CHRIST sur les épaules gigantesques de St. Christophe: mais chacun voit le ridicule de cette opinion qui ne laisse pas d'avoir ses Sectateurs.

Cette Ile a tout au plus vingt lieuës de circuit, on en croit le milieu inhabitable à cause des rochers & des hautes montagnes qui sont separées les unes des autres par des précipices afreux. Presque tout le reste du Païs s'étend doucement vers la Mer, découvrant un assez beau paysage, coupé en quelques endroits de ravines, qui n'empêchent pourtant pas qu'on ne fasse le tour de l'Ile à cheval. On y recueilloit autrefois beaucoup de Tabac & de Gingembre; mais depuis longtems le Roi T. C. avoit défendu de faire du Tabac à St. Christophe; on a interrompu d'y planter du Gingembre, parce qu'il n'avoit plus de prix, & l'on n'y plantoit depuis que des Manjoncs, des Patates & des Canes, le reste du Païs étant mis en Savannes pour nourrir le bétail. De sorte que quand on a coupé les cannes & qu'on y a mis le feu, toute l'Ile ressemble à un desert.

Elle est arrosée de plusieurs Riviéres qui descendent des montagnes, & qui fournissent de très-bonnes eaux. Les François n'en sont pas si bien pourvus que les Anglois, qui ont les plus grandes Riviéres dans leur partage: & c'est une des plus grandes peines des François, particuliérement dans le quartier de la basse terre, où presque tout le bétail mourroit dans la grande sécheresse, sans la fontaine du Château qui est intarissable, & où l'on vient de tous les côtez abreuver les chevaux & les boeufs.

Cette Ile, comme on vient de l'insinuer, étoit occupée par les François & par les Anglois, chaque Nation aiant deux quartiers principaux, où l'on avoit élevé des Forts & des Corps-de-garde, environnez seulement de quelques palissades & terrasses. Quelques-uns ont des fossez, mais la plûpart n'en ont point, & il n'y avoit du canon que dans ceux qui commandent les Rades. Quoiqu'on ait été longtems sans y avoir de Bourg ni de Ville close, non plus que dans les autres Iles, il y avoit néanmoins en 1667. un petit Canton proche du Fort, appellé les Magasins, où l'on trouvoit plusieurs cases, les unes faites de briques, les autres de charpente, & couvertes de tuiles, & les autres couvertes de feuilles, de cannes & de branches de palmier. C'est-là que les Marchands vendent leurs denrées. La grande Case, ou le Magazin du Général étoit fort propre: elle servoit de sale du Conseil, & c'est-là que le Général se reposoit lorsqu'il descendoit au Fort. Plusieurs Artisans & Vivandiers s'étoient venus placer en cet endroit, de sorte qu'avec le tems il auroit pu s'y former un Bourg. Mais toute l'Ile a été cédée aux Anglois par l'Article XII. du Traité d'Utrecht.

Il y quatre Eglises ou Chapelles dans les deux quartiers des François, qui ont été desservies par les Capucins jusqu'en l'an 1646. qu'ils en furent chassez. Les Jesuites remplirent leur place, & quelque tems après on y fit venir des Carmes Reformez de la Congregation de Bretagne. Les Jesuites n'avoient qu'une Eglise dans la basse-terre, mais les Carmes en avoient trois, outre lesquelles il y avoit deux Cha-

Chapelles, & un Hôpital pour les pauvres malades. Ils étoient servis par cinquante Esclaves qui leur avoient été donnez pour cet effet.

La plus belle maison de l'Ile étoit le Château du Général François, bâti en 1640. par Mr. de Poincy qui l'étoit alors. Il étoit composé de quatre étages de sept ou huit toises de largeur, surmontez d'une plate-forme à la mode d'Italie de trente-six piés d'élevation du rez de chaussée en haut. L'on voïoit dans la basse-cour le petit Arsenal bâti de brique, & quelques petits bâtimens, qui servoient à loger les Domestiques : la Chapelle n'étoit que de charpente. C'étoit le logement de Mr. de Denambuc, & de Mr. de Poincy même, avant que le Château fut bâti. Le quartier des Négres, apellé la Ville d'Angole, étoit à l'un des côtez du Château : & un peu audessus, il y avoit plusieurs maisons de pierre, & de briques, où M. de Poincy entretenoit quantité d'Artisans, comme Corroyeurs, Serruriers, Massons, Tailleurs & autres.

Le bois y est maintenant aussi rare, qu'il y a été autrefois en abondance, & il apporte aujourd'hui autant de profit, qu'il causoit d'incommodité, lorsque les Habitans étoient obligez de le couper, pour étendre, & pour cultiver leurs terres. Dès l'année 1658, quelques-uns étoient obligez d'en envoïer querir avec des chaloupes dans l'Ile de Sabat, & l'on ne doute point qu'ils ne souffrent beaucoup à l'avenir par la disette du bois, dont on a fait de si prodigieux dégats dans les commencemens. Il est vrai que l'on se sert maintenant des cannes de sucre, après qu'elles ont passé par le moulin, pour faire bouillir les deux premiéres chaudiéres; mais comme la troisiéme a besoin d'un feu plus vif, le bois y est absolument nécessaire.

Pour ce qui est des saisons de ce Païs-là, elles y sont très-différentes de celles de l'Europe, soit dans leurs causes soit dans leurs effets. Car l'Eté qui est ici causé par la presence du Soleil, est là causé par son éloignement, & au contraire sa presence y fait l'Hiver. De sorte que quand cet Astre vient à s'éloigner de la Ligne & à tirer vers le Tropique du Capricorne, pendant tout le tems qui se passe jusqu'à son retour, (ce qui dure pour l'ordinaire depuis le mois de Novembre jusqu'au mois d'Avril) il ne paroît presque point de nuages dans l'air, & il ne s'éleve que fort peu de vapeurs & d'exhalaisons. L'air demeure tellement épuré, si sec & si serain, que l'on peut non seulement regarder fixement le Soleil couchant & levant durant un assez longtems, mais encore voir le déclin & le croissant de la Lune en un même jour. Que si les jours sont chauds & secs, les nuits sont froides & humides à proportion : si le Soleil par sa chaleur a ouvert les pores de tout ce qui est sur la terre, la nuit les resserre par sa fraîcheur, & épaissit tellement l'air, qu'elle le résoud, & le fait distiler en une rosée très-abondant & si subtile, que trouvant les pores ouverts, elle s'y insinuë & les pénétre fort avant. De là vient la corruption & le peu de durée de tout ce qui est sous la Zone Torride. De là le nombre infini de vers qui se trouvent dans les bois, & cette multitude d'insectes qui font une des principales incommoditez de ces Iles.

Il n'y pleut presque point pendant tout le beau tems, ce qui fait nommer cette saison l'Eté; quoiqu'il cause beaucoup d'effets presque semblables à ceux que l'Hiver produit en Europe. Cette grande sécheresse fait que les arbres, qui ont les feuilles tant soit peu tendres, se dépouillent alors de leur verdure : que les herbes sont comme grillées sur la terre : que les fleurs baissent la tête & se flétrissent ; & que si la plûpart des arbres n'avoient la feuille forte comme le Laurier, l'Oranger, le Buis & le Hou, qui demeurent toûjours verds malgré les injures du tems, tout le Païs deviendroit en Eté aussi triste que la France l'est au cœur de l'Hiver.

Mais quand le Soleil a repassé la Ligne & qu'il commence à s'aprocher du Tropique du Cancer, il fait lever, tant de la Mer que des lieux marécageux, une grande quantité de vapeurs, d'où il se forme de grands & effroïables éclats de tonnerre qui pourtant font pour l'ordinaire beaucoup plus de bruit & de peur que de mal. Quand le Tonnerre vient à cesser, le tems se met tout d'un coup à la pluïe, qui dure quelquefois huit, dix, douze & quinze jours sans interruption. Ces pluïes refroidissent tout le Païs, & c'est ce qui fait appeller cette saison l'Hiver, qui dure sept mois, pendant lesquels il ne se passe quelquefois pas un jour sans pleuvoir. Cette saison ne manque pas d'exciter au commencement grand nombre de maladies, particuliérement des fievres, des catarres, des douleurs de dents, des apostumes, des ulceres, & autres incommoditez semblables. Mais elle produit d'ailleurs des effets bien differens de ceux que l'on voit l'Hiver en Europe. Car dès les premiéres pluïes, pour peu qu'elles soient abondantes, tous les arbres verdissent & reprennent leur premiére beauté. Les forêts se remplissent d'une odeur si douce & si agréable, qu'elles répandent au loin leur parfum dans les champs. Les prés se revêtent d'un nouveau tapis verd, les fleurs renaissent par tout sur la terre, & les Iles ressemblent à un jardin délicieux ; il est vrai qu'on s'y mouille & qu'on ne peut guéres sortir par cette raison; mais cette pluïe est si douce, qu'on la préfere incomparablement aux brûlantes ardeurs de l'Eté. Alors tous les animaux, qui s'étoient retirez dans le creux des rochers & sous les antres des montagnes, descendent dans la plaine, & viennent augmenter le nombre de ses habitans. On y voit force Lezards, Serpens, Couleuvres & autres reptiles, qui quittent leur vieille peau pour en reprendre une nouvelle : dangereux compagnons de ces Habitations, dont la Colonie se passeroit volontiers. De même les poissons, qui, durant la sécheresse, gagnent la pleine Mer, se raprochent des côtes en Hiver & entrent dans les Riviéres, en sorte qu'il n'y a que les paresseux ou les mal-adroits qui manquent d'en pêcher abondamment. La Tortuë, le Caret, & la Caouanne terrissent alors en si grande quantité, qu'après en avoir fait bonne chere pendant tout ce tems-là, on en peut faire encore une ample provision pour l'arriere-saison.

DE LA GUADELOUPE.

CEtte Ile, ainsi nommée à cause de la bonté de ses eaux, prend, dit-on, son étymologie, d'un commun Proverbe des Espagnols, qui, pour exprimer une chose excellente, lui donnent le nom d'un ancien & fameux Auteur nommée *Lopez*; de sorte que *l'Agua de Lopez* vaut autant à dire, que *les meilleures eaux qui se puissent trouver*. En effet, les Flotes d'Espagne en allant aux Indes, étoient obligées autrefois par Arrêt du Conseil Général, de prendre des eaux dans cette Ile, & l'ont toûjours fait jusqu'à ce qu'elle ait été habitée par les François. D'autres disent, avec plus de vraisemblance, que les

les Espagnols l'ont ainsi nommée, à cause de sa ressemblance avec les montagnes de Notre Dame de la Guadeloupe en Espagne.

Quoiqu'il en soit, cette Ile est située à seize dégrez ou environ de la Ligne Equinoxiale vers le Nord. Elle se divise en deux parties, séparées par un petit bras de Mer que l'on nomme la Riviére *Salée*, qui, faisant communication de la Mer qui regarde l'Orient de cette Ile, avec celle qui regarde l'Occident, partage toute la Guadeloupe en deux terres, dont une partie s'appelle *la grande*, qui n'a été cultivée que de fort peu de François, & seulement pour en conserver la possession. L'autre, qui est proprement appellée la Guadeloupe, est la plus belle, la plus grande, & la meilleure de toutes les Antilles. Son étenduë, depuis le Fort Roïal qui est à la pointe Méridionale, jusqu'à la pointe du petit Fort qui regarde le Nord, est d'environ vingt lieuës, & de cette pointe, jusqu'au Fort de St. Marie qui est la pointe Orientale de l'Ile, il y a environ douze ou quatorze lieuës au plus, & dix ou onze jusqu'au Fort Roïal; ce qui lui donne ensemble quarante-quatre ou quarante-cinq lieuës de circonference.

Elle se subdivise encore, pour me servir des termes du Païs, en *Cabsterre*, & *Basseterre*. Cabsterre, ou Cap de terre, qui est la partie la plus élevée, est aussi celle qui fait face au vent d'Orient en Occident, & celle qui est au dessous du vent, se nomme Basseterre, quoique pour l'ordinaire elle soit plus haute & plus montagneuse que l'autre. La premiére, plate & unie, est longue de sept à huit lieuës, large de trois en divers endroits, & habitable par tout. Plus loin est une terre que l'on avoit cru inhabitable, à cause d'un certain Piton, comme l'appelle l'Auteur que je suï, en forme de pain de sucre, qui s'éleve au dessus des nuës, & duquel, entre deux Riviéres qui n'ont qu'une bonne lieuë de distance, coulent treize ravines accompagnées d'autant de petits Monts dont quelques-uns sont de très-difficile accès.

Le terrain qu'on donne pour chaque Habitation, est appellé *Etage*: il est de cent pas de large sur mille de long, & cette longueur est ce qu'on appelle *Chasse*. De la Riviére nommée *le petit Carbat* jusqu'à la grande anse, on peut prendre de côté & d'autre plusieurs belles habitations; mais on n'y peut guére trouver que deux étages, & même dans la grande anse, il y en a plusieurs qui n'ont pas leur chasse entiére de mille pas. Elles sont bornées pour la plûpart par de hauts rochers ou par des montagnes. Tout le cœur de l'Ile n'est aussi composé que de rochers afreux & de précipices épouvantables; mais les côtes sont très-belles, & c'est aussi ce qui est le plus habité.

Pour revenir à ce que nous avons dit de ses eaux, il est certain, assure mon Auteur, qu'il n'y a point de terre dans le Monde plus utilement & plus agréablement arrosée de belles & bonnes Riviéres, la Guadeloupe en aiant plus de cinquante, dont plusieurs peuvent porter bâteau, une, deux, & trois lieuës avant dans les terres. Il y a plusieurs belles fontaines, qui tombent des rochers, & qui, après avoir agréablement serpenté en mille endroits, se vont perdre dans les plus grandes Riviéres. Comme le milieu de l'Ile est extrêmement haut, la plûpart de cet Riviéres ne sont, à proprement parler, que des torrens, qui se précipitent avec impétuosite dans la Mer: & c'est une chose épouvantable, continue l'Historien que je copie, de les voir dans leurs débordement. On les entend, dit-il, descendre d'une bonne lieuë, grondant comme des tonnerres. Elles s'enflent en un moment de plus d'une pique de hauteur, fument, brouënt & écument de toutes parts. Elles entraînent les plus gros arbres des forêts, & roulent une si grande quantité de rochers, qu'elles en font de petites montagnes à leur embouchure; & ce roulement de roches fait un si grand tintamarre, que quoiqu'il tonne effroïablement, on n'entend point les coups de tonnerre. Voilà une peinture afreuse & capable de dégouter pour jamais de la Guadeloupe. Mais comme si notre Auteur avoit prévu cet effet de sa narration, il y remedie aussi-tôt en y mêlant un tableau plus agréable. Je confesse, dit-il, que je n'ai point goûté de plus grandes delices en ce Païs-là, que celle de me reposer à la fraîcheur sous les arbres le long de ces belles Riviéres; car comme elles laissent après ces débordemens des millions de roches (dont quelques-unes ont six piés de diamétre) en confusion, on y entend, outre le murmure agréable du grand Canal mille petits gazouillemens differens qui charment plus agréablement l'ouïe, que les plus excellentes musiques. Il n'y a rien aussi qui contente plus la vuë, que de considerer ces petits ruisseaux, d'une eau plus claire que le cristal, s'entrelasser au travers de toutes ces roches. L'on ne sauroit faire cent pas dans l'une de ces Riviéres qu'on n'y trouve quantité de beaux bassins où l'on se peut baigner à l'ombre dans de très-belles eaux. Pour ce qui est de leur goût, ajoute-t-il, il suffiroit de dire que ce sont des eaux de roches; mais j'encheris encore là-dessus en disant qu'on en peut boire tant qu'on veut sans jamais s'en trouver mal. En un mot, ces Riviéres sont autant de Paradis terrestres, où tous les sens goûtent innocemment les plus délicieux plaisirs dont ils sont capables dans leur pureté. Voilà ce qui s'appelle broder agréablement un assez mauvais canevas; mais je doute que le bon Pere qui s'égaye dans ce récit, attire jamais personne à la Guadeloupe sur tout par le plaisir d'y boire tout son saoul de ses belles & bonnes eaux.

Pour ce qui est des autres utilitez du Païs, on en peut juger par ce que nous avons déja dit des Antilles en général, & par ce qui nous reste encore à dire. Je passe à la Martinique dont un autre Auteur nous donne la description que voici.

DE LA MARTINIQUE.

Elle est située à quatorze dégrez & trente minutes en deçà de la Ligne, & peut avoir environ quarante-cinq lieuës de circuit. Les François & les Indiens l'occupent & l'ont tenuë assez longtems ensemble en bonne intelligence; mais une rupture survenuë entre les deux Nations, a porté les Barbares à faire plusieurs fois des ravages sur les terres des François: en sorte que ni la hauteur des montagnes, ni la profondeur des précipices, ni l'horreur des vastes & afreuses solitudes, qu'on avoit regardées jusqu'alors comme un mur impénétrable, ne les ont point empêché de venir fondre sur les quartiers des François, & de porter jusqu'au milieu de quelques-unes de leurs habitations le fer, le massacre, & tout ce que l'esprit de vengeance leur a pu dicter de plus cruel.

On parle diversement des sujets de cette rupture. Les uns l'attribuent au déplaisir que quelques Caraïbes ont conçu de ce qu'on ne leur a pas tenu la promesse qu'on leur avoit faite de leur donner des mafmarchandises en compensation des Iles de la Grenade & de St. Alousie où l'on a établi des Colonies Françoises contre leur gré. Les autres disent qu'ils ont été incitez à prendre les armes pour venger la mort de quelques-uns de leur Nation habitans de l'Ile de St. Vincent, qu'ils prétendent être péris après avoir bu de l'eau de vie empoisonnée qui leur avoit été aportée de la Martinique. Quoiqu'il en soit, la guerre fut aussi-tôt déclarée; mais après les premiéres courses, où les Barbares exercerent à la vérité des ravages afreux, ils ont si mal réüssi dans leurs entreprises, & ont été repoussez si vivement par les François, qu'ils ont été obligez d'abandonner leurs villages & de se retirer dans les montagnes. Voilà ce que dit un Auteur, qui se croit bien informé. Mais un autre plus récent & qui prétend en savoir bien davantage, parle de ces murs depuis longtems impénétrables aux deux Nations, comme de choses purement chimeriques, assurant que de tout tems les François & les Sauvages les ont pénétrez pour se faire la guerre. C'est à eux, s'il est possible, à s'accorder.

Ce qu'il y a de certain, c'est qu'aujourd'hui les François sont au nombre de plus de 15. mille à la Martinique sans compter les Caraïbes & les Négres qu'ils font travailler au Tabac & au Sucre qui est fort estimé. Nous donnerons dans la Planche suivante une courte description de la maniére dont il se fait. Cette Ile a deux avantages par dessus les autres. L'un est que tous les Navires de France y abordent avant que de passer aux autres Iles, & que c'est par elle qu'ils commencent à débarquer les hommes & les marchandises: l'autre qu'elle est fort peu sujette aux ouragans, qu'ainsi les habitans y jouïssent d'une heureuse tranquilité, pendant que ceux des Iles voisines sont dans une désolation continuelle.

Je n'entrerai point dans le détail de toutes les autres Iles connuës sous le nom d'Antilles. Je me contenterai de les indiquer, en disant qu'en général elles se divisent en Iles *Lucayes*, & *en grandes & petites Antilles*; que ces derniéres sont subdivisées en Iles de *Barlovento* ou dessus le vent, & en Iles de *Sottavento* ou sous le vent: que les unes & les autres sont peuplées de six Nations differentes, savoir 1. de Caraïbes ou Caribes qui sont originaires du Païs, & qu'on appelle aussi Canibales ou mangeurs d'Hommes, 2. d'Espagnols, 3. de François, 4. d'Anglois, 5. de Hollandois, & 6. de Danois. Que les Caraïbes possedent seuls les Iles de la Dominique, de St. Vincent & de Bekia qui font partie de celles de Barlovento: que les Espagnols sont les Maîtres des Lucaïes, de Cubo, de St. Dominique en partie, & de Porto Rico dans les grandes Antilles, de la Trinité, de Ste. Marguerite & de Cubagua ou l'Ile des perles: que les François ont une partie de St. Domingue dans les grandes Antilles, avec les petites Iles de la Tortuë & de la Vache qui sont aux environs; & qu'ils ont aussi dans les Iles de Barlovento celles de Ste. Croix, des Saints, de St. Barthelemi, la Desirade, Marie-Galante, Ste. Lucie, & la Grenade, outre la Guadeloupe & la Martinique dont nous avons parlé, & une partie de St. Martin. Que les Anglois occupent la Jamaïque dans les grandes Antilles, l'Anguille, les Barbades, Antigoa, Tabago, Montserrat & Newis, qui sont toutes de Barlovento. Que les Hollandois possedent Bon-aire & Curaçao, où ils font à présent un fort grand Commerce, & Oruba dans les Iles de Sottavento, & celles de Saba & de St. Eustache avec une partie de S. Martin dans les Iles de Barlovento: enfin que les Danois ont dans ces derniéres la petite Ile de St. Thomas une des Iles des Vierges situées au Nord-Est de Porto-Rico.

Les Lucaïes sont les plus Septentrionales de toutes les Antilles, situées au Sud-Est de la Floride, dont elles sont separées par le Canal de Bahama, l'air y est plus temperé que dans les autres Antilles & le terroir y est assez fertile en Maïz. Les grandes Antilles sont au Midi & au Sud-Est des Lucaïes. On n'en compte ordinairement que quatre; mais il y en a plusieurs autres petites aux environs, & qui sont, comme les quatre, toutes situées sous la Zone Torride. Celles de Barlovento, les seules, selon quelques-uns, à qui on doit donner le nom d'Antilles, sont aussi les véritables Caribes, directement opposées aux Iles du Golfe de Mexique. Elles produisent beaucoup de legumes, quantité de Tabac, & le meilleur Sucre du monde; mais le blé n'y vient pas en maturité. La plus considerable Colonie qu'y aïent les Anglois est à Barbade située à 14. dégrez de Latitude Septentrionale & au Sud-Est de la Martinique. Elle est fort peuplée, très-fertile en Sucre, en Tabac, en Coton, en Indigo, en Gingembre, en bétail, en oiseaux, en poissons & en fruits. Les Anglois y ont plus de 20. mille habitans sans compter les Sauvages & les Négres qui y sont en assez grand nombre. Ils commencerent à l'habiter l'an 1627.

Les Iles Hollandoises sont, comme on a dit, St. Eustache & Saba, & partie de St. Martin. St. Eustache & Saba, au Nord-Est & proche de St. Christophe, n'aporte pas un grand revenu aux Hollandois qui s'y établirent l'an 1635. La premiére fut prise par les François en 1669. mais elle doit leur avoir été renduë par la paix de Ryswick. Ils possedoient autrefois Tabago, mais cette Ile, qui fut prise sur eux en 1677. par le Comte d'Etrées Vice-Amiral & depuis Maréchal de France, apartient aujourd'hui aux Anglois. Les Espagnols ont dans l'Ile de la Trinité une Colonie assez peu considerable; & enfin les Danois ne possedent dans les Caribes que St. Thomas, où ils ont une habitation pour faire travailler au Sucre.

PAR-

PARTICULARITEZ CURIEUSES DE L'ILE DE S.T CHRISTOPHLE ET DE LA PROVINCE DE BEMARIN DANS LES ANTILLES

VISITE DES SAUVAGES AUX FRANÇOIS.

De l'Ile S.t Christophle.

[illegible]

De la Province de Bemarin.

[illegible]

POISSONS QUI SE VOYENT AUX ANTILLES.

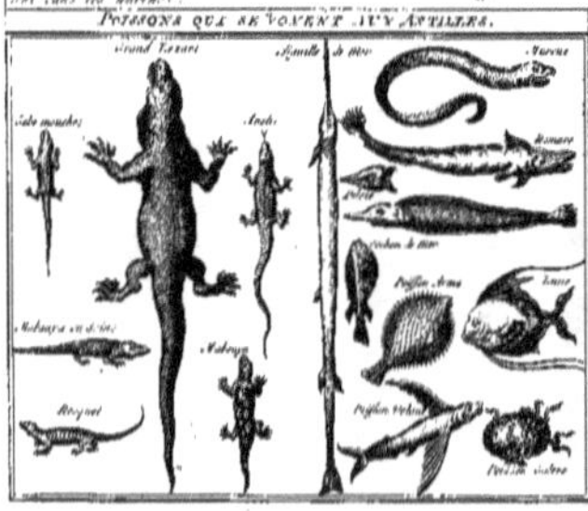

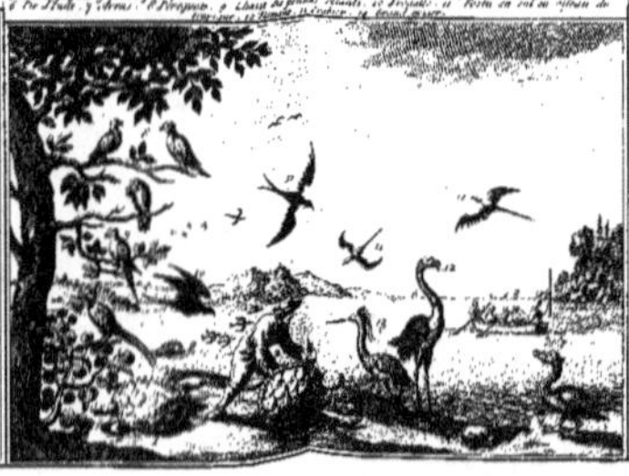

INSECTES QUI SE VOYENT AUX ANTILLES.

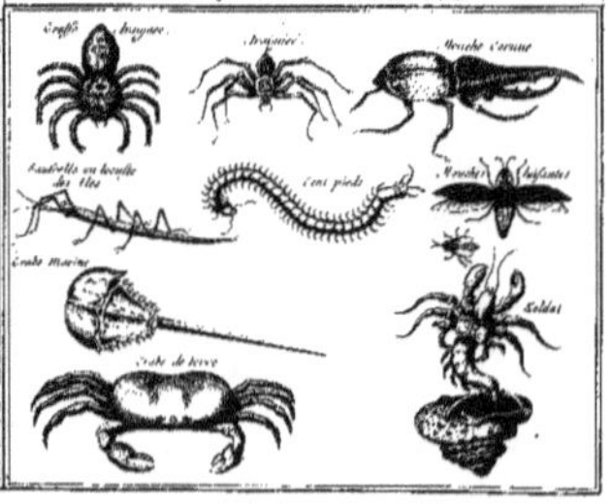

DESCRIPTION DES PLANTES, ARBRES, ANIMAUX & POISSONS DES ILES ANTILLES.

AVEC LES MŒURS DES SAUVAGES QUI S'Y TROUVENT, ET LA MANIERE DONT ON FAIT LE SUCRE.

INDIGOTERIE.

DE L'INDIGO.

L'Indigo est une Plante assez semblable au Saint foin ou à la luzerne dont le tronc devient assez gros et croît en arbrisseau lors qu'on ne le coupe pas. Elle se divise en divers rameaux tous chargés de petites feüilles épaisses, d'un verd brun par dessus et argentées par dessous, les fleurs en sont rouges, et elle porte de petites gousses, de la longueur et grosseur d'un fer d'éguillette, toutes remplies d'une graine de couleur d'Olive. Lorsque cette graine est mûre, on coupe la plante et on la met en faisceaux ou dans des Sacs, et en suite on la jette dans une cuve où on la foule avec les piés; après quoi on y verse de l'eau jusqu'à ce que l'herbe en soit couverte. Alors elle se fermente et fait bouillir l'eau comme levûre. C'est par cette ébullition que l'eau tire cette teinture visqueuse dont se fait l'Indigo.

Pour ce qui est des autres Plantes dont on voit la figure ici à côté, il seroit inutile d'entrer dans le detail de toutes; Il suffit de dire qu'il s'en trouve des plus rares dans les Iles Antilles, et que les connoisseurs en matiere de Simples ont dequoi s'y satisfaire abondamment. On y trouve des legumes de toute sorte, des plantes qui portent du fruit, des arbrisseaux qui servent à la Medecine, des Arbres fruitiers, et des Arbres propres à bâtir.

A l'égard des Poissons que l'on pêche sur les Côtes de ces Iles, ils ne sont ni moins curieux ni moins abondans qu'en aucune autre Mer que ce soit. On y en trouve d'une infinité d'especes differentes, comme des Baleines, des souffleurs, des Marsouins, des Rayes, des Anges, des Mulets, des Maquereaux, des Vives, des Harangs, des Turbots, des Congres, des Murenes, des Rougets, des Saumons, des Lamantins. Ce dernier est un poisson tout à fait inconnu dans l'Europe, qui porte jusqu'à 15. ou 18 piés de longueur et Sept ou Huit de circonference. Il a le musle d'un bœuf, les Yeux d'un chien, la vuë fort foible et point d'oreilles; mais en leur place il a deux petits pertuis, par où il entend si clair que la foiblesse de sa vuë est suffisamment reparée par la subtilité de son Ouïe.

DES SAUVAGES DES ANTILLES.

C'est avec bien de la raison, dit l'Auteur dont j'emprunte ces remarques, qu'on appelle Sauvages les Habitans de ces Iles, qu'ils sont les plus heureux, les moins vicieux, les plus Sociables, les moins contrefaits et les moins sujets aux maladies de toutes les Nations de la terre. Ils ne sont ni velus ni hideux comme on se les figure ordinairement. Ils ont la taille belle, le Corps bien proportionné; ils sont gras, puissans, robustes et si sains qu'on voit parmi eux des vieillards de plus de cent années, qui ne courbent point le dos sous le poids de la vieillesse. Ce qui les rend d'un si bon temperament, c'est sans doute la frugalité et la simplicité de leur vie, car ils mangent et boivent quand ils ont faim et soif, mais jamais au delà du necessaire, et n'ont aucun souci du lendemain. Ils n'ont point d'autre Vêtement que celui dont la nature les a couverts, et ne portent rien autour du corps pour cacher leur nudité. Quand les enfans sont venus au monde, leurs meres leur aplatissent le front [illegible] croyant les rendre plus beaux par ce moyen. Ils ont tous la peau basanée et c'est la seule chose qui les distingue des Europeens quoique quelques Auteurs assurent qu'ils naissent blancs comme nous, et qu'ils ne changent de couleur qu'à force de se frotter et de se peindre de Roucou. On pretend qu'ils ont l'esprit aussi subtil et le raisonnement aussi delié qu'aucun autre peuple qui se soit, à quoi ils joignent de bonnes connoissances [illegible] très grande. Leur Phisionomie est triste et melancolique; ils se lassent ce que c'est que de se promener et rient beaucoup lorsqu'ils voyent les Europeens marcher [illegible] sans avancer chemin. Ces Sauvages apres tout n'ont pas trop de tort.

DES BÊTES A QUATRE PIÉS.

Tout ce qu'il y a de Moutons, de Chevres, de Chevaux, de Bœufs et d'Anes tant à la Guadeloupe, que dans les autres Iles Antilles, y a été aporté par ceux qui les ont habitées. Les Espagnols y ont aporté des Porcs qui sont d'une grande utilité dans ces Iles, en quoi ils sont aussi louables, que les François le sont peu de detruire ces animaux pour leur seul divertissement. Ces Porcs sont tout differens de ceux qu'on voit en France; ils sont plus courts d'un tiers, ont la hure plus grosse, et sont armés de deux horribles dents bouclées comme des cornes de Belier. Ils sont noirs comme les sangliers et ont la peau épaisse d'un pouce. L'Acouty est un petit animal, qui tient du Lievre et du Cochon tout ensemble. Le Tatou a la tête comme un Cochon de lait, avec dix bandes ou cercles d'écailles qui lui environnent le corps. Il a quatre ongles à chaque pié, et une queüe plus longue que le corps divisée par noeuds et par cercles d'écailles. Le Manitou a quelque chose du Rat, du Renard, du Singe et du Cochon. Les Piloris ou Rats musquez ont le poil du ventre blanc et le dos noir.

DE LA SUCRERIE.

Les Cannes de Sucre sont toutes semblables aux grands roseaux d'Espagne, hors qu'elles ont les nœuds plus courts, les feuilles plus druës, et qu'elles sont plus basses de la moitié. Elles ne sont pas creuses comme le roseau, mais remplies d'une moëlle spongieuse toute imbibée d'une eau blanchâtre qui est la liqueur dont on fait le Sucre. Quand les Cannes sont mures, on les coupe, on en ôte les feuilles et on les applique au moulin qui les épuise de leur suc, lequel tombe dans un vaisseau qui est dessous, de là il coule dans plusieurs chaudieres, où il s'échauffe, écume et se purifie; en suite on le passe par un Drap ou par un linge, on le met refroidir dans des formes percées, où le plus clair s'en va, et le reste se fige jusqu'à la consistance du Sucre tel que nous l'avons.

MENAGERIE.

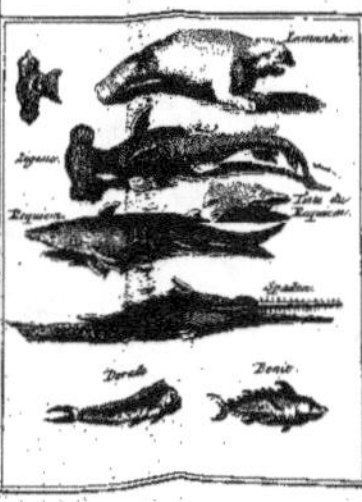

SUCRERIE.

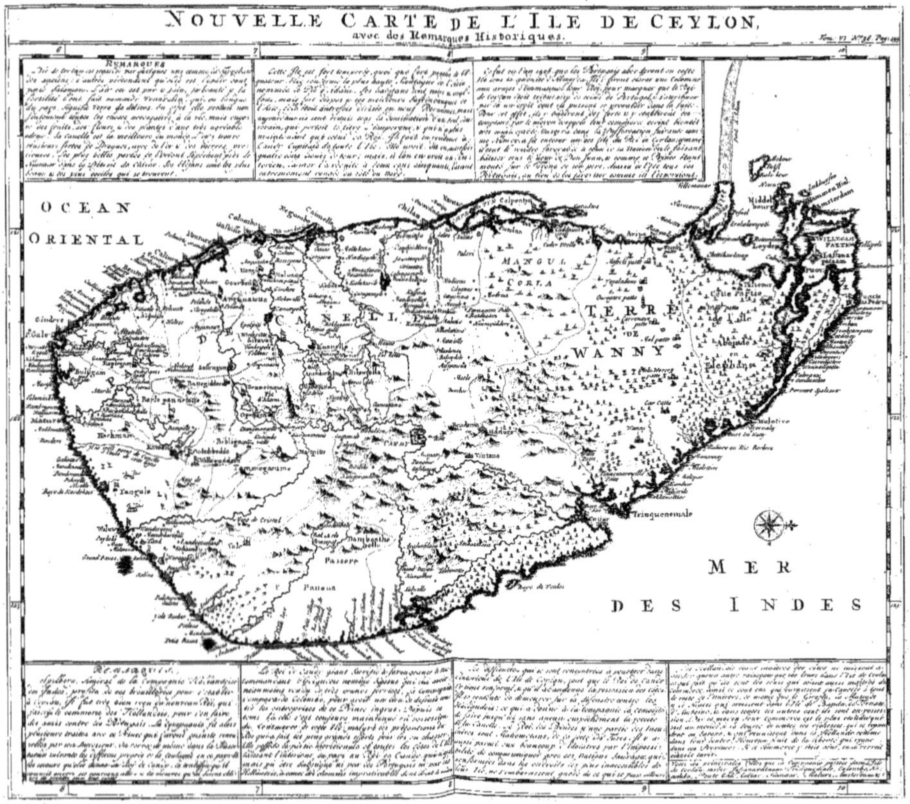
NOUVELLE CARTE DE L'ILE DE CEYLON,
avec des Remarques Historiques.
REMARQUES
OCEAN ORIENTAL
MER DES INDES
CANELI
TERRE DE WANNY
MANGUL CORLA
Trinquenemale
Passere
Paneua

DISSERTATION
SUR
L'ILE DE CEYLAN.

CEtte Ile a été connuë sous differens noms tant chez les Anciens que chez les Modernes. Les Portugais qui y ont eu de grandes possessions & à qui même un Empereur de Ceylan céda par son testament tous les Païs de sa dépendance, veulent qu'elle ait été anciennement apellée *Lanca Lancao*, ou *Lancas*; c'est-à-dire *Terre de délices*. Les Grecs & les Romains lui ont donné le nom de *Taprobane*. Et les anciens Auteurs qui en font mention sous ce nom, en ont raporté tant de particularitez, qui conviennent à l'Ile de *Ceylan*, que sans doute ils n'ont pu parler de l'Ile de *Sumatra* que plusieurs Modernes prennent pour l'ancienne *Taprobane*. Dans la suite elle a été apellée par les Auteurs, comme font aussi tous les Orientaux, *Serindib* ou *Serindiul*, d'où par quelque changement de lettres s'est formé le nom de *Ceylan*, lequel étoit déja en usage du tems de *Marco Paulo* Venitien, le plus ancien Auteur qui l'ait ainsi nommée. La découverte en est en quelque maniére dûë à Alexandre le Grand, qui trouvant le Monde trop petit pour y faire assez de Conquêtes, voulut voir si au delà de l'Inde, jusqu'où il avoit pénetré, il n'en trouveroit point encore un autre. Et sur la proposition qu'un de ses Pilotes fit d'aller à la recherche de quelques nouvelles Terres, on lui donna un Compagnon avec ordre à chacun de faire leurs relations particuliéres. Ils décourirent *Ceylan*, mais le tems nous a enlevé leurs prétieux Journaux. Cependant le nom des Habitans de cette Ile n'a aucun raport avec celui qu'elle porte. On les apelle *Chingulais*, dont il faut connoître la raison pour savoir quand on parlera d'eux. Ces Peuples sont originaires des *Chinois*, qui autrefois avoient tout le commerce d'Orient en leur disposition. Quelques-uns de leurs Vaisseaux échouérent sur des Basses près d'un lieu qu'on a depuis appelé Chilao. Les Equipages qui se sauverent à terre, trouverent le Païs si excellent qu'ils s'y établirent, & s'allierent avec les *Malabares*, qui ont donné le nom de *Malabar* à cette partie de la Presqu'Ile au deçà du Gange, laquelle s'étend le long de la Côte Occidentale depuis le Cap *Comorin* jusques à la Riviére de *Cangerecora*. Ces Malabarois envoïoient à *Chilao* leurs éxilez qu'ils appelloient *Galas*, & des deux noms que portoient ces deux sortes de Peuples, il en est sorti un troisiéme, savoir *Chingalas*, & ensuite *Chingulais*.

L'Ile de *Ceylan* n'est séparée de la Côte de *Coromandel*, & de celle de Pêcherie, que par le Détroit de *Chilao*, ou du *Manar*, & elle s'étend depuis le sixiéme degré de Latitude Septentrionale jusques au dixiéme. Elle peut avoir 40. grandes lieuës de France du Couchant au Levant, d'où l'on compte sa largeur, c'est-à-dire depuis *Chilaon* jusques à *Triquinimalé*. Sa longueur qui s'étend depuis la pointe de *Gallé* jusques à celle *das Pédras* ou du Nord au Sud, est de 80. lieuës: & elle a de circuit 190. lieuës. Il est aisé de juger par l'étenduë qu'on lui donne aujourd'hui, que *Diodore* de Sicile qui l'a estimée avoir cinq mille stades de tour, revenant à un peu plus de deux cens lieuës, en avoit un sentiment assez juste: d'autant plus, si ce que la plûpart des Relations assurent est vrai, que la Mer enleve de tems en tems un peu de cette Ile du côté du Nord. Les autres qui n'ont pas été aussi justes pour en déterminer la grandeur, en ont assez dit pour la rendre une Ile fameuse. Les uns l'on estimée plus grande que l'Angleterre, quelques-uns l'ont appellée un nouveau Monde; & soit qu'on la considére sous le Gouvernement de ses anciens Rois, ou dans le tems que les Portugais y étoient si puissans, ou dans l'état où elle est aujourd'hui, comme partagée entre les Hollandois & les Insulaires, on n'aura pas de peine à se persuader que ses grandes richesses ont été la cause de tant de rivaux qui ont disputé entr'eux à qui posséderoit seul ou en partie ce Paradis terrestre.

Les *Chingulais*, à l'exemple des Peruviens, raportent l'origine de leurs Rois à un descendant du Fils du Soleil, dont il a été parlé ci-devant. Ils disent qu'il est le Chef d'une Famille, qui sous le nom de Surajas a regné plus de deux mille ans dans l'Ile de Ceylan: que dans la suite les Chinois leur aiant enlevé leur legitime Roi, ils avoient instalé en sa place le Tiran *Alagexere*, mais la Couronne rentra dans la maison des *Survajas* en la personne du Fils aîné d'*Ambadino Pangar*, qui fut reconnu Empereur de *Cotta*. C'étoit autrefois le plus considerable de tous les Rois de cette grande Ile, qui, selon son ancienne division, contenoit sept Roïaumes. Celui de Cotta le plus riche & le plus vaste s'étend le long de la Mer, depuis *Chilaon* jusques aux *Grevaïas* par l'espace de cinquante-deux lieuës, & il contenoit les meilleures Provinces de l'Ile, & une grande partie du Roïaume de *Dina Vacca*. Les anciens Rois de *Cotta* tenoient leur Cour à demilieuë de *Colombo*; mais à peine peut-on découvrir aujourd'hui les ruines de leurs Palais. Le second Roïaume est celui d'*Uva*, qui commence au Pic d'*Adam*, & s'étend jusques à *Batécarelou* & au Roïau-

Roïaume de *Candy*. La troisiéme, qui va depuis le Pic d'*Adam* jusques à *Triquinimalé*, & aux *Beadas* qui sont près de *Jafana-patan*. Celui de *Dina-Vacca* qui est presque dans le milieu de l'Ile s'étend depuis le Pic d'*Adam* jusques aux quatre *Corlas*. Un cinquiéme nommé *Ceita-Vaca* est entre les sept *Corlas* & *Dina-Vaca*, & contient toutes les Terres de *Sofragan*. *Sept Corlas* est un autre Roïaume, qui confine avec les Terres de *Candy*, des *Quatre Corlas* de *Chilaon* & de *Mantota*. Et le septiéme est celui de *Chilaon*, ou de *Negombo*, qui s'étend le long de celui des *Sept Corlas*, & finit à la montagne de *Grudumalé*, & à la Mer. Ajoutez à ces Roïaumes quelques autres Terres habitées par d'autres Peuples que les *Chingulais* n'y comprennent pas, comme le *Jafanapatan* peuplé par les *Malabres*, le *Triquinimalé*, *Jaula*, & le Païs des *Bedas*, vous avez une entiére division de l'Ile de *Ceylan*. Il est pourtant fort vraisemblable que ces Roïaumes ne sont à proprement parler que des Gouvernemens, dont avec le tems ceux qui en avoient été revêtus se faisoient apeller Rois, & sous ce titre se sont fait la guerre les uns aux autres pour s'agrandir. Et ce fut pour s'accommoder aux maniéres du Païs qu'un Roi de Portugal donna à son Capitaine général de *Ceylan* le Titre de Roi de *Malvana*. Ce qu'il y a de certain c'est que tous ces Rois avoient beaucoup de respect pour le Roi de *Cotta* qu'ils regardoient comme leur Empereur. Sans nous arrêter à leur Genéalogie fabuleuse, nous parlerons seulement de ceux qui ont régné dans *Ceylan* vers le tems que les Portugais y furent reçus, & dont leurs Auteurs ont écrit.

Aboe Negabo Pandar épousa la veuve de son Frere aîné, & fit mourir ses neveux à qui l'Empire apartenoit, mais il fut ensuite défait par les Enfans de ses autres Freres. L'aîné de ceux-ci du même nom, eut *Cotta* pour son partage, & fut Empereur; le second commanda dans le *Reygam-Corla*, & Maduné le troisiéme fut Roi de *Ceita-Vaca*. Après la mort du Roi *Reygam-Corla*, Maduné s'empara de ses Etats, & devenu par cette usurpation plus puissant que l'Empereur de *Cotta* son Frere, il voulut lui arracher l'Empire, forma le dessein de chasser le Roi de *Candy* & de se rendre Maître de toute l'Ile. Ce fut à la faveur de ces guerres que les Portugais s'établirent dans l'Ile de *Ceylan*. Il y avoit déja quelque tems que les Portugais avoient découvert les Indes, lorsqu'ils eurent connoissance de cette Ile. L'an 1517. *Loupo-Soarez* de *Albergaria* voïant que toutes choses réüssissoient aux Portugais & n'entendant parler que des richesses de *Ceylan*, équipa une petite Flote, & alla droit à *Colombo*. Il y trouva plusieurs navires de *Bengale*, de Perse & de la Mer Rouge, lesquels y venoient pour charger de la Canelle & des Eléphans: il fut parfaitement bien reçu de l'Empereur de Cotta qui étoit celui dont nous venons de parler, nommé *Aboe Negabo Pandar*. Il lui demanda un lieu pour y établir un comptoir suivant la promesse que le Prince avoit autrefois faite à Dom Laurens d'*Almeida* qui y avoit abordé dès l'an 1505. Ceci cependant ne s'accorde pas au peu de succez qu'eut ce Laurens d'*Almeida*, Fils de François d'Almeida qui l'avoit envoïé aux *Maldives*. Il est vrai que ne sachant pas bien la route, il aborda en 1505. à *Ponte de Gallé*. On lui fit accroire que le Roi de *Ceylan* y étoit & on lui dit tant de choses sur la passion demesurée que ce Roi avoit de lier une amitié étroite avec les Portugais, dont il avoit appris la puissance, la valeur, & les richesses, que ces flatteries lui furent suspectes. Il se contenta d'envoïer *Payo* de *Souza* en qualité d'Ambassadeur au Roi de *Ceylan*. On le conduisit par plusieurs chemins détournez dans une maison de Campagne, où l'on assuroit qu'il étoit, & après avoir essuïé tout le long cérémoniel des Rois Orientaux, il ne parla qu'à un Officier de *Ponte Gallé* qui se faisoit passer pour Roi de *Ceylan*. Et voilà quel est le Prince dont on dit que *Loupo-Soarez* fit mention à l'Empereur ou au Roi de *Cotta*.

Quoiqu'il en soit, ce fut sous ce Roi que les Portugais entrerent dans l'Ile de *Ceylan*. *Loupo-Soarez* le pria de lui permettre de faire quelques retranchemens, à cause du grand commerce que les Portugais prétendoient faire, & dont ce Prince & toute l'Ile retireroient un profit considérable. *Aboe Negabo Pandar*, qui étoit un bon Prince, n'eut pas le courage de rien refuser aux Portugais. Et la facilité qu'il eut à leur accorder cet avantage & tous les autres dont ils ont profité, fait voir que ces Rois n'entendoient guére leur intérêt propre ni celui de leur Païs, ou qu'il falloit qu'ils fussent bien peu éclairez, pour se laisser amuser de la sorte. Tous les Négocians étrangers virent avec beaucoup de chagrin établir un Comptoir, qui se trouva être bientôt une Forteresse, où *Loupo-Soarès* mit une Garnison de 200. hommes. En 1520. on y renvoïa quelques navires pour y bâtir un Fort & le revêtir de pierre. Cette nouvelle Forteresse donna de l'ombrage à l'Empereur qui résolut d'en chasser les Portugais. Ce Prince les vint assiéger; mais après avoir perdu beaucoup de monde, il fut obligé de se retirer & de s'accommoder avec eux. Et les Portugais commencérent dès-lors à devenir puissans dans cette Ile.

Maduné Roi de *Ceita-Vaca* & Frere de l'Empereur, indigné de ce que les Portugais se fortifioient dans l'Ile, ou au moins se servant de ce prétexte, s'allia avec le *Samorin* & les *Malabares*, & déclara la guerre à son Frere. *Aboe Negabo Pandar* demanda du secours aux Portugais & eut encore beaucoup de peine à se deffendre. N'aiant qu'une Fille il la maria à *Tribule Pandar* son parent, qui étoit caché dans les *Quatre Corlas*. De ce mariage nâquit *Parea Pandar*. Après la mort de son Pere il prit possession de ces Etats; mais Raju Fils de *Maduné* le poursuivit si vivement qu'il le contraignit de se retirer à *Colombo*, & d'implorer l'assistance des Portugais. *Raju* toûjours heureux se vit en peu de tems Maître de toutes les Provinces de *Cotta*, & aussitôt il tourna ses armes victorieuses contre le Roïaume de *Candy* & s'en saisit. Le Roi de *Candy* fut contraint de se retirer avec sa Femme & sa Fille unique à *Manar*. Ce Prince tirant avantage de sa disgrace se convertit au Christianisme avec sa Femme & une Fille qu'il avoit: il prit le nom de D. Philipe, & sa Fille celui de Catherine; mais avant que de mourir il la déclara par son testament son héritiére universelle, & pria le Roi de Portugal de vouloir bien la prendre sous sa protection, aussi bien que ses Roïaumes de *Candy* & d'*Uva*. Il ordonna de plus que sa Fille ne pourroit se marier que du consentement du Roi de Portugal ou du Vice-Roi des Indes.

Dès que l'Empereur *Parea Pandar* & le Commandant de *Colombo* eurent appris la mort du Roi de *Candy*, ils consulterent entr'eux sur les mesures qu'ils devoient prendre pour déposseder Ra-

Raju des Etats qu'il avoit usurpez; parce qu'ils savoient que ses affaires n'étoient pas en un aussi bon état qu'elles paroissoient être. Il s'agissoit de donner aux *Chingulais* bien disposez pour l'Empereur un Chef assez habile pour les bien conduire, & d'une qualité à se faire respecter. L'Empereur & le Commandant convinrent de leur envoïer un des Géneraux de l'Empereur grand ami des Portugais, qui s'étoit fait Chrétien & avoit pris le nom de D. Jean. On lui donna deux cens Portugais avec le Titre de *Modiliar*, c'est-à-dire Mestre de Camp général. On garda la Reine jusques à ce qu'on fût bien assuré que ses Etats fussent réduits sous sa puissance. Dom Jean arriva à *Candy*, où il fut reçû du Peuple & des Grands avec une joïe incroïable. Ils ne se contenterent pas d'avoir recouvré leur liberté, ils entrerent dans les Etats de Raju, pendant que la Garnison de Colombo faisoit de son côté une cruelle guerre à l'usurpateur. On pénétra jusques à *Ceita-Vaca*, où il avoit établi sa demeure. Là on lui donna une bataille qu'il perdit, & une pointe de fer lui étant entrée dans le pié, il mourut peu de tems après de sa blessure.

Avant que de parler de la revolte du Général Dom Jean, il faut conduire jusques au tombeau l'Empereur *Parea Pandar* qui étoit déja avancé en âge lors qu'il se vit delivré de Raju. Tandis qu'il étoit resté avec les Portugais il s'étoit fait instruire de la Religion Romaine, il résolut de se faire bâtiser & prit le nom de Jean *Parera Pandar*. Il aima tellement les Portugais, qu'il abandonna presque le Gouvernement de ses Etats pour vivre avec eux. Il demeuroit ordinairement à *Colombo*, & vêcut pendant le reste de sa vie en bon Catholique Romain. Se sentant près de sa derniére heure, il fit son Testament, & comme il n'avoit point d'Enfant, qui pût lui succeder, il institua pour son héritier, & légataire universel le Roi de Portugal; & par là les Portugais prétendent avoir un droit incontestable sur toute l'Ile, hormis sur les Roïaumes de *Candy* & d'*Uva*, qui appartenoient aux héritiers de la Reine Catherine, & sur celui de *Jafanapatan* qui avoit son Roi particulier. Il pria aussi par son Testament le Roi de Portugal de vouloir bien faire venir à *Lisbonne* le seul neveu qu'il avoit. Il recommandoit sur tout que quand ce neveu seroit passé en Portugal, on ne le laissât pas retourner aux Indes; qu'on le fît ordonner Prêtre le plûtôt que l'on pourroit, & que le Roi de Portugal lui donnât une pension convenable à sa naissance. Le Testament fut éxécuté dans tous ses points. Le neveu de l'Empereur vint en Portugal; on lui donna une maison à *Telheires*, où il a fait bâtir un Couvent de Cordeliers, & comme ce Prince tenoit-là sa Cour on l'appella le Prince de *Telheires*. On voit l'Acte de cette fondation qui est du mois de Juin de l'année 1639, & son Testament qui est du mois de Mars 1642. Quoi que Prêtre il eut de Susanne d'*Abreu* deux Filles, qui toutes deux ont été Religieuses Cordeliéres à *Via longa*, & une d'elles étoit encore Abesse l'an 1693.

L'Empereur Dom Jean Parea Pandar, après avoir disposé de ses biens de la maniére que nous l'avons dit ci-dessus, mourut à *Colombo* le 27. ou 28. de Mai. Ce Prince fut louable pour sa piété, & les autres vertus dont il étoit orné. Mais il n'a pas dû aprendre des Portugais qui l'avoient converti à la Foi, de priver son neveu du Roïaume dont naturellement il étoit héritier pour le donner à un Etranger. C'étoit une espèce de violence qu'il lui faisoit dans son bas âge, dont sans doute il se seroit relevé dans la suite s'il ne lui en avoit pas ôté les moïens. Mais tel est l'esprit de certains Convertisseurs, qui ont moins l'intérêt de la Religion en vûë que celui de leur propre agrandissement.

Après la mort de ce Prince le Capitaine Général des Portugais, conformément à la résolution qui en avoit été prise dans le Conseil, fit publier dans tous les *Courlas*, ou pour mieux dire dans toutes les Provinces de *Ceylan*, qu'elles envoïassent à *Colombo* deux Députez pour prêter serment au Roi de Portugal en qualité de leur légitime & Souverain Seigneur. Elles n'y manquerent pas, & les Députez étant venus au jour marqué, on leur signifia qu'en vertu du Testament du feu Roi ils étoient tous Sujets & Vassaux de la Couronne de Portugal & qu'ainsi ils devoient se soûmettre aux mêmes Loix que les Portugais Naturels, mais que la Noblesse jouïroit toûjours de ses mêmes droits, privileges & immunitez comme elle avoit fait auparavant. Les *Chingulais* aiant representé que cette importante affaire demandoit du tems pour y penser, on ne leur donna que deux jours pour prendre leur parti, & leur reponse fut, qu'ils reconnoissoient le Roi de Portugal pour leur Roi légitime, & que pourvu qu'on les laissât continuer dans leurs coûtumes & usages, ils le serviroient avec le même zèle & la même fidelité qu'ils avoient fait leurs Empereurs nez parmi eux; que les Ministres du Roi ne pouvoient se dispenser de jurer au nom du Roi leur Maître, qu'on les maintiendroit dans leurs loix & privileges, & qu'à ces conditions, ils étoient prêts de faire tel serment qu'on souhaitteroit. Là dessus un double Acte fut dressé, où l'on ajoûta encore un Article concernant la Religion. Plusieurs copies furent faites de cette Transaction, qui furent signées d'une part par le Capitaine Général, & les autres Officiers du Roi, & de l'autre par les Députez de chaque Province. Tout le monde se sépara fort content, sur tout les Portugais qui se voïoient Maîtres d'une Ile aussi puissante que *Ceylan*. Mais pour venir aux premiers coups que leurs rivaux les Hollandois leur porterent pour leur enlever une si riche possession, il faut donner en abregé l'Histoire de D. Jean par qui les Hollandois commencerent à ruiner les Portugais dans cette Ile.

Cet usurpateur étoit, selon quelques-uns, Fils du Modiliar ou Colonel Fima *Lamantia*, qui, pour venger ses anciens Maîtres, chercha à se faire Chef de quelque parti, & soûtint, tout foible qu'il étoit, une longue guerre contre *Raju*, lequel aiant d'autres affaires sur les bras voulut se défaire adroitement de cet ennemi. Il feignit de vouloir faire la paix avec *Lamantia*, & lui promit de le mettre en possession de tous les Trésors de l'Empereur de *Cotta*, mais à condition que l'autre le reconnoîtroit pour Empereur. *Fima Lamantia* se laissa éblouir par de si belles promesses, & se rendit au Palais bien acomcompagné ; mais on trouva le moïen de l'entourer insensiblement, & de le séparer de ses gens. On le condamna aussi-tôt à être enterré tout vif jusques au cou, & on fit un jeu de sa tête qui servoit de but aux boules qu'on jettoit contre. Son Fils fut à grand' peine sauvé & conduit à *Colombo*, & de là à *Goa*. Dans l'état desesperé de ses affaires il se fit bâtiser & reçut le nom de D. Jean, le même que portoit D. Jean d'Autriche Frere de Philippe II. Roi de Castille & de Portugal. Il se distingua pendant le siége de *Colombo* que Raju avoit entrepris avec une armée de cinquante mille hommes, mais qu'il fut néanmoins obligé d'abandonner. L'Empereur le fit son Général, & on le choisit pour aller faire l'expédition de *Candy* où nous l'avons laissé à la tête des *Chingulais* avant la mort de *Parea Pandar*. Lorsqu'il se vit dans ce Roïaume avec de si grandes forces, au lieu de le remettre sous l'obéïssance de son Maître, il prit ses mesures pour se le conserver. Il commença par détruire les Portugais qui l'avoient suivi, en les faisant mourir les uns après les autres ou dans l'éxil ou par les tourmens. Et pour s'attirer l'affection des *Chingulais*, il abjura le Christianisme, il quitta son nom de D. Jean & prit celui de *Fima Laderma Suria Ade*. Enfin aiant gagné le cœur des Peuples, qui le reconnurent pour leur protecteur, il déclara la guerre aux Hollandois.

François de Sylva étoit alors Gouverneur de *Colombo*. *Pedro Lopès de Sousa* aiant relâché à cette Place, le Gouverneur le pria de representer au Conseil des Etats des Indes à Goa où il étoit fort consideré, les cruautez *que Fima Laderma Suria Ade* exerçoit envers les Portugais, & que sans un prompt secours ils couroient risque de perdre *Ceylan*, ajoûtant de representer aussi que le commandement général des Armées dans ce Païs-là lui étoit dû avec justice, parce qu'il n'y avoit personne qui connût mieux le Païs que lui. *Pedro Lopès de Sousa* le lui promit & lui tint parole : il fit connoître aux Conseillers d'Etat l'extremité où étoient reduits les Portugais à *Ceylan*, & parla aussi beaucoup en faveur du Commandant de *Colombo*. Le Conseil s'étant assemblé on y convint d'envoïer du secours dans cette Ile, & on choisit en même tems *Pedro Lopès de Sousa*, pour le commander. Il fit tous ses efforts pour s'en dispenser, & afin d'y mieux réüssir, il demanda des choses si deraisonnables qu'il crut qu'on ne les lui accorderoit jamais. Il avoit deux neveux, il demanda pour l'un la charge de Mestre de camp général, & pour l'autre la Reine Catherine en mariage, laquelle, comme nous avons dit, ne pouvoit se marier que du consentement du Roi de Portugal ou du Vice-Roi des Indes. Après plusieurs déliberations on accorda à *Pedro Lopès de Sousa* tout ce qu'il voulut. Les Portugais envoïérent donc un secours de douze cens hommes avec toutes les munitions nécessaires, & il arriva heureusement à *Manar* où l'on prit la Reine Catherine, & le Convoi alla heureusement à *Négombo*. Le Gouverneur de *Colombo* n'eut pas plûtôt appris que c'étoit *Pedro de Sousa* qui emmenoit la Reine Catherine avec tant de forces, qu'il resolut de se venger de sa perfidie, dont il croïoit n'avoir aucun lieu de douter, en le laisant plûtôt périr que de lui donner la moindre assistance. Peu de jours après que *Pedro Lopès* de *Sousa* fut arrivé à *Negombo*, un Modiliar de grande reputation chez les Chingulais, vint le féliciter sur son heureuse arrivée, & rendre en même tems ses hommages à *Donna Catharina* comme à sa Reine. L'usurpateur Fima en conçut un grand chagrin, mais pour prévenir les suites d'un accident si fâcheux, il pensa à tous les expediens imaginables, & enfin il en trouva un qui lui réüssit. Il écrit une Lettre, par laquelle il avertit le *Modiliar*, qu'il étoit campé à deux lieuës de *Balané* ; qu'il s'attendoit à recevoir bientôt avis de ce qu'il auroit fait pour son service, & qu'il ne doutoit pas que la guerre n'allât finir par la vie du Général Portugais, selon qu'ils en étoient convenus. Il donne cette Lettre à un *Chingulais* & l'instruit de roder vers le camp des Portugais, & de chercher l'occasion de se faire prendre, en faisant toutes les mines de s'enfuir ! Le *Chingulais* fit parfaitement bien son rôle. La Lettre fut trouvée sur lui, & portée au Général qui la montra au *Modiliar*, & sans faire aucune refléxion lui enfonça son poignard dans le sein. Les vingt mille hommes que le *Modiliar* avoit amenez avec lui tomberent dans une si grande consternation à la vûë de ce triste spectacle, que toute l'armée se débanda & se retira par troupes vers celle de l'ennemi. D. Jean qui avoit tout prévu pour enveloper le Général Portugais, le défit entiérement ; & lui, ses neveux & tous les Portugais périrent en cette occasion. L'Usurpateur demeura victorieux sur le champ de bataille, & la Reine ne put éviter de tomber entre ses mains. Il la viola en presence de l'Armée, & l'épousa après, dont il eut un Fils nommé le Prince des *Cocqs*. D. *Jerome* de *Azevedo* qui fut envoïé après pour réparer cette perte, fut obligé de se retirer & de laisser l'Usurpateur en possession de l'Empire. Il y a de l'apparence qu'une partie de ces événemens arriva du vivant de l'Empereur de Ceylan. Quoiqu'il en soit, les Hollandois obtinrent de lui l'an 1602. de s'établir dans son Ile, & nonobstant sa trahison envers le Vice-Amiral *Zebald* de *Weert* il entretint toûjours correspondance avec les Hollandois, comme firent après lui ses Successeurs ; ce qui fut la ruine des Portugais. Il mourut en 1604. & laissa un Fils & une Fille.

Après sa mort, la Reine fut obligée d'épouser *Henard Pandar*, son parent. On raporte differemment ce mariage : les Portugais disent qu'il s'étoit fait *Changatar*, c'est-à-dire Prêtre Gentil, & que la Reine le fit rechercher sur le Pic d'*Adam*. Mais d'autres raportent que quoiqu'il fût *Changatar*, il ne laissa pas d'être du nombre des plus puissans de ce Païs qui se revolterent pour disputer à qui épouseroit la Reine, & qu'aiant obtenu une amnistie pour venir à la Cour avec le Prince *Uva* son Competiteur, il le poignarda, & que la nécessité des affaires de cette Princesse la contraignit de l'épouser. Il en eut plusieurs enfans qu'il donna à élever aux Portugais, à qui, selon eux, il fut toûjours dès le commencement fort attaché. La suite en fera connoître la verité tant dans sa propre conduite que dans celle de ses enfans. Aussitôt qu'il fut Roi de *Candy*, il se fit apeller CAM APATI MAHA D'ASCIN, il traita avec les Hollandois, qui gagnérent beaucoup

coup plus avec lui, qu'ils n'avoient fait par le moïen de *George van Sphilberghen*. *Marcellus Boschower* fut chargé de négocier avec le Roi de *Ceylan* en vertu des Lettres Patentes qu'il en eut, datées des mois de Septembre & Octobre 1609. & il conclut son Traité en 1610. Dès que les Portugais eurent connoissance de ce Traité ils declarérent la guerre au Roi. En 1612. ce Prince mit une Armée de cinquante mille hommes en Campagne, il remporta plusieurs avantages sur les Portugais, & ceux-ci de leur côté ne cessoient de soulever contre lui ses sujets. Enfin on fit un Traité de part & d'autre; mais en 1623. Constantin de Sa arriva à *Ceylan* en qualité de Capitaine Général. Il commença d'abord à faire bâtir un Fort à *Trinquemalé*, & un autre à *Batecalou*. Le Roi irrité de cette entreprise entra sur les terres des Portugais & y fit quelques hostilitez; mais Constantin fit plusieurs expeditions fort heureuses, & fit toûjours échouer les desseins du Roi. Son succez fut si grand que le Roi de Portugal le fit presser de reduire le Païs & d'en chasser le Roi de *Candy*. Cependant ce Général qui ne laissoit pas d'être fort affoibli, étoit persuadé que la paix étoit plus nécessaire que la guerre: mais pour obéïr aux ordres qu'il reçut du Conseil d'Etat, il ne craignit point de donner sa vie pour son Roi: La faute qu'il fit fut la confiance qu'il eut en quatre *Modiliars* nez à *Colombo* & qui étoient Chrétiens. Il y avoit néanmoins plus de trois ans que le Roi de *Candy* avoit traité avec eux; & pour commencer à éxécuter le dessein tramé si sécretement que les Portugais n'en eurent aucune connoissance, il saccagea deux des Provinces des Portugais. Les quatre *Modiliars* furent les premiers à remontrer au Général cet affront fait au Roi de Portugal. Il le ressentit, mais avec trop de précipitation il entra avec une Armée de 20. mille *Lascarins* ou Soldats du Païs, & 1500. Portugais, dans le Roïaume d'*Uva*: après une longue marche il fit reposer son Armée pendant deux jours, sur une éminence où il s'étoit campé; mais il fut bien surpris, quand il vit tout d'un coup la plaine toute couverte des troupes de l'ennemi. Dans ce danger où il s'étoit mis pour s'être trop avancé, il encouragea, du mieux qu'il put, son Armée, qui étoit dans la consternation. Dès le matin les *Modiliars* qui faisoient l'avantgarde se mirent en mouvement avec les troupes qu'ils commandoient, l'ennemi s'avança de ce côté-là. Un des Traîtres commença à se tourner contre les Portugais, & les autres aiant fait la même chose, ce jour-là & le suivant les Portugais furent taillés en piéces avec leur Général qui se jetta au milieu des ennemis dont il tua tous ceux qu'il put atteindre, jusqu'à ce que percé de coups il tomba mort. L'an 1631. *George d'Almeida* revint avec de nouvelles forces, & obligea le Roi de *Candy* à demander la paix, & ce Païs resta tranquille jusqu'au tems de *Pedro da Sylva Molle* qui fut envoïé pour gouverner les Indes, & il nomma *Diégo de Mello* Général de *Ceylan*.

Raya-Singa succéda au Roi *Henar-Pandar*; soit qu'il eût été élevé parmi les Portugais ou non, ce nouveau Roi de *Candy* en usoit fort bien avec eux: mais *Diego de Mello* par ses hauteurs & ses ressentimens particuliers, l'obligea à lui faire la guerre, qui coûta la vie au Général dans une bataille, où il perit & beaucoup de Portugais avec lui. Ce Prince tout-à-fait rebuté des Portugais envoïa deux des premiers de sa Cour à *Batavia* pour rechercher l'alliance des Hollandois, qui envoiérent à leur tour deux Ambassadeurs au Roi de *Candy*, où ils arriverent au mois de Mars 1638. Les Articles furent reglez & on signa le Traité. En 1639. pour faire plaisir au Roi de *Candy* ils prirent sur les Portugais *Batecalou* & *Triquimalé*. En 1640. Ils emporterent d'assaut *Négombo*, & *Gallé*, & en 1656. ils assiégerent *Colombo*, dont ils se rendirent Maîtres. En 1658. ils prirent l'Ile de Manar & la Forteresse de *Jafanatapan* où les Portugais s'étoient retirez. Les aiant ainsi poursuivis de place en place ils les chasserent de l'Ile & les firent transporter à *Batavia*. Ils pouvoient retenir alors quelques autres Places que les Hollandois ne voulurent pas prendre, pour se contenter seulement de ce qu'ils pouvoient garder; mais afin de les affoiblir davantage, ils donnerent *Meliapou*, *Grangarot*, *Coulaou*, *Cananor* aux Rois du Païs. Dans la suite les seuls Hollandois sont restez à *Ceylan*, où ils possedent ce qu'on peut apeller le *Ceylan* Hollandois, qui renferme presque toutes les Côtes de l'Ile & le Païs où croît la Canelle. Ils sont encore Maîtres des Iles de *Jafanapatan*, de *Manar* & de *Calpentin*. Dans tout ce Ceylan Hollandois sont les Villes de *Jafanapatan*, *Trinquinimalé*, *Cotiar*, *Tale*, vers le Levant; & *Mature*, *Ponte Gallé*, *Calturé*, *Negombo*, *Chilao*, & *Colombo* la Capitale de tout le Païs, toutes situées vers le Couchant.

Abregé des Revenus des Empereurs de Ceylan dans le tems que les Portugais en étoient les Maîtres.

LE Païs cedé au Roi de Portugal par *Parea Pandar* Empereur de *Ceylan* contenoit, dans son étenduë de cinquante deux-lieuës, vingt & un mille huit cens soixante-trois villages ou hameaux. De tout ce qui se leve dans cette étenduë de Païs, il n'en revient aucun argent dans les coffres du Souverain. Toutes les Terres dans leurs divisions sont attachées aux Charges, aux Dignitez & aux Métiers, & chacun selon sa portion est obligé de servir à ses dépens, & de se rendre tout armé & avec des provisions, dès qu'il en reçoit l'ordre, sans qu'aucun Noble ou Officier puisse s'exempter de fournir la quantité d'hommes à laquelle sa Terre est taxée; de sorte que le Roi sait exactement le nombre d'hommes qu'il peut avoir, & sur lequel il peut faire fond. Chacun est obligé de faire trois portions de sa terre, dont il doit ensemencer l'une, planter l'autre, & faire de la troisiéme un jardin. Roturiers ou Nobles, tous ont leur occupation pour le service, & le reste du tems ils l'emploïent à la culture de ces terres qu'ils apellent leurs *Paravenias*. Pour avoir le *Paravenia* de son Pere, il faut succéder à son emploi ou métier, autrement on perd son droit. Le *Paravenia* d'un Officier ne peut passer à un ouvrier, ni celui d'un homme de guerre à quelcun d'une autre profession. Dans le tems que le Souverain est en campagne, les Maires de chaque village sont chargez de nourrir les gens de guerre qui passent par le lieu où ils sont, ou qui y demeurent.

 C'est

C'est à eux encore à fournir les chariots & les voitures. Les Chartiers les conduisent pour rien. Il en est de même de tous les autres de chaque profession, qui, selon que leurs terres sont affectées, doivent travailler pour le Roi. Ceux qui travaillent aux mines, en doivent donner une certaine quantité au Roi, & ils peuvent vendre le reste. Les conditions au dessous de celles-ci, sont les Tambours qui font une compagnie à part dans le tems de guerre. Les Bucherons, ceux-ci sont obligez de couper du bois pour le Roi, & ils servent de Chartiers. Les Crocheteurs emploïez à porter les hardes & les paquets pour chaque particulier, sans pouvoir rien exiger. Les Cordonniers & les Barbiers estimez du plus bas ordre, ils relevent immediatement du Roi aussibien que ceux qui cultivent la Canelle dont ils lui donnent une certaine part. Le revenu du Roi en Canelle est de trois mille deux cens coffres par an. Chaque coffre pése sept livres, poids de Portugal. Le Trafic de Canelle attire au Roi toutes les richesses des Indes par le concours des bâtimens qui viennent de Perse, d'Arabie, de la Mer Rouge, de la Chine, & de l'Europe. Le prix de la Canelle est toûjours le même; car quand il viendroit moins de Navires on brûle ce qui reste pour obliger ceux qui la cultivent à travailler. Les mines de Rubis & d'autres pierres précieuses n'étoient pas fort en estime parmi les *Chingulais*. Les ouvriers destinez à y travailler par leurs Terres avoient un Capitaine appellé *Vidava Dasagras*, & ils étoient obligez de travailler 15. jours & de fournir au Roi le nombre & la qualité des pierres qu'il demandoit. Mais ces mines ont été bien plus du goût des Portugais qui en connoissoient la valeur, & la Charge de *Vidava Dasagras* fut bien plus briguée. Cependant toutes ces richesses ne produisoient pas plus de vingt ou vingt-quatre mille écus à l'Epargne par an, chacun pillant de son côté. Le Grand Mogol tire aussi de Ceylan vingt ou trente Elephans; & chaque Elephant se vend une très-grosse somme; & par là on peut connoître qu'un Roi de *Ceylan* étant servi comme il est, avec le profit de la Canelle & des Elephans, a des revenus très-considérables: voïons les richesses du Païs dans ses Productions.

Des principales Productions de l'Ile de Ceylan.

QUoique cette Ile soit sous la Ligne, l'air y est si temperé qu'on peut dire qu'il n'y fait ni froid ni chaud. C'est-pourquoi il ne faut pas s'étonner de l'abondance qui croît en cette Ile de toutes sortes de provisions, & que ce Païs soit si fertile en tout ce que la Nature peut fournir de plus riche & de plus prétieux. Outre les Fruits communs, comme Figues, Raisins, Grenades, Oranges, Citrons, Tabac, on y trouve du *Cardamone*, du Bois de Bresil que les Indiens appellent *Sapaon*, du Poivre, de l'*Areka*, de l'*Adhatoda*, & de la Canelle. L'*Areka* est un arbre fort haut, ses branches sont pendantes, & forment comme des bouquets de plumes vertes. Il se prend mêlé avec de la chaux ou envelopé d'une feuille de Betel; on prétend qu'il rend l'haleine douce, qu'il nettoïe & fortifie l'estomac. On ne fait aucun festin qu'on ne presente le Betel. L'*Adhatoda* est un arbre qui croît d'une hauteur extraordinaire, & au bout de quelque tems, de son sommet il sort une nouvelle tige haute de près de trente piés. Cette tige pousse plusieurs branches qui se couvrent de fleurs, & les fleurs se changent en fruits: lorsqu'ils sont murs la tige se seche & l'arbre meurt. Les feuilles de cet arbre servent à faire des Parapluïes, à couvrir les maisons, & à écrire dessus. Le Canelier est un arbre qui n'est pas grand. Il porte son fruit deux fois l'année, lequel ressemble à celui du Laurier, ses feuilles aprochent aussi beaucoup de celles de ce dernier arbre. Il croît si vîte & en si grande quantité qu'il y a une Loi pour obliger les habitans d'en nettoïer les chemins: autrement, on y verroit un bois si épais qu'on ne pourroit plus passer. Pour avoir cette excellente écorce on fend l'arbre en long, & l'écorce de blanche devient de la couleur que nous la voïons. Le débit qu'on en fait est une des plus grandes richesses de Ceylan. Les Arabes & les Perses qui en font un grand usage, l'estiment par dessus celle qui vient des autres endroits.

Ceylan n'est pas moins feconde en toutes sortes de troupeaux & d'animaux. Il y a abondance de Vaches, de Bufles, de Chevres & de Cochons dont le meilleur ne coûte pas vingt sous. Les Sangliers, les Cerfs, les Merus, les Gazelles, les Daims, les Porc-épis & les Liévres y abondent. Le Gibier comme Pans, Tourterelles, Pigeons, Perdrix, Becassines, Gelinotes de bois, & Becasses, Oyes sauvages, Canards & Vanneaux y sont communs. Il s'y mange d'un espéce de Lézard d'un goût excellent. Les Riviéres foisonnent en poisson & en coquillages. Les Fruits y sont délicieux, & les arbres en portent deux fois l'année, mais il n'y en a point qui approche d'une espéce d'Orange qu'ils apellent l'Orange du Roi. J'avois insensiblement oublié à mettre l'Elephant au nombre des autres animaux de *Ceylan*: mais il merite aussi d'être mis à part par les grands services qu'il rend à l'homme, sur tout à ceux de l'Ile dont nous parlons. Le plus grand Elephant a neuf coudées depuis la pointe du pié jusques à l'épaule. Pour chaque coudée on donne mille Pardaons; & sur ce pié un Elephant de *Ceylan* vaut au moins huit mille Pardaons, & les Mores ou Mahometans donneront autant pour un de bonne taille que pour quatre d'un autre endroit. Ces animaux s'aprivoisent fort facilement, & en trois jours on peut les lâcher sans craindre qu'ils retournent au bois. Il n'est pas vrai qu'ils ne se couchent point; puisqu'ils le font toutes les nuits, qu'ils se courbent & qu'ils se baissent quand on les charge.

Si nous fouillons dans les entrailles de la Terre de *Ceylan*, nous y trouverons ce qu'il y a de plus précieux dans le Monde. Des Mines qui sont dans les Roïaumes de *Ceita-Vaca*, de *Dina-Vaca* de *Candy*, d'*Uva* & de *Cotta*, on tire les pierres précieuses les plus estimées, savoir des Yeux de Chat, des Rubis, des Saphirs des Topases, des Jacintes, des Verlis & des

Taripos; celles dont les *Chingulais* & les Mores font plus de cas sont les Yeux de Chat. Les couleurs les plus vives & les plus belles sont réünies ensemble dans cette pierre, sans qu'on puisse dire celle qui est la plus charmante. On la voit briller tantôt d'une couleur & tantôt d'une autre selon le sens où vous la regardez. Ces pierres sont nommées *Yeux de chat* à cause des rayes couchées l'une contre l'autre, & qui causent la diversité de ces couleurs, comme il arrive véritablement dans les yeux d'un Chat qui changent de couleur à mesure qu'il se tourne. Elles pesent plus que les autres, & on ne les travaille jamais: on se contente seulement de les laver. Les Rubis de *Ceylan* passent pour les plus précieux. Il y en a de seize Carats qu'on prise six cens écus d'or. Les Saphirs après les Rubis y sont aussi d'une grande beauté. Il s'en trouve de deux sortes: les fins qui sont durs & d'un bel azur sont plus recherchez que ceux qui sont d'un bleu pâle. C'est encore de *Ceylan* que viennent les belles Topases. Les nettes & les brillantes y sont prises au poids de l'or, & quand elles tirent trop sur le blanc, les *Chingulais* en font de faux Diamans. Les autres pierres ne sont pas tout-à-fait si estimées. A toutes ces richesses de l'Ile de *Ceylan*, il faut ajouter les Perles qu'on pêche sur la côte. Cette pêche ne se fait que depuis l'onziéme de Mars jusqu'au vingtiéme d'Avril. Vers le commencement de Mars il arrive sur la Côte jusques à quatre à cinq mille barques appartenant à des Marchands qui se sont associez ensemble pour en armer 4. ou 5, selon le fonds qu'ils ont. Ces barques vont ensemble chercher les endroits où la Mer n'a tout au plus que sept brasses. De là ils envoïent trois barques pour pêcher des huîtres de côté & d'autre, avec ordre d'en raporter chacune mille. On ouvre les huîtres pour voir si les Perles sont belles cette année, & c'est un essai qu'ils en font, afin de pouvoir, selon qu'elles sont nettes, rondes & de belle eau, faire leur accord avec le Roi. Après qu'ils sont convenus avec lui, il leur donne 4. Vaisseaux de Guerre pour les escorter contre les Corsaires. L'Onziéme de Mars, & au signal d'un coup de Canon, toutes ces barques vont à la pêche. Elles ont chacune une pierre d'environ soixante livres attachée à une corde dont un bout tient à la barque. Le Plongeur se lie cette pierre aux piés, & passant à sa ceinture une autre corde, où est attachée une corbeille, & dont deux Mariniers tiennent l'autre bout, le Plongeur descend au fond de la Mer; il y demeure l'espace qu'on pourroit reciter deux fois le Simbole, & aiant rempli sa corbeille, il fait le signal avec la corde, & on le tire promptement. Un autre Plongeur descend en sa place, & ainsi tour à tour entre 7. ou 8. Plongeurs qui sont dans une barque. Le Commandant, sur les quatre heures après midi, tire un autre coup de Canon, & les barques vont à terre décharger leurs huîtres dans des parcs faits exprès, où les Marchands partagent entre eux les Perles. Il ne manquoit plus à *Ceylan* que cette pêche pour la rendre avec le reste de ses richesses digne du nom qu'on lui a donné de Paradis terrestre.

De la Religion, des Coûtumes & des Mœurs des Chingulais.

CE beau Païs cependant si riche des dons de la Nature, a des habitans qui ne sauroient par ces merveilles naturelles s'élever jusqu'à leur Créateur. Et quoique le Flambeau de l'Evangile y ait éclairé en differens tems, comme il fait encore aujourd'hui; les Chingulais sont encore de parfaits Gentils, & ont de la Divinité une idée fort grossiére. Ils en croïent une qui a créé le Monde, mais qui a d'autres Divinitez au dessous d'elle, pour avoir soin chacune de leur emploi, les unes sur la Mer & les autres sur la Terre. Ils ont des Idoles de differentes figures, comme d'un Homme, d'une Femme, d'un Singe, d'un Elephant. Mais il y en a une au dessus de toutes les autres nommée *Budu* qui a plus de 32. piés de haut. Ils adorent leur Roi comme un de leurs Dieux; en l'abordant ils se prosternent trois fois le visage contre terre, & quand il est mort ils lui font des sacrifices. Ils ont un grand Prêtre qui connoît avec son Conseil des affaires de la Religion. Ils l'appellent *Terumvanse*: il a sous lui quatre Dioceses qui ont chacun leur Pontife pour avoir soin du Pagode du lieu où il fait sa residence. Leurs Pagodes sont consacrés à quelque Idole, & ils ont des revenus fort considérables. Les *Changatars* ou Prêtres sont en grande vénération; mais *Raya Singa* n'a pas laissé que d'en faire mourir quantité pour s'être mêlez des affaires d'Etat. Souvent ils abusent de la confiance du Peuple dont ils remuent la conscience comme ils veulent, pour les attirer dans leur parti: les *Chingulais* & les *Chingulaises* ne peuvent se marier qu'à un homme ou à une femme de même condition. Une femme même qui auroit commerce avec une personne moins noble qu'elle, seroit punie de mort, & ce sont ses propres parens qui le demandent pour reparer l'affront qu'elle a fait à leur Famille. Quand une Fille veut se marier, elle choisit un homme avec qui elle convient des conditions; elle les propose à ses parens, le festin se fait, & les voilà mariez. Mais ce qui distingue leur mariage de tous les autres, c'est que la premiére nuit est pour le mari, la seconde pour le frere du mari; & s'il y en a plus, jusques à sept, ils ont chacun leur nuit; ainsi une femme épouse toute une Famille à qui elle suffit. Les premiers jours passez le mari n'a pas plus de droit que les autres. Il peut prendre sa femme quand elle est seule, mais si elle se trouve avec un autre frére, il ne peut pas en disposer, & les enfans ne sont pas plus à l'un qu'à l'autre. Les *Chingulais* ont l'esprit fin & délicat, ils comprennent aisément. Ils sont bons Poëtes si l'on en croît l'Ecrivain que je sui. Ils ont tous de la voix, & chantent si agréablement, que c'est un plaisir de les entendre. Mais la vanité dont ces Peuples sont remplis,

plis, ôte tout le merite de ces bonnes qualitez. Ils sont fourbes, legers, & changent de Religion selon leurs intérêts. Quand ils vont parmi les Chrétiens ils sont les meilleurs Chrétiens du Monde, & lorsqu'ils sont chez eux ils retournent à leur Pagode & à leur premiére Idolatrie.

Fin du Tome Sixiéme.

www.ingramcontent.com/pod-product-compliance
Lightning Source LLC
LaVergne TN
LVHW021632060726
842527LV00003B/626